Grundriß der Mineralparagenese

Von

Dr. Franz Angel und **Dr. Rudolf Scharizer**

o. Professor für Mineralogie und
Petrographie an der Universität
Graz

emer. o. Professor für Mineralogie und
Petrographie an der Universität
Graz

Wien
Verlag von Julius Springer
1932

ISBN-13:978-3-7091-9647-2   e-ISBN-13:978-3-7091-9894-0
DOI: 10.1007/978-3-7091-9894-0

Den Manen Albrecht Schraufs
gewidmet

Vorwort der Verfasser.

I.

Als ich 1877/78 zum Studium der Naturgeschichte die Wiener Universität
bezog, führte mich das Geschick in die Vorlesungen Prof. Dr. Albrecht Schraufs
über Mineralogie. Obgleich vornehmlich Kristallograph, sah dieser Lehrer die
spezielle Mineralogie mit den Augen des Paragenetikers an. Die genetischen Beziehungen der Mineralien zueinander hatten sein Interesse in höchstem Grade,
und seine Darstellung der Zusammenhänge fesselte seine Hörer ungleich mehr,
als die sonst zu seiner Zeit übliche Abhandlung der speziellen Mineralogie es ver-
mocht hätte. Schraufs Gedankengänge erweckten auch meine Begeisterung für
sein Fach. Als sein Assistent stand ich 10 Jahre hindurch an der Quelle. Als
ich dann selber akademischer Lehrer wurde, legte auch ich meiner Lehrtätigkeit
die Pflege der Wissenschaft um die Mineralparagenesen zugrunde und fand in
meinen Schülern F. Angel und F. Machatschki ebenso begeisterte Jünger
dieses Wissenszweiges, wie ich selbst einer geworden war.

Bei meinen Hörern fand die paragenetische Darstellung in der speziellen
Mineralogie großen Anklang, so daß ich wiederholt aufgefordert wurde, durch
Drucklegung meiner Vorlesungen den Stoff weiter und besser zugänglich zu
machen. Ich konnte mich lange dazu nicht entschließen, weil das kaum erschlossene Wissensgebiet ja laufend stürmischen Zuwachs erhielt. In den letzten
Jahren ist aber dank der vielen Einzelstudien und dank der wachsenden Bedeutung der Paragenetik die Lage reif geworden. Da überdies Angel und Machatschki mich ihrer Unterstützung versichert hatten, schritt ich dazu, den
Stoff in Form zu gießen und freue mich, in meinen Schülern die Mitarbeiter gefunden zu haben, die mein Werk mit Lust und Liebe, gestützt auf die neuen
Forschungsergebnisse, mit modernen Mitteln und den Ausdrucksformen der
heutigen Wissenschaft fortzusetzen gewillt sind.

Das Werden und Vergehen der Mineralien wird in diesem Werk nur in großen
Zügen dargestellt. Für eine Anzahl von Mineralien sind ja die genetischen Beziehungen noch nicht genau geklärt, und die Auffassung und Deutung beobach-
teter genetischer Zusammenhänge wird ja nicht immer dieselbe bleiben. Und
nachdem es sich um einen ersten Versuch einer solchen paragenetischen Darstellung handelt, wie sie hier beabsichtigt ist, darf ich wohl um Nachsicht bitten,
wenn sich hier und da Unstimmigkeiten oder Unsicherheiten bemerkbar machen.
Sie werden aber vielleicht ihr Gutes haben, indem sie deutlich auf Lücken, auf
offene Arbeitsfelder hinweisen und Anregung bieten.

Freistadt, 19. Juni 1932. **Rudolf Scharizer.**

II.

Hat mein verehrter Lehrer und Freund Rudolf Scharizer seine Wissenschaft von Albrecht Schrauf, so habe ich sie von ihm. Scharizer hat die
Paragenetik der Mineralien als eine zarte Pflanze von seinem Lehrer übernommen,
betreut und gepflegt, um Freunde für sie mit Erfolg geworben, unter seinen und

unter vielen anderen Händen ist die Mineralparagenetik nun zu einem stattlichen Baum der Erkenntnis geworden. So hat er sie seinen Schülern überantwortet. Wir haben die beste Absicht, dieses wertvolle Gut nicht allein zu bewahren, sondern für sein weiteres Gedeihen und Wachsen, für eine weitere Zunahme seines inneren Wertes Sorge zu tragen. Das sind wir ja den Männern schuldig, die sich vor uns darum bemüht haben.

Die Paragenesenlehre fragt, in welchen Beziehungen solche Mineralien zueinander stehen, die in der Natur im Verbande natürlicher Mineralgesellschaften zu beobachten sind. Und sie sucht einen Wesenszug der beteiligten Mineralien aus dem Zusammensein mit anderen heraus zu verstehen. Die Petrologie hat freilich eine ähnliche Fragestellung, aber sie ist nicht so umfassend, da sie ja nur die gesteinsmäßigen Mineralparagenesen zum Gegenstand gewählt hat. Hier ist in der Tat viel Arbeit geleistet worden, die der allgemeinen Mineralparagenetik zugute kommt. Allein da bleiben alle die bedeutungsvollen, nicht gesteinsmäßigen Gesellschaften außer Betracht. Die Zeit ruft nach einer allgemeinen Paragenesenerörterung, und in diesem Sinne soll dieses vorliegende Werk einem Mangel wenigstens grundlinienhaft abhelfen.

Einen Spiegel der Zeitlage stellt wohl das verwendete Formelmaterial dar. R. Kremann hat gelegentlich eines Vortrages, bei dem er mit Formeln arbeitete, den bedeutungsvollen Ausspruch getan: Eine chemische Formel kann nur das wiedergeben, was der Autor in sie hineingelegt hat. In diesem Sinn mögen die Formeln, die in diesem Buch Verwendung gefunden haben, beurteilt werden. Das kann natürlich keineswegs etwa einer Formelanarchie Tür und Tor öffnen. Aber dem, der diese Formeln aufmerksam liest, offenbaren sie, wie verschieden der Stand der Forschung gegenwärtig für einzelne Mineralgruppen und sogar innerhalb derselben ist. Und das wird, wie ich glaube, ein großer Vorteil dieses Buches sein. Es ist ja kein Mangel, sondern es handelt sich um Wegweiser für bevorstehende Arbeit. Überall, wo der Vorstoß der Forschung dies möglich machte, wurden die modernen, nach kristallchemischen Grundsätzen aufgebauten Formeln eingesetzt. Dort, wo es noch nicht so weit ist, wurden die letzten Formeln der Spezialforscher benutzt, und nur in einigen Fällen konnte eine kleine Redaktion in der Richtung auf moderne Ergebnisse mittels Analogien versucht werden.

Meinem Freund und Kollegen Machatschki-Tübingen danke ich herzlich für die Durchsicht des Manuskriptes und eine Reihe von Ratschlägen, die ich selbstverständlich durchwegs benutzt habe.

Im übrigen hoffe ich, daß dieses Werk Schülern und Fachgenossen willkommen sein werde und wünsche ihm Glück auf den Weg.

Dem Herrn Verleger aufrichtigen Dank in dieser schweren Zeit.

Graz, 23. Juni 1932.   F. Angel.

Inhaltsverzeichnis.

Zweiter Abschnitt.

Die sekundären Mineralien und Gesteine.

Zweiter Teil.
Die Mineralien der Erzlagerstätten.

Dritter Teil.
Die Biolithe.

Berichtigung.

Seite 205: Lies Broken Hill statt Brockenhill.
Seite 252: Lies Tujamujunit statt Tjujumunit.

In der Tafel „Das periodische System" auf Seite 6 lies richtig Sn^{+4} für Sn^{+7} und Cr^{+4} für Cr^{+6}. — Nachtrag. Nach freundlicher Mitteilung Machatschkis kann man für $As^{+5} = 0{,}40$, $Sb^{+5} = 0{,}68$ einsetzen. Der Wert des Ionenradius für V^{+5} ist unsicher und dürfte näher P^{+5} liegen. Hf^{+4} hat fast genau den Ionenradius von Zr^{+4}. — Der Wert $H^{-1} = 1{,}27$ ist ebenfalls unsicher. Diagonalreihenäste verlaufen auch von Li über Be nach Mg und von Be über B nach Al.

Einleitung.

1. Organisches und anorganisches Naturerzeugnis.

Wir unterscheiden zwei große Gruppen von Naturgebilden: Die belebten, das sind die Tiere und Pflanzen, und die unbelebten, das sind die Steine oder Mineralien. Beide treten uns individualisiert entgegen.

Belebt nennen wir jene Naturgebilde, welche die Fähigkeit der Assimilation besitzen. Dies bedeutet, daß sie körperfremde Substanzen in körpereigene umwandeln können. So vermag die grüne Pflanze aus Kohlendioxyd, Wasser, einigen mineralischen Stoffen aus dem Erdboden und mit Hilfe ihres Blattgrüns im Sonnenlicht die Synthese von Verbindungen auszuführen, welche sie in ihrem Körper direkt oder nach neuerlichen Umformungen beim Wachstum aufbauend, verwendet. Die nicht grünen Pflanzen und die tierischen Lebewesen assimilieren ihrerseits wieder direkt oder indirekt die Körperstoffe der grünen Pflanze.

An Lebewesen kann man ferner periodisch wiederkehrende Veränderungen wahrnehmen, und eine große Anzahl von ihnen kann willkürlich — unbeeinflußt von äußeren Einwirkungen — Bewegungen ausführen.

Von jedem Lebewesen weiß man, daß es von einem derselben Art herstammt, aus dem es entweder ungeschlechtlich (durch Teilung, Knospung usw.) hervorgehen kann, oder geschlechtlich, wofür männliche und weibliche Partner erforderlich sind. Diese Partner liefern Samen- und Eizelle, deren fruchtbare Vereinigung — das Ei — auf verschiedenen Wegen und in verschiedener Weise weiterentwickelt werden kann, z. B. zu einem sehr differenzierten Körper, etwa einem Zellenstaat. Solche Zellenstaaten haben, wie auch einfacher gebaute Lebewesen, eine mehr oder weniger beschränkte Lebensdauer, nach deren Ablauf sie scheinbar ohne äußere Nötigung die Lebenstätigkeiten einstellen: sterben! Nach dem Tode zerfällt das Lebewesen wieder in einfache Verbindungen, wie Wasser, Kohlendioxyd, Ammoniak, Schwefelwasserstoff u. dgl., mit Ausnahme jener Hartteile, die den Weichteilen des Wesens zum Schutz (Schalen) und zur Stütze (Knochen) dienten. Diese Hartteile bestehen aus mineralischen Stoffen, wie Kalziumkarbonat, Kalziumphosphat, Kieselerde.

Wenn der zum natürlichen Zerfall der Lebewesen nötige Sauerstoff fehlt, können aus den Leichen Naturkörper entstehen, die zwar die Merkmale eines Lebewesens nicht mehr an sich tragen, aber von ihnen unverkennbar herstammen. Solche Gebilde sind die Leiptobiolithe.

Die Zellverbände der Lebewesen richten sich im allgemeinen auf bestimmte Leistungen gruppenweise ein, sie gliedern sich in Organe, und daher sind die Lebewesen als organisierte Naturprodukte zu charakterisieren.

Anders verhalten sich die Mineralien oder Steine. Sie ändern im Gegensatz zu den Tieren und Pflanzen willkürlich weder Gestalt, noch Inhalt, noch Ort. Sie assimilieren auch nicht. Wegen dieser in die Augen fallenden Unveränderlichkeit stellen wir sie den Lebewesen als unbelebte Naturkörper gegenüber. Die Unveränderlichkeit ist aber nur scheinbar; auch die Mineralien verändern sich, allerdings meist nur in Zeiträumen, gegenüber denen die Lebensdauer des Menschen als zu kurz erscheint, um beobachten zu können; und meist auch an Orten, die uns nicht zugänglich sind: In wechselnden Tiefen der Erdrinde. Allerdings fixiert die Natur oftmals ihre Veränderungserzeugnisse in der Mineralwelt, und das Mikroskop enthüllt sie uns. Daraus ist erkannt worden, daß auch im Reich der Steine ein ewiges Werden und Vergehen herrscht. Aber es handelt sich nicht um Leben und Sterben, denn diese Vergänglichkeit ist für das Mineralindividuum weder stofflich noch zeitlich festgelegt.

Nicht alle anorganischen Naturprodukte werden zu den Mineralien gezählt, z. B. nicht die Stoffe der Lufthülle und nicht das Wasser in flüssiger Form, trotzdem gerade letzteres den größeren Teil der Erdoberfläche bedeckt und bei der Umbildung der festen Erdrinde eine so bedeutende Rolle spielt, also unmittelbar im Zusammenhang mit den Individuen der festen Erdkruste — den Mineralien im landläufigen Sinn — betrachtet werden muß. Und auch die Atmosphäre hängt mit den Vorgängen im Mineralreich zusammen. Also mag eine kurze Darstellung dieser Zusammenhänge, die den Erdball als Ganzes in den Mittelpunkt der Betrachtung rücken, den Weg zum Verständnis der Paragenesen eröffnen.

2. Die Entstehungsgeschichte der Erde und deren Bau.

Die Gestalt des Erdballes wird als Geoid bezeichnet. Es handelt sich ungefähr um eine polar abgeplattete Kugel (Polarradius 6356,9 km, Äquatorradius 6378,4 km). Dieser Körper dreht sich um seine eigene Achse und kreist gleichzeitig in elliptischer Bahn um einen Zentralkörper, die Sonne, die in dem einen Brennpunkt der Erdbahn steht. Zum Sonnensystem gehören noch eine größere Anzahl von Himmelskörpern, wie die Planeten und Planetoiden. Wir nehmen an, daß sich die planetarischen Körper und damit auch die Erde einstmals von der Sonne abgelöst haben.

In der Bewegung der Erde um die Sonne können wir ja wohl einen Beleg näherer Verbundenheit erblicken. Wir nehmen weiterhin an, daß die Erdmasse zur Zeit der Ablösung von der Sonnenmasse gasförmig war und noch geraume Zeit blieb. Einen Beweis hiefür haben wir nicht, aber es sprechen auch keine gewichtigen Tatsachen dagegen. Der Differenzierungsgrad der Erdmasse zu jener Zeit ist auch heute nicht erschließbar, aber wenn wir sie als sehr hochtemperiert und sehr einheitlich aufgebaut (homogen), gasförmig und der Abkühlung durch den kalten Weltraum ausgesetzt betrachten, so können wir den Lauf der Entwicklung zu den heutigen Verhältnissen verstehen.

Infolge der Abkühlung, der Wärmeabgabe an den Weltraum, mußte die Erdmasse schließlich zum beträchtlichen Teil flüssig werden. Bis dahin darf man sich die Erdmasse als eine Ballung unbeschränkt mischbarer Urbaustoffe vorstellen, aber diese Mischbarkeit muß von einer bestimmten Temperaturgrenze an aufgehoben sein. Da erfolgte denn — nach Goldschmidt einem riesigen Hochofenprozeß vergleichbar — die Scheidung des Flusses in drei unmischbare, flüssige Phasen: Metallschmelze, Sulfidschmelze, Silikatschmelze, umwallt von einer Dampfhülle, der damaligen, von der heutigen wohl stark verschiedenen Atmosphäre. Nennen wir die undifferenzierte Masse Urmagma, so hat sich dieses jetzt in drei Teilmagmen geschieden, die sich nach der Dichte um das Zentrum des Erdballes gruppieren mußten.

Es gibt mehrere Hinweise darauf, daß das Erdinnere in diesem Sinne gegliedert ist. So z. B. wissen wir, daß die mittlere Erddichte ca. 5,56 beträgt, die Erdrinde aber nur mit der Dichte 2—3 in Rechnung gestellt werden darf, woraus sich ergibt, daß nach Innen zu schwerere Massen angehäuft sein müssen,

Massen mit Dichten größer als 5! — Ferner sprechen die Ergebnisse der Erdbebenkunde sehr für das Vorhandensein von zwei starken Unstetigkeitsflächen, woraus sich für den Erdball, abgesehen von der Atmosphäre und Hydrosphäre, drei stofflich und physikalisch verschiedene Schichten ergeben. Gestützt auf metallurgische Erfahrungen einerseits, auf die Meteoritenkunde andererseits, haben in den letzten Jahren V. M. Goldschmidt und H. S. Washington versucht, möglichst in die Einzelheiten gehende Bilder über den derzeitigen Aufbau unseres Planeten zu gewinnen. Daß wir das Innere als fest ansehen müssen, hat vor kurzem Herlinger wieder referierend betont. Tidenhubgröße und Verlauf der Gezeiten fordern, daß auch ein verhältnismäßig geringer Teil der Erdmasse derzeit nicht flüssig sein kann. Damit aber erscheint der mögliche Stoffwechsel zwischen den Erdballschichten heute äußerst eingeengt und im wesentlichen als abgeschlossen.

Stoffverteilung im Erdinnern nach:

V. M. Goldschmidt	E. Suess	H. S. Washington
Normale Silikathülle (120 km mächtig)	Sial $D = 2{,}8$	Kontinentalschollen (20—30 km mächtig)
	Sima $D = 3{,}2$	Basaltschicht (100—120 km)
Eklogitschale (komprimierte Silikate, 1080 km)	$D = 3{,}6\text{—}4{,}0$	Peridotitschicht (1280—1230 km)
		Grenzschicht (200 km)
Sulfid-Oxyd-Schale (1700 km)	$D = 5{,}6\text{—}5{,}8$	Pallasitzone (Eisengebälk mit mineral. Zwickelfüllung, 1200 km)
		Grenzschicht (200 km)
Metallkern (3500 km)	Nife $D = 8\text{—}10$	Erdkern (3400 km)

Sowohl Goldschmidt als auch Washington unterscheiden also eine Silikatzone, eine Mittelzone und einen Erdkern. Die Abweichungen in den Einzelheiten sind aus der Tabelle ersichtlich. — Die Mächtigkeits- und Dichteziffern sind Näherungswerte. Die Ausdrücke Sial, geprägt nach Silizium-Aluminium, Sima nach Silizium-Magnesium und Nife nach Nickel-Ferrum, sollen die stofflichen Herrschaftsverhältnisse der Schichten grob kennzeichnen. Sie stammen von E. Suess aus den siebziger Jahren des vorigen Jahrhunderts.

In diesen Erdschichten sind die irdischen Elemente sehr ungleich, aber doch gesetzmäßig verteilt. Goldschmidt unterscheidet je nach dem gegenseitigen chemischen Verhalten folgende Gruppen:

1. Siderophile Elemente (geringe Affinität zu Sauerstoff und Schwefel, löslich in der Eisenschmelze): *Fe, Co, Ni — C, P — Mo — Pt, Ir, Ru, Rh.*

2. Chalkophile Elemente (Affinität zu Schwefel größer wie jene zu Sauerstoff, Verbindungen löslich in Sulfidschmelzen): *S, Se, Te. — Fe, Cu, Zn, Cd, Pb, Ge — As, Sb, Bi — Au, Ag, Hg — Pd, Ga, In, Tl,* also die selteneren Elemente Palladium, Gallium, Indium, Thallium, Germanium u. a.

3. Lithophile Elemente (große Affinität zu Sauerstoff). Hierher gehört die größte Anzahl der irdischen Elemente, wie *O, Si — Ti, Zr, Hf* (Hafnium), *Th* (Thorium) — *F, Cl, Br, J — B, Al* und die seltenen Erden, wie *Ce* (Zerium) usw., ferner *Li, Na, K, Cs, Rb — Ca, Sr, Ba, Be, Mg — V* (Vanadium), *Cr, Mn. — Nb* (Niob), *Ta* (Tantal), *Wo* (Wolfram), *U* (Uran). — *Sn.*

Atmophile Elemente (die Elemente der Lufthülle): *H, N — He, Ne* (Neon); *Kr* (Krypton), *X* (Xenon), *Ar* (Argon), also hier die Edelgase.

Die soeben ausgeführte Scheidung vollzog sich nicht vollständig, und daher finden wir heute auch siderophile und chalkophile Elemente in der Silikatzone, wo sie bei reinlicher Scheidung nicht sein sollten. Ob diese Erscheinung auf rein mechanischer Behinderung beruht oder auf Löslichkeitserscheinungen, das wird von verschiedenen Forschern verschieden beantwortet. Goldschmidt meint, daß durch Fraktionieren, also etwa wiederholtes Aufschmelzen, eine immer vollkommenere Trennung erreicht werden könnte.

Außer den Affinitätsverhältnissen waren nach Goldschmidt für die Gruppierung der Elemente auch die Größen- und strukturellen Verhältnisse der Atomsorten zueinander maßgebend. In einer noch sehr heißen Schmelze sind die konstituierenden Atomsorten entweder in Form binärer Verbindungen oder Mischungen, allenfalls auch Legierungen zugegen. Erst bei fortschreitender Abkühlung bilden sich verschiedene kompliziertere Verbindungen. Es sei nur auf folgenden Fall hingewiesen:

Wird die Verbindung Al_2SiO_5 auf 1487° erhitzt, so zerfällt sie in $Al_6Si_2O_{13}$ und eine Si-reichere Schmelze; wird die Temperatur bis auf 1487° gesteigert, so bildet sich Al_2O_3 und eine noch Si-reichere Schmelze; bei 1920° entsteht dann ein homogener Schmelzfluß. Solche Beispiele gibt es mehrere.

Bei der Differenzierung von Schmelzen werden sich nun ganz allgemein jene Elemente enger zusammentun, welche infolge ihrer gleichen oder sehr ähnlichen Raumansprüche gemeinsame Gitterbauten ermöglichen, was durch folgende Tabelle für Siderophile gezeigt wird:

Wir stellen die Atomradien jener Elemente zusammen, welche wie das γ-Eisen ein flächenzentriertes Gitter haben:

Co 3,55 AE., Ni 3,56, Cu 3,61, Fe 3,62, Ru 3,80, Ir 3,83
Pd 3,87, Pt 3,90, Ag 4,07, Au 4,07, Al 4,04.

Man sieht, die Radien differieren nur innerhalb einer Grenze von 15%, welche von Goldschmidt erfahrungsgemäß als kritisch angesehen wird. Innerhalb dieser Unterschiede können z. B. die aufgezählten Atomsorten in das Eisengitter eingebaut werden, ohne daß sich in einem solchen Mischbau eine empfindlichere Störung bemerkbar macht. Diese Möglichkeit schließt also u. a. die siderophile Gruppe zusammen.

Die übrigen als siderophil bezeichneten Elemente, wie C, P, S, scheinen in den Eisenkern deswegen eingegangen zu sein, weil ihre Verbindungen FeC_3, FeP_3 und FeS, desgleichen auch C selber, in der Eisenschmelze löslich sind. Sinkt die Temperatur unter eine gewisse Höhe, dann scheiden sich die genannten Verbindungen aus und werden in Tropfenform vom erstarrenden Eisen umschlossen, wie man auch in Meteoreisen beobachten konnte.

Im ganzen finden wir die siderophilen Elemente gestapelt im Metallkern der Erde, die chalkophilen in der Sulfidoxydschale, die lithophilen in der Silikathülle, die atmophilen in der Lufthülle der Erde. Unsere Erde ist aber ein richtiger Eisenplanet. Dies bedingt einerseits, daß Eisen in ausgedehntem Maß alle Schalen der festen Erde begleitet, andererseits werden die Besonderheiten der Schalengliederung erklärbar.

Der Eisenüberschuß der Urschmelze war ja so groß, daß beim endlichen Erwachen der schlummernden Affinitäten während der Abkühlung die verfügbaren Mengen von O und S nicht hinreichten, das Eisen in Verbindungen abzusättigen, daher mußte der metallische Eisenkern zustande kommen.

In der Sulfidoxyd- und Silikatschale walteten dieselben kristallo-chemischen Gesetze wie im Kern, mit dem Unterschied, daß es hier nicht mehr auf die Atomradien der elektrisch-neutralen Elemente ankam, sondern auf die Ionenradien. Wir wissen heute, daß die letzteren mit den Atomradien nicht nur nicht identisch sind, sondern daß es sich, soweit z. B. Kationen in Betracht kommen, um kleinere Dimensionen handelt, die übrigens auch von der Valenz abhängig sind.

So z. B. beträgt der Atomradius des α-Eisens bei gewöhnlicher Temperatur 1,24 AE. (innenzentriertes Gitter, dichteste Kugelpackung). — Hingegen ist der Ionenradius von $Fe^{+2} = 0,83$ AE., und von $Fe^{+3} = 0,67$ AE.

Wie die neuesten Untersuchungen von Goldschmidt und Machatschki klar gezeigt haben, spielt bei der Errichtung von Raumgitterbauten, wie es die Kristalle sind, die Wertigkeit der eingebauten Ionen unmittelbar keine Rolle gegenüber dem Ionenradius, der das Ausschlaggebende ist. Gleichzeitig ist von Goldschmidt auch gezeigt worden, daß jene Ionen, die sich kristallochemisch vertreten, im periodischen System in den Diagonalreihen stehen! Z. B.:

$$Na^{+1} = 0,98\,\text{AE.}, \quad Ca^{+2} = 1,06, \quad Y^{+3} = 1,06, \quad Ce^{+4} = 1,02, \quad Th^{+4} = 1,10\,\text{AE.}$$

Darin sieht man das Wirken der Diagonalregel (sie ist kein Gesetz!) — Ce gehört in die fünfte, Th in die sechste Reihe des periodischen Systems. Daß trotzdem die Ionenradien gleich sind, ist nach Goldschmidt eine Folge der sog. Lanthanidenkontraktion: Lanthaniden heißen die Elemente zwischen Nr. 57, La, und Nr. 71, Cp, in der dritten Kolumne des Systems. Ihr Ionenradius sollte normalerweise mit steigender elektrischer Ladung wachsen, aber man beobachtet das Gegenteil: $La^{+3} = 1,22$ AE., $Cp^{+3} = 0,99$ AE. Erst die nachfolgenden Elemente verhalten sich wieder normal. Der Lanthanidenkontraktion ist es zuzuschreiben, daß auch die Ionenradien folgender vierwertig positiver Ionen nahezu gleich sind: Ce, Th, Mo, W, Nb, Ta, Zr, Hf, Ag, Au.

Die Sulfidoxydschale.

Über den Aufbau der Sulfidoxydschale können wir nur Vermutungen haben. Die Hauptmasse könnte nach Goldschmidt FeS — mineralisiert als Meteoritenmineral Troilit — ausmachen. Skappel vermeint, in dieser Zone enthaltenem K, Na, Ca, Mg ebenfalls chalkophilen Charakter zuschreiben zu müssen. Das Meteoritenmineral Oldhamit (CaS) sollte ein Hinweis darauf sein.

Die Silikatschale.

Über diese Schale sind wir am besten unterrichtet, weil uns die oberflächlich liegenden Teile unmittelbar zugänglich sind, weil Bergwerke und Bohrlöcher uns wenigstens bis ca. 2300 m Einblick gewähren und weil gebirgsbildende Vorgänge einesteils, Abtragung andernteils uns Erdrindenteile zu Gesicht bringen, die einstmals in großen, uns unerreichbaren Tiefen lagen. Man kann sagen, daß wir so eine Hülle von ca. 15 km oder etwas mehr direkt studieren können.

Die Sialschicht — Suess sagte Sal, Wegener Sial — muß wohl einmal die ganze Erdkugel überzogen haben. Sie ist nach der Annahme der Geologen und Geophysiker erst später zerstückelt worden. Heute sehen wir sie in Form voneinander getrennter Kontinentschollen, welche — so wie die Eisberge auf dem Wasser — auf den Basaltmassen von Sima schwimmen und in sie teilweise eintauchen. Die Unterlage der Ozeane soll ja die Basaltschicht in erstarrter Form selber sein. Das Ereignis der Zerreißung der Sialhaut soll mit der Ablösung des Mondes von der Erde zusammenhängen, dessen Massen dort entnommen worden sein sollen, wo heute der Stille Ozean flutet.

Die Atmosphäre.

Es kann heute noch nicht entschieden werden, ob die Erde zu jener Zeit, als sie noch als Ganzes unfest war, etwa schon eine deutliche Scheidung in eine einhüllende Atmosphäre und einen flüssigen Kern gezeigt hat. Schmelzen ver-

Die seltenen Erden.

57. La+3	58. Ce+3	59. Pr+3	60. Nd+3	61. —	62. Sm+3	63. Eu+3	64. Gd+3	65. Tb+3	66. Dy+3	67. Ho+3	68. E:+3
Lanthan	Cer	Praseodym	Neodym		Samarium	Europium	Gadolinium	Terbium	Dyspros.	Holmium	Erbium
138,9	140,2	140,9	144,3		150,4	152,0	157,3	159,2	162,5	163,5	167,7
1,22	1,18	1,16	1,15		1,13	1,13	1,11	1,09	1,07	1,05	1,04

69. Tu+3	70. Yb+3	71. Cp+3
Thulium	Ytterbium	Cassiopeium
169,4	173,5	175,0
1,04	1,00	0,99

Das periodische System (Langform).

Beinhaltet auch Ionenradien und Diagonalreihen.

1	2	3	4	5	6	7	8	9	10	11	12	13	14	15	16	17	18
1. H-1 Wasserstoff 1,008 1,27																	2. He° Helium 4,00
3. Li+1 Lithium 6,94 0,78	4. Be+2 Beryllium 9,02 0,34	5. B+3 Bor 10,32 0,20	6. C+4 Kohlenstoff 12,00 0,15											7. N+5 Stickstoff 14,008 0,11	8. O-2 Sauerstoff 16,00 1,32	9. F-1 Fluor 19,00 1,33	10. Ne° Neon 20,2 1,52
11. Na+1 Natrium 23,00 0,98	12. Mg+2 Magnesium 24,82 0,78	13. Al+3 Aluminium 26,97 0,57	14. Si+4 Silizium 28,06 0,39											15. P+5 Phosphor 31,04 0,35	16. S+6 Schwefel 32,07 0,34	17. Cl-1 Chlor 35,46 1,81	18. Ar° Argon 39,88 1,92
19. K+1 Kalium 39,10 1,33	20. Ca+2 Kalzium 40,07 1,06	21. Sc+3 Scandium 45,10 0,83	22. Ti+4 Titan 48,1 0,64	23. V+5 Vanadium 51,0 0,59	24. Cr+6 Chrom 52,0 0,35	25. Mn+2 Mangan 54,93 0,91	26. Fe+2 Eisen 55,84 0,83	27. Co+2 Kobalt 58,97 0,82	28. Ni+2 Nickel 58.63 0,78	29. Cu+1 Kupfer 63,57 0,96	30. Zn+2 Zink 65,37 0,83	31. Ga+3 Gallium 69,72 0,62	32. Ge+4 German. 72.60 0,44	33. As Arsen 74,96	34. Se-2 Selen 79,2 1,91	35. Br-1 Brom 79,92 1,96	36. Kr° Krypton 82,9 2,1
37. Rb+1 Rubidium 85,5 1,49	38. Sr+2 Strontium 87,6 1,27	39. Y+3 Yttrium 89,0 1,06	40. Zr+4 Zirkon. 91,2 0,87	41. Nb+5 Niobium 93,5 0,69	42. Mo+4 Molybdän 96,0 0,68	43. Ma Masurium	44. Ru Ruthenium 101.7	45. Rh+3 Rhodium 102.9 0,69	46. Pd Palladium 106,7	47. Ag+1 Silber 107,88 1,13	48. Cd+2 Kadmium 112,4 1,03	49. In+3 Indium 114,8 0,92	50. Sn+7 Zinn 118,7 0,74	51. Sb Antimon 121,8	52. Te-2 Tellur 127,5 2,11	53. J-1 Jod 126,92 2,20	54. X° Xenon 130,2 2,3
55. Cs+1 Cäsium 132,8 1,65	56. Ba+2 Barium 137,4 1,43	57.—71. Seltene Erden 138,9–175,0	72. Hf Hafnium 178,3	73. Ta Tantal 181,5	74. W+4 Wolfram 184,0 0,68	75. Re Rhenium	76. Os+4 Osmium 190.9 0,67	77. Ir+4 Iridium 193,1 0,66	78. Pt+4 Platin 195,2	79. Au+1 Gold 197,2 1,37	80. Hg+2 Quecksilber 200,6 1,12	81. Tl+3 Thallium 204,4 1,05	82. Pb+4 Blei 207,2 0,84	83. Bi Wismut 209,0	84. Po Polonium (210)	85. —	86. Em Emanat. 222
87. —	88. Ra Radium 226,0	89. Ac Actinium (226)	90. Th Thorium 232,1	91. Pa Protactinium (230)	92. U+4 Uran 238,2 1,05												

Atomnummer, Symbol, eine Wertigkeit
Element
Atomgewicht
Zugehöriger Ionenradius
} Erklärung.

Gestrichelte Diagonalen deuten einige „Diagonalreihen" an.

mögen ja unter bestimmten Temperaturdruckverhältnissen bestimmte, sehr erhebliche Mengen von Gasen zu absorbieren. Die Stoffe der heutigen Atmosphäre können also im Urmagma auch zur Gänze gelöst gewesen sein. Allerdings werden die absorbierten Gase bei fallender Temperatur und Druckabfall wieder abgegeben. So mag es eine Geburtsstunde unserer Atmosphäre gegeben haben, allein es ist bei den immerhin noch hoch anzusetzenden Temperaturen dieses Entwicklungsstadiums sicher, daß neben den heutigen Atmosphärilien noch andere Stoffe am Aufbau der Lufthülle sich beteiligten, etwa Alkalichloride, die ja noch bei verhältnismäßig niederen Temperaturen und Drucken flüchtig sind. Vielfach wird angenommen, daß auch der Sauerstoff einmal der Atmosphäre gefehlt hat und zur Gänze in der Silikathülle steckte. [Vergleiche hiezu die Tabelle „Das periodische System (Langform)".]

Erster Teil

Die gesteinsbildenden Mineralien und ihre Schicksale.

Alle unsere Mineralien sind Kinder der Silikatschale. Nur aus Meteoriten kennen wir eine kleine Zahl davon, die nicht der Silikatschale eigen sind. Als primär mögen solche gesteinsbildende Mineralien angesehen werden, die sich aus Schmelzen bilden. Die betreffenden Schmelzen selber mögen die primären Gesteine liefern, wenn sie erstarren.

Erster Abschnitt.

Die primären Mineralien und Gesteine.

A. Genese und Gefüge.

1. Die Bildungsweise der primären Mineralien. Im Sinne der Goldschmidtschen Gedankengänge dürfen wir uns vorstellen, daß die große Gliederung des Erdballes im wesentlichen durch Prozesse erfolgte, die heute von der Natur nur mehr in kleinerem Maß wiederholt und in noch kleinerem Maß von uns Menschen im Hochofenprozeß ausgenutzt werden. Wir fragen nach den allgemeinen Entwicklungsgesetzen von Gesteine liefernden Schmelzmassen und nach den Erscheinungen, welche die Verfestigung begleiten.

Urschmelze. Für die physikalischen Verhältnisse zur Zeit der Abscheidung der Silikaturschmelze von Eisenkern und Sulfidoxydschale hat man keine Anhaltspunkte.

Unter Wärmeabgabe an den kalten Weltraum vollzog sich das erste Festwerden an der Oberfläche der Silikatschale. Die ersten dieser jemals ersten Mineralausscheidungen — die sich heute noch in jeder ähnlichen Schmelze wiederholenden Erstausscheidungen Goldschmidts — mußten ihrer größeren Dichte halber in der Schmelze wieder untersinken. Dergestalt entwickelte sich der erste Stofftransport in der Silikatschmelze von oben nach unten. Nach unseren Erfahrungen handelt es sich bei diesen Erstausscheidungen um Verbindungen des Fe und Mg. Diese wurden beim Transport in den tieferen und heißeren Schichten des ursprünglich wahrscheinlich homogenen Schmelzbreies wohl wieder gelöst, führten aber doch zur ersten Differentiation in Sial: Si, Al, *Alkalien* oben, und Sima: Mg und Fe unten!

Das Existenzgebiet jedes Minerals ist durch bestimmte Druck-, Temperatur- und Konzentrationsverhältnisse umgrenzt. Innerhalb dieser Grenzen ist das Mineral stabil. Durch Grenzüberschreitungen gerät es in instabile Lagen, es muß, um sich weiter halten zu können, entweder polymorph umbauen können, oder es muß eine große Haltbarkeit besitzen. Haltbar sind Mineralien in Instabilitätsbereichen dann, wenn sie eine große Reaktionsträgheit entfalten, und darüber verfügen gegenüber Druck und Temperatur eine sehr beträchtliche Anzahl von Mineralien in ausgedehntem Maß. Es wäre ja sonst unmöglich, daß wir die Mineralien in unseren Sammlungen praktisch unveränderlich aufbewahren können.

Mit fortschreitender Abkühlung sind aus diesen ersten Differentiaten die Gesteine jener Zone entstanden, die heute als Zone der komprimierten Silikate und somit als Gesteinszone eklogitischen Charakters vorliegt. Darüber die saureren Kristallakkumulationen der normalen Silikathülle. Es ist natürlich die Frage, ob wir Mineralassoziationen, die unter den oberflächenfremden Bedingungen der Eklogitschale zustande kommen, je beobachten können. Die Erfahrung hat uns Eklogite vorgeführt, und die Möglichkeit hierzu liegt in der Haltbarkeit. Mineralien, die sich nur unter hohen Drucken bilden können, also den Tiefen der Silikatschale entstammen, nennen wir abyssisch. Solche abyssische Mineralien kommen oft als Relikte, d. h. Überbleibsel aus vorhergegangenen Zuständen, mit Ergußgesteinen aus den Vulkanschlünden an die Oberfläche und lassen uns Einblick nehmen in die Vorgeschichte von Schmelzmassen.

In den Schmelzflüssen der Silikatzone waren und sind auch heute noch neben den Elementen, die sich am Aufbau der auskristallisierenden Mineralien beteiligen, solche vorhanden, die nur ausnahmsweise in die Konstitution der primären Mineralien eintreten, gewöhnlich aber beim Erstarren der Magmen in Gasform ausgeschieden werden. Diesen Elementen oder Verbindungen wird die Fähigkeit zugeschrieben, beim Sinken der Temperatur des Magmas demselben die für den Kristallisationsakt günstige Dünnflüssigkeit länger zu erhalten, als dies ohne dieselben möglich wäre. Man nannte deshalb auch diese Elemente und Verbindungen Mineralisatoren, d. h. Mineralbildner.

In einer unter hohem Druck stehenden Masse werden diese Gase beim Festwerden durch den hohen Druck festgehalten. Findet etwa eine Wiederverflüssigung der Massen statt, so werden diese Gase aus dem erneuerten Schmelzflusse entweichen. Dies geschieht oft recht stürmisch, und die dabei entwickelten Kräfte sind entweder schon allein oder in Verbindung mit anderen, z. B. geotektonischen Kräften imstande, längs Spalten den Schmelzfluß bis an die Tagesoberfläche emporzutreiben, also eine vulkanische Eruption hervorzurufen.

Ein recht gutes Bild dieses Vorganges liefert das Verhalten eines unter Druck mit Kohlensäure gesättigten Wassers, das in eine Flasche eingeschlossen ist. Wird von dieser Flasche der Verschluß, damit der Druck, entfernt, so entweicht die Kohlensäure oft so stürmisch, daß der Inhalt der Flasche aus derselben herausgetrieben wird.

Und wie bei diesem Vorgange Bläschen, mit einer dünnen Flüssigkeitshaut überzogen, in die Luft emporgeschleudert werden und dort dann platzen, genau so werden die aus dem Magma entweichenden Gasblasen Magmateilchen in die Luft emportragen und die Schmelze ganz oder teilweise zerspratzen. Wird die ganze Schmelze auf diese Weise fein zerteilt, so werden die vom erneuerten Schmelzflusse noch nicht aufgelösten, aber auch neu ausgeschiedenen Bestandteile der reagierenden Masse als lose Kristalle zugleich mit dem zerstäubten Schmelzflusse, der sog. vulkanischen Asche, ausgeworfen. Dies hat sich in historischer Zeit am Vesuv mehrmals ereignet, und die ringsum ausgebildeten Kristalle, die sich nicht selten in den vulkanischen Tuffen — so nennt man die wieder zur Ablagerung gelangten vulkanischen Aschen früherer Erdperioden — vorfinden, weisen auf einen ähnlichen Vorgang in der Vorzeit hin.

Die Untersuchungen Tammanns haben ferner wahrscheinlich gemacht, daß die mit dem wachsenden Drucke einsetzende Erhöhung des Schmelzpunktes bei einer gewissen Temperatur, dem maximalen Schmelzpunkt, ein Ende findet und daß über dieser Temperatur wieder die flüssige Phase allein bestehen kann. Er beobachtete nämlich, daß die Differenz zwischen dem Volumen der flüssigen und festen Phase ($v_{\text{flüss.}} - v_{\text{fest}}$) bei Substanzen, die unter Volumzunahme schmelzen — hierher gehören die meisten Mineralien —, bis zum maximalen

Schmelzpunkt immer positiv ist, aber mit steigender Temperatur stetig abnimmt und beim maximalen Schmelzpunkt Null wird. Nimmt der Druck noch weiter zu, so wird diese Differenz negativ, d. h. das Volumen der Schmelze ist kleiner als die des festen Körpers, und von nun an wird der Druck das Bestehen einer flüssigen Phase fördern. Diese Schmelzzone würde nach Tammann bei ungefähr 150 km Tiefe beginnen. Den dort herrschenden Druck berechnet Tammann mit 40000 Atmosphären.

Bemerkenswert ist, daß auch die Geophysiker auf Grund des Verhaltens der Erdbebenwellen in einer Tiefe von 100—200 km eine Zone annehmen, die sich durch größere Druckverschiebbarkeit ihrer Teilchen, als die darüberliegenden Teile besitzen, auszeichnet und die sie die plastische Zone nennen.

Wenn es ferner auch gestattet wäre, die gleichfalls von Tammann am Phosphoniumchlorid gemachten Beobachtungen, die dahin gehen, daß bei weiterem Ansteigen des Druckes die flüssige Phase abermals von einer festen Phase abgelöst wird, zu verallgemeinern und auf die Bestandteile der Silikatschale zu übertragen, so müßte in unbekannten Tiefen ein Magmaherd bestehen, der zwischen zwei festen Zonen eingeschlossen wäre. In dieser Fassung ist das doch heute nicht zu halten! Es kann sich nur um lokale Verflüssigungszonen handeln.

Die flüssigen Massen — man nennt sie Magmen oder an der Oberfläche Laven —, die noch heutzutage aus den Tiefen der Erde empordringen und die Vulkane aufbauen und aufbauten, könnten somit von zweifacher Herkunft sein. Sie könnten

a) entweder wieder verflüssigte, einstmals feste Massen sein, oder

b) aus einem unter der Zone des maximalen Schmelzpunktes liegenden Magmaherd stammen.

Einer Quelle der Energie in der Silikatschale ist da zu gedenken, die im Zerfalle der in der Silikatschale angehäuften radioaktiven Substanzen liegt. Nach den durchgeführten Berechnungen reicht die so erzeugte Wärme nicht nur hin, um den durch die Strahlung in den kalten Weltraum verursachten Wärmeverlust auszugleichen, sondern in den tieferen Schichten soll sich im Verlaufe von 35 bis 56 Millionen Jahren eine solche Menge Wärme aufspeichern, daß sie hinreichen würde, die unter der Sialschichte liegende Basaltschichte wieder aufzuschmelzen. Das deutet auf die zuerst erwogene Möglichkeit.

2. Das Vorkommen und das Gefüge der primären Gesteine. Woran erkennt man nun ein unverändertes primäres Gestein? Hierfür gibt es zwei Kriterien: das geologische Auftreten und das Gefüge.

Da man Gesteine, die Bestandmassen der allerersten Erdkruste im unveränderten Zustande sind, wahrscheinlich nirgends findet, so muß man sich auf jene primären Gesteine beschränken, die durch Erstarren von Schmelzflüssen, die erst in späteren Erdperioden die schon bestehende Erdrinde durchbrochen haben, entstanden sind. Diese Gesteine haben meist eine sog. durchgreifende Lagerung, d. h. sie durchbrechen andere Gesteine entweder in der Form unregelmäßig begrenzter Stöcke, oder sie bilden Batholithe, oder sie bilden zwischen anderen Gesteinen brotlaibähnliche Massen, sog. Lakkolithe. Auch treten sie in plattenförmigen, mehr oder minder vertikalen Bildungen, Gängen, auf, durchsetzen andere Gesteine als rundliche Stiele und können auch deckenförmig andere Gesteine überlagern oder von jüngeren Bildungen nichtvulkanischer Natur wieder bedeckt werden.

Im Gefüge bestehen alle möglichen Übergänge zwischen den durch und durch kristallinen und den glasigen Typen. Die glasigen Typen zeigen ein rasches Erstarren des Schmelzflusses an. Die Zeit reichte nicht hin, um eine Kristallbildung einzuleiten. Glasige primäre Gesteine finden sich hauptsächlich an der

Oberfläche von Lavaströmen oder an den Berührungsstellen gangartiger Massen mit dem durchbrochenen Gesteine, dem Salband. In dem einen Falle bewirkt die Luft, im anderen Falle das kalte, durchbrochene Nebengestein die rasche Abkühlung.

Zur Bildung von Kristallkeimen ist Unterkühlung notwendig, d. h. die Schmelze oder Flüssigkeit muß sich unter den Schmelzpunkt bzw. Sättigungspunkt abkühlen, ohne daß eine Kristallausscheidung oder ein Festwerden erfolgt.

Die Untersuchungen von Tammann und anderen Forschern haben ergeben, daß die Zahl der Kristallkeime mit zunehmender Unterkühlung bzw. Übersättigung zuerst rasch steigt, dann aber fast ebenso rasch abnimmt und endlich wieder Null wird. Wird nun, was bei schneller Abkühlung eintritt, bei einer Schmelze das für die Kristallkeimbildung günstige Intervall rasch durcheilt, so fehlt die Zeit zur Kristallkeimbildung, und die Schmelze erstarrt schließlich glasig.

Erfolgt dagegen die Abkühlung langsam, so bilden sich Kristallkeime, und diese zehren während ihres Wachstums die Schmelze ganz oder teilweise auf. Wurde die Schmelze vollkommen zur Kristallbildung verbraucht, so besteht das nunmehrige Gestein aus einem Haufwerk mehr oder minder gut entwickelter Kristalle und besitzt demnach ein holokristallines Gefüge. Bleiben aber zwischen den Kristallen noch glasig erstarrte Schmelzreste zurück, dann nennt man das Gefüge des betreffenden Gesteines hypokristallin, d. h. zum Teil kristallin.

Die Unterkühlung hat jedoch auch Einfluß auf die Schnelligkeit des Wachstums der Kristallkeime. Auch die Wachstumsgeschwindigkeit steigt zuerst mit der Unterkühlung rasch an, erreicht ein Maximum und wird dann wieder Null.

Die Schnelligkeit der Abkühlung und die von ihr abhängige Zahl und Wachstumsgeschwindigkeit der Kristallkeime bedingt weiter das Gefüge der holokristallinen Gesteine. Man unterscheidet, je nach der Größe der das Gestein zusammensetzenden Mineralkörner, grob-, mittel- und feinkörnige Gesteine. Sind die einzelnen Mineralbestandteile eines Gesteines mit freiem Auge nicht unterscheidbar, so ist das Gestein dicht. Für dichte Gesteine ist auch der Name Aphanite im Gebrauch.

Die Korngröße eines Gesteines erlaubt somit einen Rückschluß auf die Bedingungen, unter welchen die Erstarrung erfolgte. Grobkörnige Gesteine weisen auf ein langsames, feinkörnige auf ein schnelles Abkühlen hin. Die Randpartien von primären Gesteinen, die in der Tiefe fest wurden, besitzen sehr oft feinkörnige Randzonen, und bei den Gesteinsgängen kann man dasselbe Verhalten in vielen Fällen feststellen.

Die mineralischen Gemengteile, die ein körniges Gestein aufbauen, sind gewöhnlich von ziemlich gleicher Größe, doch ihre gestaltliche Entwicklung ist oft recht mangelhaft. Das kommt daher, weil die einzelnen Kristallkeime bei gleichzeitigem Wachstum sich wechselseitig den Raum zur Entwicklung einer normalen Kristallgestalt wegnehmen. Ein Mineral, das keine Spur einer eigenen kristallographischen Begrenzung zeigt, nennt man allotriomorph oder xenomorph, das ist fremdgestaltet. Ist eine teilweise kristallographische Begrenzung vorhanden, so wird es hypidiomorph, d. h. teilweise eigengestaltet genannt. Ist aber die Kristallgestalt allseitig gut entwickelt, so heißen die so begrenzten Mineralkörper idiomorph oder automorph, das ist eigengestaltet.

Die gestaltliche Ausbildung der Mineralien in einem primären Gesteine läßt somit Schlüsse über die Reihenfolge der Ausscheidung, also über deren Alter zu. Die zuerst gebildeten Mineralien werden ihre Kristallgestalt gut entwickelt haben, weil ihnen genug Raum zur Ausbildung derselben zur Verfügung stand. Schlechter sind diese Bedingungen für die nachfolgenden Mineralgenerationen, weil sie schon durch die Erstausscheidungen behindert wurden, und die letzten Ausscheidungen werden sich mit dem Raume begnügen müssen, welchen die vorher gebildeten Mineralien übriggelassen haben, sie werden also allotriomorph sein.

In manchen Gesteinen, und zwar sehr oft in den Ganggesteinen, besteht zwischen einzelnen Gemengteilen ein bedeutender Größenunterschied. Große, ringsum ausgebildete Kristalle eines Minerales schwimmen in einer feinkörnigen oder dichten Masse, welche den Namen Grundmasse erhalten hat. Das Gefüge solcher Gesteine nennt man porphyrisch, und die Gesteine selbst heißen Porphyre, wenn die porphyrisch ausgeschiedenen Kristalle makroskopisch sichtbar sind.

Die porphyrische Ausbildung eines Gesteines kann verschiedene Ursachen haben.

Die zahlreichen Versuche, die gemacht wurden, um primäre Gesteine aus gemischten Schmelzflüssen künstlich herzustellen, haben gelehrt, daß sich jenes Mineral, dessen Bestandteile in der Schmelze im Überschusse vorhanden sind, zuerst ausscheidet. Dieser Kristallisationsvorgang dauert so lange, bis die Schmelze eine ganz bestimmte chemische Zusammensetzung angenommen hat. In diesem Zustande besitzt die Schmelze den niedrigsten Schmelzpunkt, der niedriger ist als die Schmelzpunkte der sie zusammensetzenden mineralischen Substanzen. Dieser leichtschmelzende Schmelzrest heißt das Eutektikum, und die Temperatur, bei der es schmilzt, die eutektische Temperatur oder der eutektische Punkt. Die Mineralien, die sich aus der Schmelze ausgeschieden haben, bevor diese die eutektische Zusammensetzung erreicht hatte, konnten ihre Kristallgestalt gut entwickeln. Sobald aber der eutektische Zustand erreicht und die Temperatur unter den eutektischen Punkt gesunken ist, erstarrt die ganze Masse auf einmal, und es entsteht ein körniges Gemenge von Mineralien mit allotriomorphem Gefüge.

Als Beispiel für diesen Fall könnten die porphyrischen Feldspate im Granit von Karlsbad gelten.

a) Porphyrische Kristalle können aber, wie schon früher angedeutet wurde, auch entstehen, wenn ein Gestein wieder verflüssigt wird und während seines Aufsteigens zur Erdoberfläche nicht Zeit findet, alle früher gebildeten sog. protogenen Kristalle wieder aufzulösen. Auch in diesem Falle können die porphyrischen Bildungen Kristallgestalt besitzen, aber die Kanten dieser Kristalle sind nicht scharf, sondern infolge der lösenden Einwirkung der schon verflüssigten Gesteinsanteile gerundet und die Flächen geätzt. Genetisch gehören diese Kristalle zum Magma, das sie umschließt. Sie sind nur Bildungen einer vorhergegangenen, in der Rindentiefe verbrachten Periode und daher werden sie auch als intratellurische Einsprenglinge oder Pseudoeinsprenglinge bezeichnet.

Hierfür wären Biotite und Hornblenden in gewissen Trachyten Beispiele.

b) Das mit Gewalt gegen die Erdoberfläche vordringende Magma reißt bei diesem Beginnen in der Regel auch Teile des durchbrochenen Gesteines ab, umschließt sie und löst sie ganz oder teilweise auf. Im letzteren Falle werden die am schwersten löslichen Bestandteile des eingeschlossenen Gesteines am längsten erhalten bleiben und werden sich infolgedessen nachträglich als Reste im erstarrten Magma vorfinden. Beispiel für diese Möglichkeit wären die Sapphir- und Zirkonkristalle in den rheinischen Basalten. Auch diese Kristalle können Auflösungserscheinungen zeigen. Genetisch sind diese porphyrischen Einsprenglinge Fremdlinge im Gesteine.

Die porphyrischen Kristalle oder echten Einsprenglinge sind als normale Produkte der Ausscheidung mit der Schmelze im chemischen Gleichgewicht gewesen.

In den beiden anderen Fällen bestand ein solches nicht. Im Falle 2 ist der noch vorhandene Kristallrest instabil geworden, weil der bei seiner Bildung vorhandene und für dieselbe notwendige größere Druck nun nicht mehr wirksam war. Im Falle 3 ist der Einsprengling als dem Magma von anfang an fremd, mit diesem naturgemäß überhaupt nie im Gleichgewichte gewesen.

In den zwei letztgenannten Fällen bildete sich beim Auflösen oder Einschmelzen um den betreffenden Einsprengling eine chemisch von der Hauptmasse des Magmas verschiedene Schmelzzone aus, in der die chemischen Bestandteile des Einsprenglings vorherrschten. Wenn nun das Festwerden früher eintrat, bevor diese chemische Ungleichheit durch Diffusion ausgeglichen war, so bildete sich um die letzten Reste des Einspringlings oder, wenn dieser ganz eingeschmolzen, an dessen Stelle eine mineralogisch differente Gesteinspartie aus, die manchmal noch die ursprüngliche Gestalt des Einsprenglings erkennen läßt. Oft häufen sich an diesen Stellen rote oder schwarze undurchsichtige Partikelchen (Opazite) an oder es bildete sich ein faseriges bis körniges Mineralgemenge (Kelyphit). Die Reste der Einsprenglinge können, wenn der chemische Bestand des Magmas die Bildung ähnlicher Mineralien möglich macht, zu Kristallisationszentren für eine neue Generation werden (ausheilendes Weiterwachsen). Das Endgebilde zeigt dann einen älteren Kern, der sich oft durch Farbe und Gestalt von einer jüngeren, gut kristallographisch begrenzten Hülle abhebt.

3. Die flüchtigen Bestandteile des Magmas und ihre Bedeutung. Bis in die Mitte des 19. Jahrhunderts dauerte der fast hundertjährige Streit, ob die Gesteine, die heute als primär gelten, schmelzflüssigen oder wässerigen Ursprunges seien. Zum Teil auch um diesen Streit zwischen den Plutonisten und Neptunisten zu entscheiden, haben zuerst die Franzosen versucht, derartige Gesteine auf künstlichem Wege durch Zusammenschmelzen der Bestandteile und langsames Abkühlen der Schmelze herzustellen. Diese Versuche hatten nur einen teilweisen Erfolg. Leicht konnten gewisse hypokristalline Gesteinstypen nachgeahmt werden, dagegen gelang es nicht, gewisse Mineralkombinationen und Gefügetypen auf dem Wege der sog. trockenen Schmelzen zu erzeugen. Man sah bald ein, daß die besonders bei kieselsäurereichen Schmelzen beim Abkühlen frühzeitig einsetzende Zähflüssigkeit das Kristallisieren der Gemengteile verhindere, und tatsächlich wurden die Versuchsergebnisse besser, als man den Schmelzen Flußmittel in der Form phosphorsaurer, wolframsaurer oder vanadinsaurer Salze in geringen Mengen zusetzte.

Geringe Mengen der genannten Verbindungen, namentlich aber von Phosphaten, sind fast in allen Magmen primärer Gesteine enthalten gewesen, wie die Analysen dieser Gesteine beweisen. Aber trotzdem läßt die Kristallinität jener primärer Gesteine, die auf der Erdoberfläche oder nahe derselben erstarrt sind, manches zu wünschen übrig.

Dafür haben Versuche, bei denen die Bestandteile gewisser Mineralien mit Wasser zusammen in zugeschmolzenen Röhren erhitzt wurden, gezeigt, daß überhitztes Wasser nicht allein die Verbindungsmöglichkeit, sondern auch die Kristallisation wesentlich fördert.

Bei den vulkanischen Ausbrüchen treten aus den Eruptionsöffnungen, S p a l t e n und K r a t e r, nicht allein schmelzflüssige Massen, d i e L a v e n, sondern auch beträchtliche Mengen gasförmiger Produkte aus. Diese Gasexhalationen (F u m a r o l e n) sind noch tätig, wenn die eigentliche Eruption, der Lavaerguß, schon längst vorüber ist. Die bei der Eruption und auch nachher aus vulkanischem Boden ausströmenden Gase entstammen gewiß zum weitaus größten Teile dem Magma, und diese im Zusammenhange mit den früher mitgeteilten Beobachtungen gebar den Gedanken, daß diese Gase vielleicht die Ursache der geringen Kristallinität seien, welche die an der Oberfläche oder nahe derselben erstarrten Magmen von den in den tieferen Teilen der Erdkruste festgewordenen unterscheidet.

In den Tiefen der Erdkruste werden nämlich die Gase durch den hohen Druck bis zur beginnenden Erstarrung im Magma festgehalten. Dadurch wird dem Magma, weil es weniger leicht zähflüssig wird, die Kristallisationsfähigkeit länger bewahrt als den unter geringerem Drucke stehenden Laven in der Nähe und auf der Erdoberfläche, welche, weil dort die Spannkraft der Gase im Magma im auflastenden Atmosphärendruck kein entsprechendes Gegengewicht mehr findet, ihren Gasgehalt noch vor der Verfestigung fast ganz verlieren. In den Magmen der Tiefe dauert daher der Kristallisationsakt, gefördert durch die viel langsamere Abkühlung länger, die einzelnen Mineralkörner bzw. -kristalle werden größer und dabei wird das Magma ganz aufgebraucht. Die Gesteine der Erdtiefe sind daher immer holokristallin und meist grobkörnig. Die Gesteine, die auf der Erdoberfläche oder in geringen Tiefen der Erdkruste erstarrten, haben, auch wenn sie holokristallin sind, doch ein viel feineres Korn, sind sehr oft dicht und enthalten nicht selten noch Glasreste.

Daher teilen jetzt die Gesteinskundigen die primären Gesteine in Tiefengesteine mit „richtungslos" körnigem Gefüge und in Ergußgesteine, welch letztere meist dicht, sehr oft hypokristallin und porphyrisch entwickelt sind. Eine Mittelstellung nehmen die gangförmig auftretenden Gesteine ein, die bald diesem, bald jenem Typus angehören. Sie werden von manchen Petrographen für eine gesonderte Gesteinsgruppe angesehen werden (Ganggesteine), aber in genetischem Zusammenhang mit den Tiefengesteinen gebracht!

Die Gase, welche bei vulkanischen Eruptionen aus der Krateröffnung austreten, sind vornehmlich Wasserdampf, Schwefelwasserstoff, Schwefeldioxyd, Kohlendioxyd, Chlor und Fluor.

4. Die Sublimationsprodukte. Neben diesen auch unter normalen Verhältnissen in der Gasphase beständigen Elementen und Verbindungen wurden in den Salzkrusten, die sich in der Regel um die Austrittsöffnungen der Gase, die Bocchen, absetzen, noch eine große Zahl von Verbindungen gefunden, die nur bei hohen Temperaturen flüchtig sind. Die in den Bocchen gemessenen Temperaturen der ausströmenden Gase sind allerdings manchmal sehr hoch, an 600°, und dürften in größeren Tiefen um vieles höher sein. Wenn auch in diesen Tiefen die fraglichen Verbindungen wirklich in Gasform den anderen Gasen und Dämpfen beigemischt wären, so könnten sie doch nicht die niedriger temperierte Bocchenöffnung als Gase oder Dämpfe erreichen. Man denke nur: das unter den Sublimationsprodukten nicht seltene Natriumchlorid schmilzt erst bei 800° und das Kaliumchlorid bei 770°. Allerdings sind beide Verbindungen schon in diesem Temperaturgebiete merklich flüchtig.

Nun liegen aber Beobachtungen vor, daß schwerflüchtige Verbindungen leichter verflüchtigen, wenn andere Gase zugegen sind. So ist z. B. Arsentrioxyd $[As_2O_3]$ in Gegenwart von Flußsäuredämpfen flüchtiger als ohne diese, und B. Reinitzer hat gezeigt, daß im Wasser feinverteilter Schwefel aus dem kochenden Wasser mit den Wasserdämpfen, also bei 100°, entweicht, obwohl der Schmelzpunkt erst bei 115°, der Siedepunkt bei 444° liegt.

Es besteht also immerhin eine Möglichkeit, daß schwerflüchtige Verbindungen bis an den kühleren Fumarolenrand gelangen.

Viele in den Salzkrusten um den Fumarolenrand abgelagerte Verbindungen sind gar nicht in Gasform aus der Bocca herausgekommen, sondern sind Erzeugnisse einer Reaktion zweier flüchtiger Komponenten. Dies gilt z. B. für den vulkanischen Magnetit [Fe_3O_4] und den vulkanischen Eisenglanz [Fe_2O_3]. Ersterer entsteht, wenn ein Gemenge von Ferro- und Ferrichlorid bei Temperaturen über 550° mit Wasserdampf reagiert; letzterer, wenn diese Reaktion unter dieser Temperatur erfolgt. Denn das Ferrochlorid ist viel weniger flüchtig als das Ferrichlorid und daher enthalten die vulkanischen Emanationen bei niederen Temperaturen kein Ferrochlorid.

Bei Temperaturen unter 550° kann aber auch vorgebildeter Magnetit durch Chlordämpfe in Hämatit umgewandet werden nach der Gleichung

$$3\,Fe_3O_4 + 3\,Cl = 4\,Fe_2O_3 + FeCl_3.$$

Pseudomorphosen von Hämatit nach Magnetit, welche den Namen Martit führen, begegnet man hier und da in der Natur in vulkanischen Gebieten.

Einzelne Verbindungen, die ebenfalls in den Salzkrusten an den Bocchen gefunden werden, sind erst durch die Einwirkung der exhalierten Gase auf die von diesen durchströmten Gesteine entstanden. Hierher gehören vor allem die nicht gerade seltenen Sulfate. Schwefelsäure und schweflige Säure sind in den Aushauchungen der Fumarrollen festgestellt worden. Sie entstehen bei höheren Temperaturen durch die Wechselzersetzung von Schwefelwasserstoff und Wasserdampf oder durch die Oxydation von Schwefeldampf. Bei niederen Temperaturen können beide, Schwefel und Schwefelwasserstoff, neben Wasserdampf bestehen.

Für einen in den vulkanischen Salzkrusten nicht seltenen Bestandteil, für das Ammonium (NH_4) bzw. Ammoniak (NH_3), wird noch eine andere Abstammung als möglich und wahrscheinlich hingestellt. Diese Verbindung entsteht nämlich auch bei der trockenen Destillation organischer Substanzen. Daher hat sich die Meinung gebildet, daß das im vulkanischen Salmiak [$(NH_4)Cl$] und anderen Verbindungen enthaltene Ammonium durch die gleichartig wirkende Berührung heißer Magmen mit organischen Substanzen entstanden seien. Solche organische Substanzen finden sich in sekundären Gesteinen, Kalk- und Tongesteinen, aber auch die Leiber der Pflanzen und Tiere, die bei einem vulkanischen Ausbruche unter den Lavaströmen und Aschenmassen begraben wurden, werden als Quelle hierfür angesehen.

Es ist noch nicht lange her, als man auch alles in den Sublimationsprodukten enthaltene Natrium und Chlor vom Meerwasser ableiten wollte und dem Meerwasser, das angeblich bis zum Magmaherd vordringen soll, einen entscheidenden Einfluß auf die Betätigung des Vulkanismus einräumte.

Die Zusammensetzung der vulkanischen Gasaushauchungen ändert sich nach St. Claire Deville mit der Temperatur. Bei den heißesten Fumarolen herrschen Chlor und Fluor vor. Bei den weniger heißen werden diese beiden Gase durch Schwefeldi- bzw. -trioxyd ersetzt. Noch kühlere enthalten Schwefelwasserstoff und Schwefeldämpfe neben Wasserdampf, und in der letzten Periode der Fumarolentätigkeit ist das Kohlendioxyd das bezeichnende Gas. Gasaushauchungen, die Schwefelverbindungen enthalten und daher auch Schwefel absetzen, werden Solfataren, die Kohlendioxydexhalationen Mofetten genannt.

Die Zahl der mineralischen Verbindungen, die um die Bocchen und in den Klüften, durch welche die Gase ihren Weg nahmen, abgesetzt wurden, ist sehr groß. Es sind Elemente, Sulfide, Chloride, Fluoride, Sulfate und Borate nachgewiesen worden. Sie alle anzuführen, würde zuviel Platz in Anspruch nehmen. Daher seien nur die wichtigsten genannt.

Elemente: Schwefel mit geringen Mengen von Selen und Tellur.

Sulfide: Covellin (CuS), Bleiglanz (PbS), Pyrit (FeS_2), Realgar (As_2S_2).

Chloride: Cotunnit ($PbCl_2$), Pseudocotunnit [$K_2(PbCl_4)$], Lawrenzit ($FeCl_2$), Molysit ($FeCl_3$), Erythrosiderit [$2\,KCl\cdot FeCl_3\cdot H_2O$] und der ähnlich zusammengesetzte, nur ammoniumhaltende Kremersit, ferner Natriumchlorid ($NaCl$), Sylvin (KCl), Salmiak [$(NH_4)Cl$], Chlorokalzit ($CaCl_2$).

Fluoride: Sellait (MgF_2), Hieratit [$K_2(SiF_6)$], Malladrit [$Na_2(SiF_6)$], Kryptohalit [$(NH_4)_2(SiF_6)$] und außerdem eine Anzahl von Sulfaten des Eisens, des Aluminiums und der Alkalien und endlich auch Borsäure bzw. Borate, wie der Avogadrit ($KBF_4\cdot CsBF_4$).

B. Die Gemengteile der primären Gesteine.

Wesentliche und unwesentliche Gemengteile.

Die mineralogische Zusammensetzung der primären Gesteine ist recht verschieden. Die am häufigsten in den Gesteinen vorkommenden Mineralien, die deshalb für die Unterscheidung und die Namengebung ausschlaggebend sind, werden wesentliche Gemengteile genannt. Ihre Zahl ist nicht groß. Aber die Kombinationsmöglichkeiten, die relativen Mengenverhältnisse der einzelnen Bestandteile und dazu noch die Mannigfaltigkeit des Gefüges, brachte es mit sich, daß die Petrographen trotzdem eine große Zahl von Gesteintypen aufstellen konnten. Neben den wesentlichen Gemengteilen enthält aber fast jedes Gestein, allerdings in oft recht geringen Mengen, noch andere Mineralien, die bei der Namengebung nur in den seltensten Fällen berücksichtigt werden und daher die Bezeichnung unwesentliche oder akzessorische Gemengteile führen.

I. Die wesentlichen Gemengteile der primären Gesteine.

a) Allgemeines über die chemische Konstitution der wesentlichen Gemengteile.

Am chemischen Aufbau der primären Gemengteile beteiligen sich der Hauptsache nach die Elemente *O, Si, Al, Fe, Mg, Ca, Na, K* und *H*. Alle wesentlichen Gemengteile, mit Ausnahme des Quarzes, der reines Siliziumdioxyd [SiO_2] ist, sind sog. Silikate mit verschiedenem Kieselsäuregehalt, entweder Orthosilikate der zweiwertigen Basen nach dem Typus [$R_2''SiO_4$] oder Metasilikate nach dem Typus [$R''SiO_3$], oder Alumosilikate der Alkalien und des Kalkes, bei denen das Verhältnis *Al*:*Si* wechseln kann.

Welche Mineralien sich aus einem Magma ausscheiden werden, hängt vornehmlich von seiner chemischen Zusammensetzung ab. Man teilt im allgemeinen die magmatischen Gesteine, je nach ihrem Kieselsäuregehalt, in basische, wenn der Kieselsäuregehalt unter 52% beträgt, in intermediäre, wenn derselbe zwischen 52% und 65% schwankt, und in saure, wenn der Kieselsäuregehalt 65% übersteigt, ein. Dieselbe Einteilung wendet man auch auf die Magmen selbst an und unterscheidet daher auch basische, intermediäre und saure Magmen.

Die Ausscheidungsfolge der primären Gemengteile. Das atomare Verhältnis der Basen zur Kieselsäure im Magma kann im Maximum 2:1 sein. Sind in der Schmelze mehr Basen vorhanden, so wird der Überschuß von Magnesia und Ferroeisen wie von Tonerde und Ferrieisen vor der Kristallisation der Hauptmasse als [Y_3O_4] oder [Y_2O_3] abgeschieden. Sie bilden die Erstkristallisation Goldschmidts (*Y* = *Mg, Fe; Al*).

Wenn das Verhältnis R:Si in der Schmelze kleiner als 2 und größer als 1 ist, so kristallisieren neben den Orthosilikaten auch Metasilikate, und zwar erscheinen die Orthosilikate zuerst, wenn der Kieselsäuregehalt der Schmelze kleiner, die Metasilikate zuerst, wenn derselbe größer als der des Eutektikums der Komponenten ist.

Immer gehen die zweiwertigen Basen *Mg-Fe* und ein Teil des *Ca* zuerst Verbindungen mit der Kieselsäure ein. Im restlichen Magma überwiegen dann Tonerde und die Alkalien. Die Tonerde bildet mit der Kieselsäure komplexe Alumosilikate der Alkalien und auch des Kalkes. Diese Alumosilikate können ebenfalls wechselnden Kieselsäuregehalt besitzen. Was nach Bildung der Alumosilikate noch an Kieselsäure übrigbleibt, kristallisiert dann als Quarz.

Der geschilderte normale Gang der Ausscheidung erleidet mannigfaltige Abänderungen, bedingt durch die wechselnde Menge der Bestandteile und die den Verfestigungsakt sonst noch begleitenden Umstände.

b) Die Orthosilikate.

Das einzige Orthosilikat, welches als wesentlicher Gemengteil in den Gesteinen eine Rolle spielt, ist der Chrysolit oder Olivin, ein Mineral, das seiner goldgelben bis olivgrünen Farbe seine Namen verdankt. Chemisch sind diese Olivine homöomorphe Mischungen vom Bau Y_2zO_4, worin $Y = Mg$, Fe, (Mn) und $z = Si$, mit den Endgliedern $[Mg_2SiO_4]$ als Forsterit und $[Fe_2SiO_4]$ als Fayalit kristallisierend. Manche Olivine enthalten auch etwas Nickel und Mangan. Sowohl in den Tiefengesteinen wie auch in den Ergußgesteinen schwankt der FeO-Gehalt gewöhnlicher Olivine zwischen 5 und 24%. Eisenreicher (29—31% FeO) sind die etwas dunkler gefärbten Hyalosiderite, noch eisenreicher (35—45%) die Horthonolithe und am eisenreichsten sind die fast schwarzen Fayalite.

Alle genannten Abarten kristallisieren rhombisch-bipyramidal und besitzen eine schlechte Spaltung nach (010). Sie sind stark licht- und doppeltbrechend, bald optisch positiv, bald optisch negativ. Der Umschlag im optischen Charakter erfolgt bei einem FeO-Gehalt von ungefähr 12%. Die eisenärmeren sind optisch positiv, die eisenreicheren optisch negativ. Der Achsenwinkel der Olivine schwankt um 90°.

Der Olivin der Tiefengesteine ist immer allotriomorph. In den Ergußgesteinen findet er sich sowohl in unregelmäßigen Körnern als auch in gutentwickelten Kristallen. Die allotriomorphen Körner in den Ergußgesteinen sind wahrscheinlich intratellurische Einsprenglinge, Reste von aufgelösten Olivinbomben, die in manchen basischen Ergußgesteinen und deren Tuffen nicht selten sind. Die Olivinbomben sind grobkörnige Gemenge von Olivin mit einem vorwiegend grünen Pyroxen, gelegentlich kommt auch Hornblende in ihnen vor. Sie sind zum Teil vielleicht Bruchstücke eines in der Tiefe der Erde anstehenden Olivingesteines, das vom Magma durchbrochen und zertrümmert wurde oder Anhäufungen von Erstausscheidungen. Einzelne Bruchstücke oder Fladen brachte dann das Magma mit an die Erdoberfläche. In den Ergußgesteinen stellen die Olivinkristalle in der überwiegenden Mehrzahl der Fälle die erste Ausscheidung dar. Die gute Entwicklung der Kristalle ist auf Rechnung des großen Kristallisationsvermögens der Olivinsubstanz zu setzen. Manchmal zeigen die Olivine auch Zonarstruktur, und zwar ist der Kern immer magnesiumreicher als die Hülle, also Forsterit die höher temperierte Ausscheidung gegenüber Fayalit!

Aus synthetischen Versuchen weiß man, daß der Olivin bei sehr hohen Temperaturen auch in kieselsäurereichen Schmelzen bestehen kann. Werden aber solche Schmelzen abgekühlt, so wandelt sich der Olivin mit Hilfe der Kieselsäure der Schmelze in das Metasilikat $[(Mg, Fe)SiO_3]$ um. Findet sich demnach der Olivin in primären Gesteinen, so ist dies ein Zeichen für deren Kieselsäurearmut.

c) Die Metasilikate.

1. Die Pyroxene.

Das Metasilikat, in welches sich der Olivin in kieselsäurereichen Schmelzen bei sinkender Temperatur umwandelt, kommt, wenn auch selten, als Mineral vor und führt den Namen Klinoenstatit. Man fand dieses monokline Mineral zuerst in meteorischen Massen; Lehmann hat es aber auch in den Gesteinen vom Rio Magdalena in Columbien nachgewiesen. Künstlich wurde es zu wiederholten Malen aus dem Schmelzflusse erhalten. Es entsteht auch, wenn man amorphe Kieselsäure und Magnesiumchlorid zusammenschmilzt.

Der Klinoenstatit spaltet nach einem Prisma von 91° 58′. Die optische Achsenebene halbiert den spitzen Winkel der Spaltung, ist somit parallel zur Symmetrieebene (010). Die erste positive Mittellinie bildet im stumpfen Winkel $\widehat{XZ}$ mit der Z-Achse einen Winkel von 21°. Der Klinoenstatit schmilzt bei 1557° inkongruent. Er zerfällt in Forsterit und Schmelze.

In manchen primären Gesteinen erscheint an Stelle des Klinoenstatites zumeist der Enstatit. Derselbe ist das eine Endglied einer homöomorphen Reihe, die ohne Lücke vom reinen Magnesiummetasilikat $[MgSiO_3]$ zum reinen Ferrometasilikat $[FeSiO_3]$ führt. Die eisenärmeren, vorwiegend lichtbraunen Glieder heißen Bronzite, die eisenreichen Hypersthene. Diese sind im durchfallenden Lichte braun, im auffallenden erscheinen sie oft schwarz. Außerdem besitzen sie einen starken Pleochroismus $\mathfrak{a}$ (Z) = braunrot, $\mathfrak{b}$ (Y) = rötlichgelb und $\mathfrak{c}$ (X) = grün. Wie bei den Olivinen beobachtet man auch hier einen Umschlag des optischen Charakters mit dem Ansteigen des Eisengehaltes. Die eisenarmen Glieder sind optisch positiv. Sobald aber der FeO-Gehalt 10% übersteigt, werden sie optisch negativ.

Die Spaltung geht auch bei den rhombischen Metasilikaten parallel zu einem Prisma von 91° 44′ bzw. 88° 16′. Die optische Achsenebene halbiert aber nicht, wie bei den monoklinen Metasilikaten den spitzen, sondern den stumpfen Prismenwinkel. Es kann daher die Annahme Groths, Zamboninis und Wahls, die im Enstatit nur einen nach (100) innig polysynthetisch verzwillingten Klinoenstatit sehen wollten, nicht richtig sein. Vielmehr stehen Enstatit und Klinoenstatit im Verhältnis der Polymorphie, was durch die Tatsache bestätigt wird, daß der Enstatit bei 1260° unter Wärmeentwicklung in Klinoenstatit übergeht. Aus Schmelzen scheidet sich bei 1100° direkt Enstatit aus. Die Röntgenuntersuchung hat gezeigt, daß die Enstatitzelle aus zwei Klinoenstatitzellen in Spiegelstellung aufgebaut erscheint (interelementare Verzwilligung).

Die Metasilikate, welche durch eine prismatische Spaltung nach einem Winkel von rund 86—88° ausgezeichnet sind, werden in eine große Gruppe, die den Namen Pyroxengruppe erhalten hat, zusammengefaßt. Enstatit und Hypersthen bilden die Untergruppe der rhombischen Pyroxene, der Klinoenstatit und die nachfolgenden Mineralien gehören zu den monoklinen Pyroxenen. Auch hier muß man nach der chemischen Zusammensetzung mehrere Unterabteilungen unterscheiden. Der Klinoenstatit ist der Vertreter der kalk- und tonerdefreien monoklinen Pyroxene, dann gibt es noch kalkhaltende, aber tonerdefreie Pyroxene, und endlich kennt man auch tonerdehaltende Pyroxene.

Die kalkhaltenden, aber tonerdefreien Pyroxene werden Diopside genannt. Sie stellen ebenfalls eine lückenlose Mischreihe des Doppelsilikates $[CaMgSi_2O_6]$, Diopsidsilikat, bis $[CaFeSi_2O_6]$, dem Hedenbergitsilikat, dar. Mit der Zunahme von Fe verändert sich die Farbe der Diopside von Farblos ins Dunkelgrüne. Das Eisen wird in einzelnen Fällen durch *Mn* ersetzt. (Solche Mangandiopside sind der braune Schefferit von Långban in Schweden und der rotviolette Violan von St. Marcel in Piemont.)

Eine besondere Abart des Diopsides ist der (tonerdehaltige) Diallag. Er ist durch eine Absonderung nach (100) und den auf dieser Fläche auftretenden, fast metallischen Glanz ausgezeichnet. Das ist der typische Gabbropyroxen.

Die *FeO*-freien Diopside bilden zum Klinoenstatit hin, wie Allen und White gezeigt haben, eine lückenlose Mischreihe. Diese Mischglieder führen die Namen Enstatitaugite oder Pigeonite. Wenn sie sich aus Schmelzen ausscheiden, sind immer die Kristallisationsprodukte reicher an Magnesia als die zurückbleibende Schmelze. Solche Mineralien zeigen gewöhnlich Schichtenbau. Auch bei den natürlichen Diopsiden hat man solchen beobachtet und festgestellt, daß auch hier der Kern stets magnesiumreicher als die Hülle ist.

Die Pigeonite spielen nach Wahl eine große Rolle in gewissen Diabasen, den Hunne- und Kongadiabasen. Sie sind gekennzeichnet durch kleinen optischen Achsenwinkel, ferner dadurch, daß die Achsenebene bald senkrecht, bald parallel zur Symmetrieebene ist und daß auf (010) die Schwingungsrichtung nach c mit der Z-Achse einen Winkel bildet, der zwischen den Werten für Klinoenstatit (21°) und für Diopsid (38°) liegt. Mit zunehmendem Magnesiumgehalt sinkt die Doppelbrechung von 0,030 auf 0,009 und gleichzeitig nimmt der Achsenwinkel ab. Bei einem Gehalt von 30% Diopsid ist er gleich Null. Bei weiterer Abnahme des Diopsidgehaltes stellt sich die optische Achsenebene, die bisher wie beim Diopsid parallel zur Spiegelebene war, senkrecht hierzu.

Bei den Diopsiden schwankt die Auslöschungsschiefe auf (010) von 37° bei den eisenarmen bis 47° bei den eisenreichen. Der optische Achsenwinkel um die 1. positive Mittellinie beträgt rund 59°.

Im Dünnschliffe zeigen die Diopside lebhafte Polarisationsfarben und der hohen Lichtbrechung wegen auch starkes Relief. Die bei den Pyroxenen häufige Zwillingsbildung nach (100) ist auch an den gesteinsbildenden Pyroxenen nicht selten zu beobachten. Ein Pleochroismus fehlt.

Die tonerdehaltenden Pyroxene. Die tonerdehaltenden Pyroxene werden schlechtweg auch Augite genannt. Sie sind durch alle möglichen Übergänge mit den Diopsiden verbunden, mit denen sie oft auch die grüne Farbe gemein haben (diopsidische Augite). Diese Abart ist in Tiefengesteinen verbreitet. In den Gang- und Ergußgesteinen sind die Augite makroskopisch schwarz, im Dünnschliff braun oder gelb (basaltische Augite). In gewissen Alkalierguß- und Tiefengesteinen kommen auch im Dünnschliff violette Augite vor, die stets einen (nie 4% übersteigenden) Gehalt an $[TiO_2]$ haben und daher Titanaugite genannt werden. Von den gewöhnlichen Augiten unterscheiden sich die Titanaugite durch ihren starken Pleochroismus. Oft zeigen sie auch schön die Sanduhrstruktur, die dadurch besonders hervorgehoben wird, daß die an (100) und (111) angrenzenden Anwachskegel nicht nur verschiedene Farbentöne — erstere violett, letztere gelbbraun —, sondern auch verschiedenen Pleochroismus besitzen. Außer der Sanduhrstruktur weisen die Augite oft auch Zonarstruktur auf.

In den optischen Eigenschaften unterscheiden sich die Augite wenig von den Diopsiden. Die Auslöschungsschiefe auf (010) steigt bis 54°, der Achsenwinkel schwankt um 60° und bei einigen Abarten ist die Dispersion der optischen Achsen so groß, daß sie in Schliffen nach (010) im gewöhnlichen Lichte zwischen gekreuzten Nikolen in keiner Stellung vollkommen dunkel werden.

Die Augite enthalten dieselben Bestandteile wie die Diopside, nur kommen noch hinzu *Al*, *Na* sowie in beträchtlichen Mengen dreiwertiges *Fe*. Die formelmäßige Darstellung der Konstitution der Augite bereitete den Forschern große Schwierigkeiten. Erst in jüngster Zeit hat F. Machatschki auf Grund der kristallchemischen Beziehungen der Elemente eine Typenformel aufgestellt, die folgendermaßen lautet: $[XY(z)_2(O, OH, F)_6]$*. In X sind alle Elemente mit einem ungefähren Ionenradius 1,0 Å, d. s. $Ca^{+2} = (1,06)$, $Na^{+1} = (0,98)$ und das zweiwertige $Mn^{+2} = (0,91)$, in Y alle Elemente mit einem ungefähren Ionenradius 0,8 Å, d. s. $Mg^{+2} = (0,78)$, $Fe^{+2} = (0,83)$, $Fe^{-3} = (0,67)$ und $Mn^{+3} = (0,75)$ zusammengefaßt. Die Tonerde vertritt im Raumgitter zum Teil das Si in der Gruppe z, weil die Sauerstoffanordnung um die Al-Ionen ebenso tetraedrisch sein kann, wie um die Si-Ionen. Andererseits kann sie auch an Y beteiligt sein.

Die Alkalipyroxene. Wenn X in der obigen Formel fast ausschließlich Natrium ist und das Y von Fe^{+3} gebildet wird, so entsteht eine Verbindung, deren empirische Formel $[NaFeSi_2O_6]$ lautet. Dieser Formel entsprechen die beiden monoklinen Mineralien Akmit und Ägirin. Sie unterscheiden sich einerseits durch die Farbe, andererseits durch die Tracht ihrer Kristalle. Die Akmitkristalle sind braun und nach der Z-Achse langgestreckt, die Ägirinkristalle sind grün und nach (100) zumeist tafelförmig entwickelt. Auch ist deren terminales Ende stumpfer als das der Akmitkristalle. Im Gegensatze zu den optisch positiven Diopsiden und Augiten sind die beiden genannten Mineralien bei der gleichen Lage der optischen Achsenebene parallel zur Symmetrieebene optisch negativ und stark pleochroitisch; die Akmite mit braunen und gelben, die Ägirine mit grünen Farbentönen.

In Alkaligesteinen sind die Ägirine weitverbreitet, selten dagegen sind die Akmite, die sich in schönen, großen Kristallen zu Rundemyr in Norwegen fanden.

Auch die Ägirine sind durch alle möglichen Übergänge mit den Augiten verbunden: Ägirinaugite. Bei ihnen liegt der Winkel der Auslöschung c:Z zwischen den Werten für Augit (54°) und Ägirin (94°). In ihnen ersetzt, wie in den Ägirinen Al teilweise das dreiwertige Eisen, so daß man auch die Existenz eines Endgliedes $[NaAlSi_2O_6]$ annehmen muß. Dieses ist als selbständiges Mineral unter den Gemengteilen der primären Gesteine nicht bekannt, tritt aber als Jadeit in den kristallinen Schiefern auf.

2. Die Amphibole.

In den primären Gesteinen kommen noch Mineralien vor, die fast dieselbe chemische Zusammensetzung wie die Pyroxene haben, die wie diese monoklin kristallisieren, aber nach einem Prisma von ungefähr 124° spalten und außerdem immer pleochroitisch sind. Als Gruppenname ist für diese Mineralien der Name Amphibole in Gebrauch. Die in den primären Gesteinen auftretenden Glieder dieser Gruppe enthalten immer Sesquioxyde (Al_2O_3 und Fe_2O_3), ferner Natrium und oft auch Wasser. Erst in der letzten Zeit ist nachgewiesen worden, daß das früher für die Konstitution der Amphibole als unwesentlich betrachtete Wasser für diese wesentlich ist.

In der gesamten Amphibolgruppe entspricht dem rhombischen Enstatit der gleichfalls rhombische Anthophyllit, dessen spezielle Formel Warren $[H_2(MgFe)_7(SiO_3)_8]$ schreibt, den Diopsiden entspricht der Tremolit $[H_2Ca_2(Mg)_5 (SiO_3)_8]$, allenfalls auch die eisenhaltenden Strahlsteine oder Aktinolithe. Im allgemeinen kann die Formel der Amphibole $[X_{2-3}Y_5z_8(O, OH, F)_{24}]$ geschrieben werden, worin X wieder gleich Ca, Na, (K) und $Y = Mg$, Fe (Al, Ti, Mn) sein kann, $z = Si$, Al.

---

* OH und F spielen in den Pyroxenen nur eine sehr untergeordnete Rolle.

Für die in den primären Gesteinen auftretenden Amphibole wird auch die Bezeichnung Hornblenden gebraucht. Diesen Namen verdanken sie wahrscheinlich dem hornigen Durchscheinen der dünnen Spaltblättchen und dem auf den Spaltblättchen auftretenden lebhaften Glanz. Nach den chemischen und besonders nach den optischen Eigenschaften unterscheidet man wieder mehrere Spezies. Die für die primären Gesteine wichtigsten Glieder sind mit ihren optischen Eigenschaften in nachstehender Tabelle aufgeführt:

	Farbe	$c : Z$	Absorption	
Alkaliarme Amphibole:				
Basaltische Hornblende	braun	0—10°		
Kärsutit	„	10°	$c = b > a$	
Gemeine Hornblenden	{ grün braun }	11—22°		
Barkevikit	braun	14°	$c > b > a$	titanreich
Katophorit	rötlichbraun	31—60°	$b > c > a$	
Alkalireiche Amphibole:				
Arfvedsonit	blauschwarz	72—80° }		Fe-reich
Riebeckit	„	85—88° }		

Bei allen hier genannten Amphibolen ist (010) die Achsenebene, alle bis auf den Katophorit sind optisch negativ.

In einzelnen primären Gesteinen kommen noch den Amphibolen ähnliche Mineralien vor, die sich jedoch von ihnen durch die trikline Kristallgestalt, den abweichenden (66° betragenden) Spaltwinkel und den bis 9% ansteigenden $[TiO_2]$-Gehalt unterscheiden. Makroskopisch sind diese Mineralien schwarz, im Dünnschliff rotbraun und stark pleochroitisch. Der Ainigmatit kommt in den natronreichen Tiefengesteinen Grönlands, der Cossyrit und der Rhönit wurden in jungen Eruptivgesteinen festgestellt.

3. Die Beziehungen zwischen Pyroxenen und Amphibolen.

Die Pyroxene und Amphibole, die sich in chemischer Beziehung so ähnlich sind, stehen sich auch in morphologischer Beziehung recht nahe. Nicht allein, daß es in beiden Reihen rhombische und monokline Glieder gibt, wird ihre gestaltliche Verwandtschaft noch dadurch bewiesen, daß in den pneumatolytischen Bildungen (Vesuv) jüngere Hornblende mit älterem Pyroxen derart verwachsen ist, daß beide Mineralien die Z-Achse und die Prismenzone gemeinsam haben. Auch in primären Gesteinen, z. B. in den Tescheniten, kommen solche Verwachsungen älterer Titanaugite mit brauner jüngerer Hornblende vor.

Aus der Schmelze von Pyroxenen kristallisieren immer wieder Pyroxene. Dagegen scheiden sich aus Amphibolschmelzen nie Amphibolkristalle aus, sondern immer wieder Pyroxene. Dies beweist, daß die Bedingungen, unter denen die Laboratoriumsversuche angestellt werden, nicht dieselben sind, welche bei der Bildung der Amphibole in der Natur herrschten. Der Faktor, der bei der künstlichen Herstellung zu fehlen scheint, ist der Druck, vielleicht auch das Wasser. Dies belegen zwei Beobachtungen. Einmal finden sich die Amphibole vornehmlich in den Tiefengesteinen und in den durch Dynamometamorphose aus anderen Gesteinen hervorgegangenen kristallinen Schiefern, zweitens findet man oft in primären Gesteinen, die ursprünglich Pyroxen enthielten und die nachträglich Streßwirkungen ausgesetzt waren, die Pyroxene in Amphibole umgewandelt, ein Vorgang, den man Uralitisierung nennt. Die Amphibole sind demnach typische abyssische Mineralien.

Wenn Amphibole in Ergußgesteinen vorkommen, so tragen sie fast immer die Anzeichen ihrer Instabilität an sich. Sie sind korrodiert und oft von einem opazitischen Rand, bekanntlich eine Folge der Einwirkung des Magmas auf die durch die Druckentlastung instabil gewordene Hornblende, umgeben. Es entstehen bei dieser Umschmelzung Pyroxene, und der Überschuß an Eisen wird als schwarzer Magnetit oder roter Hämatit abgeschieden.

In den Ergußgesteinen überwiegen die Pyroxene. Daraus zog Becke den Schluß, daß die Pyroxene höhere Temperaturen vertragen als die Amphibole. Der in den meisten Amphibolen vorhandene geringe Wasser- bzw. Fluorgehalt macht es ferner wahrscheinlich, daß die Bildung der Amphibole durch die Anwesenheit leicht flüchtiger Komponenten im Magma sehr gefördert wird. Andere wollen im Vorkommen unkorrodierter Hornblenden in Ergußgesteinen einen Beweis dafür sehen, daß diese Gesteine Erzeugnisse submariner Eruptionen sind. Hoher Druck, gasreiches Masma, nicht zu hohe Temperatur (bis $800°$ etwa) scheinen die Bedingungen für die Bildung der Amphibole, variabler Druck, Gasarmut und hohe Temperatur des Schmelzflußes die für die Pyroxene zu sein.

Schon zur Zeit, als man den molekularen Bau einer Verbindung nur auf Grund der Analysenergebnisse ermitteln wollte, ist die Meinung aufgetaucht und eingehend begründet worden, daß das Molekül der Amphibole doppelt so groß sei, als das der Pyroxene. Man schrieb daher die Formel für Diopsid: $[Ca(Mg, Fe)Si_2O_6]$, und jene des Strahlsteines $[Ca(Mg, Fe)_3Si_4O_{12}]$. Diese Vermutung wurde durch die röntgenographische Untersuchung bezüglich des Elementarparallepipedes beider Mineralien in folgendem Sinn bestätigt: Die Diopsidzelle enthält „vier Moleküle" $XY(zO_3)_2$, die Tremolitzelle hingegen „zwei Moleküle" $H_2X_2Y_5(zO_3)_8$, worin $X = Ca$, $Y = Mg, Fe$ im wesentlichen! Also Si_8 gegen Si_{16}!

d) Die Glimmer.

So nennt man eine Gruppe von Alumosilikaten die eine vollkommene Spaltung nach der Basisfläche ihrer monoklinen pseudohexagonalen Kristalle besitzen. In den primären Gesteinen finden sich dunkle und lichte Glimmer.

1. Der Biotit. Diesen Namen führen gewöhnlich die sehr dunklen Glimmer. Sie bilden meist Blättchen, seltener säulenförmiger Kristalle mit hexagonaler Tracht. In vielen Tiefengesteinen vertritt er die Stelle der Hornblende, geht teilweise aus ihr hervor, kommt aber recht oft mit den Hornblenden zusammen in ein und demselben Gesteine als gleichaltrige Bildung vor. Der Biotit enthält einige Bestandteile der Amphibole, nur fehlt ihm das Ca, und an die Stelle des Na tritt das K. Auch die Biotite enthalten immer Wasser. In den dunkelfarbigen Biotiten ist $Fe > Mg$, und die besonders eisenreichen Glieder führen den Spezialnamen „Lepidomelane".

Die Farbe der Tiefengesteins-Biotite ist schwarzbraun oder grünlichschwarz, in den Ergußgesteinen in der Regel tief rotbraun. Wie die Hornblenden, so sind auch die Biotite stark pleochroitisch, und zwar werden die parallel zur Spaltung schwingenden Lichtstrahlen besonders stark absorbiert, so daß sichere basische Spaltblättchen fast undurchsichtig sind. Solche Blättchen zeigen auch keinen Pleochroismus, dafür aber im konvergenten Lichte das Achsenbild eines scheinbar einachsigen negativen Kristalles. Die pleochroitischen Schnitte sind manchmal schwer von den gleichfarbigen Hornblenden zu unterscheiden, weil auch bei diesen der parallel zur Z-Achse, d. i. zur Spur der prismatischen Spaltung schwingende Lichtstrahl sehr stark absorbiert wird. Doch liegt über den pleochroischen Schnitten der Biotite in der Dunkelstellung immer ein gewisser samtartiger Schimmer (Moirée), der den Amphibolen unter den gleichen Umständen fehlt. Außerdem ist die Spaltbarkeit des Biotites viel besser. Die Spaltrisse sind viel feiner, zahlreicher und oft gebogen, was damit zusammenhängt, daß die Spaltblättchen elastisch biegsam sind. Bis vor kurzem glaubte man, die dunklen Glimmer als Mischungen von Muskowit mit polymerisiertem Olivinsilikat chemisch erklären zu können. Tschermak, der diese Mischungstheorie begründete, schrieb die Glimmerformel für dunkle Glimmer etwa $K_2HAl_3Si_3O_{12}$. $3\,Mg_2SiO_4$. — Das gibt aber von den Verhältnissen, wie wir sie jetzt kennen, kein gutes Bild. Die von Pauling und von Machatschki vorgeschlagene Biotitformel ist wesentlich vom Typus $(OH, F)_2WY_3[z_4O_{10}]$, speziell auf Biotit angewendet $(OH, F)_2K(Mg, Fe, Al, Mn, Ti)_3[(Si, Al)_4O_{10}]$. In den sog. Tetraederverbänden dieses Baues wäre dann $Si:Al$ ungefähr $3:1$.

In den Ergußgesteinen zeigt der Biotit dieselben Instabilitätserscheinungen wie die Amphibole. Die Umgrenzungen der Blättchen sind gerundet, ein schwarzer oder roter Opazitrand umgibt sie. Oft sind die Biotite ganz verschwunden, und nur eine ihre Gestalt ungefähr nachahmende Anhäufung schwarzer (Magnetit) oder roter (Hämatit) opaker Teilchen verrät ihr früheres Vorhandensein. Wie bei den Hornblenden nebenbei Pyroxen entsteht, dürfte hier die Bildung eines feldspatartigen Minerales diese Umwandlung begleiten. Denn aus dem Biotit wird, wenn sich Wasserstoff, Eisen und Magnesium, letztere beiden unter Spinellbildung $[MgFe_2O_4]$ abspalten, $[KAlSi_3O_8]$, das ist Kalifeldspat.

2. Der Muskowit. Selten findet sich in den primären Gesteinen noch ein zweites Glimmermineral, das durch seine weiße oder grünliche bzw. bräunliche Farbe sich vom Biotit unterscheidet und dessen Spaltblättchen im konvergenten Lichte das Achsenbild eines zweiachsigen, optisch negativen Kristalles mit großem Achsenwinkel zeigen. Auf der Spaltfläche besitzt dieser Glimmer einen ausgesprochenen Silberglanz (Katzensilber). Dieser Glimmer trägt den Namen Muskowit oder Kaliglimmer zum Unterschiede von den Biotiten, die auch als Magnesia-Eisenglimmer angesprochen werden. Die chemische Zusammensetzung drückt die Formel $(OH, F)_2KAl_2[Si_3AlO_{10}]$* aus. Wenn Biotite und Muskowite in einem Gestein nebeneinander vorkommen, so umwächst manchmal der Muskowit gesetzmäßig den Biotit.

Der Muskowit ist schwer, der Biotit leichter schmelzbar.

e) Femische und salische Gemengteile.

Die magnesium- und eisenhaltenden, zumeist dunklen Gemengteile der primären Gesteine werden auch unter dem Namen femische Gemengteile zusammengefaßt und von den magnesium- und eisenfreien, lichten salischen Gemengteilen unterschieden. Wenn letztere, was manchmal vorkommt, dennoch eine andere als weiße Farbe zeigen, so rührt diese entweder von submikroskopischen (dilute Färbung) oder mikroskopischen Einschlüssen her.

Zu den salischen Gemengteilen gehören die Feldspäte und jene Mineralien, welche in gewissen Gesteinen ihre Stelle vertreten und daher auch Feldspatvertreter genannt werden.

f) Die Feldspäte und Feldspatvertreter.

Die Feldspäte und Feldspatvertreter haben in chemischer Hinsicht gemeinsam, daß sie Kalium und Natrium oder Kalzium neben Tonerde und Kieselsäure enthalten. Das Verhältnis $(K + Na + Ca):Al$ ist bei allen Vertretern dieser Gruppe gleich $1:1$, das Verhältnis $Al:Si$ aber kann zwischen $1:1$ und $1:3$ schwanken; $(Al + Si):O = 1:2$.

---

* Allgemeiner Formeltyp: $(OH, F)_2WY_2[z_4O_{10}]$. $W = K$, $Y = MgFe$, Al, Ti, Mn, $z = Si$, Al.

1. Die Feldspäte.

Für die Feldspäte ist die Spaltbarkeit nach zwei Formen, die bei den bald monoklinen, bald triklinen Kristallen als $P = (001)$ und $M = (010)$ aufgefaßt werden, bezeichnend. Je nachdem der Winkel, den die zwei Spaltflächen einschließen 90° beträgt oder von 90° abweicht, unterscheidet man **orthoklastische** oder **monokline** bzw. **plagioklastische** oder **trikline** Feldspäte.

Chemisch sind die meisten Feldspäte Mischungen von zwei oder drei reinen Typen, dem Kalifeldspat $KAlSi_3O_8$, dem Natronfeldspat $NaAlSi_3O_8$ und dem Kalkfeldspat $CaAl_2Si_2O_8$.

Während der **Kalkfeldspat** oder **Anorthit** und der **Natronfeldspat** oder **Albit** trotz ihrer stöchiometrischen Verschiedenheit eine lückenlose Mischreihe, die **Plagioklasreihe** bilden, ist eine lückenlose Mischreihe zwischen den stöchiometrisch gleich gebauten Kalifeldspat und dem Natronfeldspat normalerweise nicht vorhanden. Die meisten kali- und natronhaltenden Feldspate, die **Anorthoklase**, erweisen sich entweder als makroskopische oder mikroskopische Verwachsungen des Kalifeldspates mit dem Natronfeldspat, als sog. **Perthite**. Bei diesen bildet bald der Kalifeldspat die Hauptmasse, in die Nester und Schnüre von **Albit** oder eines natronreichen Kalknatronfeldspates (**Oligoklas**) eingelagert sind, oder in einer Hauptmasse von Plagioklas befindet sich ein Aderwerk von Kalifeldspat (**Antiperthit**).

Die vollkommene Mischbarkeit des Natrium- und Kalkfeldspates beruht darauf, daß sich im Kristallgitter der Plagioklase das Natrium und das Kalzium wegen ihrer fast gleichen Ionenradien in jedem Verhältnisse ersetzen können. Aluminium kann das Silizium im Gitter vertreten, weil beide Elemente um sich den Sauerstoff, entsprechend ihrer Koordinationszahl 4, tetraedrisch angeordnet haben. Diese Tatsache kann auch in der Formel zum Ausdruck gebracht werden, wenn man die Formel des **Albites** $[NaSi \cdot AlSi_2O_8]$ und die des **Anorthites** $[CaAl \cdot AlSi_2O_8]$ schreibt.

K kann aber Na im Kristallgitter normalerweise nicht ersetzen, weil dessen Ionenradius (1,33 Å) viel größer ist als der des Natriums (0,98 Å). Daher besteht bei normalen Temperaturen keine lückenlose Mischbarkeit zwischen dem Kali- und Natronfeldspat. Dieses Verhalten ändert sich aber mit dem Ansteigen der Temperatur. **Bei ungefähr 1060° sind, wie röntgenographische Untersuchungen gezeigt haben, auch der Kali- und der Natronfeldspat lückenlos mischbar.** Sobald aber die Temperatur sinkt, werden diese Mischkristalle instabil, und die früher homogenen Mischkristalle zerfallen in ein entweder submikroskopisches, oder mikroskopisches, oder makroskopisches Gemenge beider Feldspate (**Krypto-, Mikro- und Makroperthit**). Nur Verzögerungserscheinungen erhalten die **Anorthoklase** gelegentlich homogen!

Die **Plagioklase** oder **Kalk-Natron-Feldspate** besitzen sehr oft neben den für die triklinen Feldspäte bezeichnenden polysynthetischen Zwillingsbau nach dem Albitgesetze — Zwillingsachse ist die Normale auf (010) — oder dem Periklingesetze — Zwillingsachse ist die Y-Achse — oder nach beiden Gesetzen zugleich, häufig auch noch eine schöne Zonarstruktur, wobei der Kern immer kalkreicher ist als die Hülle. Dies erklärt sich folgendermaßen. Aus einer gemischten Schmelze von Natrium- und Kalziumfeldspat scheiden sich, sobald es zur Kristallausscheidung kommt, Kristalle aus, die mehr von der schwerer schmelzbaren Komponente — hier Kalkfeldspat — enthalten als die ursprüngliche Schmelze. Diese wird daher natronreicher, und wenn im Verlaufe des Kristallisationsvorganges die frühere Ausscheidung nicht wieder vollkommen aufgelöst wird, verwachsen die nun stetig natronreicher werdenden Feldspatabscheidungen, konzentrische Zonen bildend, mit dem kalkreicheren Kern. Würden die zuerst gebildeten Plagioklase genug Zeit haben, sich mit der umgebenden Schmelze ins Gleichgewicht zu setzen, so müßte schließlich ein homogener Plagioklas von der Zusammensetzung der ursprünglichen Schmelze entstehen.

In der Reihe der Plagioklase werden einzelne Mischungen mit besonderen Namen bezeichnet. Man spricht:

vom **Albit,** wenn der Anorthitgehalt unter 10%
„ **Oligoklas,** „ „ „ „ 30%
„ **Andesin,** „ „ „ „ 50%
„ **Labradorit,** „ „ „ „ 70%
„ **Bytownit,** „ „ „ „ 90%
„ **Anorthit,** „ „ „ über 90%

beträgt.

Mit dem Wechsel der chemischen Zusammensetzung ändern sich auch die physikalischen Eigenschaften. Die Dichte steigt von 2,62 (Albit) auf 2,76 (Anorthit), und die Winkel der Schwingungsrichtungen auf den beiden Spaltflächen nehmen verschiedene Werte an, wie nachstehende Tabelle zeigen soll.

					Auf (001) M/P	Auf (010) P/M
				zur Kante		
Beim	Albit	mit	0,5%	An	$+ 3°36'$	$+20°18'$
„	Oligoklas	„	20,0%	„	$+ 1°00'$	$+ 6°00'$
„	Andesin	„	37,0%	„	$- 1°24'$	$- 6°00'$
„	Labradorit	„	56,0%	„	$- 6°54'$	$-20°54'$
„	Bytownit	„	75,0%	„	$-18°00'$	$-31°00'$
„	Anorthit	„	100,0%	„	$-40°00'$	$-37°36'$

In dieser Tabelle bedeutet das Pluszeichen die Abweichung der Schwingungsrichtung, gemessen an der stumpfen Kante der Spaltung im Sinne des Uhrzeigers, das Minuszeichen die Abweichung gegen diesen Sinn.

Der Kalifeldspat. Vom Kalifeldspat [$KAlSi_3O_8$] kennt man zwei Arten: den monoklinen **Orthoklas** mit einem Spaltwinkel von 90° und den triklinen **Mikroklin,** dessen Spaltwinkel um ungefähr $^1/_2$° von 90° abweicht. Die Frage, ob hier Polymorphie oder Mimesie, letztere hervorgerufen durch innige Verzwillingung der triklinen Mikroklinindividuen nach dem Albitgesetze, vorliegt, ist bis jetzt eindeutig noch nicht entschieden. Für die Mimesie spricht die Gleichheit der Dichten (2,54) und der Lauediagramme. Für die Polymorphie die Beobachtung, daß die innig verzwillingten Mikrokline bei 700° ihre Zwillingsbildung verlieren. Danach wäre der Orthoklas die bei höheren Temperaturen stabile Modifikation, die sich beim Abkühlen, besonders wenn gleichzeitig Pressungen einsetzen, in Mikroklin umwandelt.

In den Tiefengesteinen und auch in den kristallinen Schiefern ist der Mikroklin weitverbreitet. Er ist in vielen Fällen leicht an seiner im polarisierten Lichte deutlich hervortretenden Mikrogitterstruktur zu erkennen. Doch ist das Fehlen derselben kein Beweis für das Vorhandensein von Orthoklas, da ja die typische Mikroklinstruktur auch eine Folge mechanischer Beanspruchung sein kann.

Kalifeldspäte mit den Eigenschaften des Orthoklases finden sich auch in den jüngeren Ergußgesteinen. Dieselben sind zum Unterschiede von den Orthoklasen und Mikroklinen der Tiefengesteine, die oft trübe aussehen, glashell und werden daher auch **glasige Feldspäte** oder **Sanidine** genannt. Glashell sind auch die Orthoklase aus den Zerrklüften der Alpen, die **Adulare,** welche sich aber von den Sanidinen durch den größeren Achsenwinkel — an 60° — unterscheiden. Bei ihnen ist auch, wie bei den Orthoklasen, die Achsenebene normal zu (010), während sie bei den Sanidinen bald normal, bald parallel zu (010) ist. Der Achsenwinkel der Sanidine ist klein, manchmal fast Null.

Der Orthoklas verändert bei Temperaturerhöhung seine optischen Eigenschaften. Bei den Orthoklasen, deren Achsenebene normal zu (010) ist, wird der Achsenwinkel um die erste negative Mittellinie mit zunehmender Temperatur immer kleiner, erreicht den Wert Null, und wenn die Erwärmung noch weiter fortgesetzt wird, öffnet er sich wieder in der zur (010) parallelen Ebene. Diese Veränderung geht beim Abkühlen wieder zurück, wenn das Erhitzen nicht zu lange gedauert hat. Im gegenteiligen Falle wird der Zustand des erhitzten Feldspates stationär, d. h. der Feldspat zeigt dauernd die Eigentümlichkeiten der Sanidine. Daher wollen manche Forscher in den Sanidinen stark erhitzte Orthoklase sehen, die sich in rasch abgekühlten Gesteinen gebildet haben. In der Regel ist aber auch der Natriumgehalt der Sanidine größer als jener der Orthoklase.

Im übrigen unterscheiden sich auch die genannten drei Kalifeldspattypen durch ihre Kristalltracht. Für die Adulare ist das Zurücktreten von (010) und ($\bar{2}$01) bezeichnend, für die Sanidine die dünntafelförmige Ausbildung nach (010), und die Orthoklase sind entweder dicktafelförmig nach (010) oder säulenförmig nach der Z- bzw. X-Achse.

Wenn der Kalifeldspat in Tiefengesteinen mit Plagioklasen zusammen vorkommt, ist er meist jünger als diese und daher auch gestaltlich schlechter entwickelt.

In vielen Gesteinen ist zwischen den Plagioklasen und dem angrenzenden Kalifeldspat eine Reaktionszone ausgebildet, die oft knospenartig in die Masse des Kalifeldspates eindringt. Sie besteht aus Plagioklas, in dem Quarz in teils wurmförmigen, teils ameiseneierähnlichen Formen eingelagert ist. Sederholm gab diesen Bildungen den Namen Myrmekit. Becke, der beobachtete, daß die Menge des im Myrmekit eingelagerten Quarzes in einer bestimmten Beziehung zum Kalkgehalt des umschließenden Plagioklases steht, da um so mehr Quarz erscheint, je kalkreicher der Plagioklas ist, glaubt, daß die Bildung des Myrmekites die Folge des Austausches des Kaliums im Kalifeldspat gegen Kalzium sei, wobei natürlich, da der neugebildete Anorthit kieselsäureärmer ist, Kieselsäure frei werden muß. Je mehr Kalium daher durch Kalzium ersetzt wird, desto mehr Quarz muß in der Neubildung erscheinen. Dabei bleibt aber immer die Frage offen, wohin das verdrängte Kalium verschwunden sei.

Der Ersatz des Kaliums durch Natrium, der besonders in den kristallinen Schiefern so oft feststellbar ist, führt zur Bildung der Schachbrettalbite, das sind Albite, bei denen die durch die verschiedene optische Orientierung unterscheidbaren Partien im Albit schachbrettartig angeordnet sind, sozusagen Verdrängungspseudomorphosen von Albit nach Kalifeldspat. — Diese Bildungen findet man auch in Zentralgraniten der Alpen.

Die drei Feldspatarten: Kalium-, Natrium- und Kalkfeldspat schmelzen ungleich schwer. Den höchsten Schmelzpunkt besitzt der Anorthit bei 1556°. Der Albit schmilzt schon bei 1100°. Seine Schmelze ist im Gegensatze zu der des Kalkfeldspates sehr zähflüssig. Beim Kalifeldspat liegt der Schmelzpunkt bei ungefähr 1200°. Bevor aber die eigentliche Verflüssigung eintritt, erweicht der Feldspat, so daß man eigentlich von keinem Schmelzpunkt, sondern nur von einem Schmelzintervall sprechen kann. Bowen hat nachgewiesen, daß der Kaliumfeldspat bei 1200° inkongruent schmilzt und in kristallisierten Leuzit und eine kieselsäurereichere Schmelze zerfällt. In dieser Schmelze löst sich bei 1531° der Leuzit wieder vollkommen auf.

Es vollzieht sich hier ein ganz gleicher Vorgang wie beim Klinoenstatit, der auch bei höheren Temperaturen in Olivin und eine kieselsäurereichere Schmelze zerfällt.

2. Die Feldspatvertreter.

Der Leuzit $[KAlSi_2O_6]$ gehört zu den Feldspatvertretern, denn in allen kalihaltenden, aber kieselsäurearmen Schmelzen, in denen die Kieselsäure nicht mehr hinreicht, um Kalifeldspat zu bilden, erscheint dafür Leuzit. Aus kieselsäurereichen Schmelzen kann, wie früher gesagt, Leuzit sich nur bei hohen Temperaturen abscheiden. Beim Sinken der Temperatur wird er dann instabil und wandelt sich in Kalifeldspat um.

Der Leuzit ist an seiner weißen Farbe und seiner pseudokubischen Kristallgestalt (er kristallisiert in scheinbaren Deltoidikositetraedern), im Dünnschliff an seiner niederen Doppelbrechung leicht zu erkennen. Im Dünnschliff sieht man auch, daß die scheinbar einfachen Leuzitkristalle komplizierte Zwillinge sind, und schon 1880 hat Weisbach nachgewiesen, daß die einfachen Kristalle rhombische Symmetrie besitzen.

Genetisch von Bedeutung ist der zuerst von Klein erbrachte Nachweis, daß erhitzte Leuzite ab 620° isotrop, also wirklich isometrisch werden. Die Verbindung $[KAlSi_2O_6]$ ist also polymorph. Der über 620° beständige Hochleuzit ist isometrisch, der unter dieser Temperatur stabile Tiefleuzit rhombisch und ein kompliziert gebauter Durchkreuzungsdrilling nach Flächen, die dem isometrischen Rhombendodekaedern entsprechen, welche Flächen nach Mügge auch Gleitflächen sind. Die Umwandlung Hoch- in Tiefleuzit ist reversibel. Der Schmelzpunkt des Leuzites liegt ungefähr bei 1860°.

Dem Leuzit begegnet man sowohl in Tiefen- wie auch in Ergußgesteinen. Die „Leuzite" der Tiefengesteine sind meist sog. Pseudoleuzite, das sind Pseudomorphosen nach Leuzit, die der Hauptsache nach aus einem Gemenge von Kalifeldspat und Nephelin $[NaAlSiO_4]$ bestehen. Diese Umwandlung hängt vielleicht, wie die der Anorthoklase in Perthit, mit dem Umstande zusammen, daß die natürlichen Leuzite nie reine Kaliumverbindungen sind, sondern daß sie immer auch Natrium, das Kalium homöomorph vertretend, enthalten. Eine solche Vertretung ist aber nach dem früher Gesagten nur bei Temperaturen über 1000° möglich, und daher können die Hochleuzite immer eine gewisse Menge Natriumionen anstatt der Kaliumionen in ihr Kristallgitter einbauen. Solche Kristallgitter werden, sobald die Temperatur unter 1000° sinkt, instabil, und der Leuzit muß in ein Natrium und ein Kaliummineral zerfallen. Da in den primären Gesteinen eine Verbindung $[NaAlSi_2O_6]$ anscheinend nicht bestandfähig ist — einer solchen begegnet man nur als Jadeit in den kristallinen Schiefern —, dafür aber die Verbindung $[NaAlSiO_4]$ als Nephelin vorkommt, so muß der Leuzit nach der Gleichung $[KNa_2Al_2Si_4O_{12}] = [KAlSi_3O_8] + [NaAlSiO_4]$ in Kalifeldspat und Nephelin zerfallen.

Dieser Zerfall tritt hauptsächlich in den Tiefengesteinen ein, wo die langsame Abkühlung einer Umlagerung günstig ist. In den Ergußgesteinen dürften die Leuzite, falls ihr Natriumgehalt eine gewisse Grenze übersteigt, ebenfalls instabil sein, ihr sofortiger Zerfall aber durch die raschere Abkühlung verhindert werden.

Die Gesteinsleuzite sind in der Regel reich an Einschlüssen. — Eine Ausnahme scheinen die porphyrischen Leuzite zu machen, die vielleicht nicht als Ausscheidungen, sondern als intratellurische Einsprenglinge zu deuten sind. — Die Einschlüsse bestehen meist aus grünem oder braunem Glas — manchmal sind es auch Schlackeneinschlüsse —, die sehr häufig in Ringen angeordnet sind. Radiale Anordnung ist seltener, ebenso „negative Kristalle".

Der Nephelin. In natronreichen Gesteinen tritt als Feldspatvertreter der Nephelin $[NaAlSiO_4]$ auf. Seine Kristalle sind hexagonal, und daher trifft man im Dünnschliff seine Schnitte entweder sechsseitig oder rechteckig. Außerdem ist er schwach licht und doppelbrechend, so daß er weder ein Relief noch eine das Weiß erster Ordnung überschreitende Polarisationsfarbe zeigt. Seine Farbe ist in den Ergußgesteinen meist weiß, in den Tiefengesteinen grau, bräunlich oder grünlich. Immer aber besitzt er einen Fettglanz, der die Veranlassung war, daß man den Nephelin der Tiefengesteine auch als Fettstein oder Eläolith bezeichnete. Dieser Fettglanz ist auch manchmal den nephelinführenden Gesteinen eigen.

Die Nepheline enthalten neben Na auch etwas Ca, was ja kristallochemisch verständlich ist, da beide die Gruppe X der Typenformeln aufbauen. Die Menge des Ca hat auf die optischen Eigenschaften der Nepheline einen großen Einfluß. Der reine Natriumnephelin ist optisch einachsig negativ, die kalkreichen Glieder sind optisch positiv. Der Umschlag des optischen Charakters erfolgt bei einem Gehalt von 13% Ca in der Gruppe X. Das Maximum des Ca-Ersatzes liegt bei 17,5% der Positionen X. Deshalb zeigen viele Gesteinsnepheline Schalenbau, und zwar ist die Hülle kalkreicher als der Kern und deshalb auch oft optisch positiv. Bemerkenswert ist, daß die Zunahme des Ca nur den außerordentlichen Strahl beeinflußt, dessen Brechungsexponent sich von 1,533 bis 1,539 ändert, während der ordentliche Strahl den Brechungsexponenten 1,537 beibehält. Vielen Nephelinen ist auch ein nicht unbeträchtlicher Kaliumgehalt eigen: Kaliersatz für Na, nach Bowens Untersuchungen in allen Verhältniszahlen möglich. Das reine Endglied, das nur mehr ($KAlSiO_4$) enthält, ist als Mineral äußerst selten und führt den Namen Phazelit oder Kaliophilit. Die Feststellung, ob auch hier bei niederen Temperaturen, wie ja zu erwarten wäre, eine Entmischung erfolgt, wird durch die Ähnlichkeit der optischen Eigenschaften mit Nephelin erschwert.

Viele Nephelinanalysen ergeben ferner einen kleinen Überschuß von SiO_2 gegen die Nephelinformel. Synthetische Versuche haben gelehrt, daß dieser SiO_2-Überschuß auf beigemengten Albit zurückgeführt werden kann. Heute gibt Machatschki dafür eine andere, sehr bedeutsame Erklärung: In solchen Kristallarten kann nämlich ein Teil der Positionen großer Kationen unbesetzt bleiben. Hieraus erklärt sich der scheinbare SiO_2-Überschuß. (Keine Gitterstörung!)

Nephelin kommt mit echten Feldspaten zusammen in verschiedenen primären Gesteinen vor. In den Tiefengesteinen erweist er sich dann meist als jünger.

Die Verbindung ($CaAl_2Si_2O_8$) ist nach obigem aus Nephelinanalysen herauszurechnen, quasi als Kalknephelin, andererseits ist diese Verbindung als Anorthit bekannt. Deswegen darf man aber doch nicht von Polymorphie sprechen, denn der oben angedeutete hypothetische „Kalknephelin" ist nicht bekannt. Eine wirkliche Polymorphie zeigt die Verbindung [$NaAlSiO_4$]. Oberhalb 1248° ist nämlich der hexagonale Nephelin nicht mehr beständig. Hier bildet er eine zweiachsige, nach Mikrolinart innig verzwillingte Modifikation, die bei 1526° schmilzt und wahrscheinlich triklin ist. Für diese Modifikation wurde der Name Carnegieit eingeführt. Trotz Formelähnlichkeit mit dem Anorthit vermag der Carnegieit doch nur 5% „Anorthit"substanz aufzunehmen, d. h. seine Na-Positionen nur in engstem Rahmen vermittels Ca zu erfüllen. Das spricht auch gegen einen Kalknephelin u. dgl.

Der Kaliophilit, der als Gesteinsgemengteil selbständig nicht auftritt und bisher nur in den Kalkauswürflingen des Mt. Somma, vielleicht als Umwandlungsprodukt des mit vorkommenden Leuzites, gefunden wurde, erleidet gleichfalls bei höheren Temperaturen eine polymorphe Umlagerung. Bis 1540° ist er hexagonal. Darüber wird er optisch zweiachsig und wahrscheinlich rhombisch. Seine Beimischung erhöht den Umwandlungspunkt des Nephelins. Bei einem Gehalte von 16% steigt derselbe auf 1440°.

Der Sodalith, Nosean und Hauyn. Der Sodalith kommt neben dem Nephelin in verschiedenen Tiefen- und Ergußgesteinen vor. Makroskopisch ist er im derben Zustand vom Nephelin kaum zu unterscheiden, da er wie dieser farblos, weiß, graulich oder grünlich ist und Fettglanz besitzt. Im ultravioletten Lichte leuchtet dagegen der Sodalith goldgelb auf, wogegen der Nephelin nicht fluoresziert. Der Sodalith kristallisiert kubisch und besitzt eine unvollkommene Spaltung nach dem Rhombendodekaeder. Die auf den Spaltflächen erzeugbaren Ätzfiguren verweisen die Kristalle in die hexakistetraedrische Klasse.

Die anderen mit dem Sodalith gestaltlich verwandten Mineralien, der Nosean und Hauyn, sind bisher nur in Ergußgesteinen gefunden worden. Der Hauyn ist sehr häufig blau, aber dieselbe Farbe können gelegentlich auch der Nosean und Sodalith zeigen. Der farblose Nosean nimmt diese Farbe auch an, wenn er im Schwefeldampf erhitzt wird!

Auch chemisch stehen sich diese drei Mineralien sehr nahe. Den Hauptbestandteil macht das Nephelinsilikat aus, in dem bei den Hauynen ein Teil des Natriums durch Kalzium ersetzt ist. Daneben enthält der Sodalith noch Chlor, der Nosean und Hauyn Schwefelsäure. Manchmal ist auch elementarer Schwefel nachgewiesen worden, der sich beim Behandeln mit Salzsäure, welche alle Feldspatvertreter mehr oder weniger leicht zersetzt, durch den Geruch nach Schwefelwasserstoff verrät. Anbei die Paulingschen Formeln:

Sodalith $(2) \times [Na_4(Al_3Si_3O_{12})(Cl)]$.   Bauart: Feldspattypus.

Nosean $(2) \times [Na_5(Al_3Si_3O_{12})(SO_4)]$. $(2) \times [....]$ deutet den Zelleninhalt an.

Hauyn $(2) \times [Na_3Ca(Al_3Si_3O_{12})(SO_4)]$.

Einen durch seinen Schwefelgehalt bezeichneten Sodalith von der Halbinsel Kola nennt Borgström Hackmannit.

Die Hauyne und Noseane zeigen in der Regel eine charakteristische Mikrostruktur. Sie enthalten entweder im Zentrum des Kristalles oder zonenartig angeordnet schwarze, undurchsichtige, stäbchenförmige Einschlüsse, die selbst wieder nach zwei aufeinander senkrechteh Richtungen orientiert sind. Manchmal besitzen die Hauynkristalle einen breiten dunkelbraunen Reaktionssaum, ein Beweis, daß diese Hauyne mit dem sie enthaltenden Schmelzflusse nicht mehr im Gleichgewichte waren.

g) Der Quarz.

Alle Kieselsäure, die bei der Bildung der bis jetzt genannten Mineralien nicht Verwendung fand, erscheint zum Schlusse in den primären Gesteinen als Quarz. Da somit der Quarz nach der normalen Ausscheidungsfolge immer das jüngste Glied der ein Gestein bildenden Mineralgesellschaft sein soll, müßte er immer allotriomorph entwickelt sein, weil ihm beim Kristallisieren nur mehr die von den anderen Mineralien übriggelassenen Räume zur Verfügung standen.

Und dennoch gibt es Gesteine, sowohl Erguß- wie Tiefengesteine, in denen der Quarz entweder in „Dihexaedern" mit gerundeten Kanten oder in rundlichen Körnern sich findet. Diese sind häufig in Bruchstücke zerlegt. Die gerundeten Körner sind ohne Zweifel Lösungsreste. Wären sie es nicht, so müßten sie als Frühausscheidungen Kristallgestalt besitzen. Aber auch für die Dihexaeder ist es nicht absolut sicher, ob sie normale Ausscheidungen aus dem Magma sind. Nicht gerade zugunsten der normalen Ausscheidung spricht die Tatsache, daß sie ganz im Gegensatz zu dem sonstigen Verhalten wachsender Kristalle gerundete Kanten haben. Dies würde eher dafür sprechen, daß die Dihexaeder mit dem übrigen Schmelzfluß nicht mehr im Gleichgewicht waren, sich also im Auflösungszustande befanden und sie vielleicht Lösungsgestalten darstellen.

Die Quarze sind in der Regel reich an Einschüssen, unter denen die Flüssigkeitseinschlüsse das größte Interesse beanspruchen. Quarze, die Flüssigkeitseinschlüsse enthalten, werden immer als Quarze der Tiefengesteine angesehen, weil ja nur die Schmelzflüsse in den großen Tiefen der Erde bis zum Schlusse des Festwerdens Gase bzw. Flüssigkeiten enthalten können, die dann, wie beim Kunsteis, in den zuletzt festgewordenen zentralen Partien, in den sich zuletzt ausscheidenden Mineralien umschlossen werden können.

Eingeschlossen wurden von den Quarzen ursprünglich Gase im überkritischen Zustande. Aus ihnen wurden dann beim Abkühlen teilweise Flüssigkeitseinschlüsse. Als Flüssigkeiten kommen liquides Kohlendioxyd, Wasser und Salzlösungen in Betracht. In letzteren haben sich nachträglich manchmal würfelförmige Kriställchen ausgeschieden, die als Natriumchlorid erkannt wurden.

In den Quarzen, die durch Ausscheidung aus dem Magma von Ergußgesteinen gebildet worden sind, kann man keine Flüssigkeitseinschlüsse erwarten, wohl aber Glas- und Grundmasseeinschlüsse. In den Quarzen dieser Gesteine findet man anscheinend beides, doch dürften die Grundmasseeinschlüsse keine wahren Einschlüsse, sondern Querschnitte durch die schlauchförmigen Grundmasseeinbuchtungen sein, die an den Quarzeinsprenglingen fast aller quarzhaltender Ergußgesteine zu beobachten sind. Auch bei den echten Glaseinschlüssen, die nicht selten die Gestalt negativer Kristalle haben, wäre die Möglichkeit zu berücksichtigen, daß in denselben in vielen Fällen nicht primäre, sondern sekundäre Glaseinschlüsse vorliegen, d. h. Glaseinschlüsse, die durch das Einschmelzen schon früher vorhandener mineralischer Einlagerungen gebildet worden sind. Bei dem Umstande, daß der Schmelzpunkt des Quarzes bzw. Siliziumdioxydes höher liegt als die Schmelzpunkte der meisten als Einschlüsse im Quarz beobachteten Mineralien, ist beim Wiedererhitzen solcher Quarze, wenn sie nachträglich von einem Schmelzfluß umschlossen werden, ein Schmelzen der Einschlüsse nicht außer dem Bereiche der Möglichkeit. Auch das Vorkommen zersprungener Quarzkörner und -kristalle spricht eher für die Fremdlingsnatur der Quarze als für deren Ausscheidung aus dem Magma. Quarze mit Flüssigkeitseinschlüssen, also gesteinsfremde Quarze, können, wenn sie in einen Schmelzfluß geraten, durch die Hitze zersprengt werden. Daß Quarzkörner durch die Bewegung des Schmelzflusses allein zerbrochen werden, wird wohl niemand ernstlich behaupten wollen. Quarz kommt in der Grundmasse saurer Ergußgesteine als Bestandteil des Eutektikums Quarz—Feldspat vor.

Das Siliziumdioxyd ist in seiner Modifikation als Quarz selbst wieder dimorph. Le Chatelier hat als erster nachgewiesen, daß eine sprunghafte Änderung der Ausdehnung bei 575° den Hoch- oder β-Quarz vom Tief- oder α-Quarz trennt, und sprunghafte Änderung auch der übrigen physikalischen Eigenschaften haben Rinne und andere Forscher festgestellt. Der unter 575° beständige Tiefquarz kristallisiert trigonal-trapezoedrisch, der oberhalb davon stabile Hochquarz hexagonal-trapezoedrisch. Bei dem reversiblen Übergang einer Modifikation in die andere finden merkliche Volumsveränderungen statt, die zu Rißbildungen führen können. Die Quarze der primären Gesteine dürften zum Großteil als Hochquarze gebildet worden sein. Heute sind sie alle Tiefquarze. Man hat nach Merkmalen für den Nachweis dieser Umwandlung gesucht. In neuester Zeit will Lämmlein in der reihenförmigen Anordnung der Gas- bzw. Flüssigkeitseinschlüsse ein Merkmal dafür sehen, indem er dieselbe auf das Ausheilen von Rissen zurückführt.

Es gibt noch weitere Arten von SiO_2, z. B.: Tridymit und Cristobalit. In einen Tridymit geht der Quarz beim Erhitzen über 870° über und wandelt sich beim Erhitzen über 1470° in einen Cristobalit um. Beide Modifikationen kommen als wesentliche Gemengteile in den primären Gesteinen nicht vor, sondern sie sind überall nachträglich durch die Einwirkung heißer vulkanischer Dämpfe pneumatolytisch auf die glasige Grundmasse der Ergußgesteine erzeugt worden.

Das Fehlen dieser beiden Mineralien in den aus primären Schmelzflüssen erstarrten Gesteinen könnte als Zeichen dafür angesehen werden, daß die Erstarrung der Magmen unter der Temperatur des Umwandlungspunktes erfolgte. Ob der Druck diese Umwandlungstemperatur wesentlich erhöht, ist noch sehr fraglich.

II. Die unwesentlichen Gemengteile der primären Gesteine.

1. Der Apatit. In fast jedem primären Gesteine ist der Apatit $[Ca_{10}(F,Cl)_2(PO_4)_6]$ in geringen Mengen vorhanden. Er gehört zu den Erstausscheidungen und bildet zumeist mikroskopische, farblose, dünnsäulige Kristalle, nur von Prisma und Basis begrenzt, so daß sie ihre Zugehörigkeit zur hexagonal-bipyramidalen Klasse nicht erkennen lassen. Die für diese Klasse bezeichnenden Tritoprismen und Tritopyramiden sind nur an Drusenapatiten zu beobachten. Im Dünnschliff erkennt man den Apatit an seiner hohen Licht- und niederen negativen Doppelbrechung. Der dem Apatit in großen Stücken eigentümliche Fettglanz kommt natürlich bei dieser Ausbildung des Minerales nicht zur Geltung, ebensowenig wie die an makroskopischen Kristallen so häufige gelblichgrüne Farbe, die dem Apatit auch den Namen Spargelstein eingetragen hat. Der Apatit ist in Salpetersäure leicht löslich.

2. Der Titanit. Dieses als unwesentlicher Gemengteil weniger häufige Mineral tritt vornehmlich in basischen Gesteinen auf. Die meist schön entwickelten monoklinen Kristalle sind, wenn sie makroskopisch sichtbar sind, entweder braun (yttriumhaltende Keilhauite) oder gelb (FeO-haltende Grothite), leicht an ihrem lebhaften Glanz zu erkennen. Die Formel des Titanites ist ($CaTiSiO_5$). Die häufig rhombischen Querschnitte seiner Kristalle sind an ihrer hohen Doppel- und Lichtbrechung und der Zweiachsigkeit bei kleinem Achsenwinkel im Dünnschliff leicht zu erkennen. Auch zeigen die Schnitte gelbliche bis bräunliche Farbe.

3. Der Zirkon. Noch seltener als der Titanit ist in primären Gesteinen der Zirkon ($ZrSiO_4$). Seine Kristalle sind ditetragonal-bipyramidal, meist nach der Z-Achse kurzsäulenförmig entwickelt. Die Farbe kann verschieden sein. Doch herrschen bei den als Gesteinsgemengteile auftretenden Zirkonen, falls sie mit freiem Auge sichtbar sind, graubraune Farben vor. Verbreiteter ist der Zirkon als mikroskopischer Gemengteil. In diesem Falle hat er vornehmlich Körnerform, ist stark licht- und positiv doppeltbrechend. Ist er in pleochroitische Mineralien eingelagert (Biotit, Amphibol), so umgeben seine Körner dunkle, pleochroitische Höfe, eine Folgewirkung des den meisten Zirkonen eigentümlichen Thoriumgehaltes. Th ist radioaktiv, und die bei seinem Zerfall auftretenden radioaktiven Strahlen verändern die Lichtabsorption des Wirtminerales innerhalb der „Reichweite".

4. Der Magnetit. In den kieselsäurearmen Gesteinen treten außer den bisher genannten Silikaten auch kieselsäurefreie Verbindungen auf, die durch ihre Ausbildung verraten, daß sie die allerersten Ausscheidungen aus den Magmen darstellen. Es sind dies immer schwarze, undurchsichtige Mineralien, die auf diese Weise in vielen Fällen die Mituraache der schwarzen und grauen Farbe basischer Gesteine werden. Das wichtigste hierher gehörige Mineral ist der Magnetit $[Fe_3O_4]$, ein kubisches kristallisierendes Mineral, das in kleinen Körnern oder Kristallen teils in der Grundmasse, teils als Einschuß in den verschiedensten Mineralien auftritt.

Ob alles, was gewöhnlich als Magnetit angesprochen wird, auch wirklich Magnetit ist, hängt davon ab, ob am Aufbau der Verbindung neben Fe auch Mg, Al, Cr Anteil nehmen, was aber ohne chemische Analyse nicht feststellbar ist.

Ein auch Mg, Al und etwas Cr enthaltendes Mineral dieser Gruppe ist der Picotit, dessen Körner im Dünnschliff manchmal tiefgrün durchscheinend werden.

Der Chromit ist ein stark chromhaltendes Mineral von der ungefähren Zusammensetzung $[FeCr_2O_4]$ und für die Olivingesteine typisch.

Alle hier genannten Mineralien entsprechen der Formel Y_3O_4 und werden in die Gruppe der Spinelle eingereiht. Sie kristallisieren isometrisch und sind, wenn sie durchsichtig werden, isotrop.

5. Das Titaneisen. Ein anderes schwarzes, undurchsichtiges Mineral ist das Titaneisen oder der Ilmenit $[(FeTi)_2O_3]$, dem überschüssig etwas Fe_2O_3 beigemischt ist. Das Titaneisen kristallisiert trigonal-rhomboedrisch und bildet zum Unterschiede vom Magnetit tafelförmige Kristalle. In größeren Stücken besitzt das Titaneisen einen viel lebhafteren Glanz als der Magnetit. Nicht selten ist das Titaneisen von einem weißen, erdigen Zersetzungsprodukt umgeben und bedeckt. Dieses führt den Namen Leukoxen und ist chemisch mit dem Titanit identisch.

Es gibt auch titanhaltende Magnetite, die nicht selten mit Titaneisen verwachsen sind.

6. Der Hämatit. Die Verbindung $[Fe_2O_3]$, der Hämatit oder das Roteisen, findet sich ebenfalls in manchen Gesteinen und verleiht ihnen dann, wenn es fein verteilt ist, eine rote Farbe. Gestaltlich ist er gewöhnlich vom Titaneisen nicht zu unterscheiden, da er ebenfalls tafelförmige Kristalle bildet, die aber der trigonal-skalenoedrischen Klasse angehören.

7. Der Pyrit und Magnetkies. Nur ausnahmsweise sind auch in den primären Gesteinen diese beiden Eisensulfide zu finden. Da sie wie die früher genannten Mineralien im Dünnschliff undurchsichtig sind, so kann man sie nur im auffallenden Lichte von jenen unterscheiden. Der Pyrit ist dann speisgelb, der Magnetkies tombakbraun. Chemisch ist der Pyrit das Disulfid des Eisens $[FeS_2]$, der Magnetkies steht dem Monosulfid des Eisens $[FeS]$ nahe, doch enthält er immer mehr Schwefel, als dieser Formel entspricht. Der Pyrit bildet Kristalle, die der dyakisdodekaedrischen Klasse angehören, der Magnetkies solche von hexagonalem Habitus. Beide Mineralien sind häufig ganz oder teilweise in Eisenhydroxyd (Brauneisen) umgewandelt.

8. Der Pyrop. Der Pyrop, der seinen Namen „Feuerauge" seiner tiefroten (blutroten) Farbe verdankt, ist in seinem Vorkommen auf den fast nur aus Olivin bestehenden Olivinfels oder auf das Lherzolith genannte Gestein, ein Gemenge von Olivin und Chromdiopsid, beschränkt. Er tritt hier nie in Kristallen, sondern nur in Körnern auf, die manchmal von einer aus faserigen und körnigen Mineralelementen zusammengesetzten sog. Kelyphitrinde umgeben sind. Pyrop gehört gehört der Granatgruppe an.

Das Mineralgemenge Kelyphit enthält in bestimmten Fällen, wie Tertsch nachgewiesen hat, Bronzit, Diopsid, Picotit (einen Spinell). Der Form nach fällt dieses Gemenge unter die „reaction rims", die Reaktionsränder. Beobachtungen an kanadischen Olivingabbros zeigen, daß sich Kelyphit einschließlich Pyrop als Reaktionsprodukte zwischen anorthitischem Plagioklas und Olivin entwickeln, wenn der Gabbro unter hohen Temperaturen und Drucken zu einer neuerlichen metamorphen Kristallisation angeregt wird. Insbesonders Harrisite, das sind gabbroide Forellensteine mit viel Olivin neben zurücktretendem anorthitischen Plagioklas, sind zu solchen Umsetzungen geeignet. Unter dem angedeuteten

Gleichgewichtswechsel vollzieht sich also der Umsatz Anorthit + Olivin = Pyrop + Picotit + Diopsid + Bronzit. (Es gibt auch anders gebaute Kelyphite mit anderer Bedeutung!)

Spätere, teilweise hydatogene Umwandlungen führen solche Gesteine in Serpentine über, aus welchen die Verwitterung den schwer angreifbaren Pyrop in den Sand der Flüsse und Bäche führen kann, aus dem er örtlich auch als Schmuckstein ausgelesen worden ist (Meronitz, Nordwestböhmen).

Kristallographisch gehört Pyrop sowie die ganze Granatgruppe zur hexakisoktaedrischen Klasse, die nur ganz ausnahmsweise beobachteten Kristallformen sind Rhombendodekaeder und Ikositetraeder. Kristallochemisch ist er ein Glied des „Granattypus", allgemein zu schreiben als $[X_3Y_2z_3O_{12}]$ oder, der Pyrop-Almandin-Untergruppe angemessen, $[Y_3'Y_2z_3O_{12}]$, speziell für Pyrop $(MgFe)_3Al_2Si_3O_{12}$, darin ein wechselnder, aber nie herrschender Fe- und ein stetiger, wenn auch geringer Cr-Gehalt.

Seltener als den Pyrop treffen wir den Almandin in normalen Tiefengesteinen (sauren Charakters). Er verhält sich kristallographisch und kristallochemisch völlig dem Pyrop entsprechend (enge Homöomorphie!), für Mg herrscht in seiner Zusammensetzung aber Fe.

9. **Der Diamant.** Der Pyrop findet sich auch im sog. Blaugrund in Südafrika, in jenem Gesteine, in welchem auch der Diamant gefunden wurde. Der Blaugrund ist ein umgewandelter Kimberlit oder ein Kimberlittuff, der — ähnliche Verhältnisse wurden auch in Brasilien angetroffen — schlottartige Räume, sog. Pipes, ausfüllt.

Dieses Gestein enthält ferner Olivin, Bronzit und einen chromhaltenden Pyroxen. Die Diamanten sind darin entweder in Kristallen oder in Kristallbruchstücken eingebettet. Für die Kristalle ist bezeichnend, daß sie immer gerundete Kanten und Flächen haben und daß die Flächen manchmal mit natürlichen Ätzfiguren bedeckt sind. Dies alles deutet darauf hin, daß der Diamant von der Kimberlitschmelze angegriffen wurde, daß er also entweder in der Kimberlitschmelze ein Fremdling ist oder daß er, ähnlich wie der Pyrop, in der Tiefe unter großem Druck sich aus der Kimberlitschmelze ausgeschieden hatte und dann beim explosionsartigen Empordringen derselben instabil und teilweise wieder aufgelöst wurde. Bemerkenswert ist, daß Diamant auch in Bruchstücken eklogitartiger Einschlüsse, die sich in den Kimberlitmassen fanden, vorkommt, und zwar in diesen, wie V. Goldschmidt und Fersmann beobachteten, in scharfkantigen Kristallen. Dies würde darauf hinweisen, **daß das eklogitähnliche Gestein das eigentliche Muttergestein der Diamanten darstellt.**

Diamanten wurden bis 1871 nur im Schwemmlande der Flüsse gefunden. In diesem Jahre wurde das erste Diamantvorkommen in einem primären Gesteine bei Kimberley in Transvaal entdeckt. Im Schwemmlande Indiens und Brasiliens begleiteten die Diamanten Mineralien, die auf ein granitisches Muttergestein hinwiesen. Gefunden wurde er bis jetzt in einem solchen nicht. Im ehemaligen Deutsch-Südwestafrika wurden Diamanten auch aus marinen Sanden in großer Zahl aufgelesen.

Die große Härte (10), sein durch den hohen Brechungsexponenten (2,47) bedingter lebhafter Glanz, sein Lichtzerstreuungsvermögen, die Ursache des unerreichten Farbenspieles geschliffener Diamanten, hat dieses Mineral zu dem begehrtesten Edelstein gemacht. Der Diamant kristallisiert kubisch und spaltet nach dem Oktaeder. Die Tracht der Kristalle wechselt mit dem Fundorte. Die indischen und südafrikanischen Diamanten zeigen vorherrschend das Oktaeder, letztere sehr oft kombiniert mit Vierundzwanzigflächnern oder dem Achtundvierzigflächner, die brasilianischen haben das Rhombendodekaeder.

Der Diamant ist reiner Kohlenstoff. Dieser löst sich, wie Versuche lehren, etwas in basischen Silikatschmelzen, ähnlich wie im geschmolzenen Eisen, und kristallisiert bei hohem Drucke als Diamant aus. Fehlt dieser Druck, so entsteht wie Moissans Versuche zeigten, nur Graphit. In diese Modifikation des Kohlenstoffes wandelt sich auch der Diamant beim Glühen unter Luftabschluß um.

Der Diamant ist im reinsten Zustande farblos. Doch hat er oft einen gelblichen, bräunlichen oder grünlichen Stich. Man kennt als Seltenheiten auch rote, grüne, blaue und schwarze Diamanten. Schwarzer Diamantkohlenstoff ist auch der aus Brasilien stammende derbe Carbonado, welcher, wie der von ebendort in den Handel kommende grünliche radialfaserige Bortdiamant, zu Schleifpulver und zu Gesteinsbohrern verarbeitet wird.

C. Die primären Gesteine.

I. Die Einteilung der primären Gesteine.

a) Allgemeines.

Die primären Gesteine sind mit wenigen Ausnahmen immer Gemenge. Aus vornehmlich einer Mineralart bestehen nur die sog. monomineralischen Gesteine, wie der Olivinfels, die Pyroxenite, die Hornblendite und die Anorthosite oder Feldspatite, die, wie schon der Name sagt, nur aus Olivin bzw. Pyroxen, Hornblende oder Feldspat bestehen.

Für die Namengebung und Einteilung der primären Gesteine ist, wie die angeführten Beispiele zeigen, vor allem die mineralogische Zusammensetzung maßgebend; dann das relative Mengenverhältnis und die Ausbildung der Gemengteile.

Früher wurde auch auf das geologische Alter ein besonderes Gewicht gelegt und demnach auch alte und junge Gesteine unterschieden, wenn auch die mineralogische Zusammensetzung dieselbe und nur das Aussehen verschieden war. Als Zeichen hohen geologischen Alters galt beispielsweise die richtungslos körnige Struktur. Heute weiß man, daß das Gefüge keine Folge des geologischen Alters, sondern der Umstände ist, unter denen die Erstarrung des Magmas erfolgte. Die tatsächlich bestehenden Unterschiede zwischen mineralogisch gleich zusammengesetzten Gesteinen älterer und jüngerer Formationen sind nur durch den Erhaltungszustand begründet, womit allerdings alle Unterschiede der permischen Quarzporphyre von den tertiären Lipariten, der alten Pechsteine und jungen Obsidiane nicht erklärt werden können!

Die moderne Einteilung der Gesteine geht von dem Grundsatz aus, daß die stoffliche Zusammensetzung des Magmas seinen Mineralbestand im erstarrten Zustand bedinge, bei der Ausbildung dieses Mineralbestandes aber auch noch andere Umstände mitspielten, welche die besondere Art der Verfestigung mitregelten. Demnach ist der Einteilungsgrund teils chemisch, teils physiographisch. Schon Rosenbusch ordnete die Erstarrungsgesteine in zwei große Reihen: Die Kalkalkalireihe und die Alkalireihe, je nachdem im Gesamtchemismus Ca, K, Na zusammen den Mineralbestand einrichteten oder ob die Alkalien für sich dem Mineralbestand eine besondere Note geben konnten. Außerdem trennte Rosenbusch auch schon die von hellen Paragenesen beherrschten primären Gesteine von denen, in welchen dunkle Paragenesen vorwogen: in granitodioritische bzw. foyaitische einerseits, in gabbroperidotitische und theralitische andererseits. F. Becke charakterisierte die zugehörigen Mineralassoziationen für:

„Pazifisch", mit Quarz, Alkalifeldspäten, Plagioklasen, Biotiten, gemeinen Hornblenden, diopsidischen Pyroxenen bis Diallag, rhombischen Pyroxenen und Olivin.

„Atlantisch", mit Quarz, Alkalifeldspäten, aber auch deren Vertretern Leuzit, Nephelin, Hauyn, Sodalith usw., Plagioklasen, Lepidomelan, Barkevikit und Alkalihornblenden, Titanaugit und Alkaliaugiten, Olivin.

Man sieht in diesen Paragenesen zwar auch gemeinsame Züge, aber doch kritische Unterschiede daneben. Pazifisch und atlantisch, das bezog sich auf die Anordnung großer, auffallender Bereiche dieser Reihen. — Auf solchen Grundlagen schritt P. Niggli zur Vertiefung der natürlichen Paragenetik. Er zog die Grenzen etwas anders als seine Vorgänger und begründete ausführlich ein dreireihiges System, zu welchem es schon früher Vorarbeiten und Hinweise gab. Niggli unterscheidet eine pazifische Hauptreihe, ungefähr mit den obigen Grundlagen konstruiert, chemisch also Kalkalkalireihe; dann eine mediterrane, chemisch durch den Einfluß von Kali bei der Formung des Mineralbestandes beherrscht und mit einer auffallenden Verbreitung um das Mittelmeer; und endlich eine atlantische Hauptreihe, in welcher das Natron eine beherrschende Rolle spielt. An ihrem sauren Anfang und basischen Ende verwischen die Reihen ihre Unterschiede.

Bildungsgeschichte. Lag den heute zu beobachtenden Gesteinen ein vollkommener Schmelzfluß (ohne Bodenkörper) zugrunde, so erfolgte im Lauf der Erstarrung die Ausscheidung der Gemengteile in einer bestimmten Reihenfolge, die man aus der Natur in großen Zügen ablesen konnte, das ist die allgemeine Ausscheidungsfolge, für welche zwei Beispiele geboten werden mögen:

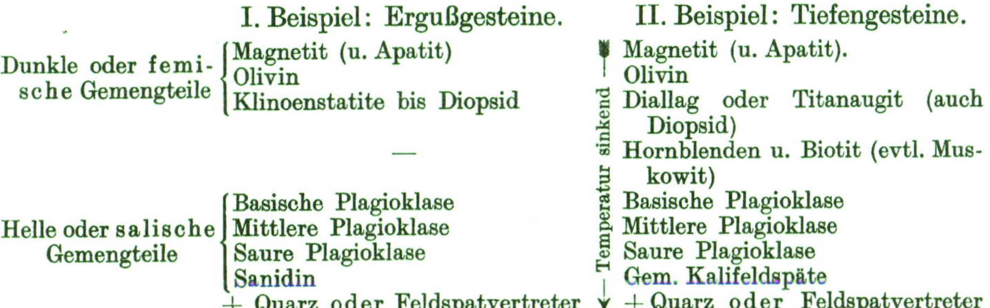

In diese allgemeine Reihenfolge greifen Konzentrations-, Druck- und Temperaturverhältnisse besonderer Art abändernd ein. Ferner übergreifen sich die Mineralausscheidungen.

Das folgende kleine Schema möge einen ebenfalls allgemein aufzufassenden Einblick in die Stoffverteilung primärer Gesteine auf primäre Mineralien geben:

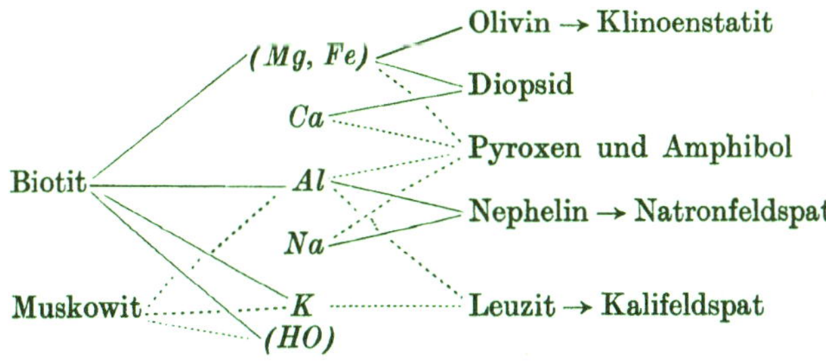

Die Entwicklung der drei früher genannten Gesteinsreihen sowohl bezüglich ihrer mineralogischen Zusammensetzung als auch die jetzt gebräuchliche Namengebung sind in nachstehender Tabelle zusammengestellt. Dabei wurden aber nur die **Tiefengesteine** berücksichtigt, welchen in analoger Ordnung die **Ergußgesteine** gegenüberzustellen wären.

Übersicht über die Tiefengesteine.

		± Hornblenden ± Biotit				Haupt-reihen
± Diallag.-Titanaugit (II, III)		± Ägirinaugit (II, III)				
Bronzit (evtl. Ägirinaugit (II,III))		± Leuzit in II u. III		Kalifeldspat		
± Olivin		± Nephelin in II u. III		Quarz		
feldspatfrei	bas. Plagioklas	mittlerer Plagioklas	saurer Plagioklas			
Peridotite und Pyroxenite	Gabbros und Norite	Diorite	Tonalite	Quarz-Diorite und Granodiorite	Granite und Aplitgranite	Kalkalkalireihe oder Pazifische Reihe I
	Kaligabbros: Shonkinit und Missourit	Kalidiorite: Monzonit	Syenite und Leuzitsyenite	Quarz-Syenite	Granite und Aplitgranite	Kalireihe oder Mediterrane Reihe II
	Natrongabbros: Theralit	Natrondiorite: Essexit	Natron-syenite und Foyaite	Nordmarkite		Natronreihe oder Atlantische Reihe III
			Ägirinfoyaite	Ägirinsyenite u.		
ultra-femische	gabbroide	dioritische	tonalitische und syenitische		granitische	

Gesteine

b) Die Tiefengesteine.

Der **Quarz**, das eine Extrem in der Entwicklungsreihe der primären Gesteine, kommt eigentlich kaum in solchen Massen vor, daß er auf die Bezeichnung „Gestein" im früher angegebenen Sinne Anspruch machen könnte. (**Northfieldit** von Pelham, Massachusetts als Ausnahme.) Als primäre Bildung ist er immer mit einer „Pegmatit" genannten Gesteinsart verbunden, die gangartig in anderen sauren Gesteinsarten auftritt. Diese Gänge haben granitartige Zusammensetzung, sind aber meist sehr grobkörnig (Riesenkorngranite **Stinys**) und gehen des öfteren in reine Quarzgänge über. Eines der größten Quarzvorkommen dieser Art ist jenes von **Neudorf**, unweit Groß-Ullersdorf in Mähren, wo der Quarz eine stockförmige Masse von ungefähr 500 m² oberflächlicher Ausdehnung bildet.

Die Assoziation **Quarz—Feldspat** gibt es als „aplitische Randfazies" an granitischen Massen, aber nicht selbständig als Tiefengesteinskörper. Theoretisch würde es drei Typen geben, die durch die Natur des Feldspates, den sie führen, gekennzeichnet wären. Man könnte Orthoklas-, Anorthoklas- und Plagioklasaplitmassen unterscheiden. Dieser Gesteinsart stehen die **Granulite** nahe, die sich aber immer im Verbande der kristallinen Schiefer befinden und dynamometamorph umgewandelte Massengesteine sind. Die **Aplite** selbst sind feinkörnige Ganggesteine obiger Zusammensetzung.

1. **Die Gesteine der Kalireihe.** Der Name Granit wird gewöhnlich einem Tiefengestein gegeben, welches als wesentliche Gemengteile Quarz, Orthoklas oder Mikroklin, sauren Plagioklas und ein dunkles, femisches Mineral enthält.

Je nachdem Biotit, Hornblende oder Pyroxen vorherrschen, unterscheidet man Biotitgranite (früher auch Granitite), Hornblende- und Pyroxengranite. Es gibt auch Granite, die neben Biotit noch Muskowit enthalten. Es sind dies die Zweiglimmergranite oder Granite im engsten Sinne des Wortes. (Der Name Charnockit ist für hypersthenhaltende Granite im Gebrauch.)

Da in der Granitgruppe sich die Hauptreihencharaktere verwischen, kann man solche Granite auch in allen drei Reihen als Spitzenglieder finden. Über besondere Hinweise auf bestimmte Zugehörigkeit siehe später! Hierher als Muster: Riesengebirgsgranit, Rapakiwi.

Durch das starke Zurücktreten oder völlige Verschwinden des Quarzes geht der Granit in den Syenit über. Hat der Granit seinen Namen von seinem körnigen Gefüge — granum heißt im Lateinischen das Korn —, so hat der Syenit seinen Namen von der Stadt Syene in Oberägypten, wo ein im Altertum vielfach für Skulpturen verwendetes Gestein mit rotem Feldspat ansteht, das aber nach der jetzigen Namengebung kein Syenit, sondern ein Granit ist. Am verbreitetsten sind die Hornblendesyenite (Plauen), seltener die Glimmer- und Pyroxensyenite (Erzenbach, Gröba). Hier leitet ein durch seinen Plagioklasgehalt gekennzeichnetes Gestein, der Monzonit, zu dioritischen Charakteren hinüber.

In manchen Gesteinen erscheint neben dem Kalifeldspat auch der Leuzit, weil die Kieselsäure im Magma nicht mehr hinreichte, alles Kali im Kalifeldspat unterzubringen. Solche Gesteine führen dann den Namen Leuzitsyenit. Sie sind sehr selten. Man kennt welche von San Paolo in Brasilien und Magnet Cove in Arkansas. In diesen Gesteinen ist der Leuzit in der Regel in die Pseudoleuzit genannten Pseudomorphosen umgewandelt.

Verschwindet der Kalifeldspat ganz, so wird der Leuzitsyenit zum Fergusit genannten Gesteine, und wird unter den femischen Gemengteilen — im Fergusit ist es hauptsächlich Olivin und Augit — der Olivin herrschend, so erhält das Gestein den Namen Missourit. Auch hier ist der Leuzit immer zu Pseudoleuzit umgewandelt.

2. Gesteine der Natronreihe. Das sauerste Tiefengestein der Reihe mit Natronvormacht ist der Natrongranit. Bezeichnend für die ganze Reihe ist das Auftreten natronreicher Feldspäte (Anorthoklase) und daß die Pyroxene und Amphibole immer alkalihaltend sind. Je nachdem in diesen Gesteinen, die nicht allzu häufig sind, Ägirin oder Riebeckit vorherrscht, kann man Ägirin- und Riebeckitgranite unterscheiden.

Die gleiche Unterscheidung kann man auch bei den Natronsyeniten machen. Ein Ägirinsyenit ist z. B. der Pulaskit, ein Riebeckitsyenit der Umptekit. Zwischen Granit und Pulaskit steht der quarzhaltende Nordmarkit. Eine Mittelstellung zwischen den Kali- und Natronsyeniten nehmen die Laurvikite ein.

Durch das Hinzutreten des Nephelins zu den gewöhnlichen Syenitgemengteilen entsteht dann der Nephelinsyenit, auch Eläolithsyenit genannt. Die meisten dieser Gesteine enthalten noch Kalifeldspat, so die lichten Foyaite. Kalifeldspatfrei, dafür aber albithaltend, sind die Canadite und der Mariupolit.

Neben dem Nephelin oder diesen ersetzend kommen in diesen Gesteinen oft Sodalith oder andere Glieder dieser Mineralgruppe vor. Man spricht dann von Sodalithsyeniten. Eine Abart des Sodalithsyenits ist der Ditroit.

Verschwinden die Feldspate, so entsteht der Ijolith, ein dunkles, oder der Urtit, ein infolge des Zurücktretens der femischen Bestandteile helles Gestein. Beide enthalten Ägyrin oder Ägyrinaugite. Der Tawit ist ein dem Ijolith entsprechendes Sodalithgestein.

Die Fasinite enthalten auch noch Olivin.

3. Gesteine der Kalkalkalireihe. Vorherrschend sind hier die Plagioklase. Die sauersten Glieder dieser Reihe hinter den Graniten führen den Namen Granodiorit und Quarzdiorit. Eine Mittelstellung zwischen Graniten und Dioriten nehmen die Tonalite ein. Wenn die dunklen femischen Bestandteile an Bedeutung gewinnen, nehmen diese Gesteine eine grüne Farbe an, weshalb man früher manche dieser Gesteine auch unter dem Namen Grünsteine zusammenfaßte. Die quarzfreien Glieder sind die Diorite schlechtweg. In den sauren Typen ist der Feldspat in der Regel ein Oligoklas oder ein saurer Andesin. Daran schließen sich die Gabbros mit Labradorit bis Anorthit. In ihnen überwiegen die Pyroxene. Besonders bezeichnend für sie ist die Diallag genannte Abart. Ist der Pyroxen ein Hypersthen, so führt das Gestein den Namen Norit. Die olivinhaltenden Typen nennt man dann Olivingabbro und Olivinnorit.

Auch die Kali- und Natronreihe haben ihre Gabbros, das sind z. B. der dunkle, nephelinarme, aber orthoklashaltende Essexit und der nephelinreiche Theralith. Der Sommait verbindet durch seinen Plagioklasgehalt den Missourit mit Olivingabbros.

4. Die feldspatfreien Tiefengesteine. Durch das Fehlen von Feldspäten und Feldspatvertretern unterscheiden sich die nachfolgenden Gesteinstypen von den vorhergehenden.

Nur aus Glimmer besteht kein primäres Gestein. Gemenge von grünem Glimmer mit Olivin sind die Glimmerperidotite, solche mit braunem Glimmer und Olivin die Schriesheimite. Nur aus Hornblende bestehen die Hornblendite. Gesteine mit Olivin und grüner Hornblende heißen Amphibolperidotite, solche von Olivin und brauner Hornblende Cortlandite.

Pyroxenite werden Gesteine genannt, welche nur aus Pyroxenen bestehen, Websterite solche, welche gleichmäßig rhombische und monokline Pyroxene führen. Von den olivinhaltenden Typen sind zu nennen: der Wehrlit, bei dem der Pyroxen ein Diallag ist, der Harzburgit, welcher Enstatit führt, und der Lherzolith, der neben Enstatit auch Diopsid enthält.

Der reine Olivinfels wird auch als Peridotit oder Dunit bezeichnet.

Wenn in einer makroskopisch richtungslos körnigen Grundmasse einzelne Gemengteile porphyrisch ausgebildet sind, so hängt man an den Namen des normalen Gesteinstypus die Silbe „porphyr" an. z. B. Granitporphyr.

Als Gegenstücke gehören die Anorthosite hierher: Von Gabbros abgespaltene basische Plagioklasgesteine!

c) Die Ergußgesteine.

Fast jedem der erwähnten Tiefengesteine entspricht ein mineralogisch analog zusammengesetztes, aber strukturell verschiedenes Ergußgestein. Diese Gesteine sind fast immer porphyrisch entwickelt, sie sind aber oft auch von glasigen Typen (Pechstein, Obsidian) begleitet. Die porphyrische Struktur offenbart sich meist erst im Dünnschliff. Wenn die Grundmasse in der die porphyrischen Kristalle liegen vollkommen glasig ist, werden die Ergußgesteine Vitrophyre genannt. Setzt sich die Grundmasse aus mineralogisch nicht bestimmbaren Elementen zusammen, so führt das Gestein den Namen Felsit. Kann man in der Grundmasse neben mineralogisch bestimmbaren Bestandteilen noch Reste von Glas erkennen, so bezeichnet man die Grundmasse als hypokristallin zum Unterschiede von der nur aus Kristallen bestehenden holokristallinen Grundmasse. Sehr oft zeigen die in der Grundmasse vorhandenen Mineralien eine gewisse Anordnung (Textur). Man spricht von einer Fluidaltextur, wenn die in der Grundmasse unterscheidbaren Teilchen wie im fließenden Wasser schwimmende Gegenstände in gewundenen Linien angeordnet sind, von einer sphärulithischen Textur, wenn sie eine sternförmige Anordnung erkennen lassen, und von einer ophitischen oder Intersertaltextur, wenn z. B. leistenförmige Feldspate in der Grundmasse ein Gewebe bilden, dessen Zwischenräume mit einem anderen Mineral — in diesem Falle gewöhnlich Augit — ausgefüllt sind.

Da die Ergußgesteine „je nach ihrem geologischen Alter" trotz der gleichartigen mineralogischen Zusammensetzung oft recht verschiedenes Aussehen haben, so hat man früher auch das geologische Alter bei der Namengebung berücksichtigt. Obwohl man jetzt weiß, daß diese Verschiedenheit im Aussehen zum Teil keine ursprüngliche, sondern eine erst nachträglich erworbene ist, so hat man doch auch in der neueren Namengebung diese Unterscheidung beibehalten, und man nennt die sauren vortertiären Ergußgesteine der Kalireihe Porphyre, die der Natronreihe Keratophyre und die der Alkalikalkreihe zum Teil Porphyrite, die basischen Diabase und Melaphyre.

Hierzu sei noch bemerkt, daß bei den jüngeren Ergußgesteinen basischer Natur die Assoziation:

Sanidin + Feldspatvertreter + Pyroxen . . . . Phonolith,
Plagioklas + Feldspatvertreter + Pyroxen . . . Tephrit,
Plagioklas oder Feldspatvertreter + Pyroxen
   + Olivin . . . . Basalt,
Plagioklas und Feldspatvertreter + Pyroxen
   + Olivin . . . . Basanit

genannt wird.

Jüngere Ergußgesteine saurer Natur sind:

Quarz + Sanidin + saurer Plagioklas + Pyroxen ... Quarztrachyte ⎱ hierzu Resorp-
Sanidin + saurer Plagioklas + Pyroxen ... Trachyt ⎰ tionsreste von
Sanidin + basischer Plagioklas + Pyroxen (+Olivin) Trachyandesit ⎱ Biotiten und
basischer Plagioklas + Pyroxen (+Olivin) Andesit ⎰ Hornblenden

Glasig entwickelte saure Ergußgesteine sind die jungen Obsidiane und die alten Pechsteine. Die basischen Gläser führen den Namen Tachylite.

Parallelisierung der wichtigeren Tiefen- und Ergußgesteine.

	Tiefengestein	Ergußgestein
1. Kalkalkalireihe	Granit	Quarzporphyr, Quarztrachyt
	Granodiorit, Quarzdiorit	Dazite oder Quarzandesite
	Diorit	Andesit
	Gabbro und Norit	Diabas, Melaphyr, Basalt
	Peridotite und Pyroxenite	Pikrite und Limburgite
2. Kalireihe	Granit und Quarzsyenit	Quarzporphyr, Quarztrachyt
	Syenit	Porphyr, Trachyt
	Leuzitsyenit	Leuzittrachyt
	Monzonit	Trachyandesit
	Shonkinit	Leuzittephrit, -basanit, -basalt, Leuzitit
	Pyroxenolith (d. h. Pyroxenit der Kalireihe)	Alnöit z. T.
3. Natronreihe	Natrongranite	Quarzkeratophyr, Comendit
	Natronsyenite	Keratophyr, Pantellerit, Ägyrintrachyt
	Nephelinsyenite	Phonolithe
	Essexite	Trachyandesite und Trachydolerite
	Theralite	Tephrit, Basanit, Nephelinbasalt, Nephelinit
	Pyroxenite und Peridotite (Jakupirangite z. T.)	Einzelne glasige Basalte

Von den feldspatfreien Magmen sind nur wenige Ergußgesteine bekannt. Hier sind zu nennen die paläozoischen und mesozoischen Pikrite und die ganz jungen Limburgite und Augitite. Diese Gesteine enthalten als bezeichnenden Bestandteil einen Pyroxen, Pikrit und Limburgit daneben noch Olivin.

II. Die Entstehung der verschiedenen Gesteinstypen.

Über die Art und Weise, wie die einzelnen Gesteinstypen gebildet wurden, sind im Laufe der Zeit recht verschiedene Meinungen geäußert worden.

a) Die Theorie von Sartorius von Waltershausen.

Dieser Gelehrte, der in der ersten Hälfte des 18. Jahrhunderts lebte, war noch der Meinung, daß jedem Gesteine ein bestimmtes ursprüngliches Magma entspreche. Diese Meinung ist sicher unrichtig.

b) Die Mischungstheorie.

Eine andere Theorie, die der berühmte Heidelberger Chemiker Bunsen 1851 auf Grund seiner Studien über isländische Gesteine aufgestellt hatte, nimmt an, daß alle stofflichen Verschiedenheiten der primären Gesteine auf eine Mischung zweier Grundmagmen, eines kieselsäurereichen und eines kieselsäurearmen Magmas, zurückzuführen seien. Anfänglich nahm man an, daß diese beiden „Urmagmen" räumlich getrennt sich in besonderen Magmaherden befänden, später neigte man der Ansicht zu, daß diese Magmen einem einzigen, aber geschichteten Magmaherd entstammen. In diesem würden die sauren Anteile, die Bunsen normaltrachytisch nannte, weil sie spezifisch leichter sind die oberen, die basischen, das sind Bunsens normalpyroxenische Magmen, als die spezifisch schwereren die unteren Teile des Magmaherdes ausfüllen.

Wenn nun diese Magmamassen durch irgendwelche Kräfte gegen die Erdoberfläche gepreßt würden, so würde diese Bewegung nicht nur die oberen, sondern auch die tieferen Schichten des Magmaherdes erfassen, und auf diese Weise könnte eine Durchmischung der im Herde räumlich gesonderten Magmen erfolgen.

c) Die Entmischungs- oder Differentiationstheorie.

Diese Theorie läßt die einzelnen Typen der primären Gesteine durch Entmischung oder Differentiation eines ursprünglich einheitlichen Magmas entstehen. Die Anfänge dieser Theorie finden sich schon bei Poullet Scrope (1821), bei Darwin (1844) und bei Dana (1849). Einen schärferen Ausdruck gibt ihr Durocher (1857). Diese Theorie stützt sich unter anderem auf die Tatsache, daß die primären Gesteine einer Gegend trotz ihrer petrographischen Verschiedenheit gewisse gemeinsame Merkmale erkennen lassen, die auf eine gemeinsame Abstammung hindeuten und die auch zur Aufstellung des Begriffes „petrographische oder magmatische Provinz" geführt haben. Andere Namen für dieselbe Erscheinung sind Bluts- oder Gauverwandtschaft oder Consanguinity.

Iddings stellte 1892 den tiefgreifenden Unterschied fest, der zwischen den primären Gesteinen des amerikanischen Ostens und Westens besteht, und schuf die beiden Bezeichnungen „alkali group" für die Gesteine des Ostens und „subalkali group" für die Gesteine des Westens, welcher Unterscheidung die Rosenbuschschen Namen „Alkalireihe" und „Alkalikalkreihe" entsprechen. Harker führte 1896 dafür die Namen „atlantische" und „pazifische" Fazies und Becke 1903 die Bezeichnung „atlantische" und „pazifische" Sippe ein.

Der Hauptgrund für die Annahme einer solchen Scheidung aus einem einheitlichen Urmagma liegt in der Tatsache, daß an vielen größeren Gesteinmassen, die stock- oder lakkolithartig der festen Erdrinde eingelagert sind, mineralogische und auch strukturelle Verschiedenheiten zwischen den Rand- und Zentralpartien bestehen, die durch allmähliche Übergänge miteinander verbunden sind.

Eine Meinungsverschiedenheit bestand zwischen den Anhängern dieser Lehrmeinungen nur insofern, als die Anhänger der Rosenbuschschen Schule die Scheidung vor den Beginn des Kristallisationsaktes ansetzten, die andern sie teilweise wenigstens als eine Folge des Kristallisationsaktes hinstellten.

Rosenbusch meinte nämlich, daß sich im Laufe der Abkühlung das Stammmagma in mehrere, weiter nicht mehr spaltbare und unmischbare Teilmagmen (Kerne) spalte, die dann räumlich getrennt zu verschiedenen Gesteinen würden.

Die andere Gruppe von Forschern meint dagegen, daß die Differentiation durch ein Temperaturgefälle bewirkt werde, das sich, wenn ein Magma in den Tiefen der Erde erstarrt, zwischen den zentralen und den randlichen Partien infolge der Wärmeabgabe an das umschließende Gestein ausbildet. Dieses Temperaturgefälle bedinge eine Wanderung gewisser Stoffe von der wärmeren Mitte zu den kälteren Randpartien und somit eine stoffliche Differenzierung innerhalb des Magmas, die nicht mehr ausgeglichen und durch die endgültige Erstarrung fixiert werde. Vornehmlich sind es die femischen Bestandteile des Urmagmas, welche dieser durch osmotische oder elektrische Kräfte hervorgerufenen Stoffwanderung gegen den Rand folgen und so zur Bildung einer basischen Randzone führen. Am Rande, als dem kälteren Teil der ganzen Magmamasse, beginnt auch der Erstarrungsvorgang, und zwar werden sich dort die in reichlichem Maße vorhandenen femischen Gemengteile zuerst ausscheiden. Diese Erstausscheidungen können, wenn es die Zähigkeit des Magmas erlaubt — dieselbe ist bei den in der Tiefe erstarrenden Magmen wegen des Gehaltes an flüchtigen Bestandteilen nicht groß —, der Schwerkraft folgend, in die Tiefe sinken und sich am Boden des Magmaherdes ansammeln. Und tatsächlich beobachtet man an Orten, wo die Unterlage solcher Massen durch die Erosion aufgeschlossen worden ist, über der Unterlage solche basische Gesteinsmassen, und zwar in größerer Mächtigkeit als an den Rändern.

Beispiele hierfür sind der Shonkin Sag Lakkolith und der Square Butte Lakkolith in Montana. Bei beiden ist das Randgestein ein dunkler Leuzitshonkinit, während die Mitte aus einem lichten Syenit besteht. Beim Shonkin Sag Lakkolith ist am Dach die Dicke der Randzone 5,8 m, auf der Unterlage 31,6 m.

Wird ein solcher in Differentiation begriffener Magmaherd vor der endgültigen Erstarrung ausgepreßt, so wird sich eine gewisse Reihenfolge bezüglich der chemischen Natur der ausgepreßten Teile Magmen feststellen lassen. Den Anfang werden die am Dach angesammelten basischen Magmen machen, dann werden immer saurere folgen und nach dem sauersten wird abermals ein basisches Magma erscheinen, das von den am Boden des Magmaherdes angesammelten basischen Magmaresten stammt.

Der norwegische Mineraloge Brögger hat im Christianiagebiete wirklich eine zeitliche Aufeinanderfolge von Eruptivgesteinen beobachtet, die mit dieser Annahme im vollen Einklange steht. Brögger erkannte als ältestes Eruptionsprodukt dieser petrographischen Provinz einen Olivindiabas mit 45% SiO_2. Diesem folgten basische Syenite, dann quarzführende Augitsyenite (Åkerite), rote Quarzsyenite (Nordmarkite), Natrongranite und zum Schlusse wurde wieder ein basisches Magma ausgepreßt, das als Diabas erstarrte.

Plutonit — Vulkanit — Schizolith. Die Differentiationstheorie liegt auch der in den letzten Jahren vielfach betonten Einteilung der primären Gesteine in Plutonite und Schizolithe oder Tiefengesteine und Spaltungsgesteine zugrunde, zu denen dann noch die Vulkanite, das sind die Ergußgesteine, kommen.

Die Schizolithe sind vornehmlich Ganggesteine, deren petrographischer Charakter mit der Natur des dazugehörigen Tiefengesteines wechselt. Sie sind teils lichte, teils dunkle Gesteine; erstere werden allgemein Aplite, letztere Lamprophyre genannt. Die Lamprophyre bezogen ihr Material wahrscheinlich aus den basischen Randzonen, die Aplite mehr aus den sauren Zentralpartien.

Rinne unterscheidet die gangförmig auftretenden Schizolithe auch als Gangschizolithe von den Plutoschizolithen, worunter er die Randfazies der Tiefengesteine versteht.

Die Magmen der Ergußgesteine zeigen in den seltensten Fällen solche Spaltungserscheinungen. Bei ihnen wirkt sich der wärmeentziehende Einfluß der Nachbargesteine höchstens im Gefüge aus, indem die Randpartien entweder glasig oder feinkörniger als die Mittelpartien sind.

Im nachstehenden sei eine Zusammenstellung der wichtigsten Spaltungsgesteine und der dazugehörigen Tiefengesteine gegeben.

Aplite	Tiefengesteine	Lamprophyre
Aplit Alsbachit (porphyrisch) }	Granit	{ Minette = Vogesit = } Orthoklas + { Biotit Hornblende
Grorudit Paisanit }	Natrongranit	{ Camptonit = Plagioklas + braune Hornblende
Bostonit Gauteit }	Natronsyenit	{ Monchiquit = wie Camptonit, und mit Glas
Tinguait	Eläolithsyenit	{ Jakupirangit = Pyroxen + Nephelin + Perowskit + Erz
Beerbachit	Diorit (und Gabbro)	{ Kersantit = Spessartit = } Plagioklas + { Biotit Hornbl.

Zu den aplitischen Schizolithen in Beziehung stehen auch die Pegmatite. Es sind das oft äußerst grobkörnige Gesteine, die mit gewöhnlich feinkörnigen Apliten genetisch verknüpft sein können. Je nachdem die Pegmatite Quarz enthalten oder nicht, unterscheidet man Granit- und Syenitpegmatite. Die Pegmatite sind stellenweise sehr reich an akzessorischen Mineralien. Man sieht die Pegmatite als die Erzeugnisse des an flüchtigen Bestandteilen besonders reichen Restmagmas an, das zudem noch relativ niedrig temperiert war. Der Gasreichtum dieser Restmagmen rührt davon her, daß beim Festwerden eines gashaltenden Schmelzflusses die Gase in den am längsten flüssigen Rest der Schmelze zusammengedrängt werden.

d) Die Einschmelzungs- oder Assimilationstheorie.

Diese Theorie nimmt an, daß die chemische Verschiedenheit der Magmen, aus denen die primären Gesteinstypen hervorgegangen sind, durch Aufzehrung (Assimilation) magmafremder Gesteinsmassen hervorgerufen worden sei. Eine solche Aufzehrung ist nur dann möglich, wenn chemische Unterschiede zwischen dem Magma und dem aufzuzehrenden Gestein bestehen, wobei die hohe Temperatur des Magmas fördernd wirkt. So wird ein saures Magma leichter kieselsäure-arme als kieselsäurereiche Gesteine assimilieren, und umgekehrt werden kiesel-säurereiche Gesteine leichter von basischen Magmen verdaut werden als kiesel-säurearme.

Von diesem Assimilationsvorgange werden nicht nur die einen Magmaherd umgrenzenden Gesteine betroffen werden, sondern in noch viel größerem Maße Gesteinsbruchstücke, die ganz vom Magma umhüllt worden sind. Solche Ge-steinsbruchstücke entstehen in großer Menge bei dem gewaltsamen Empordringen der Magmen aus dem Erdinnern gegen die Erdoberfläche.

Auf die Möglichkeit einer derartigen Beeinflussung des Magmas hat schon zu Ende des vorigen Jahrhunderts H. Johnston Lavis hingewiesen. Seither sind zahlreiche Beobachtungen gemacht worden, welche dieser Lehrmeinung zur Stütze dienen.

1. Die Assimilation von Kalkstein und Dolomit und ihre Folgen.

Diese beiden Gesteine werden von einem Magma, vorausgesetzt daß die Ein-wirkung lange genug dauert, so lange aufgelöst, bis das Magma die Zusammen-setzung eines Orthosilikates angenommen hat. Ist mehr Kalkstein vom Magma umschlossen worden, so kann diese Menge ohne Umsatz gelöst werden und, falls der nötige Druck vorhanden ist, beim Abkühlen wieder als Kalkspat auskristalli-sieren. Der Kalkspat, der sich also in primären Gesteinen findet, ist den übrigen Gesteinsgemengteilen in genetischer Hinsicht keineswegs ganz gleichzustellen.

Die Frage, ob Karbonatmassen überhaupt magmatischer Entstehung sein können, wurde besonders lebhaft diskutiert, als C. W. Brögger aus dem Fen-gebiete im südlichen Norwegen Gesteine beschrieb, die zum größten Teile aus Kalkspat oder Dolomit bestanden, gangartig auftraten und genetisch mit pri-mären Gesteinen innig verknüpft waren. Brögger nannte diese Gesteine Kar-bonatite. Vom 87% Kalkspat enthaltenden Sövit und dem oft bis 90% aus Kalzium-, Magnesium- und Ferrokarbonat bestehenden Rauhaugit an beobach-tete er alle Übergänge über die silikatarmen Kaasenite und die silikatreicheren Hollaite bis zum basischen Ijolith und Urtitgesteinen. Ein magnesit-führendes Gestein ist der Sagvandit, der bronzithaltend ist und gelegentlich auch Olivin führt.

Echte Karbonatitmagmen, das sind Schmelzflüsse, die nur aus Karbonaten bestehen, verlangen sehr hohe Temperaturen (1200°) und sehr hohen Druck, weil sich sonst das Kohlendioxyd von den Basen abspalten und aus dem Magma entweichen würde. Werden aber Karbonate assimiliert, und verbleibt die ab-gespaltene Kohlensäure im Magma, so vermehrt diese die Fluidät (Flüssigkeit) des Magmas.

Aus einem Magma, das Kalk assimiliert hat, kristallisieren dann ganz andere Mineralien wie aus einem unveränderten Magma. Solche sind:

Der Monticellit. Dieses Mineral tritt an die Stelle des Olivins. Er kristal-lisiert, wie dieser, rhombisch, und seine Zusammensetzung entspricht der Formel $[MgCa(SiO_4)]$. Der Monticellit ist ein Doppelsalz. Die zweite Komponente $[Ca_2SiO_4]$ ist in der Natur erst ein einziges Mal auf der Insel Antrim sicher ge-funden worden. Diese Verbindung, welche den Namen Larnit erhalten hat, ist in Wasser leicht löslich, daher die Seltenheit. Vom Olivin unterscheidet sich der Monticellit durch seine niedere Doppelbrechung (0,0174 gegen 0,136 beim Olivin).

Der Cancrinit. Dieses Mineral gleicht gestaltlich dem Nephelin, hat aber immer einen wesentlichen Kohlensäure- und Wassergehalt. In neuerer Zeit hat man auch Schwefelsäure in einzelnen Cancriniten nachgewiesen. Die Formel des

Cancrinites lautet nach neuerer Schreibweise [$(Na, Ca)_8Al_3Si_3O_{12} \cdot (CO_3)$]. Der Cancrinit ist wie der Nephelin, aus dem er nicht selten hervorgegangen ist, optisch negativ, besitzt aber eine höhere Doppelbrechung. Die Farbe ist gewöhnlich weiß, doch kennt man auch gelbe, rötliche und bläuliche Vorkommen.

Künstlich hat Eitel den Cancrinit durch Zusammenschmelzen von Nephelin und Kalziumkarbonat bei einem Druck von 110 kg für den Quadratzentimeter erhalten. So wie der Monticellit schmilzt auch der Cancrinit bei 1100° inkongruent.

Kristallographisch und chemisch stehen dem Cancrinit die Mineralien Davyn und Mikrosommit nahe. Ersterer enthält wie der Cancrinit, Kohlensäure, ist aber optisch positiv, letzterer Chlor und Schwefelsäure, und ist ebenfalls optisch positiv. Als Gesteinsgemengteile sind diese beiden Mineralien bis jetzt nicht gefunden worden. Man erkannte sie nur in den Auswürflingen des Mt. Somma.

Die Mineralien der Melilithgruppe. Die Mineralien dieser Gruppe sind für Magmen, die Kalkkarbonat aufgelöst haben, besonders bezeichnend. Sie kristallisieren tetragonal und sind bald positiv, bald negativ optisch einachsig. Bei zonargebauten Kristallen ist der Kern positiv, die Hülle negativ, und beide trennt eine isotrope Zone. Dies Verhalten weist darauf hin, daß man die Mineralien der Melilithgruppe als Mischungen von Endgliedern ansehen darf, von denen das eine positiv, das andere negativ ist. Auch die anomale entenblaue Polarisationsfarbe, welche die Melilithe im Dünnschliff gewöhnlich zeigen, bestätigt diese Vermutung.

Am Aufbau des Melilithmoleküls beteiligen sich Natrium, Kalzium, Magnesium, Aluminium, manchmal auch Eisen, ferner Kieselsäure. Nach Schaller sollte das eine, positive Endglied der Mischreihe das Akermannitsilikat [$Ca_2MgSi_2O_7$] und das andere Endglied das negative Velardenitsilikat [$Ca_2Al_2SiO_7$] sein. Bei einem Gehalte von 60% Akermannitsilikat sind die Mischglieder isotrop. Das Akermannitsilikat ist bis jetzt nur künstlich hergestellt worden, das Velardenitsilikat fand man als Mineral in Mexiko. Außer diesen beiden Verbindungen sollte sich auch noch das natriumhaltende Sarkolithsilikat [$(Na_2Ca)_3Al_2Si_3O_{12}$], benannt nach dem am Vesuv beobachteten Mineral Sarkolith, am Aufbau beteiligen.

Nach Warren ergeben sich jetzt einfachere Verhältnisse: Die Melilithe gehen nach der Typenformel $X_2Yz_2(O, OH)_7$, von Machatschki aufgestellt. Die spezielle Formel für Melilith wäre $(Ca, Na)_2(Mg, Al)_1(Si, Al)_2O_7$, wovon Akermannit tonerdefrei, Gehlenit tonerdehaltend. — An diesen Formeltyp wäre auch der Sarkolith (mit viel Na neben Ca) anschließbar.

Der Perowskit. In den Melilithgesteinen und deren Verwandten findet sich auch ein kubisches, im auffallenden Lichte diamantglänzendes, bald gelbliches, bald grauschwarzes Mineral, der Perowskit [$CaTiO_3$]. Im durchfallenden Lichte ist der Perowskit grauweiß bis rotbraun, doppeltbrechend und innig verzwillingt. Die anscheinend kubischen Kristalle sind demnach Viellinge wahrscheinlich rhombischer Einzelindividuen. Bei Rotglut werden die Perowskitkristalle isotrop.

Die Art des Vorkommens in den Gesteinen macht es wahrscheinlich, daß der Perowskit das Nebenerzeugnis des Umbaues titanhaltender Pyroxene in Melilith ist.

Die Melilithgesteine. Neben den melilithführenden Basalten, Tephriten, Nepheliniten und Monchiquiten gibt es noch eine ganze Reihe hier zu nennender Gesteine, die augitarm oder augitfrei sind und die durch allmählige Übergänge miteinander verbunden sind. Allen diesen Gesteinen sind die Mineralien Nephelin und ein Glied der Sodalith-Hauyn-Gruppe gemeinsam. Daneben enthalten sie noch lichten oder dunklen Magnesiaglimmer, Melilith, Perowskit, manchmal auch Monticellit. Olivin ist in einzelnen Typen ebenfalls vorhanden und hier und da auch Pyroxen. Diese beiden letztgenannten Mineralien zeigen aber immer Anzeichen magmatischer Auflösung, deren Endergebnis die Bildung eines Biotit-Melilith-Gemenges ist. Scheumann bezeichnet derartige Gesteine nach ihrem Fundorte, dem Polzengebiete in Nordwestböhmen, als Polzenite und unterscheidet außerdem noch eine glimmerreiche Abart, die auch Monticellit enthält, den Modlibowit, und eine glimmerarme und monticellitfreie Abart, den Vesecit. Söllner fand im Kaiserstuhl im Breisgau noch ein anderes hierher gehöriges Gestein, den Bergalith, der vollkommen frei von Olivin und Augit ist. Verwandt mit den genannten Gesteinen sind die Alnöite, benannt nach der Insel Alnö im Bottnischen Meerbusen, nur enthalten diese reichlich Pyroxen und Olivin. Alle genannten Gesteine sind lediglich als Ganggesteine bekannt.

2. Die Assimilation von tonigen Gesteinen und ihre Folgen.

Wenn tonige Gesteine eingeschmolzen und assimiliert werden, so kann es geschehen, daß, wenn die tonigen Gesteine besonders reich an Tonerdehydroxyden waren, der Kieselsäuregehalt des Magmas nicht hinreichte um alle Tonerde als Silikat zu binden. In diesem Falle wird sich die überschüssige Tonerde aus dem Magma in kristallisierter Form als Korund abscheiden.

Sind aber noch Magnesium und Eisen im Überschusse vorhanden, so gehen diese mit der Tonerde eine Verbindung ein und bilden Spinelle.

Der Korund bildet unter diesen Verhältnissen entweder hexagonale Säulen oder spitze, pyramidale Kristalle, die der ditrigonal-skalenoedrischen Klasse angehören. Die Farbe derselben ist meist unschön, gelblich, bläulich, seltener rötlich. Starke Lichtbrechung, schwache, negative Doppelbrechung sind für den Korund bezeichnend.

Die Spinelle bilden rundliche Körner oder oktaedrische Kristalle. Die eisenarmen sind lichtgefärbt, rötlich oder bläulich, die eisenhaltenden durchscheinend grün (Pleonast).

Auch tonerdehaltende Silikate, wie Cordierit, stellen sich manchmal ein. Diese werden aber an späterer Stelle besprochen werden.

3. Die Assimilation saurer Gesteine.

Die Gesteine der Tveitasit- und Fenitgruppe. Eine ähnliche Beeinflussung von Magmen durch Assimilation saurer Gesteine wurde ebenfalls festgestellt. Högbom meint, daß die saure Randfazies, die den Nephelinsyenit von Alnö umgibt, eine Folge der Assimilation des umgebenden Gneises durch das nephelinsyenitische Magma sei, und Brögger führt die sauren Randgesteine, die im Fengebiete Norwegens zwischen dem Ijolith und dem Grundgebirge entwickelt sind, auf dieselbe Ursache zurück. Er nennt die so entstandenen dunklen, melanokraten Gesteine mit 48—59% SiO_2 Tveitasite, und die lichten, leukokraten Gesteine mit ca. 63% SiO_2 Fenite.

Ebenso wie ein Magma nur eine bestimmte Menge Kalkstein zu verdauen, d. h. zur Silikatbildung zu verwenden vermag und den Rest des gelösten Kalkes als Kalzit wieder abscheidet, ebenso vermag ein Magma, das z. B. Sandsteinbruchstücke umschlossen hat, den Quarz derselben nur bis zu einem gewissen Grade zu verdauen, und der Rest der ungebundenen Kieselsäure wird im Eutektikum schließlich als Quarz erscheinen. Je saurer ein Magma ist oder durch Quarzlösung geworden ist, desto schwerer wird der magmafremde Quarz in

Lösung gebracht werden können. Solche Gesteine werden dann Lösungsreste des Quarzes teils in Form unregelmäßiger Körner, teils als Lösungsgestalten (Dihexaeder) enthalten.

4. Die Schlierenbildung.

Bei den Auflösungs- bzw. Einschmelzungserscheinungen entstehen dort, wo ein magmafremder Körper der Einwirkung des Magmas ausgesetzt ist, in dem vorher vollkommen einheitlichen Magma chemische Unterschiede, die, wenn nicht die Zeit und die Bewegungen innerhalb des Magmas für die gründliche Durchmischung Sorge tragen, im erstarrenden Magma zur Bildung mineralogisch differenter Partien Veranlassung geben. Auf dieselbe Weise können auch an den Berührungsflächen mit dem Nachbargesteine je nach der Natur des letzteren basische bzw. saure Randzonen entstehen.

Das gleiche geschieht auch an Gesteinsbruchstücken, die vom Magma allseits umschlossen wurden. Bei unvollkommener Einschmelzung (Resorption) werden sich sog. Reaktionsräume um den Einsprengling oder Einschluß bilden, bei vollkommener Resorption werden sog. Schlieren entstehen. Schlieren nennt man verschieden gestaltete Partien in einem Gesteine, die durch ihre mineralogische Zusammensetzung oder durch ihre Ausbildung von der Hauptmasse des Gesteines abweichen.

Die unverdauten Gesteinsbruchstücke erleiden außerdem nicht selten infolge der Einwirkung der hohen Temperatur des Magmas und durch die chemische Beeinflussung durch dasselbe weitgehende strukturelle und mineralogische Veränderungen, von denen aber erst in einem späteren Kapitel über die Kontaktmetamorphose die Rede sein wird.

Manche dunkle Schlieren werden auch als örtliche Anhäufungen älterer femischer Ausscheidungen gedeutet (glimmerreiche Putzen in Graniten). Doch spricht in vielen Fällen die scharfe Umgrenzung solcher Schlieren eher für deren Bruchstücknatur.

Wesentlich anderer Entstehung sind die lichten sog. pegmatitischen Schlieren. Diese sind im Gegensatze zu den früheren Erzeugnissen der normalen Erstarrung des Magmas in den Tiefen der Erde. Sie stehen in genetischem Zusammenhang mit den Restmagmen, die sich von dem übrigen Kristallbrei gesondert haben, dann in ihm wegen ihres geringeren Volumgewichtes als Blasen aufgestiegen sind, sich, da sie den Magmaherd nicht verlassen konnten, in der Nähe des Daches des ungefähr lakkolithisch entwickelten Magmaherdes ansammelten und endlich vom festwerdenden Gesteine umschlossen wurden. Im Verlaufe der weiteren Abkühlung sind dann aus ihnen die gelösten Mineralsubstanzen meist in grobkristalliner (pegmatitischer) Form auskristallisiert. (Siehe weiter unten.) Viele der durch ihren Reichtum an seltenen Mineralien berühmten Vorkommen in Granitgebieten sind solche pegmatitische Schlieren. Hierher gehören auch die Turmalinknauern aus dem roten Granit von Predazzo in Südtirol.

Zu den Schlierenbildungen sind auch die glasigen oder sphärolitisch entglasten Zonen zuzurechnen, welche in sauren Ergußgesteinen manchmal die magmafremden Quarzkörner umgeben.

III. Die Restmagmen und ihre Erzeugnisse.

Wenn ein Magma in den Tiefen der Erde unter hohem Drucke fest zu werden beginnt, so bildet sich, wie schon früher erwähnt wurde, zuerst als Folge der Differentiation eine basische Randzone und ein an Kieselsäure reicheres Zentralmagma. In letzterem sammeln sich im Verlaufe der fortschreitenden Kristallisation alle ursprünglich im ganzen Magma gleichmäßig gelösten leichtflüchtigen

Bestandteile und auch alle Elemente und Verbindungen, die während der vorhergegangenen Kristallisationsperiode nicht den zur Ausscheidung nötigen Sättigungsgrad erreicht haben, an. Durch diesen Vorgang wird nicht nur der chemische, sondern auch der physikalische Charakter des restlichen Magmas wesentlich verändert. Der Reichtum desselben an leichtflüchtigen Bestandteilen in Verbindung mit den als Mineralisatoren wirkenden nichtflüchtigen Substanzen verleiht dem Restmagma selbst bei niederen Temperaturen eine Beweglichkeit, die für den Kristallisationsakt günstig ist. Das Restmagma hat anfänglich noch große Ähnlichkeit mit einer leichtflüssigen Schmelze. Mit sinkender Temperatur, und weil wieder ein Teil der gelösten Mineralsubstanzen auskristallisiert ist, ändert sich dessen Beschaffenheit. Es nimmt infolge des Vorherrschens der leichtflüchtigen Bestandteile immer mehr die Eigenschaften einer Lösung hochtemperierter Gase an. Die Bestandteile, die bei gewöhnlicher Temperatur flüssig sind, und auch viele sonst gasförmige Verbindungen befinden sich des hohen Druckes wegen im überkritischen Zustande, in welchem sie ebenso wie im flüssigen als Lösungsmittel wirken können.

Bei weiterem Sinken der Eigenwärme werden die Verbindungen, deren kritische Temperatur nun höher liegt als die Temperatur des Restmagmas — vor allem die Verbindung $[H_2O]$, deren kritische Temperatur bei 374° liegt — flüssig, und das Restmagma wird zu einer heißen wässerigen Lösung.

Die Restmagmen durchtränken anfänglich den Kristallbrei des festwerdenden Tiefengesteines wie das Wasser den Schwamm. Später werden sie entweder durch die Spannkraft der in ihnen enthaltenen Gase und durch geotektonische Kräfte ausgepreßt und dringen in die Risse und Klüfte der den Magmaherd umgebenden festen Gesteine ein, sie erzeugen dort selbständige, vorwiegend gangartige Bildungen.

Die erste Phase, in welcher die Restmagmen noch sehr den Schmelzflüssen ähneln, nennt man die pegmatitische Phase. Auf diese folgt die Phase der überkritischen Dämpfe, die pneumatolytische, und den Schluß bildet die hydrothermale Phase, die Phase der heißen und überhitzten wässerigen Lösungen.

In den Restmagmen sind nicht allein Silikate, sondern auch Sulfide, Oxyde, Sulfate, Karbonate, Fluoride usw. gelöst. Diese Verbindungen scheiden sich, dem jeweiligen Druck und der jeweiligen Temperatur entsprechend, welche Faktoren bekanntlich deren Löslichkeit wesentlich beeinflussen, allmählich aus. Es entstehen auf diese Weise gangartige Bildungen, deren Füllung in mineralogischer und auch struktureller Hinsicht recht verschieden sein kann.

a) Die pegmatitische Phase.

In der ersten Phase, der pegmatitischen Phase, in welcher Temperatur und Druck am höchsten sind, weicht die Gangfüllung vom Typus der primären Gesteine wenig ab. Es entstehen, da die Restmagmen sauer sind, vorerst Gesteine mit allotriomorpher Ausbildung der Gemengteile, sog. Aplite. Sobald aber die flüchtigen Bestandteile, vor allem $[H_2O]$, einen gewissen Prozentsatz im Magma erreichen, verändert sich das Gefüge des Ganginhaltes. Die Einzelindividuen der mineralischen Bestandteile, die wohl noch zum größten Teil dieselben sind wie früher, werden bedeutend größer, es entwickelt sich jene bezeichnende, großkörnige Struktur, die allgemein pegmatitisch genannt wird. Quarz und Feldspat neigen ferner zur schriftgranitischen Verwachsung hin.

Die Schriftgranite, so benannt, weil die Quarze in den großen Feldspatindividuen auf den Spaltflächen derselben an alte Schriftzeichen erinnernde Querschnitte zeigen, sind, wie kürzlich Fersmann wieder bewiesen hat, gesetzmäßige Verwachsungen von Quarz und Feldspat, bei denen in den meisten Fällen die von ihm Trapezoedergesetz genannte Gesetzmäßigkeit vorherrscht. Bei dieser Art der Verwachsung ist die Trapezoederzone des Quarzes parallel zur Prismenzone des Feldspates. Die Schriftgranitstruktur faßt J. H. L. Vogt als echte Eutektstruktur auf. Andere wieder sehen in ihr eine Folge der Unterkühlung.

In der Natur sind in den Aplitgängen sehr oft Übergänge von der Aplitstruktur zum pegmatitischen Gefüge zu erkennen. Die Randpartien solcher Gänge bestehen aus feinkörnigem Aplit, dann werden gegen die Mitte zu die Feldspatindividuen immer größer und verwachsen mit dem Quarz schriftgranitisch, und die Mitte des Ganges nimmt manchmal derber Quarz, der entweder eine graue oder eine rauchbraune (Rauchquarz), manchmal auch eine rosenrote (Rosenquarz) Farbe besitzt, ein. Dieser Quarz wurde als Tiefquarz erkannt, ein Zeichen, daß dessen Kristallisation unter 575° erfolgte. Des öfteren erscheinen in der Mitte anstatt des derben Quarzes Hohlräume, in welche die Kristallenden der den Pegmatit zusammensetzenden Mineralien hineinragen (Gangdrusen). Diese Hohlräume verdanken ihre Entstehung den im pegmatitischen Restmagma reichlich vorhandenen leichtflüchtigen Bestandteilen, die am Schlusse des Kristallisationsaktes mit etwaigem Wasser allein übriggeblieben sind. Diese Gase sind auch die Ursache der löchrigen, miarolithischen Struktur, welche manche Gesteinstypen zeigen. Auch hier ragen in die kleinen eckigen Hohlräume die Kristallenden der Gesteinsgemengteile hinein.

In den Ergußgesteinen erzeugen die vor dem endgültigen Erstarren freiwerdenden Gase blasenartige Hohlräume, die manchmal in so großer Zahl auftreten, daß das Gestein ein schaumiges oder schlackenartiges Aussehen annimmt (Bimstein). Sind diese Hohlräume größer und mit Kristallen ausgekleidet, so spricht man von Geoden, sind sie ganz mit Mineralsubstanz gefüllt, von Mandeln (Mandelsteine).

Bezeichnend für die Pegmatite ist der örtliche Reichtum an akzessorischen Gemengteilen, von denen einzelne ihrer Farbe, ihres Glanzes und ihrer Durchsichtigkeit wegen als Schmuck- oder Edelsteine Verwendung finden, andere wegen ihres Gehaltes an seltenen Elementen begehrt werden. Die Zahl der akzessorischen Gemengteile der Pegmatite ist groß, und man hat je nach dem Vorherrschen gewisser Mineralien auch verschiedene Pegmatite unterschieden. So spricht man von Turmalinpegmatiten, Beryllpegmatiten, Phosphatpegmatiten, Lithiumpegmatiten, je nachdem in denselben die Mineralien Turmalin oder Beryll oder phosphorsäure- bzw. lithiumhaltende akzessorische Gemengteile vorherrschen.

Die Gesetze, welche diese Scheidung der akzessorischen Gemengteile in den Pegmatiten bedingen, sind noch zum größten Teile unbekannt. Man weiß, daß in Pegmatiten, wenn der Kali- und Natronfeldspat nebeneinander vorkommen, sich der Albit immer als jünger erweist als der Mikroklin und daß bei den Glimmern immer die Reihenfolge: Mg, Fe-Glimmer, Muskowit, lithiumhaltender Glimmer, besteht.

b) Die pneumatolytische und hydrothermale Phase.

Schon im pegmatitischen Stadium der Gangfüllung machen sich die Elemente Bor und Fluor bemerkbar. Das Auftreten dieser Elemente vermittelt den Übergang zur nächsten Phase der Restmagmenbildungen, der pneumatolytischen Phase. In dieser Phase treten die Silikate immer mehr in den Hintergrund, und der Quarz, ferner Metalloxyde und Sulfide gewinnen an Bedeutung.

In der auf die pneumatolytische Phase folgenden hydrothermalen Phase setzen die heißen wässerigen Lösungen Sulfide und Arsenide der

Schwermetalle und daneben auch Quarz, Fluorit, Baryt und verschiedene Karbonate ab.

Weil die in den Gängen enthaltenen Verbindungen der Schwermetalle, wenn sie zur Herstellung dieser Metalle verwendet werden, Erze heißen, bezeichnet man die Erzeugnisse der pneumatolytischen und hydrothermalen Phase auch als Erzgänge. Die Mineralien, welche die Erze begleiten, für die Metallgewinnung aber wertlos sind, erhielten den Namen Gangart. Ein Gang, der nur Gangart enthält, wird taub genannt.

Das Nebeneinandervorkommen bestimmter Erze und bestimmter Gangart ist, wie die Erfahrung der Bergleute lehrte, nicht gesetzlos, sondern läßt Gesetzmäßigkeiten erkennen, welche die Bergleute zur Aufstellung bestimmter Erzformationen veranlaßten. Die Erzformationen lassen in ihrer Aufeinanderfolge wieder Gesetzmäßigkeiten erkennen, die allerdings in der Natur sehr häufig durch verschiedene Nebenumstände verschleiert sind.

Vor allem hat sich gezeigt, daß die Gangfüllung von der Entfernung des Gangteiles vom Magmaherd, der Quelle der Restmagmen abhängig ist. Man bezeichnet diese Abhängigkeit als primären Teufenunterschied. Der Grund dieser Erscheinung liegt darin, daß auch der Absatz der Erze wie der Gangart von den im betreffenden Gangteil herrschenden Druck- und Temperaturverhältnissen abhängig ist. Nur wenige Erze und Gangarten lassen eine solche Abhängigkeit vermissen. Unter den Erzen ist es der Pyrit [FeS_2], den schon Henckel in seiner Kieshistorie (1754) „den Hanns in allen Gassen" nannte, und unter der Gangart nimmt der Quarz eine ähnliche Stellung ein.

Aus den zahlreichen Beobachtungen, die an den verschiedensten Orten gemacht wurden, hat man ein Sukzessionsschema zusammengestellt, das ungefähr folgendermaßen lautet:

Als pneumatolytische Gangtypen werden aufgefaßt

1. die Zinnerz-Wolframitgänge mit Quarz und Zinnwaldit, einem lithiumhaltenden Eisenglimmer, als Gangart. Auf diesen folgen nach oben hin, also in zentrifugaler Richtung,

2. die Kupferkies-Arsenkiesgänge mit Quarz, Fluorit und Scheelit [$CaWO_4$] als Gangart.

Als hydrothermale Bildungen werden gedeutet

3. die Uranerzgänge,

4. die Kobalt-Nickelerzgänge mit Silbererzen und Wismut,

5. die Eisenspatgänge, mit Quarz als Gangart,

6. die Zink- und Bleierzgänge, in denen bald Baryt und Flußspat, bald Quarz, bald Karbonate als Gangart vorherrschen,

7. die echten Silbergänge mit Kalkspat als Gangart,

8. die Gold-Tellurgänge, in denen neben Quarz auch Karbonate, wie z. B. der Manganspat, Gangart sein können,

9. die Antimonerzgänge, in denen wieder Quarz die vorherrschende Gangart ist, und als oberste Gangformation erscheinen

10. die Quecksilbererze.

Je näher diese durch die Entgasung tiefgelegener Magmen entstandenen juvenilen Wässer, wie sie E. Suess zum Unterschiede von den sich von den atmosphärischen Niederschlägen ableitenden vadosen Wässern nennt, der Erdoberfläche kommen, um so ärmer werden sie an gelösten mineralischen Bestandteilen. Die Erze verschwinden fast vollständig, und zurück bleiben nur Karbonate, Kieselsäure und die im Wasser unbedingt löslichen Salze der Alkalimetalle, besonders die des Natriums.

Heiße Quellen juveniler Natur sind nicht allzu häufig. Suess hat dem Karlsbader Sprudel diesen Charakter zugeschrieben und ihn mit den Erzgangbildungen im Erzgebirge in Zusammenhang gebracht. Zweifellos juvenil sind die heißen Quellen am Fuße des Uncle Sam, eines schon erloschenen Vulkans im Norden Kaliforniens, die noch heute Schwefel absetzen, und einige Quellen in Kolorado und Chile.

Auf die Erzgangbildungen wird im II. Teil nochmals zurückgekommen.

c) Die juvenilen Zeolithe.

In manchen Erzgängen finden sich neben den bis jetzt als Gangart aufgeführten Mineralien auch noch Zeolithe, das sind wasserhaltende Silikate von feldspatähnlicher Zusammensetzung, ferner der tonerdefreie Apophyllit. Dieselben Mineralien trifft man auch in meist schönen Kristallen in den Blasenräumen von Eruptivgesteinen, wie Basalt, Phonolith, Melaphyr usw.

Früher hat man diese Mineralien, die erst später eingehender besprochen werden sollen (S. 90 ff.), wegen ihres Wassergehaltes als durch vadoses Wasser erzeugte, hydatogene Umwandlungsprodukte der primären Feldspäte angesehen. Die Frische der die Zeolithe bergenden Gesteine sowie die Tatsache, daß Analzim $[16[NaAlSi_2O_6 \cdot (H_2O)]]$ und Natrolith $[8[Na_2Al_2Si_3O_{10} \cdot 2(H_2O)]]$ als Bestandteile der Grundmasse gewisser Ergußgesteine erkannt worden waren, ließen eine Verallgemeinerung dieser Ansicht nicht mehr angebracht erscheinen, obwohl nicht bestritten werden konnte, daß viele Zeolithvorkommen zweifellos sekundär sind. Dazu kam noch, daß Zeolithe auch in den Drusenräumen pegmatitischer Schlieren angetroffen wurden.

In gewissen Fällen mußte man daher zur Annahme greifen, daß Zeolithe auch aus magmatischen Restlösungen abgeschieden werden können.

IV. Die akzessorischen Gemengteile der Pegmatite.

a) Die borhaltenden Mineralien der Pegmatite.

1. Die Bormineralien der Granitpegmatite.

Der Turmalin. Unter den zahlreichen akzessorischen Mineralien der Pegmatite ist der Turmalin das verbreitetste. Ihn kennzeichnet der Hemimorphismus seiner der trigonal-pyramidalen Klasse zugehörigen Kristalle, die im Querschnitt oft eine an ein sphärisches Dreieck erinnernde Umgrenzung zeigen, ferner sein kräftiger Pleochroismus, wobei der ordentliche, senkrecht zur Hauptachse schwingende Strahl immer stärker absorbiert wird als der außerordentliche Strahl. Die Kristalle sind vorwiegend säulenförmig, manchmal aber auch nadelförmig und, auch wenn sie im Gestein eingewachsen sind, sehr häufig divergentstrahlig angeordnet (Turmalinsonnen). Die chemische Zusammensetzung ist sehr verwickelt, weil am Aufbau des Turmalinmoleküls eine große Anzahl von Elementen Anteil nimmt. Immer vorhanden ist Kieselsäure, Borsäure und Tonerde. Außerdem enthalten die Turmaline in wechselnden Mengen noch Mg, Fe, manche auch Ti, dann Mn, Na, Ca, Li und auch K. Wasser fehlt nie und kann durch Fluor vertreten werden. Daß bei dieser großen Anzahl von Bestandteilen die Aufstellung eines stöchiometrischen Ausdruckes für die Zusammensetzung mannigfache Schwierigkeiten bot, ist verständlich. Man unterschied wohl schon lange Magnesium-Eisen-Turmaline und Alkaliturmaline, welch letztere frei oder arm an Magnesium und Eisen sind, aber zu einer einheitlichen Summenformel gelangte erst Machatschki auf Grund der neueren kristallochemischen Anschauungen. Diese Summenformel lautet $XY_9B_3Si_6(O, OH, F)_{31}$. $X = Na, Ca$; $Y = Li, Mn, Mg, Fe, Al$. Die Zahl der H-Atome wechselt je nach der Summenwertigkeit der unter X und Y zusammengefaßten Elemente von 1—4. (OH) kann teilweise durch F ersetzt werden.

Mit der Zusammensetzung ändert sich auch die Farbe der Turmaline. Am häufigsten ist die makroskopisch schwarze, Schörl genannte Abart. Die schwarzen Turmaline sind im Dünnschliff entweder braun bis grünlich braun oder blau bis violett. Die ersteren Farben zeigen die Magnesia, die letzteren die Eisenturmaline. Daneben gibt es noch farblose (Achroite), indigoblaue (Indigolithe), pfirsichblütrote (Rubellite), braune (Dravite) und grüne Turmaline. Schalen- und Schichtenbau ist oft zu beobachten. Mit Hilfe derselben kann man feststellen, daß die braunschwarzen Turmaline immer die ältesten sind, daß die blauschwarzen diese umwachsen. Noch jünger sind die grünen, manganreichen Abarten und am jüngsten die farblosen und roten. Nur auf Elba findet man lichte Turmaline, die am obersten Ende nochmals eine dünne, schwarze Schichte tragen. Sie haben den Namen Mohrenköpfe erhalten.

Wenn in den Pegmatiten der schwarze Turmalin erscheint, verschwindet der dunkle Glimmer, und an seine Stelle tritt der Muskowit. Es ist, als ob in dem Augenblicke, wo die Borsäure eine gewisse Konzentration im Restmagma erreicht, sie alle zweiwertigen Basen für sich in Anspruch nähme und nur das Kali für die Glimmerbildung freigäbe. Sobald in einem Pegmatit der lithiumhaltende rote Turmalin erscheint, weicht der Muskowit dem Lithiumglimmer, der sich oft durch seine pfirsichblütrote Farbe, immer aber durch die leichte Schmelzbarkeit und das Rotfärben der nicht leuchtenden Bunsenflamme (Lithiumreaktion) vom Muskowit unterscheiden läßt. Zur selben Zeit macht auch der Kalifeldspat (Mikroklin) einem oft bläulichweißen, blättrigen Albit Platz, der den Namen Clevelandit erhalten hat. Das Restmagma wird also im Verlaufe des Kristallisationsvorganges immer ärmer an zweiwertigen Basen und an Kalium und reicher an Natrium. Dadurch wird auch verständlich, warum in den juvenilen Wässern, den letzten Resten ehemaliger Restmagmen, die Natriumverbindungen so überwiegen. Interessant ist auch die Tatsache, daß blauschwarze Turmaline gern in Pegmatiten erscheinen, braune und grüne in Schiefern!

Der Dumortierit. Dieses Mineral hat in Farbe und Gestalt viel Ähnlichkeit mit dem Turmalin. Es ist bald farblos, bald blau, bald rötlich. Die Kristalle sind säulenförmig, gehören aber dem rhombischen System an. Vom Turmalin unterscheidet er sich durch seine Zersetzbarkeit in Flußsäure und durch seinen Pleochroismus. Dieser ist beim Turmalin sehr stark, so daß der ordentliche Strahl in dickeren Blättchen fast ganz absorbiert wird, beim Dumortierit dagegen schwach. Die Formel des Dumortierites wird jetzt $[H_2Al_{16}B_2Si_6O_{36}]$ geschrieben. Entdeckt wurde der Dumortierit von dem Franzosen Gonard in Pegmatitadern, die einen Gneis in der Nähe Lyons durchsetzten, und unter ganz ähnlichen paragenetischen Verhältnissen traf man ihn auch in Niederösterreich bei Ebersdorf unweit Pöchlarn an. Ebenso wurde er in den durch die Verwitterung aus Granit entstandenen Tonen bei Karlsbad nachgewiesen.

Der Manandonit. Dieses weiße, glimmerähnliche Mineral entdeckte A. Lacroix in den durch ihren Mineralreichtum berühmten Pegmatitgängen auf Madagaskar. Der Manandonit schmilzt wie der Lithionglimmer sehr leicht in der Lötrohrflamme und färbt dabei dieselbe rot. Seine Formel ist $[H_{24}Li_4Al_{14}B_4Si_6O_{53}]$. Von Säuren wird er nicht angegriffen.

Der Danburit. Dieses tonerdefreie Borsilikat, dessen Zusammensetzung der Formel $[CaB_2Si_2O_8]$ entspricht, traf man bis jetzt nur auf Madagaskar ·in echten Pegmatiten. Auf dem Berge Scopi in Graubünden fand man den Danburit in einer mit Rauchquarz ausgekleideten Kluft. Genetisch dürfte aber dieses Vorkommen mit dem von Madagaskar nicht auf gleiche Stufe zu stellen sein. Die Kristalle des Danburites sind weiß oder gelblich und rhombisch.

Der Jeremejewit und der Eichwaldit. Im Granitsande von Aduntschilon in Ostsibirien fand 1870 der Direktor des Nertschinsker Bergbaues, J. I. E. Eichwald ein säulenförmiges, hexagonal kristallisierendes Mineral, dessen Zusammensetzung $[Al_2B_2O_6]$ war. Die mikroskopische Untersuchung ergab jedoch, daß die sechsseitige Säule sich aus zwei optisch verschiedenen Mineralien zusammensetze, einem optisch positiven, einachsigen Kerne und einer sehr kompliziert aufgebauten negativ optisch zweiachsigen Hülle. Dem einachsigen Mineral gab Websky den Namen Jeremejewit, dem optisch zweiachsigen den Namen Eichwaldit.

Der Rhodizit. Dieses seltene Mineral erhielt seinen Namen deshalb, weil es die Lötrohrflamme rot färbt. Seine Formel ist vorerst noch sehr kompliziert und lautet $(H, Li, Na, K, Rb, Cs)_4Al_6Be_7B_{14}O_{39}$. Man fand dieses Mineral zuerst zu Schaifansk, später auch auf Madagaskar. Die scheinbar hexakistetraedrischen Kristalle (Kombinationen vom Tetraeder mit dem Rhombendodekaeder) sind aber aus doppeltbrechenden Lamellen aufgebaut.

Der Hambergit. Dieses farblose, rhombisch kristallisierende Mineral wurde von A. Lacroix mit anderen, zweifellos aus den Granitpegmatiten stammenden Mineralien zu Imalo auf Madagaskar in einem roten Tone gefunden. Seine Formel ist $[H_2Be_4B_2O_8]$. Entdeckt wurde das Mineral von Brögger auf einem Handstück, das aus einem Pegmatitgange unweit der Insel Helgeröen im Langesundfjord (Südnorwegen) stammte.

2. Die Bormineralien in Syenitpegmatiten.

Bormineralien sind nur aus den Syenitpegmatiten des südlichen Norwegens (Langesundfjord) bekannt. Aus diesen stammt der eben erwähnte Hambergit. Auf der Insel Stockö ebendort fand sich ein braunes, monoklines Mineral, der Homilit $[FeCa_2B_2Si_2O_{10}]$.

Aus demselben Gebiete wurden von Brögger noch eine Reihe von Mineralien beschrieben, die alle hexagonal oder trigonal kristallisieren und reich an den seltenen Erden sind. Sie bilden die Cappelenit-Melanoceritgruppe. An ihrem Aufbau beteiligen sich an 21 Elemente, nämlich: Na, Ca, Mg, Mn, Ba, dann die Cer- und $Ytter$erden, Al, Zr, Th, Si, B, P, Ta, O und F. Außerdem ist auch noch ein kleiner Kohlensäuregehalt nachgewiesen worden.

Nach Brögger kann man diesen Mineralien folgende Formel geben:

$$\text{Dem Cappelenit } 6(\overset{II}{R}SiO_3) + 6(\overset{VI}{R}BO_3) \text{ von Klein-Arö,}$$

$$\text{dem Tritomit } 6(\overset{II}{R}SiO_3) + 3(\overset{VI}{R}BO_3) + 3(\overset{I}{R_2}\overset{IV}{R}O_2F_2) \text{ von Lavö,}$$

$$\text{dem Karyocerit } 6(\overset{II}{R}SiO_3) + 2(\overset{VI}{R}BO_3) + 3(\overset{I}{R_2}\overset{IV}{R}O_2F_2) + 1(\overset{II}{R}\overset{IV}{R}O_2F_2) \text{ von}$$
Stockö,

$$\text{dem Melanocerit } 6(\overset{II}{R}SiO_3) + 1^1/_2(\overset{VI}{R}BO_3) + 1(\overset{I}{R_2}\overset{IV}{R}O_2F_2) + 3(\overset{II}{R}\overset{IV}{R}O_2F_2) \text{ von}$$
Kjeö.

Mit Ausnahme des schwarzen Melanocerites sind alle genannten Mineralien braun. Doppeltbrechend ist aber nur der Cappelenit und der Melanocerit stellenweise. Die anderen zwei Mineralien sind einfachbrechend trotz ihrer Kristallgestalt. Der Tritomit wird aber, wenn er auf 610—710° erhitzt wird, wieder doppeltbrechend, nachdem er vorher die Erscheinung des Verglimmens gezeigt hat.

Diese Eigenschaft zeigen viele Mineralien, die seltene Erden und daneben radioaktive Elemente — hier Thorium — enthalten. Mineralien, die trotz ihrer Kristallgestalt isotrop sind, beim Erhitzen aber unter Erglühen die Doppelbrechung wieder erhalten, werden metamikt genannt. Diese sekundäre Isotropie soll durch die Einwirkung der radioaktiven Zerfallsprodukte auf das Kristallgitter hervorgerufen worden sein. Der Thoriumgehalt beträgt beim Karyocerit 13%, beim Tritomit 8—9%, beim Melanocerit und Cappelenit nicht ganz 2%. Die beiden bis jetzt nur im metamikten Zustande gefundenen Mineralien haben somit den größten Thoriumgehalt.

Auf Groß-Arö, ebenfalls im Langesundfjord, wurde ein einziges Mal der gelbe rhomboedrische Nordenskjöldin [$CaSnB_2O_6$] gefunden.

b) Die Verbreitung des Lithiums in den Pegmatiten.

Schon im vorigen Abschnitte waren vier Lithiummineralien erwähnt worden, nämlich: der rote Lithiumturmalin (Rubellit), der Manandonit, der Rhodizit und der Lithiumglimmer Lepidolith. Der Lepidolith hat, wenn er nicht wegen eines geringen Mangangehaltes eine pfirsichrotblüte Farbe besitzt, eine weiße Farbe und kann daher leicht mit dem Muskowit verwechselt werden. Doch seine leichte Schmelzbarkeit vor der Lötrohrflamme sowie der Umstand, daß er dabei die Flamme rot färbt, läßt ihn leicht vom Muskowit unterscheiden. Die Lepidolithe enthalten immer Fluor, sind aber eisenfrei. Dort, wo der Muskowit mit dem Lepidolith zusammen vorkommt, umwächst dieser sehr oft jenen gesetzmäßig. Spezielle Lepidolithformel: $(OH, F)_2K(Al, Li)_{2-3}[(Si, Al)_4O_{10}]$.

Es gibt auch eisenreiche Lithionglimmer. Sie werden allgemein Zinnwaldite $(OH, F)_2K(Al, Fe, Li)_3[(Si, Al)_4O_{10}]$ genannt. Fe kann bis 19% ansteigen, während der Lithiongehalt nicht größer ist als bei den Lepidolithen, das ist ungefähr 5%. Die Farbe der Zinnwaldite ist weiß, manchmal auch grünlich. Zu diesen Glimmern, die als Gemengteile mancher Lithiumgranite auftreten, gehört auch der schwarzgrüne Kryophyllit von Cap Ann bei Rockport, Mass. N. A., der dort manchmal gesetzmäßig mit Lepidomelan verwachsen ist.

Im Sodalithsyenit von Kangerdluarsuk in Grönland kommt ein eisenfreier, grünlich weißer Lithionglimmer vor, der 9% (Li_2O) enthält und daher den Namen Polylithionit erhalten hat.

Der Cookeit $(OH)_6(Li^1Al^3)_2[SiO_3]_2$, der 4% Li_2O enthält, schließt sich morphologisch an die Glimmer an. In den Pegmatiten Nordamerikas ist er die jüngste Bildung und sitzt, kugelige Aggregate bildend, auf anderen Lithionmineralien auf. Er wird daher auch von einzelnen Forschern für ein Umwandlungsprodukt anderer Lithionmineralien gehalten. Er ist gelblichweiß, und die dünnen Blättchen zeigen einen ziemlich verwickelten Bau, insofern sie aus einem optisch einachsigen, positiven Kern bestehen, der von sechs optisch zweiachsigen Individuen umwachsen ist, die sich in Zwillingsstellung zueinander befinden.

Die Kristallgestalt der Lithiumglimmer wird als monoklin angenommen. Schöne Kristalle gehören zu den größten Seltenheiten.

Der Spodumen. Seine stöchiometrische Formel ist $(Li, Al)[SiO_3]$, mit geringen Mengen von K, Na, Mg, Fe. Weil er, wie die Pyroxene, nach einem Prisma von 93° 12′ spaltet und monoklin kristallisiert, wird dieses Mineral an die Pyroxengruppe angeschlossen, doch ist die Klärung der systematischen Stellung noch offene Frage! Der Spodumen ist in Pegmatiten verschiedener Länder gefunden worden. Meist ist er trübe und rötlichweiß. Man fand aber zu Alexander County in Nordkarolina auch grüne und zu Pala in Kalifornien auch blaßrotviolette Kristalle. Die grünen Spodume erhielten den Namen Hiddenit, die rötlichen den Namen Kunzit. Beide Abarten werden als Schmucksteine verarbeitet. Bemerkenswert ist, daß der Kunzit bei Behandlung mit Radiumstrahlen grün wird, diese Farbe aber bei der Behandlung mit Bogenlicht wieder verliert. Er wird da zuerst farblos und dann wieder rot. Der grüne Hiddenit zeigt diese Beeinflussung nicht und thermoluminesziert auch nicht, was der grün gewordene Kunzit schon bei 40° tut.

Der natürliche Spodumen geht beim Erhitzen auf 950—1000° unter einer 30prozentigen Volumszunahme in eine andere Modifikation, den Hochspodumen, über. Diese Umwandlung ist nicht umkehrbar. Der Hochspodumen schmilzt bei 1380°, und aus der Schmelze scheidet er sich beim Abkühlen in optisch einachsigen Kristallen aus.

Genetisch gehört der Spodumen in die früher erwähnte Lepidolith-Clevelanditzone. In den Pegmatiten von Brancheville, Conecticut sind die oft metergroßen Spodumenkristalle in eine schriftgranitische, Cymatolit genannte Verwachsung von Albit und Eukryptit, einem Lithiumnephelin $[LiAlSiO_4]$ umgewandelt.

Diese Verwachsung bildet ein Gegenstück zur Pseudoleuzit genannten Umwandlung des Leuzites. Durch teilweisen Austausch von Kalium gegen Natrium bzw. durch Zerfall instabiler natriumreicher Leuzite wird bekanntlich

$$[(K, Na)_2Al_2Si_4O_{12}] \text{ zu } \underset{\text{Kalifeldspat}}{[KAlSi_3O_8]} + \underset{\text{Nephelin}}{[NaAlSiO_4]}.$$

Durch den Austausch des Lithiums gegen Natrium unter Zerfall wird aus dem Spodumen

$$[Li_2Al_2Si_4O_{12}] = \underset{\text{Natronfeldspat}}{[NaAlSi_3O_8]} + \underset{\text{Eukryptit}}{[LiAlSiO_4]}.$$

In beiden Fällen bildet das Alkalimetall mit dem kleineren Atomgewicht das kieselsäureärmere Teilsilikat.

Der Petalit, ein unscheinbares weißes oder rötliches Mineral, kristallisiert monoklin und spaltet nach (001) und (201). Seine Zusammensetzung entspricht der Formel $[LiAlSi_4O_{10}]$. Er ist also das kieselsäurereichste Alumosilikat, das man bis jetzt kennt. Der Petalit erleidet beim Erhitzen ebenfalls eine polymorphe Umlagerung. Bei 1000—1100° wird er optisch einachsig, bei 1200° isotrop und bei 1370° glasig. In ihm wurde 1817 von Arfvedson das Lithium entdeckt.

Der Petalit fand sich mit anderen Lithiummineralien zusammen auf Elba und auf Utö, hier in einem Pegmatitgange, der die dortigen Eisenerzlager durchsetzt.

Es wurde schon früher erwähnt, daß Lithiummineralien oft auch die Elemente Rb und Cs enthalten. Das einzige Zäsiumsilikat in der Natur ist der Polluzit, der auf Elba immer mit Petalit zusammen gefunden wurde, weshalb Breithaupt die beiden mit den unzertrennlichen Zwillingsbrüdern Castor und Pollux verglich und dem Petalit auch den Namen Castorit gab.

Der Polluzit kristallisiert kubisch, ist glashell und kann leicht mit Quarz verwechselt und übersehen werden. Er hat aber öligen Glanz und wird von Mineralsäuren angegriffen.

Als Plattner 1846 zum ersten Male den Polluzit analysierte, ergab sich immer ein konstanter Analysenabgang von 7,25%. Erst Pisani klärte diese merkwürdige Tatsache auf. Er zeigte nämlich, daß das von Plattner für Kalium gehaltene Element Zäsium war. Im Polluzit sind an 34% Cs_2O enthalten. Die Formel lautet $H_2(Cs, Na)_2Al_2(SiO_3)_5$.

Zu Hebron in Nordamerika war einmal in einem Pegmatit eine größere Menge Polluzit gefunden worden. Sonst ist das Mineral sehr selten. Wegen der großen Bedeutung, welche das Zäsium in den letzten Jahren gewonnen hat, gehört dies

Mineral jetzt zu den begehrtesten. Abgebaut wird es nur zu Newry Maine bei Andover. Eine weitere Quelle für Zäsium ist der kalifornische Lepidolith. 1920 wurden aus ihm 30 short tons Cs gewonnen.

Ein reines Rubidiumsilikat ist bis jetzt unbekannt. Fairbanks meint, daß das Rubidium der Restmagmen hauptsächlich vom Lepidolith aufgenommen wurde, so daß Rb nicht gezwungen war, ein selbständiges Mineral zu bilden. Der größte Rubidiumgehalt wurde in einem südafrikanischen Lepidolith festgestellt. Er betrug 1,7%. Derselbe Glimmer enthielt noch 0,60% Cs_2O.

Das Lithium findet sich in den Pegmatiten nicht allein als Bestandteil von Silikaten, sondern auch von Phosphaten, und zwar entweder mit Aluminium oder Eisen und Mangan.

Die wichtigsten Lithium-Aluminium-Phosphate sind Ambligonit und Hebronit. Den ersteren Namen führen jene Mineralien, welche der Hauptsache nach aus $[(LiAl)F(PO_4)]$ bestehen. Der Name Hebronit wird für die fluorarmen, dafür hydroxylhaltenden Abarten gebraucht, deren Formel dann $[(LiAl)(HO)(PO_4)]$ lautet. Die Ambligonite und Hebronite bilden in den Pegmatiten meist lamellare, triklin gebaute Massen von gelblichweißer Farbe und sind in der Regel polysynthetisch nach den Flächen (101) und ($\bar{1}$01) verzwillingt. Die Spaltung geht parallel zu (001).

Wie bei den Spodumen scheinen auch die Ambligonite bzw. Hebronite das Lithium gerne gegen Natrium auszutauschen. Man kennt nämlich auch einen Natriumambligonit, den Fremontit $[(NaAl)F(PO_4)]$, der von manchen für sekundär gehalten wird. Dieses Mineral kristallisiert monoklin.

Lithium-Eisen- bzw. Lithium-Mangan-Phosphate sind der Triphylin bzw. der Lithiophilit. Die gemeinsame Formel dieser Mineralien lautet: $[Li(Fe,Mn)PO_4]$. Eisenreich sind die graugrünen Triphyline, manganreich die nelkenbraunen Lithiophilite. In dieser Mineralgruppe ist der optische Charakter ebenfalls von der Zusammensetzung abhängig. Beide Mineralien sind, weil sie rhombisch kristallisieren, optisch zweiachsig, und der positive Achsenwinkel, der bei den eisenreichen um 60° beträgt, wird mit abnehmendem Fe-Gehalt immer kleiner. Daher sind die Lithiophylite optisch positiv mit der Y-Achse als Mittellinie und (001) als Achsenebene, die Triphyline optisch negativ mit Z als Mittellinie und (100) als Achsenebene. Bei einem Gehalte von 26% FeO ist das Mischglied für gelbes Licht um Y als optische Achse einachsig.

c) Die Verbreitung des Mangans in den Pegmatiten.

Das Mangan war schon als Färbemittel der roten Turmaline und des Lepidolithes angegeben worden, und auch im vorhergehenden Abschnitt waren zwei manganhaltende Mineralien, der Triphylin und Lithiophilit, erwähnt worden. Auch in den braunen Pegmatitapatiten wurde Mangan als Bestandteil festgestellt. Diesen Mineralien sind noch hinzuzufügen:

Der Spessartin oder Mangangranat. Derselbe ist ein häufiger Begleiter des schwarzen Turmalins in den Pegmatiten. Er bildet selten schöne Kristalle, die dann vornehmlich das Rhombendodekaeder zeigen, meist nur unregelmäßige Körner, die oft innig (granophyrisch) mit Quarz verwachsen sind. Im Spessartin überwiegt das nach ihm benannte Silikat $[Mn_3Al_2Si_3O_{12}]$ über alle anderen sonst in die Granatkonstitution eingehenden „Teilsilikate", unter denen hier wieder das Almandinsilikat $[Fe_3Al_2Si_3O_{12}]$ und das Pyropsilikat $[Mg_3Al_2Si_3O_{12}]$ die wichtigsten sind. Auch das „Silikat" $[\overset{II}{Mn_3}\overset{III}{Mn_2}Si_3O_{12}]$, das den Namen Blythit erhalten hat, nimmt an der Zusammensetzung teil.

Außer den beiden früher genannten Lithium-Eisen-Manganphosphaten sind in den Pegmatiten noch folgende Mangan-Eisen-Phosphate gefunden worden:

Die beiden monoklin kristallisierenden Mineralien, der braune bis schwarze Triplit $[(Mn, Fe)_2F(PO_4)]$ und der rotbraune Triploidit $[(Mn, Fe)_2(OH)(PO_4)]$. Aus den Granitdrusen von Greifenstein bei Ehrenfriedersdorf in Sachsen wurden bekannt gemacht: der gelblichweiße bis braune, rhombische Childrenit $[\{(Fe, Mn)^1Al^1\}_2(OH)_2(H_2O)(PO_4)]$, der gelb- bis grünlichweiße, aber auch braune, monokline Roscherit $[(CaMn)[(Mn, Fe), Al]_2(OH)(H_2O)_4(PO_4)_2]$, dann der allerdings manganfreie, farblose, monokline Ješekit $[(Na_4Ca)Al_2(HO)_2F_4(PO_4)_2]$ und der mit diesem verwandte, aber 8,45% MnO haltende, vielleicht rhombische Lacroixit, dessen Formel noch nicht feststeht.

In amerikanischen Pegmatiten (Brancheville) und auch in dem albitreichen Granit von Fairfield wurden als jüngste Bildungen noch folgende Mineralien gefunden: Der rhombische rosenrote Eosphorit $[((Mn, Fe)_1Al_1)_2(OH)_2(H_2O)(PO_4)]$, eigentlich ein manganreicher Childrenit, der olivgrüne, monokline Dickinsonit und der gleichfalls monokline, aber wachsgelbe Fillowit. Beide Mineralien sollen dieselbe Formel $XY(OH)_2(PO_4)_2$ haben, worin $X = (Na, Ca)$, $Y = (Mn, Fe)$ ist, nur ist der Fillowit manganreicher, und seine Kristalle sind pseudorhomboedrisch, während die des Dickinsonites tafelförmig nach (001) sind.

Ferner kennt man noch von dort: den weißen triklinen Fairfieldit $[Ca_2(Mn, Fe)\,2(H_2O)(PO_4)_2]$, den rosenroten rhombischen Reddingit

$$[(Mn, Fe)_3\,3(H_2O)(PO_4)_2]$$

und den rotvioletten bis rosenroten Hureaulith $[H_2(Mn, Fe)_5\,4(H_2O)(PO_4)_4]$, benannt nach seinem ersten Fundorte Hureaux bei Limoges in Frankreich. Für alle diese jüngsten Drusenbildungen ist es nicht unwahrscheinlich, daß sie Abkömmlinge der zuerst genannten Lithium-Mangan-Phosphate und des Triplites sind.

d) Die Berylliummineralien in den Pegmatiten.

Bis jetzt sind nur zwei borhaltende Berylliummineralien erwähnt worden, nämlich: der Hambergit (S. 52) und der Rhodizit (S. 52). Den ersteren kennt man aus syenitischen und wahrscheinlich auch aus granitischen Pegmatiten, letzteren nur aus granitischen. Man kann daher, wie bei den borhaltenden Mineralien, auch bei den berylliumhaltenden Mineralien solche unterscheiden, die sich nur in quarzhaltenden und solche, welche sich in quarzfreien Pegmatiten finden.

1. Die Berylliummineralien der Granitpegmatite.

Das verbreitetste Berylliummineral der Granitpegmatite ist der Beryll $[Be_3Al_2Si_6O_{18}]$. Derselbe kristallisiert dihexagonal-bipyramidal und erscheint stets in säulenförmigen Kristallen, die in der Regel undurchsichtig sind (unedler Beryll) und entweder weiß, gelblich, grünlich oder bläulich gefärbt sein können. Die braunen Flecken, die oft, namentlich an gelblichen Beryllen, zu beobachten sind, sind Folgen der Oxydation des Ferroeisens, das die unedlen Berylle gewöhnlich in geringer Menge enthalten. Selten sind die Berylle klar und durchsichtig. Diese „edlen Berylle" sind als Edelsteine sehr geschätzt. Besonders hohen Wert besitzt die grüne, „Smaragd" genannte Abart, die gewöhnlich in einem nur aus Quarz und viel Glimmer bestehenden, geschieferten Gesteine (Glimmerschiefer), zu Muzo in Kolumbien hingegen in einem Kalkspatgange eingewachsen vorkommen. Die edlen Berylle sind glasglänzend. Erhöhten Glanz zeigen jene Berylle, welche auch Alkalien und besonders Zäsium enthalten. Letzteres Element erreicht manchmal einen bis 3,6 ansteigenden Prozentsatz. Diese ganz besonders geschätzten Berylle führen den Namen Worobiewite. Durch den Eintritt der Alkalien in die Beryllzusammensetzung wird die Einfachheit der oben für den Beryll angegebenen Formel gestört.

Die Pegmatitberylle zeigen manchmal Lösungserscheinungen und sind oft ganz zerfressen. Gelegentlich sind die Berylliumkristalle ganz verschwunden, und nur die in den jüngeren Feldspäten vorhandenen sechsseitigen Kanäle bezeugen ihre frühere Anwesenheit. In diesen Hohlräumen hat sich manchmal das Zersetzungsprodukt der Berylle, der farblose rhombische Bertrandit $\{[(HO)Be]_2Be_2(Si_2O_7)\}$ in wasserklaren, tafelförmigen Kristallen angesiedelt. Die bei der Umwandlung des Berylls freiwerdende Tonerde wird zur Bildung eines in Pisek (Böhmen) gelben Muskowites verwendet.

Das Altersverhältnis der Beryllpegmatite zu den Turmalinpegmatiten ist noch nicht sicher festgestellt. Doch hat es den Anschein, als ob die Beryllpegmatite einer jüngeren Phase der Pegmatitbildung angehören würden, was sich z. B. durch neue, steirische Paragenesen stützen läßt.

Viel seltener als der Beryll und oft auch räumlich von ihm getrennt, kommt in Pegmatiten das Berylliumorthosilikat $[Be_2SiO_4]$, der Phenakit, in farblosen oder bräunlichen Kristallen von bald säulenförmigen, bald mehr linsenförmigen Habitus vor. Er kristallisiert trigonal-rhomboedrisch. Die wasserklaren Stücke des Phenakites können leicht mit Quarz verwechselt werden. Auf diese Möglichkeit weist auch der dem Griechischen entnommene Name Phenax, der Betrüger bedeutet, hin. Er wurde ebenso wie der Beryll zuerst von Hautefeuille künstlich hergestellt. Er bildet sich, wenn man seine Bestandoxyde auf ungefähr 1300° erhitzt. Bei Gegenwart von Mineralisatoren, wie Lithiumkarbonat oder Lithiumvanadinat, sinkt die Bildungstemperatur bis 600°. Bei diesen synthetischen Versuchen zeigte es sich, daß die grüne Farbe der Smaragde durch einen kleinen Chromgehalt verursacht werden kann.

Noch seltener als der Phenakit ist der Euklas $[H_2Be_2Al_2Si_2O_{10}]$, der seinen Namen der vorzüglichen Spaltung nach dem Klinopinakoid (010) der monoklinen Kristalle verdankt. Der Euklas wurde zuerst in Flußalluvionen in Brasilien, später auch in solchen des Urals, und zwar in einer Mineralgesellschaft, die auf den Granit als Muttergestein hinwies, gefunden. Man hat ihn dann auch wirklich in Granitpegmatitdrusen zu Epprechtsstein im Fichtelgebirge und zu Dobschütz bei Görlitz entdeckt. In den Zentralalpen fand man ein einziges Mal Euklaskristalle in Klüften eines Glimmerschiefers.

Gestaltlich und stöchiometrisch steht dem Euklas der in den nordischen Pegmatiten nicht seltene braunschwarze Gadolinit sehr nahe. Die Formel desselben ist $[Y_2FeBe_2Si_2O_{10}]$, und seine Kristalle sind ebenfalls monoklin. An vielen Fundstellen sind die Gadolinite nicht mehr, wie die Kristallgestalt verlangt, doppeltbrechend, sondern isotrop. Sie sind in eine amorphe Substanz umgewandelt worden, ohne ihre chemische Zusammensetzung merklich zu ändern. Wenn solche amorphe Gadolinite erhitzt werden, wandeln sie sich unter Erglühen in die doppeltbrechende Modifikation um. Nach Liebischs Untersuchungen tritt diese Umwandlung bei 750° ein. Dabei wurde so viel Wärme frei, daß die Temperatur des verwendeten Erhitzungsraumes plötzlich auf 1075° stieg. Brögger nennt, wie schon erwähnt, Mineralien, die ein derartiges Verhalten zeigen, metamikt. V. M. Goldschmidt sieht die Ursache dieses Amorphisierungsprozesses in einer Umwandlung der kristalloiden Ionenverbindung in ein Gemenge zweier neutraler Komponenten. Die Umwandlung soll besonders leicht eintreten, wenn eine schwache Base an eine gleichfalls schwache Säure gebunden ist. Beim Gadolinit soll das Yttrium die Schuld an diesem Vorgange tragen.

In manchen Pegmatiten kommt entweder mit Beryll oder Phenakit zusammen oder auch ohne dieselben noch ein anderes Berylliummineral, der wegen seiner gelbgrünen Farbe so benannte Chrysoberyll, vor. Chemisch ist er $[BeAl_2O_4]$. Goldschmidt glaubt jedoch, daß die richtige Schreibweise der Formel $[Al_2(BeO_4)]$ sei. Aus diesem Grunde soll der Chrysoberyll nicht kubisch, wie die Spinelle, denen auch eine ähnliche Formel zukommt, sondern rhombisch kristallisieren. Einfache Kristalle sind selten. Die meisten Chrysoberyll-kristalle sind Zwillinge oder Drillinge nach dem Gesetze: Zwillingsflächen sind (031) und (011). Die Drillinge zeigen oft pseudohexagonale Ausbildung. Der Pleochroismus ist bei den meisten Chrysoberyllvorkommen sehr gering. Nur aus Brasilien kamen Chrysoberyllgeschiebe in den Handel, die stark pleochroitisch sind, und zwar rot für X (a), orange für Y (b) und smaragdgrün für Z (c). Manche gelbliche, trübe Chrysoberylle zeigen beim Drehen der Stücke, besonders wenn diese mugelig geschliffen sind, einen weißlichen, wogenden Lichtschimmer. Als Ursache dieser Erscheinung werden gesetzmäßig eingelagerte Poren angegeben, an deren Wänden das eindringende Licht total reflektiert wird. Werner gab dieser Abart den Namen Kymophan nach den griechischen Worten kyma = die Woge, und phainomai = erscheinen.

In den Glimmerschiefern des Urals fand sich eine dunkelgrüne Chrysoberyll-abart, die zu Ehren eines russischen Zaren den Namen Alexandrit erhielt. Dieser zeigt aber die dunkelgrüne Farbe nur bei natürlicher Beleuchtung. Bei Kerzen- oder Glühlampenbeleuchtung erscheint er rot!

In den Granitpegmatiten von Epprechtsstein und Ehrenfriedersdorf und zu Stoneham, Paris und Hebron in Nordamerika fanden sich auch Beryllium-phosphate, nämlich der rhombische Beryllonit $[NaBe(PO_4)]$ und der mono-kline Herderit, von dem man zwei Abarten, einen Fluorherderit $[(CaBe)F(PO_4)]$ und den Hydroxylherderit $[Ca(OH)(PO_4)]$ unterscheidet. Alle diese Mineralien sind farblos.

2. Die Berylliummineralien der Syenitpegmatite.

Auch in den Syenitpegmatiten wurden Berylliummineralien nachgewiesen. Der einzige Fundort von Bedeutung sind die Inseln des Langesundfjordes im süd-lichen Norwegen. Dort fand man, allerdings örtlich getrennt, den tetragonalen, honiggelben Melinophan $[(Na, Ca)_2Be(Si, Al)_2(O, F)_7]$ und den gelblichweißen, rhombischen Leukophan $[(Na, Ca)_2BeSi_2, (O(OH)F)_7]$. Letzteres Mineral gehört einer jüngeren Phase der Pegmatitbildung an, weil die Kristallenden der mit-vorkommenden Ägirine und der Silikate der seltenen Erden von ihm umschlossen werden.

Noch jünger ist in diesen Gängen der Eudidymit, ungefähr $[H_2Na_2Be_2Si_6O_{10}]$. Derselbe ist monoklin, und die nach (001) tafelförmigen Kristalle spalten nach dieser Fläche. Die Bildung des Eudidymites fällt schon in die zeolithische Phase der Pegmatitbildung. Er ist jünger als der Analzim $[NaAlSi_2O_6 \cdot H_2O]$ und älter als der Natrolith $[Na_2Al_2Si_3O_{10} \cdot 2H_2O]$.

In einem Nephelinsyenit Grönlands wurde ein Mineral entdeckt, das die gleiche Zusammensetzung wie der Eudidymit hat, sich aber durch seine Ko-häsionsverhältnisse — es spaltet nach (100) und (010) — von ihm unterscheidet. Es erhielt den Namen Epididymit.

Sowohl auf den Inseln des Langesundfjordes, als auch in den Pegmatiten des Urals, weiter von Amelia County in Nordamerika und von Casa la Planta in Argentinien wurde ein schwefelhaltendes Mangan-Beryllium-Silikat, der braune Helvin $[(Mn, Fe, Zn)_4(Be_3Si_3O_{12})S]$ gefunden. Dieses Mineral kristallisiert in der hexakistetraedrischen Klasse und bildet kleine Tetraeder. Entdeckt wurde es in den Erzgängen von Schwarzenberg in Sachsen, und nach der lichtgelben Farbe, welche dieses Mineral dort zeigt, erhielt es den Namen Helvin (von Helios = die Sonne).

Im Helvin vom Hörtekollen bei Drammen in Norwegen und dem aus den Pegmatit von Cap Ann und von Gloucester ist neben Mangan auch Zink nachgewiesen worden. Die zinkhaltenden Helvine führen den Spezialnamen Danalith.

e) Die Verbreitung der seltenen Erden in den Pegmatiten.

Als seltene Erden werden nachfolgende Elemente bezeichnet. Ihre Anordnung soll gleichzeitig die Art und die Reihenfolge ihrer Entdeckung wiedergeben. Die Zahlen hinter den Namen geben das Entdeckungsjahr, die Zahlen vor dem Element die Atomnummer an.

Zerit-erden:
- (57) Zer (1814)
- (58) Lanthan (1859)
- Didym:
  - (59) Praseodidym (1855)
  - (60) Neodidym (1885)
  - (62) Samarium (1883)
  - (64) Gadolinium (1880) } (63) Europium (1904)

Ytter-erden:
- Terbium:
  - (65) Terbium (1904)
  - (66) Dysprosium (1906)
  - (67) Holmium (1906)
- (61) Erbium:
  - Holmium:
    - (68) Neoterbium (1879)
    - (69) Thulium (1879)
    - (70) Ytterbium (1878)
    - (21) Skandium (1879)
    - Lutetium oder (71) Cassiopeium (1907)
- (39) Yttrium (1843)

Die Elemente dieser Gruppe sind in chemischer Beziehung untereinander sehr ähnlich, so daß es bis heute noch nicht gelungen ist, einfache gewichtsanalytische Trennungsmethoden aufzufinden. Man muß sich noch immer mit der Methode der fraktionierten Kristallisation, mit der Kolorimetrie und Röntgenspektographie behelfen. Der Grund für dieses Verhalten liegt darin, daß sich bei diesen Elementen die neu hinzukommenden Elektronen nicht in die äußere Hülle der Elektronen, sondern in recht tiefe Niveaus der Elektronenwolke einlagern. Das hat die große Ähnlichkeit in bezug auf die chemischen Reaktionen zur Folge. Obwohl die seltenen Erden leicht Sesquioxyde und Dioxyde bilden, ist doch ihre kristallochemische Verwandtschaft zum zweiwertigen Ca größer als zu Al und Fe. Auf die bei ihnen bewirkte, von M. V. Goldschmidt „Lanthanidenkontraktion" genannte Erscheinung ist schon früher hingewiesen worden.

1. Die Silikate der seltenen Erden.

Die Silikate der Yttererden. Eines der häufigsten Yttersilikate, nämlich des Gadolinites, ist schon auf S. 57 gedacht worden. Hier sind noch zu nennen:

Der fleischrote monokline Thalenit, benannt nach Thalen, der sich um die Untersuchung der seltenen Erden wesentlich verdient gemacht hat. Der reinen Substanz dürfte die Formel $(Y_2Si_2O_7]$ zukommen. Doch sind die meisten Thalenite schon etwas zersetzt und entsprechen mehr der Formel $[H_2Y_4Si_4O_{15}]$. Entdeckt wurde dieses Mineral zu Österby in Dalekarlien. Man fand es dann auch in Wermland und im Pegmatit von Hundsholmen mit Yttriofluorit und Orthit verwachsen.

Der Rowlandit $[FeY_4Si_4O_{15}F_2]$ ist ein bräunliches bis flaschengrünes, isotropes Mineral, das in den Pegmatiten von Barringer Hill in Texas nebst anderen Mineralien seltener Erden gefunden wurde.

Vom gleichen Fundorte stammt auch der Yttriolith. Er ist schwarzgrün oder orangerot und dürfte wohl ein Gemenge sein; er enthält hauptsächlich ($Y_2Si_2O_7$), daneben Fe und Th.

Der Hellandit. Dieser fand sich in weißen, erdigen Kristallen, die aber nicht mehr die ursprüngliche Substanz darstellen, mit Phenakit, Zirkon, Orthit, Turmalin, Thorit und Keilhauit zusammen in einem Pegmatit vom Lindvikskollen bei Kragerö in Norwegen. Die Formel des frischen Hellandites dürfte $[(OH)_3(Y_3Ca_2)(Mn, Al)_3(SiO_4)_4]$ sein.

Der Thortveitit wurde im Berylliumpegmatit von Iveland in Norwegen und zu Befamano auf Madagaskar gefunden. Er ist graugrün, kristallisiert rhombisch und ist das skandiumreichste Mineral, 33% $[Sc_2O_3]$! Seine Formel gleicht der des Thalenite und lautet: $[(Sc, Y, Er)_2Si_2O_7]$.

Das bekannteste und am weitesten verbreitete Silikat der Zererden, da er nicht nur in Pegmatiten, sondern auch in Tiefengesteinen, wenn auch hier nur in vereinzelten Körnern vorkommt, ist der Orthit oder Allanit. Die monoklinen Kristalle sind schwarz mit einem bald rötlichen, bald grünlichen Stich. Im Dünnschliff ist er meist schokoladebraun, goldbraun, seltener grünlich und pleochroitisch. Er ist sehr oft von dem ihn kristallographisch und chemisch sehr nahestehenden, farblosen bis gelblichen Epidot umwachsen. Die Formel des Epidotes ist vom Typus $X_2Y_3z_3(O, OH, F)_{13}$, worin $X = Ca$, $Y = Al$ und beschränkt Fe, $z = Si$.

Wenn, wie es früher immer geschehen ist, die seltenen Erden nicht mit den Sesquioxyden, sondern, worauf zuerst Machatschki hingewiesen hat, des gleichen Ionenradius wegen mit dem Kalzium vereinigt werden, ergibt sich für den Orthit die spezielle Formel $(Ca, Ce, Th, La, Di, Y)_2$ $(Al, Fe, Mg)_3[Si_3(O, (OH, F)_{13}]$.

Der Orthit ist sehr oft metamikt umgewandelt. Beim Erhitzen verglimmen diese Orthite, weshalb sie auch als Pyrorthite von den nicht verglimmenden Orthiten unterschieden wurden. Dabei erhöht sich das Volumgewicht von 3,45 auf 3,79.

2. Die Phosphate der seltenen Erden. Hier sind nur zwei Mineralien zu nennen, der monokline Monazit und der tetragonale Xenotim.

Der Monazit ist der Hauptsache nach ein Orthophosphat der Zererden $[CePO_4]$. Er enthält aber neben diesen auch noch Thorium, und dieses Elementes wegen wird er gewonnen, weil nach der Methode Auer von Welsbachs das Thoriumdioxyd zur Erzeugung der Glühstrümpfe für das Gasglühlicht verwendet wird. Der Monazit enthält bis 18% ThO_2 und bis 31% Zererden. Die letzteren dienen jetzt zur Erzeugung des Zereisens, einer Eisenlegierung, die wegen ihrer großen Härte zu Feuerzeugen verarbeitet wird. Der Erfinder des Zereisens ist ebenfalls Auer von Welsbach.

Der Monazit ist braun bis honiggelb. Seinen Namen, der sich vom griechischen Worte „monos", das ist allein, ableitet, erhielt er deshalb, weil er in den Pegmatiten gewöhnlich in vereinzelten Kristallen auftritt, die aber manchmal recht bedeutende Größen erreichen können. Diese Art des Vorkommens würde seine industrielle Verwendung nie ermöglicht haben, wenn nicht die Natur für die Bildung größerer Monazitlager dadurch gesorgt hätte, daß sie durch die mechanische Zerstörung des Muttergesteines der Monazite diese freigemacht und sie in Alluvionen gesammelt hat. Solche Monazitsande finden sich an verschiedenen Stellen der Erde, so in Brasilien, Nordamerika und auf Madagaskar. Im Jahre 1912 betrug die Weltproduktion an Monazitsand 1717 Tonnen, wovon 1100 Tonnen allein auf Brasilien kamen.

Der Xenotim ist das dem Monazit entsprechende Phosphat der Yttererden $[YPO_4]$. Auch er ist honiggelb oder braun. Er findet sich mit dem Monazit zusammen in den Pegmatiten, häufiger jedoch in größeren Massen mit anderen Mineralien der seltenen Erden.

Auch in den Klüften der Zentralalpen finden sich Monazit und Xenotim. Ersterer erhielt hier den Namen Turnerit, letzterer den Namen Wieserin, da ihre Gleichstellung mit Monazit und Xenotim erst später erfolgte.

3. Die Karbonate der seltenen Erden. Ein ganz eigentümliches, Kohlensäure und Kieselsäure haltendes Mineral ist der Kainosit, von dem ein einziges Kristallfragment im Pegmatit von Hitterö gefunden worden war. Dieses Kristallbruchstück hatte die Gestalt einer sechsseitigen Säule, war aber optisch zweiachsig. Die Farbe war gelbbraun, und außerdem besaß das Mineral Fettglanz. Der Kainosit ist ein Silikokarbonat von der Zusammensetzung

$$[(CO_3)Ca_2(Y, Er)_2(SiO_4)_4H_4].$$

In wenige Millimeter großen Kristallen will Sjögren dasselbe Mineral auch in einem Drusenraume auf Magneteisen von der Koggrube in Schweden beobachtet haben.

Die Karbonate der seltenen Erden enthalten auch immer Fluor, seltener Hydroxyl. Am längsten bekannt ist das Mineral Parisit, der zu Muzo in Kolumbien unter allerdings anderen paragenetischen Verhältnissen entdeckt, später aber auch in primären Gesteinen, so auf Groß-Arö im Langesundfjord im Syenitpegmatit, zu Quincy in Massachussetts, im Ural, in Italien in Ägiringraniten und auch auf Grönland gefunden worden war. Er ist überall eine der jüngsten Bildungen und gehört der pneumatolytischen Phase der Pegmatitgenese an.

Der Parisit kristallisiert dihexagonal-bipyramidal, hat eine braune Farbe, und seine Formel kann $[2(Ce, La \ldots)F(CO_3) \cdot CaCO_3]$ geschrieben werden, wobei unter Ce, La alle Elemente der Zerfamilie zu verstehen sind.

In den grönländischen Nephelinsyenitpegmatiten wurde zu Narsuarsuk ein wachsgelbes Mineral gefunden, das angeblich trigonal-skalenoedrisch kristallisiert und die Formel $[(CeLa\ldots)F(CO_3) \cdot CaCO_3]$ besitzt. Flink nannte dieses Mineral Synchysit. Nach den Untersuchungen von Quercigh ist jedoch der Synchysit nichts anderes als ein etwas zersetzter Parisit. Durch Erhitzen kann man aus dem Parisit die Kohlensäure austreiben, ohne daß dadurch das Kristallgitter zerstört wird. Hierher gehört auch der Bastnäsit $[(Ce, La\ldots)F(CO_3)]$.

Ein anderes Fluorkarbonat der seltenen Erden ist der Kordylit. Seinen Namen erhielt dieses Mineral wegen der keulenförmigen Gestalt seiner gleichfalls dihexagonal-bipyramidalen Kristalle. Die Farbe ist wachsgelb und seine Formel $[2(CeLa\ldots)F(CO_3) \cdot BaCO_3]$. Er stammt vom selben Fundorte wie der Synchysit.

Aus den Syenitpegmatiten Grönlands stammt auch der Ancylit, so benannt, weil die oktaederähnlichen Kristalle gekrümmte Flächen haben. Gekrümmt heißt nämlich im Griechischen ankylos. Der Ancylit ist braun und bildet winzige rhombische Kristalle, die, zu lockeren Krusten vereinigt, auf Feldspat und Ägirin aufsitzen. Die Formel wird $[4Ce(OH)(CO_3) \cdot 3SrCO_3 \cdot 3H_2O]$ geschrieben.

In einem granitischen Geschiebe aus Westrußland entdeckte Tschernik kleine Oktaeder mit stark gewölbten Flächen, die teils bräunlich, teils dunkelbraun waren. Er nannte die dunkelbraunen, deren Formel er

$$\{H_2[Fe(HO)][Ca(HO)]_3[Ce(HO)]_4(CO_3)_7\}$$

schrieb, Eisenancylite, und die lichtbraunen mit der Formel

$$\{H_2[Mn(HO)][Ca(HO)]_3[Ce(HO)]_4(CO_3)_7\}$$

Manganancylite.

f) Das Fluor und seine Verbreitung in den Pegmatiten.

Am Aufbau einer ganzen Anzahl schon früher erwähnter Silikate, Phosphate und Karbonate beteiligt sich auch das Element Fluor und, dasselbe vertretend, das Hydroxyl (HO). Machatschki hat nachgewiesen, daß in vielen Fällen dieses Fluor, wie auch das Hydroxyl, nur dem Zwecke dient, den Valenzausgleich herbeizuführen, wenn im Kristallgitter ein höherwertiges Element statt eines niedrigerwertigen Elementes von annähernd gleichem Ionenradius eintritt, weil in jeder Verbindung die Valenzsumme der elektropositiven und der elektronegativen Elemente und Radikale (O, HO, F) gleich sein muß. Wenn demnach in den Mineralien mit seltenen Erden das dreiwertige Zer das zweiwertige Kalzium im Kristallgitter vertritt, so muß gleichzeitig die dritte Wertigkeit des Zers durch Fluor oder Hydroxyl abgesättigt werden, wenn nicht anderweitig unter den Kationen ein Valenzausgleich stattfindet.

Hier sei nun noch einmal des Fluorkarbonates der Zers, des Bastnäsites [$(Ce, La...)F(CO_3)$] gedacht, welches Mineral nach der Bastnäsgrube bei Ryddarhyttan in Schweden seinen Namen erhielt, wo es zuerst gefunden wurde. Später wurde es auch in den Pikes Peakes (Kolorado) und von Lacroix auch auf Madagaskar erkannt. Der Bastnäsit ist gelbbraun oder wachsgelb. Eine Kristallgestalt wurde bis jetzt noch nicht beobachtet, doch wurde festgestellt, daß er optisch positiv einachsig ist. Er kristallisiert wahrscheinlich trigonal oder hexagonal wie das braune, optisch negative Zerfluorid [CeF_3], der Tysonit, mit dem der Bastnäsit oft verwachsen ist. Man hält daher den Bastnäsit für ein Umwandlungsprodukt des Tysonites.

Nach einigen Autoren ist mit dem Tysonit der Fluozerit identisch, den man in den Pegmatiten von Brodbo bei Fahlun in Schweden gefunden hat. Andere Autoren sehen in ihm ein Oxyfluorid des Zers und geben ihm die Formel [Ce_2F_4O].

Das Yttriumfluorid [YF_3] ist ein Bestandteil des Yttrofluorites, eines kubischen Minerales, dessen Formel [$20\,CaF_2 \cdot 3\,YF_3$] ist und das 17% Yttererden enthält.

Mit dem reinen Kalziumfluorid [CaF_2], dem Flußspat oder Fluorit, hat der Fluocerit die Kristallgestalt und die (allerdings viel schlechtere) Spaltbarkeit gemein. Beide Mineralien lassen sich aber durch ihre Fluoreszenz im ultravioletten Lichte unterscheiden: Die Fluoreszenzfarbe des Yttrofluorites ist grün, die des Flußspates dagegen violett. Der Yttrofluorit fand sich auf einem Pegmatitgange im Granit von Hundsholmen in Norwegen. Er ist bald rötlich, bald gelblich oder braun. Diese Farben zeigt er nur in frischem Zustande. An der Luft bleicht er aus.

Der Flußspat tritt sowohl in den pegmatitischen Bildungen der Granite wie auch der Syenite auf. Aus Granitpegmatiten kennt man ihn im Riesengebirge und im Harz, aus Syenitpegmatiten vom Langesundfjord. Er besitzt eine große Mannigfaltigkeit in der Farbe, doch ist er vorwiegend farblos oder violett. Bezeichnend für ihn ist die oktaedrische Spaltbarkeit. Im Dünnschliffe ist er nicht nur an dieser, sondern auch an seiner Isotropie und niederen Lichtbrechung (schwächer als Kanadabalsam) zu erkennen. Am häufigsten bildet er Würfel, seltener oktaedrische Kristalle.

Verbreiteter als in den Pegmatiten als akzessorischer Gemengteil ist der Fluorit auf den Erzgängen, weshalb er dort eingehender behandelt werden soll.

Ein anderes, sehr seltenes Fluorid ist der Villiaumit (NaF), den Lacroix 1908 auf einer Insel des Los-Archipels unfern der Küste von Guinea, also in einem sehr regenarmen Klima, in einem Nephelinsyenit entdeckt hat. Der Regenarmut der Gegend verdankt er seine Erhaltung, denn er ist im Wasser löslich. Der Villiaumit ist karminrot, spaltet anscheinend kubisch, ist aber optisch einachsig und pleochroitisch. Das künstliche Natriumfluorid ist dagegen farblos und kubisch. Auf 300° erhitzt entfärbt sich der natürliche Villiaumit und wird einfachbrechend, also dem künstlichen Produkte gleich. Dieses nimmt dagegen die Eigenschaften des natürlichen Minerales an, wenn es mit Radium bestrahlt wird.

Ein Pegmatitmineral ist auch der rhombische Topas $[(F, HO)_2Al_2SiO_4]$. Eine gut entwickelte Spaltbarkeit zeichnet ihn aus und läßt ihn leicht von dem äußerlich sehr ähnlichen Quarz unterscheiden. Die Farbe der Topase ist recht verschieden. Gewöhnlich ist er farblos bis gelb in verschiedenen Abstufungen, es kommen aber auch grüne und rote Farbentöne vor. Bezeichnend ist, daß die Topase, und besonders die rotgelben brasilianischen Topase, beim Erhitzen ihre Farbe ändern. Diese nehmen, sorgfältig im Kohlenpulver erhitzt, eine rosenrote Farbe an.

In Kolorado in den Pegmatitgängen der Pikes Peakes und im Ural hat man den Eisspat oder Kryolith $[Na_3Al\,F_6]$ angetroffen. Die Kristalle dieses weißen Minerales sind monoklin, und die derben Massen zeigen oft eine dreifache Absonderung, die vielfach als Spaltung angesprochen wird, aber nach Böggild keine Spaltung ist. Das größte Kryolithvorkommen und zugleich jenes, das wirtschaftlich allein in Betracht kommt, liegt in Grönland bei Ivigtut stockartig im Gneis.

Sowohl aus Grönland wie auch aus dem Ural und aus Kolorado sind noch folgende Mineralien bekannt gemacht worden:

Der Kryolithionit $[Na_3Li_3Al_2F_{12}]$, der, in Kryolith eingewachsen, große farblose Individuen mit deutlich dodekaedrischer Spaltung bildet,

der Chiolith $[Na_5Al_3F_{14}]$, der manchmal in kleinkristallinen, schneeähnlichen Massen auftritt,

der Pachnolith und Thomsenolith $[(Na, Ca)_2AlF_8 \cdot H_2O]$, zwei gleich zusammengesetzte Mineralien, deren monokline Kristalle sich nur durch Kristallausmessungen und die Spaltung, die beim Thomsenolith besser entwickelt ist, unterscheiden,

der kubische Ralstonit, dessen Formel $[Na(Mg_2Al_{10})(F, HO)_{35}]$ sein dürfte, und

der Prosopit $[CaAl_2(F, HO)_8]$. Dieser kristallisiert wieder monoklin.

Alle diese Mineralien sind farblos, im Wasser löslich und dürften, mit Ausnahme des Kryolithionites, Abkömmlinge des Kryolithes sein.

g) Die Verbreitung der Elemente Titan, Zirkonium, Thorium bzw. Niob und Tantal in den Pegmatiten.

Die Elemente Ti, Zr und Th gehören der vierten, die Elemente Nb und Ta der fünften Kolumne des periodischen Systemes an. Bezeichnend ist für sie, daß sie im Gegensatze zu den Elementen der drei ersten Reihen mit dem Sauerstoff Anionen bilden können. Die Typen dieser Anionen sind $(\overset{IV}{R}O_4)$ und $(\overset{IV}{R}O_3)$, sowie $(\overset{V}{R}O_4)$, $(\overset{V}{R_2}O_7)$ und $(\overset{V}{R}O_3)$. Das Titan, das Zirkonium und das Thorium kommen auch als Dioxyde, das ist als Anhydride der betreffenden Säuren, vor.

1. Die Dioxyde. Das Zirkoniumdioxyd ist das seltenste unter den drei Dioxyden $[ZrO_2]$, $[TiO_2]$ und $[ThO_2]$. Es führt als Mineral die Namen Baddeleyit und Brazilit. Es wurde in hellgelben bis schwarzen, monoklinen Kristallen in den basischen Ausscheidungen des Nephelinsyenites der Insel Alnö, in einem Magnetitpyroxenit in Brasilien und in den Edelsteinsanden Indiens gefunden.

Häufiger begegnet man in den Pegmatiten der Verbindung $[ZrSiO_4]$, dem Zirkon. Sein Hauptverbreitungsbezirk sind die Syenitpegmatite. In denselben bildet er oft recht große Kristalle, die immer einen lebhaften Glanz besitzen. Die Farbe ist recht verschieden. Gewöhnlich ist sie gelbbraun. Man kennt aber auch solche mit rauchgrauer (Jargon), gelbroter (Hyazinthe), bräunlicher (Zimtsteine) Farbe sowie schokoladefarbene, blaue und farblose Zirkone. Die Farbe ist unbeständig. Einige verlieren sie schon beim Liegen im Lichte, andere erst beim Glühen. Die auf diese Weise farblos gemachten Zirkone werden unter dem Namen Maturadiamanten zu Schmuckgegenständen verarbeitet, weil sie nach dem Glühen auch diamantähnlichen Glanz besitzen. Die durch gewöhnliches Licht oder durch Glühen entfärbten Zirkone erhalten ihre ursprüngliche Farbe beim längeren Liegen oder im Dunkeln wieder.

Die Zirkone enthalten, wie schon früher erwähnt wurde, das seltene Element Hafnium, oft bis 5%, und auch Thorium. Ferner wurde in manchen Zirkonen noch Wasser nachgewiesen. Diese Zirkone sind nicht mehr optisch positiv doppeltbrechend, sondern isotrop. Bei dieser Umwandlung ist der Schichtenbau, welchen die Zirkone oft zeigen, erhalten geblieben.

Die den Zirkonen in geringen Mengen beigemischte Thoriumverbindung [$ThSiO_4$] tritt in gewissen Pegmatiten Norwegens auch als selbständiges Mineral auf. Es gibt zwei Abarten derselben. Die eine ist schwarz und undurchsichtig, die andere gelb und durchsichtig. Erstere Abart erhielt den Namen Thorit, letztere den Namen Orangit. Der Orangit besitzt eine höhere Dichte (5,2—5,4) als der Thorit (4,4—4,8). Der Thorit umwächst auch den Orangit, ohne daß eine scharfe Grenze zwischen beiden besteht. Beide Abarten enthalten Wasser und sind trotz ihrer ditetragonal-bipyramidalen Kristallgestalt isotrop. Dies ist nur so zu deuten, daß beide Mineralien Pseudomorphosen nach dem reinen Thorit sind. Es gibt ferner uranhaltende Thorite, die Uranothorite. Diese kristallisieren wie der Thorit und sind wie dieser isotrop. Sie enthalten in ihrer gelben Grundsubstanz oft rote oder schwarze staubartige Partikelchen eingelagert, so daß man rote und schwarze Uranothorite unterscheiden kann.

Vom Dioxyd des Titans [TiO_2] kennt man sogar drei polymorphe Modifikationen: den schwarzen oder rötlichen ditetragonal bipyramidalen Rutil, den gleichfalls ditetragonal-bipyramidalen gelben oder schwarzen Anatas und den rotbraunen, oft auch schwärzlichen rhombischen Brookit. Von diesen drei Modifikationen ist nur der Rutil als primärer Gemengteil pegmatitischer Gesteine beobachtet worden. Die Kristalle desselben sind vorwiegend säulenförmig, sehr oft nach dem Gesetze: Zwillingsfläche ist (101) zu Zwillingen, Drillingen und ringförmigen Viellingen vereinigt.

Die beiden anderen Modifikationen sind zumeist sekundärer Entstehung. Allerdings fehlt es nicht an Angaben, nach denen auch Anatas und Brookit in pegmatitischen Drusen gefunden worden sind. Näheres über die Beziehungen dieser drei Modifikationen zueinander siehe später S. 102ff.

2. Die Titanate. Zu diesen sind entsprechend ihrer Formel die Vertreter der Titaneisen- oder Ilmenitgruppe zu rechnen. Die hierher gehörenden Mineralien sind nämlich Mischungen der Verbindung [$(FeTi)O_3$] und [Fe_2O_3]. Die Kristalle sind trigonal-rhomboedrisch, in der Regel schwarz und stark glänzend. Manchmal sind sie auch rötlichbraun. Besonders große Kristalle sind in den Pegmatiten von Kragerö in Südnorwegen gefunden worden.

Aus dem Pegmatit von Craveggia im Val Vigezzo (Piemont) stammt der rhombische Delorenzenit [$Y_4Fe_2UTi_{24}O_{56}$]. Er enthält außerdem noch 4,33% SnO_2. Das Mineral ist schwarz, in dünnen Splittern dagegen kastanienbraun.

Ein Pegmatitschurf bei Hackeberry in Arizona lieferte ein weiteres Titanat des Eisens, den Arizonit [$Fe_2Ti_3O_9$]. Dieses stahlgraue, in dünnen Splittern rot durchscheinende Mineral kristallisiert rhombisch.

3. Die Titanosilikate. Der Titanit $[CaTiSiO_5]$ ist auch als Gemengteil der Pegmatite bekannt. Er tritt in denselben oft als schokoladefarbener Keilhauit auf.

Dem Titanit steht der ebenfalls dunkelbraune, aber rhombische Ramsayit $[Na_2Ti_2Si_2O_9]$ aus dem Syenitpegmatiten der Halbinsel Kola nahe.

In den Syenitpegmatiten ist der glimmerähnliche, braune bis schwarze Astrophyllit ziemlich weitverbreitet. Seine triklinen Kristalle spalten gut nach der Fläche (100), und auf ihr kann man eine zweistrahlige Schlagfigur, deren Strahlen einen Winkel von 81—85° einschließen, erzeugen. Die Formel des Astrophyllites ist $[K(Na, Ca)(FeTiZr)_6Si_5(O, OH, F)_{20}]$.

Aus den Eläolithsyeniten Grönlands wurde der honiggelbe, tetragonal-bipyramidale Narsarsukit $[(HO, F)_2Na_{12}Fe_2Ti_4Si_{24}O_{65}]$ beschrieben, und in einem Pegmatitgang im Syenit von Narsarsuk Kaka bei Igalko auf Grönland wurde der Neptunit $[K(NaCa)_2(Fe, Mg, Mn)Ti(SiO_3)_4]$ entdeckt. Seine monoklinen Kristalle sind schwarz, in dünnen Splittern aber rot durchsichtig.

Der Neptunit fand sich auch in Kalifornien zu San Benito County in einem Schiefergesteinseinschluß im Serpentin, der von Natrolithgängen durchzogen ist, mit einem blauen, trigonal kristallisierenden Mineral, dem Benitoit $[BaTiSi_3O_9]$, zusammen.

4. Die Zirkonosilikate. In einer Gangapophyse im Mariupolit, einem Albit-Eläolith-Gestein bei Balka Trana in Südrußland, fand man ein gelbes, nach dem Würfel spaltendes, kubisches Mineral, den Beckelith $[Ca_3Ce_4(Zr, Si)_3O_{15}]$.

Verbreiteter sind in den Syenitpegmatiten die beiden trigonal kristallisierenden Mineralien Eudyalith und Eukolit. Ersterer ist rot und optisch positiv, letzterer kastanienbraun und optisch negativ. Den Eudyalith fand man auf der Halbinsel Kola, den Eukolit auf den Inseln des Langesundfjordes. Die Zusammensetzung der beiden zweifellos homöomorphen Mineralien ist sehr verwickelt. Hauptbasen sind Na und Ca. An ihre Stelle scheinen Zererden und Thorium zu treten, in welchem Falle zwecks Valenzausgleich F und HO in das Kristallgitter eintreten müssen.

Eukolit: $[(Na, Ca, Ce)_5(Zr, Fe, Nb, Mn)_2Si_6(O, OH, F)_{20}]$.

Sowohl aus Grönland wie auch von den Inseln des Langesundfjordes wurde das Mineral Katapleit beschrieben. Es kristallisiert monoklin und ist bald bläulich, bald fleischfarben. Die letztere Abart ist der Natronkatapleit $[Na_2Zr(SiO_3)_3]$, der erstere der Kalkkatapleit, in dem ein Teil des Na durch Ca ersetzt ist.

In den Gesteinen des Langesundfjordes entdeckte Brögger auch den triklinen gelben Hiortdahlit $[NaCa_4Zr(SiO_4)_3F]$ in dünnen, linealförmigen Kristallen.

5. Die Zirkonotitanate. Solche sind: der rhomboedrische Zirkelit $[(Ca, Fe)(Zr, Ti, Th)_2O_5]$, der in einem zersetzten Jakupirangit, einem Magnetitpyroxengesteine, neben Baddeleyit und Perowskit zu S. Paolo in Brasilien gefunden wurde, dann der Uhligit $[Ca_2Al_2Zr_2Ti_3O_{15}]$, der aus einem Nephelinsyenit von Madagaskar stammt. Beide Mineralien sind schwarz. In brasilianischen Gesteinen wurde noch der amorphe Oliveiradit $[H_2Zr_3Ti_2O_{11}]$ entdeckt.

6. Titan- und zirkoniumhaltende Silikate. Im Nephelinsyenit von Narsarsuk fand sich ein farbloses bis bräunliches Mineral in kleinen, diamantglänzenden, rhombischen Kristallen. Es erhielt den Namen Lorenzenit $[Na_2(Zr, Ti)_2Si_2O_9]$. Da er oft auf zerfressenem Ägirin sitzt und auch oft mit Ägirin parallel verwachsen ist, ist es möglich, daß dieses Mineral sekundär ist.

Ein anderes Zirkon-Titan-Silikat vom gleichen Fundort, das aber schon der zeolithischen Phase der Pegmatitbildung anzugehören scheint, ist der rhombische, manchmal weiße, manchmal auch ziegelrote, bald haarförmige, bald stengelige Elpidit $[H_6Na_2(Zr, Ti)(SiO_3)_6]$.

Von ebendort stammt auch der monokline Leukosphenit

$$[Na_4Ba(Ti,Zr)_2Si_{10}O_{27}],$$

der kleine weiße oder blaugraue Kristalle bildet.

Der Rosenbuschit $[(OH, F)(Ca, Na)_3(Zr, Ta, Nb, Fe)(SiO_4)_2]$ bildet in den Nephelinsyeniten des Langesundfjordes kleine, faserige Aggregate monokliner hellbrauner Kristalle.

Häufiger als das genannte Mineral und oft auch in Kristallen von bedeutender Größe auftretend sind an diesem Fundorte der Jonstrupit und Mosandrit. Die monoklinen Kristalle beider Mineralien sind linealförmig. Der Jonstrupit ist grünlichgelb, der Mosandrit ist rötlichbraun. Beide spalten nach (100), und auf der Spaltfläche steht die erste positive Mittellinie fast senkrecht. Achsenebene ist (010). Die chemische Zusammensetzung ist recht kompliziert, und daher ist die Formel noch unsicher. Hauptbestandteile sind: F, HO, Na, Ca, (Ce, La, Di), Ti, Zr und SiO_2.

Aus Grönland und Brasilien stammt der monokline, gelbbraune Rinkit $[(Na_9Ca_{11}Ce_3)(TiZr)_4Si_{24}O_{48}F_4]$.

7. Die Niobate und Tantalate. Ein Pyrotantalat des Kalkes ist der gelbbraune bis hyazinthrote, kubische Mikrolith $[(Ca, Na)_2(Ta, Nb)_2(O, OH, F)_7]$, der wie die meisten Niobate und Tantalate dem Assoziationskreis der Granitpegmatite angehört und zu Chesterfield, Brancheville und Amelia County in Nordamerika gefunden wurde. Tetragonal kristallisiert die Verbindung $[Fe(Nb, Ta)_2O_6]$ im tantalreichen Tapiolit und im niobreicheren Mossit. Der Tapiolit wurde in beryll- und turmalinhaltenden Pegmatiten zu Tammela in Finnland entdeckt und nach einer finnischen Gottheit, der Mossit wurde nach dem Fundorte Moss in Norwegen benannt. Chemisch sind mit diesen Mineralien identisch, aber durch ihre rhombische Kristallgestalt von ihnen verschieden der Columbit oder Niobit $[(Fe, Mn)Nb_2O_6]$ und der Tantalit $[(Fe, Mn)Ta_2O_6]$. Das reine Eisentantalat führt nach seinem Fundorte Skögböle in Finnland den Namen Skögbölit. Wegen ihrer chemischen Zusammensetzung sind noch zu erwähnen der schwarze bis braune Plumboniobit aus dem Granit von Mogoro im ehemaligen Deutsch-Südwestafrika. Er ist angeblich amorph. Seine Formel ist vom Typ $XZ_2(O, OH)_6$, Samarskit mit Fe, Pb, Ca, U, Y, Gd, Sm, Al. Ebenso seltsam wie der bleihaltende Plumboniobit ist der antimonhaltende Stibiotantalit $[Sb_2(Ta, Nb)_2O_8]$, der in Kalifornien und Australien gefunden wurde. Derselbe ist dunkelbraun, kristallisiert rhombisch-domatisch und ist pyroelektrisch erregbar. Jenes Ende der Z-Achse, das (001) groß entwickelt zeigt, ist der antiloge Pol.

8. Die Titanoniobate. Der kubische Pyrochlor führt seinen Namen deshalb, weil seine gewöhnlich dunkelbraunen Kristalle beim Glühen grün werden. Seine Formel ist speziell $[(Na, Ca, Ce)_2(Nb, Ta, Ti)_2(O, HO, F)_7]$. Der Pyrochlor wurde in den Nephelinsyeniten von Fredrichsvärn in Norwegen entdeckt, dann aber auch auf der Insel Lavö im Langesundfjord und zu Chester in Nordamerika gefunden. In den Nephelingesteinen der Halbinsel Kola wurde der Loparit $[(Na, Ca, Ce)_2(Nb, Ta, Ti)_2O_6]$ in schwarzen Oktaedern gefunden; er gehört zum Perowskit! Zu den Titanoniobaten gehören auch der uranhaltende Betafit von Betafo auf Madagaskar und der auch noch bleihaltende Samiersit von Samiersy, gleichfalls auf Madagaskar, sind aber nicht zum Pyrochlortyp zu stellen!

Zu den tetragonal kristallisierenden Titanoniobaten gehört der schwarze Strüverit $[FeTi_4(Nb, Ta)_2O_{14}]$ aus den Pegmatiten von Craveggia in Piemont und der gleichfalls schwarze Ilmenorutil, der eine ähnliche Zusammensetzung hat. Vom Rutil unterscheidet sich der Ilmenorutil durch seine höhere Dichte (4,7—5,2 statt 4,2), ferner durch seinen schwarzen Strich. (Der Strich des Rutils ist rot.)

Die sog. Fergusonitgruppe, die durch die tetragonal-bipyramidale Symmetrie ihrer Kristalle gekennzeichnet ist, wird durch den titanarmen Fergusonit und den titanreichen Risörit gebildet. Machatschki schreibt die Formel dieser Mineralien $[XY(O, OH)_4]$, worin X vornehmlich Yttrium und andere seltene Erden, ferner Ca, Th und U, Y aber Ta, Nb, Al und Ti sein kann. Bei einzelnen Fergusoniten ergab die Analyse auch einen geringen Kieseldioxydgehalt, von dem es aber zweifelhaft ist, ob er zur Konstitution gehört und nicht etwa von beigemengtem Quarz herrührt.

Die dritte Gruppe der Titanoniobate bilden die rhombisch kristallisierenden Mineralien, die wieder in drei Untergruppen gegliedert werden: in die Mineralien der Euxenit-Polykras-, dann in die der Blomstrandin-Priorit-Äschynit- und die der Samarskit-Yttrotantalit-Gruppe. Die beiden ersten Gruppen stehen sich kristallographisch und chemisch so nahe, daß schon 1906 Brögger ihre Zusammengehörigkeit vermutete. Sie sind aber auch mit dem Columbit gestaltlich verwandt, was die Tatsache, daß sie nicht nur untereinander, sondern auch mit dem Columbit parallel verwachsen sind, beweist. Machatschki schreibt die Formel dieser Mineralien $[XZ_2(O, HO)_6]$, worin X überwiegend Zer- und Yttererden, Z Titan, Niob und Tantal sind. Auch hier kann X zum Teil Uran, Thorium, Kalzium und Natrium sein. Die Mineralien dieser Gruppe sind fast immer metamikt umgewandelt.

9. Die Silikoniobate. Hier sind einzureihen der aus den grönländischen Gesteinen beschriebene graubraune, aber kupferrote und grüne Anlauffarben zeigende Chalkolamprit und der schokoladefarbene Endeiolith. Beide Mineralien kristallisieren kubisch. Ihre Formel lautet $[(Na_2Ca)_2SiNb_2O_9(F, HO)_2]$, wobei die hydroxylreicheren Mischungen die Endeiolithe sind.

10. Zirkonium, Titan, Niob haltende Silikate sind der gelbe, monokline Wöhlerit $(OH, F)(Ca, Na)_3(Zr, Ta, Nb, Fe)(SiO_4)_2$, allgemein $[(OH, F)X_3Y(zO_4)_2$, $X = Ca$ und Na, und der ähnlich zusammengesetzte, gleichfalls monokline Låvenit, der sich von ersterem nur dadurch unterscheidet, daß in ihm das Niob zum größten Teile durch Tantal und das Zirkonium durch Titan ersetzt ist. Diese beiden Mineralien sind in den Syenitpegmatiten des Langesundfjordes gefunden worden. Aus Grönland stammt der weiße Epistolit, ein monoklines Mineral, dessen Formel $[H_{14}Na_{14}Ti_2Nb_6Si_{10}O_{53}]$ ist.

Schließlich wären, um die Mannigfaltigkeit der in den Pegmatiten vorkommenden Mineralien zu vervollständigen, noch der Niobate und Silikate zu gedenken, die auch Phosphorsäure enthalten. Hierher gehören der braune rhombische Britholith $[F_3H_6Na_3Ca_9(Ce, La, Di)_{10}P_2Si_{12}O_{83}]$ aus dem Nephelinsyenit von Naujakasik, dann der braune rhombische Erikit $[H_{22}Na_6Ca(CeAl)_{14}P_8Si_8O_{72})$ aus den Pegmatitgängen der Sodalithsyenite von Numarsiuatiak, und endlich der schwarze trigonale Steenstrupin aus den Syeniten von Kangerdluarsuk. Alle drei Fundorte befinden sich auf Grönland. Die Formel des letzteren schreibt Groth wie folgt: $[(H, Na)_{12}(Ca, Mn, Mg)_4(Ce, La, Di, Fe)_3(P, Nb, Ta)_4(Si, Th)_{12}O_{56}F_2H_8]$. Diese Schreibweise entspricht aber nicht den neueren Anschauungen über die Vertretung der Elemente im Kristallgitter. Nach Machatschki: $(Na, Ce, Ca)_3(Fe, Mn)(Si, P)_3(O, OH, F)_{12}$!

h) Die Verbreitung des Urans in den Pegmatiten.

Das Element Uran gehört zum chemischen Bestande der Mineralien der Fergusonit-Euxenit-Polykras-, Blomstrandin-Äschynit- und der Samarskit-Gruppe.

In den Pegmatiten kommen aber noch kubisch kristallisierende Mineralien vor, die als Uranate, entsprechend der Formel $[R_3''(UO_2)]$, aufgefaßt werden. $\overset{II}{R}$ kann Blei, Yttrium, Thorium, Eisen sein. Die Namen für diese Mineralien sind: Bröggerit, wenn sie wasserfrei, Nivenit und Cleveit, wenn sie wasserhaltend sind. Der Cleveit und der aus Kalifornien stammende Nivenit werden als umgewandelte Bröggerite angesehen. Fundorte für Bröggerite gibt es in Norwegen und auf Borneo.

i) Die Verbreitung des Schwefels, Molybdäns und des Wolframs in den Pegmatiten.

Der Schwefel ist manchmal ein Bestandteil von Mineralien aus der Sodalith-Hauyn-Gruppe (Hackmannit, S. 29). Ferner ist er ein wesentlicher Bestandteil von Helvin und Danalith. Er tritt aber auch in Sulfiden auf, von denen der Pyrit $[FeS_2]$ am verbreitetsten ist. In den Nephelinsyenitpegmatiten des Langesundfjordes fand man auch Bleiglanz $[PbS]$ und Molybdänglanz $[MoS_2]$. Letzteres Mineral tritt auch in granitischen Pegmatiten auf, die für den Wolframit $[(Fe, Mn)WO_4]$ ebenfalls gelegentlich das Muttergestein sein können. Die letztgenannten Mineralien werden bei den Erzen eingehender behandelt.

Zweiter Abschnitt.
Die sekundären Mineralien und Gesteine.
Entstehung und Einteilung.

Die primären Gesteine und die sie zusammensetzenden Mineralien waren von dem Augenblicke ihrer Bildung an den Angriffen von Naturkräften ausgesetzt, die sie gestaltlich und stofflich zu verändern strebten. Die Folge dieser stetigen Angriffe waren Neubildungen, die im Gegensatz zu dem primären Entstehen der Mineralien und Gesteine aus dem Schmelzflusse mit dem Beiworte „sekundär" belegt werden können.

Die Kräfte, die diese Umwandlungen hervorgerufen haben und noch hervorrufen, sind teils physikalische, teils chemische, und ihre Wirkungen äußern sich entweder in einer rein mechanischen Zerstörung der Gesteine oder in einer chemischen Umwandlung der sie zusammensetzenden Mineralien.

Mechanisch wirkt das bewegte Wasser im Regen, in den Bächen und Flüssen sowie in den Wogen des Meeres, ferner die bewegte Luft in den Winden, die Wärme in den Wüsten, wo infolge der großen Temperaturunterschiede zwischen Tag und Nacht — starkes Erhitzen bei Tag, rasche Abkühlung während der Nacht — die Gesteine zersprengt werden, und endlich in den Hochgebirgen sowie den arktischen und antarktischen Gegenden der Frost. Der Frost erweitert, weil das Wasser in den das Gestein durchsetzenden Rissen gefriert, diese Risse und zerklüftet auf diese Weise das Gestein. Die Wirkungen des Frostes sind um so größer, je öfter innerhalb eines Jahres sich das Gefrieren und Wiederauftauen vollzieht.

Durch mechanische Wirkungen werden die Gesteinsmassen auf der Erdoberfläche allmählich in Blöcke zerlegt. Diese werden dann im weiteren Verlaufe der Zerstörung zu eckigem Schutt. Dadurch, daß der Schutt in den Bereich des bewegten Wassers oder des Windes kommt, verliert er seine scharfen Ecken und Kanten, es entstehen rundliche Gerölle oder flache Geschiebe, die dann weiter zu Sand und feinstem Schlamm zerrieben werden.

Bei dieser mechanischen Zerstörung der primären Gesteine spielt der mineralogische Bestand des Gesteines nur eine untergeordnete Rolle. Wichtiger ist das Gefüge. Körnige Gesteine unterliegen den mechanischen Einwirkungen leichter als dichte. Eine Auswahl unter den Gesteinsgemengteilen wird hier nur insofern getroffen, als die härtesten und chemisch am wenigsten angreifbaren Mineralien am längsten erhalten bleiben, während die weicheren schon früh zu feinstem Schlamm zerrieben werden.

Dort, wo die vom Wasser oder Wind fortbewegten mechanischen Zerstörungsprodukte der Gesteine wieder zur Ruhe kommen, entstehen Ablagerungen oder Sedimente, die, weil bei ihrer Bildung vornehmlich mechanische Wirkungen ausschlaggebend waren, mechanische Sedimente genannt werden.

Die mechanischen Sedimente bestehen anfänglich aus lockeren Massen. Doch im Laufe der Zeit können sie durch verschiedene Vorgänge in feste Gesteine umgewandelt werden.

Je nach der Art, wie die Bildung der Sedimente zustande kam, ob fließendes Wasser, die Meereswogen, Eis oder Wind dabei mitwirkten, unterscheidet man fluviatile, marine, glaziale und äolische Sedimente.

Die chemische Umwandlung der primären Gesteine beruht auf der Veränderung des chemischen Bestandes der sie aufbauenden Mineralien. Je leichter ein Mineral der chemischen Umwandlung unterliegt, desto rascher schreitet die chemische Zersetzung des Gesteines fort.

Auch bei der chemischen Umwandlung sind die wirksamen Agenzien: Wasser, Wärme und Druck. Obwohl in der Natur fast nie eines dieser Agenzien allein in Wirksamkeit tritt, pflegt man doch drei Arten der chemischen Umwandlung zu unterscheiden, nämlich

1. die Hydatometamorphose oder wässerige Umwandlung,
2. die Thermometamorphose, bei der die Wärme vor allem wirksam ist,
3. die Dynamometamorphose, bei der Druckkräfte die Umwandlung vornehmlich fördern.

Da die Erscheinungen der mechanischen Zerstörung der Gesteine mehr in das Gebiet der Geologie fallen, so sei auf sie hier nicht weiter eingegangen. Den Mineralogen interessieren mehr die chemischen Umwandlungsvorgänge, deren Unterlage die Mineralien sind.

A. Die hydatogene Umwandlung der Mineralien (Hydatometamorphose).

Die Rolle des Wassers bei diesen Umwandlungsvorgängen.

Das wichtigste Agens bei der Umbildung der Mineralien und der Gesteine bleibt unbedingt das Wasser. Am großartigsten und augenfälligsten sind jene Erfolge, die das Wasser auf Grund seiner mechanischen Kraftäußerungen vollbringt. Geringfügig erscheinen dagegen die chemischen Wirkungen des Wassers. Doch mit Unrecht. Während sich jene vor unseren Augen abspielen und daher leicht zu beobachten sind, vollzieht sich die chemische Arbeit des Wassers, unseren Augen verborgen, in den Tiefen der Erde und benötigt dazu Zeiträume, gegen die unser Leben wie ein Tropfen im Weltmeer erscheint.

Wenn ein Feldspatkristall durch den Frost zersprengt und durch das fließende Wasser zerrieben wird, so hört er, mögen seine Teilchen noch so klein geworden sein, nicht auf, ein Feldspat zu sein. Wenn aber das Wasser durch seine chemischen Kräfte den Austritt der Kieselsäure und der Alkalien aus dem Feldspatmolekül erzwingt und sich selbst an deren Stelle an den verbleibenden Rest anlagert, so entsteht eine neue Verbindung, ein neues, und zwar sekundäres, hydatogenes Mineral.

An dieser chemischen Umbildung kann sich Wasser verschiedener Herkunft beteiligen. Man unterscheidet bekanntlich vadoses und juveniles Wasser. Das juvenile Wasser, dessen Bestandteile seinerzeit vom feurigflüssigen Magma aus der darüberlagernden Atmosphäre aufgenommen, beim Erstarren des Magmas aber wieder abgeschieden worden sind, sich bei sinkender Temperatur dann zu Wasser vereinigten und schließlich als warme Quellen aus den Tiefen der Erde hervorbrachen, enthält schon von Anfang an gelöste Mineralsubstanzen in größeren oder geringeren Mengen.

Das vadose Wasser, wie es als Regen oder Schnee auf Erden niederfällt, ist jedoch fast chemisch rein. Es hat aus der Luft nur etwas Sauerstoff und Kohlendioxyd aufgenommen. Wenn dieses vadose Wasser nun als Quelle wieder an die Tagesoberfläche kommt, ist es nicht mehr chemisch rein, sondern enthält ebenfalls Mineralsubstanzen in wechselnder Menge gelöst, ein Beweis, daß es während seiner Wanderung durch die Erdkruste chemische Arbeit geleistet, primäre Mineralien zerstört hat.

Unterstützt wurde es dabei durch die höhere Temperatur und den höheren Druck, der in den tieferen Schichten der Erdrinde herrscht.

Das Wasser wirkt auf die mineralischen Bestandteile der Gesteine entweder lösend oder zersetzend ein.

Von einem Lösungsvorgang spricht man, wenn das Wasser imstande ist, das unveränderte Molekül einer Verbindung aufzunehmen.

Ein Zersetzungsvorgang dagegen besteht, wenn dem eigentlichen Lösungsakte ein chemischer Prozeß vorausgeht, durch den die sonst unlösliche Verbindung in eine im Wasser lösliche umgewandelt wird. Die zersetzende Wirkung des reinen Wassers ist bei normalen Temperaturen und Drucken gering. Sie wird gesteigert durch höhere Temperaturen, weil dann das Wasser immer mehr den Charakter einer Säure annimmt und dann sogar Kieselsäure aus ihren Verbindungen zu verdrängen vermag. Fördernd wirken auch Lösungsgenossen, das sind Verbindungen, die schon vorher im Wasser gelöst waren. Beim vadosen Wasser ist der hauptsächlichste Lösungsgenosse die Kohlensäure. Bei den juvenilen Wässern kommen auch schweflige Säure, Schwefelsäure und Flußsäure in Betracht.

Die auf hydatogenem Wege bei der Umwandlung der primären Silikate erzeugten Verbindungen können sich dem Wasser gegenüber recht verschieden verhalten.

Sie können im Wasser schwer- oder unlöslich sein. Diese Neubildungen werden dann, wenn mechanische Einflüsse nicht wirksam sind, am Orte ihrer Entstehung zurückbleiben und nicht selten die Gestalt des umgewandelten Minerales mehr oder minder getreu nachahmen. Solche Nachahmungen nennt man Afterkristalle oder Pseudomorphosen. Die Pseudomorphosen haben eine große genetische Bedeutung, weil sie durch ihre Gestalt den Ausgangspunkt, durch ihren chemischen Inhalt das Ende eines Umwandlungsvorganges kund tun. Man kann daher alle hydatogenen Neubildungen, die sich so verhalten, auch metasomatische Zersetzungsprodukte nennen, weil sie den Körper (soma) anderer Mineralien nachahmen (meta heißt im Griechischen nach).

Die hydatogenen Zersetzungsprodukte können aber auch im Wasser löslich sein, und zwar entweder unbedingt oder bedingt.

Als bedingt löslich muß man jene Verbindung bezeichnen, welche im Wasser nur beim Vorhandensein erhöhter Temperatur bzw. erhöhten Druckes oder von Lösungsgenossen merklich löslich sind.

Unbedingt löslich sind alle Verbindungen, die im reinen Wasser auch bei gewöhnlicher Temperatur und normalem Drucke löslich sind. Ein Beispiel für letztere Verbindungen ist das Natriumchlorid.

Die bedingt, wie auch die unbedingt löslichen Substanzen werden vom Wasser vom Orte ihrer Entstehung weggeführt, sie werden ausgelaugt. Daher kann man alle diese Mineralsubstanzen unter dem Namen Auslaugungsprodukte zusammenfassen.

Je nachdem die Auslaugungsprodukte bedingt oder unbedingt löslich sind, werden sie vom Wasser verschieden weit vom Ursprungsorte im Innern der Erde weggeführt werden.

Die bedingt löslichen Verbindungen werden vom Wasser nur so lange in Lösung gehalten werden können, als die Bedingungen der Löslichkeit vorhanden sind. Sobald sich diese aber ändern, müssen sie wieder abgeschieden werden. Dies kann schon im Innern der Erdrinde, in deren Hohlräumen und Klüften geschehen. Daher wird man die bedingt löslichen Auslaugungsprodukte unter den Kluftmineralien zu suchen haben.

Die unbedingt löslichen Mineralsubstanzen werden so lange in Lösung bleiben, solange das Lösungsmittel, hier das Wasser, in genügender Menge vorhanden ist. Da die Verdunstung erst an der Tagesoberfläche wirksam wird, so werden die unbedingt löslichen Mineralsubstanzen von den Quellwässern bis an die Tagesoberfläche emporgetragen und durch die Bäche, Flüsse und Ströme dem Meere oder anderen abflußlosen Gebieten zugeführt werden. Dort werden sie sich anhäufen und, wenn sie die maximale Konzentration erreicht haben, sich am Boden oder an den Rändern dieser Wasserbecken abscheiden. Weil in den meisten dieser Absätze das Natriumchlorid, welches auch kurzweg „Salz‟ genannt wird, eine große Rolle spielt, werden alle diese Ablagerungen unter dem Namen „Salzablagerungen‟ zusammengefaßt.

I. Die metasomatischen Zersetzungsprodukte.

Die chemische Zusammensetzung der metasomatischen Zersetzungsprodukte hängt naturgemäß von der Zusammensetzung der primären Mineralien ab, aus denen sie hervorgegangen sind. Da man bei den wesentlichen Gemengteilen der primären Gesteine zwei große Gruppen, die tonerdehaltenden und tonerdefreien, unterscheiden kann, so werden auch die metasomatischen Zersetzungsprodukte entweder tonerdehaltend oder tonerdefrei sein.

a) Die tonerdehaltenden metasomatischen Zersetzungsprodukte.

Für diese Gruppe der metasomatischen Zersetzungsprodukte liefern die Feldspate und Feldspatvertreter, weniger die tonerdehaltenden Pyroxene und Amphibole das Material.

Die Produkte, welche durch die Umwandlung der genannten Mineralien entstehen, werden im allgemeinen Tone genannt. Die Tone sind keine Mineralien, sondern Mineralgemenge, an deren Zusammensetzung in wechselnden Mengen unveränderte Bruchstücke der primären Mineralien im feinzerriebenen Zustande und sekundäre Aluminiumsilikate und Aluminiumhydroxyde Anteil nehmen. Die letzteren sind nicht immer im kristalloiden Zustande vorhanden, wie das Verhalten der Tone gegenüber Salz- bzw. Essigsäure beweist.

Ein Teil der Tonerdehydrosilikate geht nämlich bei der Behandlung mit diesen Säuren in Lösung, der andere nicht. Der unlösliche Anteil wird den kristalloiden Tonerdehydrosilikaten zugerechnet, der lösliche von Gelen gebildet, für die Wülfing den Namen Geolithe, Dölter den Namen Geoaluminite, Stremme den Namen Allophanite eingeführt hat. Auch der Name Bodenzeolithe ist im Gebrauch.

Die gelartigen Tonerdehydrosilikate besitzen eine große Adsorptionskraft für Wasser und Salzlösungen, und dies begründet die große Bedeutung der Tone für das Gedeihen der Pflanzen. Eine andere, „Plastizität‟ genannte Eigenschaft der Tone steigt mit deren Zerrüttungszustand. Je feiner das

Material zerrieben ist, desto größer ist die fälschlich Plastizität genannte Formbarkeit.

Über die Zusammensetzung der gelartigen Anteile der Tone gehen die Meinungen ziemlich weit auseinander. Asch, Thugutt und Vernadski sehen in den Gelen bestimmte chemische Verbindungen, Stremme dagegen hält sie für Gemenge von Tonerde- und Kieselsäuregelen und stützt seine Meinung darauf, daß Sodalösung aus ihnen Tonerde und Kieselsäure in einem anderen Verhältnisse löst als kohlensäurehaltendes Wasser, eine Beobachtung, die nach Ganz nicht zutreffen und nur eine Folge der wechselnden Versuchsbedingungen sein soll. Nach Ganz ist immer das Verhältnis der Basen zur Tonerde = 1 : 1, das der Tonerde zur Kieselsäure aber wechselnd.

Dem Gelzustand geht in der Regel der Solzustand voraus. Aus dem gelösten Solzustand können die betreffenden Verbindungen auf verschiedenem Wege in den Gelzustand übergeführt werden, z. B. durch Elektrolyte. Daß in der Natur auch Hydrosole, d. h. wässerige Lösungen von gelartigen Substanzen vorkommen, das beweist unter anderem das Vorkommen tonartiger Substanzen in den Klüften frischer Gesteine, wohin sie nur durch Lösungen gebracht werden konnten. Hierher gehören beispielsweise das weiche Steinmark und die noch weichere Bergbutter.

Neben den gelartigen und kristalloiden Tonerdehydrosilikaten enthalten, wie schon früher erwähnt wurde, die Tone auch feinstes mechanisches Zerreibsel der Gesteine. Tonige Massen, die zum größten Teile aus letzterem bestehen, möchte H. L. F. Meyer als Letten bezeichnet wissen.

Alle Gele können im Laufe der Zeit in Kristalloide übergehen.

Die Aluminiumhydrosilikate. Das in den Tonen am weitesten verbreitete kristalloide Hydrosilikat der Tonerde ist die Porzellanerde oder der Kaolin. Es wurde früher wegen der Kleinheit seiner Kristalle immer für amorph gehalten. Die winzigen schuppenartigen Kristalle, die in den seltensten Fällen, wie auf der Insel Anglesea, in der National Belle mine in Kolorado und zu Freiberg, so groß werden, daß sie kristallographische Messungen erlauben, sind monoklin und spalten gut nach der Basisfläche, auf welcher Fläche auch leicht eine sechsstrahlige Schlagfigur erzeugt werden kann, deren Leitstrahl parallel zu (010) ist. Der Kaolin ist optisch negativ, Achsenplatte ist (001), und die Achsenebene steht senkrecht zum Leitstrahl. Auf der Spaltfläche zeigen die kristallisierten Abarten Perlmutterglanz, was dem Kaolin auch den Namen Nakrit eingetragen hat.

Die chemische Zusammensetzung des Kaolins gibt die Formel $[(OH)_4Al_2(Si_2O_5)]$ wieder. Das Wasser ist typisches Konstitutionswasser. Dies beweist das Verhalten des Kaolins beim Glühen. Nach Mellor und Holderroft entweicht das Wasser erst von 100° an, und zwar unter Wärmeabsorption. Der geglühte Kaolin, den Spangenberg „Metakaolin" nennt, ist optisch einachsig und wird im Gegensatze zum frischen Kaolin von Salzsäure zersetzt, wobei die Kieselsäure als Skelet übrigbleibt. Sokoloff wies nach, daß für jedes lösliche Al_2O_3-Molekül zwei Wassermoleküle entweichen. Bei 900° ist ein exothermer Wärmeeffekt feststellbar. Die Tonerde ist wieder unlöslich geworden, dafür ist aber die Kieselsäure durch Natronlauge ausziehbar. Der Metakaolin ist in Al_2O_3 und SiO_2 zerfallen. Wenn die Erhitzung über 1200° getrieben wird, findet eine Wiedervereinigung von Al_2O_3 und SiO_2 statt, die nach den einen zur Bildung von Sillimannit $[Al_2SiO_5]$, nach anderen zuerst zur Bildung von Mullit $[Al_6Si_2O_{13}]$ führt.

Ein zweites, indes viel weniger verbreitetes Tonerdehydrosilikat ist der Pyrophyllit, der seinen Namen dem Umstande verdankt, daß er in der Lötrohrflamme aufblättert. Auch dieses Mineral bildet, wie der Kaolin, sechsseitige

Kriställchen, die oft sternförmig gruppiert sind. Sie spalten gleichfalls vollkommen nach (001), und auf der Spaltfläche, die gleichzeitig Achsenplatte ist, ist ebenfalls eine sechsstrahlige Schlagfigur herstellbar. Der Pyrophyllit ist, wie der Kaolin, optisch negativ, doch ist die Achsenebene nicht senkrecht, sondern parallel zum Leitstrahl. Während Schwefelsäure den Kaolin vollkommen zersetzt, zersetzt sie den Pyrophyllit unvollkommen.

Die chemische Zusammensetzung des Pyrophyllites entspricht der Formel $[(OH)_2Al_2(Si_4O_{10})]$. Er tritt selten in größeren Massen auf. Ein Teil des aus Ostasien in den Handel gebrachten dichten Bildsteines oder Agalmatolithes ist Pyrophyllit.

Weitere kristalline Tonerdehydrosilikate sind: der kryptokristalline Newtonit $[(OH)_4Al_2(Si_2O_5)\cdot 2H_2O]$ und der Rektorit, dessen Formel summarisch die des Kaolins ist, der sich aber vom Kaolin dadurch unterscheidet, daß die Hälfte seines Wassers schon bei 110° weggeht. Dann ist noch der Leverrierit zu erwähnen, ein Mineral, das rhombisch kristallisiert und gleichfalls nach (001) spaltet. Auch dieses Tonerdehydrosilikat ist optisch negativ, und der Achsenwinkel ist oft gleich Null. Die Formel des Leverrierites ist (summarisch) $[H_{10}Al_4Si_5O_{21}]$. Dieses Mineral fand sich im Kohlenton des Departements Gard und Loire oft in $^1/_2$ cm langen, gedrehten Prismen von brauner Farbe, ferner auch auf Manganerzgängen in Kolorado. Er ähnelt oft sehr dem Muskowit, doch gibt er schon bei 350° vollkommen sein Wasser ab.

Von Bilin in Böhmen sind seit langem Pseudomorphosen eines erdigen gelben Minerales nach Augit bekannt. Man bezeichnete diese Substanz als Cimolit. In der erdigen Masse liegen aber auch doppeltbrechende Blättchen eines monoklin spaltenden Minerales, für das Hauer den Namen Anauxit eingeführt hat. Über die chemische Zusammensetzung dieser beiden Substanzen ist viel diskutiert worden. Laubemann hat die ganze Pseudomorphose als Kaolin angesprochen. 1929 traten aber Ross und Foshag neuerdings für die mineralogische Selbständigkeit des Anauxites ein. Nach diesen Forschern kommt dem Anauxit von Bilin die Formel $[H_4Al_2Si_3O_{11}]$ zu. Er ist monoklin, spaltet nach (001), und durch das Spaltblättchen sieht man das Achsenbild eines negativen zweiachsigen Kristalles mit einem scheinbaren Achsenwinkel von ungefähr 30°.

Der Anauxit kann auch aus Biotit hervorgehen.

Zu den kolloidalen Tonerdesilikaten werden gerechnet: der Halloysit, dessen Formel $[H_4Al_2Si_2O_9 \cdot 2H_2O]$ geschrieben wird, weil ein Drittel des Wassers schon bei 107° aus der Verbindung entweicht, er sich sonst aber wie Kaolin verhält; der Allophan, dem man alle Geltone zurechnet, bei denen das Verhältnis $[Al_2O_3]:[SiO_2] = 1:1$ ist, während der Wassergehalt schwankt, und der Schrötterit, mit welchem Namen man alle Geltone belegt, bei denen der Kieselsäuregehalt molekular genommen zwischen 1 und $^1/_2$ des Tonerdegehaltes schwankt.

Andere Mineralien mit kaolinähnlicher Zusammensetzung sind: der gelbe eisenhaltende Faratsihit von Faratsiho auf Madagaskar, der grüne Nontronit, dem die Formel $[H_4Fe_2Si_2O_9]$ zukommt, der blaugrüne, etwas chromhaltende Miloschin aus Serbien und von Eli in Nevada, und der tiefgrüne bis schwarze Wolkonskoit, dessen Formel $[H_4Cr_2Si_2O_9]$ sein soll.

Am verbreitetsten unter diesen Mineralien ist der Nontronit, der sich z. B. in der Nähe der Graphitlagerstätten im Bayerischen Walde in größeren Mengen findet. Der Wolkonskoit stammt aus den permischen Sandsteinen und Konglomeraten Rußlands. Dort wurde er auch als Versteinerungsmaterial von Brackwassermuscheln beobachtet.

Die Aluminiumhydroxyde. Für die Tone der Tropengegenden ist stets ein Überschuß von Tonerde über die Kieselsäure bezeichnend. Diese Tone führen wegen ihrer durch Eisenoxyd bedingten Farbe den Namen Laterit. Sie enthalten große Mengen von Tonerdehydroxyd, besonders von dem, das der Zusammensetzung $[(HO)_3Al]$ entspricht und das als Mineral den Namen Hydrargillit erhalten hat. Dieselbe Verbindung wurde in den Gängen des Augitsyenites vom Langesundfjord in Norwegen in kleinen, aber gut entwickelten Kristallen, die dem monoklinen System angehören und nach (001) gut spalten, gefunden. Auf der Spaltfläche treten um eine positive Mittellinie die optischen Achsen mit kleinem Achsenwinkel aus. Die Achsenebene ist bald senkrecht, bald parallel zur Symmetrieebene, die auch hier durch den Leitstrahl einer sechsstrahligen Schlagfigur angedeutet wird. Auf (001) zeigen die sechsseitigen Kristalle Perlmutterglanz. Der Hydrargillit kommt auch in blättrigen Massen und in Stalaktiten vor. Die Farbe des Hydrargillites ist gewöhnlich weiß. Manchmal hat die Farbe einen Stich ins Gelbe, Rote und Grüne.

Dort, wo der Hydrargillit als Gestein auftritt, ist er meist stark durch Eisen verunreinigt und daher braun oder rot. Solche Massen führen nach dem Städtchen Baux in Frankreich den Namen Bauxite. Auch der Name Wocheinite ist für sie im Gebrauch, weil sie in der Wochein in Krain ebenfalls technisch ausgebeutet werden. Alle diese Vorkommen sind an Kalkstein gebunden und stellen, wie die Terra rossa der Karstgegenden, deren Verwitterungsrückstand dar.

Kristalline Gesteine können gleichfalls eine Umwandlung in Roterden, wie man die vornehmlich aus Hydrargillit bestehenden Verwitterungsrückstände zum Unterschiede von den kaolinischen Gelberden nennt, erleiden. In den Tropen ist die Roterdenbildung Regel. In der gemäßigten Zone kennt man sie im Vogelsberg und in Siebenbürgen, wo gewisse Eruptivgesteine unter fast vollständiger Wegführung der Kieselsäure in Aluminium- und Eisenhydroxyde umgewandelt worden sind.

Ein anderes Aluminiumhydroxyd ist der Diaspor $[H_2Al_2O_4]$. Das am längsten bekannte Vorkommen des Diaspors liegt unweit Dilln bei Schemnitz in der Slowakei. Dort liegen die stark glänzenden, rhombischen Kristalle in einem zersetzten Eruptivgestein. Die Kristalle sind meist farblos, zeigen aber manchmal einen Stich ins Gelb, Rot oder Violett.

Wenn lufttrockene Tone in Wasser gegeben werden, so zerfallen die einen zu einem feinen Pulver, die anderen unter Zerknistern zu eckigen Bruchstücken, ohne zu erweichen. Letztere Abarten werden Bole genannt.

Gewisse Tone werden, weil sie Fett begierig aufsaugen, in der Tuchindustrie als Walkerden verwendet. Dieselben besitzen im Gegensatze zu den echten Tonen immer einen gewissen Gehalt an Kalk und Magnesia. Dort, wo sich Walkerden auf primärer Lagerstätte befinden, sind sie zumeist Zersetzungsprodukte pyroxen- und amphibolhaltender Gesteine. Einzelne Walkerden besitzen auch die Fähigkeit, organische Farbstoffe zu adsorbieren, und deshalb werden sie auch zum Reinigen pflanzlicher wie mineralischer Öle verwendet.

Die Verwitterung. Die Umwandlung der Gesteine in Tone bezeichnet man auch als Verwitterung. Wie schon früher erwähnt wurde, unterscheiden sich die Tropentone durch ihren Reichtum an Hydrargillit von den kaolinhaltenden Tonen der gemäßigten Zonen. Doch dies gilt nicht allgemein, denn aus den Basalten des Vogelsberges und den Andesiten Siebenbürgens sind ebenfalls Tone hervorgegangen, die in ihrer Zusammensetzung den Lateriten der Tropen gleichen. Man hat für diese Verschiedenheit der tonigen Endprodukte der Zersetzung der Gesteine das Klima verantwortlich gemacht. Lang z. B. behauptet, daß die kaolinige Gelberdeverwitterung sich nur in Gegenden vollziehe, deren mittlere Jahrestemperatur unter 13° liege, wogegen die Roterdeverwitterung Temperaturen über 13° voraussetze.

Bei der lateritischen Roterdeverwitterung trennt sich das Eisen von der Tonerde und wandert der Erdoberfläche zu. Lacroix hat in Australien festgestellt, daß unmittelbar über den unzersetzten Gesteinen eine weiße, kaolinreiche Bleichzone liegt, daß die darüber folgende, von Eisenoxydflecken durchsetzte Fleckenzone schon vorwiegend aus Hydrargillit besteht und daß darüber, nahe der Erdoberfläche, sich eine zusammenhängende Zone oxydischer Eisenverbindungen bildet, die er Cuirasse ferrugineuse nennt.

Die Bildung eisenarmer Gelberden und weißer Kaolintone soll durch die in Wasser löslichen Huminsubstanzen, welche sich durch die Fäulnis pflanzlicher Baustoffe im Boden feuchter Wälder und Sumpfwiesen sowohl in der gemäßigten Zone sowie auch in den Tropen bilden, gefördert werden. Diese dringen mit dem Wasser in den Erdboden ein, zersetzen nicht nur die primären Mineralien, sondern lösen auch die Eisenverbindungen auf und entfärben den Boden. Tatsächlich finden sich an vielen Orten im Liegenden von Braunkohlenlagern, den vertorften Resten früherer Wälder und Sumpfwiesen die für technische Zwecke sehr begehrten weißen, feuerfesten Tone.

Die meisten technisch verwendeten Tone befinden sich nicht mehr auf der ursprünglichen Lagerstätte, sondern sind vom Wasser umgeschwemmt worden. Diese umgeschwemmten Tone sind viel reiner als die noch auf ursprünglicher Lagerstätte befindlichen, weil letztere noch alle nicht umgewandelten Bestandteile des Ausgangsgesteines, so vor allem den Quarz, in ursprünglicher Verteilung enthalten.

Es ist schon eingangs erwähnt worden, daß die Tonerdehydrosilikate von den tonerdehaltenden primären Gesteinsgemengteilen abstammen. Ein direkter Beweis hierfür ist nur für die Feldspate Orthoklas und Mikroklin und für den Augit durch Pseudomorphosen erbracht worden. Vom Leuzit kennt man, wenn man von der Umwandlung in Pseudoleuzit absieht, die auf andere Ursachen zurückzuführen ist, nur Pseudomorphosen nach Analzim $[NaAlSi_2O_6 \cdot H_2O]$ und vom Nephelin solche nach Spreustein, einem Gemenge von Natrolith $[Na_2Al_2Si_3O_{10} \cdot 2H_2O]$ und Hydrargillit.

Die Umwandlung des Leuzites in Analzim hat Lemberg auch künstlich durchgeführt, indem er Lösungen von Natriumsalzen auf Leuzit bei höheren Temperaturen einwirken ließ. Die Umwandlung des Nephelins in Spreustein stellt man sich so vor, daß zuerst der Nephelin in Natrolith und Natriumaluminat umgewandelt und letzteres dann durch Kohlensäure in Natriumkarbonat und Hydrargillit zerlegt wird. Dieser Vorgang läßt sich durch nachfolgende Gleichung darstellen:

$$3(NaAlSiO_4) + 2(H_2O) - (Na_2Al_2Si_3O_{10} \cdot 2H_2O) + (NaAlO_2),$$

und weiter durch die Gleichung

$$2(NaAlO_2) + (CO_3) + 3(H_2O) = (Na_2CO_3) + 2[Al(HO)_3].$$

Der Hydrargillit bleibt als im Wasser unlöslich am Orte der Umwandlung zurück, während das Natriumkarbonat vom Wasser weggeführt wird.

Die vier Mineralien: Feldspat-Pyrophyllit-Kaolin-Hydrargillit bilden eine wichtige Sukzession.

Entgegen der Ansicht, daß durch Abspaltung bestimmter Teile vom Feldspatmolekül die Tonerdehydrosilikate bzw. -hydroxyde entstehen, schließt Schwarz aus seinen Versuchen, daß vorerst das ganze Feldspatmolekül durch Hydrolyse in $K(HO)$, $Al(HO)_3$ und SiO_2+H_2O zerfalle. Diese Zerfallsprodukte bilden anfänglich echte molekulare Lösungen, gehen aber dann mit Ausnahme des Kalis in kolloidale Lösungen über und werden endlich als Gele gefällt. Aus diesen würden erst die kristalloiden Tonerdehydrosilikate sich bilden.

b) Die tonerde- und kalihaltenden metasomatischen Zersetzungsprodukte.

Der sekundäre Muskowit. Viele Mineralien erleiden, wie Pseudomorphosen beweisen, eine Umwandlung in Kaliglimmer $[(OH)_2KAl_2(Si_3AlO_{10})]$. Dieser Kaliglimmer zeigt aber selten die normalen mineralogischen Eigenschaften des Muskowites, sondern ist im günstigsten Falle feinschuppig, meist aber dicht und besitzt eine gelbliche oder grünliche Farbe. Daher wurde er früher vielfach verkannt und als besonderes Mineral beschrieben. Pinit, Liebenerit, Gigantholith usw. sind solche dichte Muskowite, und in diesen umgewandelt finden sich Kalifeldspat, Leuzit, Nephelin, Andalusit, Topas, Turmalin und Spodumen, wie an Resten zu erkennen ist. Die Bildung des sekundären Muskowites erfolgt bei Feldspaten besonders leicht auf Bewegungsflächen, und es gewinnt den Anschein, als ob mechanische Beanspruchung die Entstehung desselben begünstigte. Daß Kornkleinheit die Umwandlung der Feldspate fördere, hat Tammann nachgewiesen.

Die Grünerde oder der Seladonit. Ein anderes hierher gehörendes Mineral ist die Grünerde oder der Seladonit. Wie schon der Name Grünerde sagt, bildet das Mineral grüne, erdige Massen, die zu Farben (Veroneser Grün, Kaadener Grün) verwendet werden. Die Grünerden sind vornehmlich an basaltische und melaphyrische Gesteine gebunden, so in Böhmen und Südtirol. Hier finden sich manchmal auch Pseudomorphosen nach Augit. Die chemische Zusammensetzung ist noch nicht in befriedigender Weise klargelegt. Alle Vorkommen sind kali- und tonerdehaltende Silikate. Ebensowenig weiß man, inwieweit kristalloide oder kolloide Substanzen sich an deren Aufbau beteiligen.

Anhangsweise sei hier noch der Glaukonit erwähnt, ein grünes Mineral, das in kleinen Körnern oder als Füllmasse von Foraminiferengehäusen in kretazischen und tertiären Meeressedimenten vorkommt. Es steht in bezug auf die chemische Zusammensetzung der Grünerde nahe und wird, wie diese, als Farberde (Tiroler Grün) verwendet. Wegen seines Kaligehaltes wollte man die glaukonitführenden Sedimente als Dungmittel gebrauchen.

c) Die Baueritisierung.

Rinne hat auf eine eigentümliche Umwandlung der dunklen Glimmer aufmerksam gemacht, die darin besteht, daß diese ihre dunkle Farbe unter Beibehaltung der äußeren Form verlieren. Diese Bildungen bestehen nur aus Kieselerdegel. Der Vorgang wird Baueritisierung genannt. Die umgewandelten Glimmerblättchen haben die Kristallstruktur des Ausgangsmateriales bewahrt, zeigen daher auch noch eine schwache Doppelbrechung.

d) Die metasomatischen Magnesiahydrosilikate.

Die Muttermineralien der hier gehörenden Verbindungen sind die tonerdefreien Pyroxene und Amphibole und der Olivin. Dieselben Mineralien können aber auch durch Einwirkung magnesiahaltender Lösungen auf Karbonat- und Quarzgesteine entstehen. Sie bilden eine den Tonerdehydrosilikaten vollkommen entsprechende Reihe.

Dem Pyrophyllit $[(OH)_2Al_2(Si_4O_{10})]$ entspricht der Talk $[(OH)_2Mg_3(Si_4O_{10})]$, dem Kaolin $[(OH)_4Al_2(Si_2O_5)]$ entspricht der Serpentin $[(OH_4)Mg_3(Si_2O_5)]$ und dem Hydrargillit $(H_6Al_2O_6)$ der Bruzit $(H_6Mg_3O_6)$.

Zwischen den beiden Reihen besteht auch eine morphologische Übereinstimmung insofern, als auch die Magnesiumhydrosilikate sowohl in dichten, als in kristallisierten Abarten auftreten und im letzteren Falle dann gleichfalls meist tafelförmige Kristalle mit monotomer Spaltbarkeit nach (001) bilden, auf den Spaltblättchen Schlagfiguren zu erzeugen erlauben und ferner durch die Spaltblättchen Achsenbilder erkennen lassen.

1. **Die Magnesiumhydrosilikate.** Der **Talk** gehört auf Grund seines optischen Verhaltens dem rhombischen Systeme an. Meßbare Kristalle sind noch nicht beobachtet worden. Die Spaltblättchen sind nicht elastisch, sondern biegsam, lassen ein zweiachsiges Achsenbild mit kleinem Winkel um eine negative Mittellinie erkennen, dessen Achsenebene parallel zu einem Strahl der sechsstrahligen Schlagfigur ist. Brechung ist gering, die Doppelbrechung dagegen stark.

Der Talk kommt in großblättrigen, schuppigen und dichten Abarten vor. Die ersteren sind grünlichweiß bis reinweiß und durchscheinend, die dichten gelblich- oder graulichweiß. Für diese sind die Namen: **Speckstein** oder **Steatit**, ferner **Topf-, Gilt-** oder **Lavezstein** im Gebrauch. Der Talk besitzt eine sehr geringe Härte (1) und läßt sich daher mit dem Messer leicht bearbeiten. Er fühlt sich fett an, ist feuer- und säurebeständig. Die schuppigen Abarten liefern das **Federweiß**, das als Schmiermittel, aber auch in der Textil- und Papierindustrie als Füllmasse verwendet wird.

Der Talk gibt die Hauptmenge seines Wassers erst bei 960° ab. Dem geglühten Material entzieht eine Natriumkarbonatlösung den vierten Teil der Kieselsäure. Der Talk zerfällt demnach beim Glühen in SiO_2 und $3[MgSiO_3]$. Dabei wird seine Härte sehr bedeutend erhöht. Wenn der Talk mehr Wasser enthält, als der angegebenen Formel entspricht, so entweicht dies bei niederen Temperaturen, ohne daß sich die optischen Eigenschaften ändern.

Die Genese des Talkes kann verschieden sein. Pseudomorphosen nach Enstatit, welche man besonders in den Apatitvorkommen von Bamle in Norwegen sehr häufig findet, sowie solche nach Olivin beweisen, daß der Talk aus diesen Mineralien hervorgehen kann. Die Pseudomorphosen nach Quarz und Dolomit zeigen andererseits an, daß auch diese Mineralien die Muttermineralien des Talkes sein können. Die schönsten Pseudomorphosen dieser Art sind von Göpfersgrün im Fichtelgebirge bekannt geworden. Dort ist der Speckstein aus einem Kalkstein entstanden, der an Granit grenzt. Wahrscheinlich waren es magnesia- und kieselsäurehaltende Lösungen, die vom Granit abstammen und welche diese Umwandlung bewirkten. Dafür spricht die Tatsache, daß der Kalkstein um so mehr Talk auf seinen Klüften enthält, je näher er dem Granitkontakte ist!

Für die Talklagerstätten der Alpen nimmt man eine gleiche Entstehung an. Zumeist liegen hier die Talklager an der Grenze zwischen Tonschiefer und Kalkstein. Magnesia- und kieselsäureführende Wässer haben hier den Kalk in Talk und die Tonschiefer in Chlorit + Talk umgewandelt (Mautern im Liesingtal).

Der **Serpentin** bildet als Gestein, zumeist Einlagerungen in kristallinen Schiefern, seltener selbständige stockförmige Massen. Seine Farbe ist gelb, grün oder schwarz, je nach der Menge der in ihm vorhandenen Eisenerze, unter denen der Magnetit und Chromit die häufigsten sind. Diese Mineralien können schon ursprünglich im umgewandelten Gesteine vorhanden gewesen sein, z. B. in einem Olivinfels. Der Magnetit kann aber auch neu aus dem FeO-Gehalte der primären Mineralien hervorgegangen sein.

Daß der Olivin sehr leicht in **Serpentin** übergeht, davon kann man sich in jedem Dünnschliff eines olivinhaltenden Gesteines überzeugen. Selten wird man einen Olivin finden, der nicht durch Grünwerden an den Rändern und in den Rissen die beginnende Umwandlung in Serpentin anzeigt. Auch Pseudomorphysen von Serpentin nach Olivin sind gefunden worden. Am längsten bekannt sind die von Snarum in Norwegen.

Der Serpentin ist doppeltbrechend. Schon dies beweist, daß er eine kristalloide Substanz ist, wenn auch deutliche Kristalle bis heute noch nicht gefunden worden sind. Unvollkommene Kristallbildungen sind die Faserserpentine, deren Fasern parallel zur Faserrichtung auslöschen. Die Faserrichtung ist die kleinste optische Elastizitätsachse (c). Der Achsenwinkel um die positive Mittellinie beträgt 16—50°. Der Serpentin wird daher für rhombisch gehalten. Die manchmal goldgelbe Farbe der Faserserpentine, die den dichten Serpentin in seidenglänzenden Schnüren durchziehen, hat dieser Ausbildungsform auch den Namen Chrysotil = Goldfaser eingetragen. Gewöhnlich ist für sie der Name Serpentinasbest im Gebrauche. Von den Hornblendeasbesten unterscheiden sich die Serpentinasbeste durch die Weichheit ihrer Fasern, ihre Unschmelzbarkeit und ihre Zersetzbarkeit in Säuren. Dabei scheidet sich gelatinöse Kieselsäure aus. Daher eignen sich die Serpentinasbeste gut zu feuerfesten Geweben, sind aber als Filtriermasse für saure und alkalische Flüssigkeiten unbrauchbar.

Faseriges Gefüge zeigt auch die Metaxit genannte Serpentinart, nur sind deren Fasern starr. Der dichte Serpentin wird, wenn er unter dem Mikroskop radialfaseriges Gefüge zeigt, Pikrolith genannt.

Eine weitere Ausbildungsform des Serpentins ist der Antigorit oder Blätterserpentin. Wie der zweite Name sagt, ist für diese Abart das blätterige Gefüge bezeichnend. Hier steht die kleinste optische Elastizitätsachse parallel zur Richtung der Blättchen, und durch die Blättchen kann das Achsenbild eines zweiachsigen negativen Kristalles gesehen werden. EE = 27°. Faser- und Blätterserpentin sind strukturell verschieden! Ersterer neigt zur Amphibolstruktur, letzterer gehört zu den Glimmer-Chlorit-Bautypen!

Die dichten Serpentine, von denen die lichten den Spezialnamen Bowenite erhalten haben, zeigen entweder eine Maschen- oder Gitterstruktur. In den Maschenserpentinen sind noch die unregelmäßigen Adern zu erkennen, die sich bilden, wenn sich Olivinkörner oder -kristalle von den unregelmäßigen Rissen aus in Serpentin umwandeln. Zwischen den Maschen sind oft noch Reste des Olivins erhalten.

Bei den Gitterserpentinen sind stets mehr oder minder deutlich zwei Systeme doppeltbrechender Leistchen zu erkennen, die nahezu senkrecht aufeinanderstehen.

Während für die Maschenserpentine die Abstammung von körnigen Olivingesteinen unzweifelhaft ist, war die Frage, von welchen Gesteinen sich die Gitterserpentine ableiten, lange strittig. Heute gewinnt aber die Ansicht wieder Oberhand, daß die Gitterserpentine oft durch Umwandlung aus Pyroxengesteinen entstanden sind und die Gitter die Spaltung des Pyroxens nachbilden.

Daß sich Pyroxengesteine in Serpentin umwandeln können, dafür erbringt die Natur zahlreiche Belege (Kraubath in der Steiermark).

Die Antigoritserpentine sind in den Alpen, einem Gebirge, das noch in relativ junger Zeit gewaltige Gebirgsbewegungen mitgemacht hat, sehr verbreitet, fehlen dagegen in den alten Massiven, z. B. in der böhmischen Masse, von wo nur Maschenserpentine bekannt sind. Es liegt daher der Gedanke nahe, daß dieselben Druck- und Schubkräfte, welche die Alpen aufgetürmt haben, auch schuld an der Bildung der Blätterserpentine sind.

Der Meerschaum oder Sepiolith wird an verschiedenen Orten, wie zu Eski Schehr in Kleinasien, zu Hrubschitz in Mähren, zu Kremna in Bosnien und auch zu Kraubath in Steiermark, in Serpentingebieten gefunden, so daß er als Abkömmling des Serpentins angesehen wird. Er kann aber auch wie der Steatit durch die Einwirkung magnesiahaltender Lösungen auf Quarz oder kieselsäureführende Lösungen auf Kalkstein entstehen. In Spanien fand man ihn sogar als Versteinerungsmaterial von tertiären Helixarten.

Die Bezeichnungen, welche für dieses Mineral im Gebrauche sind, hängen mit seiner Porosität zusammen, infolge deren er auf dem Wasser schwimmt und auch an das „os sepiae“, die Rückenschulpe des Tintenfisches, erinnert. Der Name Meerschaum dürfte aber eher aus dem anatolischen Worte „Mirsen“ für ihn entstanden sein.

Früher hielt man den Meerschaum allgemein für amorph. Die mikroskopische wie die chemische Untersuchung haben jedoch gezeigt, daß im natürlichen Meerschaum ein Gemenge einer gelartigen und einer kristalloiden Substanz vorliegt. Die gelartige Substanz ist in Säuren löslich und durch basische Farbstoffe anfärbbar. Der kristalloide Anteil bildet gerade auslöchende Fasern, ist in Säuren unlöslich und durch basische Farbstoffe nicht anfärbbar. Dem kristalloiden Anteil gab Fersmann den Namen Parasepiolith, Vernadski dagegen bezeichnet ihn als α-Sepiolith, im Gegensatze zum kolloidalen Anteil, den er β-Sepiolith nennt. Das molekulare Verhältnis von $Mg : Si$ ist in beiden gleich 2 : 3. Nur der Wassergehalt und die Bindung des Wassers soll bei beiden verschieden sein. Im übrigen hängt der Wassergehalt auch von der Luftfeuchtigkeit ab, die von der porösen Masse stark absorbiert wird.

Isotrope und daher wahrscheinlich gelartige Magnesiahydrosilikate sind: der schwarze Webskyit, den Brauns aus dem Paläopikrit von Amelose in Hessen beschrieben und dem er die Formel $[H_2(Mg, Fe)SiO_4 \cdot 2H_2O]$ gibt, ferner der gelblichweiße Gymnit von Predazzo, dessen Formel $[Mg_4Si_3O_{10} \cdot 10H_2O]$ ist und der gummiartiges Aussehen hat, dann der Kerolith von Frankenstein in Schlesien, ein weißes, fettglänzendes Mineral, das der Formel $[Mg_2Si_2O_3 \cdot H_2O]$ nahekommt.

Das Magnesiumhydroxyd. Das dem Hydrargillit entsprechende Magnesiumhydroxyd in der Reihe der magnesiumhaltenden metasomatischen Zersetzungsprodukte ist der Bruzit. Seine Formel ist $[Mg(HO)_2]$. Auch der Bruzit bildet gewöhnlich blätterige Massen, was, wie beim Talk, die vollkommene Spaltung nach (001) begünstigt. Meßbare Kristalle sind sehr selten, woran die Weichheit des Minerales schuld ist. Kristalle fand man in Nordamerika, im Ural, aber auch zu Kraubath in Steiermark. Sie gehören der trigonal-skalenoedrischen Klasse an. Schlag- und Druckfiguren lassen sich wie bei den Glimmern erzeugen. Die Spaltblättchen sind zugleich Achsenplatten. Die Ringe des positiven Achsenbildes sind aber anomal. Das kommt daher, weil die Differenz der Brechungsexponenten des außerordentlichen und ordentlichen Strahles für die einzelnen Farben verschieden sind.

Der Bruzit ist in Säuren leicht löslich.

Bei 410° gibt der Bruzit sein Wasser ab und wandelt sich in MgO um. Dieses MgO ist aber mit dem natürlichen MgO, dem kubischen Periklas, nicht identisch, denn die nach dem Erwärmen zurückbleibenden Blättchen sind nicht isotrop, sondern optisch einachsig negativ. Dabei ist die Doppelbrechung des Bruzites von 0,02 auf 0,01 des Metabruzites zurückgegangen. Rinne nannte deshalb diese Modifikation des Magnesiumoxydes Metabruzit. In feuchter Luft bildet sich das Hydroxyd wieder zurück.

Man kennt auch noch eine faserige eisenhaltende Abart des Magnesiumhydroxydes, den Nemalith, der sich an verschiedenen Orten Rußlands, Afghanistans und Nordamerikas zumeist mit Serpentin vergesellschaftet findet. Die Längsrichtung der Fasern ist bei dieser Abart die größte optische Elastizitätsachse. Fersman hält den Nemalith für rhombisch.

Die Gegenwart des Bruzites in Gesteinen ist leicht nachzuweisen. Man erhitzt das Gestein, wobei das Magnesiumhydroxyd in Magnesiumoxyd umgewandelt wird, betupft es dann mit Silbernitratlösung, und da aus dieser Lösung das Silber durch MgO gefällt wird, werden alle Stellen, wo früher Bruzit sich befand, schwarz.

Der Bruzit kann auf dem Umwege über Periklas auch aus magnesiumkarbonathaltenden Gesteinen entstehen, wenn diese vorher erhitzt wurden. Auf diese Weise bildete sich aus den triadischen Dolomiten dort, wo sie mit eruptiven Massen in Berührung kamen, der Predazzit, ein Gestein, das ein Gemenge von Kalzit und Bruzit darstellt.

e) Die sekundären Magnesium-Aluminiumhydrosilikate.

Die wichtigste hierher gehörende Mineralgruppe ist die Gruppe der Chlorite. Wie schon der Name sagt — chloros bedeutet im Griechischen grün — besitzen die Chlorite eine grüne Farbe. Sie sind, wie die Glimmer, nach (001) spaltbar, liefern aber nicht elastische, sondern biegsame Blättchen, durch welche man im konvergenten polarisierten Lichte bald das Achsenbild eines scheinbar einachsigen, bald das eines zweiachsigen Kristalles sehen kann. Auch Schlag- und Druckfiguren sind leicht herstellbar, und wie bei den Glimmern benutzt man die ersteren bei mangelnder Kristallgestalt zur kristallographischen Orientierung der optischen Achsenebene. Die Kristalle der Chlorite sind monoklin, mit großer Annäherung an die trigonale oder rhombische Symmetrie. Doch ist im allgemeinen das Kristallisationsvermögen der Chlorite sehr gering, und man findet daher zumeist nur kleinschuppige oder dichte Massen. Die meisten dieser Abarten sind auch in chemischer Hinsicht von den großblätterigen Typen verschieden, weshalb auch Tschermak erstere als Leptochlorite den Orthochloriten gegenüberstellt.

1. Die Orthochlorite.

Die erste Ordnung, auf der wir heute noch weiterbauen, brachte G. Tschermak in diese Mineralgruppe. Er betrachtete sie als homöomorphe Mischungen der Endglieder Serpentin $Sp = H_4Mg_3Si_2O$ und Amesit $At = H_4Mg_2Al_2SiO_9$. Die von ihm getroffene Einteilung kann in folgender Form auch heute noch gebraucht werden:

Endglied	Sp	$(OH)_4Mg(Fe)_3Si_2O_5$	Antigorit	opt. zweiachsig, negativ
	Sp_3At	$(OH)_4(Mg^9Al^1)_2(Si^7Al)_2O_5$		
	bis	bis	Pennin	fast einachsig
	Sp_1At	$(OH)_4Mg^5Al^1)_2(Si^3Al)_2O_5$		
	bis	bis	Klinochlor	zweiachsig, positiv
	Sp_2At_3	$(OH)_4(Mg^4Al^1)_2(Si^7Al^3)_2O_5$		
	bis	bis	Prochlorit	„ „
	Sp_3At_7	$(OH)_4(Mg^{23}Al^7)_2(Si^{13}Al^7)_2O_5$		
	bis	bis	Korundophilit.	„ „
	$SpAt_4$	$(OH)_4(Mg^{11}Al^4)_2Si^2Al^3)_2O_5$		
		bis	Amesite	„ „
Endglied	At	$(OH)_4(Mg^2Al^1)_2(Si^1Al^1)_2O_5$		

Formeltypus $(OH)_4(Y)_2z_2O_5$, vielleicht auch Y_{2-3}. — Die Verteilung von Al muß durchaus nicht so sein, daß es zu gleichen Teilen auf Y und z entfällt. — Die Exponenten bedeuten die ungefähre Stoffverteilung innerhalb Y und z. — Fe kann in sehr beschränktem Ausmaß für Mg eintreten.

Mit dem Wechsel der chemischen Zusammensetzung gehen auch bemerkenswerte optische Veränderungen Hand in Hand. Die amesitarmen Glieder der Gruppe sind optisch negativ, die daran reicheren optisch positiv zweiachsig. Dazwischen stehen die Pennine, die fast einachsig und bald positiv, bald negativ sind. Ebenso wie sich in optischer Beziehung die Pennine den Kristallen mit wirtelförmigem Bau nähern, ebenso nähern sich die Pennine auch in ihrer kristallographischen Ausbildung den trigonalen Kristallen, obwohl sie monoklin sind. Letzteres beweist auch die Tatsache, daß die optische Einachsigkeit streng immer nur für eine bestimmte Farbe besteht. Für alle anderen Farben sind auch die Pennine zweiachsig, allerdings mit sehr kleinem Achsenwinkel. Die Pennine zeigen daher im Dünnschliff auch eine anomale entenblaue Polarisationsfarbe. Bei den übrigen Orthochloriten sind die Polarisationsfarben normal.

Bezeichnend für die Orthochlorite ist weiter ihr starker Pleochroismus. Für die Schwingungen, welche zur Spaltung nahezu senkrecht sind, ist die Achsenfarbe immer blaßgelb und ähnlich jener der Biotite. Die Farbe der Schwingungen parallel zur Spaltung dagegen ist grün. Dadurch lassen sich besonders bei gesetzmäßigen Verwachsungen von Biotit und Chlorit die beiden Anteile leicht unterscheiden.

Zu den Orthochloriten gehören auch der weiße Rumpfit und Leuchtenbergit und die pfirsichblütroten, chromhaltenden Kämmererite und Rhodochrome, die optisch Pennine sind, und der Kotschubeit, der einen chromhaltenden Klinochlor darstellt.

Häufig sind Biotite und Granate in Chlorit umgewandelt. Die Pseudophit genannte, lichtgrüne Substanz, die manchmal pseudomorph nach Feldpat auftritt, wird auch zu den Chloriten gerechnet.

2. Die Leptochlorite.

Die hierher gehörigen Mineralien sind zumeist feinschuppig oder dicht und haben vorwiegend eine dunkelgrüne oder schwarze, seltener eine lichte Farbe. Sie sind stets sehr eisenreich und werden deshalb hier und da als Eisenerze verarbeitet. In das Geheimnis ihrer Zusammensetzung hat ebenfalls Tschermak einzudringen versucht, aber die Ergebnisse seiner Untersuchungen sind nicht derart, daß man sagen könnte, die Frage nach der Konstitution der Leptochlorite sei gelöst.

Die Leptochlorite könnte man einteilen

in eisenoxydfreie Leptochlorite, wie: Daphnit, Chamosit und Diabantit,

in Al_2O_3 und Fe_2O_3 haltende, wie: Klementit, Metachlorit, Thuringit, Eurialith, Stilpnomelan, Strigowit, Aphrosiderit, Morawit und zum Teil auch wieder Diabantit, und

in Al_2O_3-freie, wie: der Mackensit, Viridit und vor allem Cronstedtit. Der Cronstedtit ist das einzige Glied dieser Reihe, das bis jetzt in deutlichen Kristallen gefunden worden ist. Die Kristalle sind anscheinend ditrigonalpyramidal, weil sie nach der Z-Achse hemimorph sind. Die schönsten Stufen dieses Minerales stammen aus den Erzgängen von Kuttenberg in Böhmen.

3. Die Chloritoide.

Eine besondere Gruppe unter den chloritischen Mineralien bilden die Chloritoide. Sie unterscheiden sich von den Chloriten vornehmlich durch ihren Pleochroismus. Die Achsenfarben sind nämlich gelblichgrün, olivengrün und pflaumenblau bis indigoblau. Sie sind zweiachsig um eine positive Mittellinie, spaltbar nach (001), und auf den Spaltblättchen läßt sich gleichfalls leicht eine Schlagfigur herstellen. Sie kristallisieren monoklin oder triklin und sind sehr oft nach dem sog. Penningesetz, bei dem (001) als Zwillings- und Verwachsungsfläche fungiert, verzwillingt. Auch Sanduhrstruktur ist nicht selten. Sie sind für gewisse Schiefergesteine bezeichnend, die daher auch Chloritoidschiefer heißen.

Chemisch kann man zwei Arten von Chloritoiden unterscheiden: die kieselsäureärmeren echten Chloritoide, deren Formel man $(OH)_4(FeAl)_{2-3}(Si, Al)_2O_5$

(Chlorit-Bautypen!) schreiben kann, und die kieselsäurereichen Chloritoide, welche den Namen Ottrelithe führen, in welchen weniger Al für Si eintritt.

4. Die Palygorskitgruppe.

In den Sammlungen sind Mineralien von weißer, grüner oder brauner Farbe nicht selten, die je nach dem Aussehen die Namen Bergholz, Bergkork oder Bergleder führen. Sie wurden gewöhnlich dem Strahlsteine zugezählt.

Fersmann hat diese Vorkommen genauer untersucht und gefunden, daß sie eine eigene Mineralgruppe bilden, aber durch Übergänge sowohl mit den Serpentin als auch mit den Amphibolasbesten verbunden sind. Er führte für diese Mineralien den Namen Palygorskite ein. Ihre chemische Zusammensetzung läßt sich durch die Annahme einer Mischung zweier Silikate erklären. Das eine Mischglied ist der Parasepiolith $[H_4Mg_2Si_3O_{10} \cdot 2H_2O]$, das andere der Paramontmorillonit, dessen Formel $[H_6Al_2Si_4O_{14} \cdot 2H_2O]$ lautet.

Alle diese Vorkommen sind kristallin und bestehen aus einem wirren Aggregat doppeltbrechender Nadeln mit positivem Charakter der Längsrichtung.

Bei den eisenreichen Gliedern dieser Gruppe, den parallelfaserigen Xylolithen, vertritt das Paramontmorillonitsilikat das Silikat $H_{10}Fe_2Si_3O_{14}$, das Fersmann unzweckmäßig (weil dieser Name schon für die Verbindung $[H_4Fe_2Si_2O_9]$ verwendet wird!) Nontronit nennt.

Für Mischglieder, welche, molekular genommen, gleichviel oder mehr Paramontmorillonit enthalten als Parasepiolith, gebraucht Fersmann den Namen Palygorskit. Jene Abarten, bei denen das Umgekehrte der Fall ist, nennt er Pilolith. Sind die Paligorskite und Pilolithe stark eisenhaltend, so setzt Fersmann obigen Bezeichnungen die Silben „Eisen" vor.

Morphologisch verwandt mit den Palygorskiten sind die parallelfaserigen Aktinolithasbeste, die verworrenfaserigen Zillerite und der dichte Nephrit, ferner die parallelfaserigen Serpentinasbeste, die verworrenfaserigen Zermattite und der dichte Schweizerit.

Die Palygorskite können auf verschiedene Weise entstehen:

Einmal als Absätze aus kohlensäure- und kieselsäurehaltenden Wässern, die ihre gelösten Stoffe einer oberflächlichen Zersetzung von Eruptivgesteinen verdanken. Dieser Absatz kann auch in Gängen und Mandeln der Eruptivgesteine erfolgen, dann auch aus Kalksteinen durch Verdrängung von $CaCO_3$. — Und in Klüften im Laufe großer metasomatischer Stoffwechsel im Anschluß an regionale Metamorphosen.

5. Die Kalziumsprödglimmer.

Zu den metasomatischen Umsetzungsprodukten können auch die Kalziumsprödglimmer gerechnet werden, Mineralien, wie schon der Name sagt, mit glimmerähnlichen Eigenschaften, die sich aber von den echten Glimmern und den Chloriten dadurch unterscheiden, daß die Spaltblättchen nach (001) spröde sind. Auch chemisch ist ein wesentlicher Unterschied feststellbar. Bei allen Sprödglimmern spielt das den echten Glimmern und den Chloriten vollkommen fremde Kalzium eine wesentliche Rolle, und oft ist auch der molekulare Gehalt dieser Mineralien an (Al_2O_3) größer als der an SiO_2.

Hierher gehört vor allem:

1. Der Margarit oder Perlglimmer

$(OH)_2CaAl_2[(Si^2Al^2)_4O_{10}]$, ein Mineral, das sehr viel Ähnlichkeit mit dem Muskowit hat, da er, wie dieser, weiß, schwer schmelzbar und auch gegen Säuren widerstandsfähig ist. Bezeichnend ist der Perlmutterglanz auf den Spaltblättchen. Der Margarit gehört dem monoklinen Kristallsysteme an.

In den Schmirgellagern ist der Perlglimmer sehr verbreitet. Auch am Greiner im Zillertale wurde er gefunden.

2. Die Xanthophyllit-Clintonit-Gruppe.

Heute kann man mit Pauling den Chemismus dieser Gruppe mittels der Typenformel $((OH), F)_2 XY_{2-3}(z_4 O_{10})$ kennzeichnen. In Y beträchtliche Mengen von Mg, sehr wenig Fe; in z beträchtlich Al für Si. Die Kristalle sind gleichfalls monoklin und optisch negativ. Je nachdem die Achsenebene senkrecht oder parallel zur Symmetrieebene steht, unterscheidet man zwei Gruppen:

Normalsymmetrisch sind die Clintonite und Seybertite. Es sind dies rötlich- oder gelbblichbraune Mineralien, bei denen Al in Y und z stark hervortritt.

Bei dem parallelsymmetrischen, lichtgelben Xanthophyllit und dem grünen Waluewit sowie beim lauchgrünen bis schwarzgrünen Brandisit ist die Stellung des Al gegenüber Si und Mg noch stärker!

Der Xanthophyllit fand sich in einem Talkschiefer, der Waluewit in einem Chloritschiefer bei Slatoust im Ural. Der Brandisit ist in den Kontaktzonen des Monzonigebirges in Südtirol, und der Clintonit in einem von Serpentin durchsetzten Kalkstein im Staate Neuyork N.A. gefunden worden.

Anhang. Zu den sekundären Glimmern ist auch der Natronglimmer oder Paragonit zu rechnen. Er gleicht in all seinen Eigenschaften dem Muskowit, nur enthält er statt Kalium Natrium. Seine Formel ist $((OH)F)_2 NaAl_2[Si_3 AlO_{10}]$. Der Paragonit bildet zumeist feinschuppige Massen. Das bekannteste Vorkommen ist das vom Monte Campione in der Schweiz.

II. Die Auslaugungsprodukte.
a) Die Drusenmineralien.

Was vom Wasser bei der Umwandlung der Gesteine gelöst wird, wandert mit ihm in die Risse und Klüfte und sonstigen Hohlräume der Gebirge und kann dort, je nach den Bedingungen, unter denen die Lösung erfolgte, früher oder später wieder abgesetzt werden. Es können sich also in Klüften und Geoden Mineralabsätze bilden, die zumeist aus kristallisierten Mineralien bestehen. Die Bezeichnung Drusen- oder Kluftmineralien hat daher eine gewisse genetische Bedeutung. In den Klüften oder Geoden werden sich nur bedingt lösliche Mineralien absetzen, weil sich in den Klüften die zwei wichtigsten Bedingungen der Löslichkeit, die Temperatur und der Druck, mit der Entfernung von der Erdoberfläche ändern. Beide nehmen mit der Annäherung an die Erdoberfläche ab und verringern daher die Lösungsfähigkeit des zutage empordringenden Wassers.

Da keine Mineralmuttersubstanz, also auch nicht die der metasomatischen Umsetzungsprodukte, im Wasser unlöslich ist, so wird man unter den Kluftmineralien auch diesen begegnen. Es sei hier nur an die schönen Stufen mit Chloritkristallen, die sich in den Alpen an manchen Orten finden, erinnert.

In den Klüften der Gesteine können sich aber, wie schon früher erwähnt wurde, auch Kristalle von Mineralien absetzen, deren Material durch die wässerigen Restlösungen bei magmatischer Erstarrung dorthin gebracht worden ist.

Es ist also nicht immer leicht, zu entscheiden, ob ein Drusenmineral ein sekundäres Mineral oder ein direktes Produkt von magmatischen Restlösungen ist.

Diese Frage verliert aber an Bedeutung, weil Restlösungen und andere am Stoffwechsel beteiligte Lösungen sich oft genug vermischen, interferieren und sich in vielen Belangen analog verhalten.

Ein Beispiel dafür liefert der Epidot und der Zoisit.

Oft begegnet man in Gesteinen neben dem sekundär aus Biotit gebildeten Chlorit auch gelbgrünen, stark doppeltbrechenden Körnern, die dem Mineral Epidot angehören. Ihre Nachbarschaft mit dem in Chlorit umgewandelten Biotit läßt es wahrscheinlich erscheinen, daß der Epidot, ebenso wie der Chlorit, sekundären Ursprunges sei, und daher könnte man auch für die in den Gesteinsklüften auftretenden Epidoten sekundäre Entstehung annehmen und sie als Auslaugungsprodukte ansprechen.

Vom Zoisit weiß man, daß er neben Albit unter gewissen Voraussetzungen aus Plagioklasen hervorgehen kann. Dieses Gemenge von Zoisit und Albit wurde früher für ein Mineral gehalten und unter dem Namen Saussurit subsummiert.

Ebenso ist bekannt, daß aus Leuzit der Analzim, aus Nephelin der Natrolith metasomatisch sich bilden kann.

Da bei der Umwandlung der primären Silikate die Kohlensäure einer der wichtigsten Bundesgenossen des Wassers ist, so werden bei diesem Vorgange auch Karbonate gebildet, und die in den primären Silikaten an die Basen gebundenen Säuren werden gelegentlich als Anhydride abgeschieden.

Man wird also unter den sekundären Kluftmineralien nicht nur Silikate, sondern auch Karbonate und Oxyde antreffen.

1. Die sekundären Silikate.

Von den Silikaten, welche hier angeführt werden, soll keineswegs behauptet werden, daß sie nur auf dem Wege der hydatogenen Umwandlung entstehen können, sondern nur, daß unter den Bildungsmöglichkeiten sich auch die hydatogene Umwandlung befindet.

Die Zoisit-Epidot-Gruppe. Die Mineralien Zoisit und Epidot wurden früher als gesonderte Mineralspezies betrachtet, weil der Zoisit rhombisch, der Epidot monoklin kristallisiert. Trotzdem bestehen aber in chemischer Hinsicht Verwandtschaft, die auch schon in den Formeln zum Ausdrucke kommt. Der Zoisit besitzt in der Zelle $2[Ca_2Al_3Si_3(O, OH, F)_{13}]$ und der Epidot $1[Ca_2Al_3Si_3(O, OH, F)]$. Der Zoisit ist also intraelementar verzwillingter Epidot. — Der oft in Epidot festgestellte Fe-Gehalt ist von keiner Bedeutung für die Beziehungen, denn Weinschenk hat im Jahre 1896 ein Mineral mit der Zusammensetzung des Zoisites gefunden, das auf Grund seiner optischen Eigenschaften dem monoklinen Systeme zuzuzählen ist, und das er Klinozoisit nannte. Durch diese Feststellung wurde die schon früher von Groth und Mallard ausgesprochene Vermutung erhärtet, daß die Zoisite „mimetische" Epidote seien, die ihre rhombische Symmetrie, ähnlich wie die Orthoklase ihre monokline, einer submikroskopischen Verzwillingung nach dem bei den Epidoten so häufigen Zwillingsgesetze: Zwillingsachse ist die Normale auf (100), verdanken. Eine kristallographische Umstellung der Zoisitkristalle derart, daß auch bei den Zoisiten die Richtung des maximalen Wachstumes (die ursprüngliche Z-Achse) wie bei den Epidoten zur Y-Achse wird, führt, wenn außerdem das alte X zum neuen Z und das alte Y zum neuen X wird, in der Tat zu ähnlichen kristallographischen Konstanten. So wird beim

$$\text{Zoisit} \quad a : b : c = 2{,}9158 : 1 : 1{,}7900 \text{ und } \beta' = 90°,$$
$$\text{Epidot} \quad a : b : c = 2{,}8914 : 1 : 1{,}8057 \qquad \beta = 81°2'.$$

Die Berechtigung dieser Umstellung ergibt sich auch aus den natürlichen Verwachsungen beider Mineralien, bei denen immer die alte Vertikalachse des Zoisites parallel zur Orthoachse des Epidotes ist.

Durch diese Umstellung der Zoisitkristalle wird, da nun die Spaltrisse nach beiden Spaltungen — (100) und (001) — gleichgerichtet sind, auch der Vergleich der optischen Eigenschaften erleichtert. Man unterscheidet nach Termier zwei Arten von Zoisit, α und β, dann den Klinozoisit und den Epidot.

Der α-Zoisit ist optisch positiv, und die Achsenebene ist parallel den Spaltrissen.

Der β-Zoisit ist ebenfalls optisch positiv, aber die Achsenebene ist senkrecht zu den Spaltrissen. Beim β-Zoisit ist der Achsenwinkel klein, beim α-Zoisit mittel, und im Dünnschliffe zeigt letzterer eine anomale, indigoblaue Polarisationsfarbe. Bei den Zoisiten steht die erste positive Mittellinie senkrecht aus (100).

Bei den Klinozoisiten ist dies nicht mehr der Fall. Die Abweichung cZ beträgt $-92°$. Der Achsenwinkel, der in der Symmetrieebene wie bei den β-Zoisiten, das ist senkrecht zu den Spaltrissen, liegt, kann den Wert von $60°$ erreichen. Die Polarisationsfarben der Klinozoisite sind ein leuchtendes Preußischblau und ein auffallendes Zitronengelb, Doppelbrechung noch, wie bei den Zoisiten, gering.

Der Epidot unterscheidet sich vom Klinozoisit im Dünnschliff durch seine höhere Doppelbrechung und infolge seines Eisengehaltes auch durch seine gelbliche Farbe und ganz normale hohe Polarisationsfarbe. Die Epidote sind auch optisch negativ, und die Neigung aZ beträgt $+3°$, d. h. die I. Mittellinie liegt im spitzen Winkel β.

Alle diese Eigenschaften könnten mit der modernen Machatschkischen Typenformel im Einklang sein. Klinozoit-Epidot (und Orthit) bilden eine homöomorphe Reihe. Im Epidot tritt in beschränktem Ausmaß Fe in Y ein.

Nun hat aber Eitel, als er auf graphischem Wege die Grenzen der Mischbarkeit für den Zoisit und Klinozoisit festzustellen versuchte, gefunden, daß sich die Felder für den Zoisit und Klinozoisit überschneiden, daß es also rhombische Zoisite und monokline Klinozoisite von gleicher chemischer Zusammensetzung gibt. Auch dieses Ergebnis spricht zugunsten der schon von Weinschenk vertretenen Ansicht von der Polymorphie des Silikates $Ca_2Al_3Si_3(O, OH, F)_{13}$. Eine Modifikation dieser Verbindung müßte dann bei normalem Drucke und normaler Temperatur instabil sein (Zoisit).

Die Muttermineralien für die eisenfreien Glieder der Zoisitgruppe sind oft Plagioklase (Anorthitanteil!). Sie liefern allerdings nur nach völligem Umbau Zoisit oder Klinozoisit, und es bleibt hierbei noch ein Al-Si-Rest, der seinerseits wieder mittels kalihaltiger Restlösungen Muskowit bilden kann. Für diese Erklärung würde die Erscheinung sprechen, daß in den kristallinen Schiefern und in merkwürdigen Tiefengesteinen: Zentralgranit und -tonalit der Alpen z. B., sehr oft die natronreichen Feldspäte mit Muskowit- und Zoisitmikrolithen gefüllt sind (gefüllte Feldspäte). Sie wären Pseudomorphosen nach basischen Ahnen.

Makroskopisch sind die Zoisite trübe und grau bis graugrün, selten rot (Thulit). Die Epidote sind immer grün in verschiedenen Abstufungen, vom Gelbgrün bis zum Pistaziengrün (Pistazit). Die manganhaltenden Epidote sind dunkelrot (Piemontit). Sie treten manchmal auch als Gesteinsgemengteile auf. Die farbigen Glieder der Zoisit-Epidot-Gruppe sind auch pleochroitisch.

In Graniten und Syeniten umwächst oft der Epidot schalenförmig den braunen Orthit.

Der Prehnit. Die Formel des Prehnites ist $[H_2Ca_2(Al, Fe)_2(SiO_4)_3]$. Danach wäre im Prehnit, wie im Epidot, Al beschränkt durch Fe ersetzbar, der Eisengehalt erreicht im Maximum nur 7%. Damit hängt einerseits die Farbe der Prehnite, die bald weiß, bald grünlich ist, und wahrscheinlich auch die Tatsache, daß die meisten Prehnitvorkommen optisch anomal sind, zusammen.

Die Kristalle des Prehnites gehören, wie die pyroelektrischen Eigenschaften und die Ätzfiguren beweisen, der rhombisch-pyramidalen Klasse an. Elektrische

Zone ist [010]. Elektrische Achse ist X. Einfache Kristalle sind sehr selten, fast immer sind es zentripolare Zwillinge nach (100). Im Dünnschliff ist er an seiner niederen Brechung und starken Doppelbrechung zu erkennen.

Die Heimat der Prehnite sind zumeist basische Gesteine, in deren Hohlräumen und Klüften sie sich bald in Kristallen, die meistenteils zu hypoparallelen Aggregaten vereinigt sind, bald in traubenförmige Massen finden. Sie dürften in den meisten Fällen Umwandlungsprodukte der Plagioklase sein (in Diabasen z. B.). Auch als Bestandteil kontaktmetamopher Kalke ist der Prehnit beobachtet worden.

Der Milarit. Als Drusenmineral wurde in Hohlräumen granitischer Gesteine in Gesellschaft von Quarz, Adular, Chlorit und Chabasit im Val Giuf in der Schweiz der in hexagonalen Kristallen auftretende Milarit beobachtet. Seine Formel ist $[HKCa_2Al_2(Si_2O_5)_2]$. Die Kristalle sind optisch anomal. Über die Genese dieses Minerales ist nichts bekannt.

Die Zeolithe.

Unter diesem Namen werden Mineralien zusammengefaßt, die aus einem Kern von feldspat- oder feldspatvertreterähnlicher Zusammensetzung mit angelagertem Wasser bestehen, welches Wasser bei manchen Gliedern dieser Mineralgruppe beim Erhitzen unter siedeähnlichen Erscheinungen entweicht. Von dieser Eigenschaft haben sie, da „zeo" im Griechischen „ich siede" heißt, auch den Gruppennamen erhalten. Einzelne Glieder wurden kurz schon als Bestandteile der Grundmasse gewisser primärer Gesteine erwähnt, und für diese wird auch eine hydrothermale primäre Entstehung angenommen. Weitverbreitet sind die Zeolithe in den Hohlräumen gewisser jüngerer Eruptivgesteine, und manchmal begegnet man ihnen auch in den Drusenräumen von Tiefengesteinen, z. B. Graniten. Ob für diese Vorkommen immer eine Abscheidung aus wässerigen primären Restlaugen angenommen werden darf, oder ob sie, worauf Pseudomorphosen einzelner Glieder hinweisen, streng sekundären Ursprunges sind, ist noch unentschieden. Aber trotz dieser Unsicherheit in ihrer genetischen Stellung sind die meisten Vertreter dieser Gruppe echte Drusenmineralien.

Nach der Zusammensetzung des wasserfreien Kernes kann man die Zeolithe in mehrere Gruppen teilen.

α) Die erste Gruppe bilden die Zeolithe mit einem „Anorthitkern". Hierher gehören: der Gismondin $[CaAl_2Si_2O_8 \cdot 4H_2O]$ und der Thomsonit $[(Na_2Ca)Al_2Si_2O_8 \cdot 2^1/_2H_2O]$. Der Gismondin bildet farblose oder weiße pyramidale Kristalle von tetragonalem Habitus, die optisch anomal sind. Der Kieselsäure- und der Wassergehalt sind nicht bei allen Vorkommen ganz gleich. Der Thomsonit bildet zumeist stengelige Kristalle, die zu divergentstrahligen Büscheln vereinigt sind. Daneben kommen auch tafelförmige Kristalle vor. Die Symmetrie dieser Kristalle ist rhombisch-bipyramidal.

β) Die Natrolithgruppe. Die hierher gehörenden Zeolithe bilden mit Vorliebe säulen-, nadel- oder faserförmige Kristalle, die sehr oft zu divergentstrahligen Büscheln vereinigt sind und dann auch kugelige Gebilde liefern können.

Der Natrolith. Dieser Zeolith wird wegen der ebenerwähnten Eigenschaft in seiner Kristallbildung auch Nadel- oder Strahlzeolith genannt. Die Kristalle sind rhombisch und, was bei den Zeolithen eine Seltenheit ist, optisch normal. Seine Zusammensetzung drückt die Formel $8[Na_2Al_2Si_3O_{10} \cdot 2H_2O]$ für die Zelle aus. Wenn er durch Glühen sein Wasser verliert, sind die Kristalle monoklin, und zwar ist nur das rhombische (001) zur Symmetrieebene geworden. Diese Zustandsform, die sich durch Einbetten in Kanadabalsam konservieren läßt, wird Metanatrolith genannt. Bleibt der Metanatrolith an der Luft liegen, so nimmt er aus ihr Wasser auf, und der alte Zustand wird wieder hergestellt. Diese Regenerationsfähigkeit wird nach Friedel immer geringer, je öfter die Kristalle erhitzt werden, und verschwindet endlich ganz. Aus diesem Verhalten schließt Friedel, daß die Wiederaufnahme des Wassers durch den Metanatrolith eine Kapillarwirkung ist und meint, daß durch das öftere Erhitzen die Zwischenräume zwischen den Silikatteilchen sich immer mehr erweitern, bis sie ihre Wirksamkeit als Kapillare verlieren.

Der Natrolith ist mit dem gestaltlich verwandten Thomsonit oft gesetzmäßig verwachsen, und zwar sind die Z-Achsen beider parallel, die X- und Y-Achsen sind aber gegeneinander um 45° verwendet, was bei dem Umstande, daß der Prismenwinkel beider Zeolithe sich nur um wenige Minuten unterscheidet, auffällt. Der Natrolith ist ein nicht seltenes Zersetzungsprodukt des Nephelins und des Sodalithes und bildet mit Hydrargillit zusammen die Spreustein genannten Pseudomorphosen nach diesen Mineralien.

Der Skolezit. Die chemische Zusammensetzung dieses dem Natrolith gestaltlich sehr nahe stehenden Zeolithes ist $[CaAl_2Si_3O_{10} \cdot 3H_2O]$. Der Skolezit gibt ein Drittel seines Wassergehaltes erst beim Schmelzen ab.

Die scheinbar rhombischen Kristalle des Skolezites sind in Wirklichkeit Zwillinge monokliner Einzelindividuen nach (100). Dies beweisen nach Rinne die Ätzfiguren und das elektrische Verhalten. Die pyroelektrische Zone ist die [010]-Zone. Die Skolezitkristalle gehören demnach der monoklindomatischen Klasse an. Der Skolezit ändert wie der Natrolith beim Erwärmen seine optischen Eigenschaften. Beim unveränderten Skolezit ist die Achsenebene senkrecht zur Symmetrieebene und $aZ = 18°$. Beim Erhitzen auf 80—120°, wobei ungefähr ein Molekül Wasser weggeht und die Präparate trübe werden, ist der Skolezit noch monoklin, aber die neue Symmetrieebene ist jetzt parallel zum alten (100), und $aZ = 70°$. Die Kristalle sind Zwillinge der gleichen Kristallklasse geblieben, die Zwillingsebene ist jedoch jetzt das alte (010). Daher hat auch die pyroelektrische Zone eine Drehung um 90° erfahren. Bei 250° geht abermals ein Molekül Wasser weg. Der Skolezit hat jetzt die Zusammensetzung $[CaAl_2Si_3O_{10} \cdot H_2O]$. Die Zwillingsbildung ist nun verschwunden, und der Skolezit ist wirklich rhombisch geworden. Da auch dieser Skolezit pyroelektrisch erregbar ist, wobei das alte Y pyroelektrische Achse geworden ist, gehören die Kristalle nun der rhombisch-pyramidalen Klasse an.

Der Mesolith. Diesen Namen erhielten alle Vorkommen nadelförmiger Zeolithe, die sowohl Natrium als auch Kalzium enthalten und daher früher immer für Mischungen von Natrolith und Skolezit gehalten wurden. Görgey und nach ihm Bowman haben jedoch gezeigt, daß der Mesolith ein Doppelsalz ist, und zwar ist das Verhältnis Natrolith : Skolezit nach den genannten Forschern 1 : 2, nach Winchel aber 1 : 1.

Als Doppelsalz soll der Mesolith auch kristallographisch vom Natrolith und Skolezit abweichen. Bowman hält die Kristalle, die meist nach einem der beiden Pinakoide verzwillingt sind, für triklin.

Natrolith und Mesolith sind sehr oft gesetzmäßig miteinander verwachsen.

Die durch die nadelförmige Entwicklung ihrer Kristalle ausgezeichneten Zeolithe: Thomsonit, Natrolith, Skolezit und Mesolith können auf optischem Wege folgendermaßen unterschieden werden:

	Opt. Char. der Längsrichtung	Doppelbrechung
Thomsonit	bald positiv, bald negativ	0,028
Natrolith	positiv	0,013
Skolezit	negativ	0,007
Mesolith	positiv	0,001

Der Edingtonit, ein Bariumzeolith von der Zusammensetzung

$$[BaAl_2Si_3O_{10} \cdot 4H_2O],$$

kristallisiert tetragonal-skalenoedrisch und fand sich zu Kilpatrik in Schottland sowie in den Mangangruben von Bölet in Schweden.

γ) Die Analzimgruppe. Für das Mineral Analzim, nach welchem die ganze Gruppe benannt worden ist, ist die kubische Kristallgestalt bezeichnend. Gewöhnlich sind die Kristalle Deltoidikositetraeder, seltener Würfel (Kubizit). Die Kristalle erreichen oft bedeutende Größe, sind bald glashell, bald trübe und dann entweder rein weiß oder rötlich. Im Dünnschliffe ist der Analzim immer optisch anomal, und zwar zeigt er eine von der kristallographischen Begrenzung des Präparates abhängige Felderteilung. Der Spanier Ben Saude ist auf Grund seiner Versuche mit Gelatineplatten, die er in bestimmten Formen erstarren ließ und die immer eine von der Gestalt der Blechform abhängige, durch Spannung verursachte Felderteilung zeigten, zu der Meinung gekommen, daß auch beim Analzim die schwache Doppelbrechung durch Wasserverlust und dadurch verursachte innere Spannungen hervorgerufen wurde, eine Meinung, die schon vor ihm der Bonner Professor Lasaulx ausgesprochen hat. Die schwache Doppelbrechung der natürlichen Analzime wird durch Erhitzen gesteigert. Verhindert man aber das Entweichen des Wassers, so werden die Präparate isotrop. Die durch Erhitzen erzeugten optischen Veränderungen werden beim Abkühlen und dem Liegen an der Luft wieder rückgängig.

Nach Friedel kann das durch Erwärmen ausgetriebene Wasser im Analzim auch durch andere Stoffe, wie Ammoniak, Alkohol, Kohlendioxyd, Schwefelwasserstoff usw., ersetzt werden. Aber alle diese Stoffe werden wieder durch Wasser verdrängt. Dies hängt wahrscheinlich mit der hohen Kapillaritätskonstante des Wassers zusammen, und Friedel glaubte daher, daß im Analzim das Wasser kapillar festgehalten werde.

Vollkommen entwässerter Analzim hat Leuzitstruktur mit triklinem Charakter der zusammensetzenden Elemente. Dieser Zustand ist stationär.

Dem Leuzit ähnelt der Analzim nicht nur gestaltlich, sondern auch stöchiometrisch, denn seine Formel ist $[NaAlSi_2O_6 \cdot H_2O]$, also die eines gewässerten Natronleuzites. Die natürlichen Analzime weichen allerdings von dieser Formel insofern ab, als der Kieselsäure- bzw. Wassergehalt größer oder kleiner sein kann. Das Verhältnis $Al_2O_2 : SiO_2$ schwankt zwischen 1 : 4,648 und 1 : 3,308. Im gleichen Sinne ändert sich auch der Wassergehalt, so daß Tschermak die Ansicht aussprach, der Analzim bestehe aus $[NaAlSiO_4]$ und angelagerter Kieselsäure (H_2SiO_3). Heute erklärt man die Abweichungen einfacher mit Gitterfehlern (zu wenig Na usw. eingebaut).

Bekanntlich hat Lemberg gezeigt, daß sich der Leuzit, wenn er mit Lösungen von Natronsalzen behandelt wird, in Analzim umwandle; daß aber, wenn man den Analzim mit Lösungen von Kalisalzen zusammenbringt, immer wieder Leuzit entsteht, also im Kristallgitter $Na(H_2O)$ das Kalium ersetzt.

Ein ganz eigenartiger Zeolith ist der Laumontit, dessen Formel $[CaAl_2Si_4O_{12} \cdot 4H_2O]$ ist. Dieser Zeolith, der säulenförmige, monokline Kristalle bildet, gibt beim Liegen an der Luft einen Teil seines Wassers ab und zerfällt zu einem weißen Pulver. Dieses Produkt der Verstäubung nennt Fersmann „sekundärer Leonhardit". Seine Zusammensetzung drückt die Formel $[CaAl_2Si_4O_{12} \cdot 3^1/_2H_2O]$ aus. Dieselbe Formel, nur daß ein Teil des Kalziums durch Kalium und Natrium ersetzt sein kann, hat Fersmanns „primärer Leonhardit", der sich nach seiner Meinung auch unmittelbar aus Lösungen abscheiden kann. Über Schwefelsäure verliert der Laumontit 1, der Leonhardit $^1/_2$ Molekül Wasser.

Laumontit und primärer Leonhardit sollen sich nach demselben Forscher dadurch unterscheiden, daß von den zwei Spaltungen des Laumontites nach (110) und (010) die letztere dem Leonhardit fehlt.

δ) Die Heulanditgruppe. Der Heulandit ist leicht an der guten Spaltung nach (010) und dem auf dieser Fläche auftretenden Perlmutterglanz zu erkennen. Die Farbe ist in der Regel weiß, nur die Heulandite aus dem Fassatale in Südtirol sind durch eingelagertes Eisenoxyd rot gefärbt. Die Kristalle sind monoklin, und in der orthodiagonalen Zone zeigt die Flächenlage eine große Ähnlichkeit mit der gleichen Zone der Orthoklaskristalle.

Auch in chemischer Beziehung besteht eine gewisse Ähnlichkeit zwischen beiden Mineralien. Wenn man die Formel des Heulandites [$CaAl_2Si_6O_{16} \cdot 5H_2O$] schreibt, so stellt der Heulandit einen kristallwasserhaltenden Kalkorthoklas dar. Aber auch hier hat sich gezeigt, daß der Wasser- und Kieselsäuregehalt im selben Sinne um 5 bzw. 6 schwankt.

Die Spaltblättchen nach (010) sind, wenn sie von der Oberfläche eines Kristalles genommen werden, optisch einheitlich. Heulandite aus größeren Tiefen zeigen Felderteilung, die von der Umgrenzung abhängig ist. Die Feldergrenzen sind an den Plattenrändern scharf und werden gegen die Mitte verschwommen. Die Y-Achse ist immer die erste positive Mittellinie, die Achsenebene dagegen schwankt etwas in den einzelnen Sektoren.

Die optischen Verhältnisse der Heulandite ändern sich beim Erwärmen. Rinne hat festgestellt, daß der Heulandit beim Erwärmen dreimal optisch einachsig wird. Gleichzeitig ändert sich aber auch die Lage der Achsenebene und der optische Charakter. Zwischen dem Eintritt der optischen Einachsigkeit und der Ganzzahligkeit der Wassermoleküle bestehen aber keine Beziehungen, wie nachstehende Zusammenstellung zeigen soll.

Wassergehalt bei $t°$	Einachsigkeit bei $t°$	opt. Char.	Lage der Achsenebene	Lage der opt. Achse	Krist. Syst.
5 Mol. bei 20°		+	⊥010	—	monoklin.
	80°	+		⊥010	,,
4 Mol. bei 140°			⊥010		,,
	180°	—		⊥001	,,
3 Mol. bei 225°			‖ 010	—	,,
2 Mol. bei 280°	280°	+		⊥201	rhombisch

Bei 350° ist der Wassergehalt nur mehr 1 Molekül. Gleichzeitig wird aber der Heulandit trübe.

Die gleiche Wirkung wie die Temperaturerhöhung übt konzentrierte Schwefelsäure aus. Doch vermag sie den Wassergehalt nur bis auf 4 Moleküle herabzudrücken.

Der ursprüngliche Wassergehalt, und daher die Lage der optischen Achsenebene in den Feldern der Spaltblättchen, wechselt von Fundort zu Fundort. Die Felderteilung selbst verschwindet bei 150° vollständig.

In dieselbe Gruppe wie der Heulandit gehört der Epistilbit, der gleiche Zusammensetzung wie der Heulandit hat, dessen Kristalle aber infolge des Zurücktretens von (010) adularähnlichen Habitus besitzen. Auch durch die Lage der Achsenebene, die parallel zur Symmetrieebene ist, unterscheidet er sich vom Heulandit. Weiter gehört hierher der rhombische Brewsterit, ein strontium- und bariumhaltender Heulandit.

ε) Die Desmingruppe. In diese Zeolithgruppe werden eingereiht:
1. der Wellsit [$(Ca, Ba, K_2)Al_2Si_3O_{10} \cdot 3H_2O$],
2. der Phillipsit [$(Ca, K_2)Al_2Si_4O_{12} \cdot 4H_2O$],

3. der Harmotom [$(Ba, K_2)Al_2Si_5O_{14} \cdot 5H_2O$],
4. der Desmin [$CaAl_2Si_6O_{16} \cdot 6H_2O$],
5. der Stellerit [$CaAl_2Si_7O_{18} \cdot 7H_2O$].

Diese Reihe zeigt besonders schön den Zusammenhang zwischen SiO_2- und H_2O-Gehalt, der Tschermak bekanntlich zur Aufstellung der Theorie: „Alle Zeolithe seien Verbindungen von [$(\overset{I}{R_2}\overset{II}{R})Al_2Si_2O_8 \cdot 2H_2O$] mit $x(H_2SiO)$" veranlaßt hat.

Die Kristalle der genannten Mineralien sind mit Ausnahme des Stellerites, der rhombisch kristallisiert, mimetische Viellinge feldspatähnlicher Einzelindividuen, die beim Wellsit und Desmin monoklin, beim Phillipsit und Harmotom triklin sind. Die scheinbar einfachen Kristalle des Phillipsites und Harmotoms sind Durchkreuzungsvierlinge nach dem Albit- und Elbanergesetze — Zwillingsebenen (010) und (001) —, die des Desmin und Wellsites Durchkreuzungszwillinge nach dem Elbanergesetze. Beim Phillipsit und Harmotom verbindet die pseudorhombischen Durchkreuzungsvierlinge ein weiteres Zwillingsgesetz — Zwillingsebene ist (011) — zu pseudoquadratischen, kreuzförmigen Achtlingen (daher heißt auch der Harmoton Kreuzstein) und ein drittes Zwillingsgesetz — Zwillingsebene ist (110) — zu pseudoregulären Vierundzwanziglingen. Die Zwillings- bzw. Viellingsbildungen sind an der federförmigen Streifung der Flächen (001) und (010) und ferner der scheinbaren Pyramiden- bzw. Rhombendodekaederflächen zu erkennen.

Erhitzen verändert die optischen Eigenschaften bei allen Gliedern der Gruppe. Eingehender hat diese Veränderungen Rinne beim Desmin untersucht, der sich analog wie der Heulandit verhält, nur mit dem Unterschiede, daß ursprünglich die Achsenebene parallel zur Symmetrieebene ist und daß die optische Einachsigkeit hier immer bei einem bestimmten ganzzahligen Gehalte an Wassermolekülen eintritt. So wird der Desmin das erstemal einachsig, wenn der Wassergehalt 5, das zweitemal, wenn der Wassergehalt 4, das drittemal wenn er 3, und das viertemal wenn er 2 Moleküle beträgt.

Der Desmin hat seinen Namen daher, weil die pseudorhombischen Kristalle in der Regel hypoparallel zu büschelförmigen Aggregaten verwachsen sind („desmos" heißt im Griechischen „das Bündel"). Er ist sowohl in den Drusenräumen älterer wie jüngerer Tiefen- und Ergußgesteine gefunden worden.

Der Phillipsit ist ausschließlich aus Basaltgebieten bekannt.

Die schönsten Harmotomdrusen stammen aus den Erzgängen von Adreasberg im Harze. Aber auch aus Tiefengesteinen und jüngeren Ergußgesteinen ist er beschrieben worden.

Den Wellsit fanden Pratt und Foote zuerst in einem korundführenden Dunit von Buch Creek, Corundum Mine in Nordkarolina, und später hat ihn Fersmann auch von Simferpol in der Krim beschrieben.

Den Stellerit entdeckte Moroziewicz in einem Diabastuff der Kupferinsel in der Nähe von Kamtschatka. Mit ihm dürfte der Epidesmin identisch sein.

ξ) Die Chabasitgruppe. Die Chabasite sind durch ihre hexagonale oder rhomboedrische Kristallgestalt gekennzeichnet. Daß die anscheinend einfachen Kristalle Viellinge sind, verrät schon die federförmige Streifung auf deren Rhomboederflächen. Die optischen Untersuchungen haben ergeben, daß die scheinbaren Rhomboeder Sechslinge sind von, wie Becke annimmt, triklinen Einzelindividuen. Man kann zwei Typen unterscheiden. Bei dem einen Typus A tritt auf basischen Schnitten die positive Mittellinie aus, beim zweiten Typus B die negative. Beim Erwärmen geht der Typus B in den Typus A, der Typus A durch den Typus B wieder in den Typus A über. Dabei erhöht sich die Doppelbrechung. Die Felderteilung verschwindet aber nie.

Streng hat seinerzeit die Zusammensetzung der Chabasite durch die Annahme, dieselben seien homöomorphe Mischungen des optisch positiven Silikates $[(Na_2Ca)(Al_2Si_6)O_{16} \cdot 8H_2O]$ und des optisch negativen Silikates $[(Na_2Ca)(Al_4Si_4)O_{16} \cdot 8H_2O]$ zu erklären versucht. Tschermak wollte auch hier seine früher erwähnte Theorie angewendet wissen.

Der Wassergehalt der Chabasite ist sehr vom Dampfdruck der umgebenden Luft abhängig, und er kann bei niederen Temperaturen sogar um 5—7% über das Normale erhöht werden.

Die natronreichen Chabasite mit scheinbar hexagonaler Tracht führen den Namen Gmelinite, die kalkreichen mit rhomboedrischer Tracht den Namen Phakolithe. Alle Chabasite spalten nach dem Rhomboeder manchmal auch nach dem Prisma $(10\bar{1}0)$. Bei der „Levyn" genannten Abart wurde auch eine undeutliche Spaltung nach $(02\bar{2}1)$ beobachtet.

Die Chabasitvorkommen sind vorwiegend an junge basische Eruptivgesteine gebunden. Man kennt aber den Chabasit auch aus älteren Eruptivgesteinen, aus Erzgängen und als Absatz von Thermalwässern.

Außer den genannten Zeolithen gibt es noch eine Reihe weniger verbreiteter Zeolithe, wie den Faujasit $[H_4(Na_2Ca)Al_2(SiO_3)_{10} \cdot 18H_2O]$, der sich in schönen, oft von einer goldglänzenden Eisenoxydhaut überzogenen, oktaedrischen Kristallen in den Blasenräumen des Limburgites von Saßbach am Rheine findet, den monoklinen Mordenit $[(K_2Na_2Ca)Al_2Si_{10}O_{24} \cdot 7H_2O]$, den rhombischen Ptilolith $[(Na_2Ca)Al_2Si_{10}O_{24} \cdot 5H_2O]$, und den gleichfalls rhombischen Erionit $[(K_2(Na_2Ca)Al_2Si_6O_{16} \cdot 6H_2O]$.

Bei den nachbenannten Mineralien ist die Paragenese ähnlich, doch enthalten sie bald mehr, bald weniger Tonerde als dem Verhältnis $(K_2Na_2Ca) : Al_2 = 1 : 1$ entspricht. Die Formel des rhombischen Echellites ist $[Na_2Ca_2Al_{12}Si_9O_{39} \cdot 12H_2O)$, die des Laubanites $(Ca_2Al_2Si_5O_{15} \cdot 6H_2O)$, und die des monoklinen Bavenites $[Ca_3Al_2Si_6O_{18} \cdot H_2O]$.

Die tonerdefreien Zeolithe. Mit den normalen Zeolithen zusammen finden sich in den Drusenräumen der jüngeren Eruptivgesteine und auch auf Erzgängen wasserhaltende, tonerdefreie Silikate, die man gleichfalls zu den Zeolithen rechnet. Der verbreitetste Vertreter dieser Gruppe ist der Apophyllit. Dieses Mineral kennzeichnet seine tetragonale Kristallgestalt und seine gute Spaltung auf (001), auf welcher Fläche deshalb oft auch ein schöner Perlmutterglanz erscheint. Letztere Eigenschaft hat diesem Mineral den Namen „Fischauge oder Ichthyophthalm" eingetragen. Die Kristalle sind meist farblos, seltener blaß rötlich, vorwiegend durchsichtig, aber auch weiß und trübe (Albin). Die Kristalle sind immer optisch anomal. Sie zeigen nicht nur Felderteilung und optische Zweiachsigkeit, sondern auch eine anomale Farbenfolge im Achsenbild, indem die Farbe der Ringe des Achsenbildes, das man durch Spaltblättchen leicht beobachten kann, nicht normal ist (Leukozyklite). Oft ist auch das Mittelfeld des Achsenbildes statt weiß oder grau lebhaft gefärbt (Chromozyklite).

Die chemische Formel des Apophyllites schreiben Taylor und St. Náray-Szabó auf Grund röntgenographischer Untersuchungen $[FKCa_4Si_8O_{20} \cdot 8H_2O]$.

Die zweite Gruppe der tonerdefreien Zeolithe bilden die Glimmerzeolithe, welche ihren Namen der glimmerähnlichen Spaltung nach (0001) verdanken. Sie kristallisieren alle ditrigonal-skalenoedrisch. Hierher gehören: der Zeophyllit $[Ca_4Si_3O_{11}H_4F_2]$ und der Gyrolith, der wahrscheinlich einen fluorfreien Zeophyllit darstellt.

In die Gruppe der tonerdefreien Zeolithe gehört auch der rhombische Okenit $[CaSi_2O_5 \cdot 2H_2O]$ sowie der Plombierit, welcher der Einwirkung des 50—60° warmen Thermalwassers auf das Mauerwerk einer römischen Wasserleitung zu Plombiers seine Entstehung verdankt.

Der Wassergehalt der Zeolithe. Rinne hat schon 1899 auf das ganz verschiedene Verhalten der kristallwasserhaltenden Substanzen beim Erwärmen aufmerksam gemacht. Er konnte zeigen, daß die Zeolithe ihr Wasser allmählich abgeben, so daß eine aus der Temperatur und dem dieser Temperatur entsprechenden Wasserverlust konstruierte Kurve kontinuierlich, d. h. ohne Knickpunkt verläuft. Bei den Vitriolen dagegen ist diese Entwässerungskurve geknickt, d. h., sie zeigt einen oder mehrere, bei bestimmten Temperaturen plötzlich eintretenden Richtungswechsel. Er teilt daher auch die kristallwasserhaltenden Verbindungen in zwei Gruppen.

1. In solche mit echtem Kristallwasser. Hierher gehören unter anderem die Vitriole. Dieselben verlieren das Kristallwasser sprungweise und haben daher eine geknickte Entwässerungskurve.

2. In solche mit zeolithischem Wasser. Diese Verbindungen, zu denen die Zeolithe gehören, geben ihren Wassergehalt kontinuierlich ab, so daß ihre Entwässerungskurve eine ungeknickte Linie ist.

Bei Mineralien und Verbindungen mit echtem Kristallwasser wird mit dem Austritte des Kristallwassers das ganze Kristallgebäude zerstört. Sie zerfallen dabei zu einem krümeligen Pulver (verstäuben).

Bei Verbindungen mit zeolithischem Wasser bleibt das Kristallgebäude erhalten, trotz des Wegganges eines Teiles des Wassers, nur die optischen Eigenschaften ändern sich mit der Menge des entweichenden Wassers.

Röntgenographische Untersuchungen, die am Analzim vorgenommen wurden, lassen es wahrscheinlich erscheinen, daß das zeolithische Wasser in den größeren Kanälen enthalten sei, die zwischen den Ionen der silikatischen Bestandteile bestehen. Damit ist auch die Vorstellung Weigels im Einklange, der annimmt, daß sich bei der Bildung der Zeolithe in einer Lösung sich zuerst das Silikatgitter bilde, das gleichzeitig Wassermoleküle der Lösung einschließt.

In den Zeolithen bildet das Wasser mit den silikatischen Bestandteilen des Zeolithes eine Adsorptionsverbindung, deren Wassergehalt lediglich vom Dampfdruck des Wassers in der Umgebung abhängig ist. Vermindert sich dieser, so entweicht etwas Wasser, vergrößert er sich, so wird Wasser oder auch andere Substanzen, wenn Wasser nicht zugegen ist, aufgenommen. Doch müssen die aufzunehmenden Substanzen entweder zweiatomige Gase sein oder typischen Dipolcharakter an sich tragen.

Da beim Erwärmen der Wasserverlust nicht durch die ganze Masse gleichmäßig erfolgt, so treten im Kristallgebäude Spannungen auf, welche zu den Ursachen der optischen Anomalien werden. Weigel meint daher, daß die Temperatur, bei welcher die optischen Eigentümlichkeiten im Einklange mit der Kristallgestalt stehen, auch die Bildungstemperatur der betreffenden Zeolithe sei.

Die Entstehung der Zeolithe. Solange man die Zeolithe nur aus Drusenräumen der Gesteine kannte, galt die Meinung als wohlbegründet, daß die Zeolithe Auslaugungsprodukte aus dem Nachbargesteine seien, zumal von verschiedenen Forschern eine gewisse Abhängigkeit vom Nachbargesteine festgestellt werden konnte.

So fand Cornu z. B. in granodioritischen Gesteinen und deren Pegmatiten: Heulandit, Desmin, Ptilolith, Chabasit, also lediglich Kalkzeolithe. In basaltischen Gesteinen sind anzutreffen: Thomsonit, Natrolith, Analzim, Gismondin, Apophyllit und Zeophyllite, das sind Natron- und Kalkzeolithe. In den Trappbasalten und den Diabasen finden sich: Heulandit, Desmin, Epistilbit, Chabasit, Levin, Thomsonit, Mesolith, Skolezit, Gyrolith, Okenit, Apophyllit, als wieder vornehmlich Kalkzeolithe; und in Gesteinen mit Natronvormacht (wie Phonolith) treten Alkalizeolithe wie: Natrolith, Analzim und daneben noch Thomsonit und Apophyllit auf.

Auch Parker konnte solches für die Schweizer Zentralalpen feststellen, da Zeolithe vornehmlich nur in den Zerrklüften (des Aarmassives) sich finden, in deren Gesteinen der höhere Kalkgehalt in Verbindung mit dem Alkaligehalt die Bildung der Zeolithe durch Auslaugung zu begünstigen scheint.

Ein Umschwung in der Anschauung über die Entstehung der Zeolithe trat ein, als man einzelne Zeolithe, vornehmlich Analzim und Natrolith, in der Grundmasse von Tescheniten und einzelner basaltischer Gesteine auffand. Seit dieser Zeit neigen viele Forscher der Ansicht zu, daß die Zeolithe sowie die Mineralien der Pegmatitdrusen auf hydrothermalem Wege entstanden und vielfach Erzeugnisse magmatischer Restlaugen seien. Diese Ansicht findet auch in den synthetischen Versuchen eine gewisse Bestätigung, welche festzustellen erlaubten, daß für die Bildung bestimmter Zeolithe nicht nur der chemische Bestand der Lösung, sondern auch die Temperatur ausschlaggebend sei. So kristallisiert aus einer Lösung, die Natron, Tonerde und Kieselsäure enthält,

zwischen den Temperaturen 80° und 180° Natrolith,
,, ,, ,, 180° ,, 430° Analzim,

und über dieser Temperatur, je nach dem Kieselsäuregehalt, Nephelin oder Albit.

Eine gewisse gesetzmäßige Aufeinanderfolge der Zeolithe wurde auch in vielen Fällen in der Natur beobachtet.

Wenn auch auf diesem Wege die primäre Entstehung mancher Zeolithe bewiesen erscheint, so ist damit die sekundäre Entstehung in gewissen Fällen nicht widerlegt. Im Ackerboden scheinen zeolithische Substanzen eine große Rolle zu spielen, und zwar erschließt man dies aus der für das Pflanzenleben so wichtigen Eigenschaft des Basenaustausches im Ackerboden, welche Eigenschaft die Zeolithe gleichfalls besitzen.

Alle Zeolithe werden durch Säuren mehr oder minder leicht unter Abscheidung gelartiger Kieselsäure zersetzt. Bei den kieselsäurereicheren Zeolithen behält die Kieselsäure die Gestalt und Felderteilung des ursprünglich verwendeten Zeolithblättchens bei, was wieder für die durch die röntgenographischen Untersuchungen ziemlich wahrscheinlich gemachte Selbständigkeit des Kieselsäuregitters im Gesamtgitter des Zeolithes spricht.

2. Die sekundären Oxyde.

Das Siliziumdioxyd. Bei der hydatogenen Umwandlung der primären Silikate werden in der Regel die Basen und ein Teil der Kieselsäure abgespalten. Wenn auch diese Abspaltung ursprünglich vielleicht in der Form von wasserlöslichen Silikaten erfolgt, so werden diese Silikate doch, sobald Kohlensäure dazu kommt, in die Karbonate der Basen und in Kieselsäure zerlegt. Die Kieselsäure wird manchmal als Hydrosol im Wasser gelöst bleiben und so weiter verfrachtet werden. Sie kann aber auch als Hydrogel oder im kristalloiden Zustand gefällt werden. Man kann daher die sekundäre Kieselsäure in der Natur entweder als Gel oder in der Anhydridform als Quarz finden; als Quarz deshalb, weil die Kristallisation bei einer Temperatur erfolgt, die unter dem Umwandlungspunkt Tridymit-Quarz liegt.

In der Natur hat man öfter Fälle beobachtet, daß aus den Gesteinsklüften gallertartige Kieselsäure hervorquoll. Ein Fall ereignete sich beim Bau des Simplontunnels, und in den Kupfergruben von Chessy in Frankreich wurde einmal

ein Abflußrohr beinahe vollkommen mit gelatinöser Kieselsäure angefüllt, die
eingetrocknet wachsartigen Charakter annahm.

Der Opal. Durch weitere Wasserabgabe wandelt sich das Kieselsäuregel in
eine harte Masse um, die als Mineral den Namen Opal erhalten hat. Die Opale
sind als anorganische Gele irreversibel, d. h., sie können durch Wasseraufnahme
nicht mehr in Sole umgewandelt werden. Die Opale sind amorph, haben muscheligen Bruch und treten in der Natur nur traubig oder in nachahmenden Gestalten
auf. Sie besitzen Quarzhärte, unterscheiden sich aber vom Quarz dadurch, daß sie
in kochender Alkali- oder Alkalikarbonatlösung leicht löslich sind. Ebenso unterscheidet sich die Opalkieselsäure durch ihr niedrigeres spezifisches Gewicht (ungefähr 2) vom Quarz, der ein Volumgewicht 2,56 hat. Fuchs beobachtete auch,
daß feingepulverter Opal, mit Kalk gemischt, unter Wasser erhärtet, was auf
eine größere Reaktionsfähigkeit der Opalkieselsäure hinweist, denn die Quarz-
kieselerde tut dies nicht.

In der Natur unterscheidet man mehrere Opalabarten. Die reinste Abart
stellt der glashelle, durchsichtige Glasopal oder Hyalith dar, der besonders
schön in napf- oder kammartigen Gebilden sich zu Waltsch in der Duppauermasse
(Böhmen) findet. Als firnisartiger oder warziger Überzug tritt er auch an anderen
Orten auf Gesteinen auf.

Die nur durchscheinende, milchweiße Abart wird Milchopal genannt. Gi-
rasol heißen die bläulichweiß schimmernden Vorkommen, und den Namen
Edelopal führen diese dann, wenn sie außerdem noch ein schönes Farbenspiel
zeigen. Ist die Farbe der Opale rot, so heißen sie Feueropale, sind sie wachsgelb, so führen sie den Namen Wachsopal.

Edelopale finden sich in zersetzten primären Gesteinen in Oberungarn bei
Czerwenitza und in Australien, Feueropale sind aus Mexiko und Kleinasien bekannt geworden.

Die undurchsichtigen Opale führen den Namen Halbopale. Auch hier werden
verschiedene Abarten nach Farbe und Aussehen unterschieden. Die pechglänzen-
den Abarten werden Pechopale genannt. Eine lederbraune Abart aus den Kleb-
schiefern von Menilmontant bei Paris hat man Menilitopal genannt. Oft wird
auch Opalkieselsäure als Versteinerungsmaterial in der Natur verwendet, und die
Opale mit Holzstruktur, die Holzopale, sind nichts anderes als mit Opalkieselsäure durchtränktes fossiles Holz. Eine poröse Abart des Opals ist der weiße
Kacholong, der infolge seiner Porosität an der Zunge haftet, in Wasser gelegt
rötlich durchscheinend wird und dann Hydrophan heißt. Treten dabei die
Farben des edlen Opales auf, so heißt er Weltauge.

Die sekundäre Entstehung des Opals beweisen auch die Pseudomorphosen
von Opal nach anderen Mineralien. Die Opalfundorte liegen samt und sonders
im Gebiete von Gesteinen, die durch Säuren leicht zersetzbare Silikate enthalten.

Der Chalzedon steht morphologisch dem Opal sehr nahe, denn auch
er hat muscheligen Bruch und tritt nur in nachahmenden Gestalten auf.
Manchmal erfüllt er ganze Hohlräume in den jüngeren Eruptivgesteinen und
bildet dann die sog. Chalzedonmandeln, die, wenn sie auch einen feinen, oft
durch verschiedene Färbung schärfer hervortretenden Schichtenbau zeigen,
Achatmandeln genannt werden. Die Mikrostruktur ist aber eine wesentlich
von der des Opals verschiedene. Die Chalzedone bestehen immer aus doppeltbrechenden, faserigen Elementen, die bald parallel, bald divergentstrahlig angeordnet sind. Die Dichte schwankt zwischen dem Werte von Quarz und Opal.
Seitdem nun Wetzel 1913 festgestellt hat, daß alle Chalzedonabarten optisch
einachsig, positiv sind, also sich wie Quarz verhalten, und auch das Röntgenbild
die Quarzstruktur der Chalzedone geoffenbart, ist man allgemein der Ansicht,

daß der Chalzedon mikrokristalliner Quarz sei und daß seine Abweichungen von der Quarzdichte nur davon herrühren, daß der Quarzsubstanz wechselnde Mengen von Opalsubstanz beigemischt sind. Der Chalzedon ist also nichts anderes als partiell kristalloid gewordenes Kieselsäuregel. Nur eine Beobachtung ist noch unerklärt, und das ist die Fenners, daß der Chalzedon keine Spur des scharfen Umwandlungspunktes bei 575° zeigt, der für den Quarz so bezeichnend ist. Trotz alledem wird man nicht weit fehlgehen, wenn man den Chalzedon zum Quarz rechnet.

Auch beim Chalzedon unterscheidet man je nach der Farbe mehrere Abarten. Der gewöhnliche Chalzedon ist lichtgelb, grau oder bläulich. Karneole nennt man die fleisch- oder gelbroten Abarten, Sarder die braunen, Plasma die grünen und Heliotrope die grünen mit roten Flecken. Zeigen die Schichten verschiedene Farben, so spricht man von Onyx. Speziell nennt man die aus schwarzen und weißen Schichten bestehenden Achate so. Diese ungleiche natürliche Färbung der Schichten hat ihren Grund darin, daß die Schichten wegen ihrer Struktur ungleich stark von einer färbenden Flüssigkeit durchdrungen werden können. Man nutzt diese Eigenschaft bei der künstlichen Färbung der meist schlecht gefärbten natürlichen Achate aus.

Chalzedonmandeln, welche im Innern noch eine Flüssigkeit bergen, werden Enhydros genannt.

Die sekundäre Quarzkieselsäure kommt in der Natur auch als Hornstein vor. Mit diesem Namen werden alle Quarzabarten belegt, die höchstens kantendurchscheinend sind und eine körnige Mikrostruktur besitzen. Die gewöhnlichen Hornsteine sind grau oder gelblichweiß. Sind sie braun, grün oder rot, so werden sie Jaspis genannt. Jaspis mit bänderförmiger Zeichnung heißen Bandjaspise. Eine besondere Art von Jaspis stellt der apfelgrüne Chrysopras dar. Er verdankt seine Farbe einem kleinen Gehalt an apfelgrünem Nickelhydroxyd. Er findet sich nur in Serpentingebieten, so zu Kosemütz in Schlesien, bei Katharinenburg im Ural und in Oregon, N. A. und entsteht bei der Zersetzung nickelhaltender Olivingesteine.

Wenn der dichte Quarz durchscheinend wird, erhält er den Namen Quarzit. Der Quarzit stellt in der Regel ein Haufwerk von farblosen Quarzkörnern vor, die durch Quarz wieder verkittet sind. Sehr oft ist der Quarzit aus Sandsteinen hervorgegangen. In den Quarziten beobachtet man nicht selten ein Fortwachsen der Quarzkörner.

Sekundäre Quarzkieselsäure durchtränkt oft auch andere Sedimente. Der Probierstein der Goldarbeiter, der schwarze, dichte Kieselschiefer oder Lydit, ist mineralisch nichts anderes als mit Quarzkieselsäure durchtränkter Tonschiefer. Die sekundäre Quarzkieselsäure bildet auch Pseudomorphosen nach den verschiedensten Mineralien. Besonders hervorzuheben sind die Pseudomorphosen nach Chrysotil und nach Asbest, die wegen der bei mugeligem Schliffe auftretenden wogenden Lichtschimmer auch Katzenauge genannt wurden. Pseudomorphosen nach faserigem, teilweise zersetztem Krokydolith sind die aus Südafrika stammenden braunen Tigeraugen und die braunen und blauen Falkenaugen.

Der Quarz. Sekundäre Quarzkieselsäure kommt aber auch in ringsum ausgebildeten Kristallen an verschiedenen Orten in Sedimenten vor. Hierher gehören: die glashellen, farblosen Kristalle aus den mit Kalkspat ausgefüllten Klüften des Karpathensandsteines und der dazwischengeschalteten Tonlagen, die sog. Marmaroscher Diamanten, dann die Schaumburger Diamanten aus der Lettenkohle der Grafschaft Schaumburg in Deutschland, die Georgs Lake Diamanten aus den Kalksandsteinen von Herkimer County in Neuyork, die alle, wie schon der Name sagt, als Surrogate für Diamant verschliffen werden. Ganz gleicher Entstehung sind die milchweißen Modellquarze aus den sandigen Dolomiten von Suttorp in Westfalen, die roten Hyazinthe aus dem Gips von Sant Jago di Compostella in Spanien und die blauen Sideritquarze aus den gipsführenden Schiefern vom Mosseck bei Golling im Salzburgischen.

Auch die Drusenquarze in den Sedimenten sind sekundär.

Als Beispiel sei hier das Vorkommen farbloser Quarze im Marmor von Carara in Italien und der „Arkansas-Diamanten" aus den Spalten eines roten Sandsteines von Arkansas erwähnt.

Schwieriger wird die Entscheidung über den sekundären Ursprung des Quarzes, wenn es sich um Kristalle handelt, die auf Klüften und in Geoden kristalliner Gesteine angetroffen werden. In primären Gesteinen können bekanntlich Quarzkristalle sowohl pegmatitischer, als auch hydrothermaler Herkunft angetroffen werden.

Anders steht die Sachlage in jenen kristallinen Gesteinen, die durch Dynamometamorphose aus anderen Gesteinen hervorgegangen sind, weil diese Umformung auch von einem Lösungsumsatz begleitet ist, bei dem auch kieselsäurereiche Mineralien in kieselsäureärmere Mineralien umgewandelt werden und Kieselsäure frei und als Quarz abgeschieden werden kann.

Mit Sicherheit sekundär sind die Quarzkristalle in den Chalzedonmandeln, wenn für den Chalzedon sekundärer Ursprung angenommen wird. Diese sekundären Quarze besitzen oft ein violettes oberes Kristallende, sind also zum Teil Amethyste. Auch die Bergkristalle in den Drusenräumen der Zentralalpen sind oft an ihrem freien Ende violett gefärbt.

Über die Ursache der violetten Färbung gehen die Meinungen weit auseinander. Der Umstand, daß z. B. die Amethyste in den Alpen nur in jenen Drusen vorkommen, die zugleich Eisenhydroxyde enthalten, veranlaßte Königsberger zu dem Schlusse, daß Eisen die färbende Substanz sei. Die Farbe der Amethyste ist ebenso wie die der Rauchquarze nicht hitzebeständig. Die Amethyste verlieren schon bei 290° ihre Farbe, die beim Abkühlen, wenn auch nicht mehr in derselben Tiefe, wiederkehrt. Werden die Amethyste aber auf 550° erhitzt, so werden sie goldgelb (spanische Topase). Über 550° erhitzt, verlieren sie ihre Farbe vollständig und werden gleichzeitig trübe. Durch letztere Eigenschaft unterscheiden sie sich von den Rauchquarzen, die beim Erhitzen gleichfalls die Farbe verlieren, aber klar bleiben. Daraus folgt, daß ein Amethyst nie im Hochquarz gewesen sein kann. Daß die Amethyste bei Temperaturen tief unter dem Umwandlungspunkt des α- und β-Quarzes gebildet wurden, belegen auch die Versuche Johnsens und Holdens über das Verhalten der Flüssigkeitseinschlüsse beim Erwärmen, die alle eine Einschließtemperatur zwischen 100° und 250° ergaben.

Die Mitwirkung der Radiumstrahlen, die entfärbte Amethyste wieder färben können, wird von Königsberger wegen der geringen Reichweite der Radiumstrahlen abgelehnt.

Derselbe Forscher hat für die Quarze in den Kristallkellern der Schweizer Zentralalpen festgestellt, daß die rauchgraue Farbe derselben mit der Höhenlage des Drusenhohlraumes zunimmt. Bis 1400 m sind die Quarze farblos, dann werden sie merklich braun. Die Sättigung dieser Farbe wird dann immer tiefer. Bei 2300 m gibt es nur mehr echte Rauchquarze und bei 2900 m schwarzbraune Morione.

Daß die Amethyste nie α-Quarze gewesen sind, geht auch aus ihrer Zwillingsbildung hervor. Ein hexagonal-trapezoedrischer α-Quarz kann, wenn er sich beim Abkühlen in den β-Quarz umwandelt, nur Zwillinge zweier Rechts- bzw.

Linksquarze, je nachdem der α-Quarz ein Rechts- oder ein Linksquarz war, nach dem Dauphineergesetze geben.

Diese Zwillingsbildung zeigen die Amethyste nie. Sie sind vielmehr fast stets Zwillinge eines Rechtsquarzes und eines Linksquarzes nach dem Brasilianergesetze. Die brasilianischen Amethyste besitzen gewöhnlich auch einen zarten Schalenbau, wobei die aus Rechtsquarzen bestehenden Schalen immer violett, die Linksquarzschalen immer farblos sind.

Auf die sekundäre Entstehung der Quarzkristalle kann man ferner aus ihren festen Einschlüssen schließen. Enthält nämlich der Quarz ein Mineral umschlossen, das selbst nur sekundären Ursprunges sein kann, so muß auch der Wirt sekundären Ursprunges sein.

Das Titandioxyd. Seltener als das Siliziumdioxyd finden sich Titandioxyd oder Titanate als sekundäre Kluftmineralien, weil auch das Titan in der Zusammensetzung der primären Mineralien eine viel untergeordnetere Rolle spielt. Hauptsächlich sind es die dunklen Gemengteile, wie Hornblende, Pyroxen und Biotit, welche Titan enthalten, das dann bei der Umwandlung derselben entweder als Sphen oder als Titandioxyd erscheint.

Der **Sphen** ist eine Abart des Titanites. Seine Farbe ist meist grün, manchmal auch weiß und rötlich.

Das **Titandioxyd** [TiO_2], dessen schon S. 64 gedacht wurde, kann auch als sekundäres Mineral in allen drei Modifikationen auftreten: als Rutil, Anatas oder Brookit. Die tetragonalen Kristalle des Rutils sind gewöhnlich haarförmig (Venushaar), seltener säulenförmig. Zum Rutil gehören auch die Sagenit genannten gestrickten Bildungen, deren Bau das Zwillingsgesetz: Zwillingsfläche ist (101) zugrunde liegt. Die gleichfalls tetragonalen Kristalle des Anatas sind pyramidal entwickelt, und der rhombische Brookit ist, mit Ausnahme der Arkansit genannten Abart, nach (100) tafelförmig. Von diesen drei Modifikationen ist der Rutil die stabilste. Durch Erhitzen kann man die beiden anderen Modifikationen in Rutil umwandeln, was man an der Erhöhung des Volumgewichtes von 3,8 (Anatas) über 4,51 (Brookit) auf 4,25 (Rutil) erkennen kann. Solche Pseudomorphosen findet man auch in der Natur. Die aus Brasilien stammenden **Captivos** sind z. B. Pseudomorphosen des Rutils nach Anatas und solche von Rutil nach Brookit wurden aus Arkansas beschrieben.

Das Eisenoxyd. Bei der Zersetzung der primären Silikate wird das in ihrer Konstitution enthaltene Eisen teils als schwarzes Magneteisen Fe_3O_4, teils als Roteisen in der Form des Eisenglimmers [Fe_2O_3] abgeschieden. Die genannten Eisenmineralien finden sich nicht allein den metasomatischen Zersetzungsprodukten beigemengt, sondern auch in den Klüften als Kluftmineralien und sind daher auch unter den Auslaugungsprodukten anzuführen.

3. Die Karbonate.

Bei der Umwandlung der primären Silikate ist neben Wasser immer auch Kohlensäure beteiligt. Ob nun die Kohlensäure, wie man früher allgemein glaubte, zersetzend auf die primären Silikate einwirkt, indem sie die Kieselsäure verdrängt und mit den Basen Karbonate bildet, oder ob, wie neuere Forscher annehmen, erst nach der hydrolythischen Zerlegung der Silikate die Kohlensäure auf diese einwirkt, ist für das Endergebnis gleichgültig. Jedenfalls entstehen bei der hydatogenen Umwandlung der primären Silikate immer Karbonate, und zwar von Kalzium, Magnesium, Eisen und Mangan, ferner von den Alkalien Kalium und Natrium. Die Karbonate anderer Elemente spielen, da diese Elemente in den primären Silikaten nur in sehr geringer Menge vorkommen, auch unter den Zersetzungsprodukten keine wesentliche Rolle.

Von den bei der hydatogenen Umwandlung der primären Silikate gebildeten Karbonaten sind die der zweiwertigen Metalle im reinen Wasser schwer, die der Alkalien leicht löslich. Die Löslichkeit der ersteren im Wasser wird erhöht, wenn überschüssige Kohlensäure im Wasser gegenwärtig ist, weil sich dann die leichter lösliche Verbindung von der allgemeinen Formel $[R''(CO_3H)_2]$ bildet.

Das Kalziumkarbonat $[CaCO_3]$ ist bei normalen Temperaturen im Liter reinen Wassers nur in der Menge von 13 mg löslich. Vom kohlensäurehaltenden Wasser wird je nach dem Partialdruck der mitgelösten Kohlensäure eine größere Menge gelöst. So vermag 1 Liter Wasser, wenn der Partialdruck der Kohlensäure $p = 0,000504$ Atmosphären ist, 76,6 mg, bei $p = 0,9851$ Atmosphären 1086 mg zu lösen.

Aus diesen Zahlen geht hervor, daß das Kalziumkarbonat und mit ihm die anderen Karbonate der alkalischen Erden und des Eisens und Mangans nur eine bedingte Löslichkeit besitzen, während die Karbonate der Alkalien zu den unbedingt löslichen Verbindungen zu rechnen sind. Wenn sich nun während des Aufsteigens zur Tagesoberfläche der Partialdruck der mitgelösten Kohlensäure verringert, so müssen sich die bedingt löslichen Karbonate der alkalischen Erden usw. während des Aufsteigens in den Klüften absetzen, während die Karbonate der Alkalien, als unbedingt lösliche Verbindungen, in der festen Erdkruste nicht zum Absatze kommen.

Das Kalziumkarbonat. Das verbreitetste Karbonat unter den zweiwertigen Metallen ist das Kalziumkarbonat $[CaCO_3]$. Dies erklärt sich aus der Tatsache, daß das Magnesium und das Eisen zum Teil auch Bestandteile von metasomatischen Umsetzungsprodukten sein können, das Kalzium nur ausnahmsweise. Beim normalen Umsetzungsvorgange wird daher das Kalzium fast vollständig als Karbonat vom Ursprungsorte weggeführt.

In der Natur finden sich nun zwei Mineralien, die aus Kalziumkarbonat bestehen, der trigonal-skalenoedrische, nach dem Rhomboeder spaltende Kalzit oder Kalkspat und der rhombisch-bipyramidale Aragonit. Letztere Modifikation wurde erst 1783 von Romé de l'Isle entdeckt und von Klaproth als $CaCO_3$ erkannt. Die Verbindung $CaCO_3$ ist also dimorph, und die beiden Modifikationen unterscheiden sich nicht nur durch die Kristallgestalt, sondern auch durch die Löslichkeit und das Volumgewicht, das für den Kalzit 2,72, für den Aragonit 2,95 ist.

Die leichtere Löslichkeit und der Umstand, daß der Aragonit sich beim Erhitzen auf 445° in Kalzit irreversibel umwandelt, haben den Aragonit als die labile Modifikation erkennen lassen. Infolge der leichteren Löslichkeit färbt sich auch Aragonitpulver, mit Kobaltnitratlösung gekocht, schon in kurzer Zeit violett, während der Kalzit keine Farbe annimmt (Meigensche Reaktion).

Aus einer reinen wässerigen Lösung scheidet sich bei gewöhnlicher Temperatur Kalzit, bei Temperaturen über 29° Aragonit aus. Die letztere Temperatur wird durch Lösungsgenossen herabgedrückt. Im Meerwasser entsteht z. B. der Aragonit schon bei 20°. Vom größten Einfluß auf die Erniedrigung der Umwandlungstemperatur scheinen die Mg-Salze zu sein. Aus dem Wasser der Donatiquelle bei Rohitsch-Sauerbrunn scheidet sich z. B. in den Klüften und Quellspalten Aragonit ab, obwohl die Temperatur der Quelle die mittlere Jahrestemperatur nicht übersteigt, die Quelle also keine Therme ist. Dafür ist aber das Verhältnis $MgO : CaO = 8 : 1$. Fördernd für die Abscheidung von Aragonit dürfte auch erhöhter Druck sein. Wie schon erwähnt, wandelt sich bei 445° der Aragonit in Kalzit unter Beibehaltung der Gestalt um. Diese Umwandlung ist nicht reversibel, weil der Schmelzpunkt des Aragonites über dem Umwandlungspunkt liegt. Die Umwandlung geht unter Volumzunahme vor sich, und dies erklärt die Zerbrechlichkeit der Paramorphosen.

In Gegenwart von Wasser vollzieht sich die Umwandlung von Aragonit in Kalzit schon bei 100° und bei noch niedrigerer Temperatur, wenn auch Kohlensäure zugegen ist. Dies ist genetisch von sehr großer Bedeutung und erklärt das Vorkommen von Kalzit, wo man für die Lösungen höhere Temperaturen anzunehmen berechtigt ist (Erzgänge).

Daß sich trotz der Instabilität der Aragonit jetzt bei der gewöhnlichen Temperatur findet, erklärt man dadurch, daß jede polymorphe Umlagerung, ebenso wie jede chemische Reaktion, zu ihrem Ablauf Zeit braucht. Diese Umwandlungsgeschwindigkeit wird mit sinkender Temperatur immer kleiner und wird sich endlich dem Werte Null nähern. Durch Wärmezufuhr wird die Umwandlungsgeschwindigkeit vergrößert, und daher erfolgt die Umwandlung des instabilen Aragonites in den stabilen Kalzit bei höheren Temperaturen leichter.

Das Kalziumkarbonat ist unschmelzbar, weil sich beim Erhitzen Kohlendioxyd abzuspalten beginnt. Will man demnach Kalzit schmelzen, so muß man die Abspaltung des Kohlendioxydes durch erhöhten Druck verhindern. Es gelingt tatsächlich, bei einem Druck von 1027 Atmosphären das Kalziumkarbonat bei 1339° zu schmelzen. Ist der Druck nicht so groß, so spaltet sich immer beim Erwärmen Kohlendioxyd ab, welches sich aber, wenn es am Entweichen gehindert wird, bei sinkender Temperatur wieder mit dem gebildeten Kalziumoxyd verbindet und die noch vorhandenen Kalzitreste als Kristallisationszentren benutzt. Es findet also ein Umkristallisieren statt, das eine Vergrößerung des ursprünglichen Kornes im Gefolge hat.

Der Vaterit. Bei den Versuchen, die Existenzbedingungen des Kalzites und des Aragonites zu bestimmen, fand Vater in Tharandt eine dritte kristallisierte Modifikation des Kalziumkarbonates, die später von Linck Vaterit genannt wurde. Sie entsteht, wenn man die Abscheidung von $CaCO_3$ durch den Zusatz starker Basen beschleunigt, oder bei größerer Konzentration über 29°. Der Vaterit bildet dann Sphärolithe, die zum Unterschiede von den ähnlichen Aragonitsphärolithen in der Längsrichtung negativ sind. Auch das Volumgewicht ist niedriger als beim Aragonit, nämlich 2,6. Der Vaterit ist sehr instabil, sehr leicht löslich und zeigt deshalb, wie der Aragonit, die Meigensche Reaktion. Er wandelt sich leicht in Kalzit um.

Die von Johnston, Merwin und Williamson 1816 beschriebene vierte Modifikation von $CaCO_3$, die sie das μ-Kalziumkarbonat nannten, ist nach der röntgenographischen Untersuchung nichts anderes als Vaterit.

Der Kalkspat. Dieses Mineral zeigt einen außerordentlichen Formenreichtum und unterscheidet sich von den anderen Karbonaten durch seine leichte Löslichkeit in kalter Salzsäure.

Wie Vater gezeigt hat, ist der Kalzit gegen Lösungsgenossen sehr empfindlich, und nur aus ganz reinen Lösungen abgeschieden zeigen seine Kristalle das Spaltungsrhomboeder $(10\bar{1}1)$ als Kristallfläche. Kalb hat festgestellt, daß die Temperatur gleichfalls für die Kristalltracht maßgebend sei. Bei Temperaturen nahe 400° sollen sich vornehmlich tafelförmige Kristalle bilden, während der rhomboedrische Typus, gekennzeichnet durch das Vorherrschen verschiedener Rhomboeder, die gewöhnliche Temperatur anzeigen soll.

Unter den nicht seltenen Zwillingsbildungen ist die nach $(01\bar{1}2)$ die interessanteste, weil sie auch auftritt, wenn Kalkspatkristalle einer mechanischen Deformation ausgesetzt werden. Die Fläche $(01\bar{1}2)$ ist nämlich zugleich Gleitfläche, und Reusch hat auch durch Druck diese Zwillinge künstlich hergestellt. Polysynthetische Zwillingsbildung nach diesem Gesetze zeigt also Druckwirkung an.

Der viel seltenere Aragonit bildet zumeist Viellingskristalle nach dem Gesetze: Zwillingsfläche ist (110). Die Kristalle sind in der Regel säulenförmig oder infolge des Vorherrschens steiler Pyramiden und Domen nadelförmig. Von den Aragonitsintern und der bei der Umwandlung des Eisenspates entstehenden Eisenblüte wird an anderer Stelle die Rede sein.

Hier sei nur kurz noch des Lublinites gedacht, eines Minerales, das sich in an Watte erinnernden Massen in den Mergeln von Nowo Alexandrias fand und von Iwanoff 1905 für ein Hydrokarbonat des Kalkes gehalten wurde. Morosiewicz fand, daß die von ihm Lublinit genannte Masse reines Kalziumkarbonat sei. Mügge hält ihn für Kalkspat, was Rinne auf röntgenographischem Wege bestätigt. Wenn die erste Bestimmung Iwanoffs auf Richtigkeit beruht — auch Kosmann und Horsmann wollen Kalziumhydrokarbonate in der Natur beobachtet haben —, so ist der Lublinit sehr unbeständig und wandelt sich rasch in Kalzit um. Künstlich wurden Kalziumkarbonate mit Wasser vielfach hergestellt.

Das Magnesiumkarbonat. Immer, wenn primäre Magnesiasilikate in Talk oder Serpentin umgewandelt werden, findet auch eine Abspaltung von Magnesium statt, das, an Kohlensäure gebunden, sich als Karbonat in den Klüften oder in ringsum ausgebildeten Kristallen im umgewandelten Gestein eingewachsen findet. Neben dem wasserfreien Karbonat, dem Magnesit, sind als Mineralien wasserhaltende Magnesiumkarbonate, der Nesquehonit und der Lansfordit, bekannt geworden.

Der Magnesit oder der Magnesitspat [$MgCO_3$] gleicht in seinem physikalischen Verhalten, z. B. Spaltbarkeit, und in der Kristallgestalt sehr dem Kalzit, nur sind seine Kristalle nicht so flächenreich, und mit kalter Salzsäure behandelt braust er nicht. Seine Karbonatnatur — das Brausen in Salzsäure — offenbart er nur, wenn er mit heißer Salzsäure behandelt wird. Er ist selten ganz rein, sondern meist durch [$FeCO_3$] und [$MnCO_3$] verunreinigt, und wenn letztere Karbonate etwas oxydiert sind, zeigt er auch nicht mehr die normale weiße Farbe, sondern er ist gelblich und bräunlich. Eisenkarbonat ist dann dem Magnesiumkarbonat isomorph beigemischt, und je nach der Menge des ersteren unterscheidet man:

Breunerite, wenn $MgCO_3 : FeCO_3$ größer als 2,

Mesitinspat, wenn $MgCO_3 : FeCO_3$ gleich 2, und

Pistomesit, wenn $MgCO_3 : FeCO_3$ gleich 1 ist.

In den Serpentingebieten kommt der Magnesit gewöhnlich in dichten, muschelig brechenden Massen als Kluftausfüllung oder als Kittmasse von Bruchstücken (Brekzien) vor. Er zeigt auch manchmal nierenförmige Oberfläche, wie man es sehr oft bei Massen findet, die aus dem Gelzustande entstanden sind. Weil sich dieser Magnesit manchmal mit Teerfarbenstoffen anfärben ließ, hielt man ihn auch für ein Gel und führte für ihn auch den Namen Gelmagnesit ein. Clar hat jedoch gezeigt, daß diese Magnesite unter dem Mikroskope ihre kristalline Struktur offenbaren.

Früher hielt man diese Gelmagnesite, die sich vornehmlich in Serpentingebieten finden, für ein Zersetzungsprodukt der Tageswässer, das bei der Serpentinisierung des Olivinfelsens zugleich mit dem Serpentin gebildet wurde. Leitmeier bestritt diese Meinung und glaubt, daß in den Klüften des Serpentingesteines aufsteigende thermale Wässer zuerst das Hydrokarbonat der Magnesia, den Nesquehonit [$MgCO_3 \cdot 3H_2O$], abgesetzt hätten, der dann später zu Magnesit wurde.

Die Hydrokarbonate der Magnesia. Zuerst sollen hier jene Hydrokarbonate der Magnesia genannt werden, die in Serpentingebieten beobachtet wurden, und mit den Serpentinen genetisch zusammenhängen. Es sind dies der Hydromagnesit $[(OH)Mg]_2Mg_2(CO_3)_2 \cdot 3H_2O$ und der Artinit $[(OH)Mg]_2(CO_3)$ $\cdot 3H_2O$. Beide sind einander sehr ähnlich. Beide bilden winzige rhombische Kriställchen, die beim Hydromagnesit zu Knöllchen, beim Artinit zu Büscheln vereinigt sind.

Die beiden anderen natürlichen Magnesiumhydrokarbonate, der Nesquehonit und der Lansfordit, sind bisher nur in stalaktitischen Formen zu Nesquehona unweit Lansford in Pennsylvanien in einer Anthrazitgrube gefunden worden, und zwar der Nesquehonit immer als Zersetzungsprodukt des Lansfordites.

Die Formel des Nesquehonites ist klar. Sie lautet $[MgCO_3 \cdot 3H_2O]$. Höchstens könnte man, gestützt auf den Umstand, daß der Nesquehonit 2 Moleküle Kristallwasser bei 162° und das dritte bei 175° abgibt, ihm die Formel $[MgCO_3 \cdot 2H_2O$ $\cdot H_2O]$ geben. Aus dem Rohitscher Quellwasser, das im Rückstand 33,84% $MgCO$ und nur 3,57% $CaCO$ enthält, scheidet sich bei Abdunsten über 6° das Trihydrat, Nesquehonit, beim Abdunsten unter 6° das Pentahydrat ab, wenn monokline Kristalle nach (001) vollkommen, nach (100) unvollkommen spatet. Beim Erhitzen gibt das Pentahydrat schon bei 60° zwei Moleküle Wasser ab, wandelt sich also in das Trihydrat, den Nesquehonit, um. Daher glaubt Leitmeier, daß das Pentahydrat mit dem Lansfordit, dessen Formel man bisher $\{[(OH)Mg]_2Mg_2(CO_3)_3 \cdot 21H_2O\}$ geschrieben hat, wesensgleich sei und aus ihm durch Wasserabgabe bei niederen Temperaturen der Nesquehonit hervorgehe.

Der Dolomit vertritt in den Talk- und Chloritschiefern manchmal den Magnesit. Auch in den Serpentingebieten kommt er als sekundäres Mineral vor. Dieses, wie die übrigen rhomboedrischen Karbonate, nach dem Rhomboeder spaltende Mineral gehört, wie die Ätzfiguren auf den Spaltflächen lehrten, nicht der ditrigonal-skalenoedrischen, sondern der trigonal-rhomboedrischen Klasse an, ist also keine homöomorphe Mischung von Kalzium- und Magnesiumkarbonat, sondern ein Doppelsalz von der Zusammensetzung $CaMg(C_2O_6)$.

Viel weiter verbreitet denn als Auslaugungsprodukt ist der Dolomit als organogenes Sediment und als Gangart der Erzlagerstätten. Daher wird auf seine Genese später nochmals zurückgekommen werden.

Das gleiche gilt für das Karbonat des Eisens und Mangans, die in den Erzlagerstätten ihre Hauptverbreitung haben.

Die Kluftmineralien in den Zerrklüften der Zentralalpen.

Ein Beispiel für sekundäre hydatogene Kluft- und Hohlraumausfüllung werden oft die von Königsberger und Parker eingehend studierten Mineralvorkommen in den Zerrklüften der Schweizer Zentralalpen angesehen. Diese Klüfte sind bei der Aufrichtung der Alpen entstanden. Sie verlaufen senkrecht zu der den sie bergenden Gesteinen eigentümlichen Schieferungsfläche. Die Gesteine, in denen sie auftreten, sind immer in einer gewissen Breite um den Hohlraum weitgehend umgesetzt und ausgelaugt, und zwischen dem chemischen Bestand des umschießenden Gesteines und den in den Klüften abgesetzten Mineralien besteht ein gewisser chemischer Zusammenhang. Aus alledem kann man, wie es der Amerikaner Parker getan, den Schluß ziehen, daß die Kluftfüllung zum Teil mit demselben Material erfolgte, welches nachträglich aus den Gesteinen ausgelaugt wurde. Die Bildung der Kluftmineralien stellt sich folgendermaßen vor. Nachdem durch die Gebirgsbewegung die Hohlräume und Klüfte in den Gesteinen geschaffen worden waren, füllten sie sich, wie man annimmt, mit kohlensäurehaltenden Wasser, das durch die Erdwärme auf erhöhte Temperatur gebracht worden war. Dieses Wasser zersetzte die umgebenden Gesteine bis zu einer gewissen Tiefe und nahm alle unter den obwaltenden Umständen löslichen Mineralsubstanzen in sich auf. Es bildete sich auf diese Weise zu einer Mutterlauge um, die dann, als später die Temperatur des Wassers zu sinken begann, die gelösten Substanzen wieder auskristallisieren ließ. Die älteste Mineralgeneration bilden der Quarz und der Adular. Weil die Quarze nachweisbare Tiefquarze sind und die untere Bildungstemperatur für Adular mit 340° angegeben wird, so schließt man, daß die Kristallisation nicht über 500° begonnen haben dürfte. Das Ende der ganzen Kristallreihe bilden die Zeolithe, und der jüngste unter ihnen ist der Apophyllit. Die Kristallisation hat wahrscheinlich bei 100° ihr Ende gefunden.

Unter den Mineralien der Zerrklüfte der Alpen und auch anderen unter ähnlichen genetischen Bedingungen gebildeten Kluftauskleidungen befinden sich auch solche, die schon bei den primären Gesteinsgemengteilen aufgezählt worden sind. Von den primären Artgenossen unterscheiden sich die in den Drusen befindlichen in der Regel durch die Tracht ihrer Kristalle oder durch ihre Farbe. Neben dem Quarz, von dem wohl anzunehmen ist, daß er zum größten Teil der Zersetzung der in den Gesteinen vorhandenen Silikate seine Entstehung verdankt, erscheint noch der Kalifeldspat als Adular manchmal in durchsichtigen, farblosen Kristallen, die durch die nach der Z-Achse säulenförmigen Entwicklung, das Vorherrschen des Prismas (110) und das Zurücktreten des seitlichen Pinakoides (010) ausgezeichnet sind (Adulartypus). Die Albite sind entweder nahezu klare nach dem Albitgesetz, oder milchweiße nach dem Periklingesetz verbundene Zwillinge. Die Pyroxene sind Diopside, die Amphibole treten in faseriger Ausbildung als Asbest (Byssolith) auf. Der Titanit ist als Drusenmineral nicht gelb oder braun, sondern grün oder weiß. Von anderen Silikaten, die sich manchmal in diesen Hohlräumen finden, wie Turmalin, Danburit, Beryll und Phenakit, ist morphologisch wenig Abweichendes zu sagen. Zu erwähnen wäre noch das Auftreten von meist farblosem und tafel- oder kurzsäulenförmigem Apatit, und als Seltenheit sind auch aus den Schweizer Alpen gelber Monazit (Turnerit) und gleichfalls gelber Xenotim (Wiserin) beschrieben worden. Der in diesen Drusenräumen mit vorkommende Fluorit ist gewöhnlich rot und in Oktaedern ausgebildet. Da der Fluorit, auf 175° erhitzt seine rote Farbe verliert, kann er sich nur unter dieser Temperatur gebildet haben. Für die hier erwähnten Mineralien ist anzunehmen, daß ihre Moleküle in unverändertem Zustande vom hoch temperierten und wahrscheinlich unter hohem Druck stehenden Wasser aufgenommen und bei sinkender Temperatur wieder abgeschieden wurden.

Diese Ansicht wird aber nicht von allen Forschern geteilt. Einige, und unter ihnen auch Königsberger, bringen die Entstehung dieser Kluftmineralien sowie die der Zerrklüfte mit der mechanischen Umformung, welche die Gesteine bei der Aufrichtung der Alpen erlitten haben, und mit der damit verbundenen Mobilisation des Stoffbestandes in Zusammenhang, wovon erst später im Kapitel über Dynamometamorphose eingehender die Rede sein wird.

b) Die mineralischen Ablagerungen auf der Erdoberfläche.

1. Die Härte des Wassers.

Wenn vadoses oder juveniles Wasser an die Tagesoberfläche kommt, enthält es nicht nur unbedingt lösliche, sondern auch noch immer eine gewisse Menge bedingt löslicher Mineralsubstanzen, weil es mit dem Austritt aus der Erdkruste nicht zugleich all seiner Bundesgenossen verlustig geworden ist. Viele dieser Wässer sind warm (Thermen), und auch die Kohlensäure ist in den meisten noch in solchen Mengen vorhanden, daß sie noch Kalziumkarbonat in Lösung halten können.

Die Natur und die Menge der im Quellwasser und auch im genetisch dem Quellwasser nahestehenden Grundwasser gelösten Mineralsubstanzen sind die Ursache jener Eigenschaft des Quellwassers, welche man als Härte bezeichnet und welche diese Wässer für bestimmte technische Zwecke weniger verwendbar macht. Besonders sind es die gelösten Karbonate der Erdalkalien, vor allem des Kalkes, die solches Wasser zum Waschen ungeeignet und als Kesselspeisewasser weniger brauchbar machen. Es ist daher schon lange das Bestreben der Techniker, solches hartes Wasser vom Kalk zu befreien. Man kann dies durch anhaltendes Kochen erreichen, weil dabei die Karbonate der Erdalkalien infolge des Entweichens der Kohlensäure unlöslich werden und ausfallen. In neuerer Zeit verwendet man zu demselben Zwecke die sog. Permutite, das sind künstlich hergestellte, zeolithische Natronsilikate, welche die Fähigkeit besitzen, das Natron gegen den Kalk auszutauschen. Es gibt auch natürliche Permutite, und zu diesen gehört der früher (S. 73) besprochene Leverrierit.

2. Die Sinterbildungen und deren Ursachen.

Den größten Teil der bedingt löslichen Mineralsubstanzen, die mit dem Wasser die Erdoberfläche erreichen, setzen die Quellen in fast unmittelbarer Nähe des Quellenmundes in Form von Sintern ab. Die Sinter sind sehr oft lockere, poröse, manchmal aber auch sehr feste Massen, die in den meisten Fällen aus Kalziumkarbonat in der Form des Aragonites oder Kalzites, aber auch bei vielen heißen Quellen aus Opalkieselsäure (Kieselsinter) bestehen. Schwefel und Eisenhydroxyde können sich ebenfalls in wechselnder Menge am Aufbau solcher Quellensinter beteiligen, so daß man auch von Schwefelsinter bzw. Eisensinter sprechen kann.

Im Pugatale (Himalaja) lagern heiße Quellen einen Sinter ab, der ganz aus Borax ($Na_2B_4O_7 \cdot 10\,H_2O$) besteht.

Die Gestalt der Sinterbildung kann recht mannigfaltig sein und hängt zum Teil von der Oberflächengestaltung des Ursprungsortes der Quelle ab. Liegt z. B. der Quellenmund in der Nähe eines Abhanges und müssen die Wässer darüber hinunterfließen, so entstehen Sinterterrassen, die in ihren Einsenkungen kleine Wasserbecken bergen (Mammouth Hot Spring im Nationalpark von Nordamerika; Hierapolis in Kleinasien). Liegt der Austritt der Quelle in einer ebenen Gegend, so bilden die Sinter flache Hügel mit einer zentralen Einsenkung, in die der Quellenkanal mündet (großer Geysir auf Island). Viele dieser sinterabsondernden Quellen sind heiß, fließen aber nicht ununterbrochen, sondern schleudern in gewissen Zeitabständen riesige Wassermassen springbrunnenartig in die Luft. Diese periodischen Springquellen heißen Geysire. Solche Springquellen bauen nicht selten um ihre Austrittsöffnung turmartige Sinterkegel von mannigfaltiger Gestalt auf (Castle Geysir im nordamerikanischen Nationalpark). Sinter werden vorwiegend von warmen oder heißen Quellen abgesetzt, weil diese in der Regel mehr mineralische Substanzen gelöst enthalten als kalte Quellen.

Als erste Ursache der Sinterbildung kann daher die Abkühlung des Quellwassers genannt werden. Wenn, wie es bei der früher erwähnten heißen Quelle im Pugatale der Fall ist, eine Mineralsubstanz im Wasser gelöst ist, deren Löslichkeit mit der Temperatur des Wassers stark ansteigt, so wird sich diese Substanz — hier ist es der Borax, der im heißen Wasser löslicher ist als im kalten — beim Abkühlen des Wassers in fester Form abscheiden.

Eine zweite Ursache ist das Verdunsten des Wassers, wodurch die restliche Lösung konzentrierter wird und die gelösten Verbindungen abscheiden kann. Dieser Vorgang soll bei der Abscheidung der Kieselsinter — wie Versuche gelehrt haben — wirksam sein.

Als dritte Ursache ist das Entweichen der die Lösung begünstigenden Kohlensäure aus dem Wasser zu nennen. Dieser Umstand führt zur Abscheidung der Kalksinter, die, wenn sie von heißen Quellen abgelagert werden aus Aragonit (Karlsbader Sprudelstein), wenn sie durch kalte Quellen gebildet wurden aus Kalzit bestehen.

Die Berührung des Quellwassers mit dem Sauerstoff der Atmosphäre kann zur Oxydation der im Quellwasser gelösten *Fe*- bzw. *Mn*-Verbindungen und zur Abscheidung der unlöslichen Hydroxyde dieser Elemente führen. Am verbreitetsten sind die Eisensinter, die dort, wo sie in größeren Mengen vorhanden sind, als Farberde gewonnen werden (Terra di Siena aus Toskana, Eisensinter im Brohltale in Rheinpreußen und bei Kreuznach).

Reine Mangansinter werden selten gefunden. Die bekanntesten Vorkommen sind die von der „Russischen Krone" in Karlsbad und aus den Quellen von Gastein. Dieser Mangansinter hat den Namen Reissacherit erhalten.

Wenn Quellwässer neben Eisen auch Manganverbindungen gelöst enthalten, so beobachtet man stets, daß sich die Manganverbindungen später oxydieren und daher entfernter vom Quellenmund zum Absatze kommen als die Eisensinter.

Auch die Abscheidung des Schwefels aus dem Wasser der Schwefelwasserstoff führenden Schwefelquellen ist ein Oxydationsvorgang.

Bei allen genannten Sinterbildungen, mit Ausnahme des ersten Falles, wirken aber auch niedere Pflanzen, Algen und Bakterien mit. Professor Cohn in Breslau hat um die Mitte des vorigen Jahrhunderts festgestellt, daß Algen auch im heißen Wasser leben können. Man hat gefunden, daß gewisse Algen Temperaturen bis 85° ertragen. Sie sind dann aber weiß. Im etwas kühleren Wasser werden sie fleischfarben, später goldgelb, orangefarben und rot und im noch kühleren Wasser gelbgrün und smaragdgrün. Diese Algen verbrauchen die im Wasser gelöste Kohlensäure für ihre Lebenszwecke und fällen dadurch den kohlensauren Kalk, der sich entweder auf ihnen niederschlägt oder in ihren Leib aufgenommen wird. Auch Kieselerde scheiden die Algen ab. Diese Algensinter sind im Gegensatze zu den durch das Verdunsten des Wassers gebildeten Kieselsintern anfänglich sehr gebrechlich und porös und erhalten erst durch weitere Einlagerung von Kieselerde Festigkeit.

Bakterien sind vornehmlich bei der Abscheidung der Eisen- und Schwefelsinter tätig. Man kennt sog. Eisenbakterien, die Eisenhydroxyd in ihre Zellmembranen einlagern, und Schwefelbakterien, die aus dem Schwefelwasserstoff durch ihren Lebensprozeß Schwefel abspalten und ihn als Reservestoff in ihren Körper in Form kleiner Kügelchen aufspeichern. Sterben die Bakterien, so mischt sich das so gebildete Eisenhydroxyd oder der elementare Schwefel den Ablagerungen, die sich sonst noch in den Wasserbecken, welche die Lebensstätte der Bakterien waren, bildeten, bei.

3. Das Wasser in den fließenden Gewässern.

Nach dem Austritt aus dem Quellenmund vereinigen sich die vadosen wie die juvenilen Wässer zu Bächen, Flüssen und Strömen und eilen, dem Gefälle folgend, einem Endsee oder dem Meere zu. Die Konzentration dieses Wassers an gelösten Substanzen ist sehr gering, und sie wird noch mehr verringert durch die oberflächlich abfließenden Schmelzwässer des Schnees und des Eises sowie durch das Regenwasser. Es bietet sich ihm daher nirgends Gelegenheit, sich der gelösten mineralischen Bestandteile zu entledigen, es sei denn, daß dasselbe beim Durchströmen von Kalkgebirgen und von Gegenden, die aus leicht umwandelbaren Gesteinen bestehen, seinen Gehalt an gelösten Substanzen anormal vermehren konnte. Wasser, welches auf diesem Wege große Mengen von kohlensaurem Kalk aufgenommen hat kann, wenn ihm auf irgendwelche Weise die den Kalk mitlösende Kohlensäure entzogen wird, sei es durch pflanzliche Lebenstätigkeit, sei es durch starke mechanische Erschütterung, wie beim Stürzen des Wassers in Wasserfällen, den kohlensauren Kalk wieder fallen lassen und es können sich dann Kalkablagerungen von vornehmlich lockerer Beschaffenheit, sog. Tuffe, bilden. Tuffe durch Inkrustation von Pflanzen entstanden, kennt man mancherorts in Kalkgebirgen. Am bekanntesten sind die mächtigen Travertinmassen an den Wasserfällen des Anio bei Tivoli unweit Roms, die wegen ihrer Leichtigkeit und Festigkeit im alten Rom als Baustein vielfach verwendet wurden.

Die meiste Arbeit, die das fließende Wasser leistet, ist eine rein mechanische. Es höhlt sein Bett an Stellen großen Gefälles aus und setzt den so erzeugten Detritus dort, wo seine transportierende Kraft infolge der Verringerung des Gefälles erlahmt, denselben nach der Größe sortierend, wieder ab. Das fließende Wasser wirkt daher einerseits mechanisch zerstörend, andererseits mechanisch sedimentierend (mechanische Sedimente der Flüsse und des Meeres).

4. Die Ablagerungen in den Endseen.

Der mitgeführten Mineralsubstanzen können sich die fließenden Wässer unter normalen Verhältnissen nur in den Endseen entledigen, wo sie sich am Boden derselben oder am Ufer abscheiden. Weil die Flüsse dem Endsee ununterbrochen (wenn auch sehr verdünnte) Salzlösungen zuführen, aus den Seen aber infolge der Verdunstung nur reines Wasser entweicht, so muß der Gehalt des Seewassers an gelösten Substanzen immer größer werden, und es muß einmal der Zeitpunkt kommen, wo eine der gelösten Verbindungen den Sättigungsgrad erreicht und sich abzuscheiden beginnt. In allen Endseen — das Meer bleibe jetzt vorläufig außer Betracht — scheidet sich zuerst der kohlensaure Kalk ab. Dann folgen die unbedingt löslichen Salze. Die Natur und die Menge der sich abscheidenden Verbindungen hängt von der Zusammensetzung des Seewassers, und diese wieder zum Teil vom geologischen Aufbau des Einzugsgebietes des Endsees, das ist jenes Teiles der Erdoberfläche, aus welchem dem See die Wässer zuströmen, ab. Man unterscheidet daher verschiedene Arten von Endseen. So Chloridseen, in denen das Natriumchlorid vorherrscht. Karbonatseen, in denen die Alkalikarbonate einen wesentlichen Bestandteil der gelösten Substanzen ausmachen, und Boraxseen, das sind solche, in deren Wasser Borax gelöst ist.

Chloridseen finden sich in Landstrichen, in denen marine Sedimente, die bei ihrer Ablagerung im Meere immer eine kleine Menge Natriumchlorid mitbekomen haben, eine hervorragende Rolle spielen. Karbonatseen werden sich in Gebieten mit vorherrschend kristalliner Unterlage finden, und wenn in einem solchen Gebiete noch jungvulkanische Tätigkeit nachzuweisen ist, so können die Karbonatseen auch Borate in Lösung enthalten und so zu Boraxseen werden. Neben den genannten Salzen sind in den Wässern der Endseen auch wechselnde Mengen von Natrium- oder Magnesiumsulfat sowie etwas Kalziumsulfat gelöst.

Die zahlreichsten Endseen der hier erwähnten Art finden sich in Gebieten der ehemaligen großen Binnenseen ,,Lahontan und Bonneville" zwischen der Sierra Nevada und dem Felsengebirge in Nordamerika, in einem Gebiet, das heute teils Wüsten-, teils Steppencharakter hat. Die Ablagerungen dieser Endseen werden als Playas oder Flats bezeichnet, und diese Lokalnamen sollen auch hier gebraucht werden.

Die Alkaliplayas oder Sodaflats. Für diese Ablagerungen ist das Mitvorkommen verschiedener Natrium- oder Natriumkalkkarbonate bezeichnend, derentwegen diese Ablagerungen auch technisch ausgebeutet werden.

Von hierhergehörenden Mineralien sind zu nennen: die Soda $[Na_2CO_3 \cdot 10H_2O]$, der Thermonatrit $[Na_2CO_3 \cdot H_2O]$, die Trona $[HNa_3(CO_3)_2 \cdot 2H_2O]$, der Gaylussit $[Na_2Ca(CO_3)_2 \cdot 5H_2O]$, der Pirssonit $[Na_2Ca(CO_3)_2 \cdot 2H_2O]$, sowie die beiden Mineralien Northupit $[Na_6(MgCl)_2(CO_3)_4]$ und Tychit $[Na_6(Mg_2SO_4)(CO_3)_4]$.

Die Soda, das ist die Verbindung $[Na_2CO_3 \cdot 10H_2O]$, findet man in der Natur äußerst selten, weil das Kristallwasser derselben einen so großen Dampfdruck hat, daß es schon beim Liegen an der Luft aus der Verbindung austritt. Die Soda verstäubt sehr leicht und zerfällt dabei zu einer weißen, krümeligen Masse, welche die Zusammensetzung $[Na_2CO_3 \cdot H_2O]$ hat und die als Mineral den Namen Thermonatrit führt. Die Soda erhält man künstlich leicht in großen, monoklinen Kristallen.

Der rhombisch kristallisierende Thermonatrit $[Na_2CO_3 \cdot H_2O]$ ist nur in natriumkarbonathaltenden Lösungen bei Temperaturen über 35° stabil. Daher scheidet er sich in warmen Landstrichen direkt aus dem natronkarbonathaltenden Seewasser aus.

In vielen Alkaliplayas ist das Mineral Trona oder Urao vorherrschend. Trona heißt die Verbindung $[HNa_3(CO_3)_2 \cdot 2H_2O]$ in Afrika, Urao in Südamerika. Trona kann sich nur in einer Natronkarbonatlösung bilden, die saures Natriumkarbonat $[HNaCO_3]$ enthält. Diese Verbindung entsteht in jeder Natronkarbonatlösung beim Stehen an der Luft oder in vulkanischen Kraterseen beim Durchstreichen juveniler Kohlensäure durch das Seewasser. Als Mineral ist die Verbindung $[HNaCO_3]$ nur einmal in der Natur beobachtet worden. Spencer fand es in altrömischen Kanälen bei Bajä auf, wo sie sich aus einem 73° heißen Thermalwasser abgesetzt hatte. Er gab ihr den Namen Nabcolith.

Aus so beschaffenen Lösungen scheidet sich die Trona wegen ihrer Schwerlöslichkeit ab, doch setzt sie eine gewisse Konzentration des sauren Natriumkarbonates voraus, welche Konzentration durch das gleichzeitige Mitgelöstsein von Natriumchlorid herabgesetzt werden kann. Ebenso scheint eine gewisse Minimaltemperatur notwendig zu sein. Durch Wasser wird die Trona in der Kälte zerlegt.

Wenn Kalziumkarbonat in der Lösung oder als Bodenkörper vorhanden ist, so entsteht die Verbindung $[Na_2Ca(CO_3)_2 \cdot 5H_2O]$, der Gaylussit, den 1826 Boussingault im Schlamme der Lagune von Merida in Venezuela in spindelförmigen Kristallen aufgefunden hat. Die Kristalle sind monoklin. Der Gaylussit kann nur unterhalb 40° entstehen. Auch er zerfällt in verdünnten Lösungen in seine Komponenten.

Bei Temperaturen über 40° entsteht anstatt des Gaylussit der Pirssonit $[Na_2Ca(CO_3)_2 \cdot 2H_2O]$. Seine Kristalle gehören der rhombisch-domatischen Klasse an. Entdeckt wurde dieses Mineral von Pratt neben Gaylussit in den Bohrproben vom Boraxlake in Kalifornien. Während der Gaylussit sein Wasser schon bei 100° abgibt, verliert es der Pirssonit erst bei 130°. In den gleichen Bohrproben wie der Pirssonit, oft mit ihm verwachsen, fanden sich in oktaedrischen Kristallen der Northupit $[Na_6(MgCl)_2(CO_3)_4]$ und der Tychit $[Na_6(Mg_2SO_4)(CO_3)_4]$. Die Kristalle des Northupites waren immer größer als die des Tychites. Weil nun die Entdeckung des zweiten Minerales durch Zufall erfolgte, gab ihm Pratt den Namen Tychit vom griechischen Worte „Tyche", das Glück oder der Zufall.

Häufiger als die vorher genannten Mineralien findet man in den Salz- und Schlammschichten des Borax Lake den Hanksit, ein gelbliches Mineral, das kurzsäulenförmige hexagonale Kristalle bildet. Seine Zusammensetzung entspricht der Formel $[KNa_{22}(SO_4)_9(CO_3)_2Cl]$. Schulten hat künstlich eine ähnliche Verbindung erhalten, als er eine konzentrierte Lösung von Natriumkarbonat und -sulfat in der Siedehitze mit kaustischem Natron fällte. Der aus sechsseitigen Säulchen bestehende Niederschlag hatte die Zusammensetzung $[Na_{10}(SO_4)_4(CO_3)]$.

Nun wäre noch die Frage zu beantworten, woher das in den Sodaplayas angehäufte Natronkarbonat stammt. Es besteht kein Zweifel darüber, daß dieses Natriumkarbonat zum Teil ein Zersetzungsprodukt primärer Natriumsilikate ist. Die hierzu nötige Kohlensäure liefern zum Teil die Vulkane. Ein Natronkarbonatsee vulkanischen Ursprunges ist der See am Vulkan Doerge Ngai, westlich vom Kilimandscharo.

Diese Ableitung ist aber nur für jene Gegenden zulässig, wo kristalline Gesteine den Untergrund der Gegend bilden und wo jungvulkanische Ablagerungen nicht fern von den Sodaplayas sind. In jenen Gebieten aber, für die diese Voraussetzungen nicht zutreffen — ein solches Gebiet sind die Natronseen in Ägypten —, soll das Natronkarbonat durch die Wechselzersetzung von Na_2SO_4 und $CaCO_3$ oder $NaCl$ und $CaCO_3$ entstanden sein. Die erstere Annahme wird überall dort sehr wahrscheinlich, wo sich neben dem Natriumkarbonat auch Gips findet. Wenn jedoch der Gips fehlt, wird man zur zweiten Annahme greifen müssen, weil das gleichzeitig-gebildete Kalziumchlorid mit den die Reaktion vermittelnden Wässern weggewandert sein kann [Sterry Hunt (1859), Kuassay (1870), Hildegard (1896)].

Für die Natronseen Ägyptens nehmen Schweinfuhrt und Lewin (1898) einen verwickelteren Vorgang an. Sie meinen, daß das an $CaCO_3$ reiche Nilwasser den tiefergelegenen Natronseen durch die an Gips und Chlornatrium reichen Sande zusickere, daß dabei infolge einer Wechselzersetzung zwischen den beiden Bestandteilen Na_2SO_4 und $CaCl_2$ entstehe und daß erst dann die Umwandlung des Natriumsulfates in das Natriumkarbonat erfolge. Sickenberg läßt das Natriumsulfat durch organische Massen zu Natriumsulfid reduziert werden, und erst dieses wird durch die bei dem gleichen Vorgange gebildete Kohlensäure in Natriumkarbonat und Schwefelwasserstoff zerlegt. Auf diese Meinung brachte ihn die Tatsache, daß die dortigen Wässer sehr oft nach Schwefelwasserstoff riechen.

Die Boratplayas. Diese Bezeichnung führen jene Ablagerungen von Endseen, die neben den Karbonaten, Sulfaten und dem Chlorid des Natriums auch Borsäureverbindungen in Mengen führen, die eine wirtschaftliche Gewinnung gestatten. Es sind zwei Gruppen von Boratplayas zu unterscheiden. Die erste Gruppe enthält vornehmlich Natrium- und Natriumkalkborate, die zweite Gruppe vorwiegend Kalkborate.

In einigen Playas der Natriumborate spielt der Borax $[Na_2B_4O_7 \cdot 10H_2O]$ die Hauptrolle. Die bekanntesten derselben liegen in San Bernardino County in Kalifornien in der Umgebung des Borax Lake.

Der Borax ist ein farbloses, monoklin kristallisierendes Mineral, das mit der Soda die Eigenschaft teilt, an trockener Luft zu verstäuben. Daher gleichen die oberflächlichen Schichten, in denen Borax mit anderen Salzen gemengt sich findet, gebrannten Knochen. In den tieferen und feuchteren Schichten liegen die Boraxkristalle in Ton- und Sandlagen eingebettet.

Der Borax wird aus den höchstens 2 cm dicken Oberflächenschichten durch Auslaugen gewonnen. Bemerkenswert ist, daß sich im Verlaufe von 4 Jahren durch Ausblühung aus dem Untergrund der Boraxgehalt dieser Schichte wieder ergänzt und bis 14% ansteigen kann.

In Esmeralda County, Nevada, liegen der Teels Marsh, der Rhodes Marsh, Columbus Marsh und Fish Marsh. In den Ablagerungen dieser Boraxsümpfe sowie in jenen von Südamerika und von Schär i Babek in der persischen Provinz Kermak ist der Hauptträger des Borsäuregehaltes ein Natriumkalkborat, der

Ulexit oder Boronatrokalzit [$NaCaB_5O_9 \cdot 6H_2O$]. Derselbe tritt überall in der Form fein verfilzter Ballen auf, die Melonengröße erreichen können. Dieser bezeichnenden Gestalt wegen heißen diese Konkretionen wirr verfilzter seidenglänzender Nadeln in Nordamerika „cotton balls", das ist Baumwollballen, in Südamerika „Papas".

In natriumchloridhaltenden Lösungen ist der Ulexit bis 70° beständig. Bei höheren Temperaturen spaltet er sich in Borax und Colemanit [$Ca_3B_6O_{11} \cdot 5H_2O$], der im Gegensatze zum Borax im Wasser unlöslich ist.

Schulten hat den Ulexit künstlich dadurch erzeugt, daß er zu einer kalt gesättigten Boraxlösung eine Kalziumchlorid haltende Lösung fügte. Es entstand zuerst ein amorpher Niederschlag, der später vollkommen kristallin wurde. Dieser künstliche Ulexit enthielt aber $8H_2O$.

Die Kalziumboratablagerungen sind vornehmlich in Nordamerika, und zwar in den Calienbergen in San Bernardino County, im Furnace Cañon, im Death Valley und im Santa Claratale entwickelt. Sie bilden dort Lager in einem tertiären Schichtsystem, das aus Ton- und Tufflagen sowie aus Bänken basaltischer Lava zusammengesetzt sind. Das ganze Vorkommen stellt eine tertiäre Seeablagerung dar, deren Borsäuregehalt mit den eingeschalteten vulkanischen Massen in Beziehung gebracht wird. Der Colemanit bildet in diesen Vorkommen derbe Massen, die oft mit großen Colemanitkristallen ausgekleidete Hohlräume bergen. Die Kristalle des Colemanites sind monoklin. Viele Forscher halten den Colemanit für das Muttermineral aller anderen Borate in den Playas, besonders des Borax. Diesen gewinnt man aus dem Colemanit durch Behandeln mit Soda.

Dem Colemanit steht chemisch der Priceit nahe, der bei Chetco in Oregon in harten, kompakten Massen Lager zwischen Schiefer oben und Steatit unten bildet. Auch der Pandermit, der in der Nähe von Panderma am Marmarameere sich in Blöcken bis zu einer halben Tonne Gewicht in einer 35 m mächtigen Schichte von Ton und Gips findet, steht dem Colemanit nahe.

Die Nitratplayas. In Südamerika befinden sich im Hochtale zwischen der Küstenkette und den Hauptkordilleren, in den Wüsten Atacama und Tarapaca, eine große Anzahl von Salzablagerungen, Salares genannt, die neben den gewöhnlichen Bestandteilen solcher Ablagerungen, das sind Natriumchlorid, Natriumsulfat, Natriumkarbonat, und dem Ulexit stellenweise ganz beträchtliche Mengen von Natriumnitrat, den Natronsalpeter [$NaNO_3$], enthalten. Das genannte Mineral ist von großer wirtschaftlicher Bedeutung, weil es das einzige Nitrat ist, welches in der Natur in großen Mengen vorkommt und daher die Gewinnung der für die Industrie und auch die Landwirtschaft so wertvolle Salpetersäure im großen gestattet. Allerdings ist in neuerer Zeit dem Natronsalpeter in dem auf elektrischem Wege künstlich hergestellten Kalkstickstoff ein mächtiger Konkurrent entstanden. Vor der Entdeckung der südamerikanischen Salpeterlager wurde der Salpeter in den Salpeterplantagen gewonnen. Dort wurden Haufen aus kalkhaltendem Schutt mit Urin übergossen. Aus dem Ammoniak des faulenden Urins bildete sich unter Mitwirkung der Salpeterbakterien Salpetersäure, die sich mit dem Kalzium der Schuttmassen zu Kalksalpeter verband. Die an der Oberfläche der Schutthaufen entstehenden Ausblühungen von Kalksalpeter wurden von Zeit zu Zeit abgekratzt, in Wasser gelöst und mit Hilfe von Pottasche (Kaliumkarbonat) in Kalisalpeter übergeführt. Auch heute erzeugt man auf gleiche Weise durch Zusatz von Kaliumchlorid zu den Lösungen des Natriumsalpeters den wertvolleren Kalisalpeter.

Die südamerikanischen Salpeterlager bestehen aus einer Reihe von Schichten mit ungleichem Nitratgehalt. Zu oberst liegt eine 20—40 cm dicke, staubartige Schicht, bestehend aus den Verwitterungsrückständen der in der Umgebung anstehenden Gesteine, die Chuca. Darunter folgt eine recht grobe Brekzie, deren Bindemittel, neben Ton, Natriumchlorid, Salpeter, Sulfate sind. Der Gehalt an Nitrat kann hier bis 15% ansteigen. Diese Schichte führt den Namen Costra. Unter ihr liegt dann das eigentliche Salpetergestein, der Caliche. Derselbe stellt ebenfalls eine brekziöse Masse dar, in der der Nitratgehalt bis 95% ansteigen kann. Die Nitrate selbst sind körnig und haben oft recht bunte Farben. Häufig sind sie gelb und violett. In den reineren Schichten findet sich noch neben dem Salpeter Natrium- und Kalziumsulfat, in den weniger reinen auch bis 35% Natriumchlorid. Die unter dem Caliche liegenden Schichten, der Congelo und die Cobra, kommen für die Nitratgewinnung nicht in Betracht.

Besonders interessant sind die südamerikanischen Nitratplayas durch das Vorkommen des Kalziumjodates, des monoklinen Lautarites $[CaJ_2O_6]$, des rhombischen Tarapakaites $[K_2CrO_4]$ und des monoklinen Dietzeites $[8CaCrO_4 \cdot 7CaJ_2O_6]$ geworden. Die Menge der Jodate ist in den Restlaugen so groß, daß das Jod durch Fällen mit saurem schwefligsaurem Natron gewonnen werden kann. Brom soll nach Müntz auch vorhanden sein. Merkwürdig ist auch das Vorkommen von Kaliumperchlorat $[KClO_4]$.

Das Vorkommen von Jod in den Salpeterlagern weist auf deren Abstammung vom Meerwasser hin, soweit es sich um die Salze mit Ausnahme der Borate und Nitrate handelt. Über die Art, wie der Stickstoff in die Salpeterlager kam, gehen die Meinungen stark auseinander.

Eine Anzahl von Gelehrten vertrat die Ansicht, daß der Stickstoff sich von organischen Verbindungen pflanzlichen wie tierischen Ursprunges herleite. Besonders machte man den auf den der Küste vorgelagerten Inseln in großen Mengen auftretenden Vogelguano dafür verantwortlich. Die in jenen Gegenden herrschenden Westwinde sollen denselben in das Wüstengebiet eingeweht haben, wo dann das Ammoniak desselben durch die Bakterien in Salpetersäure umgewandelt worden sein und mit dem Natriumchlorid den Natronsalpeter gebildet haben soll. Gegen diese Theorie wird eingewendet, daß, da der Vogelguano auch phosphorsäurehaltig ist, sich auch Phosphorsäure in den Salpeterlagern finden müsse, was nicht der Fall ist.

Nöllner (1867) leitete den Stickstoffgehalt und den Jodgehalt von verwesenden Algenmassen ab.

Auch die bekannte Bildung von Ammoniak und Salpetersäure durch luftelektrische Entladungen wurde zur Erklärung herbeigezogen.

Dagegen sieht Raimondi im Nebeneinandervorkommen von Nitraten und Boraten in den Salpeterlagern ein Zeichen des vulkanischen Ursprunges der Elemente Stickstoff und Bor. Stickstoff findet sich an Vulkanen als Salmiak $[(NH_4)Cl]$, und Ammoniak ist auch als beständiger Begleiter der borhaltenden Gasexhalationen der Suffioni in Toskana erkannt worden. Dazu kommt noch die Feststellung, daß das in den Nitratlagern vorkommende klastische Material vorwiegend vulkanischen Ursprunges ist.

Die Nitratlager Südamerikas sind zweifelsohne sehr junge Bildungen und zudem nur Reste von seinerzeit viel größeren Ablagerungen.

Auf der regenreichen Westabdachung der Hauptkordilleren sind sie ganz verschwunden, und nur die schwer löslichen Borate sind dort zurückgeblieben. Die leicht löslichen Nitrate wurden ausgelaugt.

Natronsalpeter kommt auch in kleinen Mengen in den nordamerikanischen Playas vor. Der Natronsalpeter kristallisiert in ditrigonal-skalenoedrischen Kristallen.

Der rhombische Kalisalpeter (KNO_3) ist in der Natur sehr selten. Seine Menge beträgt in den Nitratlagern höchstens 2—4%. Nur zu Cochabamba in

Bolivien soll sich eine Salzablagerung befinden, die neben 30,70% Borax noch 60,70% Kalisalpeter enthält. In Steppengegenden tritt der Kalisalpeter auch als Ausblühung aus dem Boden auf.

Der Kalksalpeter $[Ca(NO_3)_2 \cdot 4H_2O]$ bildet sich in Kalksteinhöhlen, die Tieren längere Zeit als Wohnstätte gedient haben, aus deren Exkrementen. Er erscheint auch auf kaliarmen Böden als Ausblühung. Das Zerfallen des Mörtels an Gebäuden und das Abfallen des Anwurfes, eine unter dem Namen Mauer-fraß bekannte Erscheinung, ist ebenfalls eine Folge der Bildung des Kalksal-peters, die auf Kosten des Ammoniakgehaltes der Stalluft und des Kalkgehaltes des Mörtels erfolgt. Werden solche Stellen feucht, so wird der Mauersalpeter gelöst, und der Sand bleibt lose zurück.

In allen Playas findet sich auch Natriumsulfat entweder als Glaubersalz $[NaSO \cdot 10H_2O]$ oder als Thenardit $[Na_2SO_4]$.

5. Die Ablagerungen der Meere.

Fluß- und Meerwasser. In den Ozeanen vereinigt sich wieder zum größten Teil jenes Wasser, welches als Regen oder Schnee auf die Erde niedergefallen oder als juveniles Wasser aus dem Innern der Erde emporgedrungen ist. Ebenso werden dort alle Mineralsubstanzen sich wieder vereinigen, welche die Wässer während ihrer Wanderung aufgenommen und nicht wieder auf dem Festlande absetzen konnten. Da die Ozeane nur reines Wasser in Dampfform an die Atmo-sphäre abgeben, die Zufuhr der gelösten Substanzen indes ununterbrochen an-dauert, so mußten sich diese im Laufe der Zeit immer mehr konzentrieren. Wenn man nun die chemische Zusammensetzung des Meerwassers betrachtet, so fällt auf, daß es trotz des langen Bestandes der Meere von einer konzentrierten Lösung recht weit entfernt ist. Ferner fällt auf, daß die Zusammensetzung des Meer-wassers gegen alle Erwartung wesentlich anders ist als das des Flußwassers, wie untenstehende Analysen zeigen sollen. Wenn auch die Mengen der einzelnen Be-standteile bei den verschiedenen Flüssen Schwankungen unterworfen sind, die Unterschiede bleiben dennoch bestehen. Immer ist im Flußwasser $CO_2 > Cl > SO_4$. Im Meerwasser dagegen ist $Cl > SO_4 > CO_2$. Ebenso ist im Flußwasser $Ca > Na$, im Meerwasser ist dagegen das Umgekehrte der Fall.

Zusammensetzung des Wassers im

	Amazonenstrom	Meere		Amazonenstrom	Meere
CO_3	24,15%	0,21%	Mg	1,40%	3,72%
SO_4	2,26%	7,69%	Na	4,24%	30,59%
Cl	6,94%	55,29%	K	4,76%	1,11%
Br	—	0,19	SiO_2	28,59%	—
Ca	14,69%	1,20	R_2O_3	12,97%	—
			Salzgehalt	ca. 37 in 10000! Teilen	ca. 34 in 1000! Teilen

Diese Unterschiede sind durch die Verschiedenheit des organischen Lebens im Süßwasser und im Meerwasser begründet.

Im Meere ist das organische Leben viel reicher entwickelt als im süßen Wasser, und besonders fällt der Reichtum an Tierformen auf, die kalkige Außenskelete (Schalen) besitzen. Diese Tiere sind im süßen Wasser nur durch wenige Formen vertreten, und da diese Lebewesen das Baumaterial für ihre Skeletteile, den koh-lensauren Kalk, dem Wasser entnehmen, wird es verständlich, daß fast alles Kalziumkarbonat, das die Flüsse dem Meere zuführen, aus dem Meerwasser ver-schwindet. Ja, es besteht sogar die Meinung, daß dieses Kalziumkarbonat nicht einmal ausreiche, um alle kalkabsondernden Lebewesen mit Kalziumkarbonat zu versorgen und daß gewissen Tierformen die Fähigkeit innewohnt, auch das im Meerwasser gelöste Kalziumsulfat in Kalziumkarbonat umzuwandeln (Dolium).

Die organischen Sedimente des Meeres. Auf diese Weise erklärt sich am einfachsten, falls man nicht der Ansicht huldigt, daß die Urmeere schon einen primären Salzgehalt besessen hätten, daß nach und nach das Natriumchlorid das Übergewicht über das Kalziumkarbonat gewann, zumal letzteres nicht mehr vollkommen in den Kreislauf der im Meere gelösten Stoffe zurückkehrte. Nach dem Absterben der kalkschalentragenden Lebewesen blieben nämlich die Kalkschalen zurück. Sie sammelten sich am Boden der Ozeane an und bildeten dort Ablagerungen, die im Laufe der Zeit zu Kalksteinen wurden. Bis 4000 m ist der Boden der Meere mit einem Kalkschlamm (Globigerinenschlamm) bedeckt. In größeren Tiefen erscheint ein roter Ton, der rote Tiefseeton. Der Grund für diese Erscheinung ist folgender. Wenn die Kalkschalen der freischwimmenden Tierformen, der Foraminiferen und Pteropoden in die Tiefe sinken, werden sie, sobald sie in Tiefen über 4000 m erreichen, infolge des dort herrschenden Druckes wieder aufgelöst. Somit können wir in solchen Tiefen nur die vom Festlande stammenden, terrigenen Substanzen und die Zersetzungsprodukte der Materialien unterseeischer Vulkanausbrüche finden.

Die durch das organische Leben im Meere erzeugten Ablagerungen werden organische Sedimente genannt. Man unterscheidet phytogene organische Sedimente, wenn sie dem Lebensprozesse niederer Pflanzen (Kalkalgen, Charazeen) ihre Entstehung verdanken, und zoogene Sedimente, wenn an ihrem Aufbau überwiegend Tierreste beteiligt sind.

Diese kalkigen, organischen Sedimente bilden dann die Kalksteine, welche sich in allen Meeren der Vorzeit neben den terrigenen Sedimenten, Tonen und Sanden absetzten und bald reiner, bald unreiner sind. Die Verunreinigungen bestehen zumeist aus tonigen oder eisenschüssigen Substanzen, die den Kalksteinen dann graue oder rote Farben verleihen. Die durch den Zerfall der Tierleiber entstandenen bituminösen oder kohligen Substanzen färben sie schwarz. Den reinsten Kalkstein stellt die Kreide dar, ein Äquivalent des Globigerinenschlammes.

Kristalline Struktur ist an diesen Kalksteinen mit freiem Auge nicht zu erkennen. Dafür sind manche Kalksteine reich an organischen Resten.

Ein anderes, allerdings nicht mehr unverändertes organisches Sediment ist der Dolomit, der fast ganz aus $[CaMg(CO_3)_2]$ besteht. Das Ausgangsmaterial für die Dolomitbildung waren Korallenriffe, deren $CaCO_3$ — es war zum größten Teil Aragonit —, wie man jetzt annimmt, durch die Magnesiasalze des Meerwassers in großen Tiefen unter Mitwirkung des dort herrschenden großen Druckes in Dolomit umgewandelt worden ist. Bei dieser Umwandlung ging die ursprüngliche organische Struktur des Gesteines verloren, weshalb die meisten Dolomite versteinerungsleer sind.

Einzelne Tier- und Pflanzenformen (Radiolarien und Kieselschwämme bzw. Diatomeen) verwenden die im Wasser gelöste Kieselsäure zum Aufbau ihrer Skeletteile. Dort, wo die Wesen lebten und starben, bilden sich dann kieselige Ablagerungen, so der Radiolarien- bzw. Diatomeenschlamm der heutigen Meere. Als Erzeugnisse früherer Perioden sind die Trippelschiefer — meist Süßwasserbildungen — und gewisse Kieselschiefer zu nennen. Hierher gehören auch die in den Kreideablagerungen weitverbreiteten Feuersteine, unregelmäßig geformte Massen von Chalzedonkieselsäure, die bald als Abformungen der Leiber von Kieselschwämmen, bald als Konkretionen durch Auflösung und Wiederausfällung der in der Kreide zerstreut auftretenden Skeletteile der Kieselschwämme, bald als Fällungen der im Meerwasser gelösten Kieselsäure angesehen werden.

Die Entstehung von Salzlagerstätten aus dem Meerwasser. Zur Ablagerung der leicht löslichen Salze aus dem Meerwasser kommt es nur dann, wenn ein Meeresteil ganz abdampft. Dieser Fall kann nur eintreten, wenn der Meeresteil in warmen Klimaten liegt, wenn der Zustrom von Süßwasser geringer ist als die Verdunstung und wenn das wegen der Verdunstung salzreicher gewordene Oberflächenwasser, das wegen seines größeren spezifischen Gewichtes zu Boden sinkt, keinen Abfluß mehr in den Ozean findet. Ist dies der Fall, so entstehen im betreffenden Meeresteil Strömungen. Ein salzarmer Oberflächenstrom dringt vom Ozean in den abdunstenden Meeresteil ein, und am Boden desselben führt ein Unterstrom die salzreicheren Wässer wieder in den Ozean zurück.

Der Meeresteil, dessen Inhalt ein Salzlager bilden soll, muß demnach vollkommen vom Ozean abgetrennt sein.

Die Art und Weise, wie sich dann die Salze aus dem Meere abscheiden, ist durch die Versuche des Italieners Usiglio aus dem Jahre 1849 klargelegt worden.

Zuerst setzte sich der Schlamm, der im Meerwasser schwebte, ab. Dann folgt die geringe Menge des im Meerwasser gelösten Kalziumkarbonates, weil dies zuerst den Sättigungsgrad erreicht. Weil das Meerwasser keine gesättigte Salzlösung ist, müssen weiter vier Fünftel desselben verdunsten, bevor es überhaupt zu einem Salzabsatze kommt. Den Anfang macht dann das Kalziumsulfat, ihm folgt das Natriumchlorid, wenn sich das Volumen der ursprünglichen Lösung auf 0,1 verringert hat. Der Großteil der Magnesiumsalze kristallisiert erst aus, wenn die Wassermenge auf 0,02 des ursprünglichen Volumens zusammengeschrumpft ist.

Die Abscheidung der einzelnen Salze erfolgt, wie schon erwähnt wurde, in jener Reihenfolge, wie sie im Meerwasser den Sättigungsgrad erreichen. Daher scheidet sich das schwerlösliche Kalziumsulfat, trotzdem höchstens 0,097 g in 100 g Meerwasser gelöst sind, früher aus als das Natriumchlorid, dessen Menge 2,582 g beträgt. Der Absatz einer Verbindung erfolgt aber nicht auf einmal. Die Kristallisationsperioden der einzelnen Salze greifen ineinander, so daß z. B. kleine Mengen Kalziumsulfat sich noch mit dem Natriumchlorid und dem Magnesiumsulfat abscheiden. Die anfänglichen Schichten von Natriumchlorid enthalten aber auch schon Magnesiumsalze, und zwar die unteren 0,13 %, die oberen bis 3 %. Der letzte Rest der Mutterlauge, der besonders reich an Magnesiumverbindungen ist, trocknet wegen der Hygroskopizität derselben nur bei anhaltender höherer Wärme vollkommen ein. Im letzten Rest der Mutterlauge sind noch immer 6,66 % Na, 1,73 % K, 7,11 % Mg, 22,53 % Cl, 9,20 % SO_4 und 1,50 % Br in 51,28 % Wasser gelöst.

Diese Restlauge hat nicht mehr den salzigen Geschmack des normalen Meereswassers, sondern ist bitter geworden. Daher unterbrechen die Salzgärtner, die sich mit der Gewinnung des Natriumchlorides aus dem Meerwasser beschäftigen, den Abdunstungsvorgang, sobald diese Änderung im Geschmack der Restlauge eintritt. Verursacht wird diese Erscheinung durch das beginnende Vorherrschen der bitterschmeckenden Magnesiasalze.

Wenn nun ein Meeresteil von beispielsweise parallelepipedischer Form und 8000 m Tiefe vollkommen austrocknen würde, so würde, der jetzige Salzgehalt des Meeres als Grundlage genommen, am Boden dieses Meeresteiles ein Salzlager von 111,82 m Dicke entstehen.

Fast in allen Formationen der Vorzeit sind Salzlager eingeschaltet, die aus Kalziumsulfat und Natriumchlorid bestehen, aber viel mächtiger sind. Bei Sperenberg, unweit Magdeburg, hat man z. B. ein Salzlager von 1200 m Mächtigkeit erbohrt. Um diese Mächtigkeit zu erklären, könnte man zu der Annahme greifen, daß die Meere der Vorzeit salzreicher waren als die jetzigen. Gegen diese

Annahme sprechen aber die Existenzbedingungen der die Meere der Vorzeit bevölkernden Lebewesen.

Da also die Meere der Vorzeit nicht viel salzreicher gewesen sein können als die der Jetztzeit, so müssen andere Ursachen die Entstehung so mächtiger Salzlager möglich gemacht haben.

Solcher Möglichkeiten gibt es mehrere.

1. In einer vom offenen Meere abgeschnürten Bucht, die wegen des trockenen Klimas und der mangelnden Zuflüsse abdunsten muß, wird sich der Wasserspiegel fortwährend verkleinern, und wenn es endlich zur Salzabscheidung kommt, wird die Menge Salz, die früher in der ganzen Bucht verteilt war, auf einem $^4/_5$ mal kleineren Raume angesammelt sein. Schon auf diese Weise können auf einer bestimmten Grundfläche größere Mengen Salze abgeschieden werden, als theoretisch errechnet wurde. Dazu kommt noch, daß bei Unebenheit des Untergrundes der Bucht kein einziger Salzsee entstehen wird, sondern mehrere, die dann unabhängig voneinander dem Endschicksal, der vollkommenen Eintrocknung, entgegengehen werden. Ein Beispiel für einen solchen Vorgang liefert das Gebiet der afrikanischen Schotts im Westen der großen Syrte. Dieses Gebiet war in früheren Zeiten eine Bucht des Mittelmeeres. Sie wurde dann abgetrennt und erlitt das eben geschilderte Schicksal. Heute ist dieses Gebiet bedeckt von Salzseen, Salzsümpfen und vollkommen ausgetrockneten Salzablagerungen.

Nun liegt aber dieses Gebiet in keiner absolut regenfreien Zone. Die Regenwässer, die auf der Südseite des Atlas niederfallen, fließen zum Teil in diese Niederung. Bevor sie in den Salzseen wieder zur Ruhe kommen, lösen sie auf ihrem Wege die verstreuten Salzmassen auf und führen sie dem tieferliegenden Salzsee zu. Wenn dann während der trockenen Jahreszeit der Abdunstungsvorgang von neuem beginnt, muß sich zuerst wieder der Schlamm, welchen diese Wüstenflüsse mitgebracht, absetzen, und dann kann erst die neuerliche Salzabscheidung beginnen. Ein auf diese Weise entstandenes Salzlager wird daher durch Sand-, Schlamm- oder Gipsschnüre in Schichten zerteilt sein. Diese Zwischenlagerungen haben den Namen Jahresschnüre erhalten, weil sie gewissermaßen die Erfolge der Abdampfung eines Jahres voneinander trennen. Solche Jahresschnüre findet man in vielen Salzlagerstätten, ein Beweis, daß sich ähnliche Vorgänge schon in früheren Zeiten abgespielt haben. Zu Staßfurt in Norddeutschland kennt man in einer 300—500 m mächtigen, Anhydrithalit genannten Zone des Salzlagers ungefähr 3000 solcher höchstens 7 mm dicker Jahresschnüre.

2. Eine andere Möglichkeit zeigt folgender Fall auf. Eine Meeresbucht ist durch eine Barre, das ist durch einen wenig über die Meeresoberfläche aufragenden Rücken, vom offenen Meere abgetrennt. Der durch Verdunstung erzeugte Abgang an Wasser wird bei hohen Fluten, welche die Barre überwältigen, wieder ausgeglichen. So kommt nach und nach in diese Bucht mehr Salz hinein, als ihrem ursprünglichen Inhalte entspricht. Dieser Vorgang spielt sich in der Bucht von Rani und Scheduan im roten Meere und bei Coquimbo in Chile ab.

Ist die Barre aus Sand aufgebaut, so kann durch diese immer frisches Seewasser in die Bucht hineinsickern, deren Wasserspiegel, wie in einer Bucht bei Lanarka auf Cypern, infolge der starken Verdunstung tiefer liegt als der Meeresspiegel. Die Konzentration ist an diesem Orte schon so groß, daß sich im Sommer Salz abscheidet.

3. Auf eine weitere Möglichkeit wies C. Ochsenius im Jahre 1877 hin. Ihr liegt der sich im Ardschi Darjabusen abspielende Vorgang zugrunde.

Der Ardschi Darjabusen ist eine Bucht, die in das Ostufer des Kaspisees eingeschnitten ist. Er ist 15000 km groß und durch einen Kanal von 5 km Länge und 100—500 m Breite mit dem Kaspisee verbunden. Diese Wasserstraße führt den Namen **Kara Bugas**, das ist schwarzer Schlund. Die umwohnenden Turkmenen beobachteten nämlich, daß durch den Kara Bugas ununterbrochen Wasser in den Ardschi Darjabusen einströme, nirgends aber Wasser aus der Bucht ausfließe. Sie glaubten daher, der Ardschi Darjabusen verschlucke das Wasser. Der Grund dieser Erscheinung ist aber ein ganz anderer. Der Ardschi Darjabusen ist von Wüsten umschlossen und empfängt außer vom Kaspisee keinen Wasserzufluß. Die Verdunstung ist so stark, daß, trotzdem vom Kaspisee ununterbrochen Wasser zuströmt, der Wasserspiegel der Bucht um 1,5 m tiefer liegt als der des Kaspisees. Der Salzgehalt des Kaspisees beträgt 13—33 pro Mille, der des Ardschi Darjabusens 285 pro Mille.

C. Ochsenius nahm nun um die Mächtigkeit und den Bau der Salzlager um Staßfurt zu erklären an, diese Salzlager wären in einer tiefen Bucht abgelagert worden, die durch eine bis nahe an die Wasseroberfläche aufragende Barre gegen den offenen Ozean abgeschlossen war. Die Bucht lag in einem ausgesprochenen Wüstenklima und verdunstete sehr viel Wasser. Dieser Abgang wurde immer wieder durch Zuströmen frischen Meerwassers über die Barre ausgeglichen. Auf diese Weise wurde das Wasser der Bucht immer salzreicher, weil das salzreichere und schwerere Wasser, das sich in den Tiefen der Bucht ansammelte, nicht in das Meer zurückfließen konnte. Nach und nach wurde die Konzentration so groß, daß sich das Kalziumsulfat abscheiden mußte. Dies geschah wegen der Tiefe der Bucht und wegen des großen Salzgehaltes als Anhydrit [$CaSO_4$]. Später begann der Absatz des Natriumchlorides. Da aber das Zuströmen des frischen Meereswassers ununterbrochen andauerte, im Sommer etwas stärker, im Winter etwas schwächer, so kam immer wieder frisches Kalziumsulfat in die Bucht herein, das dann immer zuerst ausgefällt wurde und teils die Jahresschnüre bildete, teils sich dem Steinsalz beimischte. So wurde die Bucht nach und nach mit Natriumchlorid ausgefüllt, und in der darüberstehenden Lauge begannen die Magnesiasalze zu überwiegen. Schließlich schieden sich auch diese ab, und über der **Anhydrithalitzone** entwickelte sich die **Kieserit**zone, gekennzeichnet durch das Auftreten der Verbindung [$MgSO_4 \cdot H_2O$], des **Kieserites**. Wenn der Abdunstungsvorgang noch weiter fortschritt, schieden sich über dem Kieserit auch **Carnallit** und Magnesiumchlorid, der **Bischofit**, die Verbindungen [$K(MgCl_3) \cdot 6H_2O$] und [$MgCl_2 \cdot 6H_2O$] aus. Zur Abscheidung des **Bischofites** kam es nur dann, wenn das Klima des Landstriches in dem die Bucht lag, sehr trocken war und die Verbindung der Bucht mit dem offenen Ozean aufgehört hatte. Schließlich wurde das gebildete Salzlager von dem eingewehten Wüstenstaub bedeckt, der auch die restlichen Laugen aufsaugte und zum Salzton wurde. Dieser bildete auch den Schutz des Salzlagers gegen Wiederauflösung.

Der Bau der norddeutschen Salzlager. Die Möglichkeit der Entstehung von Salzlagern auf die angegebene Weise besteht, und die norddeutschen Salzlager kommen in ihrem Aufbau dem geschilderten Vorgange am nächsten. Dennoch sind in den letzten Jahren vielfach Bedenken über das Zutreffen dieser Erklärung ausgesprochen worden. Die Salzvorkommen sind auf einer Fläche, die sich vom Rhein (Wesel) bis nach Polen (Hohensalza) und von der Unterelbe (Lieta bei Altona) bis Eisenach am Nordrande des Thüringerwaldes, nachgewiesen worden. Im Baue sind die aufgeschlossenen Salzvorkommen in den Einzelheiten recht verschieden. Doch hat Everding versucht, aus den gemachten Beobachtungen ein schematisches Profil zusammenzustellen.

Die norddeutschen Salzvorkommen ruhen auf Gesteinen, die der unteren Schichtreihe der permischen Formation zugezählt werden. Diese beginnt mit roten Sandsteinen (Rotliegendes) und endigt mit einer wenig mächtigen Kalksteinbildung (Zechstein). Bedeckt werden die Salzlager von Sedimenten der Triasformation. Der Absatz der Salze erfolgte somit gegen den Schluß der permischen Formation.

Über dem Zechstein liegt nun:

1. Der ältere Anhydrit. Es ist dies ein grauer, körniger Anhydrit ($CaSO_4$), der stellenweise mit bituminösen Stinkschiefern wechsellagert oder, wie im Allertale, in Abständen von 1 cm von tonigen Zwischenlagen durchbändert ist. Über ihn folgt, aber ihn nicht überall bedeckend,

2. der Anhydrithalit, so benannt, weil dieser Schichtenkomplex nur aus Anhydrit und Halit oder Steinsalz [$NaCl$] besteht. Die Hauptmasse dieser 300—500 m mächtigen Schichte bildet graues, spätiges Steinsalz, das durch ungefähr 3000 höchstens 7 cm dicke Jahresschnüre aus Anhydrit in Schichten von 3—16 cm Dicke zerlegt ist. Das Steinsalz ist nicht absolut rein. Es enthält in den unteren Partien 9%, in den oberen 4% Anhydrit eingeschlossen. In den obersten Teilen dieser Zone findet sich auch der Hydroborazit [$MgCaB_6O_{11} \cdot 6H_2O$].

3. In den oberen Lagen der Anhydrithalitzone wird der Anhydrit in den Jahresschnüren immer mehr durch den Polyhalit [$K_2SO_4 \cdot MgSO_4 \cdot 2CaSO_4 \cdot 2H_2O$] ersetzt, weshalb dieser Teil des Salzlagers die Polyhalitzone genannt wird. Die Durchschnittsmächtigkeit dieser Zone ist 40—60 m. Die Jahresschnüre sind hier nur mehr 2—4 cm voneinander entfernt. Das Steinsalz ist nicht mehr klar, sondern trübe und enthält 0,3—3% Magnesiumchlorid als Verunreinigung.

4. Weil infolge der fortschreitenden Abdampfung die Magnesiumsalze über das Natriumchlorid immer mehr die Oberhand gewannen, entwickelte sich jetzt ein Schichtkomplex, der sich aus Steinsalz und dem Kieserit zusammensetzt und daher Kieserithalit oder Kieseritregion genannt wird. Die Mächtigkeit dieser Zone schwankt zwischen 20—40 m. Durchgehende Lagen von Kieserit fehlen. Der Kieserit bildet Bänke von 2—30 m Dicke, und in ihnen liegen schöne, ringsum ausgebildete Kristalle von blaßviolettem Anhydrit.

5. Darüber folgt nun die wegen ihres Gehaltes an Kaliumchlorid wirtschaftlich wertvollste Zone der norddeutschen Salzlager, die Carnallitzone oder das Hauptsalz. Diese Zone wurde, als die Staßfurter Salzlager im Jahre 1843 erschlossen wurden, als lästige Zugabe empfunden und erhielt, weil deren Inhalt erst weggeräumt werden mußte, bevor man zu dem damals allein geschätzten Steinsalz kam, den Namen Abraumsalze. Heute ist sie, wie schon der Name Hauptsalz sagt, der wichtigste Teil der norddeutschen Salzlager, weil der Carnallit, die Verbindung [$KMgCl_3 \cdot 6H_2O$], wegen ihres Kaliumgehaltes allein gewonnen wird. Die mittlere Mächtigkeit dieser Zone beträgt 42 m. Neben dem Carnallit finden sich hier noch untergeordnet Steinsalz und Kieserit, dann zumeist in Knollenform der Borazit oder Staßfurtit [$Cl_2Mg_7B_{16}O_{30}$]. Auch Bischofit [$MgCl_2 \cdot 6H_2O$] tritt stellenweise auf. Örtlich erscheint an Stelle des Carnallites das sog. Hartsalz, ein Gemenge von Kieserit, Sylvin (KCl) und Steinsalz oder reiner Sylvin.

Über das ungefähre Mengenverhältnis der einzelnen Bestandteile in den einzelnen Zonen gibt nachstehende Zusammenstellung Aufschluß.

	Steinsalz	Anhydrit	Polyhalit	MgCl₂	Kieserit	Carnallit
Anhydritregion	91—96%	9—4	—	—	—	—
Polyhalitregion	91	0,7	6,6	0,5	—	—
Kieseritregion	65	2,0	—	3,0	17	13
Carnallitregion.	25	—	—	16	—	56%

Mit der Carnallitzone schließt die Schichtreihe des älteren Salzlagers.

Nun folgt, oft von der Carnallitzone durch eine wenig mächtige Steinsalzlage (Salzbesteg), örtlich auch durch eine Schichte von Reichardtit $[MgSO_4 \cdot 7H_2O]$ getrennt,

6. der graue Salzton, eine 6—10 m mächtige Schichte, in der man wieder drei Unterabteilungen unterscheiden kann.

a) Die unterste Lage ist stark anhydritisch. Sie enthält 65% in heißem Wasser lösliche Salze, fast ausschließlich Sulfate des Kaliums, Magnesiums und Kalziums, daneben nur 0,4% $NaCl$. Die Sulfate rühren wahrscheinlich von eingelagertem Polyhalit her.

b) Die mittlere Lage enthält marine Versteinerungen. Sie ist auch relativ reich an Cu, Zn, $[V_2O_5]$, Ti, Li, $[NH_3]$ und $[HNO_3]$. Ferner enthält sie im Mittel 7% $[Mg(HO)_2]$ und $18^1/_2$% $[Al_2(HO)_6]$, deren auffallendes Vorkommen man auf die Einwirkung der chlormagnesiumhaltenden Restlaugen auf die Silikate des Tones erklärt.

Das im Meerwasser neben Jod vorkommende Brom findet sich als Bromcarnallit $[KMgBr_3 \cdot 6H_2O]$ im Hauptsalz.

c) Die hangenden Schichten sind durch einen großen Gehalt an Magnesiumkarbonat ausgezeichnet.

Im Salzton trifft man vielfach würfelförmige Pseudomorphosen, deren äußere Schichte aus kristallisiertem Quarz besteht, während der Hohlraum mit Steinsalz oder Anhydrit bzw. Gips erfüllt ist. Auch Pseudomorphosen von Steinsalz nach Carnallit wurden beobachtet. In linsenförmigen Einlagerungen treten im Salzton Steinsalz, Sylvin und Glauberit $[Na_2Ca(SO_4)_2]$ auf.

7. Über dem Salzton lagert dann der sog. Hauptanhydrit, der mit seiner 40—90 m betragenden Mächtigkeit die Schichtfolge des jüngeren Salzlagers einleitet. Er ist gekennzeichnet durch ein strahliges Gefüge, ist grau oder blau und geht stellenweise in Gips $[CaSO_4 \cdot 2H_2O]$ über. Auf seiner Oberfläche sind von Nordost nach Südwest verlaufende Wellenmarken zu beobachten.

8. Die nächste Schichte bildet eine durch ihre blutrote Farbe ausgezeichnete Tonschichte, der rote Ton. Er ist 5—15 m mächtig, enthält oft Trümmer von Carnallit und Pseudomorphosen nach Gips, die, wie jene im grauen Salzton (6), eine zarte Hülle von kristallisiertem Quarz besitzen. An der unteren und oberen Grenzfläche sowie längs Rissen ist er infolge reduzierender Einflüsse graugrün geworden.

9. Den roten Ton überlagert der Zwischen- oder Pegmatitanhydrit. Er stellt gewöhnlich eine Durchwachsung von gelblichem Anhydrit mit Steinsalz dar. Letzteres kann aber auch verschwinden.

10. Über dieser Schichte folgt dann ein Steinsalzlager, in dem die Jahresringe selten und immer schwach entwickelt sind.

11. Den Schluß der ganzen permischen Salzformation bildet wieder ein Anhydritlager, das stellenweise (Allertal) einen mächtigen Gipshut trägt.

Dieses permische Salzlager wird von Schichten der Trias (Buntsandstein, Muschelkalk und Keuper) überlagert, in welchen ebenfalls vereinzelt kleinere Salzlager sich finden.

In den meisten Salzlagern sind nur die zwei untersten Schichtreihen entwickelt. Die Magnesiasalze kennt man außer aus Norddeutschland nur noch von Kaluscz in Galizien, vom Oberrhein und vereinzelt auch aus dem Salzkammergut (Polyhalit), wo das regelmäßig geschichtete Salzlager durch das Haselgebirge, einen salzhaltenden Ton, ersetzt ist.

In den meisten Salzablagerungen wurde der Abdunstungsprozeß vor der Abscheidung der Magnesiasalze dadurch unterbrochen, daß die letzten Mutterlaugen wieder einen Abfluß ins Meer fanden. Auch in Norddeutschland ist die Mächtigkeit der Abraumsalze geringer als sie theoretisch sein sollte. Auch hier kann ein teilweises Abströmen schuld sein. Das alte permische Salzlager ist jedoch schon frühzeitig der Zerstörung anheim gefallen. Man nimmt z. B. an, daß das Material, das in dem jüngeren Salzlager über den grauen Salzton aufgespeichert ist, aus dem älteren Salzlager stammt. Das ältere Steinsalzlager zeigt auch sonst zahlreiche sekundäre Veränderungen sowohl im Mineralbestand, als auch in den Lagerungsverhältnissen. Everding nennt alle jene Mineralien, welche erst lange nach der Fertigstellung des älteren Salzlagers in demselben gebildet wurden, posthume Salze, und jene, die durch Auflösung von Salzen und Wiederabsatz an anderen Stellen noch während der Permzeit entstanden sind, deszendente.

Die Mineralien der Salzlagerstätten.

Über die Bildungsbedingungen der Mineralien in den Salzlagerstätten ist man durch die Untersuchungen Van t'Hoffs und seiner Schüler genau unterrichtet. Es beteiligen sich am Aufbau der Salzlagerstätten folgende Mineralien:

Das Natriumchlorid. Dieses tritt immer nur als kubisch kristallisierendes Steinsalz oder Halit [$NaCl$] auf. Gegen geänderte Entstehungsbedingungen ist es relativ unempfindlich. Wenn es kristallisiert ist, bildet es zumeist Würfel. Nur wenn die Lösungen Magnesiasalze enthalten, treten Kombinationen des Würfels mit dem Oktaeder auf. Ähnlich scheinen die Borate in den Boraxplayas zu wirken. Daß Harnstoff als Lösungsgenosse die gleiche Wirkung hervorbringt, ist bekannt.

Das Kalziumsulfat [$CaSO_4$]. Das Kalziumsulfat kristallisiert aus wässerigen Lösungen als monokliner Gips [$CaSO_4 \cdot 2H_2O$]. Der Gips verliert aber sein Wasser und kristallisiert als rhombischer Anhydrit [$CaSO_4$], wenn die Lösung auf $63^1/_2°$ erwärmt wird, in einer konzentrierten Natriumchloridlösung jedoch schon bei 35°. Aus einer Magnesiumchloridlösung kristallisiert das Kalziumsulfat auch bei normalen Temperaturen als Anhydrit. Der Gips gibt nämlich so wie alle kristallwasserhaltenden Verbindungen in einer Lösung sein Wasser dann ab, wenn der Dampfdruck der Lösung kleiner ist als der Dampfdruck des Wassers im Mineral. Die ersten Abscheidungen aus einem Salzsee sollten daher wegen der geringen anfänglichen $NaCl$-Konzentration immer aus Gips bestehen. Daß dieser Gips nachträglich zu Anhydrit wird, kann in der zunehmenden Konzentration der steinsalzhaltenden Mutterlauge seinen Grund haben. Es besteht aber noch eine andere Möglichkeit der primären Bildung des Anhydrites. Es wurde schon oben erwähnt, daß der Anhydrit, wenn er mit Wasser in Berührung kommt, in Gips übergeht. Dabei vergrößert sich sein Volumen um 30%. In einer sehr tiefen Meeresbucht, wo der Druck der Wassersäule schon sehr groß ist, wäre es daher möglich, daß sich der Anhydrit mit dem kleineren Volumen primär bildet. Wenn dieser Fall nicht zutrifft, so wäre nur eine Versenkung der ursprünglichen Gipsschichte in größere und daher wärmere Erdtiefen, entweder infolge von Überlagerung mit Sedimenten oder durch Krustenbewegung, die einzige Möglichkeit, den Gips in Anhydrit umzuwandeln. Die losen Anhydritkristalle in der Kieseritzone sind nach dem früher Gesagten zweifellos primär gebildet.

Der Polyhalit [$KSO_4 \cdot MgSO_4 \cdot 2CaSO_4 \cdot 2H_2O$] ist grau und kommt in den Salzlagern immer derb vor. Aus dem Salzkammergute kennt man auch rote, stengelige Abarten. In Staßfurt fanden sich auch winzige trikline Kristalle. Nach Basch entsteht der Polyhalit bei 25°, wenn man seine Bestandteile aufeinander einwirken läßt. In der Natur kann er auch durch Wechselzersetzung von Anhydrit und Carnallit entstehen.

Das Magnesiumsulfat [$MgSO_4$]. Das Magnesiumsulfat ist als solches schon im Meerwasser gelöst, kann aber auch sekundär durch Einwirkung von Magnesiumchlorid [$MgCl_2$] auf Kalziumsulfat entstehen. In den Salzlagern begegnet man dieser Verbindung in zwei Wässerungsstufen: als [$MgSO_4 \cdot 7H_2O$], die als Mineral die Namen Reichardtit, Epsomit oder Bittersalz führt, und als [$MgSO_4 \cdot H_2O$] im Kieserit.

Bei normalen Temperaturen scheidet sich das Magnesiumsulfat aus seinen wässerigen Lösungen als Bittersalz aus, das rhombische bisphenoidische Kristalle bildet, sehr oft aber auch in fadenförmigen Bildungen als Ausblühung auf Steppen erscheint. Das Existenzgebiet des siebenfach gewässerten Salzes ist durch die Temperaturen $+1,8$ und $+48,2$ begrenzt. Unter diesem Temperaturintervall kristallisiert das Magnesiumsulfat mit $12H_2O$, über demselben mit $6H_2O$. Bei $68°$ geht dann das Hexahydrat, welches bis nun nur ein einziges Mal zu Orsville in Washington als Produkt der Sonnenwirkung gefunden worden ist, in den Kieserit über. Diese Umwandlungstemperaturen werden erniedrigt, wenn Natriumchlorid mit gelöst ist! So bildet sich in einer Natriumchloridlösung Kieserit schon bei $35,5°$. Wenn der Kieserit mit Wasser in Berührung kommt, wandelt er sich in Epsomit um. Dabei erwärmt er sich, und das lockere Pulver backt zu einer festen Masse zusammen (Kieseritstein). Erst dann löst er sich im Überschusse vom Wasser.

Das Magnesiumchlorid [$MgCl_2$] und seine Doppelsalze. Als Mineral mit $6H_2O$ heißt diese Verbindung Bischofit [$MgCl_2 \cdot 6H_2O$]. Auch das Magnesiumchlorid kann in mehreren kristallwasserhaltenden Verbindungen auftreten, von denen aber nur die mit $6H_2O$ in der Natur beobachtet wurde. Der Grund hierfür liegt in dem Umstand, daß das Hexahydrat zwischen den Temperaturen $-3,4$ und $+117°$ bestandfähig ist. Das Kristallwasser des Bischofites hat einen sehr niedrigen Dampfdruck, weshalb der Bischofit aus der Luft leicht Wasser anzieht und zerfließt. Kristalle dieses Minerales, die dem monoklinen Systeme angehören, hat man in einer Spaltausfüllung der Carnallitregion zu Vieneburg in Norddeutschland gefunden.

Das Magnesiumchlorid bildet mit dem Kaliumchlorid ein Doppelsalz, den Carnallit [$KMgCl_3 \cdot 6H_2O$], der in rhombischen Kristallen mit pseudohexagonaler Tracht auftreten kann. Kristalle fanden sich in den Spalten des Hauptanhydrites und des jüngeren Steinsalzes. Der Carnallit kann innerhalb der Temperaturgrenzen $-21°$ und $+167,5°$ bestehen, aber nur dann, wenn die Lösung einen großen Überschuß von Magnesiumchlorid aufweist. Ist dies nicht der Fall, so zerfällt der Carnallit auch innerhalb dieses Temperaturgebietes in Kaliumchlorid und Magnesiumchlorid. Durch dieses Verhalten ist das Vorkommen von Kaliumchlorid, das als Mineral den Namen Sylvin führt, in den Steinsalzlagerstätten zu erklären. Der Sylvin ist immer sekundärer Entstehung, denn in der Restlauge des Meerwassers ist der Gehalt an Magnesiumchlorid so groß und der von Kaliumchlorid so gering, daß sich aus ihr nur Carnallit ausscheiden kann.

Der Sylvin kristallisiert ebenfalls kubisch, und zwar in Würfeln, die sehr gern auch das Oktaeder als Kombination zeigen. Er ist dem Steinsalz im Aussehen sehr ähnlich, aber durch seinen bitteren Geschmack von diesem leicht zu unterscheiden.

Dieser sekundäre Sylvin ist bald mit Steinsalz und Kieserit, bald mit Steinsalz allein verwachsen. Die erstere Assoziation nennt man Hartsalz, die zweite Sylvinit. Diese Gemenge finden sich auch im Salzlager (Kaluscz, Oberelsaß), wo der Carnallit bis jetzt noch nicht beobachtet wurde. Der Sylvin ist das wichtigste Mineral der norddeutschen Salzlager. Aus seiner Vergesellschaftung mit

Steinsalz kann er leicht gewonnen werden, weil seine Löslichkeit gegenüber dem Steinsalz mit der Temperatur stark ansteigt und er sich daher aus einer heißen Lösung beim Abkühlen zuerst rein abscheidet.

Wenn Magnesiumchlorid auf Anhydrit oder Gips einwirkt, entsteht neben Magnesiumsulfat auch Kalziumchlorid $[CaCl_2]$. Diese Verbindung fand man in den Gipsen von Lüneburg als Mineral. Weil diese Verbindung an der Luft leicht zerfließt, gab ihr Hausmann den Namen Hydrophilit. Die Gipse von Lüneburg gehören ebenfalls zu den Bildungen der permischen Formation, worauf die schönen Borazitkristalle, die in denselben eingewachsen sind, hinweisen.

In den Salzlagern selbst ist das so entstandene Kalziumchlorid ein Bestandteil des Tachyhydrites $[CaCl_2 \cdot 2MgCl_2 \cdot 12H_2O]$. Er bildet in der Carnallitzone derbe gelbliche Massen. Wie die des Carnallites ist auch die Existenz des Tachyhydrites von der Temperatur abhängig. Die Bildungstemperatur liegt zwischen 21,9° und 116,6°, ist also ungefähr jene des Magnesiumchlorid-Hexahydrates.

Die gelbe Farbe des Tachyhydrites rührt vom beigemengten Ferrichlorid her. Dieses ist, wie das Ferrochlorid, nur aus den obersten Schichten der norddeutschen Salzlager bekannt und leitet sich, wie man allgemein annimmt, vom Carnallit her, der stellenweise infolge zahlreich eingelagerter Eisenoxydblättchen nicht farblos, sondern blutrot ist.

Im Hartsalz findet sich auch ein komplexes Ferrosalz, der Rinneit $[NaK_3(FeCl_6)]$. Er ist in der Regel farblos, gelegentlich aber auch gelb, rosarot und violett. Beim Liegen an der Luft wird er hyazinthrot, weil das Ferrochlorid in das Ferrichlorid umgewandelt wird. Es bildet sich der Erythrosiderit $K_2[FeCl_5(H_2O)]$, der auch als Sublimationsprodukt vom Vesuv bekannt ist.

Der Jod- und Bromgehalt der Salzlagerstätten.

Im Meerwasser sind bekanntlich in geringen Mengen auch Brom und Jod vorhanden. Demnach ist auch in vom Meereswasser abgeleiteten Salzablagerungen Brom und Jod zu erwarten. Das Brom ist in den deutschen Salzlagerstätten auch festgestellt worden und wird aus der Carnallitmutterlauge gewonnen. Die erste Spur des Broms findet sich schon in der Anhydrit-Halitregion, woselbst im Steinsalz 0,013% nachgewiesen wurden. Die Hauptmenge tritt aber erst in der Carnallitzone auf, wo der Sylvin bis 0,36%, der Carnallit bis 0,45% und der Bischofit sogar 0,5% Brom enthalten kann. Im Carnallit ist das Brom als Bromcarnallit $[KMgBr_3 \cdot 6H_2O]$ enthalten.

Dagegen fehlt das Jod fast vollständig. Dies nimmt wunder, da doch das Meerwasser im Liter neben 65 mg Brom auch 2 mg Jod enthält. Für das Fehlen des Jods in den Salzablagerungen macht man die Tatsache verantwortlich, daß die Jodide des Kaliums mit dem analogen Chloriden keine Mischkristalle bilden. Deshalb muß sich das Jod in den Restlaugen ansammeln. Aus diesen Restlaugen kann es entweder sich verflüchtigt haben, oder es kann mit den Restlaugen weggeschwemmt worden sein. Für das Wegwandern spricht das Auftreten jodhaltender Quellen in Gebieten, in deren Untergrund bis jetzt keine Salzlager nachgewiesen wurden. Beispiele sind die Jodquellen von Hall in Oberösterreich und von Füssen im Allgäu. In der Marienquelle des letztgenannten Ortes, deren Wasser nur 0,278% Rückstand liefert, sind neben 1,457% Cl noch 0,015% J und 0,012% Br gefunden worden, also relativ mehr Jod als Brom.

Die Alkalisulfate und ihre Doppelsalze.

Wenn die entsprechenden Alkalichloride mit Sulfaten zusammenkommen, so bilden sich die Sulfate dieser Alkalien.

Das reine Kaliumsulfat ist in den Salzlagerstätten bis jetzt noch nicht beobachtet worden. Dafür kennt man aus den Salzlagerstätten eine ganze Reihe von Doppelsalzen. Als primäres Doppelsalz ist der Polyhalit [$K_2MgCa_2(SO_4)_4 \cdot 2H_2O$] anzusehen, der für die nach ihm benannte Zone bezeichnend ist. Alle anderen kalihaltenden Doppelsalze sind sekundär. Zu nennen sind:

Der Glaserit [$H_3Na(SO_4)_2$], dessen Kristalle ditrigonal-pyramidal sind. Er entsteht, wenn man Glaubersalz [$Na_2SO_4 \cdot 10H_2O$] mit Kaliumchlorid zusammenbringt, wobei sich das ganze Gemenge verflüssigt. Aus mit Natriumchlorid gesättigten Lösungen scheidet sich das Kaliumsulfat bei 25° immer als Glaserit aus, der kein Kaliumsulfat, wohl aber Natriumsulfat in fester Lösung aufzunehmen vermag. Kaliumsulfat ist bei niederen Temperaturen mit dem Natriumsulfat nicht homöomorph. Daher bildet sich nur das Doppelsalz, bei dem gerade so wie beim Rinneit $K : Na = 3 : 1$ ist.

Der Syngenit oder Kaluszit. Den letzteren Namen hat das Doppelsalz [$K_2Ca(SO_4)_2 \cdot H_2O$] deshalb erhalten, weil es zuerst in dem galizischen Salzbergwerk Kalusz gefunden wurde. Die Formel gibt eine gewisse stöchiometrische Ähnlichkeit mit Polyhalit. Der Syngenit kristallisiert monoklin in gipsähnlichen Kristallen, die immer nach (100) tafelartig entwickelt sind. Spaltfläche ist gleichfalls (100); sie ist auch Zwillingsfläche. Der Syngenit verdankt der Einwirkung von kalihaltenden Lösungen auf Gips oder Anhydrit seine Entstehung. Bedingung ist, daß mehr als 3,26 Teile Kaliumsulfat in 1000 Teilen Wasser enthalten sind. Ist die Lösung verdünnter und die Temperatur unter 31,8°, so zerfällt der Syngenit wieder in seine Komponenten. Auch größere Mengen von Natriumsalzen sind seinem Entstehen schädlich. In diesem Falle bildet sich anstatt des Syngenites Glaubersalz.

Die Kalium-Magnesium-Doppelsalze. Als solche sind aus den Salzlagerstätten bekannt: der monoklin kristallisierende Schönit oder Pikromerit [$K_2Mg(SO_4)_2 \cdot 6H_2O$], der gleichfalls monokline Leonit oder Kaliumastrakanit [$K_2Mg(SO_4)_2 \cdot 4H_2O$] und der kubische pentagondodekaedrische Langbeinit [$K_2Mg_2(SO_4)_3$].

Alle diese Mineralien sind farblos und daher schwer voneinander zu unterscheiden. Der Langbeinit entbehrt auch des sonst für diese Salze bezeichnenden Geschmackes.

Die drei genannten Salze haben folgende Existenzbereiche:

Es wandelt sich um:

a) in reiner Lösung			Schönit bei 47,5°	in Leonit,	bei 89°	in Langbeinit
b) bei Gegenwart von	$MgSO_4+xH_2O$		„	„ 41,5°	„	„	„ 61°	„	„
c) „	„	„ K_2SO_4	„	„ 47,5°	„	„	„ 89°	„	„
d) „	„	„ $NaCl$	„	„ 26,0°	„	„	„ 37°	„	„

An feuchter Luft oder Zutritt von Wasser erfolgt die Rückumwandlung in die wasserreichere Verbindung.

Der Kainit. Die Formel des Kainites kann [$KCl \cdot MgSO_4 \cdot 3H_2O$] geschrieben werden. Mit Alkohol läßt sich Magnesiumchlorid ausziehen. Künstlich kann man den Kainit darstellen, wenn man äquivalente Mengen von Bittersalz [$MgSO_4 \cdot 7H_2O$] und Kaliumsulfat mit überschüssigem Magnesiumchlorid eindampft. Die oberste Bildungstemperatur ist 85°, in einer mit $NaCl$ gesättigten Lösung 83°. Über dieser Temperatur zerfällt der Kainit in Sylvin und Kieserit, welches Gemenge bekanntlich Hartsalz heißt. Das Gemenge von Steinsalz, Sylvin und Kainit führt den Namen Thanit.

Der Kainit bildet in den deutschen Salzlagern gewöhnlich den „Hut" der steil aufgerichteten Hauptsalzlager und ist dort ein Produkt der Einwirkung der

Tagewässer auf das Gemenge von Kieserit und Carnallit. Er ist immer körnig, grau bis gelblich. Kristalle (die dem monoklinen System angehören) sind eine Seltenheit. Auch in Kalusz hat man Kainit gefunden.

Das Natriumsulfat und seine Doppelsalze. Im Gegensatze zum Kaliumsulfat findet man das Natriumsulfat, wenn auch in nicht bedeutenden Mengen, in den Salzlagerstätten öfters als sekundäres Produkt. Bekannt sind Funde von monoklin kristallisierendem Glaubersalz oder Mirabilit $[Na_2SO_4 \cdot 10 H_2O]$ in den alpinen Salzvorkommen von Aussee, Hallstatt und Hallein. Glaubersalz bildet sich nur in Lösungen bei Temperaturen unter 33°. Über dieser Temperatur entsteht die wasserfreie Verbindung $[Na_2SO_4]$, der rhombisch kristallisierende Thenardit, den man in den Steinsalzlagerstätten selten, in den Ablagerungen der Salzseen um so häufiger findet, weil sich Salzseen in der Regel in warmen und trockenen Klimaten finden. An trockener Luft gibt das Glaubersalz sein Kristallwasser ab. Es verstäubt. Dort, wo es sich als Ausblühung auf salzhaltendem Boden bildet (Neusiedler See), mischt es sich dann mit anderen verstäubenden Salzen (Bittersalz) dem vom Winde aufgewirbelten Staube bei (Zickstaub), der auf die Schleimhäute der Augen ätzend einwirkt.

In Salzseen, die durch den Rückzug des Meeres entstanden sind (Reliktseen) und daher neben Natriumchlorid auch viel Magnesiumsulfat enthalten, scheidet sich im Winter Glaubersalz, im Sommer Bittersalz aus. Diese Erscheinung beruht darauf, daß das Glaubersalz in der Kälte weniger löslich ist als das Bittersalz und daher die Kälte die Bildung des Glaubersalzes begünstigt. Im Ardschi Darjabusen, am Ostufer des Kaspisees, findet man im Winter, wenn die Temperatur des Wassers 5° erreicht, am Ufer und am Boden des Sees Glaubersalz, das im Sommer wieder verschwindet. Das Glaubersalz bildet an manchen Stellen der Erde selbständige Lager, die abgebaut werden. Auch in manchen Quellen, z. B. in Karlsbad, ist es in größeren Mengen vorhanden. Hier ist es wahrscheinlich juvenilen Ursprunges.

Der Glauberit. Wenn eine Natriumsulfatlösung bei Temperaturen über 29° mit Gips zusammenkommt, so kann sich der monokline Glauberit bilden. Seine Formel ist $[Na_2Ca(SO_4)_2]$. Es stellt der Glauberit einen entwässerten Natriumsyngenit dar. Der Glauberit verlangt zu seinem Bestande auch eine bestimmte Zusammensetzung und Konzentration der Mutterlauge. Ist diese Bedingung nicht erfüllt, so zerfällt der Glauberit wieder in seine Komponenten, Gips und Glaubersalz.

Als sekundäres Produkt wird der Glauberit in den Salzlagerstätten öfters angetroffen. Er bildet auch selbständige Lager und ist in den Ablagerungen der Salzseen ebenfalls nicht selten.

Die Natrium-Magnesium-Doppelsulfate. Man kennt aus den Salzlagerstätten deren drei: den monoklinen Astrakanit, der auch die Namen Blödit und Simonyit führt, $[Na_2Mg(SO_4)_2 \cdot 4 H_2O]$, den Loeweit $[Na_2Mg(SO_4)_2 + 2^1/_2 H_2O]$ und den van t'Hoffit $[Na_6Mg(SO_4)_4]$. Der Astrakanit geht bei 71° in den Loeweit über und durch weitere Entwässerung und Abspaltung von Magnesiumsulfat entsteht aus dem Loeweit der van t'Hoffit. Von den beiden letzteren Mineralien ist die Kristallgestalt unbekannt. Die Umwandlungstemperaturen ändern sich auch hier mit der Zusammensetzung der Mutterlauge. In Gegenwart der Salze des Meerwassers entsteht der sich in reinen Lösungen erst bei 20° bildende Astrakanit schon bei 4,5°, der Loeweit bei 43° und der van t'Hoffit bei 46°.

Die Borate. Bezeichnend ist, daß in Salzlagerstätten mariner Abkunft nur Magnesiumborate vorkommen, während in den borsalzehaltenden Ablagerungen der Salzseen die Natron- und Kalziumborate sich finden. Dem Bor begegnet man in den Salzlagerstätten das erstemal in der Polyhalitregion, wo der Hydro-borazit $[CaMgB_6O_{11} \cdot 6H_2O]$ derbe Massen bildet. Auf Spaltblättchen beobach-tet man den Austritt eines zweiachsigen Achsenbildes, und daraus schließt man, daß der Hydroborazit monoklin kristallisiere.

Die Hauptmenge der Borsäure findet sich aber erst in der Carnallitzone, wo der Staßfurtit, große, grünliche Knollen bildend, neben dem Carnallit auftritt. Diese Knollen, welche nach Grüner aus $[Cl_2Mg_7B_{16}O_{30}]$ bestehen, sind aus win-zigen, nadelförmigen Kristallen zusammengesetzt, die doppeltbrechend sind und gerade auslöschen. Ein Teil des Mg ist im Staßfurtit durch Fe ersetzt, das dem Staßfurtit und auch den ebenso zusammengesetzten, scheinbar kubischen Bora-zitkristallen eine grünliche Farbe verleiht. Der Borazit ist in ringsum aus-gebildeten Kristallen im Carnallit und den ihn begleitenden oder aus ihm hervor-gegangenen Mineralien eingewachsen. Sie werden vornehmlich erst beim Auf-lösen des Hauptsalzes freigelegt, weil der Borazit im Wasser sehr schwer löslich ist. Die Kristalle zeigen den Würfel, das Rhombendodekaeder und sowohl das positive wie auch das negative Tetraeder, gehören also der hexakistetraedrischen Klasse an, was auch ihre Pyroelektrizität beweist. Sie sind aber nicht isotrop, wie die Kristallgestalt verlangen würde, sondern anisotrop und ein Komplex von rhombischen, durch das Zwillingsgesetz: Zwillingsfläche ist die Rhombendodeka-ederfläche verbundene Durchwachsungsvielinge. Wenn man Borazit auf 265° erwärmt, so wird er isotrop, und Gestalt und optische Eigenschaften sind nun im Einklange. Diese Umwandlung ist reversibel. Früher hielt man Staßfurtit und Borazit für dimorph. Boecke hat jedoch gezeigt, daß der Staßfurtit die-selben Umwandlungserscheinungen zeigt wie der Borazit, daß also beide iden-tisch sein müssen, wenn auch die Bestimmungen des Volumgewichtes beider Modifikationen — Staßfurtit 2,57—2,66, Borazit 2,9—3,0 — Verschiedenheiten ergeben haben.

Der Sulfoborit. Unter den Lösungsrückständen des Carnallites fand sich auch in stark glänzenden, rhombischen Kristallen als Seltenheit der Sulfo-borit $[Mg_6(B_2O_5)_2(SO_4)_2 \cdot 9H_2O]$.

Als Umwandlungsprodukte des Staßfurtites sind zu deuten: der gelbe bis grüne, tetragonal-pyramidale Pinnoit $[MgB_2O_4 \cdot 3H_2O]$, der Ascharit $[3Mg_2B_2O_5 \cdot 2H_2O]$ und der monokline Kaliborit $[K_2Mg_4B_{22}O_{38} \cdot 18H_2O]$. Sie alle finden sich im Kainit-Hut.

Weitere Folgerungen für die Geschichte der Norddeutschen Salz-lagerstätten. Durch die Untersuchungen van t'Hoffs und seiner Schüler sind für einzelne Mineralien der norddeutschen Salzlagerstätten hohe Entstehungs-temperaturen festgestellt worden, z. B. bildet sich das Hartsalz genannte Ge-menge erst bei 80°. Als Ursache dieser hohen Temperaturen hat man lange Zeit das Klima angenommen, zumal in den stagnierenden Salzseen des Komitates Maros Torda, die Einbrüchen des Salzgebirges ihre Entstehung verdanken, in gewissen Tiefen bis 70° festgestellt wurden.

Nun hat aber Koken auf Grund seiner Studien über die permische Fauna nachgewiesen, daß das Klima zur Permzeit kühl gewesen sei. Die Fauna des deutschen Zechsteinmeeres, das über Rußland mit dem arktischen Ozean in Ver-bindung stand, ist eine ausgesprochene Kümmerfauna von arktischem und sub-arktischem Charakter.

Wenn ein Meeresbecken bei niederer Temperatur abdampft, so ist die Reihen-folge der Schichten, die ein solches Salzlager zusammensetzen, wesentlich anders als die, welche man früher für die deutschen Salzlager als normal hingestellt hat.

Zuerst scheidet sich nämlich nicht Anhydrit, sondern Gips aus, der 66% der Gesamtmenge des im Meerwasser enthaltenen Kalziumsulfates ausmacht.

Während seiner Abscheidung ändert sich die Zusammensetzung der Mutterlauge von

$$75,000\ (H_2O),\ 12,7\ (CaSO_4),\ 305\ (Na_2Cl_2)\ \text{auf}\ 100\ [K_2Mg(SO_4)_2]\ \text{bis zu}$$
$$6,000\ (H_2O),\ \ 4,3\ (CaSO_4),\ 305\ (Na_2Cl_2)\ \ \text{,,}\ \ \ 100\ [K_2Mg(SO_4)_2].$$

Dann scheidet sich neben dem Gips, der nun nur mehr 21% des Anfangsgehaltes von $CaSO_4$ ausmacht, auch Chlornatrium als Steinsalz ab, so daß $5,500\,(H_2O),\ 1,7\,(CaSO_4),\ 270\,(Na_2Cl_2)$ auf $100[K_2Mg(SO_4)_2]$ kommen. Damit ist die Konzentration der Mutterlauge so groß geworden, daß sich nicht mehr Gips neben Steinsalz, sondern nur mehr Anhydrit, und zwar mit $6^1/_2\%$ des ursprünglichen Gehaltes an $CaSO_4$ abscheiden kann. Die Zusammensetzung des Meerwassers ist nun

$$3,311\,(H_2O),\ 0,9\,(CaSO_4),\ 140\,(Na_2Cl_2)\ \text{auf}\ 100[K_2Mg(SO_4)_2].$$

Und nun folgt die Abscheidung von Polyhalit neben Steinsalz, und zwar abermals mit $6^1/_2\%$ des ursprünglichen $CaSO_4$-Gehaltes, bis das Meerwasser die Zusammensetzung

$$1,155\,(H_2O),\ 1,0\,(CaSO_4),\ 13\,(Na_2Cl_2)\ \text{auf}\ 100[K_2Mg(SO_4)_2]$$

angenommen hat. Im weiteren Verlaufe scheidet sich aus der übrigbleibenden Mutterlauge

(Steinsalz, Reichardit und Kainit),
(Kainit, Reichardit und Steinsalz),
(Carnallit, Reichardit, Steinsalz, Kainit),
(Bischofit, Reichardit, Steinsalz und Kainit)

ab, wobei in obiger Aufzählung die einzelnen Salze nach ihrem relativen Mengenverhältnis geordnet sind.

In dieser Schichtfolge treten nun Mineralien wie Gips, Reichardit und Kainit als erste Abscheidungen auf, Mineralien, die in den Salzlagern Norddeutschlands entweder eine untergeordnete Rolle spielen oder der Hauptmasse nach, wie der Kainit, sekundären Ursprunges sind.

Wenn aus der oben angegebenen Salzfolge jene der deutschen Salzlager hervorgehen soll, so müssen Temperaturerhöhungen eingetreten sein, welche nachträglich die mineralogische Zusammensetzung der ursprünglichen Ablagerungen verändert haben. Arrhenius sieht die Ursache dieser Veränderung in der Bedeckung durch jüngere Sedimente, durch welche die anfänglich an der Erdoberfläche gebildeten Salzschichten in immer tiefere und daher wärmere Erdzonen gerückt worden sind, in denen dann die Umbildung erfolgte.

Durch die Untersuchungen von van t'Hoff und d'Ans kennt man die Veränderungen, welche die primäre Salzfolge bei den verschiedenen Temperaturen erleidet, ganz genau, und in der untenstehenden Tabelle sind dieselben für die obersten Schichten übersichtlich zusammengefaßt.

Veränderungen der primären Salzfolge.

15°	—	Reichardit	Reichardit Schönit	Reichardit Kainit	Reichardit Carnallit	Hexahydrat Carnallit	Hexahydrat Carnallit Bischofit	150 m
25°	Astrakanit	,,	Reichardit Kainit	Hexahydrat Kainit	Kieserit Kainit	Kieserit Carnallit	,,	450 m
35°	,,	Leonit	Kainit	Kainit	,,	,,	,,	600 m
40°	,,	Langbeinit	,,	,,	,,	,,	,,	900 m
45°	,,	Loeweit	Langbeinit	,,	,,	,,	,,	1050 m
55°	,,	,,	,,	,,	,,	,,	,,	1350 m

Das Hexahydrat [$MgSO_4 \cdot 6H_2O$], das in dieser Tabelle als Bodenkörper erscheint, ist bis jetzt als Mineral nur einmal gefunden worden.

Die Konzentration der Lauge nimmt in obiger Tabelle von links nach rechts zu. Temperatur und die ihr entsprechende Versenkung ist in der ersten und letzten Reihe hinzugefügt.

Dieses Versenken der Salzlager infolge der Auflagerung von jüngeren Sedimenten oder durch orogenetische Bewegungen in immer tiefere und daher wärmere Erdrindenzonen, worauf Jänecke zuerst aufmerksam gemacht hat, bewirkte nicht allein die Umwandlung der primären Salzmineralien in wasserärmere, sondern es mußten sich dabei auch gesättigte Laugen bilden, die zur weiteren Umbildung der ursprünglichen Salze in posthume Salze Veranlassung geben konnten.

So wird aus dem Bischofit [$MgCl_2 \cdot 6H_2O$], wenn er auf 117° erwärmt wird, was einer Versenkung auf 3500 m Tiefe ungefähr entsprechen würde, [$MgCl_2 + 4H_2O$] und eine konzentrierte Lauge dieses Salzes.

100 g Kainit [$K(MgCl)(SO_4) \cdot 3H_2O$] zerfallen bei Temperaturen über 83° in 16 g Sylvin, 22 g Kieserit, 33 g Langbeinit und 31 g Lösung.

Wenn andererseits eine durch diese Thermometamorphose gebildete heiße Chlormagnesiumlauge — man traf eine solche in 700 m Tiefe im Werke Bleienrode im Anhydrit an — beispielsweise auf Langbeinit bei 83° einwirken würde, so würde sich zuerst Kieserit und Sylvin und, wenn noch mehr Lauge zusitzen würde, Kieserit und Carnallit bilden. Der Carnallit würde sich ganz im Überschusse der Lauge lösen, und zuletzt bliebe nur der Kieserit übrig.

$$[K_2Mg_2(SO_4)_3] + MgCl_2 = [3\,MgSO_4 + 2\,KCl]$$
$$\text{Langbeinit} + \text{Lösung} = \text{Kieserit} + \text{Sylvin}$$
$$\cdot\,[2\,KCl + 2\,MgCl_2] = [2\,KMgCl_3 \cdot 6H_2O]$$
$$\cdot\,\text{Sylvin} + \text{Lösung} = \quad\text{Carnallit.}$$

Wirkt aber bei gleicher Temperatur eine Chlornatriumlauge auf den Langbeinit ein, so entsteht zuerst durch Austausch des Kalium gegen Natrium Loeweit und daneben Glaserit, später Van t'Hoffit und Glaserit, und zum Schlusse verschwindet letzterer, und der Van t'Hoffit wandelt sich in Thenardit um.

$$\ldots(NaCl)_4 \ldots\ldots\ldots\ldots(NaCl)_2 \ldots\ldots\ldots(NaCl)_2$$
$$2[K_2Mg_2(SO_4)_3] \to Na_4Mg_2(SO_4)_4 \cdot 5H_2O \to Na_6Mg(SO_4)_4 \to 4[Na_2(SO_4)]$$
$$2(K_2SO_4) + 2(MgCl_2) \qquad (MgCl_2) \qquad\qquad (MgCl_2)$$

So können aus ein und demselben Ausgangsmaterial durch Einwirkung verschiedener Laugen ganz verschiedene Assoziationen entstehen.

Bei all diesen Umwandlungen treten auch ziemlich bedeutende Volumsveränderungen sowohl im positiven, als auch im negativen Sinne auf, welche Arrhenius und Lachmann für die in den Salzlagerstätten so häufigen Schichtverbiegungen verantwortlich machen.

Wenn sich z. B. der Reichardit bei 32° in Kieserit umwandelt, wobei 6(H_2O) abgespalten werden, so tritt zuerst eine Volumsvermehrung von ungefähr 10% ein, denn 58,82 cm³ Reichardit liefern 21,60 cm³ Kieserit und 43,81 cm³ Wasser, das sind zusammen 64,41 cm³. Wenn aber das so entstandene Wasser aus dem Umwandlungsraume verschwindet, sei es, daß es freiwillig verdunstet oder, was wahrscheinlicher ist, ausgepreßt wird bzw. abfließt, so ergibt sich daraus eine Volumsverminderung von ungefähr 67% oder gegen das ursprüngliche Volumen des Reichardites von 64%.

Ein anderes Beispiel: Wenn aus Gips bei 65° Anhydrit + Wasser entsteht, so findet zuerst eine Volumsvermehrung um 6,7% und, wenn das Wasser wegfließt, eine Volumsverminderung um 39,4% statt, weil 100 Volumen Gips 60,0 Volumen Anhydrit und 48,1 Volumteile Wasser geben.

Die permischen Salzlager haben aber die Bedeckung mit Sedimenten nicht immer behalten. Dieselbe wurde ja im Laufe der Zeit wieder denudiert, und so rückten die Salzlager wieder näher an die Tagesoberfläche, somit in weniger warme Schichten der Erde auf. Der Erfolg der Thermometamorphose hätte nun wieder rückgängig gemacht werden können, wenn die bei der Thermometamorphose gebildeten Laugen an Ort und Stelle geblieben wären. Das ist nur in wenigen Fällen wirklich so gewesen. In den meisten Fällen ist die Lauge aus dem Umwandlungsraum entfernt worden, und daher konnte keine Rückumwandlung mehr erfolgen, obwohl die sonstigen Bedingungen vorhanden waren.

Auf diese Weise findet die Mannigfaltigkeit in der Ausbildung der permischen Salzlagerstätten Norddeutschlands, besonders aber die des Hauptsalzes in den verschiedenen Bergwerken, ihre ungezwungenste Erklärung.

Die heutige Lagerung der marinen Salzschichten.

Die ursprüngliche flache Lagerung der Salzschichten früherer Erdperioden ist nur in den seltensten Fällen erhalten geblieben. In Norddeutschland sind die permischen Salzlager nur im Südharz flach gelagert. In allen übrigen Teilen ist die Lagerung stark gestört. Die Salzlager sind oft zu sehr steilen Sätteln aufgefaltet, wie der Staßfurt-Egelner Roggensteinsattel, an anderen Stellen sind sie horstartig emporgepreßt und dabei vielfach verknittert und verworfen, wie im Allertale. An dieser gestörten Lagerung sind zum Teil geotektonische Bewegungen, zum Teil die Salze selbst und die durch die Thermometamorphose bewirkten Volumsänderungen schuld.

Salzhorste, die im Hannoveranischen im Allertale reihenförmig angeordnet sind, sind auch aus anderen Gegenden bekannt. Es sei an das Vorkommen bei Maros Ujvar in Siebenbürgen, an die von Algier, Louisiana und aus der Umgebung des toten Meeres erinnert. Das wesentliche im Aussehen der Salzhorste besteht darin, daß mächtige, vielfach ineinander gefaltete Salzschichten aus großen Tiefen — bis 2000 m — durch jüngere Schichten hindurchragen, sie im gewissen Sinne durchspießen. Diese Lagerungsform war auch die Ursache, weshalb Abich früher den Steinsalzvorkommen eruptive Entstehung zuschrieb. Genauere Untersuchungen, hauptsächlich an den Salzhorsten des Allertales angestellt, haben nun ergeben, daß die jüngeren Schichten an den Flanken des Salzhorstes meist nach aufwärts gebogen (geschleppt) sind, daß sie aber auch durch Verwerfungen von ihnen getrennt und dabei vielfach in Schollen zerbrochen sind.

Bezüglich der genetischen Erklärung dieser Salzhorste sind die Forscher in zwei Lager geteilt. Die einen treten für ein vollkommen passives Verhalten der Salzmassen bei der Bildung der Salzhorste ein, wogegen die anderen den Salzmassen einen aktiven Anteil bei der Entstehung dieser Gebilde zubilligen.

Harbort und Stille gehören der ersten Gruppe von Forschern an. Sie sehen in den Salzhorsten nur die Ergebnisse orogenetischer Vorgänge und verweisen darauf, daß das Streichen der Salzhorste im Allertale parallel zum herzynischen Streichen der Schichten ist. Die absonderliche Form setzen sie auf Rechnung der zuerst von Rinne nachgewiesenen großen Plastizität des Steinsalzes, welche, wie Milch gezeigt hat, durch Wärme noch erhöht werden kann.

Nach Erich Seidl war es der Druck einer durch Verwerfungen aus dem Zusammenhange mit den Nachbarschichten gebrachte mächtige Scholle des Deckgebirges, die durch ihr Gewicht die darunterliegenden permischen Salzmassen zum seitlichen Ausweichen zwang und dieselben in die Zerrüttungszonen als Zonen des geringsten Widerstandes hineinpreßte. Weil aber die permischen Salzschichten einen Komplex darstellen, der sich aus Materialien von verschiedener Plastizität aufbaut, so wurden die Salzschichten aus spröderem Material (Carnallit und Anhydrit) vielfach zerbrochen und in einzelne Schollen aufgelöst in die plastischeren Steinsalzschichten hineingepreßt, welche, wohl selbst vielfach gefältet und ausgewalzt, ihren Zusammenhang trotzdem bewahrt haben.

Demgegenüber betonen Arrhenius und Lachmann (1912), daß ein Großteil der Kraft, welche die Horste geschaffen, in den Salzen selbst gelegen sei (Autoplastie) und sie durch molekulare Umlagerung, durch chemische wie physikalische Kräfte die mit Orts- und Volumveränderungen verknüpft sind, erzeugt werden. Diese Kräfte äußern sich im Salzauftrieb (Pegmose), wodurch die spezifisch leichteren Salze nach oben gepreßt werden. Die Beweglichkeit der Salze beruhe auf einem der Regelation des Eises vergleichbaren Rekristallisationsvorgange bei kontinuierlichen Druckunterschieden, infolge deren die Salzmasse von den mehr belasteten Stellen in jene Regionen wandern, die weniger belastet sind und sich dort wieder ausscheiden. Auf diese Weise setzen sich die Salzmassen, ähnlich wie Geschwüre durch die tierische Haut, durch die hangenden Schichten durch, und aus diesem Vergleich leitet Lachmann auch die Bezeichnung Salzekzeme ab.

Fulda macht auf die Tatsache aufmerksam, daß die Salzhorste im Allertale überall in fast gleicher Tiefe (170 m) erbohrt worden sind. Er sieht darin die Wirkung des auflösenden Grundwassers. Diese Niveaufläche nennt er den Salzspiegel. Der Salzspiegel müßte sich naturgemäß mit fortschreitender Auflösung immer mehr senken. Lachmann meint nun, daß dieses Senken durch den Salzauftrieb, der noch immer wirksam ist und immer neue Salzmassen von unten her der Auflösungsfläche entgegenführt, kompensiert werde, so daß der Salzspiegel eine Gleichgewichtsfläche zwischen Auflösung und Salzauftrieb darstelle. Gegen diese Annahme äußerten aber einzelne Forscher Bedenken.

Die Verbreitung der Salzvorkommen. Salzvorkommen mariner Herkunft sind fast in allen Formationen bekannt. Viele bauen sich aber nur aus wechselnden Lagen von Anhydrit bzw. Gips und Steinsalz auf. Kalisalze fehlen in den meisten. Kalisalze, die so große wirtschaftliche Bedeutung haben, sind nur aus Norddeutschland, dem Oberelsaß und aus Galizien in abbauwürdigem Zustande bekannt.

Das Kalisalzvorkommen zu Wittelsheim in Oberelsaß ist mitteloligozänen Alters und stellt eine Schichtreihe toniger und mergeliger Sedimente dar, welche in ihren unteren Lagen Anhydrit und zwei Kalisalzlager führen, die durch eine 21,6 m mächtige Zwischenschichte getrennt sind. Der Träger des Kaligehaltes ist hier nicht der Carnallit, sondern der Sylvin, der mit Ton, Anhydrit, Dolomit und Steinsalz wechsellagert. Carnallit stellt sich nur in den oberen Partien des unteren, 5,6 m mächtigen Lagers ein. Auffallend ist ferner das Fehlen der Magnesiasulfate, das Auftreten anhydritisch-dolomitischer Zwischenlagen sowie das Vorkommen des Anhydrites in allen Horizonten.

Görgey erklärt diese Erscheinung damit, daß er annimmt, das Kalziumkarbonat sei durch das Magnesiumchlorid in Dolomit und Kalziumchlorid umgewandelt worden. Wenn nun später in diese $CaCl$-haltende Laugen frische, mit Magnesiumsulfat beladene Wässer einbrachen, so bildete sich wieder Anhydrit und Magnesiumchlorid.

Sicher ist, daß das Wittelsheimer Salzlager kein Produkt der normalen Abdampfung von Meerwasser an Ort und Stelle ist. Es dürften hier Mutterlaugensalzlösungen, die von anderswoher gekommen sind, zur Abdampfung gelangt sein.

Tertiären Alters sind auch die Sylvin, Kainit, untergeordnet auch Schönit, Kieserit, Astrakanit und Reichardit führenden Salzlager von Kalusz in Galizien.

Ganz abweichende Vorkommen stellen die triadischen Salzlager in den nördlichen Kalkalpen, bei Aussee, Ischl und Hallstatt, Hallein und Hall dar. Hier wird das Chlornatrium durch Auslaugen aus dem sog. Haselgebirge und Abdampfen der Sole gewonnen (Sudsalz). Das Haselgebirge stellt ein inniges Gemenge von Ton mit den verschiedensten Salzmineralien dar. Man kennt aus diesen Salzlagern neben Steinsalz und Anhydrit noch Polyhalit und Astrakanit aus Ischl, Hallstatt, Hallein und Hall, Kieserit aus Hallstatt, Alt-Aussee und Hallein, Loeweit aus Ischl, Hallstatt und Hall, Langbeinit aus Hall und Hallstatt und van t'Hoffit aus Hall und Ischl. Über die Entstehung des Haselgebirges hat man sich noch nicht geeinigt. Wahrscheinlich dürfte das Haselgebirge ein durch die alpine Gebirgsbewegung vollkommen zerstörtes und mit dem Salzton verknetetes normales Salzlager sein.

Auch am Nordrande der Karpathen befinden sich Salzlager tertiären Alters, die von der Gebirgsbewegung mehr oder minder in Mitleidenschaft gezogen wurden. Zu Wieliczka, unweit Krakau, z. B. ist das oberste Salzlager, das Grünsalz, in einzelne große Salzmassen zerlegt, die rings von Salzton umgeben sind. Die beiden tieferen Salzlager, das Spiza- und Szibikersalz, sind wohl auch in Falten gelegt, aber der Zusammenhang der einzelnen Schichten ist noch erkennbar. Kalisalze sind hier nicht bekannt, sondern nur in dem östlich davon gelegenen Salzlager von Kalusz.

Anhang. Der Schwefel. Der Schwefel wurde schon zweimal erwähnt. Einmal bei den vulkanischen Sublimationsprodukten, ein anderes Mal bei den Schwefelquellen. Es wird später nochmals auf ihn zurückgekommen, wenn von den juvenilen Erzen und deren Zersetzungsprodukten die Rede sein wird. Viele juvenile Erze sind Sulfide oder Sulfosalze. Mit ihnen zusammen finden sich auch Sulfate der Metalle, die durch Oxydation aus den sulfidischen Erzen entstanden sind, aber auch, wie Baryt [$BaSO_4$], primäre Sulfate als juvenile Gangart.

Warum an dieser Stelle des Schwefels gedacht wird, hat seinen Grund in der Tatsache, daß sich in der Natur an manchen Orten große Mengen Schwefel in sedimentären Schichten relativ jungen Alters finden und daß mit dem Schwefel zusammen Mineralien vorkommen, die, wie Anhydrit, Gips und Steinsalz, auch aus den Salzlagerstätten bekannt sind.

Daher glauben viele Forscher, diese Schwefelbildungen mit den Salzlagerstätten in Zusammenhang bringen zu müssen. Aus dem häufigen Mitvorkommen organischer Massen (Bitumen) schloß man weiter, daß auch diese mit der Bildung des Schwefels etwas zu tun haben. Die organische Masse, so deduzierte man, hat nach dem Tode ihres Trägers das Bestreben, wieder in ihre elementaren Bestandteile zu zerfallen, aus denen sie gebildet wurden.

Zu diesem Zerfall benötigt sie Sauerstoff. Ist dieser Sauerstoff im ungebundenen Zustande nicht in genügender Menge vorhanden, so kann die organische Substanz diesen anderen sauerstoffhaltende Substanzen entziehen und dieselben reduzieren. Ein Sauerstoffmangel tritt ein, wenn die organischen Substanzen unter Wasser oder Sedimentbedeckung den Zerfallsprozeß, die Verwesung, durchführen müssen. In diesem Falle greift der Kohlenstoff der organischen Substanz um den Sauerstoff vorhandener Sulfate und wandelt diese in die Sulfide der betreffenden Basen um. Dabei entsteht auch Kohlensäure, und diese zersetzt wieder die Sulfide und bildet aus ihnen Karbonate. Gleichzeitig entsteht Schwefelwasserstoff, allenfalls auch gediegener Schwefel. Diese Hypothese findet eine Stütze in dem Zusammenvorkommen von Bitumen und Schwefel, in dem Umstande, daß die Menge des Bitumens vielerorts abnimmt, wenn der Schwefelgehalt zunimmt, ferner in dem Auftreten erhöhter Temperaturen in den Schwefellagern, die darauf hindeuten, daß der Reduktionsvorgang noch nicht zum Stillstande gekommen ist.

Für die großen sizilianischen Schwefellager, die bis zur Entdeckung der großen Schwefellager in Louisiana den größten Teil des Schwefelbedarfes gedeckt haben, wird wegen der Nähe des Ätnas angenommen, daß sie Schwefelwasserstoffexhalationen oder Schwefelquellen vulkanischen Ursprunges ihre Entstehung verdanken. Schwefelwasserstoff bildet nämlich, wenn er in Wasser strömt das Kalziumkarbonat suspendiert enthält, Kalziumhydrosulfid, das dann in Schwefel und Kalziumverbindungen zerlegt werden kann. R. Schenk und K. Jordan wollen auch vulkanischen Schwefeldioxydexhalationen, wenn diese auf Kalkstein treffen, eine Bedeutung für die Schwefelbildung zuschreiben. Daß auf die Einwirkung von schwefelwasserstoffhaltenden Quellen auf Kalkstein eine Schwefelbildung zurückgeführt werden könnte, beweist das Vorkommen in der Sierra de Banderos bei Conejos in Mexiko, wo der Schwefel inmitten eines Ganges im Kalkstein sich befindet, in dem auch Gips und pulverige Kieselsäure auftreten.

Wenn auch die Möglichkeit der Bildung von Schwefelvorkommen auf dem genannten Wege nicht bestritten werden soll, so muß doch darauf hingewiesen werden, daß eine Anzahl von Schwefelvorkommen fernab von jeder vulkanischen Betätigung liegen. Die mit Schwefellagern verbundenen Schwefelquellen können sowohl die Ursache wie auch die Folge der Schwefelbildung sein.

Der Schwefel, der sich in den sedimentären, zum Teil lakustren Ablagerungen findet, ist rhombischer Schwefel, d. h. jene unter 95,6° beständige Modifikation, in welche alle anderen Schwefelmodifikationen nach längerer oder kürzerer Zeit übergehen. In den Schwefellagern tritt der Schwefel bald in schönen Kristallen in Gesellschaft von Aragonit, Kalzit, Zölestin usw. auf oder ist einem kalziumkarbonatreichen Ton (Mergel) beigemengt.

Der vulkanische Schwefel, das ist jener Schwefel, der durch die vulkanischen Exhalationen erzeugt wurde, kann monoklin sein, wenn seine Kristalle sich über 95,6° gebildet haben. Heute sind aber auch alle Vorkommen desselben in rhombischen Schwefel übergegangen, weil der monokline Schwefel nur über 95,6° stabil ist.

6. Der Kreislauf der Phosphorsäure.

Infolge der Zersetzung der an der Erdoberfläche befindlichen Gesteine zu Ton gelangt auch die Phosphorsäure, welche in den meisten Gesteinen als Apatit in geringen Mengen enthalten ist in den Tonboden, der für die gedeihliche Entwicklung der Pflanzenwelt Voraussetzung ist. Aus diesem Boden entnehmen die Pflanzen die Phosphorsäure und verwenden deren Phosphor zum Aufbau der Protein- oder Eiweißkörper. Von den Pflanzen nährt sich wieder ein großer Teil der Tiere, und so gelangen die pflanzlichen Eiweißstoffe in den tierischen Körper und werden dort zu neuen, körpereigenen Eiweißsubstanzen umgebaut. Bei den Wirbeltieren ist der Phosphor auch in der Form eines Kalziumphosphates ein wichtiger Bestandteil des Körperskeletes. Phosphorsäure findet sich ferner in den Fäkalien besonders der fleischfressenden Tiere.

Wenn diese Phosphorsäure wieder in den Erdboden zurückkehrt, so kann sie zu mannigfachen mineralischen Neubildungen Veranlassung geben.

Haben sich beispielsweise Fäkalien — sog. Guano — auf Klippen die fischfressenden Vögeln als Brut- und Ruhestätte dienen oder in Höhlen die Tiere als Unterschlupf aufsuchten, in großen Mengen angehäuft und werden sie dann von Wasser durchfeuchtet, so geht das im Guano enthaltene Ammoniumphosphat in Lösung. Trifft dieses bei seiner Wanderung mit dem Wasser auf Kalkstein, so wandelt es denselben in schwer lösliches Kalziumphosphat um. Auf diese Weise ist eine ganze Anzahl von Kalkklippen, vornehmlich in tropischen Meeren (Karaibensee), zu phosphathaltendem Kalkstein geworden, der jetzt wegen seines Phosphorsäuregehaltes gebrochen und als Düngemittel in den Handel gebracht wird.

In diesen umgewandelten Kalksteinen finden sich als mineralogische Neubildungen:

1. **Kalziumphosphate.** Der **Kollophan** $[Ca_3P_2O_8 \cdot H_2O]$, meist auch mit $CaCO_3$ in geringer Menge. Er ist bis jetzt in der Natur nur im amorphen Zustande gefunden worden. Auch künstlich konnte diese Verbindung nicht im kristallisierten Zustande erhalten werden. Kristallisiert tritt nur das saure Kalziumphosphat entweder mit zwei Kristallwassern als rhombischer **Brushit** $(HCaPO_4 \cdot 2H_2O)$ oder als wasserfreier trikliner **Monetit** $(HCaPO_4)$ auf. Fundorte für den Brushit sind die Sombreroinsel in der Karaibensee und die Drachenhöhle bei Mixnitz in Steiermark.

Künstlich entsteht aus kalziumphosphathaltenden Lösungen der **Brushit** bei Temperaturen unter 50°, der **Monetit** bei Temperaturen darüber.

Lacroix fand in der Schädelhöhle eines fossilen Menschen ein saures Kalziumphosphat mit $1^1/_2 \cdot H_2O$, das, wie der Brushit, rhombisch kristallisiert und das er **Metabrushit** nannte. Wenn man den Brushit langsam erwärmt, ändert sich der Dampfdruck sprungweise, sobald das Mineral nur mehr $1^1/_2$ Wasser enthält.

2. **Magnesiumphosphate.** Wenn die den Guano auslaugenden Wässer auf Dolomit treffen, so können auch Magnesiumphosphate entstehen. Solche sind:

Der **Bobierit** $(Mg_3P_2O_8 \cdot 8H_2O)$, ein monoklin kristallisierendes Mineral, das auf dem chilenischen Vorgebirge Mejillones gefunden wurde, und der **Newberyit** $(HMgPO_4 \cdot 3H_2O)$. Dieser kristallisiert rhombisch und wurde in der Skiptonhöhle bei Ballarat in Viktoria, Australien, entdeckt.

3. **Ammoniummagnesiaverbindungen** sind: Der **Struvit** $[(NH_4)MgPO_4 \cdot 6H_2O]$, der gleichfalls in der Skiptonhöhle nachgewiesen wurde. Er fand sich aber auch in schönen Kristallen in den Kloaken Hamburgs. Die Kristalle sind farblos oder weiß, rhombisch-pyramidal und nach der Z-Achse hemimorph. Sie sind deshalb auch pyroelektrisch.

Gleichfalls in der Skiptonhöhle wurden entdeckt der rhombische **Dittmarit** $[Mg_3P_2O_8 \cdot H_2(NH_4)PO_4 \cdot 8H_2O]$, der trikline **Hannayt** $[Mg_3P_2O_8 \cdot 2(H_2(NH_4)PO_4 \cdot 8H_2O]$ und der undeutlich kristallisierte **Schertelit**, der eine Mischung von Newberyit und zweifach saurem Ammoniumphosphat im Verhältnis 1 : 1 ist.

Versuche haben ergeben, daß sich aus einer Lösung, die Ammoniumphosphat, Ammoniumsulfat und Phosphorsäure im Verhältnis 20 : 10 : 12 in 80 cm³ Wasser enthält und der dann eine Lösung von 16 g Bittersalz in 120 cm³ Wasser zugesetzt wird, in den ersten 24 Stunden viel Struvit und wenig Newberyit auskristallisiert. Nimmt man aber eine konzentrierte Bittersalzlösung, so bildet sich allerdings anfangs auch etwas Struvit, doch wandelt sich dieser in Berührung mit der Mutterlauge nach und nach ganz in Newberyit um.

Unter den Mineralien der Guanolager wurde auch das Phosphorsalz des Laboratoriums, die Verbindung $[H(NH_4)NaPO_4 \cdot 4H_2O]$ erkannt. Als Mineral erhielt es den Namen **Sterkorit**.

Die Guanolager und die durch deren Auslaugung entstandenen, phosphathaltenden Kalksteine sind terrigene Bildungen. Es gibt aber auch Phosphatablagerungen, die marinen Ursprunges sind. Solche finden sich fast in allen Formationen. Der Träger des Phosphatgehaltes ist auch hier das Kalziumphosphat, das in konkretionären Bildungen von wechselnder Größe in bestimmten Sedimenten erscheint. Die Konkretionen haben vorwiegend kugelige Form und strahliges Gefüge. Sie werden entweder durch Ton oder Kalkspat, manchmal auch durch feinkörniges Kalziumphosphat verkittet. An anderen Orten tritt das Kalziumphosphat auch als Bindemittel von Sandsteinen auf.

Die größeren Konkretionen, die Phosphorite, sind nicht immer auf primärer Lagerstätte. Nur im Silur Rußlands ist dies der Fall, in der Kreide Mitteleuropas nicht mehr. Man erkennt dies daran, daß die silurischen Phosphorite noch rauhe Oberfläche haben, während die Phosphorite der Kreide glatt gescheuert und glänzend sind. Letztere stammen nämlich aus den zerstörten silurischen Ablagerungen.

In die Bildungsgeschichte dieser Konkretionen kam erst Licht, als man in den Meeren um das Kap der guten Hoffnung in einer Tiefe von 570 m die gleichen Gebilde fand. Man nimmt jetzt an, daß die Phosphorite der Jetztzeit und der früheren Perioden dadurch entstanden seien, daß sich bei der Verwesung der tierischen Leichen im Wasser leicht lösliches Ammoniumphosphat bilde, dessen Phosphorsäure sich mit dem Kalziumkarbonat im Meere zu Kalziumphosphat umsetzte, welches dann Sandkörner, Foraminiferenschalen usw. als Ansatzzentren benutzte. Danach ist auch diese Phosphorsäure durch den Leib von Pflanzen oder Tieren gegangen.

Die meisten Phosphoritablagerungen sind Flachseebildungen. Sie setzen reiches organisches Leben voraus, oder sie bezeichnen Stellen, wo Massentod Lebewesen hinraffte.

Die Phosphorite und phosphathaltenden Kalksteine werden für landwirtschaftliche Zwecke abgebaut. Demselben Zweck dienen auch gewisse Apatitvorkommen, die jedoch anderer Entstehung sind und daher an einem anderen Orte beschrieben werden sollen.

Nur ein Vorkommen möge hier noch Platz finden, weil eine gewisse Ähnlichkeit zwischen ihm und den besprochenen Vorkommen insofern besteht, als dieses Apatitvorkommen auch an Kalkstein gebunden ist. Es ist dies das bekannte Apatitvorkommen von Staffel im Nassauischen. Der Apatit befindet sich hier als Lager zwischen dem devonischen Stringocephalenkalk im Liegenden und dem Schalstein, einem zersetzten Diabas, im Hangenden. Der Apatit ist ein Fluorapatit, der zumeist derbe, gelbgrüne Massen mit oft nierenförmiger Oberfläche bildet. Er trägt den Spezialnamen Staffelit. Bezeichnend ist, daß der Staffelit neben Fluor und etwas Chlor auch Brom und Jod in geringen Mengen enthält. Ursprünglich war man der Ansicht, daß die Phosphorsäure dieser Apatitlager aus dem dasselbe bedeckenden Schalstein stamme. Heute wird auch behauptet, daß sich auf dem Schalstein früher Guanolager befunden hätten, deren Phosphorsäure ausgelaugt, durch den Schalstein hindurch zum Stringocephalenkalk niedergesunken sei und an dessen Grenze als Apatit gefällt wurde. Die Vertreter dieser Meinung stützen sich vornehmlich auf die Tatsache, daß die Phosphate eine beschränktere Verbreitung haben als der Schalstein. Der Brom- und Jodgehalt weist auf die Mitwirkung des Meerwassers bei der Bildung dieses Vorkommens hin.

Neben den im vorhergehenden angeführten Kalzium- und Magnesiumphosphaten gibt es noch eine große Anzahl anderer sekundärer Phosphate, die jedoch erst später bei den Erzen besprochen werden sollen. An dieser Stelle mögen nur noch die wichtigsten Aluminiumphosphate kurz erwähnt werden, die zum Teil in sekundären Gesteinen, zum Teil in primären Gesteinen als Kluftausfüllungen angetroffen werden.

Hierher gehören nebst anderen der Wawellit $[(OH)_3Al_3(PO_4) \cdot 5H_2O]$, der in Form von halbkugeligen Gebilden mit strahliger Struktur hier und da die Kluftwandungen bekleidet, dann der Peganit $[(OH)_6Al_4(PO_4)_2 \cdot 3H_2O]$, ferner der

Variscit [$AlPO_4 \cdot 2H_2O$] und endlich der wegen seiner blauen oder blaugrünen Farbe als Schmuckstein sehr beliebte Kallait oder Türkis, dem die Formel [$CuAl_6P_4O_{20} \cdot 9H_2O$] zugeschrieben wird. Alle genannten Mineralien kommen gelegentlich kristallisiert vor, und zwar gehören alle, mit Ausnahme des Türkis, der triklin kristallisiert, dem rhombischen Systeme an. Kristallisiert sind bis jetzt nicht gefunden worden: der Zepharovichit ($AlPO_4 \cdot 3H_2O$), der Minervit ($AlPO_4 \cdot 3^1/_2H_2O$) und der Gibbsit ($AlPO_4 \cdot 4H_2O$).

B. Der Kontaktmetamorphismus.

Allgemeines.

Unter Kontaktmetamorphismus sollen hier alle Veränderungen zusammengefaßt werden, welche ein schon verfestigtes Gestein durch die Einwirkung aktiver Magmen erleidet. Faßt man im weitesten Umfang, so gehören hierher auch jene Veränderungen, die ein eben erstarrtes Gestein durch seine eigenen Restmagmen und Restlösungen erleidet, sowie jene, welche vom durchbrochenen Gestein etwa stoffwechselnd ausgeübt werden. Man unterscheidet daher einen exogenen Kontaktmetamorphismus, welcher die Veränderungen des durchbrochenen Gesteines umfaßt, und eine endogene Kontaktmetamorphose, das sind die Veränderungen, die das durchbrechende Gestein als Folge der Wechselwirkung mit dem durchbrochenen Gestein aufweist. Man spricht ferner mit Niggli-Grubenmann von Autometamorphismus, welcher speziell die internen Schlußumsetzungen einer magmatischen Masse durch den noch reaktionsfähigen Rest umfaßt.

Alle anderen Veränderungen würden einen Allometamorphismus darstellen.

I. Der Autometamorphismus.

Autometamorphismus besteht, wenn die zuerst erstarrten Randpartien eines Magmakörpers durch die später entbundenen Restmagmen und Restlösungen, mögen sie pneumatolytischer oder hydrothermaler Natur gewesen sein, von Klüften aus verändert wurden. Hierher wäre demnach zu rechnen:

1. Die Greisenbildung, bei welcher granitische und verwandte Gesteine unter Neubildung von lithium- und fluorhaltendem Zinnwaldit und unter Verlust des Feldspates und Biotites in ein körniges Zinnwaldit-Quarzgemenge, den Greisen, ungewandelt werden.

2. Die Turmalinisierung. Sind die Restmagmen, welche die Umbildung verursachten, borhaltend gewesen, so siedelt sich in dem Granit auf Kosten des Biotites der schwarze Turmalin an. Der Turmalinisierung kann auch der Feldspat zum Opfer fallen (Luxullianit).

3. Die Topasierung. In diesem Falle erscheint als Übergemengteil granitischer Gesteine der fluor- und hydroxylhaltende Topas [$(F, OH)_2Al_2SiO_4$].

4. Die Skapolithisierung. Bei dieser Umbildung stellen sich als Neubildungen Mineralien der Skapolithgruppe ein. Die Skapolithe sind eine besonders interessante Mineralgruppe. Nach der Ansicht von Tschermak, der die erste Ordnung in diese Gruppe brachte, waren sie aufzufassen als homöomorphe Abkömmlinge einer Stamm-Doppelverbindung [$3NaAlSi_3O_8 \cdot NaCl$]. Das aus dieser Schreibung ersichtliche Albitmolekül sollte durch das Anorthitmolekül ersetzbar sein, und $NaCl$ sollte durch andere „Salzreste", z. B. $CaCO_3$, $CaSO_4$, $CaCl_2$, Na_2CO, Na_2SO_4 austauschbar sein. Das Endglied mit „Albit" wurde Marialith genannt, jenes mit „Anorthit" dagegen Mejonit. Alle Skapolithe mochten Mischungen dieser beiden sein.

Nunmehr hat sich folgendes herausgestellt: Die Endglieder, die man ganz oder nahezu ganz rein kennengelernt hat, sind keine Doppelsalze, ebensowenig natürlich die Mischglieder. Vielmehr handelt es sich um folgende Glieder, die unbeschränkt mischbar erscheinen:

Sulfat-Mejonit $[Ca_4Al_6Si_6O_{24} \cdot SO_4]$,
Karbonat-Mejonit $[Ca_4Al_6Si_6O_{24} \cdot CO_3]$,
Chlorid-Mejonit $[Ca_4Al_6Si_6O_{24} \cdot Cl_2]$,
Sulfat-Marialith $[Na_4Al_3Si_9O_{24} \cdot \tfrac{1}{2}SO_4]$,
Karbonat-Marialith $[Na_4Al_3Si_9O_{24} \cdot \tfrac{1}{2}CO_3]$
Chlorid-Marialith $[Na_4Al_3Si_9O_{24} \cdot Cl]$.

Für den Fall Arendal:
$$[(Ca^{(4-0)}, Na^{(0-4)})_4 Al_3 (Al^{(0-3)} Si^{(9-6)})_9 O_{24} ((SO_4)(CO_3)Cl_2)_{\frac{1}{2}-1}].$$

Allgemeiner Bautypus:
$$[\mathbf{X_4 Y_3 (z)_9 O_{24} \cdot (SO_4, CO_3, Cl_2)_{\frac{1}{2}-1}}].$$

Es treten also im Gitter Radikale SO_4, CO_3, Cl_2 auf, die wahrscheinlich bestimmte fixe Lagen einnehmen und eingebaut sind in einem räumlichen Netzwerk aus (SiO_4)-Tetraedern und (AlO_4)-Tetraedern usw. Ferner ist dieser Bau nur möglich, wenn feinbauliche Mimesie die tetragonale Symmetrie zustande kommen läßt, die sie äußerlich in die tetragonal-bipyramidale Klasse verweist.

Der Skapolithisierung fallen vornehmlich basische Tiefengesteine anheim, deren kalkreiche Plagioklase in Skapolith umgewandelt werden. Hohe negative Doppelbrechung, die mit der Zunahme des CO_3-Gehaltes steigt, geringe Lichtbrechung und die rechtwinklige Spaltung nach dem tetragonalen Protoprisma kennzeichnen die Skapolithe im Mikroskope.

5. Die Apatitisierung. Die Skapolithisierung eines primären Gesteines ist oft mit einer reichlichen Ablagerung von Apatit in den Klüften dieses Gesteines verbunden, ein Zeichen, daß beide Vorgänge auf dieselbe Ursache zurückzuführen sind. Zu Bamle in Südnorwegen ist der Chlorapatit von Biotit und Enstatit begleitet. Letzterer ist teilweise ganz in Talk umgewandelt. Zu Kragerö in Südnorwegen sind Rutil und Hornblende die Begleitmineralien. In den kanadischen Vorkommen ist der Apatit ein Fluorapatit, und neben ihm kommen fluorhaltender Magnesiumglimmer (Phlogopit), Hornblende, Pyroxen, Titanit und Zirkon vor. Hier fand keine Skapolithisierung des Nebengesteines statt, weil in den Restmagmen das Chlor usw. fehlte. Zu Jumilla in Spanien ist ein olivinhaltendes Ganggestein, das Rosenbusch Jumillit nannte, ganz von gelblichem Apatit durchspickt.

6. Die Alunitisierung. An manchen Stellen der Erde sind jungvulkanische Ergußgesteine in Alunit umgewandelt worden. Der Alunit ist ein trigonal-skalenoedrisch kristallisierendes Mineral von der Zusammensetzung $[K_2Al_6(SO_4)_4 \cdot 6H_2O]$. Exhalationen, die Schwefelsäure enthielten, haben vornehmlich trachytische Gesteine auf Kosten des Feldspates in diese Substanz umgewandelt, die, weil man aus ihr durch Rösten und Auslaugen mit Wasser direkt den für die Industrie notwendigen Alaun $[K_2Al_2S_4O_{16} \cdot 24H_2O]$ erhalten kann, wirtschaftlich eine große Bedeutung erlangt haben. Auf den Ägäischen Inseln und in Italien (Tolfa, Piombino) wurde zuerst der Alunit für den genannten Zweck verarbeitet.

7. Die Propylitisierung. Bei der Propylitisierung wird angenommen, daß nicht mehr pneumatolythische, sondern hydrothermale Restmagmen die Umwandlung des Gesteines besorgten. Dieselbe gibt sich im wesentlichen dadurch zu erkennen, daß im veränderten primären Gesteine als Gemengteile auch Chlorit, Epidot, Quarz, Adular, Kaolin und Kalkspat erscheinen. War im umwandelnden Restmagma auch Schwefelwasserstoff enthalten, so konnte auch Eisendisulfid (Pyrit) entstehen.

8. Tridymit und Cristobalit. Die Bildung dieser beiden Mineralien, die, wie der Quarz, reines Siliziumdioxyd (SiO_2) sind, ist, wie Lacroix 1902 zuerst

nachgewiesen, auf die Einwirkung heißer vulkanischer Gase auf schon verfestigtes vulkanisches Gestein zurückzuführen. Er beobachtete nämlich beim Ausbruch der Montagne Pelée, daß nur jene glasreichen Bomben Tridymit enthalten, die längere Zeit der Einwirkung heißer Dämpfe ausgesetzt waren. Dieselbe Bildungsweise nimmt Rochers für den Tridymit eines Tridymit-Feldspatgesteines an, das zu Salton Sea im Imperial County, Kalifornien, aus einem Obsidian entstanden ist. Er glaubt weiter, daß dort, wo Tridymit und Cristobalit zusammen im Gesteine vorkommen, der Cristobalit die ältere Bildung sei (und vielleicht schon der magmatischen Periode angehöre), während der Tridymit zweifellos einer pneumatolithischen Einwirkung seine Entstehung verdankt.

Der Tridymit bildet dünntafelförmige, sechsseitige, oft zu Zwillingen und Drillingen verbundene Kristalle, die selbst wieder Drillinge rhombischer Einzelindividuen sind. Beim Erwärmen auf 117° werden die Kristalle optisch einachsig und bleiben, im Gegensatze zu Quarz, beim weiteren Erhitzen klar. Der Tridymit ist also unter 117° rhombisch, über dieser Temperatur hexagonal.

Der Cristobalit bildet Oktaeder von milchweißer Farbe, deren Flächen unvollkommen entwickelt und oft napfförmig vertieft sind. Die Kristalle sind nicht kubisch, sondern Durchkreuzungsdrillinge tetragonaler Individuen nach den vierzähligen Achsen des Oktaeders. Auch der Cristobalit wird isotrop, wenn er auf Temperaturen zwischen 209° und 255° erhitzt wird. Aus dem Tridymit entsteht der Cristobalit bei 1470°. Alle diese Umwandlungen sind reversibel. Gerhard vom Rath entdeckte den Tridymit 1867, den Cristobalit 1887 im Augitandesit von Pachuca in Mexiko.

In den Euganeen fand man große Tridymitkristalle in Quarz umgewandelt.

II. Der exogene Kontaktmetamorphismus.

Der Erfolg der exogenen Kontaktmetamorphose hängt von der Tiefe, in welcher die Kontaktmetamorphose einsetzte, von der Reaktionsfähigkeit des durchbrochenen Gesteines und von der chemischen Natur und der Größe der verändernden Magmamasse ab. Die Tiefe, in welcher die Kontaktmetamorphose einsetzt, ist deshalb von Bedeutung, weil, wenn dieselbe gering ist, wegen des dort herrschenden geringen Druckes die im Magma vorhandenen flüchtigen Bestandteile sich vom flüssigen Magma trennen können und daher deren die Mineralneubildung fördernde Wirkung verlorengeht. Es bleiben dann nur die Wirkungen der Wärme allein übrig.

a) Die reinen Hitzewirkungen.

Zu diesen sind zu zählen: Die stengelige Absonderung, welche die durchbrochenen Gesteine manchmal an den Berührungsstellen mit dem durchbrechenden Gestein zeigen. Die Säulen, die ziemliche Größe erreichen können, stehen stets senkrecht auf der Berührungsfläche und sind manchmal gekrümmt.

Manche Mineralien erleiden, wenn sie höheren Temperaturen ausgesetzt werden, eine polymorphe Umlagerung. So wandelt sich der Quarz bei ungefähr 900° in den hexagonalen Tridymit und dieser bei 1470° in den kubischen Cristobalit um, wie synthetische Versuche, aber auch Beobachtungen an Quarzeinschüssen in Laven und Kunstprodukte lehrten. Das Verglasen von Sandsteinen und das Fritten der Tone gehören auch hierher. Durch die Hitze werden flüchtige Bestandteile ausgetrieben. So wird Brauneisen durch Wasserverlust in Roteisen oder Magnetit umgewandelt. Das Rot- oder Schwarzwerden mancher Gesteine am Kontakt ist eine Folge davon. Durch den Einfluß der Hitze können auch amorphe oder dichte Mineralien in kristalline und grobkörnige Mineralien umgewandelt werden. Diesen Thermokristallisation genannten Vorgang beobachtet man sehr oft an den **kontaktmetamorph veränderten Kalksteinen**

b) Die chemische Metamorphose.

Die chemische Metamorphose hängt von der Reaktionsfähigkeit des Magmas
und der durchbrochenen Gesteine ab. Eine Reaktion wird um so leichter eintreten, je größer die chemischen Differenzen, besonders im Kieselsäuregehalt,
sind Auch der Gehalt des Magmas an flüchtigen Bestandteilen ist maßgebend.
Daher sind mit Mineralneubildung verbundene Kontaktwirkungen bei den Tiefengesteinen häufiger als bei den Ergußgesteinen.

Allen Kontakten ist gemeinsam, daß die Kontaktwirkungen mit der Entfernung vom Magmaherd stetig an Intensität abnehmen und daß daher die
durch Kontakt veränderten Gesteine allmählich in das unveränderte Gestein
übergehen. Ferner vom Kontakt werden nur mehr Hitzewirkungen auftreten,
die, wenn sich die Kontaktmetamorphose in der Tiefe unter hohem Drucke vollzieht, in einer Umwandlung der mikrokristallinen oder kryptokristallinen Struktur des Nebengesteines in eine makrokristalline, oft sogar grobspätige äußert.
Mineralneubildungen treten erst in unmittelbarer Nähe des Kontaktes auf.

Während der Druck und die Wärme um das durchbrechende Magma im durchbrechenden Gesteine allseitig ziemlich gleichmäßig wirksam sind, kann die mineralisierende Wirkung der aus dem Magma freiwerdenden Gase nur an bestimmten
Stellen sich äußern, weshalb die Ausbildung der Kontakthöfe in mineralogischer
Hinsicht um den Magmaherd nicht immer gleichartig sein muß.

Da die Natur der mineralischen Neubildungen vornehmlich vom Charakter
des durchbrochenen Gesteines abhängt, sollen dieselben im nachfolgenden nach
dem durchbrochenen Gesteine geordnet besprochen werden.

1. Die Kontaktbildungen an Kalksteinen und Dolomiten.

Wird der Hauptbestandteil der Kalksteine, der kohlensaure Kalk, über eine
bestimmte Temperatur erhitzt, so beginnt er Kohlendioxyd abzuspalten. Die
Größe dieser Dissoziation hängt von der Temperatur und vom Drucke ab. Verhindert der Druck das Entweichen des neugebildeten Kohlendioxydes und sinkt
später wieder die Temperatur, so vereinigt sich dieses wieder mit dem gleichzeitig
gebildeten Kalziumoxyd zu Kalziumkarbonat. Das regenerierte Kalziumkarbonat benutzt die noch vorhandenen ursprünglichen Karbonatreste als
Kristallisationszentren und vergrößert dadurch das Korn des nun zum Marmor
gewordenen Kalksteines. Da die Dissoziation in der Nähe der Berührungsfläche
am größten ist und gegen außen immer kleiner wird, so wird auch die Korngröße
des Marmors mit der Entfernung vom Kontakt stetig abnehmen.

War der Kalkstein bituminös, d. h., enthielt er organische Substanzen, so
werden diese, soweit sie flüchtig sind, abdestilliert; sind sie nichtflüchtig, zu
Graphit zerstört. Die früher grauen und schwarzen Kalksteine werden entfärbt
und zu weißen oder bläulichen **Kontaktmarmoren.**

War das Karbonatgestein magnesiumhaltend, also dolomitisch, so bildet sich
aus dem Magnesiumkarbonat schon bei viel niedrigerer Temperatur, als zur Dissoziation des Kalkspates notwendig ist, das Magnesiumoxyd, der **Periklas**, der
z. B. in den Kalksteinauswürflingen des Monte Somma in farblosen, kubischen
Kristallkörnern gefunden wird. Eine Spaltbarkeit nach dem Würfel zeichnet
dieses kubische Mineral aus.

Der Periklas wandelt sich leicht unter Wasseraufnahme in das Mineral **Bruzit** $[Mg(OH)_2]$ um. In manchen kontaktmetamorphen Dolomiten vertritt dieses
Mineral den Periklas. Der Bruzit ist hexagonal, optisch positiv. Tritt er makro-

skopisch auf, so ist er manchmal bläulich und an seiner Spaltbarkeit nach (0001) zu erkennen (s. S. 79).

Ein Bruzit enthaltendes Kontaktgestein ist der Predazzit aus Südtirol.

Die Kalksteine und Dolomite enthalten häufig kieselige oder tonige Verunreinigungen. Solange solche Gesteine nicht allzu hoch erhitzt werden, können diese Substanzen neben den Karbonaten bestehen.

Ist Tonerdehydroxyd bei fehlender Kieselsäure gegenwärtig, so kristallisiert die Tonerde als Korund aus. So dürften die roten und blauen Korunde, die Rubine und Saphire, in den kontaktmetamorphen Kalksteinen Birmas entstanden sein.

War im Gestein auch Mg enthalten, so finden sich neben den Korundkristallen auch kubische Kristalle des Magnesiumspinells ($MgAl_2O_4$).

Ist die Temperatur so hoch gestiegen, daß die im Kalkstein oder Dolomit vorhandene Kieselsäure reaktionsfähig wird, so bilden sich auf Kosten des Magnesiumgehaltes Magnesiasilikate, und zwar zuerst das Orthosilikat, der rhombische Forsterit (Mg_2SiO_4), der in farblosen oder schwachgelblichen Körnern im Gestein auftritt.

Manchmal erscheint an seiner Stelle der gleichfalls rhombische Monticellit [$MgCaSiO_4$].

Das Kalziumorthosilikat (Ca_2SiO_4) hat man in kontaktmetamorphen Kalken bis jetzt nur einmal auf Antrim, einer schottischen Insel, gefunden. Als Mineral führt es den Namen Larnit. Seine Seltenheit hat darin ihren Grund, daß das Kalziumorthosilikat im Wasser löslich ist und daher leicht aus dem veränderten Kalkstein verschwindet.

Dafür tritt in kontaktmetamorphen Kalksteinen das Metasilikat des Kalkes [$CaSiO_3$] um so häufiger auf, das wegen der tafelförmigen Tracht seiner monoklinen Kristalle den Namen Tafelspat erhalten hat. Dieses auch Wollastonit genannte Mineral entsteht, wenn Siliziumdioxyd und Kalziumkarbonat mitsammen über 500° erhitzt werden. Der Wollastonit ist nur bis 1190° stabil. Darüber wandelt er sich in den hexagonalen Pseudowollastonit um, der bisher aber noch nie in der Natur beobachtet wurde.

Ein entsprechendes Magnesiummetasilikat kennt man unter den Kontaktmineralien nicht. Tritt Magnesia mit in die Reaktion ein, so bildet sich in der Regel gleich das Doppelsalz [$MgCa(SiO_3)_2$], der Diopsid oder der etwas tonerdehaltende Fassait. Ein geringer Eisengehalt färbt die Diopside und Fassaite grün (Pyroxene!)

Neben diesen relativ einfach zusammengesetzten Mineralien findet man auch Kalzium- bzw. Magnesiumsilikate, die außer den normalen Bestandteilen noch Kohlendioxyd, Hydroxyl und Fluor enthalten. Besonders letzteres Element, welches in den organogenen Kalksteinen gar keine Rolle spielt, in den vulkanischen Magmen aber immer enthalten ist, weist darauf hin, daß sich die Mineralbildung bei der Kontaktmetamorphose nicht lediglich auf Kosten der im durchbrochenen Gesteine vorhandenen Bestandteile vollzieht, sondern daß auch zwischen dem durchbrochenen Gestein und dem durchbrechenden Magma ein Stoffaustausch stattfindet.

Als wasser- bzw. hydroxyl- und fluorhaltende einfache Ortho- oder Metasilikate wären zu nennen:

Der Spurrit [$Ca_5(CO_3)(SiO_4)_2$], der in wahrscheinlich triklinen Kriställchen zu Velardeña in Mexiko im Kontaktkalk gefunden wurde, der rhombische Hillebrandit [$(OH)_2Ca_2(SiO_3)$] von ebendort, der Custerit [$(OH, F)_2Ca_2(SiO_3)$] aus den Mississippikalken von Idaho und der Cuspidin [$(Ca_4(F)_2(Si_2O_7)$] aus den Kalksteinauswürflingen des Vesuvs.

Viel länger als die genannten Mineralien sind fluor- und hydroxylhaltende Magnesiumsilikate aus den kontaktmetamorphen Karbonatgesteinen bekannt. Hier sei nur auf die Mineralien der sog. Humitgruppe verwiesen, die eine wohldefinierte Reihe bilden. Ihr gehören an:

1. der Norbergit $[Mg(F, OH)_2 \cdot Mg_2SiO_4)$ rhombisch,
2. der Chondrodit $[Mg(F, OH)_2 \cdot 2\,Mg_2SiO_4]$ monoklin,
3. der Humit $[Mg(F, OH)_2 \cdot 3\,Mg_2SiO_4]$ rhombisch,
4. der Klinohumit $[Mg(F, OH)_2 \cdot 4\,Mg_2SiO_4]$ monoklin.

All diese Mineralien sind braun in verschiedenen Abstufungen. Ihr Kristallsystem ist rhombisch oder monoklin, mit großer Annäherung an das rhombische System und an die Zellendimensionen der rhombischen Glieder. Es besteht eine Verwandtschaft mit dem Forsterit, der auch in die Reihe hineinpaßt: (Mg_2SiO_4) Orthotypus, rhombisch. Die kristallographische Verwandtschaft wird durch die parallele Verwachsung von Forsterit und Klinohumit, die Thorolf Vogt beschrieben hat, belegt, wobei (010) des Forsterites parallel zu (100) des Klinohumites ist.

Die bisher angeführten Mineralien sind alle tonerdefrei oder, wie der Fassait, tonerdearm. Näher gegen den Kontakt stellen sich nun auch Mineralien ein, für die der Tonerdegehalt wesentlich geworden ist. Sie benötigen zu ihrer Bildung zweifellos höhere Temperaturen und haben den Tonerde- und den Kieselsäuregehalt aus dem Magma bezogen.

Es erscheinen nun fluorhaltende Magnesiumglimmer, die teils grün, teils lichtbräunlich (Phlogopit) sind, ferner auch Pyroxene und Amphibole (Pargasit).

Zu den bezeichnendsten Mineralien einer Kontaktzone gehören auch die (kubischen) Granaten, die in den verschiedensten Farben — weiß, grün, vornehmlich aber braun — auftreten können. In ihrer Zusammensetzung überwiegen reine Grossulare $[Ca_3Al_2Si_3O_{12}]$ und Andradite (Kalk-Eisengranaten) $[Ca_3Fe_2Si_3O_{12}]$. (Fe'', Mg, Mn) treten zurück. Der Granat der Kontaktzonen ist meist derb, selten kristallisiert.

Mit dem Granat zusammen, ihn auch manchmal ersetzend, findet sich der Idokras oder Vesuvian. Er ist ebenfalls vorwiegend braun, aber auch grün und gelb, selten blau. Seine Kristallgestalt ist ditetragonal-bipyramidal, und die Kristalle besitzen entweder eine säulenförmige oder kurzpyramidale Tracht. Seine wesentlichsten Bestandteile sind wie beim Granat Kieselsäure, Tonerde und Kalzium. Daneben findet sich auch Wasser und Fluor, ferner Eisen in beiden Oxydationsstufen, Magnesium, Titan und Natrium. Auch Bor wurde in manchen Vesuvianen nachgewiesen. Man kann die Zusammensetzung deuten als aus 6 Molekülen Granat bestehend, dem noch 1 Molekül Fluorid bzw. Hydroxyd der zweiwertigen Basen angelagert ist. Machatschki schreibt die allgemeine Formel $[X_{19}Y_{13}Si_{18}(O, HO, F)_{76}]$, worin $X = Ca, Na$, $Y = Al$ (neben etwas $Eisen$, Mn, Mg und Ti) bedeutet.

Manchmal erscheint in Kontaktzonen auch brauner borhaltender Turmalin (Gouverneur, N. A.).

Neben diesen Tonerdesilikaten sind in den Kontaktzonen noch erkannt worden:

Der Anorthit am Vesuv und im Monzonigebiete, ferner verschiedene Skapolithe.

Dann findet sich noch Epidot und vereinzelt auch der Gehlenit, dessen Konstitution als eine Mischung des im Velardeñit von Mexiko rein vorkommenden Silikates $[Ca_2Al(Al^1Si^1)O_7]$ und des bisher nur künstlich erhaltenen Akermanitsilikates [$Ca_2MgSi_2O_7$] gedeutet wurde. Er bildet in der Regel flächenarme tetragonale Kristalle.

Die hier aufgeführten Mineralien sind in den Kontaktzonen nicht immer regellos durcheinandergemengt, sondern zeigen oft eine zonare Anordnung. Die Bedingungen, welche diese zonare Anordnung beherrschen, sind noch nicht bekannt. Sie ist nämlich nicht überall gleich, was wohl auf den Umstand zurückzuführen ist, daß die kontaktmetamorphen Veränderungen der Karbonatgesteine nicht immer in gleicher Tiefe, also unter gleichem Drucke, sich vollzogen haben.

Eine kurze Beschreibung der von Eckermann am eingehendsten untersuchten Kontaktlagerstätte von Tenneberg in Schweden möge diesen Abschnitt beschließen.

Zu Tenneberg in Dalekarlien ist eine Kalkscholle aufgeschlossen, die rings von einem Biotitgranit umgeben ist. Im Kontakte der Kalkscholle mit dem Granit sind mehrere mineralogisch verschiedene Zonen unterscheidbar. Vom Kalkstein ausgehend, folgt zuerst eine Wollastonit-Diopsidzone, dann eine Vesuvianzone, dann eine Granatzone und, an den Granit anstoßend, eine Plagioklas - Quarzzone.

Der Kalkstein ist ganz in Marmor umgewandelt und enthält grünen Diopsid, Chondrodit, Phlogopit neben geringen Mengen von Spinell und Periklas. Diese Mineralien haben ihren Stoffbestand zum größten Teile aus dem Kalkstein selbst bezogen. Das Vorhandensein flüchtiger Bestandteile, wie Fluor im Chondrodit und Phlogopit, verrät die Mitwirkung des Magmas.

In der Wollastonit-Diopsidzone ist der Diopsid das ältere Gebilde, der Wollastonit das jüngere. Die Kristallenden des Wollastonites sind gegen den Granit gerichtet, ein Beweis, daß der Kalkstein als Kristallisationsbasis diente, also der ganze Kristallisationsakt zentripetal gegen den Granit fortschritt. Bei diesem Wachstum schob der Wollastonit die schon vorher gebildeten Diopsidkörner vor sich her, so daß örtlich ganze Lagen von grünem Diopsid den Wollastonit von der nachfolgenden Zone trennen.

In der nun folgenden Vesuvianzone zeigt der Vesuvian die gleiche Kristallisationstendenz. Auch hier sind die Kristallenden gegen den Granit gerichtet.

Der braune Granat bildet die dritte Zone, und diese scheidet ein Band von milchweißem Quarz von der Quarz-Plagioklas-Zone.

Diese Art der Bildung einer Kontaktzone setzte eine Auflösung des Kalksteines durch das eruptive Magma voraus. Es hat sich zwischen dem kalkarmen Granitmagma und dem Kalkstein eine Mischzone ausgebildet, die gegen den Granit zu immer kalkärmer, gegen den Kalkstein zu immer ärmer an Mg, Fe, Al wurde. Als nun dieses Mischmagma zum Kristallisieren kam, schied sich zuerst, den festen Kalkstein als Kristallunterlage benutzend, der Wollastonit aus. Ihm folgte zu einer Zeit, als noch reichlich flüchtige Bestandteile gegenwärtig waren, der Idokras und, als diese verbraucht waren, der Granat. Dort, wo die Temperatur niedriger und infolgedessen kein Fluor im Gemenge der flüchtigen Bestandteile vorhanden war, sondern der Wasserdampf vorherrschte, entstand anstatt des Vesuvians der Epidot.

Bei all diesen Bildungsvorgängen der Silikate wurde, infolge des Verbrauches des Kalksteines, Kohlensäure frei. Da diese Kohlensäure aus dem Raume der Kontaktzone nicht entweichen konnte, so mußte sie einen mit der Temperatur wechselnden Druck ausüben, der nach Eckermann mit eine Ursache war, daß sich Granat und Vesuvian bilden konnten.

Die Kohlensäure strömte aber auch vom Kalkstein zum Granitmagma ab. Auf diesem Wege wirkte sie in der Granat- und Vesuvianzone oxydierend, hinter dieser Zone, gegen das Magma zu, wirkte das so gebildete Kohlenmonoxyd reduzierend.

Nach den Untersuchungen von Findley und Butler hängt diese Wirkung der Kohlensäure von der Temperatur und der Konzentration ab. Die genannten Forscher geben als niedrigste Temperatur, bei welcher die Oxydation von FeO zu Fe_2O_3 statthaben kann, ungefähr 490° und 55% CO_2 im Volumen an. Sowohl bei höherer, als auch bei niedrigerer Temperatur beginnt die Oxydation bei höherer CO_2-Konzentration.

Die reduzierende Wirkung des so gebildeten Kohlenoxydes äußert sich in der Abnahme des Fe_2O_3-Gehaltes in den Randpartien des Granites, wo zuerst der Biotit in grüne Hornblende und diese in eine noch Fe_2O_3-ärmere Abart, den blaugrünen Hastingsit, umgewandelt wird.

Schon die Umwandlung des kalkfreien Biotites in die kalkhaltende Hornblende in den Randpartien des Granites ist ein Zeichen der Kalkzufuhr von seiten des Kalksteines. Diese Zufuhr von Kalk zum Granitmagma bewirkte angeblich auch Umwandlung der Alkalifeldspäte in Plagioklase. Dabei wurde Kieselsäure frei, und diese erscheint in der Plagioklas-Quarz-Zone als freier Quarz.

Nachdem die Kontaktzone und die daranschließenden Partien des Magmas erstarrt waren, sammelten sich die sich weiter entbindenden flüchtigen Bestandteile hinter diesem Panzer an, zersprengten ihn durch den stetig anwachsenden Druck und drangen auf den so gebildeten Rissen in die schon fest gewordenen Teile des Magmas, die Kontaktzone und in den durchbrochenen Kalkstein ein, nun gangförmige Kontaktbildungen verursachend. Diese Kontaktbildungen bestehen zu Tenneberg in den Randzonen des Granites aus Quarz und Wollastonit, im Kalksteinmarmor aus Wollastonit und Granat.

An anderen Orten trifft man andere Mineralvereinigungen. So können dort, wo flüchtige Metallverbindungen auf den Kalkstein einwirkten, Ablagerungen metallischer Verbindungen entstehen, die oft große wirtschaftliche Bedeutung erlangt haben. Es sei nur an die an Kalkstein gebundenen Eisenerzvorkommen erinnert, die durch die Einwirkung von Eisenfluoriden bzw. -chloriden auf den Kalkstein erklärt werden. Waren Fluorverbindungen die Träger des Eisengehaltes, so begleiten den Eisenglanz $[Fe_2O_3]$ oder den Magnetit $[Fe_3O_4]$ Flußspat $[CaF_2]$, oder Chondrodit; waren es Chloride, so ist der chlorhaltende Skapolith das Begleitmineral.

Zu den pneumatolythischen Bildungen an Kalksteinen gehören ferner:

Der braunviolette bis gelbliche, trikline Axinit $[HMnCa_2Al_2B(SiO_4)_4]$, der z. B. in den Pyrenäen in den Granitkontakten mit oberdevonischen Kalksteinen häufig vorkommt und dort auch ein Kontaktgestein, den oft bis 70% Axinit führenden Limurit, bildet.

Der Datholith $[H_2Ca_2B_2Si_2O_{10}]$ erscheint ebenfalls an Kalksteinkontakten und bildet nach Busz mit Granat zusammen einen wesentlichen Bestandteil eines Kontaktfelsen zu Dartmoor in Schottland.

Auch der Danburit $[CaB_2(SiO_4)_2]$, der zuerst in einem Dolomit entdeckt wurde, gehört nach einem Funde am Kontakt zwischen Kalkstein und Granit bei Quadalkazar in Mexiko hierher.

Zinnhaltende Mineralien sind in den Brooks Mountains auf Alaska im Kontakt zwischen paläozoischen Kalksteinen und Granit erkannt worden. Es sind dies der schwarze, tafelförmige Hulsit $[H_4(Fe''_{12}Fe'''_4)SnB_6O_{31}]$ und der gleichfalls schwarze, lamellare Pagëit $[H_{10}(Fe''_{30}Fe'''_{10})SnB_{12}O_{10}]$.

Auch Zinnstein SnO_2 wurde in Zinnsteingruben von Massa maritima in Toskana in jurassischen Kalksteinen gefunden.

Wie Hulsit und Pagéit ist auch der zuerst in den Kontakterzlagerstätten des Banates, später auch bei Philipsburg in Montana, N. A., gefundene schwarze Ludwigit $[(Mg, Fe)_4 Fe_2''' B_2 O_{10}]$ ein Kontaktprodukt.

Neben hier genannten typischen Kontaktmineralien können auch noch andere Mineralien, die nicht so ausgesprochen die Merkmale der Kontaktmineralien an sich tragen, am Aufbau der Kontaktzonen teilnehmen, so der Apatit.

2. Die Kontaktbildungen an tonigen Sedimenten.

Die tonigen Sedimente stellen, wenn sie nicht großen Drucken ausgesetzt waren, selbst wenn sie hohes geologisches Alter besitzen — wie die silurischen Tone um Petersburg beweisen —, mehr oder minder bildsame Massen dar. Wenn sie aber größeren Drucken ausgesetzt waren, geht diese Plastizität genannte Eigenschaft verloren. Sie nehmen eine plattige Absonderung an, sie gehen durch die sog. Schiefertone in die Tonschiefer über, behalten aber dabei noch immer vorwiegend den klastischen Bruchstückcharakter der sie aufbauenden Mineralgemengteile bei. Kommen sie mit eruptiven Massen in Berührung, so erleiden auch sie Veränderungen, die sich mineralogisch natürlich anders auswirken müssen als bei den Karbonatgesteinen, weil hier bei den Neubildungen vornehmlich die Tonerde mitspielen wird, Kalzium und Magnesium zurücktreten.

Die Veränderungen, welche diese Gesteine durch die Einwirkung der Magma erleiden können, sind, wenn der nötige Druck fehlt, rein kaustisch; wenn aber der nötige Druck vorhanden war, was ja das plattige Gefüge des Tongesteines beweist, so ist auch hier wie bei den Karbonatgesteinen die Stärke der Umwandlung von der Entfernung vom Magma abhängig.

Rosenbusch unterscheidet hauptsächlich drei Zonen (Barr-Andlau, Vogesen). Die erste, vom Kontakt am weitesten entfernte Zone bilden die Knotentonschiefer. In einer noch unveränderten, durch ihre Absonderung gekennzeichneten Schiefermasse liegen knotenartige Anhäufungen einer schwarzen Substanz. Diese Flecken bestehen zumeist aus kohligen Partikelchen, die aus den organischen Beimengungen des ursprünglichen Sedimentes sich gebildet haben.

Die zweite Zone bilden die Knotenglimmerschiefer. In diesen sind die schwarzen Flecken größer geworden, und in ihnen lassen sich schon deutlich Mineralneubildungen erkennen. Die Schiefermasse ist kristallin geworden und zeigt infolgedessen Seidenglanz.

Die dritte Zone, die bis zum Kontakt mit dem Eruptivgestein reicht, wird von harten, splittrig brechenden Gesteinen mit vorwaltend massiger Struktur gebildet, die den Namen Hornfelse erhalten haben. Zum Teil sind diese Hornfelse noch schiefrig, können aber diese Struktur unmittelbar am Kontakt eingebüßt haben. In ihnen kann man ebenfalls zweierlei Neubildungen unterscheiden, nämlich solche, die ihren Stoffbestand lediglich dem Tonschiefer entnommen haben, und solche, bei denen auch das eruptive Magma als Stoffquelle erscheint.

Eines der verbreitetsten Mineralien in den Kontakthöfen an Tonschiefern ist der Andalusit. Die Formel dieses Minerales ist $[Al_2 SiO_5]$. Die Kristalle desselben bilden zumeist nahezu rechtwinklige Prismen — $110 : 1\bar{1}0 = 89° 12'$ —, die nebenbei gewöhnlich nur noch die Basisfläche zeigen. Eine Spaltung geht parallel zum Prisma (110).

In den kontaktmetamorph veränderten Tonschiefern ist der Andalusit weiß und reich an kohligen, schwarzen Einschlüssen, die eine ganz regelmäßige Anordnung (in Kreuzesform) zeigen, was dieser Abart des Andalusites den Namen Chiastolith eingetragen hat. Diese Erscheinung ist eine Folge des Wachstums, bei dem die kohlige Substanz vorwiegend in Anwachskegeln nach der Basisfläche und auch solchen nach den Prismenkanten angeordnet ist. Dadurch kommt im Längsschnitt eine Sanduhrstruktur zustande.

Der Andalusit ist nicht allein auf kontaktmetamorphe Schiefer beschränkt. Die schönsten kristallisierten Vorkommen bergen die nur aus Glimmer und Quarz bestehenden Glimmerschiefer in den von ihnen umschlossenen pegmatitischen Quarzlinsen. Hier besitzen die Andalusite, wenn sie sich noch im frischen Zustande befinden, eine bezeichnend rosenrote Farbe und, wenn sie auch durchsichtig sind, schönen Pleochroismus: rot-grün. Manchmal sind aber diese Andalusite grauschwarz und gelblichweiß. Mit der Farbenänderung ist auch eine Erhöhung des Volumgewichtes von 3,1 auf 3,7 verbunden. Der rhombische Andalusit ist nämlich ohne Substanz aufzunehmen und abzugeben durch reine Umlagerung in den triklinen Disthen übergegangen (Paramorphose!).

Während das Auftreten des Andalusites in einem Gesteine immer ein Anzeichen kontaktmetamorpher Beeinflussung ist, deutet das Erscheinen des Disthens auf Dynamometamorphose hin. Ist also in einem Gesteine der Andalusit in Disthen umgewandelt, so sagt dies, daß der Kontaktmetamorphose später die Dynamometamorphose gefolgt ist.

Es gibt noch ein drittes Mineral, das dieselbe Zusammensetzung wie der Andalusit und der Disthen hat, nämlich den Sillimanit.

Der Sillimanit ist, wenn er (was allerdings recht selten geschieht) makroskopische Kristalle bildet, weiß oder bräunlich. Die Kristalle sind rhombisch und säulenförmig. Vom Andalusit unterscheidet ihn, daß er nach (100) und (001) spaltet und daß die Längsrichtung der nadelförmigen Kristalle optisch positiv ist, während die entsprechende Richtung beim Andalusit negativ ist. Das Volumgewicht des Sillimanites ist 3,24, also etwas größer als beim Andalusit. Zum Sillimanit gehören auch die Fibrolith oder Faserkiesel genannten Vorkommen.

Außer den früher erwähnten Pseudomorphosen von Disthen nach Andalusit hat Reinhold auch solche von Sillimanit nach Andalusit beschrieben. Der Andalusit wird da von einer dünnen Schichte von Sillimanitnadeln umgeben, die alle parallel zum Andalusit gerichtet sind. Ähnliches beschreibt auch Bergeat von der Insel Lipari.

Nach den Untersuchungen von F. Neumann ist der Disthen bei allen Temperaturen und bei Atmosphärendruck dem Sillimanit gegenüber instabil. Der Sillimanit wandelt sich aber unter gleichem Druck bei 1487° in Andalusit um. Doch setzt bei dieser Temperatur auch schon die Umwandlung der Verbindung $[Al_2SiO_5]$ in Mullit $[Al_6Si_2O_{13}]$ und ein kieselsäurereiches Glas ein und verdeckt zum Teil jene Umwandlung. Bei 1810° schmilzt dann das Gemenge unter Abscheidung von Korund, und bei 1920° schmilzt auch dieser. Der Annahme, daß Sillimanit sich in Andalusit umwandelt, stehen Beobachtungen in der Natur gegenüber, welche für die Umwandlung des Andalusites in Sillimanit sprechen. Wenn biotitführende Gesteine eine kontaktmetamorphe Veränderung erfahren, so wird sehr oft der Biotit zu einem Haufwerk feinster Sillimanitnadeln.

Der Cordierit. In den schwarzen Knoten der Knotenglimmerschiefer und in den Hornfelsen tritt neben den genannten Mineralien auch ein durch seine blaue Farbe und seinen Fettglanz ausgezeichnetes Mineral, der Cordierit, auf. Die blaue Farbe hat den größeren Kristallen, die als Schmucksteine Verwendung finden, den Namen Luxsaphir, sein ebenfalls nur an größeren Stücken deutlich sichtbarer Pleochroismus den Namen Dichroit eingetragen. Der Dichroismus verschwindet im Dünnschliff ganz. Nur wenn der Cordierit Zirkoneinschlüsse enthält und die Schliffläche parallel zu (100) ist, dann umgeben die Zirkonkriställchen gelbe, pleochroitische Höfe. Es ist dies eine Folge der radioaktiven Wirkung des Zirkons, wodurch die Absorption des in der Ebene (100) schwingenden Lichtstrahles so gestärkt wird, daß auch im Dünnschliff der Pleochroismus zur Geltung kommt. Die Achsenfarbe für a, sonst gelblichweiß, wird dann intensiv braungelb, die für c, sonst lichtblau, wird schwach gelblich.

Der Cordierit bildet, wenn er kristallisiert auftritt, säulenförmige, rhombische Kristalle, die infolge einer Zwillingsbildung nach einem Prisma von $60°50'$ pseudohexagonale Tracht annehmen. Wülfing gibt dem Cordierit die Formel $[H_2O \cdot (Mg, Fe)_4 Al_8 Si_{10} O_{36}]$. Infolge der homöomorphen Vertretung von Mg und $\overset{II}{Fe}$ ist der durch (001) sichtbare Achsenwinkel schwankend. Er nimmt mit zunehmendem Eisengehalt zu. Dem Bau nach handelt es sich um Quarzstruktur mit Modifikationen, etwa $(Mg, Fe)_2 \cdot [(Al^4 Si^5)O_2]_9$, die $(Al\text{-}Si)O_2$-Ketten werden durch $MgFe$ zusammengehalten. H_2O gehört nicht in den Chemismus des frischen Cordierites.

Der Cordierit ist in den Gesteinen selten vollkommen frisch. In der Regel zeigt er Spuren einer Umwandlung in ein glimmeriges Mineral. Oft ist er ganz umgewandelt, und diese Pseudomorphosen nach Cordierit sind früher unter verschiedenen Namen als Gigantolith, Pinit usw. als selbständige Mineralien beschrieben worden, sind aber nichts anderes als Pseudomorphosen von Kaliglimmer nach Cordierit.

In die Reihe der kontaktmetamorphen Mineralbildungen an tonerdereichen Gesteinen gehört auch der Saphirin und der Prismatin.

Der Saphirin verdankt seinen Namen der schönen blauen Farbe, die ihm eigen ist. Er kristallisiert monoklin, spaltet nach (010) und ist pleochroitisch, blaßrötlichgrau und blau. Seine Zusammensetzung entspricht der Formel $[Mg_5 Al_{12} Si_2 O_{27}]$. Er ist das kieselsäureärmste Silikat-Mineral. Das Mg kann auch durch Fe ersetzt werden.

Der Prismatin, der mit dem Saphirin zusammen zuerst in einem Schiefergestein bei Fiskernäs auf Grönland gefunden wurde, ist weiß bis braun und kristallisiert rhombisch. Er ist deutlich pleochroitisch.

Der Prismatin, der auch den Namen Körnerupin führt, entspricht der Formel $[H_2 Mg_7 Al_{12} Si_7 O_{40}]$. Manchmal enthält er auch Natrium und gelegentlich auch Bor. Die Prismatinkriställchen, die Sauer zu Waldheim in Sachsen im Granulit gefunden hat, sind randlich in eine grünliche, faserige Masse umgewandelt, die Sauer Kryptotil nannte, und deren Formel $[H_2 Al_2 Si_2 O_8]$ ist.

Neben den Andalusit und Cordierit kommen in den Hornfelsen noch Granat, Glimmer und Pyroxene vor, weshalb man nach dem vorherrschenden Mineral mehrere Arten von Hornfels unterscheidet. V. M. Goldschmidt stellte fest, daß Quarz und Feldspat in allen Hornfelsen möglich sind und unterscheidet folgende Assoziationen:

1.	Andalusit,	Cordierit,	Albit,	Biotit.		
2.	Andalusit,	Cordierit,	Plagioklas,	Biotit.		
3.	—	Corierit,	Plagioklas,	Biotit.		
4.	—	Cordierit,	Plagioklas,	Biotit,	Hypersthen.	
5.	—	—	Plagioklas,	Biotit,	Hypersthen,	
6.	—	—	Plagioklas,	Biotit,	Hypersthen,	Diopsid.
7.	—	—	Plagioklas,	Biotit,	—	Diopsid.
8.	—	—	Plagioklas,	—	—	Diopsid.
9.	—	—	Plagioklas,	—	—	Diopsid, Granat.

V. M. Goldschmidt ist der Ansicht, daß die Hornfelse ohne Substanzaustausch mit dem eruptiven Magma gebildet wurden, daß sie niemals geschmolzen waren, weil man stellenweise in ihnen noch wohlerhaltene Fossilien fand, und daß die Hornsteinbildung schon vollendet war, als das Magma sich noch im flüssigen Zustande befand.

3. Die Kontaktwirkungen an sandigen Sedimenten.

Die kontaktmetamorphen Veränderungen, welche sandige Sedimente erleiden, sind in der Regel recht geringfügig und hängen von der Menge und der Natur des die Sandkörner zum Sandstein verkittenden Bindemittels ab. Ist das Bindemittel kalkig, so treten die Kontaktmineralien der kalkigen Sedimente, ist das Bindemittel tonig, dann jene der Hornfelse auf.

Beim Scolithensandstein von Morbihan in Frankreich z. B., ist das Bindemittel serizitisch, d. h., es besteht vorwiegend aus feinschuppigem Kaliglimmer. Mit der Annäherung an den ihn durchbrechenden Granit verschwindet das feinschuppige Serizitgefüge, und an die Stelle des Kaliglimmers tritt der Biotit, dessen Blättchen immer größer werden, je näher man dem Granit kommt. Noch näher dem Granit verschwindet der Biotit, und an seiner Stelle erscheinen Muskowit und Sillimanit. Noch näher dem Kontakte tritt neben Sillimanit auch Cordierit und Feldspat, und zwar sowohl Plagioklas, als auch Orthoklas bzw. Mikroklin auf.

Während die Kontaktzone im Sandstein höchstens die Mächtigkeit von 500 m erreicht, ist sie bei den vom gleichen Granit durchbrochenen Schiefern 4000 m.

Ganz reine Sandsteine sollen infolge der Rekristallisation des Quarzes zu Quarziten umgewandelt werden.

4. Die Kontaktwirkungen an primären Gesteinen.

Wenn ältere primäre Gesteine von eruptiven Magmen durchbrochen werden, so können jene ebenfalls mineralogische Veränderungen erfahren.

So faßt man ein graugrünes Band, das aus Epidot, Granat, Periklin und Kalzit bestand und das bei Ehrenberg, unweit Ilmenau in Thüringen, zwischen Granit und Labradordiorit eingeschaltet war, als Erzeugnis der Kontaktmetamorphose auf.

Im Harz wieder werden in der Nähe des Kontaktes die Pyroxene der Diabase in braune Hornblenden umgewandelt, und die Plagioklase verlieren ihre Zwillingsstreifung.

III. Die endogenen Kontaktwirkungen.

Unter diesem Namen faßt man alle jene Veränderungen zusammen, welche das durchbrechende Magma durch die Einwirkung des durchbrochenen Gesteines erfahren hat und die sich zumeist durch die Ausbildung einer mineralogisch verschiedenen Randzone zu erkennen geben. Ein Beispiel der endogenen Kontaktwirkung ist schon bei Besprechung des Tenneberger Kontaktes gegeben worden. Zu den Anzeichen des endogenen Kontaktes gehört aber auch das Auftreten von Granat und Cordierit im durchbrechenden Gestein (Granit z. B.).

C. Die Dynamometamorphose.

1. Die Druckwirkungen und ihre Folgen.

Sowohl primäre als auch sekundäre Gesteine können durch nachfolgende Druckwirkungen strukturelle wie auch mineralogische Umbildungen erfahren.

Der verändernde Druck kann entweder als Gewicht der auflastenden Massen (Belastungsdruck) wirken oder mit gebirgbildenden Bewegungen verknüpft sein und dabei als Streß oder als Pressung umprägen helfen.

Die erste Folge von Druck kann die sein, daß die ursprünglich lockeren Sedimente eine gewisse Festigkeit erhalten.

Bei weiterer Steigerung des Druckes stellen sich die tafel- oder blättchenförmigen Mineralbestandteile des Gesteines, vorausgesetzt, daß der Masse noch eine Verschiebungsmöglichkeit der Teilchen innewohnt, mit der Fläche der größten Entwicklung ungefähr senkrecht auf die Richtung des Druckes. Dadurch wird eine parallele Anordnung gewisser Gesteinsbestandteile bewirkt, deren Folge auch eine Absonderung nach eben dieser Fläche ist. Das Gestein nimmt Schiefertextur an. Auf diesem Wege werden aus den formbaren Tonen die nicht mehr formbaren, plattig sich absondernden, weichen Schiefertone und durch noch höheren Druck die harten Tonschiefer erzeugt.

Daß nur der Druck und nicht, wie man früher glaubte, das geologische Alter für die Struktur verantwortlich ist, beweist die Tatsache, daß die kambrischen und silurischen Tone in der Umgebung von Petersburg (Leningrad) noch heute formbar sind, während die jurasischen Tongesteine von Marienberg in Ungarn und die ähnlichen eozänen aus dem Kanton Glarus in feste Tonschiefer umgewandelt worden sind. Jene liegen heute noch ungestört, diese sind durch die Gebirgsbewegung steil aufgerichtet worden.

Wird der Druck stärker, so kann auch eine plastische Deformation der Gesteinsgemengteile eintreten. Dies kann sich in einer gestaltlichen Krümmung säulenförmiger Kristalle oder in der Bildung von Druckzwillingen nach einer Gleitfläche äußern. Auch die optischen Eigentümlichkeiten der Gesteinsbestandteile können Druckeinwirkungen verraten. Es können einfachbrechende Mineralien doppeltbrechend werden, einachsige Mineralien schwach zweiachsig erscheinen. Auch die sog. undulöse Auslöschung, die so häufig Quarze und Feldspatkörner zeigen und die darin besteht, daß das betreffende Korn beim Drehen desselben im Dunkelfelde der gekreuzten Nikols nicht gleichzeitig ganz dunkel wird, sondern die Dunkelstellung wie ein Schatten allmählich über das ganze Korn hinhuscht, wird als ein Zeichen einer Druckbeanspruchung aufgefaßt.

Bei allen diesen Druckbeanspruchungen ist die Festigkeitsgrenze des betreffenden Minerales nicht überschritten worden. Geschieht dies, so tritt ein Riß oder Bruch auf. Die Komponenten des Gesteines werden zerdrückt.

Durch den Druck wird auch die Stabilität eines Minerales beeinflußt. Löwinson-Lessing hat schon darauf aufmerksam gemacht, daß sich die Mineralien in zwei Gruppen teilen lassen, wenn man das aus den Komponenten berechnete Molekularvolumen mit dem wirklichen vergleicht. Da ergibt sich nämlich, daß das wirkliche Molekularvolumen bei der einen Gruppe, die er positiv nennt, größer ist als das theoretische, und daß bei der zweiten Gruppe, den negativen Mineralien, das berechnete Molekularvolumen größer ist als das wirkliche.

Als Beispiel möge die Verbindung Al_2SiO_5 dienen, der als Andalusit das Molekularvolumen 51,6, als Sillimanit das Molekularvolumen 50,2, als Disthen das Molekularvolumen 44,4 zukommt, während das aus Quarz (22,78) und Korund (25,87) berechnete Molekularvolumen den Wert 48,66 ergeben würde. Der Disthen ist demnach ein negatives, Andalusit und Sillimanit sind positive Minerale. Wenn ein Gestein unter entsprechendem Drucke steht, so werden die positiven Mineralien instabil und das Bestreben äußern, in die dem Druck entsprechenden negativeren Minerale überzugehen. Und tatsächlich tritt in allen Gesteinen, wo auch andere Anzeichen auf eine große Druckwirkung hinweisen, wenn sich die Verbindung $[Al_2SiO_5]$ in denselben findet, diese nie als Andalusit, sondern immer als Disthen auf, allenfalls auch als Sillimanit.

Durch den hohen Druck besonders im Streßfall können auch die chemischen Komponenten eines Minerales voneinander getrennt werden. So verhält sich bei den Plagioklasen der anorthitische Anteil dem Streß gegenüber anders als der albitische. Dieser übersteht die Druckeinwirkung ohne Änderung seines chemischen Bestandes, während der anorthitische zu Zoisit oder Klinozoisit wird nach der Gleichung:

$$4\,CaAl_2Si_2O_8 + H_2O = 2\,(OH)Ca_2Al_3Si_3O_{12} + Al_2Si_2O_7.$$
$$\text{Zoisit}$$

Diese Umwandlung wird nach ihrem ersten Beobachter **Saussure** auch **Saussuritisierung** genannt, denn im **Saussurit** spielt hauptsächlich dieser Prozeß.

Der in diesem Falle abgespaltene Rest $[Al_2Si_2O_7]$ kann weiter entweder zur Kaolin- oder Muskowitbildung verwendet werden. Das zur Muskowitbildung notwendige Kalium liefert der im Gesteine allenfalls vorhandene Kalifeldspat, der instabil wird und zerfällt, wobei sowohl **Kalium** als auch **Kieselsäure** und **Tonerde** frei werden. Der neugebildete Muskowit und Klinozoisit bildet oft mikroskopische Einlagerungen im Feldspat und geben dadurch Veranlassung zu der für unter Streß kristallisierte Gesteine bezeichnenden Erscheinung der „**gefüllten Feldspäte**".

Bei all diesen chemischen Umsetzungen wirkt das Wasser mit, das als Bergfeuchtigkeit oder Restlösungsgenosse in allen Gesteinen gegenwärtig ist. Die Lösungskraft des Wassers hängt, wie **Pfaff** zuerst gezeigt hat, von dem auf ihm lastenden Druck ab.

Durch die Veränderung der Lösungsfähigkeit des Wassers mit dem Drucke wird das Wasser zu einem wichtigen Faktor beim Stoffumsatz in gepreßten Gesteinen, weil es an den Orten größeren Druckes lösend, im Druckschatten substanzabsetzend wirkt (**Rieckesches Prinzip**).

Diese Doppelwirkung des Wassers, hier lösend, dort substanzabsetzend, kann nur dann eintreten, wenn der Druck, dem das Gestein ausgesetzt ist, kein **allseitiger, hydrostatischer**, sondern ein **einseitiger** ist, der als **Streß** bezeichnet wird. Dieser einseitige Druck tritt nur dann in Erscheinung, wenn dem Gestein die Möglichkeit eines seitlichen Ausweichens gegeben ist, was besonders bei den gebirgsbildenden Bewegungen, wenn die Gesteinsschichten in Falten gelegt oder geknetet werden, der Fall ist.

Wenn einer gedrückten Masse die Möglichkeit des Ausweichens geboten ist, so wird der Druck auch eine Bewegung in der Richtung der Ausweichmöglichkeit im Gefolge haben. Diese gleitende oder scherende Bewegung wird im Gestein Trennungsflächen erzeugen, die für durchbewegte Gesteine bezeichnend sind.

II. Die kristallinen Schiefer.
a) Die Bildung der kristallinen Schiefer.

Gesteine, die eine Parallellagerung der Gemengteile und eine dadurch bedingte ausgezeichnete Ablösbarkeit nach einer Fläche zeigen, heißen im allgemeinen **Schiefer**. Da aber die Schieferungsflächen nicht allein Flächen kleinsten Widerstandes gegenüber schiebenden Kräften, sondern auch Flächen größter Wegsamkeit für zirkulierende Lösungen sind, so werden sich in derartigen, vorbehandelten (durchbewegten) Gesteinen chemische Umlagerungen vollziehen, welche nachträglich dem Gesteine ein kristallines Gefüge verleihen können. Ist dies eingetreten, dann spricht man das Schiefergestein als **kristallinen Schiefer** an.

Die Fläche, nach der die Parallelstellung der blättrigen oder tafelförmigen oder stengeligen Gesteinsgemengteile erfolgte, nennt **Sander** „**das erworbene s**". Viele Sedimente besitzen infolge des Materialwechsels während ihres Absatzes oder infolge zeitlicher Unterbrechung desselben schon von Anfang an eine Lagenteilung (Schichtung), die **Sander** das „**ursprüngliche, sedimentär angelegte s**" nennt.

Die Umformung der Gesteine durch einseitigen Druck ist zuerst ein rein mechanischer Vorgang. Die Gesteinsgemengteile werden zerdrückt und längs der Scherfläche, dem s, verschoben. Bestand das ursprüngliche Gestein schon aus makroskopisch unterscheidbaren Mineralien, so wurden diese zerdrückt und zu oft verschiedenfarbigen Streifen auseinander gezogen. Dabei konnte es, wie Trener zuerst festgestellt hat, geschehen, daß die klastisch getrennten Mineralkörner eine gewisse kristallographische Anordnung zur Scherfläche einnahmen (Trenersche Gefügeregel). Beim Quarz erfolgt die Regelung oft so, daß die einzelnen Körner mit der Z-Achse nahezu senkrecht zur Scherfläche stehen.

In einem früheren Stadium der mechanischen Kataklase bildet sich zwischen den einzelnen größeren Mineralkörnern eine feine Reibungsbrekzie aus, welche die größeren Körner wie der Mörtel die Bausteine umgibt, weshalb auch für diese Struktur der Name Mörtelstruktur eingeführt wurde.

Ein Gestein, das nur die mechanischen Folgen der Durchbewegung zeigt, wird Mylonit genannt (Grobmylonit, Feinmylonit, Ultramylonit, Kakirit usw.).

Durch die Verkleinerung der Mineralbestandteile wird dem Wasser, weil es jetzt mehr Angriffsfläche hat, Gelegenheit geboten, seine lösende und wiederabsetzende Tätigkeit kräftiger zu bekunden. Man nennt dies kristalline Mobilisation. Durch diese Mobilisation wird die kataklastische Struktur der Mylonite sehr oft wieder verwischt. Es tritt Rekristallisation ein. Die einzelnen Mineralkörner verwachsen miteinander, wobei oft ein buchtenartiges Ineinandergreifen der einzelnen Korngrenzen, eine Verzahnung, in Erscheinung tritt.

Will man beide Vorgänge: Kataklase bzw. Mylonitisierung und Rekristallisation bezüglich ihrer zeitlichen Aufeinanderfolge kennzeichnen, so nennt man die Durchbewegung, weil sie dem Kristallisationsakte vorausging, präkristallin, die Rekristallisation, die der Durchbewegung nachfolgte, posttektonisch.

Durch die der Durchbewegung nachfolgende Kristallisation wird der geschieferte Mylonit erst zum kristallinen Schiefer.

Der Kristallisationsakt bei den kristallinen Schiefern unterscheidet sich wesentlich von dem in den primären Gesteinen. Aus dem Schmelzflusse der durch seine Kristallisation das primäre Gestein lieferte, erfolgte die Ausscheidung der einzelnen mineralischen Komponenten zeitlich hintereinander. Es kristallisierte jenes Mineral zuerst aus, welches zuerst den Sättigungspunkt erreichte. Bei den primären Gesteinen ist also eine zeitliche Ausscheidungsfolge festzustellen, ausgehend von einer vollständigen Flüssigkeit, einer vollständigen Schmelze.

Bei den kristallinen Schiefern wirkt der Druck auf alle im Ausgangsmaterial vorhandenen Mineralien gleichzeitig ein und löst sie nach dem Maße ihrer Löslichkeit gleichzeitig, und da diese relativ gering ist, sind hier im kristallisierenden Gestein ständig große Massen von Bodenkörpern vorhanden, in deren Gegenwart die Neukristallisation erfolgt. — Infolge dieser Umstände sind die Kristallisationsprodukte in der Entwicklung ihrer Kristallgestalt beeinträchtigt. Es sollten demnach alle Gemengteile der kristallinen Schiefer allotriomorph ausgebildet sein. Daß dies nicht streng zutrifft, hat seinen Grund darin, daß die einzelnen Mineralien ungleiche Kristallisationskraft besitzen und außerdem wieder zeitlich aufeinander folgen. Das Mineral mit stärkerer Kristallisationskraft wird gegenüber den anderen bezüglich der Entwicklung seiner Gestalt begünstigt und daher eher seine ihm eigene Kristallgestalt den anderen Gemengteilen gegenüber durchsetzen.

F. Becke nannte den Vorgang des gleichzeitigen Wachstums Kristalloblastese, vom griechischen Worte „blastein", was knospen bedeutet. Die Gemengteile eines kristallinen Schiefergesteines nach der Kristallisationskraft geordnet, geben dann die kristalloblastische Reihe.

Die Kristalle von Mineralien mit großer Kristallisationskraft werden nicht allein größere Körner (Porphyroblasten) bilden, die oft auch eine besser entwickelte Kristallgestalt (Idioblasten) aufweisen, sondern sie werden auch häufig die Mitgemengteile infolge ihres rascheren Wachstums umschließen und daher oft siebartig durchlöchert erscheinen (Siebstruktur). Bei ihrem Wachstum können sie auch das vom Gestein vorher erworbene s umschließen. Geschieht dies, so unterscheidet Sander das von dem Porphyroblasten umschlossene s als inneres (si) von dem im Grundgewebe des kristallinen Schiefers vorhandenen äußeren (se). Stimmen die beiden s überein, so beweist dies, daß seit der Bildung des Porphyroblasten keine Bewegung das Gestein ergriffen hat. Stimmen sie nicht überein (verlegtes si), so deutet dies auf eine Bewegung, welche die Kristallisation begleitete oder ihr nachfolgte, hin.

Bei langsamem Wachstum schiebt der Porphyroblast die Mitgemengteile vor sich her und hält sich frei von Einschlüssen. Dabei entstehen in Schiefern, die zum überwiegenden Teile aus Glimmermineralien bestehen, um den Porphyroblasten in der Richtung des s leere Zwickel, die sich sofort wie ein Pumpenstiefel beim Ansaugen füllen und durch die Füllungsprodukte (Quarzstengel usw.) späterhin bemerkbar werden (Streckungshöfe).

Die s-Flächen begünstigen auch als Flächen größter Wegsamkeit das posttektonische Wachstum lamellarer oder stengeliger Mineralien, die dann durch ihre Lage die Form des erworbenen s abbilden (Abbildungskristallisation, Polygonalbögen nichtdeformierter Glimmer). Sie begünstigen auch das Eindringen gesteinsfremder Lösungen von außen und die Bildung von Mineralien, deren Bestandteile nicht ausschließlich den metamorphen Gesteinen entstammen (Turmalinisierung auf Kosten früher vorhandenen Biotites).

b) Das Ausgangsmaterial für die Bildung kristalliner Schiefer.

Dies können sowohl primäre, als auch sekundäre Gesteine sein. Leitet sich ein kristalliner Schiefer von einem primären Gesteine ab, so wird er als Orthoschiefer bezeichnet; war das Ausgangsmaterial ein Sediment, so wird der neu gebildete Schiefer Paraschiefer genannt.

Ob ein kristalliner Schiefer dieser oder jener Gruppe zuzuordnen ist, ist nicht immer leicht zu entscheiden. Manchmal läßt sich dies aus dem Dünnschliff ermitteln, wenn nämlich im kristallinen Schiefer noch unversehrte Reste des ursprünglichen Gesteines und Andeutungen des ursprünglichen Gefüges erhalten sind. Man spricht dann von einer Relikt- oder Palimpseststruktur. Darauf fußend, kann man dann eine blastogranitische, blastoporphyrische und blastoophitische Struktur bei den Orthoschiefern, bzw. eine blastopsephitische, blastopsamnitische und blastopelitische Struktur bei den Paraschiefern unterscheiden, je nachdem bei letzteren noch Reste einer brekziösen oder Geröllstruktur bzw. Sand- oder Tonstruktur zu erkennen sind.

Fehlen solche Merkmale, so bleibt nur die chemische Analyse des Schiefers als Merkmal übrig. In Paraschiefern kann nämlich das Verhältnis von

$$Si : [Al + Fe + Mg] : [Ca + Na + K] = Si : U : L$$

(Becke) in allen möglichen Verhältnissen schwanken, bei den Orthoschiefern dagegen nicht.

c) Die Tiefenstufen.

Auf die Abhängigkeit des Grades der Metamorphose der kristallinen Schiefer von der Temperatur, bei welcher sie erfolgte, hat schon 1891 der Finnländer J. J. Sederholm aufmerksam gemacht. Weitergebildet hat diese Theorie 1903 F. Becke, U. Grubenmann und später andere. Man unterscheidet heute drei durch bestimmte Druck- und Temperaturverhältnisse gekennzeichnete Tiefen stufen innerhalb der Dynamometamorphose.

Die unterste oder dritte Tiefenstufe, wo hoher Druck und hohe Temperatur herrscht, nennt man auch die Katazone. Über ihr folgt die zweite Tiefenstufe oder die Mesozone, und zu oberst liegt die erste Tiefenstufe oder Epizone mit der niedrigsten Temperatur und dem niedrigsten Druck. Das Oben und Unten ist bloß bildlich aufzufassen, wesentlich ist die relative Höhe namentlich der Temperatur, dergegenüber Druckunterschiede zurücktreten. Jede dieser drei Zonen ist durch bestimmte Mineralien gekennzeichnet, für die Becke die Bezeichnung typomorphe Mineralien einführte. Neben diesen typomorphen Mineralien gibt es aber auch solche, die mehreren Zonen gemeinsam sein können, wie z. B. der Quarz. Solche Mineralien werden als Durchläufer bezeichnet. Neben diesen für bestimmte Tiefenstufen bezeichnenden Mineralien können auch solche vorkommen, die entweder auf einen früheren Zustand des Gesteines hinweisen — man nennt sie proterogene Mineralien — oder die spätere Bildungen sind (hysterogene Mineralien).

Die Gesamtheit der typomorphen Mineralien stellt ein Gleichgewicht, das der Bildungstemperatur und dem Bildungsdrucke entspricht, dar. Kommen daneben noch proterogene Mineralien vor, so zeigt dies an, daß sich noch kein Gleichgewicht eingestellt hat, sondern daß sich dieses erst aus einem früheren Zustande zu entwickeln begonnen hat. Hysterogene Mineralien besagen wieder, daß die Gesellschaft typomorpher Mineralien wegen geänderter Druck- und Temperaturverhältnisse in das durch die hysterogenen Mineralien angedeutete neue Gleichgewicht sich umzuwandeln anschickt. Diese Umwandlung, welche durch die Versetzung eines bei einer bestimmten Temperatur und einem bestimmten Druck gebildeten Gesteines in eine obere Tiefenzone hervorgerufen wird, nennt Becke Diaphthorese, wenn die Umwandlung von einer unteren Zone in eine obere führt. Orogenetische Verschiebungen können eine solche Versetzung von einer Tiefenzone in die andere hervorrufen.

Die metamorphe Kristallisation selbst kann wieder eine rückschreitende (diaphthoritische) oder eine vorschreitende sein. Rückschreitend ist sie dann, wenn man beobachtet, daß Mineralien einer höheren Tiefenstufe sich in Mineralien einer niederen Tiefenstufe umzuwandeln beginnen, vorschreitend wenn das Umgekehrte der Fall ist.

Wenn sich z. B. der Granat mit Chlorit umkleidet oder der Biotit zu Chlorit wird, so ist das ein Zeichen der Diaphthorese, weil ein Mineral einer unteren Stufe oder Zone sich in eins einer oberen umwandelt. Geht dagegen der Biotit in ein Aggregat von Sillimanitnadeln über, so ist das eine vorschreitende Kristallisation, denn der „zweitstufige" Biotit geht in den „drittstufigen" Sillimanit über.

d) Die Mineralien der kristallinen Schiefer.

F. Angel hat eine Tabelle zusammengestellt, welche einige typomorphe Mineralien der drei Tiefenstufen (oder Tiefenzonen) enthält. Sie ist im nachfolgenden wiedergegeben.

Unter den in dieser Tabelle aufgeführten Mineralien befinden sich viele, die auch als Bestandteile der primären Gesteine bekannt sind: so der Quarz, die Feldspäte, die Glimmer, die Pyroxene und Amphibole. Andere, wie der Granat, der in den kristallinen Schiefern häufig ist, erscheinen in den Tiefengesteinen ausnahmsweise, jedenfalls in geringerer Verbreitung.

Die sog. Schachbrettalbite sind eine Eigentümlichkeit von ausgesprochenen Tiefenzonengesteinen, wie es z. B. die Zentralgranite sind. Es sind dies Albite, die den Kalifeldspat verdrängen und nach dem Albitgesetze verzwillingt sind.

Stoffgruppe	Katazone III	Mesozone II	Epizone I
K Al Si Na	Kali- ⎱ Feldspat Natron- ⎰	Mikroklin-Muskowit-Serizit Albit	Albit
Na Al Si Ca	Natron- ⎱ Feldspat Kalk- ⎰ bis Anorthit	Albit-Oligoklas +Zoisit	Albit Epidot +Klinozoisit
Ca Al Si (Mg, Fe)	Pyroxen ⎰ Jadeit / Augit / Diallag	Gemeiner Amphibol ⎰ Glaukophan → / Hornblende / Strahlstein →	Talk
K $(Al, Fe)Si$ Mg	—	Biotit	Chlorit
Ca Fe Al Si Mg	←	Almandin	Chlorit
Fe Al Si	—	Staurolith	Chloritoid
— Al Si	(Sillimanit)	Disthen	Glimmer
Mg — Si	Olivin	Antigorit	Antigorit
— — Si	Quarz	Quarz	Quarz
Ca — —	Kalkspat	Kalkspat	Kalkspat

Das mikroskopische Bild eines solchen Zwillingsstockes hat eine entfernte Ähnlichkeit mit einem Schachbrett, was Becke zur Bezeichnung „Schachbrettalbite" veranlaßte.

Andere sind den unveränderten primären Gesteinen ganz fremd. Aber auch jene Mineralspezies, welche die kristallinen Schiefer mit den primären Gesteinen gemeinsam haben, zeigen oft wesentliche Unterschiede.

An den Plagioklasen der kristallinen Schiefer ist z. B. manchmal eine inverse Zonenstruktur zu beobachten, d. h. entgegen den an primären Gesteinen festgestellten Verhältnissen, daß nämlich der Kern des Plagioklases basischer ist als die Hülle, ist hier oft die äußere Hülle basischer als der Kern.

Weiter sind vielen kristallinen Schiefern „gefüllte Feldspäte" (Heritsch) eigen: Das sind saure Plagioklase mit zahlreichen mikrolithischen Einschlüssen, darunter stets Klinozoisit-Epidot, aber auch Muskowit, Chlorit, Biotit, Hornblende. Es gibt verschiedene Arten von Fülle. Diese Füllmineralien sind teils durch Umwandlung der Anorthitanteile basischer Plagioklase entstanden, teils stellen sie reliktische Einschlüsse dar.

Der Albit ist in den kristallinen Schiefern am weitesten verbreitet und bildet in denselben nicht selten schon makroskopisch sichtbare Porphyroblasten (Augen, Rundlinge, Holoblasten).

Die Pyroxene sind in der dritten Tiefenstufe vorherrschend. Sie haben oft diopsidische Zusammensetzung, aber auch Diallage gehören hierher. Eine besondere Pyroxenabart ist der lichtgrüne Omphazit.

In der zweiten Tiefenstufe ersetzen die Amphibole manche Pyroxene. Nur der Diopsid ist ein Durchläufer. Die Umwandlung der Pyroxene in Amphibol führt nicht selten zur Uralitbildung. Feinstengelige (schilfige) Hornblende bewahrte die Kristallgestalt des ursprünglichen Augites. Die Amphibole der kristallinen Schiefer sind meist grün, stark pleochroitisch, mit einem bläulichgrünen Farbenton für die Lichtschwingungen parallel c. (Die Karinthin genannte Hornblende aus den Eklogiten der Saualpe in Kärnten ist schwarz und im durchfallenden Lichte braun. Sie gravitiert aber in die dritte Tiefenstufe.) Im natronreichen Metamorphen treten Natronamphibole wie Glaukophan und Gastaldit auf. Dieselben sind blau bis blauschwarz, und die Farben des Pleochroismus sind gelb, blau und violett und ziehen in die erste Tiefenstufe, wo auch Strahlsteine auftreten. Eine durch die schöne smaragdgrüne Farbe ausgezeichnete Abart der Hornblende hat den Namen Smaragdit erhalten (zweite Tiefenstufe).

Von den Glimmern wäre zu bemerken, daß die Biotite im Gegensatz zu primären Tiefengesteinen sehr oft einen braunroten Farbenton besitzen.

Die Granaten der kristallinen Schiefer sind stets Almandine bis Pyrope, d. h. überwiegend $[(Fe, Mg)_3Al_2Si_3O_{12}]$. Ihre Farbe ist ein Rot mit einem bläulichen Stich oder ein tiefes Weinrot.

Typisch für kristalline Schiefer sind auch folgende Mineralien:

1. Der Zoisit in seiner Ausbildung als α-Zoisit und β-Zoisit, ferner der Klinozoisit, neben dem auch gelbgrüner Epidot auftreten kann. Da diese Mineralien schon früher besprochen worden sind (S. 84), seien hier nur die optischen Eigenschaften nochmals nach einer Tabelle nach Weinschenk zusammengestellt, wozu nur noch zu bemerken wäre, daß bei allen die Spaltrisse zufolge der monoklinen Aufstellung immer der Y-Achse entsprechen.

	Doppelbrechung	Polar. Farbe	Achsenebene	Achsenwinkel
α-Zoisit	schwach	anomal	parallel Y	mittel
β-Zoisit		normal		klein
Klinozoisit		stark anomal	senkr. Y	
Epidot	stark	fleckig, hoch		sehr groß

2. Der Disthen oder Zyanit. Die Formel dieses Minerales ist $[Al_2SiO_5]$. Der Name Disthen rührt daher, weil dieses Mineral auf der Spaltfläche (100) deutlich zwei verschiedene Härten (5 und 7) erkennen läßt, je nachdem man es senkrecht (7) auf die Längsachse der Kristalle und parallel zur selben (5) ritzt. Den Namen Zyanit verdankt es seiner blauen Farbe, die allerdings nicht alle Vorkommen zeigen. Sehr oft sind nämlich die Zyanite auch grau und weiß (Rhätizit). Auf der Spaltfläche (100) kann man den Achsenaustritt beobachten. Die Achsenebene steht aber zur Spur der Spaltung schief (ungefähr 30°).

3. Der Sillimanit. Der Sillimanit hat bekanntlich dieselbe Zusammensetzung wie der Disthen und der Andalusit (s. S. 139, 140). Vernadsky hat gezeigt, daß der Disthen durch Glühen in Sillimanit übergehen kann. Daher tritt in der Katazone an die Stelle des Disthens oft der Sillimanit. Auch der Biotit wandelt sich dort unter Neubildung von Sillimanit um.

4. Der Staurolith. Dieses durch seine braune Farbe gekennzeichnete Mineral kommt z. B. in den Paragonitschiefern des St. Gotthardgebietes mit Disthen parallel verwachsen vor, und zwar sind die Z-Achsen beider Mineralien zueinander parallel, und das vordere Pinakoid des triklinen Disthens ist parallel zum seitlichen Pinakoid (010) des rhombischen Staurolithes. Im Dünnschliff ist der Staurolith meist gelblich und deutlich pleochroitisch.

Für den Staurolith gilt die Formel $4[H_2FeAl_4Si_2O_{12}]$, bestehend aus $Fe(OH)_2$- und (Al_2SiO_5)-Anteilen im Gitter. Er ist oft durch zahlreiche Einschlüsse siebartig durchlöchert. Der Staurolith geht gelegentlich in Muskowit über.

5. Der Lawsonit. Dieses Mineral wurde von Ransome 1895 in den kristallinen Schiefern der Halbinsel Tiburon in Kalifornien entdeckt. Später fand man ihn auch in Unteritalien, Sardinien und Wallis unter ähnlichen Bedingungen. Der Lawsonit kristallisiert rhombisch und spaltet nach (010), weniger gut nach (001), und im Dünnschliff zeigt er oft auch eine Spaltung nach einem Prisma

von 67°. Er ist farblos bis graublau, stark licht- und doppeltbrechend, schmilzt leicht, ist aber in Säuren fast unlöslich.

Die Formel des Lawsonites ist $[H_2CaAl_2Si_2O_9]$. Er dürfte aus dem Anorthitanteil der Plagioklase hervorgegangen sein.

Die übrigen in der Tabelle angeführten Mineralien sind schon bei den sekundären Mineralien (S. 76 u. f.) behandelt worden. Hier seien nur die für die Unterscheidung im Dünnschliff wichtigen Eigenschaften wiederholt.

	Talk	Pennin	Klinochlor	Chloritoid
Lichtbrechung	niedrig	niedrig	niedrig	niedrig
Doppelbrechung	hoch	niedrig	mittel	mittel
Opt. Charakter	—	—	+	+
Farbe	weiß	grün	grün	blaugrau
Pleochroismus ‖ zu 001 . . .	—	grün	grün	pflaumenblau
Pleochroismus ⊥ zu 001 . . .	—	gelblich	gelblich	gelbgrün
Polarisationsfarben	normal	anormal	normal	normal
Achsenwinkel	klein	fast Null	mittelgroß	groß

Talk, Pennin, Klinochlor und Chloritoid zeigen im Dünnschliff immer gut entwickelte basische Spaltung. Die Auslöschung ist beim Talk und Pennin parallel zur Spaltung, beim Klinochlor und Chloritoid dagegen geneigt. Klinochlor und Chloritoid zeigen häufig Zwillingsbildung mit (001) als Verwachsungsflächen, der Chloritoid zudem öfter Sanduhrstruktur.

e) Die Struktur und Einteilung der kristallinen Schiefer.

Neben den schon früher beschriebenen Schieferstrukturzügen zeigen die kristallinen Schiefer noch weitere, durch die Kristalloblastese bedingte Struktureigentümlichkeiten. Je nach Gestalt und Ausbildung der Gemengteile unterscheidet man ein homöoblastisches Gefüge, wenn die Mineralgemengteile gleich groß, ein heteroblastisches Gefüge, wenn sie ungleich groß und porphyroblastisches Gefüge, wenn einzelne Gemengteile die Hauptmasse durch ihre Größe übertreffen.

Sind die Gesteinskomponenten körnig, so spricht man von einem granoblastischen, sind sie schuppig, von einem lepidoblastischen, und sind sie, wie bei den Aktinolithschiefern, faserig, von einem nematoblastischen Gefüge.

Wenn stengelartige Individuen sich gegenseitig durchdringen, so bezeichnet man die Struktur als diablastisch. Eine Abart derselben ist die Kelyphitstruktur, bei der ein diablastisches Gewebe nußschalenähnlich einen größeren Porphyroblasten umgibt.

Poikiloblastisch nennt man das Gefüge dann, wenn größere Xenoblasten (Mineralien ohne eigene äußere Umgrenzung) sich zu einem Gewebe zusammenschließen, in dessen Zwischenräumen kleinere Holoblasten enthalten sind.

Bevor auf die Einteilung der kristallinen Schiefer eingegangen werden kann, müssen einige althergebrachte Namen näher präzisiert werden.

So ist festzuhalten, daß als Gneis nur ein kristalliner Schiefer bezeichnet werden darf, der neben Quarz und Glimmer auch Feldspat als wesentlichen Gemengteil enthält, ohne Rücksicht auf seine Abstammung.

Fehlt der Feldspat, so ist das Gestein ein Glimmerschiefer. Da die Feldspäte mit Ausnahme des Albites in der oberen Tiefenzone instabil werden, so sind die grobschuppigen Glimmerschiefer und die feinschuppigen Serizitschiefer typische Gesteine der zweiten bzw. ersten Tiefenzone.

Eklogite werden schon seit langem Gesteine genannt, die Granat und den Omphazit genannten Pyroxen als Hauptgemengteil enthalten.

Amphibolite sind kristalline Schiefer, deren bezeichnender Gemengteil eine Hornblende ist. Je nach dem Übergemengteil unterscheidet man dann Granat-, Zoisit-, Biotit- und Plagioklasamphibolite. Die Amphibolite, die zum Teil aus Eklogit hervorgegangen sind (Eklogitamphibolite), sind ebenfalls typische Vertreter der zweiten Tiefenzone.

Den ersten Versuch einer Einteilung der kristallinen Schiefer auf genetischer Grundlage machte 1907 der Professor an der Züricher Universität U. Grubenmann. Er legte seiner Einteilung sowohl den chemischen Bestand, als auch die von Becke und ihm aufgestellte Tiefenstufenlehre zugrunde. Aus dem chemischen Bestande folgt auch die Abstammung, d. h., ob sie Ortho- oder Paraschiefer sind. Für die Einordnung in die einzelnen Tiefenstufen ist bei gleichem makroskopischen Aussehen lediglich der mikroskopisch erkannte Mineralstand maßgebend.

Die nachstehende Einteilung möge eine kleine Übersicht zonentypischer Gesteine, systematisch zusammengestellt, geben. Man teilt die kristallinen Schiefer vorerst in Ortho- und Paraschiefer und dann beide Gruppen wieder nach dem Ausgangsmaterial und den Tiefenstufen ein.

A. Orthoschiefer (mit einer primären Gesteinen entsprechenden chemischen Zusammensetzung).

Ausgangsmaterial	3. Tiefenstufe	2. Tiefenstufe	1. Tiefenstufe
Quarz-Alkalifeldspatgesteine	Alkalifeldspatgneise Granulite	Glimmerreiche Gneise	Serizitschiefer Porphyroide
Quarz-Plagioklasgesteine	Plagioklasgneise	Zoisit-Hornblendegneise	Albit-, Epidot-, Chlorit-schiefer
Quarzfreie Alkalifeldspatgesteine	Jadeit-Chloromelanitgesteine	Amphibolite	Glaukophanschiefer
Quarzfreie Plagioklasgesteine	Eklogit Erlan	Amphibolite	Epidot-, Chloritschiefer, Grünschiefer
Feldspatfreie Gesteine	Olivin-, Augit-schiefer	Serpentin Amphibolschiefer	Antigorit-, Talk-, Chloritschiefer

B. Die Paraschiefer (d. s. Sedimentabkömmlinge).

Ausgangsmaterial	3. Tiefenstufe	2. Tiefenstufe	1. Tiefenstufe
Tonige Sedimente — Reine Tone	Sillimanitgneise Granat-Disthengneise	Granatglimmerschiefer	Phyllite Serizitphyllit
mit Fe > Mg	Granatgneise	Granat-Staurolithschiefer	Chloritoidphyllit
mit Fe < Mg	—	Zweiglimmerschiefer	Chloritphyllit (Grünschiefer)
mit Ca > (Fe + Mg)	Plagioklasgneise	Paraamphibolite	Epidot-Fuchsitphyllit
Mergelige Sedimente + CaCO$_3$	Kalksilikatschiefer mit Diopsid + Kalkspat	Kalksilikatschiefer mit Amphibol + Kalkspat	Epidotschiefer, Kalkphyllite mit Kalkspat
Kalkgesteine	Silikatmarmor Marmor	Silikatmarmor Marmor	Silikatmarmor Marmor
Quarzgesteine	Quarzit	Quarzit	Quarzit

Zu diesen Tabellen wäre noch zu bemerken, daß bezüglich des Mineralbestandes auf die Tabelle S. 148 verwiesen werden muß und daß noch manche Untergruppe unterschieden werden könnte.

Wie die primären Gesteine, so sind auch die sekundären Gesteine durch alle möglichen Übergänge miteinander verbunden, und daher werden auch die aus den letzteren entstandenen Paraschiefer durch Übergänge miteinander verknüpft sein. Die Tone sind durch die Mergel und die tonigen Kalksteine mit den reinen Kalksteinen verbunden. Genau so gibt es Paraschiefer, die durch die Abnahme der silikatischen Bestandteile und durch die Zunahme des Kalzites von den Tonerdesilikatgneisen durch die Silikatmarmore zu den reinen Marmoren hinüberführen.

Ähnlich wirkt sich bei der Metamorphose der Quarzgesteine die Natur und Menge des Bindemittels aus. Daher können auch in den Quarziten und den verwandten Gesteinen Nebengemengteile auftreten, die dann zur weiteren Einteilung der Paraquarzgesteine herangezogen werden (Glimmerquarzit, Granatglimmerquarzit).

So wie die Kalksteine, wenn sie dynamometamorph beansprucht werden, Kalksteinmarmore lieferten, ebenso werden Dolomite zu Dolomitmarmoren. Letztere unterscheiden sich von jenen in der Regel durch das feinere Korn und dadurch, daß die einzelnen Körner nie verzahnt sind. Auch entbehren die Dolomitmarmore der für die Kalzitmarmore so bezeichnenden Druckzwillingsbildung nach (01$\bar{1}$2).

f) Beziehungen zwischen Kontakt- und Dynamometamorphismus.

Die in einem früheren Kapitel angedeutete weite Fassung des Begriffes Kontaktmetamorphose läßt eine feinere Gliederung zu. Es gibt da eine Tiefenkontaktmetamorphose, bei welcher hydrostatische Drucke in ansehnlicher Höhe eine Rolle spielen können. Ferner fällt nun heraus eine Oberflächenkontaktmetamorphose, bei welcher der Druck als prägender Faktor keine andere, stärkere Rolle spielt wie der Atmosphärendruck an der Erdoberfläche. Sie wird als Pyrometamorphose noch eine Erläuterung erfahren.

Dem Tiefenkontaktmetamorphismus mit seiner hydrostatischen Druckkomponente steht die Dynamometamorphose gegenüber, bei welcher abermals Drucke mit Temperaturen gekoppelt sind, aber nun handelt es sich nicht mehr um hydrostatischen Druck, sondern um Streß = gerichteten Druck.

Oberflächenkontaktmetamorphose wirkt an den Sedimenten, die mit aktiven Laven oder Ergußmassen in Berührung kommen. Tiefenkontaktmetamorphose und Dynamometamorphose wirken an Hüllgesteinen (Sedimenten aus älteren primären Gesteinen, welche mit aktiven Tiefengesteinen in Berührung [,,Kontakt"] treten). Es ist denkbar, daß während des tätigen Kontaktes hydrostatischer Druck in Streß verwandelt wird. Dann wird auch der proterogene Bestand an Kontaktmineralien in einen Bestand an Streßmineralien ungewandelt, soweit nicht eine Liste gemeinsamer Mineralien in Betracht kommt. Unter besonderen Bedingungen findet man daher z. B. Andalusit und Cordierit in typischen kristallinen Schiefern.

D. Der Injektionsmetamorphismus.

Im Grundgebirge aller Länder, das ist in jenen Gesteinsmassen, die durch Metamorphose zu kristallinen Schiefern geworden sind und deren geologisches Alter wegen Mangel an Versteinerungen nicht mehr festgestellt werden kann, beobachtet man oft das Eindringen primärer Gesteine längs der s-Flächen der Schiefer. Dieser Vorgang ist meistenteils leicht erkennbar, weil das magmatische Material sich durch Farbe und mineralogische Zusammensetzung von dem der kristallinen Schiefer unterscheidet. Es entstehen auf diese Weise auch die Adergneise oder Arterite, so genannt, weil das granitische oder pegmatitische

Material oft aderartig (ptygmatitisch) gewundene Lagen im kristallinen Schiefer bildet.

Manchmal wird aber die Durchdringung so innig, daß die einzelnen Lagen makroskopisch nicht mehr unterscheidbar sind. Es entsteht dann ein Mischgestein, halb sedimentärer, halb magmatischer Entstehung, ein sog. Migmatit.

Aber nicht allein im geschmolzenen Zustande dringen eruptive Massen zwischen die Schichten der Schiefer ein, auch gasförmige und überhitzte wässerige Lösungen finden als Abkömmlinge eines erstarrenden Magmas längs der s-Flächen Eingang in die Schiefergesteine und erzeugen in den letzteren mineralische Neubildungen.

Diese Metamorphose, von der hauptsächlich Paraschiefer betroffen werden, nennt V. M. Goldschmidt Injektionsmetamorphose.

Zu solchen Vorgängen gehört die Turmalinisierung gewisser Paraschiefer, bei welcher der Turmalin den Biotit aufzehrt und dabei oft das durch kohlige Partikelchen angedeutete s ungestört umschließt.

Ein anderer hierher gehöriger Vorgang ist die „Feldspatung" von Paraschiefern, welche schon seit 1840 den Franzosen bekannt war, aber erst von V. M. Goldschmidt an den Gesteinen des Stavangergebietes in Norwegen neuerdings eingehender studiert und zu erklären versucht wurde.

Es handelt sich hier um die Tatsache, daß von Tonsedimenten abstammende Glimmerschiefer gegen den Kontakt mit einem granitischen Tiefengestein (Trondhjemit) immer reicher an Feldspat werden, und zwar erscheint in größerer Entfernung vom Kontakt zuerst der Albit, näher dem Kontakte der Kalifeldspat. Die Feldspatneubildung erfolgt mit Hilfe von Lösungen, die Natrium und Kalium enthalten und vom Granit abstammend, in die Paraschiefer hineingepreßt (injiziert) wurden, auf Kosten des Tonerdeüberschusses des Glimmers im Paraschiefer. Es entstanden auf diese Weise Feldspatporphyroblasten, die das Gestein zu einem Augengneis bis Injektionsgneis machen. Dabei entwickelt sich folgende Gesteinsreihe:

Trondhjemit → Injektionsgneis → Augengneis → Albitporphyroblastenschiefer → Quarz-Granat-Muskowit-Biotitschiefer → Quarz-Muskowit-Chloritphyllit.

V. M. Goldschmidt glaubt, daß die Umwandlung von Amphibol in Biotit und die Skapolithisierung der Gesteine im Kirunagebiete Nordschwedens sowie vieler Apatitvorkommnisse ebenfalls Folgen der Injektionsmetamorphose seien.

Anatexis-Palingenese. Bei genügend langer Berührung eines Schiefers mit dem schmelzflüssigen Magma kann es auch zu einer vollkommenen Einschmelzung des Schiefermateriales kommen. Sederholm, der diese Erscheinung in Finnland eingehend studierte, nennt diesen Vorgang Anatexis oder Palingenese.

Er glaubt, daß sich zwischen dem Magma der Tiefe und dem mit ihm in Berührung kommenden Grundgebirge eine Dampfphase (Ichor) ausbilde, die dann das Aufschmelzen und die Metamorphose des Grundgebirges hervorrufe. Barth meint (1928) dagegen, daß dieser Ichor flüssig gewesen sei und daß seine Temperatur in vielen Fällen 500° nicht überschritten hätte.

Der Anatexis würden seiner Meinung nach auch die Cordieritgneise ihre Entstehung verdanken. Zu den durch die Anatexis veränderten Gesteinen rechnet Barth auch die Skarngesteine an den Kalken des Grundgebirges. Diese Skarne sind Silikatgemenge, die sehr oft mit Erzanhäufungen verbunden sind. In den an Kontaktbildungen erinnernden Silikatgemengen fehlt immer der Wollastonit, und der Vesuvian tritt sehr zurück. Dafür sind Granat, Pyroxen, Epidot, Skapolith und Kalkspat regelmäßige Bestandteile.

E. Der Pyrometamorphismus.

Als besondere Art der Beeinflussung, die vom Magma umschlossene Gesteinsbruchstücke durch das Magma erfahren können, unterscheidet R. Brauns die Pyrometamorphose.

„Durch die von einem aufsteigenden Magma ausgehende hohe Temperatur und wahrscheinlich hocherhitzten Gase" wurden die Mineralien der Gesteine, die unter dem Paläozoikum der Eifel liegen und schon dynamometamorph, zum Teil aber auch kontaktmetamorph verändert waren, unter Zeichen der Schmelzung weiter aufgelöst und umkristallisiert.

Auf diese Weise entstanden aus Andalusitgesteinen Korundsanidingesteine, aus Staurolithschiefern spinell- und korundreiche Cordieritsanidingesteine, aus Granatglimmerschiefern Hypersthen- oder Cordieritsanidinite usw.

F. Zusammenfassung.

Überblick über gesteinsmäßig auftretende Paragenesen. Wechselbeziehungen.

Die große Mannigfaltigkeit primärer und sekundärer gesteinsbildender Paragenesen, die Bedeutung der Texturen und Strukturen für ihre Beurteilung ist im einzelnen in den vorstehenden Abschnitten dargetan worden. Die Forschung der jüngsten Zeit ist auf dem Wege, in dieser Mannigfaltigkeit systematische Ordnung zu schaffen. Die Grundzüge davon seien im nachfolgenden vorgeführt.

Wie sich gezeigt hat, ist die Anzahl der gesteinsbildenden Mineralien beschränkt. Unter ihnen finden wir solche mit sehr weiten Stabilitätsbereichen. Sie sind vergleichsweise unempfindlich gegen Druck-Temperatur-Änderungen, für feinere Einteilungen also unbrauchbar. Das sind die sog. Durchläufer, die je nach der Weite ihres Bestandfeldes verschiedenen Rang haben können. Einstweilen mögen sie ausgeschaltet sein. — Dann verbleibt aber ein Rest von Mineralien, die gegen Gleichgewichtsänderungen empfindlich sind.

Je nach der Größe dieser Empfindlichkeit benutzen wir sie zu gröberer oder feinerer Einteilung. Sie lassen sich in vier großen Paragenesegruppen unterbringen. Ihre Beziehungen nach verschiedenen Seiten hin zeigen folgende Zusammenstellung.

Benennung	Darin enthaltene Mineralzonen	Zugehörige metamorphe Gesteinsgruppen	Zugehörige p-t-Felder	Zugehörige Metamorphose
1. Streßparagenesen	Die drei sog. Tiefenzonen	Die kristallinen Schiefer	Stresse von der Größenordnung 10^4 At. $t = 100\text{—}1100°$	Dynamometamorphose
2. Statische Druckparagenesen	Innere, äußere Kontaktzone Pneumolytische Kontaktzone	Hornfelse und Schieferhornfelse	Wechselnde statische Drucke, etwa 400 At. und darüber $t = $ etwa $500\text{—}1200°$	Kontaktmetamorphose
3. Ergußparagenesen	Pyrometamorphe Zone	Pyrometamorphe Schiefer	Druckunterschiede f. d. Prägung bedeutungsloser. Drucke gering, wenige At. $t = 200\text{—}2000°$	Pyrometamorphose
4. Sedimentparagenesen	Sedimentzone	Verfestigte Absatzgesteine, wie Tonschiefer, Sandsteine, Salzgesteine	Druck wie bei 3. Temperaturverhältnisse der Oberfläche und normalen äußersten Rinde	Diagenese

Die Benennung sowohl der Paragenesen als auch der Metamorphosen hebt immer nur einen besonderen Charakterzug hervor. Streßparagenesen sind aber keine solchen, die nur durch Streß allein zustande kommen, ebensowenig wie Dynamometamorphose allein nur der Bewegtheit ihrer Objekte gedenken soll. Eine wichtige Komponente der Dynamometamorphose ist nämlich die Temperatur, und Streßparagenesen sind wesentlich auch mittels Temperaturen geprägt, nicht allein mittels Streß. Dasselbe gilt für die statische Druckmetamorphose (Kontaktmetamorphose) und die entsprechenden Paragenesen, wogegen bei den Erguß- und Sedimentparagenesen der Druck in der Bedeutung entscheidend zurücktritt und für die Ergußparagenesen das Charakteristische der Glutfluß ihrer Mutterlaugen ist, deshalb auch die Betonung in der Bezeichnung und wogegen der Absatzmechanismus mit den Verhältnissen am Tag prägend in der letzten Paragenesengruppe wirkt.

Wir teilen die Paragenesengruppen in einzelne Zonen. Eine Zone (= Mineralzone) umfaßt einen ganzen Satz von Mineralien. Innerhalb desselben gibt es Glieder, die instabil werden, sobald der p-t-Bereich der Zone verlassen wird und die sich mehr oder weniger leicht der neuen Gleichgewichtslage durch Umlagerung oder Umwandlung anpassen. Diese Mineralien heißen die zonenkritischen Gemengteile. Z. B. ist Disthen für bestimmte Streßzonen kritisch, der Andalusit hingegen für eine statische Druckzone, der Sillimanit für eine Ergußzone, der Allophan für Sedimentzonen, wenn wir die großen Paragenesengruppen einander gegenüberstellen.

Daneben laufen zonentypische (= typomorphe) Mineralien, welche im Verein mit zonenkritischen eine bestimmte Zone charakterisieren, ohne selber dafür kritisch zu sein. Z. B. sind gewisse Plagioklase mit bestimmtem Aufbau typisch für gewisse Tiefenzonen (= Tiefenstufen), aber sie kommen in anderer Gesellschaft auch auf Kontakten oder in Ergußgesteinen zum Vorschein. In solchen Fällen können aber Paragenesen selbst kritisch werden, z. B.:

Enstatit + Diopsid = Klinoenstatit.

Kritische Paragnese für eine Kontaktzone:	Kritisch für eine pyrometamorphe Zone:
Rhombischer und monokliner Pyroxen nebeneinander.	An Stelle der beiden erscheint ein einheitliches Mineral (homöomorphe Mischung).

Kritisch sind also immer Mineralien oder Paragenesen mit recht engen Stabilitätsfeldern. Typische Gemengteile kommen in solchen Paragenesen oder mit kritischen Mineralien Paragenesen bildend vor, aber ihr Stabilitätsfeld ist ausgedehnter.

Anbei folgt nun eine Auswahl von kritischen und typischen Mineralien der vier Paragenesengruppen.

1. Streßparagenesen. Almandin-Pyrop-Spessartin; Disthen (Sillimanit), Staurolith, Chloritoid; Olivin; Diallag, Titanaugit; Omphazit; braune Hornblenden, wie Karinthin und Barkevikit, sowie gemeine braune Hornblenden. — Gemeine grüne Hornblenden. — Blaue Hornblenden wie Riebeckit, Glaukophan, Barroisit, Gastaldit; Biotit, Muskowit-Fuchsit-Serizit. — Chlorit, Talk, Antigorit. — Margarit. — Plagioklase; Orthoklas, Mikroklin, Mikropertite. — Zoisit, Klinozoisit, Epidot. — Nephelin. — Dolomit, Ankerit, Magnesit, Siderit. — (Vesuvian).

Hierzu Durchläufer: Quarz, Albit und Diopsid, letztere beiden wenigstens sehr weitgehend. Kalkspat. Tremolit-Aktinolith ebenfalls sehr weitgehend.

2. Statische Druckparagenesen: Almandinpyrop, Grossular-Andradit. — Olivin, Spinell. — Rhombische Pyroxene. — Andalusit, Cordierit, Saphirin. — Anthophyllit, Cummingtonit; Pargasit, Biotit, Phlo-

gopit; Plagioklase, Orthoklase. — Leuzit, Nephelin. — Wollastonit. — Korund. — Vesuvian, Epidot.

Durchläufer: Albit, Quarz, Diopsid.

3. Ergußparagenesen: Olivin, Klinoenstatite, Plagioklase, Sanidine (unentmischte *Na*-Sanidine), Anorthoklase. — Leuzit, Nephelin, Hauyn, Sodalith. — Sillimanit, Cordierit, Korund, Wollastonit, Melanit, Melilithe. — Tridymit, Quarz, Zeolithe.

Durchläufer: z. B. Diopsid.

4. Sedimentparagenesen: Opal, Chalzedon, Quarz. — Allophan, Halloysit, Kollyrit, Montmorillonit, Glaukonit, Greenallit, Leptochlorite, Kalkspat, Dolomit, Aragonit, Kollophan. Salzlagermineralien, Gips. — Brauneisen usw.

Mit Ausnahme der Sedimentparagenesen kann jede andere von zwei Seiten her erreicht werden. Die Paragenesen werden dann mit Hilfe einer sog. Kristallisationsbahn gebildet, d. h., das kristallisierende Stoffgemenge hat eine ganze Anzahl von erheblich verschiedenen p-t-Zuständen zu durchlaufen, bis die Kristallisation infolge Verlustes und Verbrauches der Lösungsmittel und Mutterlauge beendet ist.

Bei primär erstellten Paragenesen beginnt die Kristallisationsbahn mit hohen Temperaturen und steigt ab zu niederen, wo sie endet. Hier hat man es dann mit den Erscheinungen der normalen Ausscheidungsfolge und deren strukturellen Auswirkungen zu tun. Wir nennen die so gebildeten Paragenesen den massigen Paragenesenflügel, nach Eskola igneous facies.

Bei sekundären, speziell metamorph erstellten Paragenesen läuft die Kristallisationsbahn von niederen Temperaturen aufwärts und endet — wieder infolge Verlustes und Verbrauches der Lösungsmittel und Mutterlaugen — bei höheren Temperaturen. Hierzu eine wichtige Anmerkung: Freilich geht für jede so gebildete Paragenese die Temperatur dann wieder herunter, gegebenenfalls bis zur Tagestemperatur. Allein, damit ein abermaliges Umstellen der Paragenesen auf das Tagesgleichgewicht erfolgen könnte, müßte die Paragenese wieder erst mobilisiert werden, d. h., sie müßte neuerdings mechanisch aufbereitet und mit Lösungsmitteln versehen werden. Erst dann könnte sie — polymorphe Umwandlungen etwa ausgeschlossen — wieder reagieren. Im durchkristallisierten und verbandfesten Zustand ist eine solche Paragenese ja geradezu unbegrenzt haltbar, unsere Zeitbegriffe zum Maß genommen, trotzdem sie instabil ist. — Diese so entstandenen Paragenesen fassen wir zusammen als den metamorphen Paragenesenflügel, nach Eskola metamorphic facies.

Als Beleg für diese Doppelgleisigkeit der Paragenesen diene folgende Gegenüberstellung:

Paragenesen-gruppe	Zone	Metamorpher Flügel	Primärer Flügel
1.	III. Tiefenzone	Eklogite	Kimberlite, Eulysite
	II. Tiefenzone	Plagioklasamphibolit	Diorite, Tonalite
	I. Tiefenzone	Biotitgrünschiefer	Helsinkit, Protogin
2.	Innere Kontaktzone	Plagioklas-Hypersthen-Hornfels	Norite, Hypersthengranite
3.	Ergußzone	Sanidinite	Trachyte

Hierbei darf nicht übersehen werden, daß die Natur nur in seltenen Fällen Gleichgewichte fertigstellt. In den meisten Fällen wird die Erreichung eines Gleichgewichtszustandes zwar sichtlich angestrebt, aber es bleiben Relikte. Aus den Relikten mit ihren Erscheinungen der Instabilität erschließen wir ja gerade die Tendenz einer Kristallisation. Unsere systematische Einteilung benutzt natürlich die Gleichgewichte selber als Rahmen; es wird meist praktisch nie das erreichte, sondern immer das angestrebte Gleichgewicht klassifiziert. Das muß aber so sein, es liegt in der Natur der Dinge.

Wir werden also im gleichen Sinn von einem zweistufigen Diorit (Plagioklas + Hornblende) und von einem zweistufigen Amphibolit (ebenfalls Plagioklas + Hornblende) sprechen müssen, insofern beide Gesteine der Vollentwicklung dieses Gleichgewichtes Plagioklas + Hornblende zustreben. Das eine Gestein entwickelt sich allerdings bei fallender, das andere bei steigender Temperatur, und daraus ergeben sich gewisse Unterschiede, die zur weiteren systematischen Charakteristik verwendet werden können.

Eine Anzahl der in mehreren oder in einer Zone zusammengefaßten Mineralgattungen erlaubt wegen der feinen Empfindlichkeit gegenüber Gleichgewichtsänderungen für sich oder mit einem paragenetischen Partner eine eingehende Feingliederung der Zonen in sog. Mineralfazies (Eskola) oder in unseren Zusammenhängen schlechtweg Fazies. Jede Mineralzone ist also in Fazies von größerer oder geringerer Zahl zu unterteilen. Die Zahl hängt ab von der Anzahl der Zonenglieder und deren Stabilitätsbereichen. Je kleiner der Stabilitätsbereich, desto feiner, enger, schärfer faßbar ist die dadurch zu kennzeichnende Fazies. Für österreichische Verhältnisse paßt folgendes Schema:

1. Wir finden Eklogite, lediglich aus Omphazit, Granat, $\pm$ Disthen aufgebaut; in Begleitung solcher Gesteine aber auch Amphibol-Eklogite, bestehend aus Omphazit, Granat, dem braunen Karinthin im Gleichgewicht. Andererseits gibt es auch solche Eklogite, in welchen Karinthin unter Omphazit- und Granatweiterbildung aufgezehrt wird.

2. Wir finden in weiter Verbreitung Amphibolite, in welchen die gemeine grüne Hornblende von Andesinen begleitet wird, in Verbindung damit gibt es Amphibolite, in welchen die Plagioklase noch basischer werden und außerdem die Hornblende bräunlich wird. Hier finden wir keinen paragenetisch zugehörigen Zoisit oder Epidot.

In den Alpen ist das seltener, im Niederösterreichischen, speziell Waldviertel und Dunkelsteinerwald, ist dieser Typus häufig. — In den Alpen erscheint dagegen eine gemeine grüne Hornblende, verknüpft mit sauren bis basischen Oligoklasen, die sich nur gelegentlich dem Andesin nähern, und in Begleitung dieses saureren Feldspates tritt stets ein Glied der Zoisit-Epidot-Gruppe auf, das hier dem höheren *An*-Gehalt der Plagioklase in den Waldvierteler Amphibolithen der Bedeutung nach entspricht. Gemeiner Granat und Biotit kann in beiden Typen hinzukommen.

3. In recht ausgedehnter Verbreitung finden wir vom Südvenediger über den Glockner, und inselhaft auch im Steirischen, Amphibolite, in welchen die Hornblende entweder Barroisit ist oder schon Glaukophan bzw. Gastaldit. Der begleitende Feldspat ist dann saurer Oligoklas bis reiner Albit, stets gefüllt, also in Klinozoisit-Serizit-Begleitung, daneben Chlorit und Karbonate, typisch auch Fuchsit. Solche Gesteine entwickeln sich, wie an Relikten von chloritisierten Granaten und gemeinen grünen Hornblenden ersichtlich ist, aus zweistufigen Amphiboliten.

Endlich kennen wir metamorphe Diabastuffe, in welchen es zwar zur Kristallisation von serizitischen Glimmern, Chlorit, Kalkspat gekommen ist, vielleicht auch zur Bildung von Paragonit, aber noch nicht zur Bildung von Epidot und irgendeiner Hornblende.

Diese Erfahrungen ermöglichen die Aufstellung folgender Fazies in Übersicht und Vergleich mit entsprechenden Primärflügeln:

Tiefenzone	Paragenese	Metamorphe Fazies Nr.	Primäre Fazies Nr.
III.	Omphazit, Granat ±Disthen	1 Normale Eklogitfazies	1 Eulysitfazies
	Omphazit, Granat Karinthin	2 Alpine Eklogitfazies	2 Gabbrofazies
II.	Gemeine Hornblende, Labrador-Andesin	1 Waldviertel- Amphibolitfazies	1 Dioritfazies
	Gemeine Hornblende, Andesin-Oligoklas	2 Alpine Amphibolit- fazies	2 Syenitfazies
I.	Barroisit, Glaukoph. Oligoklas-Albit	1 Prasinitfazies	1 Protoginfazies oder Helsinkitfazies
	Chlorit, Muskowit, Karbonspäte	2 Chloritschiefer- fazies	2 Pegmatitische Quarz- Muskowitgangfazies

Für andere Gebiete ist es nötig, andere mögliche Fazies herauszuheben, denn die angeführten sind ja nicht die einzigen, die es gibt. So hat Eskola für finnische Verhältnisse eine andere Faziesaufstellung machen müssen.

Das Studium der primären Faziesreihe zeigt, daß ihre Vertreter der Reihe nach den allgemeinen Differentiationsverlauf wiedergeben! Das ist außerordentlich wichtig, weil ja der Differentiationsverlauf unter ausgiebigen Stoffabspaltungen und -Wechseln erfolgt, die die skizzierte Entwicklung erst in solcher Form möglich machen. Wenn dies nicht der Fall wäre, so hätten wir in jedem auf gleicher Höhe stehenden primären und metamorphen Reihenglied absolut denselben Mineralbestand. Durch das Fehlen einer der erwähnten Differentiation gleichwertigen Stoffverschiebungsmöglichkeit ergeben sich natürlich bei den metamorphen Gesteinen individuelle Züge. Es soll aber betont werden, daß auch bei metamorphen Kristallisationen Stoffwechsel eine einschneidende Rolle spielt, nur ist es nicht dieselbe und nicht von derselben Art wie bei den primären Paragenesen die Differentiation. Die primären, hoch temperierten Paragenesen sind also gerade so feldspatfrei bis feldspatarm wie die metamorphen, es sind wesentlich die Ultrafemite und Gabbroiden. An Stelle von Syenit könnte auch Granodiorit stehen, wenn man Gewicht darauf legen wollte, daß man in derselben Hauptreihe magmatischer Gesteine bleibt. Am nieder temperierten Ende folgen wieder feldspatfreie Formen in der primären Paragenesenreihe als pegmatitisch-hydrothermale Restlösungen, wie sie in unserem Kristallin überall zu finden sind.

Die Faziesabgrenzung erfolgt entweder durch fazieskritische Mineralien oder durch fazieskritische Paragenesen, wie z. B. die Kombination Barroisit-Epidot-Albit für die Prasinitfazies (nach den in unseren Zentralalpen häufigen und bezeichnenden Gesteinstypus Prasinit so genannt). Die Chloritschieferfazies wird kritisch abgegrenzt durch das Noch-nicht-Eintreten einer Reaktion trotz stofflicher Möglichkeit: Aus Kalkspat + $(Al\text{-}Si)$-Oxyden entsteht noch nicht Epidot, und es bildet sich auch aus Alkalien und obigen Oxyden noch nicht ein Feldspat usw. Auch innerhalb der Fazies kann man kritisch und typisch mit großem systematischem Nutzen auseinanderhalten.

Infolge der entgegengesetzten Entwicklungsrichtung entsprechen einander in parallelen primären und metamorphen Paragenesen nicht genau dieselben Paragenesen, wie schon angedeutet wurde. Dazu ein Beispiel:

Faziesmäßig gleichwertig sind metamorph: Omphazit mit Jadeitanteil, primär: Diallag oder Titanaugit. Der Unterschied besteht wesentlich darin, daß der metamorphe Pyroxen viel *Na-Al* enthält, der primäre dagegen wenig davon, dafür aber z. B. *Ca-Al*. Die Ursache ist folgende: Der Diallag scheidet sich bei sinkender Temperatur zu einer Zeit aus, zu welcher das Ausfallen von *Na-Si*-Mineralien noch lange nicht fällig ist. Hingegen sind mit dem Diallag und unmittelbar nach ihm *Ca-Al*-Mineralien (anorthitreiche Plagioklase) fällig. Er nimmt daher leicht *Ca-Al* in seinen Bau auf. Analoges gilt beim Titanaugit. — Der Omphazit dagegen kristallisiert im höchsten erreichten Temperaturintervall des Eklogites, nachdem sich beim Durchlaufen der Kristallisationsbahn schon jene Mineralien abgeschieden haben, die bei geringeren Temperaturen ausfallen mußten. Das sind aber bei solchen ansteigenden Kristallisationsbahnen die Glieder der Zoisit-Epidot-Gruppe. Diese fallen aus und fungieren als Sammler für *Ca-Al*, während *Na-Al* als Durchläufersubstanz Albit z. B. und wegen der geringen Konzentration in Lösung bleiben kann. Erst zur Zeit der Omphazitabscheidung kann diese Konzentration die Albitsubstanz fällig machen. Dann nimmt davon, soviel als für den Omphazitbau möglich ist, der Omphazit als „Jadeitbeimischung" auf, wogegen er arm an Kalk bleiben muß, weil dieser aus dem weit hinauf beständigen Zoisit erst durch Korrosion wiedergewonnen werden kann, der Omphazit als kalkarmer, *Na*-reicher Pyroxen aber ja gar nicht auf viel Kalk angewiesen ist. Beispiele für einen derartigen Ablauf sieht man in allen Stadien fixiert in alpinen Eklogiten, soweit sie in ihrer Zusammensetzung den Gabbros entsprechen.

In einer Anzahl von Fällen bildet sich im Lauf der Ausscheidungsfolge in Zentraltonaliten der Alpen eine grüne, gemeine Hornblende. Ist sie fertig, so ist nun gelegentlich die Kalikonzentration der noch nicht abgespaltenen Restmutterlauge groß genug, um bei Fortsetzung der Kristallisation in der Protogin-Fazies der ersten Tiefenzone die Hornblende umzubauen auf ein Gemenge von Biotit und Epidot. Sind um diese Zeit bereits Mikrokline ausgeschieden gewesen, so werden auch diese wieder gelöst und durch Schachbrettalbit ersetzt, während die letzten Mutterlaugenreste auswandern.

Halten wir dagegen nun die Prasinitfazies als metamorphes Beispiel. Umzuwandeln ist hier ein fertiger, zweitstufiger Amphibolit, ebenfalls mit gemeiner, grüner Hornblende. Aber die Kristallisationsbahn verläuft nach oben. Es bildet sich zunächst eine Lösung, die neben Karbonaten Chlorit zur Abscheidung bringt, dann kommt es zur Kalkaufnahme in Epidot oder Klinozoisit, welche die Anorthitanteile der alten Plagioklase und auch Kalk von der umgestandenen alten Hornblende einsammeln. Nun ist der Stabilitätsbereich von Hornblenden zwar erreicht worden, aber es steht nicht mehr viel *Ca* und *Mg* zur Verfügung, auch Tonerde ist bereits großenteils im Epidot vergeben, und da Chlorit, Epidot, Kalkspat noch immer stabil geblieben sind, hat die Hornblende vor allem nun verschiedene Stoffreste zu übernehmen, für sie ist vor allem nun *Fe* und *Na* übriggeblieben, das sie übernehmen muß — neben den gewöhnlichen Hornblendebaustoffen —, und daher erhält die nun entstehende Hornblende den barroisitischen Charakter, der sich unter besonderen Umständen zum glaukophanitischen steigern kann. Ist die Albitkonzentration in einem solchen basischen Gestein sehr klein, so kann ein ziemlicher Teil des Albitbaustoffes ebenfalls im Hornblendechemismus Unterschlupf finden.

In der Ergußzone wird vorläufig von Eskola außer der Sanidinitfazies auch noch eine Zeolithfazies unterschieden. Diese repräsentiert die niedersten Temperaturbereiche dieser Zone.

In der statischen Druckzonenabteilung kann man nach den Angaben von Goldschmidt eine Kristianiafazies (zu teilen in die 12 Hornfelsklassen) gut abgrenzen. Dieser könnte man nach den Forschungen Eskolas eine Orijärfvifazies gegenüberstellen. Bezeichnend wäre hier der Eintritt von Anthophyllit und Cummingtonit an Stelle rhombischer Pyroxene in die Paragenesen mit Cordierit usw. Ferner wäre vorläufig eine pneumatolytisch-kontaktmetamorphe Pargas- (oder Mansjö-) Fazies ausscheidbar. Hier erscheinen in den Paragenesen bezeichnend Flußspat, Pargasit, Phlogopit, Skapolith, Chondrotit, Vesuvian, auch Mansjöit und Prehnit. Daneben als typische Glieder eine Anzahl von solchen wie in der Kristianiakontaktfazies. Vielleicht wäre auch der Amphodelit (besondere Anorthitform, die Analysen enthalten merkwürdig viel Mg) hervorzuheben.

Zonen- und Faziesinterferenzen.

Es wurde schon angedeutet, daß viele heute zu beobachtende Paragenesen in Wirklichkeit eine ganze Genealogie darstellen. Sowohl Tiefen- als Ergußgesteinsparagenesen sind nur selten volle Gleichgewichte, meistens enthalten sie Relikte. Insofern, als die beobachtete Paragenese einen ungebrochenen, kontinuierlichen Verlauf der kristallinen Entwicklung zeigt, sprechen wir von verbundenem Gleichgewichtswechsel. Die Umstellung von einer Ausgangsgleichgewichtslage über Zwischenlagen bis zur Endlage erfolgte in einem einzigen, zeitlich abgeschlossenen, geologisch-petrographischen Akt. Diesem Gleichgewichtswechsel steht der unverbundene gegenüber: Da erfolgt die Umstellung von einer Gleichgewichtslagengruppe in eine andere über eine zeitliche Unterbrechung des Geschehens hinweg. Es gehört dann zur ersten Lagengruppe ein abgeschlossener geologisch-petrographischer Akt, und zur zweiten Lagengruppe ein anderer, ebenso für sich zeitlich und geologisch-petrographisch abgeschlossener.

Es kommt häufig vor, daß dergestalt Fazies oder Zonen übereinander gelagert werden. Wir sprechen also von Zonen- und Faziesüberlagerungen oder Interferenzen. Die Fazies oder Zone jüngerer Prägung versucht alsdann die Zone oder Fazies älterer Prägung auszulöschen. Nur Relikte verraten uns wieder, was geschehen ist. Wir konstatieren aus den Befunden an Alpengesteinen z. B., daß sich Kontaktfazies über Streßfazies lagern, und auch umgekehrt. Es geschieht dies bald in verbundenem, bald in unverbundenem Gleichgewichtswechsel.

Hier finden auch jene rückschreitenden Kristallisationen ihre systematische Eingliederung, welche unter dem Namen Diaphthorese behandelt worden sind. Heute unterscheidet man Diaphthorese schlechtweg (von Stufe II nach I) und Tiefendiaphthorese (Stufe III nach II). Man könnte zweckentsprechend aber auch Kontaktdiaphthorite unterscheiden (Kontaktzone nach einer Tiefenzone).

Zweiter Teil.

Die Mineralien der Erzlagerstätten.

Begriff von Erz und Erzlagerstätte.

Als Erz wird jedes Mineral bezeichnet, welches sich zur Herstellung von anorganischen Nutzstoffen, namentlich zur Gewinnung von Metallen verwenden läßt. Zu diesem Behufe muß es in einer bestimmten Mindestmenge örtlich angereichert sein. Die Orte, wo sich solche Mineralien in Mengen, daß eine gewinnbringende Darstellung der gewünschten Stoffe möglich wird, vorfinden, werden Erzlagerstätten genannt.

Jede Erzlagerstätte setzt sich aus dem Erz und der Gangart zusammen. Unter Gangart versteht man alle Mineralien, welche in einer Erzlagerstätte mit dem Erz zusammen vorkommen, mit ihm genetisch verbunden, aber örtlich nicht das Ziel des Bergbaues sind.

A. Die Genese der Erzlagerstätten.

In bezug auf die Entstehung können die Erzlagerstätten recht verschiedenartig sein.

a) Erzlagerstätten in primären Gesteinen.

Diese Erzlagerstätten verdanken der magmatischen Differentiation ihre Entstehung. Sie enthalten vornehmlich oxydische Erze: Magneteisen, Titaneisen, Chromeisen; ferner auch edle Metalle, wie Platin und Gold. Diese Erze sind mit Ausnahme des Goldes, das an saure Magmen gebunden zu sein scheint, Erstausscheidungen aus kieselsäurearmen Magmen. Die Eisenerze haben sich an bestimmten Stellen in großen Massen angehäuft, und diese Erzmassen sind dann durch allmähliche Übergänge mit dem erzfreien Gestein verbunden.

b) Erzlagerstätten an der Grenze zweier Gesteine.

Das eine dieser Gesteine, der Erzbringer, ist immer primären Ursprunges. Man muß dabei wieder zwei Fälle unterscheiden.

1. Die Saigerlagerstätten.

Die Erze — es sind fast immer Sulfide — waren ursprünglich im Magma gelöst. Aber während sich im vorhergehenden Falle die Erze bei der Abkühlung des Magmas in fester Form abschieden, trennten sich hier die Erze in flüssiger Form vom Silikatmagma. Es bildeten sich zwei unmischbare Teilmagmen, von denen das Silikatmagma als das schwerer schmelzbare zuerst erstarrte, während sich das leichter schmelzbare Sulfidmagma an der Grenze zwischen dem durchbrechenden und dem durchbrochenen Gesteine ansammelte oder auf Klüften bzw. zwischen die Schichtflächen in das durchbrochene Gestein eindrang (injizierte Erzlager). Das Erz ist auch hier sehr oft mit den Komponenten des primären Gesteines gemengt. Solchen Erzvorkommen kann der Name „Saigerlagerstätten" deshalb gegeben werden, weil der ganze Vorgang mit dem hüttenmännischen Saigerungsprozeß eine gewisse Ähnlichkeit hat.

2. Die Kontaktlagerstätten.

Diese Art der Erzlagerstätten gleicht der vorigen insofern, als auch hier der Erzbringer ein basisches, primäres Gestein und das Erz an der Grenze gegen das durchbrochene Gestein angehäuft ist. Das angrenzende Gestein ist zumeist Kalkstein, der dann immer kontaktmetamorph verändert ist. Die Erze sind hauptsächlich oxydische Mineralien und werden immer von typischen Kontaktmineralien begleitet. Die Entstehung dieser Kontakterzlagerstätten wird verschieden erklärt. Immer nimmt man aber eine chemische Beeinflussung des Magmas durch das Nebengestein an. Diese Beeinflussung soll nach den einen darin bestanden haben, daß der durchbrochene Kalkstein vom Magma aufgelöst und dafür das Erz — es sind vorwiegend Eisenerze — abgeschieden wurde. Nach anderen waren es flüchtige Metallverbindungen, die gleichzeitig mit dem Magma aus den Tiefen der Erde empordrangen und durch den Kalkstein zum Absatz der Erze veranlaßt wurden.

c) Die Erzlagerstätten in den Klüften der Gesteine (Erzgänge).

Erze sind sehr oft in Klüften sowohl primärer als auch sekundärer Gesteine zu finden. Man spricht dann von Erzgängen. Die Art der Füllung dieser Gänge mit Erz sowie die mineralogische Natur der Erze und der Gangart deuten darauf hin, daß hier wässerige Lösungen beteiligt waren. Diese Erzgänge sind entweder direkt an primäre Gesteine gebunden, oder sie befinden sich in sekundären Gesteinen in der Nähe solcher. Man hat auch beobachtet, daß sich die Füllung der Erzgänge mit der Entfernung vom Eruptivkörper sehr oft ändert, ferner daß manche Erzgänge mit warmen Quellen verknüpft sind. Dies alles hat zur Theorie geführt, der schon an früherer Stelle gedacht worden ist, daß die erzbringenden Lösungen juvenilen Ursprunges seien und der Entgasung eines unterirdischen Magmaherdes ihre Entstehung verdanken.

Die juvenilen Erzlösungen verloren beim Aufsteigen aus der Tiefe allmählich ihre Temperatur, und auch der auf ihnen lastende Druck verminderte sich. Dies brachte es mit sich, daß die Erze und die Gangart, die alle zu den bedingt löslichen Substanzen gehören, allmählich ausgefällt wurden, weshalb die Füllung der Erzgänge mit der Tiefe derselben wechselte und jene Erscheinung zustande kam, welche die Bergleute als den primären Teufenunterschied bezeichnen. Auf diesen Wechsel ist ebenfalls an früherer Stelle hingewiesen worden (S. 49).

Die Temperatur der Erzlösung nahm nicht nur mit der Annäherung an die Erdoberfläche ab, sondern sank auch mit der Dauer des Entgasungsvorganges. Daher konnte es geschehen, daß an ein und derselben Stelle eines Erzganges Mineralien verschiedener Temperaturstufen zum Absatz kamen. Solche Erzgänge sind dann nicht mit einem Erz oder einer Gangart gefüllt (massige Gänge), sondern zeigen einen schichtigen Bau, indem die einzelnen Lagen von Erz und Gangart entweder symmetrisch oder asymmetrisch angeordnet die Kluft erfüllen. Drusenräume sind auch bei den Erzgängen nicht selten. Sie sind die Fundstellen schöner Kristalle der Erz- wie Gangartmineralien. Manche Gangklüfte haben auch mehrmals zu verschiedenen Zeiten den juvenilen Lösungen als Weg nach aufwärts gedient.

Der gleichfalls des öfteren beobachtete Wechsel der Gangfüllung beim Übertritt eines Erzganges aus einem Gestein in ein anderes, ist zweifellos auf einen Einfluß des Nachbargesteines auf die Erzlösungen zurückzuführen. Das Nachbargestein ist auch sehr häufig in der Nähe eines Erzganges chemisch verändert, was wieder nur auf die Rechnung der chemischen Beeinflussung des Nachbargesteines durch die Erzlösungen zurückzuführen ist. Die Greisenbildung bei Zinnerzgängen, die Propylitisierung bei den „jungen" Goldquarzgängen, die Kaolinisierung, Alunitisierung und Silifizierung des Nachbargesteines gehören hierher. Dabei können auch Erze in das Nachbargestein eindringen und dasselbe imprägnieren.

d) Die Verdrängungslagerstätten.

Wenn das Nachbargestein ein Kalkstein oder ein Dolomit war, so konnten die Erzlösungen auch die neugebildeten Reaktionsprodukte wegführen. Das Nachbargestein wurde aufgelöst, und in den so entstandenen unregelmäßigen Hohlräumen setzten sich dann die Erze ab, vielfach ursprünglich im kolloidalen Zustande.

e) Die sedimentären Erzlagerstätten.

An der Bildung von Erzlagerstätten beteiligen sich auch vadose Wässer, indem sie bei der Zerstörung der Gesteine Mineralsubstanzen bildeten und an bestimmten Stellen anhäuften, die als Erze Verwendung finden. So geschieht es häufig, daß bei der Zersetzung eisen- und tonerdehaltender Gesteine das Eisen sich von der Tonerde trennt und als Hydroxyd abgeschieden wird. Dieses Eisenhydroxyd bildet dann entweder in den Tonen selbständige Massen oder häuft sich an deren Oberfläche an (Cuirasse ferugineuse der Laterite).

Ablagerungen von Erzen bilden sich ferner auch am Grunde stehender Gewässer dadurch, daß die im Wasser gelösten Metallverbindungen zum Teil unter Mitwirkung verwesender organischer Reste und Bakterien gefällt werden. So entstehen noch heute die See-, Sumpf- und Moraszerze, so entstanden zweifellos auch die Toneisensteine der früheren Formationen. Auch für manche Sulfidlager, die zwischen sedimentären Schichten eingeschaltet sind, nimmt man eine ähnliche Entstehung an.

f) Die Seifen.

Die Erzlagerstätten fallen wie die Gesteine, welchen sie eingeschaltet sind, der mechanischen und chemischen Zerstörung durch das Wasser anheim. Was von den Erzen diesen Angriffen widersteht, wird vom bewegten Wasser an bestimmten Stellen zusammengeschwemmt und bildet dann die mit Sand und Geröllen untermischten Metallseifen.

g) Die Einteilung der Erzlagerstätten.

Wie aus dem eben Mitgeteilten hervorgeht, sind die Erzlagerstätten mit dem umschließenden Gesteine entweder gleichaltrig, oder sie sind erst nachträglich in das Gestein eingelagert worden. Im ersteren Falle bezeichnet man die Erze als syngenetisch, im letzteren als epigenetisch. Weiter teilt man die Erzlagerstätten je nach der Entfernung vom Magmaherd in herdnahe oder perimagmatische und herdferne oder apomagmatische ein.

B. Die Gangart.

Bei den magmatischen und den Kontaktlagerstätten sind Silikate Gangart. Sie wurden zum Teil schon bei den primären Silikaten, zum Teil bei den Kontaktmineralien behandelt. Hier seien nur jene Mineralien nochmals angeführt, die in den Erzgängen auftreten.

a) Der Quarz.

Dieses Mineral, dessen früher schon an zwei Stellen (S. 29 und 100 ff.) gedacht worden ist, spielt auf den Erzgängen die erste Rolle. Er findet sich sowohl im Bereiche der pneumatolytischen als auch der hydrothermalen Gangfüllung. |Der Quarz der Erzgänge ist meist derb, selten klar und farblos, meist grau und durch Einlagerungen getrübt. Statt des normalen Glasglanzes zeigt er nicht selten

Fettglanz. Die Kristalle in den Gangdrusen erreichen manchmal eine ziemliche Größe. Auch sie sind meist trübe, rauchgrau oder milchig. Doch sind in vielen Fällen die Kristallenden klar und durchsichtig und manchmal violett gefärbt.

Ausnahmsweise tritt der Quarz auch als Chalzedon auf. Michel hat dargetan, daß die derben Gangquarze der Goldvorkommen in den Hohen Tauern aus Kieselsäuregelen hervorgegangen seien.

b) Das Kalziumkarbonat.

Diese Verbindung erscheint in den Erzlagerstätten sowohl als rhombischer Aragonit sowie als ditrigonal-skalenoedrischer Kalzit. Da bei der Bildung der Erzgänge immer heißes Wasser mitgewirkt hat und der Aragonit sich aus warmem Wasser leichter abscheidet, so sollte man erwarten, daß der Aragonit in den Erzgängen als Gangart häufiger sei als der Kalzit. Aber gerade das Gegenteil ist der Fall. Diese Tatsache hat ihren Grund darin, daß die Umwandlung des metastabilen Aragonites in den stabilen Kalzit, die beim trockenen Erwärmen bei 445° eintritt, in Gegenwart von Wasser schon bei 100° erfolgt und bei noch niedrigerer Temperatur vor sich geht, wenn auch Kohlensäure zugegen ist. Höhere Temperatur und Kohlensäuregehalt des Wassers erhöht nämlich die Löslichkeit des Aragonites und erleichtert dessen Umwandlung in Kalzit. Beide Bedingungen sind in den juvenilen Wässern erfüllt und daher die größere Häufigkeit des Kalzites auf den Erzgängen.

1. Der Aragonit. Der Aragonit ist auf den Erzlagerstätten meistenteils kristallisiert. Die Kristalle zeigen vornehmlich zwei Typen. Entweder sind sie infolge des Vorherschens steiler Pyramiden und Prismen nadel- oder spießförmig, oder sie bilden die bekannten pseudohexagonalen, säulenförmigen Viellinge nach (110).

Am Erzberg bei Eisenerz in Steiermark findet man auch Aragonitsinter (im Erzbergit) und die wundervollen, strauchartigen Bildungen der Eisenblüte.

2. Der Kalzit. Der Kalzit zeigt einen außerordentlichen Reichtum an Trachten. Man kann sagen: Jeder Erzbezirk hat seine typische Kristalltracht. Manche derselben haben auch besondere Namen bekommen. So nennt man die papierdünnen, nach (0001) tafelförmigen Kristalle von Andreasberg im Harz „Papierspat", die säulenförmigen mit einem weißen Kern vom selben Fundorte „Kanonenspäte". Weniger bekannt sind die nagelförmigen „Zweckenspäte" von Pribram in Böhmen. Auch die verschiedenen Generationen ein und desselben Fundortes können sich durch ihre Kristalltracht unterscheiden. So hat Reuß in Pribram fünf verschieden alte Generationen durch ihre Tracht feststellen können.

c) Der Dolomit.

Dieses Doppelkarbonat des Kalkes und der Magnesia, $[CaMg(CO_3)_2]$, ist auf den Erzgängen seltener als der Kalzit. Seine rhomboedrischen Kristalle sind fast immer weiß und undurchsichtig, und die Flächen des vorherrschenden Rhimboeders sind sehr oft sattelförmig gekrümmt. Auch kugelförmige Gebilde mit radialfaseriger Struktur werden öfter angetroffen. In den Erzgängen ist der Dolomit nicht wie anderswo ein sekundäres Produkt, sondern eine primäre Abscheidung aus den juvenilen Wässern.

d) Der Eisenspat oder Siderit.

$[FeCO_3]$. Dieses gleichfalls trigonal-skalenoedrisch kristallisierende Mineral wird eingehender bei den Eisenerzen besprochen werden. Hier sei nur erwähnt, daß es auch Gangart sein kann. Es bildet dann zumeist linsenförmige Kristalle.

e) Der Flußspat oder Fluorit.

Dieses Mineral ist auf den Erzgängen ziemlich weit verbreitet und bildet mancherorts (Umgebung von Regensburg) auch allein Gänge. Seine Formel ist $[CaF_2]$. Seinen Namen verdankt es einerseits der guten Spaltbarkeit nach dem Oktaeder seiner kubischen Kristalle, andererseits dem Umstande, daß es beim Hochofenprozeß als Zuschlag benutzt, die Dünnflüssigkeit der abfallenden Schlacke erhöht. Kalb hat nachgewiesen, daß auch bei den Fluoriten die Kristalltracht mit der Entstehung wechselt. Die Kristalle mit dem vorherrschenden Oktaeder (oktaedrischer Typus) sollen die pneumatolytische Phase der Gangbildung anzeigen. Die Kristalle, an denen das Rhombendodekaeder auftritt (rhombendodekaedrischer Typus), haben sich schon bei niedrigerer Temperatur gebildet, und die Kristalle mit vorherrschendem Hexaeder (hexaedrischer Typus) gehören der hydrothermalen Phase an.

Die Farbe der Flußspäte ist recht mannigfach. Man kennt farblose, rote, gelbe, grüne, blaue und violette Flußspäte. Die letzteren beiden Abarten fluoreszieren schon im gewöhnlichen Sonnenlicht, die anderen höchstens im künstlichen ultravioletten Lichte. Werden farbige Fluorite erhitzt, so werden sie farblos und strahlen dabei im Dunkeln ein schwaches weißes oder grünliches Licht aus: sie thermoluminszieren. Künstlich durch Hitze entfärbte Fluorite nehmen aber im Kathodenlichte oder unter Einfluß der Radiumstrahlen die Farbe wieder an, und bei natürlich gefärbten Kristallen wird durch diese Beeinflussung die Farbe oft vertieft. Die färbende Substanz wird also nicht, wie man früher annahm, durch das Erhitzen zerstört, sondern nur verändert, denn sonst könnten die chemisch wirksamen Strahlen sie nicht wieder hervorrufen. Wyrouboff ist es gelungen, durch trockene Destillation aus den gefärbten Fluoriten eine Substanz abzuscheiden, die Kohlenstoff und Wasserstoff enthielt. Man glaubte daher lange Zeit, daß Kohlenwasserstoffe das färbende Prinzip wären.

Zu Wölsendorf in der Oberpfalz kommt auf Gängen ein besonders dunkler, fast schwarzer Fluorit vor, der beim Reiben oder beim Zerstoßen einen unangenehmen Geruch von sich gibt und deshalb auch Stinkfluß genannt wird. Die Ursache dieses unangenehmen Geruches sah Schönbein im Vorhandensein von Antozon. 1880 wies Löw in diesem Flußspat freies Fluor nach. Durch die Untersuchungen Luise Göbels (1930) wurde für den Wölsendorfer Fluorit der Nachweis erbracht, daß die Färbung durch ein Pigment kolloidaler Natur hervorgebracht werde, dessen Dispersitätsgrad für den Ton der Farbe entscheidend sei. Mit zunehmender Größe der Teilchen ändert sich die Farbe von Farblos über Grün, Blau und Violett wieder ins Farblos. Die kolloidalen Teilchen bestehen aus Kalziummetall, das durch die Einwirkung radioaktiver Substanzen von seiner Bindung mit dem Fluor freigemacht worden war. Daß Kalziummetalldämpfe Fluorit tiefviolett färben können, haben schon 1905 Wöhler und Karsansky gezeigt.

Die kristallinen Flußspäte haben oft recht verschiedene Farben, und daher haben die Bergleute dem Flußspat auch den Namen Erzblume gegeben.

Wenn der Fluorit selbständig Gänge bildet, wird er seiner selbst willen abgebaut. Diese Flußspatgänge zeigen oft weitgehende Veränderungen des Nebengesteines. Der Teplitzer Quarzporphyr wurde durch die Thermalwässer längs der Quellspalten stellenweise ganz mit violettem Flußspat infiltriert.

f) Der Baryt oder Schwerspat.

Als Gangart sind auch Bariumverbindungen bekannt. Die häufigste von ihnen ist das Bariumsulfat $[BaSO_4]$, als Mineral Baryt oder Schwerspat genannt. Wie schon der Name sagt, zeichnet den Schwerspat ein hohes Eigengewicht (4,5) und eine Spaltbarkeit aus, die parallel zum Grundprisma (110) und zur Basisfläche (001) der rhombischen Kristalle geht. Die Farbe der Kristalle ist weiß, gelblich oder bräunlich. Andere Farben kommen selten vor. Neben vollkommen durchsichtigen Kristallen gibt es auch solche, die undurchsichtig und trüb sind. Die Kristalltracht wechselt auch beim Baryt mit dem Alter der Kristallgeneration. In Pribram z. B. hat Reuß nachgewiesen, daß die ältere Generation tafelförmig, die jüngere säulenförmig entwickelt ist. Viele Kristalle zeigen auch Lösungserscheinungen, wie krumme und unebene Flächen. Dies ist um so auffallender, als nach den Laboratoriumserfahrungen der Baryt nur in heißer Schwefelsäure und in kochenden Lösungen von Alkalikarbonat etwas löslich ist. Die Löslichkeit des Minerals beweisen auch die Pseudomorphosen nach Baryt. Zu Přibram fand man Lösungsreste von Barytkristallen im Innern einer Umhüllung von Dolomit, der selbst nicht die geringste Spur einer Auflösung zeigte. Das unbekannte Lösungsmittel hat [den schwer löslichen Barytkristall ganz oder teilweise entfernt, ohne seiner in Säuren leichter löslichen Umhüllung Schaden zuzufügen.

Wenn der Baryt in derben Massen auftritt, zeigt er nicht selten ein blätteriges Gefüge.

Der Baryt bildet auch für sich allein Gänge oder zwischen sedimentäre Schichten eingebaute Lager. Das größte lagerartige Vorkommen von Baryt befindet sich zu Meggen in Westfalen. Dort, wo Barytgänge auf Kalk oder Dolomit treffen, verdrängt der Baryt diese Gesteine und bildet metasomatische Lagerstätten.

Der Baryt ist auch als Bindemittel von Sandsteinen bekannt und zwingt, wie der Kalzit, den losen Sandkörnern oft seine Kristallgestalt auf. Der Baryt muß also unter noch unbekannten Bedingungen im Wasser löslich sein. Es wäre aber auch denkbar, daß die Bildung und der Absatz von Baryt nicht durch bloßes Auskristallisieren aus einer wässerigen Lösung erfolgt, sondern daß dessen Bildung die Folge einer Reaktion ist. Schulten hat nämlich gezeigt, daß meßbare Kristalle schwer löslicher Sulfate, somit auch des Barytes, erzeugt werden können, wenn man auf stark verdünnte Lösungen der betreffenden Chloride sehr verdünnte Schwefelsäure einwirken läßt. Barium ist schon zu wiederholtem Male als Chlorid in Grubenwässern nachgewiesen worden. So zu Lautenbach im Harz und in Westfalen. Auch Sinter, die ganz oder zum Teil aus Baryt bestanden, sind aus England und Kolorado beschrieben worden. In den Quellengängen von Thermen, wie z. B. von Teplitz und Karlsbad, sind Barytkristalle gefunden worden, obwohl, wie im Thermalwasser von Karlsbad, auf analytischem Wege bis jetzt kein Barium nachgewiesen wurde. Moor sprach 1925 die Meinung aus, daß das Barium in den thermalen Gangwässern als Bariumhydrosulfid gelöst sei und durch zudringenden Sauerstoff als Baryt gefällt werde.

Die reinen Barytgänge verhalten sich so wie die Flußspatgänge, mit denen sie genetisch verbunden sind. Die Flußspatgänge scheinen jedoch einer früheren Phase anzugehören. Auch bei den Barytgängen ist das Nachbargestein oft weitgehend zersetzt.

Wo Baryt in größeren Massen auftritt, wird er abgebaut, da er in der Industrie mannigfache Verwendung findet.

g) Der Witherit.

Weit seltener als der Baryt ist der Witherit, das Karbonat des Bariums [$BaCO_3$], als Gangart anzutreffen. Die bekanntesten Fundorte für dieses Mineral sind die Bleierzlagerstätten Englands, die im Karbon liegen und stellenweise nur Witherit führen. Wenn in diesen Gängen der Witherit mit dem Baryt zusammen vorkommt, so ist der Witherit immer älter als der Baryt. Witherit kann aber auch aus dem Baryt hervorgehen.

Zumeist ist der weiße Witherit derb. Wenn er Kristalle bildet, so haben diese gewöhnlich die Gestalt pseudohexagonaler Doppelpyramiden, die eigentlich Durchkreuzungsdrillinge nach dem Aragonitgesetze — Zwillingsfläche ist (110) — sind.

h) Der Strontianit und Zölestin.

Diese beiden Mineralien sind ebenfalls bei den Gangarten zu nennen, wenn sie auch sehr selten eine große Rolle spielen.

Der Strontianit ist das rhombische, mit dem Witherit homöomorphe Strontiumkarbonat [$SrCO_3$], das seinen Namen vom Fundorte Strontian in England hat. Auf Gängen stellt er eine relativ junge Bildung dar. Er ist immer jünger als der Baryt. In abbauwürdiger Menge findet sich der Strontianit im Münsterschen Kreidebecken. Hier treten die Gänge in den Schichten des Obersenons auf.

Der gleichfalls rhombische Zölestin ist das mit dem Baryt homöomorphe Strontiumsulfat [$SrSO_4$]. Wegen der himmelblauen Farbe, die besonders schön die Kristalle von Herrengrund in der Slowakei zeigen, hat er seinen Namen erhalten. Gewöhnlich ist er weiß. Die größeren Zölestinvorkommen sind vorwiegend Lager. Solche sind in Westfalen zwischen Kulm und Zechstein und zu Bristol in England zwischen die Schichten des oberen Keupers eingeschaltet. In Sizilien ist der Zölestin ein ständiger Begleiter des Schwefels.

Der Zölestin wird leichter als der Baryt durch die Einwirkung von Lösungen kohlensaurer Alkalien in das betreffende Karbonat umgewandelt. Das Strontiumkarbonat ist nicht giftig; es wird in der Zuckerindustrie verwendet.

Vereinzelt finden sich auf den Erzlagerstätten auch Doppelkarbonate des Bariums bzw. Strontiums mit dem Kalzium, wie der rhombische Emmonit oder Kalziostrontianit [$CaSr(CO_3)_2$], der gleichfalls rhombische Alstonit und der monoklin-prismatische Barytokalzit. Der Alstonit wurde als eine homöomorphe Mischung des Kalzium- und Bariumkarbonates aufgefaßt, der Barytokalzit dagegen als Doppelsalz. Daher wird die Formel des ersteren [$(Ba, Ca)CO_3$], die des letzteren [$CaBa(CO_3)_2$] geschrieben.

C. Die Erze.

I. Die Eisenerze und ihr Sukzessionskreis.

a) Das Vorkommen der Eisenerze.

In den natürlichen Magmen ist das Eisen entweder als ein Bestandteil von Sauerstoffverbindungen oder von Sulfiden enthalten. Beim Erstarren des Magmas kommen die Sauerstoffverbindungen des Eisens zumeist als Silikate zur Abscheidung. Nur wenn das Magma sehr kieselsäurearm war, bildeten sich als Erstabscheidungen Magnetit, Titaneisen oder Chromeisenstein. Von Schwefelverbindungen des Eisens finden sich in primären Gesteinen Magnetkies, das in chemischer Beziehung dem Einfachschwefeleisen nahe steht, oder Pyrit, das Eisendisulfid. Metallisches Eisen ist, soweit unsere Kenntnisse reichen, in keinem irdischen Gestein primären Ursprunges.

Von den primären Eisensilikaten kann hier ganz abgesehen werden, weil diese nirgends als Erze Verwendung finden. Anders ist es mit den oxydischen Eisenerzen, besonders mit dem Magnetit, der mit seinen 72,41% Fe das eisenreichste Mineral darstellt.

Die Magnetitlagerstätten sind zum Teil an saure, zum Teil an basische primäre Gesteine gebunden. Im letzteren Falle ist ihnen ein wechselnder, aber nie fehlender Titangehalt eigen. Dieser kann als titanhaltendes Magneteisen, als Titaneisen, vielleicht auch als Ilmenorutil vorhanden sein. Daneben enthalten die Erzanhäufungen noch Spinell oder Korund als Übergemengteile, wenn Magnesia und Tonerde im Magma in solchen Mengen vorhanden war, daß die Kieselsäure nicht hinreichte, sie als Orthosilikate zu binden.

Solche Erzmassen liegen, wie schon früher gezeigt wurde, zumeist im Zentrum jenes Gesteinsvorkommens, durch dessen Differenzierung sie entstanden sind. Sie bilden aber selten einen einzigen größeren Erzkörper, sondern vorwiegend Linsen und Schlieren, die manchmal zu Zügen aneindergereiht sind. Dem Vorgange der magmatischen Differenzierung entspricht es auch, daß die Erzmassen nie vollkommen rein sind, sondern daß alle möglichen Übergänge, vom hochprozentigen Erz bis zum erzfreien Gestein, bestehen. So geht beispielsweise der titanomagnetit- oder ilmenithaltende Gabbro durch das Verschwinden des Feldspates in titanomagnetit- oder ilmenithaltenden Olivinit und dieser durch das Zurücktreten des Olivins in Titaneisen-Spinellit oder -Korundit über.

Beispiele für solche durch Differenzierung entstandene Erzlager sind:

Der Taberg bei Jönköping, der aus einem in Gneis aufsetzenden Olivinhyperit besteht, das ist aus einem Olivingabbro mit ophitischer Struktur, der einen mächtigen Stock von Magnetitolivinit birgt.

Die Vorkommen von Jakupiranga in Brasilien und der Insel Alnö im Bottnischen Meerbusen. An beiden Orten ist ein Nephelinsyenit das Muttergestein einer aus Magnetit und Pyroxen bestehenden Erzmasse (Jakupirangit). Das Titan tritt hier im Perowskit [$CaTiO_3$] auf.

Verbreiteter als die vorigen Typen ist der Typus Routivara in Norbotten, der auch zu Ekersund-Soggedal in Südnorwegen, im Adirondack im Staate Neuyork und in der Lamarie Range in Wyoming wiederkehrt, wo ein Labradorfels (Anorthosit) das Nebengestein der Magnetite oder Magnetit-Spinellite bildet.

Schwieriger ist die Erklärung der Entstehung für jene Lagerstätten, die mit sauren, zum Teil quarzhaltenden Gesteinen in Verbindung stehen. Hierher gehören die durch ihren Reichtum an Erz berühmten Lagerstätten von Kirunavaara, Luossavaara und Gellivare in Norbotten (Schweden) und die Magnetitlager von Wissokaja Gora und dem Gora Blagodat, das ist gesegneter Berg, im Ural. In diesen Erzen tritt das Titan fast ganz zurück, dafür gewinnt der Apatit und mit ihm die Phosphorsäure erhöhte Bedeutung. Die begleitenden Gesteine werden zum Teil als Syenite angesprochen. Im Kirunavaaragebiete sind es Natronsyenite und Keratophyre, die manchmal Quarz führen, oder Granite und granitähnliche Gesteine, die stark dynamometamorph verändert sind.

Chemisch ist eine magmatische Ausscheidung eines so basischen Bestandteiles, wie es der Magnetit ist, aus einem Magma, das einen Überschuß an Kieselsäure aufweist, schwer verständlich. Das Vorkommen von Brekzien, das sind Syenitbruchstücken, die durch Magnetit verkittet sind, scheint eher für eine magmatische Injektion, als für eine Differenziation zu sprechen. Auch die Kontaktmetamorphose wird zur Erklärung herangezogen, weil Granat und Epidot die Erzvorkommen begleiten.

Die Lagerstätten der sulfidischen Eisenerze sind ebenso wie die der Titanitmagnetitlagerstätten an Gesteine aus der Gruppe der Gabbro gebunden, die gelegentlich auch quarzführend sein können. Hier bestehen gleichfalls alle möglichen Übergänge vom erzfreien Gesteine zum reinen Erz. Ein Unterschied liegt nur darin, daß die Sulfidlagerstätten sich meist an der Grenze mit dem durchbrochenen Nachbargestein befinden und daß sehr oft reiche Imprägnation des letzteren stattfindet.

Die Erzmassen bestehen hier vorwiegend aus nickelhaltendem Magnetkies oder Pyrrhotin. Der oft recht beträchtliche Nickelgehalt ist nicht als chemischer Bestandteil des Magnetkieses aufzufassen, sondern hat seine Ursache in einer mechanischen, manchmal schon mit freiem Auge erkennbaren Beimengung von

Eisennickelkies, Pentlandit [$(Fe, Ni)S$], welcher sich vom Magnetkies weniger durch seine Farbe — beide sind tombakbraun — als durch das Fehlen der magnetischen Eigenschaft unterscheidet. Neben dem Pentlandit sind als Beimengungen noch zu nennen: der Polydymit [$(Ni, Co, Fe)_3S_4$], der Kupferkies [$Cu_2Fe_2S_4$] und der Pyrit [FeS_2].

Ähnliche Differenzierungen findet man auch bei gangförmigen Vorkommen, so bei Sohland an der Spree und zu Schweidrich bei Schluckenau in Böhmen.

Als primäre Eisenerzlagerstätten können in gewissem Sinne auch die zur Gruppe der Kontaktlagerstätten gehörenden Eisenerzvorkommen aufgefaßt werden, obwohl sie eigentlich Erzeugnisse einer Wechselwirkung vulkanischer Massen und Kalkstein sind. Bei diesen schiebt sich in der Regel zwischen das Erz und den Kalkstein eine Silikatzone ein, die Skarn genannt wird.

Eine solche Eisenkontaktlagerstätte befindet sich im Banat bei Dognaska. Das erzbringende Gestein ist ein Tiefengestein aus der Gruppe der Alkalikalkgesteine, der Banatit, das mit tithonischem Kalk den Kontakt bildet. Der Skarn besteht hauptsächlich aus Pyroxen und Granat. Gelegentlich findet sich auch das Ludwigit genannte, schwarze Magnesiumeisenborat.

Auf Elba treten ebenfalls große Hämatitlager in Berührung mit Kalksteinen verschiedenen Alters auf. Sie sind zwar schichtig gebaut, aber weil auch dort stellenweise ein Skarn zwischen dem Erz und dem Kalk eingeschaltet ist, hält man auch dieses reiche Erzvorkommen für eine Kontaktlagerstätte. Besonders bezeichnend für den dortigen Skarn ist der schwarze rhombische Ilvait oder Lievrit, dessen Zusammensetzung der Formel [$(OH)_2Ca_2(Fe_4''Fe_2''')(SiO_4)_4$] entspricht.

b) Die mineralogischen Eigenschaften der primären Eisenerze.

Als primäre Erze können alle Mineralien bezeichnet werden, die gleich bei der Bildung der Erzlagerstätte entstanden sind.

1. Die oxydischen Eisenerze.

Zu diesen gehören: der Magnetit, der Ilmenit, der Hämatit und der Siderit.

Der Magnetit oder Magneteisen ist schwarz und kristallisiert kubisch. Seine gewöhnliche Kristallgestalt ist das Oktaeder, seltener ist das Rhombendodekaeder, das dann sehr oft parallel zur längeren Diagonale der Rhombenflächen gestreift ist. Diese Streifung ist eine Folge eines Schichtenbaues nach der Oktaederfläche. Diese Fläche ist auch Zwillingsfläche. Die Zwillinge sind dann stets nach der Zwillingsfläche tafelartig entwickelt. Auch eine mikroskopische Verzwillingung nach demselben Gesetze hat sich mit Hilfe des Erzmikroskopes nachweisen lassen. Mit Hilfe desselben Instrumentes, das jetzt für die Untersuchung opaker Mineralien unentbehrlich geworden ist, wurde auch ein Trachtwechsel der Magnetitkristalle während des Wachstums festgestellt. Die Kristalle haben oft als Würfel zu wachsen begonnen und haben erst später die Gestalt des Oktaeders angenommen.

Der Magnetit besitzt manchmal attraktorischen Magnetismus, d. h. er zieht Eisenfeilspäne an. Dann zeigt er stets mehrere Pole. Immer ist er diamagnetisch, d. h. er wird von einem Magneten angezogen. Diese Eigenschaft verliert er, wenn er, wie schon Faraday 1836 beobachtet hatte und Mügge 1902 bestätigte, erwärmt wird. Die Temperatur, bei welcher der Magnetismus beim Erwärmen verschwindet und beim Abkühlen wiederkehrt, hat Wologdine 1909 mit 525° bestimmt. 525° stellt demnach die Umwandlungstemperatur des magnetischen β-Magnetites in den unmagnetischen α-Magnetit dar. Mügge glaubt, daß auch die α-Modifikationen kubisch kristallisieren.

Der Schmelzpunkt des Magnetites liegt bei 1527°. Bei 1250—1350° erleidet der Magnetit eine thermisch nachweisbare Umwandlung, so daß man eigentlich drei Modifikationen der Verbindung (Fe_3O_4) unterscheiden muß.

Gegen chemische und mechanische Eingriffe ist der Magnetit sehr widerstandsfähig. Daher sammelt sich der durch die Zerstörung aus dem Muttergesteine freigemachte Magnetit oft örtlich in größeren Mengen im Schwemmland als Magnetitsand an. Solche Örtlichkeiten sind z. B. die Mündungen zahlreicher Flüsse am Nordufer des St. Lorenz-Ästuars und -Golfes und bei New Plymouth auf Neuseeland.

In oxydierender Atmosphäre erhitzt, wandelt sich der Magnetit in Hämatit (Fe_2O_3) um. Auch in der Natur findet diese Umwandlung statt, wie die Martit genannten Pseudomorphosen von Hämatit nach Magnetit beweisen. Die schönsten derartigen Pseudomorphosen stammen aus Brasilien.

Viele Magnetite sind titanhaltend. Sie stellen jetzt ein Gemenge von Magnetit und Titaneisen (Ilmenit) $[FeTiO_3]$ dar, welches sich erst nachträglich infolge Entmischung eines ursprünglich homogenen Titanmagnetites gebildet hat. Die Ilmenitlamellen sind parallel zur Oktaederfläche eingelagert. Auch mit Rutil (TiO_2) ist der Magnetit manchmal gesetzmäßig verwachsen.

Auch das Titaneisen oder Ilmenit erweist sich sehr oft bei erzmikroskopischer Prüfung als Gemenge, an dem sich Hämatit und Ilmenit beteiligen. Im Erzmikroskop ist die Farbe des angeschliffenen Ilmenites weiß mit einem Stich ins Rosabräunliche. Der Hämatit, der zumeist Lamellen, die parallel zur Basisfläche der trigonal-rhomboedrischen Kristalle des Ilmenites eingelagert sind, bildet, ist heller, und am hellsten erscheint der Magnetit, der deutlich rötlich ist. Hämatit $[Fe_2O_3]$ und Ilmenit, dem im reinen Zustande die Formel $[FeTiO_3]$ zukommen dürfte, scheinen bei höheren Temperaturen eine homogene Mischung einzugehen, welche sich beim Abkühlen in einen eisenoxydhaltenden Ilmenit und einen ilmenithaltenden Hämatit spaltet. Makroskopisch ist der Ilmenit schwarz, besitzt aber einen lebhafteren Glanz als der Magnetit. Chemischen Eingriffen wiedersteht der Ilmenit besser als Hämatit und Magnetit.

Der Ilmenorutil ist eigentlich kein Eisenerz. Er ist, wie die vorigen Mineralien, schwarz, hat einen schwarzen Strich und kann chemisch als ein eisenhaltender Rutil aufgefaßt werden, mit dem er auch die ditetragonal-bipyramidale Kristallgestalt gemeinsam hat. Er ist hauptsächlich in Pegmatiten zu Hause.

Dem Hämatit oder Eisenglanz kommt die Formel $[Fe_2O_3]$ zu. Von den bis jetzt genannten Eisenerzen unterscheidet er sich durch die rote Farbe seines Striches. Diese roten Farben haben selten die primären Vorkommen, fast immer aber die sekundären. Deshalb sind auch für den Hämatit die Namen Roteisenstein und Blutstein im Gebrauche. Die kristallisierten Vorkommen sind zumeist schwarz und metallglänzend. Die Kristalle gehören der ditrigonal-skaleniedrischen Klasse an. Oft sind sie infolge des Vorherrschens der Basisfläche tafelförmig oder schuppig (Eisenglimmer). Tafelförmige Einzelindividuen bilden durch hypoparallele Verwachsung die Eisenrosen, welche besonders schön auf der Alpe Lercheltini in der Schweiz gefunden werden.

Genetisch hat man primären und sekundären Hämatit zu unterscheiden. Letzterer wird an einem anderen Orte behandelt werden. Primär sind die Eisenglanze, die in Erzgängen und auf Kontaktlagerstätten auftreten. Man hält für alle eine pneumatolithische Entstehung für wahrscheinlich. In Kontaktlagerstätten soll der Eisenglanz durch die Einwirkung flüchtiger Eisenverbindungen auf Kalkstein gebildet worden sein. Hier denkt man als Erzbringer an Eisenchlorid, das ja auch unter den vulkanischen Exhalationen vorhanden ist und durch die Wechselzersetzung mit Wasserdampf den vulkanischen Eisenglanz liefert. Auch für die Roteisensteinlager, die an verschiedenen Orten mit Diabasen verknüpft sind (Dill- und Lahngegend), nimmt man eine Mitwirkung dampfförmiger Eisenverbindungen an. Stirnemann hat nachgewiesen, daß Hämatit bei 150—525° durch Wechselzersetzung von Eisenchlorid und Wasser entsteht. Daher halten auch manche Forscher diese Roteisensteinlager für Erzeugnisse submariner Eruptionen.

Die primären Eisenglanze sind nicht selten FeO-haltig. Solche Hämatite sollen bei Temperaturen über 900° gebildet worden sein, weil in den vulkanischen Exhalationen bei hohen Temperaturen neben Ferrichlorid ($FeCl_3$) auch Ferrochlorid [$FeCl_2$] enthalten ist. Sinkt aber die Temperatur der Gase unter 800°, so ist nur mehr Ferrichlorid vorhanden, weil das Ferrochlorid weniger flüchtig ist. Daher sind die jüngeren Eisenglanze immer ferroeisenfrei.

Der Hämatit ist für gewöhnlich unmagnetisch. Man kennt aber auch magnetischen Eisenglanz. Dieser unterscheidet sich im Erzmikroskop durch seine bläulichweiße Farbe und durch seinen stärkeren Pleochroismus vom unmagnetischen. Der magnetische Eisenglanz entsteht, wenn Ferrichlorid auf Kalziumkarbonat in Gegenwart von Feuchtigkeit wirkt. Nach Hipert liegt die Ursache des Magnetismus darin, daß im magnetischen Hämatit das Fe_2O_3 zum Teil als Anion fungiert. Er schreibt daher die Formel des magnetischen Hämatites [$(Fe_2O_3)(Fe_2O_3)_2$] und die Formel des Magnetites [$(Fe_2O_2)(Fe_2O_3)_2$]. Der magnetische Hämatit verliert seinen Magnetismus plötzlich bei 700°. Aber schon bei niedrigeren Temperaturen macht sich eine Abnahme der Permeabilität bemerkbar. Solange die Erhitzung 500° nicht überschritten hat, ist der Vorgang reversibel. Stärkeres Erhitzen ist mit dem gänzlichen Verluste der Permeabilität verbunden.

Der magnetische Hämatit ist aller Wahrscheinlichkeit nach aus Magnetit entstanden, der bekanntlich beim Erhitzen in Ferrioxyd übergeht. Dabei bewahrt er die ursprüngliche Lage der Atome im Kristallgitter, wie Twenhofel durch die röntgenographische Untersuchung festgestellt hat.

Der Siderit oder Eisenspat ist Ferrokarbonat [$FeCO_3$], dem gewöhnlich nach Magnesiumkarbonat und Mangankarbonat, nicht aber Kalkkarbonat homöomorph beigemischt sind. Breunerit, Mesitinspat und Pistomesit sind solche Mischglieder. Mit dem Kalziumkarbonat bildet der Eisenspat nur ein Doppelsalz [$Ca(Fe, Mg)(CO_3)_2$], den Ankerit, das Gegenstück zum Dolomit. Der Siderit gehört, wie alle genannten Karbonate, ausgenommen Dolomit, der ditrigonal-skalenoedrischen Klasse an. Seine Kristalle sind flächenarm und zeigen gewöhnlich nur das Spaltungsrhomboeder, oder sie sind linsenförmig entwickelt. Der Siderit braust, wie der Magnesit, nur in heißer Salzsäure. Beim Erhitzen spaltet er die Kohlensäure leichter als der Kalzit, aber schwerer als der Magnesit ab.

Der Siderit ist immer eine hydrothermale Bildung. Wenn er, wie im Siegenerlande und zu Göllnitz in der Slowakei, auf Erzgängen in kompakten Massen auftritt, wird er, falls er nicht zu stark mit Sulfiden und Sulfosalzen durchwachsen ist, als Eisenerz abgebaut. Die technisch wichtigsten Sideritvorkommen sind metasomatische Lagerstätten, die durch Verdrängen von Kalkstein entstanden sind. Über die Art der Verdrängung gehen die Meinungen auseinander. Am wahrscheinlichsten dürfte sein, daß normale juvenile Erzlösungen, die reich an Ferrokarbonat waren, den Kalkstein auf Grund der schwereren Löslichkeit des Siderites verdrängt haben.

Die größten derartigen Sideritlagerstätten liegen in den Alpen. Die bekanntesten Vorkommen sind der Erzberg in Steiermark und der Erzberg bei Hüttenberg in Kärnten. Kleinere Spateisensteinvorkommen sind in den Nordalpen vom Semmering bis nach Schwaz in Tirol bekannt.

Der Eisenspat bildet in diesen Lagerstätten weiße, grau- oder gelblichweiße, feinkörnige Massen. Selten ist er spätig, noch seltener sind Kristalle. Der frische Eisenspat ist als Erz nicht so erwünscht wie jener, der durch Aufnahme von Wasser und Verlust von Kohlendioxyd sich zu einem Ferrihydroxyd, dem **Braun-eisen**, oxydiert hat. Beim Verhütten des frischen Ferrokarbonates geht nämlich ein unverhältnismäßig großer Anteil des Ferroeisens in die Schlacke, anstatt zu Eisen reduziert zu werden. Dieser Übelstand tritt beim zu Brauneisen gewordenen Siderit nicht ein, und deshalb wird der frische Spateisenstein vor dem Verhütten künstlich durch Rösten, das ist Erhitzen bei Luftzutritt, oxydiert.

2. Die sulfidischen Eisenerze.

Die sulfidischen Eisenmineralien sind als Eisenerze wenig beliebt, weil sich, selbst wenn geröstete Erze niedergeschmolzen und reduziert werden, aus dem so gewonnenen Eisen der Schwefel schwer entfernen läßt und ein Schwefelgehalt das metallische Eisen rotbrüchig, d. h. in der Rotglut brüchig macht. Diese Erze werden hauptsächlich wegen des Schwefels, wenn sie auch arsenhaltend sind, auch wegen des Arsens und wegen der in ihnen in geringeren Mengen vorhandenen wertvolleren Metalle wie Kupfer, Nickel, Gold und Platin abgebaut. Schwefel und Arsen entweichen beim Rösten als oxydische Verbindungen, SO_2 und As_2O_3. Erstere wird auf Schwefelsäure weiterverarbeitet, letzteres liefert das weiße Arsenglas. Die oxydierten Rückstände liefern das als Poliermittel geschätzte **caput mortuum**.

Der Pyrrhotin oder Magnetkies. Die Formel des Magnetkieses wird $[Fe_nS_{n+1}]$ geschrieben. Dies soll sagen, daß im Magnetkies mehr Schwefel vorhanden ist, als dem Monosulfid $[FeS]$ entspricht. Letztere Verbindung ist bis vor kurzem nur in meteorischen Massen beobachtet worden und hat den Namen **Troilit** erhalten. Jetzt kennt man dieses Mineral auch von Del Norte in Kalifornien.

Der Schwefelüberschuß im Magnetkies wechselt. **Allen** und seine Mitarbeiter haben an künstlich erzeugten Magnetkiesen nachweisen können, daß der Überschuß des Schwefels vom Drucke und der Temperatur abhängig ist, bei welcher der Magnetkies erzeugt wurde. Als Maximalmenge des Schwefels wurden 6,5% und als günstigste Temperatur dafür 565° gefunden. Bei dieser Temperatur herrscht Gleichgewicht zwischen dem Eisenmonosulfid, dem Eisendisulfid und dem Schwefelwasserstoff. Bei niedrigerer Temperatur wandelt sich der Magnetkies in Pyrit, bei höherer Temperatur der Pyrit in Magnetkies um. **Allen** vertrat die Meinung, daß der überschüssige Schwefel im Magnetkies gelöst sei. Es wäre aber auch möglich, daß der natürliche Magnetkies eine Mischung von Eisenmonosulfid und Eisendisulfid darstellt. Dann müßte aber das Disulfid eine geringere Dichte haben als der Pyrit, und das maximale Mischungsverhältnis zwischen FeS und FeS_2 würde dann 9:2 sein.

Die Kristalle des Magnetkies stellen zumeist sechsseitige Blättchen, seltener sechsseitige Säulen dar. Deshalb galt der Magnetkies lange Zeit für hexagonal. Die ersten Zweifel an seiner hexagonalen Symmetrie tauchten auf, als **Streng** und **Weiß** die magnetischen Eigenschaften untersuchten, die dem Mineral ja den Namen Magnetkies eingetragen haben. Daß der Magnetkies vom Magneten angezogen werde, wußte schon 1789 **Werner**, von dem auch die Bezeichnung „**magnetischer Kies**" herrührt. **Hauy** und **Leonhardt** war schon bekannt, daß am Magnetkies polarer Magnetismus auftrete. **Streng** hat dann 1882 gezeigt, daß man durch Streichen mit einem Magnetstab Magnetkieskristalle in Magnete umwandeln kann. Blättchen parallel zur Basisfläche werden in der Streichungsrichtung polarmagnetisch, Blättchen parallel zur Z-Achse geschnitten, erhalten auf der ganzen gestrichenen Fläche den dem streichenden Pol entgegengesetzten Magnetismus. Im elektrischen Felde erweist sich die Hauptachse als para-, die Nebenachsen als diamagnetisch. Weitere Untersuchungen haben dann gezeigt, daß die Stärke des Magnetismus in der Basisfläche mit der Richtung wechselt und die Maxima desselben 60° oder 120° auseinander liegen. Anfänglich deutete man dies als eine Drillingsbildung rhombischer Einzelindividuen, es könnte aber auch durch die Annahme trigonaler Trapezoedrie erklärt werden. Die hexagonale Symmetrie erwies auch die Röntgenuntersuchung. Der Magnetkies wäre dann, so wie der Tridymit polymorph, und diese Vermutung wurde zur Gewißheit, als Rinne und Boeke eine Umwandlung bei 138°, die mit einer Volumsabnahme verbunden ist, Loebe und Becker auch eine solche bei 298°, die unter Volumsvermehrung vor sich geht, feststellten. Allen hat dann auch die beiden Modifikationen künstlich hergestellt. Der bei niederen Temperaturen beständige β-Pyrrhotin ist hexagonal, der bei höheren Temperaturen stabile α-Pyrrhotin rhombisch. Bei beiden schwanken die kristallographischen Konstanten mit der Menge des überschüssigen Schwefels, und zwar wächst mit diesem die Z-Achse.

Die Farbe des Magnetkieses ist eine rötlichgelbe, daher gab ihm Breithaupt den Namen Pyrrhotin nach dem griechischen Worte „pyrrhotes" = rötlich. Nach Mennel ist die Farbe im frischen Zustande zinnweiß und ändert sich beim Liegen an der Luft in Bronzegelb.

Der Schmelzpunkt des Magnetkies liegt bei 1170°. Bei noch höherer Temperatur gibt er Schwefel ab. Von Brom wird er leicht angegriffen, wodurch er sich vom Pyrit unterscheidet.

Künstlich entsteht der Magnetkies durch Einwirkung von Schwefelwasserstoff auf Ferrosalze in schwachsaurer Lösung.

Der Pyrit, Eisen- oder Schwefelkies [FeS_2] ist das verbreitetste unter allen Eisensulfiden. Henckel nennt ihn in seiner Kieshistorie den „Hanns in allen Gassen". Den Namen „Pyrit" erhielt dies Mineral, weil es wegen seiner großen Härte (fast 7) am Stahl Funken gibt und daher auch in früherer Zeit zum „Feuerschlagen" verwendet wurde. Er ist lichtspeisegelb und hat einen schwarzen Strich. Gegen Säuren ist er widerstandsfähig. Beim Erhitzen gibt er Schwefel ab und wird zu Einfachschwefeleisen. In hochtemperierten Magmen kann daher kein Pyrit bestehen. Doch findet er sich nicht selten in primären Gesteinen in Form kleiner Körner, was unter anderem niedriger temperiertem Kristallisationsbeginn zugeschrieben werden kann.

Die Kristalle gehören der dyakisdodekaedrischen Klasse an. Am häufigsten sind Würfel und Pentagondodekaeder, seltener treten das Oktaeder und Dyakisdodekaeder als herrschende Formen auf. Die Würfel sind sehr oft nach den Hauptsymmetrieebenen gestreift. Ebenso zeigen auch die Pentagondodekaeder häufig eine Streifung, die entweder parallel oder senkrecht zu den Hauptsymmetrieebenen geht. In beiden Fällen liegt Kombinationsstreifung vor. Curie hat eine Beziehung zwischen dem Vorzeichen der schon 1844 von Hankel am Pyrit entdeckten Thermoelektrizität und dieser Streifung feststellen können. Ist die Streifung der Pentagondodekaeder senkrecht zur Symmetrieebene, so sind solche Pyritkristalle positiver als Antimon, ist sie parallel zur Symmetrieebene, negativer als Wismut.

Der Pyrit ist ein guter Leiter der Elektrizität. Der spezifische Widerstand nimmt allgemein mit der Temperatur zu, verringert sich aber bei 250° plötzlich. Im Zusammenhange mit dem Umstande, daß mehrmals auf 300—400° erhitzte Pyrite bröcklig werden, deutet dies darauf hin, daß bei dieser Temperatur eine polymorphe Umlagerung stattfindet. Man hätte demnach einen unter 250°

stabilen β-Pyrit und einen zwischen 250° und 560° stabilen α-Pyrit zu unterscheiden.

Der Markasit. Das Eisendisulfid $[FeS_2]$ kommt noch in einer zweiten rhombischen Modifikation in der Natur vor. Diese führt den von Haidinger vorgeschlagenen Namen Markasit, der dem Arabischen entlehnt ist, ferner den Namen Wasserkies, der richtiger wegen der auf dem frischen Bruche fast weißen Farbe „weißer Kies" lauten sollte, dann ist auch der Name Strahlkies im Gebrauch, weil viele Vorkommen strahliges Gefüge besitzen. Da der Markasit zuweilen auch in traubigen oder nierenförmigen Gebilden mit stark glänzender Oberfläche auftritt, die allgemein als „Glatzköpfe" (nicht Glasköpfe) bezeichnet werden, werden diese zum Unterschiede von den ähnlichen Bildungen des roten Hämatites, des braunen Limonites, des schwarzen Psilomelans und des grünen Malachites, wegen der ihnen eigenen gelben Farbe „gelber Glatzkopf" genannt. Die kristallinen Vorkommen sind zum Teil aus amorphem Sulfidgel entstanden. Die Kristalle des Markasites sind gewöhnlich nach (001) tafelförmig. Durch hypoparallele Verwachsung nach der Z-Achse entstehen hahnenkammähnliche Gebilde (Kammkies) und infolge von Vierlingsbildungen nach dem Gesetze: „Zwillingsebene ist (110)" speerartige Formen (Speerkies).

Vom Pyrit unterscheidet sich der Markasit weiter noch durch seine mehr grünlichgelbe Farbe, sein niederes Eigengewicht (4,65—4,88 gegen 4,9—5,2) und dadurch, daß er die Elektrizität schlecht leitet. Das Leitungsvermögen steigt aber mit der Temperatur, und bei 500° wird es gleich dem des Pyrites. Eine Rückbildung beim Abkühlen findet nicht statt. Markasit und Pyrit zeigen also ein ähnliches Verhalten wie Aragonit und Kalzit, und daraus könnte man schließen, daß der Pyrit die unter normalen Verhältnissen stabile Modifikation ist. Beobachtungen über die ungleiche Löslichkeit beider Modifikationen liegen bis jetzt nicht vor.

Beide Modifikationen sind sehr oft gesetzmäßig verwachsen. Ganz gleichgültig, ob der Markasit oder der Pyrit das ältere Mineral ist, immer ist die Zwillingsebene des Markasites parallel zu der beim Pyrit allein in Betracht kommenden Hauptsymmetrieebene.

Allen und seine Mitarbeiter haben Pyrit und Markasit synthetisch hergestellt. Sie fanden, daß sich der Markasit bei Temperaturen bis 100° aus sauren Lösungen, die aber nicht über 1% freie Schwefelsäure enthalten dürfen, bildet. Der Pyrit entsteht dagegen aus neutralen, basischen oder weniger sauren Lösungen auch bei Temperaturen über 110°.

Zum Vorkommen der sulfidischen Eisenerze. Der Magnetkies kann sich aus Schmelzflüssen abscheiden, denn er ist zwischen 560° und 1170° bestandfähig. Die Ausscheidung des Pyrites aus dem Schmelzflusse würde besondere Umstände verlangen, da er sich bei 560° in Magnetkies umwandelt. Daher ist anzunehmen, daß alle Pyritvorkommen unter dieser Temperatur entstanden sind. (Vom Druckeinfluß abgesehen!) Auf den Erzgängen gehören der Pyrit wie der Markasit der hydrothermalen Phase an.

Strittig ist noch immer die Entstehung jener Pyritvorkommen, die zwischen Schichten anderer Gesteine eingeschaltet sind, also Lager bilden. Zu diesem Typus gehören die meisten großen Pyritvorkommen.

Dieselben kann man in zwei Gruppen teilen, je nachdem sie Bleiglanz und Baryt enthalten oder nicht.

Die von Bleiglanz und Baryt freien Schwefelkieslager enthalten noch Kupferkies und Zinkblende. Sie liegen oft konkordant in stark dynamometamorphosierten paläozoischen Sedimenten. In größerer oder geringerer Entfernung von ihnen treten Tiefengesteine, meist der Gabbrofamilie angehörend, auf, die ebenfalls stark dynamometamorphosiert sind (Saussuritgabbro). Dieses Nebeneinander-vorkommen von Kiesmassen und Tiefengesteinen hat Vogt veranlaßt, die Kies-massen als intrusive Lager aufzufassen, deren Erze durch magmatische Spaltung entstanden, bei der Auffaltung des Gebirges in die Sedimente hineingepreßt wor-den sind. In diese Gruppe wären einzureihen die Kieslager Norwegens (Sulit-jelmagruppe), das Kieslager von Fahlun in Schweden, das Huelvakiesfeld in Südspanien, die Kieslager von Schmöllnitz in der Slowakei und von Graßlitz-Klingenberg in Böhmen. Auch das bekannte Kieslager von Bodenmais im Bay-rischen Walde, das in einem Cordieritgneis in der Nähe des Kontaktes mit Granit liegt, gehört vielleicht hierher.

Die zweite Gruppe der Kieslager ist durch das Mitvorkommen von Baryt und Bleiglanz, auch etwas Zinkblende und das fast vollkommene Fehlen des Magnet-kieses ausgezeichnet. Auch diese Kiesvorkommen liegen in paläozoischen Schicht-gesteinen, die aber wenig verändert sind. Hierher zu stellen sind vor allem das Kieslager am Rammelsberg bei Goslar im Harz, dessen Abbau schon 972 ur-kundlich belegt ist und das in den Wißbacher- oder Goslarer Schiefern des Mittel-devons eingeschaltet ist, ferner das Kieslager von Meggen in Westfalen, das zwischen den mitteldevonischen Lenneschiefern und dem Massenkalkstein gleichen Alters auftritt. Während aber am Rammelsberg eine innige Vermengung des Barytes mit den Kiesen — Kupferkies und Eisenkies — und auch anderen Erzen zu beobachten ist, sind im Meggener Lager Baryt und Eisenkies räumlich von-einander getrennt. Dort, wo sie zusammen vorkommen, bildet der Baryt immer das Hangende. Die Erze zeigen stets eine schichtige Textur oder sind aus feineren oder gröberen Oolithen zusammengesetzt, die Baryt verkittet. In Meggen ist das Erz vorwiegend Markasit, der örtlich in Pyrit umgewandelt ist.

Vogt wollte auch für diese Lagerstätten eine Entstehung durch magmatische Injektion wahrscheinlich machen. Indessen vertreten die besten Kenner dieser Vorkommen, z. B. A. Bergeat, die Ansicht, daß sowohl die Kieslager des Ram-melsberges, als auch die von Meggen syngenetischen Ursprunges seien, welche Ansicht auch durch vereinzelte Fossilienfunde, in Meggen Foraminiferen, am Rammelsberg sogar ein Goniatit, gestützt wird. Auch die schichtige Textur und das oolithische Gefüge des der Hauptsache nach aus Markasit bestehenden Megge-ner Lagers sprechen eher für die syngenetische als für die epigenetische Ent-stehungsweise. Es ist nur noch die Frage zu beantworten, ob Eisensulfide auf sedimentärem Wege entstehen können.

Wenn gelöste Eisenverbindungen und Schwefelwasserstoff in alkalischer oder neutraler Lösung zusammentreffen, so entsteht bekanntlich Eisenmonosulfid. Dieselbe Reaktion vollzieht sich auch in eisenhaltenden, stehenden Gewässern, wenn in denselben faulende Organismen aus ihren Proteinsubstanzen den hierfür nötigen Schwefelwasserstoff entwickeln. Man nimmt ja allgemein an, daß die blaugraue Farbe vieler Tone von so gebildetem Schwefeleisen herrühre. Wie ist nun das Monosulfid in das Disulfid umgewandelt worden? Schon 1900 haben Carpentier und Linder nachgewiesen, daß bei Anwesenheit von ungebundenem Schwefel auch in der Kälte das in Gelform vorliegende Monosulfid in metall-braunes Disulfidgel sich umwandle, und diese Beobachtung hat 1911 Feld be-stätigt. Durch Kristalloidwerden kann dann aus dem Gel Pyrit oder Markasit entstehen.

Doss will nun natürliches Eisendisulfidgel anläßlich einer Tiefbohrung in mio-zänen Tonen des Gouvernements Samara in 75—95 m Tiefe gefunden haben. Er nannte die schwarze, magnetische Masse, die ein geringeres Volumgewicht als die kristalloiden Disulfide (4,2) hatte und in Säuren leichter löslich, ferner in heißer Kalilauge leichter zersetzbar war, Melnikowit. Die Existenz dieses

Minerales, das auch Sirodenko auf Muscheln, Knochen und Geröllen im Hadshibey Liman bei Odessa gefunden haben will, wird vielfach angezweifelt und für Magnetit gehalten, womit der von Doss selbst angegebene Magnetismus stimmen würde. Magnetit begleitet nach Doss' eigenen Angaben den Melnikowit. Ersterer entsteht bei Sauerstoffgegenwart, letzterer nur bei vollkommenem Sauerstoffmangel.

Pyrit und Markasit sind in marinen Tonen und aus ihnen hervorgegangenen Tonschiefern zu wiederholten Malen als Versteinerungsmaterial von Seetieren beobachtet worden.

Es fragt sich nun, woher der zur Umwandlung des Monosulfidgeles in das Disulfidgel notwendige Schwefel stammt. Doss weist auf die in den stehenden Gewässern gleichfalls lebenden Schwefelbakterien hin. Deren Vorhandensein ist nicht zu bezweifeln. Bezweifelt wird nur von einigen Forschern, ob die von diesen Lebewesen erzeugte Schwefelmenge ausreicht.

Wenn auf sedimentärem Wege wirklich Eisendisulfid diffus gebildet werden kann, wie entstehen aus den weitverstreuten kleinen Disulfidmengen die mächtigen Sulfidlager? Da möge vorher darauf hingewiesen werden, daß Pyrit- und Markasitkonkretionen in marinen Tonen keine Seltenheit sind. Diese können sich auch nur durch Sammelkristallisation gebildet haben, welche die verstreuten Sulfidteilchen um ein Zentrum sammelte. Dieser Vorgang ist in der Natur weitverbreitet. Dasselbe könnte auch für die Sulfidlager gelten. Dynamische Vorgänge dürften, worauf in letzter Zeit von mehreren Seiten (Frebold, Clar) hingewiesen wurde, diesen Prozeß unterstützt haben.

c) Der Sukzessionskreis der Eisensulfide.

Ein Sukzessionskreis umfaßt alle sekundären Mineralien, die sich durch Umwandlung von einem Muttermineral ableiten lassen. Diese Mineralien sind zumeist durch die Einwirkung des atmosphärischen Sauerstoffes, des vadosen Wassers und der in ihm gelösten Verbindungen auf das Muttermineral entstanden. Bei den Sulfiden ist das erste Umwandlungsprodukt immer das Sulfat des betreffenden Metalles, welches dann selbst wieder zum Ausgangspunkt weiterer Neubildungen sekundärer Mineralien werden kann.

1. Der Eisenvitriol. Bei den Eisensulfiden ist das erste Produkt der Oxydation unter Beisein von Wasser das Ferrosulfat [$FeSO_4 \cdot 7H_2O$], der Eisenvitriol oder Melanterit.

Den Namen Vitriol führte im 12. Jahrhundert Albertus Magnus ein. Er leitet sich vom lateinischen Worte „vitrium" ab, welches Glas bedeutet. Die Sulfate der Metalle erhielten diesen Namen wegen ihres glasartigen Aussehens, auf das schon Plinius hingewiesen hat. Auch der ganze chemische Vorgang der Umwandlung eines Sulfides in das entsprechende Sulfat wird Vitrioleszieren genannt.

Wenn der Vitrioleszierungsvorgang vom Magnetkies seinen Ausgang nimmt, so wird zur Bildung des Eisenvitriols der ganze Schwefel des Magnetkieses verwendet, denn FeS gibt $FeSO_4$. Wenn aber eines der beiden Disulfide diesem Vorgange anheimfällt, so wird nur die Hälfte des im Kies vorhandenen Schwefels bei der Vitriolbildung verwendet, die andere Hälfte tritt als ungebundene Schwefelsäure in Erscheinung, denn $FeS_2 + 7O + H_2O$ gibt $FeSO_4 + H_2SO_4$. Diese freie Schwefelsäure macht sich in den Sammlungen dadurch bemerkbar, daß sie die Unterlagen der vitrioleszierenden Kiesstufen zerstört. In der Natur greift sie um jede erreichbare Base und wird dadurch zur Veranlassung einer ganzen Reihe sekundärer Mineralbildungen.

Dem Vitrioleszierungsvorgange unterliegen die Eisendisulfide in recht ungleicher Weise. Nach Julien wird das Vitrioleszieren begünstigt, wenn beide Bisulfide gleichzeitig vorhanden sind. Ein Gemenge von 90 Pyrit und 10 Markasit soll am stabilsten sein. Je mehr Markasit zugegen ist, um so instabiler ist das Gemenge. Mügge glaubt hingegen, daß jene Kiesstufen leicht vitrioleszieren, welche aus zahlreichen Kristallindividuen zusammengesetzt sind, wie es bei knollenförmigen Bildungen der Fall ist. Die Flächen, welche die einzelnen Individuen trennen, sind keine häufigen Kristallflächen und deshalb weniger widerstandsfähig gegen die Einwirkungen der Wässer, die auf den Haarrissen zwischen die Körner eindringen. Die eisenvitriolhaltenden Lösungen kristallisieren dann entweder in den Haarrissen und zersprengen auf diese Weise die Kiesstufe, oder sie dringen an die Oberfläche, verdunsten hier und erzeugen die bekannten haarförmigen Ausblühungen, welche die vitrioleszierenden Kiesstufen bedecken. Jedes einzelne Haar ist, trotz aller Krümmungen, ein einziges Kristallindividuum. Mügge meint, daß diese Haare ursprünglich aus kolloidalem Eisenvitriol bestanden, der erst nachträglich kristallin geworden ist.

Der Eisenvitriol ist ein monoklin kristallisierendes Ferrosulfat. Seine Formel wird gewöhnlich $[FeSO_4 \cdot 7H_2O]$ geschrieben. Richtiger dürfte die Schreibweise $\{[(HO)Fe](SO_4H) \cdot 6H_2O\}$ sein, denn ein Molekül Wasser entweicht erst bei höheren Temperaturen (270°) aus der Verbindung, während die anderen 6 Moleküle schon bei 60° fortgehen. Dieses eine Molekül, welches erst bei höheren Temperaturen weggeht, spielt auch bei der Doppelsalzbildung eine besondere Rolle. Wenn nämlich z. B. $[K_2SO_4]$ und $[FeSO_4 \cdot 7H_2O]$ zu dem Doppelsalz $[K_2SO_4 \cdot FeSO_4 \cdot 6H_2O]$ zusammentreten, so ist das im Doppelsalz vorhandene Wasser jenes, welches bei niederen Temperaturen entweicht, also echtes Kristallwasser. Man kann dieses Doppelsalz auch als das Salz einer komplexen Ferroschwefelsäure $\{H_2[Fe(SO_4)_2] \cdot 6H_2O\}$ auffassen und die Formel davon dann $[K_2Fe(SO_4)_2 \cdot 6H_2O]$ schreiben. Jenes Wasser, welches bei der Doppelsalzbildung verschwindet, nannte Liebig Halbhydratwasser.

Der mineralogische Name für den Eisenvitriol ist Melanterit. Mit „Melanteria" bezeichneten die Griechen eine schwarze Farbe, welche sie beim Behandeln gerbsäurehaltender Stoffe mit vitriolischen Substanzen erhielten. Durch Gerbsäure wird aber nicht nur eine Eisenvitriollösung, sondern auch eine Kupfervitriollösung schwarz gefärbt. Diese Eigenschaft wurde auch bei der Tintenfabrikation ausgenutzt, denn die ältesten Tinten waren gerbsäurehaltende Galläpfeltinten.

Der Eisenvitriol besitzt in großen Stücken eine blaugrüne Farbe. In der Natur finden sich aber selten größere Massen von Eisenvitriol, weil der Eisenvitriol in Wasser löslich ist und das Wasser, welches bei der Oxydation der Kiese mitwirkte, gleichzeitig den neugebildeten Vitriol löst und von der Bildungsstätte wegführt. Nur in verlassenen Stollen und „im alten Mann", wie man die mit unbrauchbarem Gangmaterial wieder ausgefüllten Stollen nennt, findet man den Eisenvitriol bald in farblosen oder blaßgrünlichen Ausblühungen oder in Form von Zapfen. Dem Wasser, in dem er gelöst ist, verleiht der Eisenvitriol einen tintigen Geschmack.

Der Eisenvitriol gibt beim Liegen an trockener Luft sehr leicht sein Kristallwasser ab. Er wird dabei zu einem krümeligen, weißen Pulver. Man nennt diesen Vorgang „Verstäuben". Derselbe führt über die Zwischenstufe mit 3 Kristallwasser zur Verbindung $[(HO)Fe(SO_4)]$.

Diese Verbindung wurde als Mineral in Chile und zu Schmöllnitz in der Slowakei gefunden. Sie erhielt nach dem letzteren Fundort, der auf ungarisch Szmolnok heißt, den Namen Szmolnokit. Daneben ist der Name Ferropallidit, weil pallidus im Lateinischen bleich heißt, für dasselbe im Gebrauch. Die stöchiometrische Verwandtschaft mit dem Kieserit ließ vermuten, daß der Szmolnokit wie der Kieserit monoklin kristallisiert, was Krenner auch bestätigte. Auch darin ähnelt der Szmolnokit dem Kieserit, daß das lockere Pulver desselben beim Anrühren mit Wasser unter Erwärmen zuerst zusammenbackt, bevor es sich löst.

Nach Fränckel ist in wässerigen Lösungen das Heptahydrat bis 56,7° stabil, das Tetrahydrat, das in der Natur noch nicht beobachtet wurde, bis 64°. Jenseits dieser Temperatur beginnt das Existenzfeld des Monohydrates, des Szmolnokites, dessen Löslichkeit im Wasser, im Gegensatz zu den zwei anderen Hydraten, mit steigender Temperatur abnimmt.

Volger beschrieb 1855 von der Windgälle im Kanton Uri ein anderes Ferrosulfat-Heptahydrat, das wie das Bittersalz in der bisphenoidischen Klasse kristallisieren soll. Er nannte diese Modifikation Tauriszit. Auch in den Gruben von Schmöllnitz soll dieses Mineral gefunden worden sein. Die Möglichkeit des Bestandes dieser Modifikation des Ferrosulfat-Heptahydrates wird dadurch bewiesen, daß es Mischkristalle des Bittersalzes $[MgSO_4 \cdot 7H_2O]$ mit dem Eisenvitriol gibt, die bei einem gewissen Gehalt an Bittersalz wie dieses selbst kristallisieren.

2. Die Reaktion einer Lösung von Eisenvitriol mit karbonathaltendem Wasser. Wenn der Eisenvitriol anstatt im destillierten Wasser in gewöhnlichem kalkhaltenden Brunnenwasser gelöst wird, so trübt sich die Lösung, weil sich der Eisenvitriol mit dem Kalziumkarbonat sofort zu Eisenkarbonat und Kalziumsulfat nach der Gleichung: $FeSO_4 + CaCO_3 = FeCO_3 + CaSO_4$ umsetzt. Da aber das Ferroeisen jede Gelegenheit ergreift, sich in Ferrieisen umzuwandeln, wenn Sauerstoff sich anlagern kann, und weil das Ferrioxyd keine Affinität zur Kohlensäure hat, so fällt bei Sauerstoffgegenwart sofort in Wasser unlösliches Eisenoxydhydrat als gelber, wenn es wasserreicher, als brauner Niederschlag, wenn es wasserärmer ist, aus.

Trifft eine Eisenvitriollösung unmittelbar auf Kalkstein, und ist Sauerstoff zugegen, so geschieht dasselbe, nur scheidet sich das Eisenhydroxyd direkt auf den Kalkstein ab und verdrängt ihn so allmählich, weil einerseits das neugebildete Kalziumsulfat in Wasser löslich ist und andererseits auch die freiwerdende Kohlensäure die Löslichkeit des restlichen Kalziumkarbonates im Wasser erhöht. Es findet also ein Verdrängen des Kalksteines durch Eisenhydroxyd statt. Herrscht aber Sauerstoffmangel, so tritt an die Stelle des Kalksteines das Ferrokarbonat, der Eisenspat.

Werden Kalzitkristalle von dieser Umwandlung betroffen, so können Pseudomorphosen von Eisenhydroxyd (Brauneisen oder Limonit) nach Kalzit entstehen. Diese Pseudomorphosen sind meist hohl.

Wenn karbonathaltendes Wasser direkt auf Eisensulfide einwirkt und sie oxydiert, so verschwinden scheinbar die Zwischenstufen des Eisenvitriols und des Eisenkarbonates, und das Eisenhydroxyd lagert sich unmittelbar auf den Eisenkiesen ab. So wurden die Pseudomorphosen von Eisenhydroxyd (Brauneisen) nach Pyrit, Markasit und Magnetkies gebildet. Von diesen werden die Pseudomorphosen nach Pyrit besonders häufig gefunden.

3. Die Folgen der Oxydation des Eisenvitrioles. Wenn eine Eisenvitriollösung längere Zeit an der Luft steht, so verliert sie ihre schöne blaugrüne Farbe. Sie wird mißfarben, und nach einiger Zeit setzt sich ein schlammiger Bodensatz ab, während die Lösung eine rotbraune Farbe annimmt. Das gelöste Ferrosulfat hat Sauerstoff aus der Luft aufgenommen und sich in Ferrisulfat umgewandelt. Aus der Verbindung $[Fe''SO_4 \cdot H_2O]$ entstand dadurch, daß auch die dritte Valenz des Eisenatomes aktiviert und durch Hydroxyl abgesättigt wurde,

die Verbindung $[(HO)Fe'''(SO_4) \cdot H_2O]$. Diese Verbindung ist jedoch in verdünnten wässerigen Lösungen sehr unbeständig und spaltet sich hydrolythisch in einen im Wasser löslichen und einen in Wasser unlöslichen Anteil. In ersterem ist der Quotient SO_3/Fe_2O_3 immer größer, im letzteren immer kleiner als 1.

Diese unlöslichen Niederschläge sind selten kristallin. Sie werden im allgemeinen Vitriolocker genannt. Sie stellen die Absätze aus den Grubenwässern der Kiesbaue dar. In meßbaren Kristallen wurde nur der orangegelbe Utahit $[(HO)_4Fe_2(SO_4)]$ in Chile gefunden. Er kristallisiert skalenoedrisch und bildet entweder nach der Basisfläche tafelförmige Kriställchen oder würfelähnliche Rhomboederchen. Andere Vorkommen wie der Raimondit aus Bolivien, der Karphosiderit von Saint Léger in Frankreich und der Cyprusit aus Cypern sind mikrokristallin und bilden ebenfalls nach (0001) tafelförmige Kriställchen wie der Utahit. Während die genannten Mineralien auch durch ihren größeren Schwefelsäuregehalt vom Utahit abweichen, besitzt der Glockerit nur einen größeren Wassergehalt.

Schaller glaubt, daß die Ferrisulfate Utahit, Karphosiderit, Raimondit und Cyprusit identisch seien und ihnen die Formel $[H_2Fe_6S_4O_{22} \cdot 6H_2O]$ oder $\{[(HO)_2Fe]_6(SO_4)_2(SO_4H_2)_2\}$ zukomme. Dadurch würde gleichzeitig eine Ähnlichkeit mit den an Farbe und Kristallgestalt gleichen Gliedern der Jarositgruppe $\{[(HO)_2Fe]_6(SO_4)_2[(SO_4)_2(Pb, Na_2, K_2)]\}$ hergestellt.

Aus der durch die hydrolythische Spaltung der Verbindung $[Fe_2(SO_4)_2]$ entstandenen Lösung scheidet sich beim Verdunsten zuerst immer ein gelbes Salz ab, das mit dem in Chile entdeckten Copiapit und dem Misy vom Rammelsberg im Harze identisch ist. Die Formel des Copiapites ist $[Fe_4S_5O_{21} \cdot 18H_2O]$, die aber richtiger $\{[(HO)Fe]_4(SO_4)_3(SO_4H)_2 \cdot 15H_2O\}$ zu schreiben sein dürfte. Makroskopische Kristalle dieses Minerales sind sehr selten, und deshalb ist es noch nicht einwandfrei entschieden, ob der Copiapit monoklin oder rhombisch kristallisiert.

Bei Laboratoriumsversuchen erscheinen in den anscheinend schon vollkommen trockenen Copiapitmassen nachträglich oft weiße Ausscheidungen, die allmählich immer größer werden und unter Umständen den gelben Copiapit auch gänzlich verdrängen können. Dieses weiße Salz hat die Formel $[Fe_2S_4O_{15} \cdot 9H_2O]$ oder $[(HO)Fe]_2(SO_4)_2(SO_4H)_2 \cdot 6H_2O]$. In der Natur wurde diese Verbindung als Mineral nur einmal von A. Krenner zu Schmöllnitz beobachtet und wegen der rhombischen Gestalt der nach der Basisfläche spaltbaren, blättchenförmig entwickelten Kristalle Rhomboklas genannt. Daß der Rhomboklas in der Natur so selten auftritt, erklärt sich damit, daß er in feuchter Luft sehr leicht zerfließt.

Copiapit und Rhomboklas können nebeneinander nur dann bestehen, wenn der Quotient SO_3/Fe_2O_3 in der Ausgangslösung 3 war. Eine solche Lösung zerfällt nach der Gleichung: $3(Fe_2S_3O_{12}) = (Fe_2S_4O_{15}) + (Fe_4S_5O_{21})$.

Ist das Verhältnis kleiner als 3 und größer als 2,5, so entsteht neben dem Copiapit noch die Verbindung $[Fe_2S_3O_{12} \cdot 9H_2O]$, der Coquimbit. Der Coquimbit, dessen Zusammensetzung auch durch die Formel $\{[(HO)Fe]_2(SO_4)(SO_4H)_2 \cdot 7H_2O\}$ wiedergegeben werden kann, wurde zuerst in Chile gefunden. Er ist blaßviolett und kristallisiert in gedrungenen hexagonalen Säulchen. Er ist im Wasser und Alkohol ungleich schwerer löslich als Copiapit und Rhomboklas und kann daher durch einfaches Behandeln mit Alkohol leicht von den beiden getrennt werden.

Neben Rhomboklas entsteht der Coquimbit, wenn in der Mutterlauge der Quotient SO_3/Fe_2O_3 größer als 3 und kleiner als 4 war. Ist dieser Quotient größer als 4, so ist immer der Rhomboklas das Endprodukt des Kristallisationsvorganges.

Man sieht daraus, daß das Bestandfeld der einzelnen hier genannten Ferrisulfate von der Menge der Schwefelsäure in der Mutterlauge abhängig ist. Aus seiner reinen Lösung kristallisiert nur der Copiapit sofort aus. Aus der Lösung jedes anderen Ferrisulfates scheidet sich zuerst immer Copiapit aus. Dadurch wird die Menge der ungebundenen Schwefelsäure in der Restlösung immer größer, und mit zunehmender Konzentration wird später der Copiapit entweder in Coquimbit oder Rhomboklas umgewandelt.

Auf diese Tatsache ist auch die Erscheinung zurückzuführen, daß in wechselfeuchter Luft die Coquimbitstufen oberflächlich gelb werden, weil sich in der dünnen Wasserschichte, die sich in feuchter Luft auf dem Coquimbit niederschlägt, etwas Coquimbit löst und aus dieser Lösung, wenn die Luft wieder trockener wird, nur Copiapit auskristallisiert.

Alle drei Ferrisulfate zerfließen in feuchter Luft, und zwar der Rhomboklas am schnellsten, weniger schnell der Coqiumbit, der Copiapit am langsamsten. So erklärt sich, warum man in der Natur am häufigsten den Copiapit antrifft.

Wenn die durch Hydrolyse einer oxydierten Eisenvitriollösung entstandene Ferrisulfatlösung mit dem Niederschlag in Berührung bleibt und durch Abdunsten konzentriert wird, so löst sie wieder einen Teil des gebildeten Bodensatzes auf, und der Quotient SO_3/Fe_2O_3 in der Lösung wird kleiner als 2,5. Kristallisiert nun eine solche Lösung, so kann sich neben Copiapit noch die Verbindung $[Fe_2S_2O_9]$ ausscheiden, die in zwei durch ihren Wassergehalt und ihre Farbe verschiedenen Mineralien in der Natur angetroffen wurde.

Das eine Mineral ist braun kristallisiert in triklinen Nadeln und hat $7H_2O$. Es führt den Namen Amarantit und hat die Formel $[Fe_2S_2O_9 \cdot 7H_2O]$. Der Amarantit wurde in Chile im gelben Copiapit eingewachsen beobachtet.

Die andere Verbindung entspricht der Formel $[Fe_2S_2O_9 + 9H_2O]$. Sie erhielt wegen ihres faserigen Gefüges den Namen Fibroferrit. In wurmförmig gekrümmten, perlgrauen bis gelbgrünen Aggregaten wurde sie sowohl in Chile, als auch in Italien gefunden. Wollte man die beiden Mineralien durch Konstitutionsformeln unterscheiden, so könnte man die des Amarantites $[(HO)Fe(SO_4) \cdot 3H_2O]$ und die des Fibroferrites $[(HO)_2Fe \cdot H(SO_4) \cdot 3H_2O]$ schreiben.

Von Recoura wird der Rhomboklas als eine komplexe Ferrischwefelsäure aufgefaßt. Die Konstitutionsformel dieser zweibasigen Säure würde

$$(H-(SO_4)-[Fe(HO)]-(SO_4)-H \cdot 3H_2O)$$

lauten.

In der Natur kommen nun eine Reihe von Ferrisulfaten vor, die als Salze dieser Säure aufgefaßt werden können. So der orangegelbe bis strohgelbe Sideronatrit. Seine empirische Formel ist $[Na_4Fe_2S_4O_{17} \cdot 7H_2O]$. Als Salz der Ferrischwefelsäure wäre seine Konstitutionsformel $[Na-(SO_4)-[Fe(HO)]-S(O_4)-Na \cdot 3H_2O]$ zu schreiben. Dieses Mineral ist bis jetzt nur in Chile in faserigen Massen gefunden worden.

Ein zweites hierher gehörendes Salz ist die bisher nur künstlich in monoklinen Kristallen erhaltene Verbindung $(K-(SO_4)-[Fe(HO)]-(SO_4)-K \cdot 3H_2O)$.

Der Metavoltin. Dieses Mineral fand zuerst Blaas auf Voltaitstufen aus Persien. Seither ist es zu wiederholten Malen auch an anderen Orten als ein feinschuppiges goldgelbes Mineral beobachtet worden. Die Kristalle sind zumeist sechsseitig blättchenförmig, die einachsig und, falls sie eine säulenförmige Entwicklung zeigen, wie der Turmalin, stark pleochroitisch sind. Auf synthetischem Wege ist diese Verbindung wiederholt hergestellt worden. Sie verstäubt leicht, und deshalb ist ihr Wassergehalt wechselnd gefunden worden. Den unverstäubten Kristallen dürfte die Formel $(H_2K_{10}(SO_4)_{12}[Fe(HO)]_6 \cdot 15H_2O)$ zukommen.

Es gibt noch ein zweites, wahrscheinlich triklin kristallisierendes, braunes Salz von der gleichen Zusammensetzung, das aber bisher nur künstlich hergestellt wurde und da nicht verstäubt.

Der Botryogen oder der rote Vitriol. Dem Botryogen kommt die Konstitutionsformel $\{[(HO)Mg]-(SO_4)-[Fe(HO)]-(SO_4)-H \cdot 6H_2O\}$ zu. Er ist ziegelrot, kristallisiert monoklin und ist nur von Fahlun in Schweden und von Knoxville in Kalifornien bekannt.

Der Römerit. Derselbe wurde zuerst im „alten Mann" des Rammelsberges gefunden. Später traf man ihn auch in Chile und Persien. Auch er ist rotbraun, kristallisiert aber triklin. Seine Formel ist $[\overset{II}{Fe}\overset{III}{Fe_2}S_4O_{16} \cdot 14H_2O]$ oder

$$\{(H\overset{III}{SO_4})-[\overset{}{Fe}(HO)]-(SO_4)-\overset{II}{Fe}-(SO_4)-[\overset{III}{Fe}(HO)]-(SO_4H) \cdot 12H_2O\}.$$

Wird der Römerit im Wasser gelöst und diese Lösung dann zum Kristallisieren hingestellt, so scheidet sich aus ihr nicht mehr Römerit, sondern nur Eisenvitriol, Copiapit und Rhomboklas aus. Wenn aber in der Lösung das Verhältnis zwischen Ferrieisen und Schwefelsäure größer als 1 : 4 war, dann entsteht je nach der Menge der Schwefelsäure entweder sofort Römerit, oder es wandeln sich der zuerst ausgeschiedene Eisenvitriol nachträglich mit dem später erscheinenden Copiapit und Rhomboklas in Römerit um.

Aus stark schwefelsaurer Lösung kristallisiert keines der bisher genannten Salze aus. An Stelle des Sideronatrites $[(HO)Fe(SO_4Na)_2 \cdot 3H_2O]$ erscheint beim Abdunsten der weiße, skalenoedrisch kristallisierende Ferrinatrit $[Na_6Fe_2S_3O_{18}$ $\cdot 6H_2O)$ oder $[Fe(SO_4Na)_6 \cdot 3H_2O]$. Bei diesem Salze ist auch die dritte Valenz des Ferrieisens durch (SO_4Na) anstatt durch (HO) abgesättigt. Man kann daher den Ferrinatrit als ein Salz der Säure $[H_3[Fe(SO_4)_3] \cdot 3H_2O]$ auffassen.

Von derselben Säure läßt sich auch der Voltait ableiten, dessen Formel $[(K_2\overset{II}{Fe})_3(SO_4)_6\overset{III}{Fe_2} \cdot 9H_2O]$ lautet. Bei einzelnen natürlichen Voltaiten scheint sich diesem Salze noch eine kaliumhaltende Römeritkomponente beizumischen. Der Voltait bildet Würfel oder Oktaeder, die aber optisch anomal sind. Aus Lösungen die Kalium-, Ferro- und Ferrisulfat enthalten, erscheint er erst dann, wenn die ungebundene Schwefelsäure eine Konzentration erreicht hat, die mit dem Feuchtigkeitsgrad der Luft im Gleichgewichte steht.

Der Voltait fand sich in größeren Massen zu Madeni Zagh in Persien, Kremnitz und Schmöllnitz in der Slowakei, ferner zu Jerome in Arizona.

Zum Schlusse wäre noch eine Mineralgruppe zu erwähnen, die, wie schon früher bemerkt wurde, den Ferrisulfaten der Utahitgruppe kristallographisch und, wie Schaller meint, auch chemisch nahe steht. Es sind dies die trigonal-skalenoedrisch kristallisierenden Glieder der Jarositgruppe oder das Gelbeisenerz. Letzteren Namen verdanken diese Mineralien ihrer gelben Farbe, die allerdings manchmal stark ins Braune zieht. Die Formel dieses meist nur in feinschuppigen Massen auftretenden Minerales ist $[(R\overset{II}{SO_4})_2[Fe(HO)_2]_6(SO_4)_2]$, in welcher Formel $\overset{II}{R} = K_2$, Na_2 und Pb sein kann. Daher unterscheidet man einen Kalium-Natrium- und Bleijarosit.

Der Jarosit findet sich nicht allein auf Erzlagerstätten, sondern auch, so wie der Voltait und Metavoltin, in vulkanischen Gegenden als ein Reaktionsprodukt der schwefelsäure- bzw. schwefliger Säure haltenden vulkanischen Gase auf das Nachbargestein.

Ferrisulfate der verschiedensten Art finden sich hauptsächlich in verlassenen Bergbauten. Am berühmtesten sind durch die große Zahl der dort beobachteten Spezies die Kieslager in Chile, die in der Nähe von Copiapo liegen. Dort bestand das Ausgehende der Gänge bis in eine Tiefe von 7 m ganz aus den verschiedensten

Sulfaten, die wegen der Buntheit ihrer Farben im Lichte der Grubenlampe einen prächtigen Anblick boten.

Wenn Eisenkiesvorkommen der Oxydation anheimfallen, so geschieht dies hauptsächlich dort, wo die Tagewässer den leichtesten Zutritt haben. Das ist jene Stelle, die der Tagesoberfläche am nächsten liegt und „das Ausgehende" des Erzvorkommens genannt wird. Die dort gebildeten Ferro- und Ferrisulfate sinken mit dem Wasser in die Tiefe und treffen dabei auf immer neue, noch unoxydierte Kiese. Bei diesem Oxydationsprozeß spielen die Ferrisulfate eine wichtige Rolle. Denn ebenso leicht, wie das Ferrosulfat Sauerstoff aufnimmt, gibt ihn das Ferrisulfat wieder ab und wandelt sich neuerdings in Ferrosulfat um. Daraus erklärt sich auch die Seltenheit der Ferrisulfate, die neben unoxydierten Kiesen nicht bestehen können.

Die Ferrisulfate spalten sich, wenn ihre Lösungen über ein bestimmtes Maß verdünnt werden, in unlösliches basisches Ferrisulfat und in lösliches saures. Die ersteren bleiben am Orte der Umwandlung, dem Ausgehenden des Erzvorkommens, zurück und bilden im Vereine mit den Eisenhydroxyden, welche sich aus den Eisensulfaten bei Mitwirkung des Kalziumkarbonates und anderer Karbonate gebildet haben, den sog. „eisernen Hut". Derselbe stellt ein oft löcheriges Gemenge verschiedener Eisenhydroxyde und basischer Eisensulfate dar, dem auch noch andere Metallverbindungen zugemischt sein können.

d) Der Sukzessionskreis der oxydischen Eisenerze.
1. Die sekundären Eisenhydroxyde.

Von den Veränderungen, welche die oxydischen Eisenerze durch die Hitze erfahren können, war schon im Vorhergehenden die Rede. Es erübrigt, nun noch jene Mineralneubildungen kennenzulernen, die durch das vadose Wasser eingeleitet und durchgeführt werden.

Da soll noch einmal beim Eisenspat angeknüpft werden, von dem schon gesagt wurde, daß er sich unter dem oxydierenden Einflusse vadoser Wässer in Eisenhydroxyd oder Brauneisen umwandelt. Dabei trennen sich vom Eisen alle jene Elemente, die mit ihm zusammen früher im Eisenspat vorhanden waren. Das Mangan scheidet sich an der Oberfläche der verwitterten Spateisensteinstücke, der Braunerze, als schwarzer Überzug, der Wad genannt wird, aus und liefert die vom Bergmann als Blauerze bezeichneten Massen. Der Kalziumkarbonat erscheint als Aragonit entweder in spießigen Kristallen oder als baumartig verästelte Eisenblüte oder endlich als weiß und braun gebänderter Sinter (Erzbergit). Faseriger Aragonit verkittet auch manchmal die Braunerzbruchstücke zu einer „mineralisches Kletzenbrot" genannten Brekzie. War Kieselsäure im Eisenspat vorhanden, so vereinigte sie sich zu schönen Quarzkristallen.

Das Brauneisen bildet sich bei der Oxydation des Siderites deshalb, weil, wie schon früher erwähnt wurde, das Ferrieisen zur Kohlensäure gar keine Verwandtschaft hat und sich daher letztere beim Oxydationsprozeß abspaltet und sich dafür Wasser anlagert.

Auf Grund des wechselnden Wassergehaltes hat man früher verschiedene Arten von Brauneisen unterschieden. Daß man darauf aber keine Einteilung begründen dürfe, ergab die Erkenntnis, daß die natürlichen Eisenhydroxyde sowie die im Laboratorium erzeugten Niederschläge oft Gele sind, somit Adsorptionswasser in wechselnder Menge enthalten. Diese Gele werden mit der Zeit kristalloid. Letzteres beweist die Gestalt, welche die von Gelen ist, und die faserige, kristalline Struktur.

Nach den chemischen Untersuchungen von Posnjak und Mervin gibt es aber nur ein kristallines Eisenhydroxyd, dem die Formel $[H_2Fe_2O_4]$ zukommt, das, wie das entsprechende Aluminiumhydroxyd [$H_2Al_2O_4$], rhombisch kristallisiert, aber in der Natur in zwei polymorphen Modifikationen vorkommt.

Die eine Modifikation, welche nadelförmige, lederbraune Kristalle bildet, ist das Nadeleisenerz oder die Samtblende, wie die feinfaserigen Abarten genannt werden, die andere der blättchenförmige, rubinrote Rubinglimmer oder der Göthit. Sie unterscheiden sich durch ihre optischen Eigenschaften. Frebold hat auf röntgenologischem Wege die Richtigkeit der Annahme, daß es zwei rhombische Modifikationen der Verbindung [$H_2Fe_2O_4$] gebe, bestätigt.

Der Limonit [$H_6Fe_4O_9$], den man immer für eine besondere Spezies ansah, soll nach Merwin und Posnjak die amorphe Modifikation dieses Eisenhydrooxydes sein.

2. Der sekundäre Hämatit.

Der Hämatit, das wasserfreie Ferrioxyd, kommt in der Natur in Formen vor, die eine sekundäre hydatogene Entstehung desselben oder eine Bildung aus dem Brauneisen sehr wahrscheinlich machen. So ist rotes Eisenoxyd der färbende Bestandteil vieler Sedimente. Ferner kennt man auch das Roteisen, gleich dem Brauneisen, in nachahmenden Gestalten, wie Zapfen und glatzkopfähnlichen Bildungen (roter Glatzkopf). Außerdem findet man auch hohle Pseudomorphosen von Hämatit nach Kalkspat.

Alle diese Vorkommen erklärte man sich als durch Wasserverlust aus Brauneisen hervorgegangen. Eine Möglichkeit für diese Entstehung sah man in dem Verhalten künstlich hergestellter Eisenoxydhydratniederschläge, von denen bekannt ist, daß sie auch in Berührung mit Wasser im Laufe der Zeit immer wasserärmer werden. Doch dieser Vergleich ist nicht am Platze. Die künstlichen Eisenhydroxydniederschläge haben nämlich einen höheren Dampfdruck als die natürlichen und sind infolgedessen instabiler. Auch ist ihre Entstehungsweise eine wesentlich andere. In der Natur werden die Eisenhydroxyde nicht wie im Laboratorium durch Fällung mittels eines Reagens erzeugt, sondern durch Oxydation von Ferroverbindungen und nachfolgender Hydrolyse. Es wird sogar behauptet, daß der Eisenspat in festem Zustande gegen Oxydation viel widerstandsfähiger sei als man gewöhnlich annimmt, und daß nur jener Teil desselben der Oxydation anheimfällt, der vom Wasser gelöst wurde. Es würde dies eine Parallele zum Eisenvitriol sein, der, wenn er in trockener Luft verstäubt, sich nicht oxydiert, wohl aber, wenn er in feuchter Luft sich befindet.

Daß Brauneisen durch Wärme in Roteisen verwandelt werden kann, ist bekannt. Dasselbe kann auch durch Dynamometamorphose geschehen, worauf die Eisenglimmerschiefer oder Itabirite, das sind geschieferte Gemenge von Hämatit und Quarz, hinzuweisen scheinen.

Stirnemann hat nun gezeigt, daß glatzkopfähnlicher Hämatit entsteht, wenn Eisenchlorid und Wasser bei 250° aufeinander einwirken. Vorausgesetzt, daß dieser Vorgang sich auch in der Natur abspielt, so wären jene gangförmigen Hämatitvorkommen, in denen der Hämatit als Glatzkopf auftritt, gleichfalls als primär aufzufassen. Solche Vorkommen befinden sich, an Granit gebunden, zu Schwarzenberg und Johanngeorgenstadt in Sachsen und zu Platten in Böhmen. Die gangförmigen Roteisensteinvorkommen im Harz, bei Lauterberg, Ilfeld und Zorge wurden, weil oft ein allmählicher Übergang zwischen dem Erz und dem Gesteine in dem die Gänge aufsetzen, besteht, als Produkte der Auslaugung aus dem Nachbargesteine, also durch Lateralsekretion entstanden, angesehen. Zu Ilfeld ist das Nebengestein ein Porphyrit, zu Zorge ein Diabas. Gangart ist am erstgenannten Orte Baryt, bei Zorge Braunspat, Kalzit und Quarz. In den oberen Teilen der Gänge ersetzen Manganerze das Roteisen (siehe Mangan).

e) Die Bildung sekundärer oxydischer Eisenerzlagerstätten.

Die sekundären Lagerstätten oxydischer Eisenerze sind selten Gänge, sondern zumeist Lager.

Typisch gangförmig sind die Vorkommen von Brauneisen in der Gegend von Amberg in Bayern. Ihre Entstehung erklärt man folgendermaßen. Vadose, wahrscheinlich huminsäurehaltende Lösungen haben den eisenhaltenden Doggersandstein, dessen Material aus der böhmischen Masse stammt, ausgelaugt, und aus den so entstandenen eisenhaltenden aszendenten Lösungen wurde in den Klüften des Kreidekalkes das Eisen als Hydroxyd gefällt.

Lagerförmige sekundäre Eisenerzvorkommen bilden sich noch heute in den stehenden Gewässern am Grunde von Sümpfen, von Morästen und in feuchten Wiesen. Für diese Bildungen sind die Namen Seerz, Sumpf- oder Morasterz, Wiesenerz oder Raseneisenstein im Gebrauch. Die Materialien zu diesen Erzen lieferten die Eisenverbindungen, die den Seen und Sümpfen in gelöster Form von außen zugeführt wurden oder die aus dem Untergrund selbst mit Hilfe der bei der Vertorfung des Pflanzenleibes sich bildenden Huminsäuren freigemacht wurden. Durch die Oxydation werden diese Verbindungen in Eisenhydroxyd oder, wenn Sauerstoff fehlt, in Ferrokarbonat umgewandelt.

Die Ferrosalze der Huminsäuren sind in Wasser löslich und gehen durch Sauerstoffaufnahme in Ferrihumate über, die zum Teil kolloidal im Wasser gelöst bleiben und demselben dann eine braune bis schwarze Farbe verleihen, zum Teil unter Mitwirkung des Lichtes abgeschieden werden. Auf diese Weise entstehen die irisierenden Häutchen, die man so häufig auf der Oberfläche eisenhaltender, stehender Gewässer sieht.

An diesen Eisenausscheidungen beteiligen sich, wie Ehrenberg zuerst nachgewiesen hat, niedere Pflanzen. Ehrenberg hielt diese für Algen und gab ihnen den Namen Galionella ferruginea. Nach Molisch und Winogradski sind es aber fadenbildende Bakterien, und die häufigste Form ist Leptotrix ochroacea. Diese Pflanzen lagern in ihrer Zellmembran Eisenhydroxyd ab und, wenn man die schleimigen Absätze mit verdünnter Salzsäure behandelt, so bleiben die farblosen Zellmembranen zurück.

Wenn Sauerstoffmangel herrscht, was hauptsächlich auf den Boden solcher Gewässer zutrifft, werden die Huminsäuren zu Kohlensäure umgebildet, und es entsteht Ferrokarbonat. Diese Verbindung ist zu wiederholten Malen als eine weiße, gallertige Masse in größeren Mengen nesterweise auf dem Grunde von Mooren gefunden worden. Wegen ihrer Farbe wurden diese Anhäufungen „Weißerz" genannt. An die Luft gebracht, oxydieren sie sich rasch, werden zuerst blau, dann grün und endlich braun. Sie werden zu Brauneisen.

Die so zur Ausscheidung gelangenden verschiedenen Eisenverbindungen tragen, indem sie den Sand und die Geschiebe des Untergrundes verkitten, zur Bildung des festen, wasserundurchlässigen Ortsteines bei.

Die Seerze liefern ein besonders leichtflüssiges Eisen. Einmal abgebaut, ergänzen sie sich im Laufe der Zeit wieder. Sie stellen anfänglich einen lockeren Schlamm dar, erhärten aber später und nehmen dann eine schwärzliche oder grünliche Farbe und oft auch eine oolithische Struktur an. Sie enthalten immer reichlich noch organische Beimengungen, daneben gallertige Kieselsäure und auch Phosphorsäure.

Die Raseneisensteine sind lockere, porenreiche, gelbbraune Massen, die, wenn sie älter werden, dunkelbraun und oft harzglänzend sind. Sie enthalten dieselben Verunreinigungen wie die Seerze, daneben aber auch Ammoniak, das Zersetzungsprodukt der stickstoffhaltenden Huminsäuren.

Die Tone besitzen bekanntlich ein großes Adsorptionsvermögen für Metall-salze und besonders für Ferrokarbonat. In Mooren mit tonigem Untergrund wird das gebildete Ferrokarbonat daher im Ton aufgespeichert. Es entstehen auf diese Weise eisenkarbonathaltende Tonlagen, die namentlich in der Steinkohlenforma-tion weit verbreitet sind und Toneisensteine genannt werden. Die Eng-länder bezeichnen sie als Clayband. Im unzersetzten Zustande sind sie grau, im zersetzten braun. Sie sind sehr oft mit kohligen organischen Resten gemengt und dann schwarz. Dann heißen sie Kohleneisensteine oder Blackband.

An die Stelle gleichartiger Flöze von Toneisenstein treten örtlich Lagen größe-rer oder kleiner, unregelmäßig gestalteter, brotlaibähnlicher Konkretionen, die Sphärosiderite genannt werden. Dieselben besitzen in der Regel schaligen Bau und bergen nicht selten in ihrem Innern ein fossiles Blatt oder einen Fisch-rest. Wenn die Sphärosiderite austrocknen, bekommen sie Risse, und in diesen siedeln sich hier und da verschiedene Mineralien an. Derartige zerklüftete Kon-kretionen führen den Spezialnamen Septarien. Manchmal schrumpfen beim Austrocknen die inneren Schichten der Sphärosiderite mehr als die äußeren und lösen sich von diesen los. Solche Sphärosiderite geben, wenn sie geschüttelt werden, ein klapperndes Geräusch von sich. Sie werden deshalb Klappersteine genannt. Plinius erzählt, daß man diese Gebilde für versteinerte Eier hielt und daß man sie besonders in den Nestern der Adler finde. Daher stammt auch der Name Adlersteine für dieselben.

Konkretionäre Bildungen, nur von viel geringerer Größe, sind die Bohnerze. Ihre Gestalt ist recht mannigfach, ebenso ihre Größe. Meistenteils besitzen sie die Größe einer Erbse oder Bohne. Daher auch der Name. Sie bestehen aus Brauneisen, sind daher braun, haben fast immer eine glänzende Oberfläche und manchmal auch schaliges Gefüge. Manchmal erfüllen sie mit fossilen Knochen und Zähnen zusammen Trichter und Spalten im Kalkstein, in die sie durch Wasser gespült wurden. Die sie zusammensetzenden Eisenhydroxyde sind die Produkte der Zersetzung eisenhaltender Gesteine, besonders häufig die Lösungsrückstände von Kalken. In den Bohnerzen der Schwäbischen Alb wurde ebenso wie in den dortigen Kalken ein geringer Jodgehalt nachgewiesen. Dies ist ein neuerlicher Beweis dafür, daß Kalkstein und Bohnerz dort genetisch zusammen gehören. In den Lateritgegenden sind die Bohnerze die zerbrochenen und umgeschwemmten Reste der „cuirasse ferrugineuse" Lacroix'.

Den Bohnerzen stehen die Eisenoolithe nahe, die wegen ihrer großen räum-lichen Erstreckung zu wichtigen Eisenerzen geworden sind. Die einzelnen Oolithe bestehen entweder aus Eisenspat oder aus Brauneisen bzw. Roteisen, manchmal auch aus Magnetit und Eisensilikaten. Die Anwesenheit der letzteren verrät sich beim Behandeln der Oolithe mit Salzsäure, weil dann die Kieselsäure als Gallerte zurückbleibt. Die Oolithe sind meist aus dünnen Schichten aufgebaut und ent-halten als Kern nicht selten ein Quarzkorn oder ein Schalenbruchstück. In allem und jedem erinnern diese Bildungen an die oolithischen Kalksteine, aus denen sie nach der Meinung einiger Forscher auch durch Metasomatose hervorgegangen sein sollen. Es besteht aber auch eine Ähnlichkeit mit den oolithischen Seerzen. Nach Berg sind die Eisenoolithe Flachseebildungen. Als Bindemittel der ein-zelnen Oolithe erscheinen bald tonige Substanzen, bald kohlensaurer Kalk.

Die oolithischen Eisenerze sind weit verbreitet und an keine Formation ge-bunden. Die oolithischen Roteisenerze von Clinton im Staate Neuyork gehören dem Obersilur an. Die Clevelanderze Englands sind liassisch. Die für die Eisen-industrie Mitteleuropas so wichtigen, bald roten, bald grauen, bald schwarzen Minetten Lothringens und Luxemburgs liegen im Dogger. Zu Kressenberg und Sonthofen in Bayern sind oolithische Brauneisen dem eozänen Muschelkalk eingelagert, und im Untersilur Böhmens sowie in Thüringen, ferner im Malmkalk von Chamoson im Kanton Wallis finden sich oolithische Erze, in denen graugrüne Eisensilikate die Hauptmasse bilden.

Verwandt in genetischer Beziehung sind mit den oolithischen Eisenerzen sicherlich die großen Erzvorkommen auf der Südseite des Lake Superior, die in Schichten, welche dem Archäikum zugerechnet werden, liegen. Es haben hier, wie noch örtlich erhaltene Reste andeuten, ursprünglich kieselige Sideritschiefer vorgelegen, die manchmal ein Greenallit genanntes oolithisches, amorphes Mineral enthalten (Greenallitschiefer). Durch hydatogene Umwandlung mittels von Tag zusitzenden Wässern sind die ursprünglich eisenarmen Schiefer in eisenreiche Erzkörper umgewandelt worden, wobei sie allerdings einen Teil ihrer Kieselsäure einbüßten. Sie liegen über deckenförmigen Ergüssen basischer Eruptivgesteine und sind selbst wieder von paläozoischen Schichten überlagert.

f) Metamorphe Eisenerzlagerstätten.

Alle Eisenerzlagerstätten, in denen Eisensilikate eine hervorragende Rolle spielen, haben stets eine stark gestörte Lagerung, so daß die Vermutung besteht, daß die abweichende mineralogische Zusammensetzung eine Folge der Dynamometamorphose sei. Ein solches Eisensilikat ist der ölgrüne, schuppige Thuringit, der dunkelgraue Chamosit. Ersteres ist ein Ferroferrisilikat, letzteres ein Ferroaluminiumsilikat. Beide Mineralien werden zu den Leptochloriten gerechnet. Aus den mährischen Eisensteinlagern, die dem Devon zugerechnet werden, hat Kretschmer noch weitere Eisensilikate beschrieben, wie den Mackensit, den Viridit und den Moravit. Es sind dies Ferri-, Ferro- und Ferroferrisilikate mit wechselndem Kieselsäuregehalt. Ihre Farbe ist durchweg grün bis schwarz.

Zu den metamorphen Eisenerzlagerstätten gehören auch diejenigen, welche im mittleren Schweden und im südlichen Norwegen dem stark metamorphosierten Grundgebirge konkordant eingelagert sind. Sie bestehen entweder aus Hämatit oder aus Magnetit und sind manchmal an Kalkstein gebunden. In diesem Falle scheidet sie eine bezeichnende Silikatzone, die Skarn genannt wird, vom Nebengestein. Der Skarn besteht vornehmlich aus Mineralien der Pyroxengruppe und Granat, enthält aber noch zahlreiche andere Mineralien, von denen viele bis jetzt nur in ihm gefunden worden sind. In den mit Kalk verbundenen Erzlagern ist der Magnetit das Hauptmineral, in den andern der Eisenglanz. Wenn, wie bei Långban in Wermland, beide Mineralien im gleichen Erzlager sich finden, so erscheint, wie Magnusson angibt, der Magnetit in den randlichen, der Hämatit in den mittleren Partien des Lagers.

Die schwedischen Bergleute bezeichnen die Erze, die aus wechselnden Schichten von Eisenglanz und Quarz bestehen, als Dürrerze oder Torrsten, die mit Kalk vergesellschafteten als Flußerze oder Blandsten. Diese sind reicher an Mangan und Schwefel und ärmer an Phosphor als die Dürrerze.

Die Genese dieser Erze ist viel umstritten. Die einen halten sie für ursprünglich sedimentäre Erze nach dem Typus der Seerze, die durch Dynamometamorphose umgewandelt und in die heutige Form gebracht worden sind, andere treten wieder für die kontaktmetamorphe Entstehung ein oder deren Umbildung durch den Ichor (vgl. S. 153).

g) Die sekundären Eisenphosphate.

In den kristallinen, aus Eisenglanz oder Magnetit bestehenden Eisenerzvorkommen erscheint die Phosphorsäure immer in der Form des Apatites. In den sedimentären Brauneisensteinlagern der jüngeren geologischen Formationen findet sich die Phosphorsäure in verschiedenen Ferro- bzw. Ferriphosphaten, von denen der Vivianit das häufigste ist.

Der Vivianit $[Fe_3P_2O_8 \cdot 8H_2O]$ fällt durch seine blaue Farbe auf, die ihm auch, wenn er als erdige Masse in Tonen eingeschaltet ist, den Namen Blaueisenerde eingebracht hat. Die blaue Farbe ist aber nicht die eigentliche Farbe der Verbindung. In Mooren und in den Sanden des Delaware fand man dieselbe Substanz in farblosen Massen, die erst beim Liegen an der Luft infolge beginnender Oxydation des Ferroeisens zuerst grün, dann blau wurden. Die Kristalle des Vivianites sind vorwiegend nach der Z-Achse nadelförmig und gehören dem monoklinen Systeme an.

Die Phosphorsäure der Vivianite ist nicht immer anorganischen Ursprunges. In den Mooren haben sich nicht selten schöne Vivianitkristalle in den Hohlräumen fossiler Knochen angesiedelt. Man fand den Vivianit auch auf Erzgängen (Bodenmais im Bayrischen Walde) sowie in Pegmatiten (Pisek). Überall ist er ohne Zweifel sekundären Ursprunges.

Viele Vivianite enthalten neben Ferroeisen auch Ferrieisen, ferner Mangan, Magnesium und Kalzium. Für diese Abarten schlug Popoff den Namen Paravivianite vor.

In den Kiesgruben von Truro in Cornwall traf man ein vivianitähnliches, aber lichtgrünes Mineral, den Ludlamit, dessen Zusammensetzung die Formel $[(OH)Fe_9(PO_4)_4 \cdot 8H_2O]$ wiedergibt. Seine Kristalle sind ebenfalls monoklin, aber tafelig.

In den marinen eisenschüssigen Tonen der Krim bei Kertsch konnte Popoff alle Übergänge des Vivianites in ein Ferriphosphat feststellen. Er unterschied eine dunkelgrüne Verbindung von der Formel $[(OH)_2Fe''Fe_2'''(PO_4)_2 \cdot 6H_2O]$, den Kertschenit, und eine braune Verbindung, den Oxykertschenit, der fast der Formel $\{[(OH)Fe_3(PO_4)_2 \cdot 5H_2O\}$ entspricht. Diese Mineralien können vom Vivianit durch Anlagerung von Hydroxyl an das aus dem Vivianit neugebildete Ferrieisen erklärt werden, wobei sich gleichzeitig der Kristallwassergehalt vermindert. Kertschenit und Oxykertschenit bilden Pseudomorphosen nach Vivianit und finden sich mit Vorliebe in den Hohlräumen fossiler Muscheln, wie Cardium, Dreissenia und Congeria.

Andere Ferriphosphate sind:

Der Strengit $[Fe_2P_2O_8 \cdot 4H_2O]$. Dieser kristallisiert rhombisch, ist blaßrot und wurde im Brauneisen sowohl im Nassauischen, als auch im Gellivaregebiete gefunden.

Der Kraurit oder Dufrenit, ein grünes, gleichfalls rhombisches Mineral, dessen Zusammensetzung $[Fe_4'''P_2O_{11} \cdot 3H_2O]$ ist.

Der Koninckit $[Fe_2P_2O_8 \cdot 6H_2O]$. Er bildet feine, gerade, auslöschende Nadeln von strohgelber Farbe.

Der Kakoxen $[Fe_4P_2O_{11} \cdot 12$ oder $13H_2O]$. Er ist dunkelgoldgelb und bildet samtartig glänzende Nädelchen, die dem hexagonalen Systeme angehören. Seinen Namen: „garstiger oder schlechter Gastfreund" — dies bedeutet Kakoxen — verdankt er dem Umstande, daß seine Beimengung das Eisenerz wertlos macht, weil sein Phosphorsäuregehalt, den man früher aus dem Eisen nicht entfernen konnte, das Eisen kaltbrüchig machte.

Der Phosphosiderit $[Fe_4P_4O_{16} \cdot 7H_2O]$ kristallisiert ebenfalls rhombisch, ist pfirsichblütenrot wie der Strengit, enthält aber weniger Wasser.

Der Eleonorit oder Beraunit $[Fe_6P_4O_{19} \cdot 8H_2O]$ ist ein monoklines, braunes bis hyazinthrotes Mineral.

Der Delvauxit ist ein Eisenphosphatgel.

Außer diesen reinen Eisenphosphaten gibt es auch noch Doppelsalze mit Kalzium.

Der grüne oder gelbgrüne Anapit oder Tamanjit $[Ca_2\overset{II}{Fe}(PO_4)_2 \cdot 4H_2O]$ ist triklin und fand sich in den Brauneisenerzen der Halbinsel Tamanj und bei Anapi im Gouvernement Kuban (Rußland).

Ähnlich zusammengesetzt und ebenso kristallisierend, aber wasserärmer, ist der weiße bis bräunliche Messelith $[Ca_2\overset{II}{Fe}(PO_4)_2 \cdot 2H_2O]$ aus der Braunkohle von Messel in Hessen.

h) Die Eisenarsenverbindungen.

1. Die primären Arsenide und Sulfoarsenide.

Neben den Verbindungen des Eisens mit dem Schwefel findet man in der Natur auch Verbindungen des Eisens mit dem Arsen bzw. dem Arsen und dem Schwefel. Dieselben müssen, weil sie zum Teil in Pegmatiten, Kersantiten, Serpentinen, aber auch in Erzgängen auftreten, ebenfalls als primäre Bildungen der magmatischen bzw. pneumatolytischen oder hydrothermalen Periode angesehen werden.

Vor allem sind zwei Mineralien zu nennen, die beide rhombisch kristallisieren, nämlich der Löllingit oder Arsenopyrit $[FeAs_2]$ und der Arsenkies oder Mispickel $[FeAsS]$. Der letztgenannte Name ist ein bergmännischer Schimpfname (Mistpückel), der dem Mineral gegeben wurde, weil es durch seine lichte Farbe und deshalb, weil es beim Erhitzen Giftrauch (Arsendämpfe) gab, ein edelmetallhaltendes Erz vortäuschte.

Gestaltlich stehen beide Mineralien dem Markasit nahe, und deshalb herrschte früher allgemein die Meinung, daß Markasit und Löllingit homöomorph seien und der Arsenkies eine Mischung beider darstelle. Bedenken gegen diese Auffassung erzeugte nur die Ungleichheit der Spaltung. Der Markasit besitzt nämlich keine Spaltung, der Arsenkies aber eine solche nach (110), der Löllingit nach (001). Daher führten auch alle Versuche Arzrunis, Bärwalds und Fr. Scherers, die kristallographische Konstanten in Beziehung zur chemischen Zusammensetzung zu bringen, zu keinem Ergebnis. 1912 zeigte nun Beutel, daß sich alle Beobachtungen einfach erklären lassen, wenn man annimmt, daß der Arsenkies eine selbständige Verbindung — kein Doppelsalz — sei, die sich in beschränktem Maße mit dem Markasit sowie mit einer labilen Modifikation des $[FeAs_2]$ mischen könne. Der Markasit sei imstande, bis 9,5%, der Löllingit bis 35,7% $[FeAsS]$ aufzunehmen, der Arsenkies dagegen 13,2% $[FeS_2]$ oder 19,0% $[FeAs_2]$.

Der Löllingit entspricht, ganz abgesehen von den fast immer vorhandenen geringen Schwefelgehalte, fast nie der theoretischen Zusammensetzung, sondern er ist meist arsenärmer. Dadurch, daß Beutel Löllingitpulver in verdünnter Salzsäure mittels eines Luftstromes oxydierte, gelang es ihm, festzustellen, daß alle Löllingite neben der widerstandsfähigen Verbindung $[FeAs_2]$ noch die weniger widerstandsfähige Verbindung $[Fe_2As_3]$ enthalten, die er später auch synthetisch darstellte, indem er im Vakuum Arsendämpfe auf Eisen einwirken ließ. Es zeigte sich dabei, daß die erhaltene Verbindung um so arsenreicher sei, je höher die Bildungstemperatur war.

$[FeAs_2]$, das als Hüttenprodukt in rhombischen Kristallen beobachtet wurde, entsteht zwischen 335° und 385°, die Verbindung $[Fe_2As_3]$ zwischen 385° und 415° und die Verbindung $[FeAs_2]$ zwischen 415° und 618°. Die mechanische Mengung der beiden letztgenannten Verbindungen im Löllingit läßt sich nachweisen, wenn man eine polierte Platte mit Salpetersäure ätzt. $[Fe_2As_3]$ wird von dieser

Säure stark angegriffen, $[FeAs_2]$ aber nicht. So kann die Zusammensetzung des Löllingites gewissermaßen als geologisches Thermometer benutzt werden.

Die Verbindung $[FeAs_2]$ ist polymorph. Baumhauer fand sie auch dyakisdodekaedrisch kristallisierend im Gneis des Binnentales in der Schweiz und gab ihr den Namen Arsenoferrit.

Arsenkies und Löllingit unterscheiden sich weiter dadurch, daß der Löllingit geröstet einen unmagnetischen, der Arsenkies einen magnetischen Rückstand liefert. Dieser wandelt sich nämlich unter Abgabe von As zuerst in $[FeS_2]$ und dann in $[FeS]$ um. Im Kölbchen gibt der Löllingit nur einen Arsenspiegel, der Arsenkies dagegen anfänglich mehr oder minder deutlich ein rotes Sublimat von $[As_2S_3]$ und dann erst den Arsenspiegel.

Zu Sala in Schweden fand man die Verbindung $[FeSbAs]$ in rhombischen Kristallen. Dieses stahlgraue Mineral erhielt den Namen Gudmundit.

2. Die sekundären Arsenate.

Durch die Oxydation der Eisenarsenide entstehen Eisenarsenate. Man kennt die Verbindung $[Fe_3(AsO_4)_2 \cdot 8H_2O]$, das dem Vivianit entsprechende Ferroarsenat, welches als Mineral den Namen Symplesit erhielt. Es ist indigoblau bis seladongrün und kristallisiert, wie der Vivianit, monoklin.

Dem Ferriphosphat Strengit entspricht als Ferriarsenat der Skorodit. Er kristallisiert rhombisch und besitzt eine grüne Farbe. Seine Formel lautet $[Fe_2(AsO_4)_2 \cdot 4H_2O]$.

Ein weiteres Ferriarsenat ist der Pharmakosiderit oder das Würfelerz, ein grünes Mineral, dessen Kristalle der hexakistetraedrischen Klasse angehören und meist die Form des Würfels haben. Daher auch der zweite Name. Die Formel dieses Minerales ist $[Fe_6As_4O_{16} \cdot 13H_2O]$.

Kalziumferriarsenate sind: der schwarze rhombische Mazapilit

$$[Ca_3 \overset{III}{Fe_4} As_4 O_{19} \cdot 6H_2O]$$

und der gelbe, optisch einachsige Arseniosiderit $[Ca_6Fe_8As_6O_{33} \cdot 9H_2O]$.

i) Das terrestrische Eisen.

Die Umwandlungsvorgänge der natürlichen Eisenverbindungen führen nirgends zur Abscheidung von metallischem Eisen. Der Grund hierfür liegt zum Teil in dem Umstande, daß metallisches Eisen, würde es entstehen, in Gegenwart von Wasser und Sauerstoff sofort rosten würde. Das Rosten wird dadurch hervorgerufen, daß sich (OH) und O-Ionen an das Eisenion anlagern. Es entsteht $[(OH)FeO]$ oder $[H_2Fe_2O_4]$, welcher Formel die meisten Rostanalysen sehr nahe kommen.

Trotzdem kennt man schon seit dem grauen Altertum metallische Eisenmassen, die aber alle meteorischen, das ist außerterrestrischen Ursprunges sind. Unzweifelhaft terrestrisches Eisen fand 1870 Nordenskjöld auf einem Basaltstrom der grönländischen Insel Disko. Die größte dort gefunden Masse wog 25 000 kg und befindet sich jetzt in Stockholm. Obwohl man auch für diese Eisenmassen ursprünglich kosmischen Ursprung angenommen hat, gilt es doch heute für erwiesen, daß dieses Eisen durch die Reduktion eisenhaltender Silikate des Basaltes mit Hilfe von Kohle, die von Basalt durchbrochen und umschlossen wurde, entstanden ist, denn auch der ganze Basalt ist voll winziger Eisenflitterchen. Außerdem ist das Diskoër oder Ovifaker Eisen relativ stark kohlenstoffhaltig und gleicht in seiner Struktur sehr dem künstlichen Stahl.

Später hat man metallisches Eisen auch im Basalt von Bühl bei Weimar, unweit Kassel, gefunden, das gleichfalls auf die angegebene Weise gebildet worden ist.

Das Bühler Eisen ist nickelfrei, das Ovifaker Eisen enthält Nickel in geringen Mengen. Es gibt aber auch nickelreichere, unzweifelhaft terrestrische Eisen, wie den Josephinit $[Ni_5Fe_3]$, der sich eingewachsen in Serpentingeröllen zu Josephine und Jakson County in Oregon fand, dann den Awaruit $[Ni_2Fe]$ und den Suessit $[Ni_8Fe_3]$, von denen der erstere aus den Goldseifen des Georg River auf Neuseeland, der andere aus den Goldsanden von Fraser County in Oregon stammt. Alle diese nickelhaltenden Eisen sind wahrscheinlich magmatische Ausscheidungen aus basischen primären Gesteinen.

Anhang. Die Aluminiumsulfate.

In inniger genetischer Verbindung mit den Eisensulfiden sind die Aluminiumsulfate. Eisensulfide sind nämlich oft in feiner Verteilung in Tonschiefern und verwandten sekundären Gesteinen eingesprengt. Wenn diese Kiese oxydiert werden, so greift die beim Vitrioleszierungsprozeß unverbrauchte Schwefelsäure um die Tonerde der in den Tongesteinen vorhandenen Al-Verbindungen und bildet Aluminiumsulfate, die dann neben dem Eisenvitriol, Gips und Bittersalz als haarförmige oder traubige Ausblühungen auf den zersetzten Schiefern erscheinen. Das Tonerdesulfat, welches dabei gewöhnlich entsteht, ist der Alunogen oder Keramohalit $[Al_2S_3O_{12} \cdot 18H_2O]$. Er ist ein recht unscheinbares Mineral. Sein Kristallisationsvermögen ist sehr gering, und seine Lösungen dicken fast immer zu einer scheinbar amorphen Masse ein. In der Natur findet man den Keramohalit dann und wann in winzigen Schüppchen, die nach Hlawatsch dem triklinen System angehören.

Wie der Name Alunogen sagt, wurde und wird diese Verbindung zur Darstellung des für die Färberei und Gerberei so wichtigen Alauns verwendet.

Aus den mit Keramohalit imprägnierten Tonschiefern, die deshalb den Namen Alaunschiefer führen, wird der Keramohalit mit Wasser ausgezogen. Die so erhaltene Lösung, die auch noch andere Sulfate, besonders Eisensulfate, enthält, wurde früher mit gefaultem Urin versetzt, und da dieser ammoniakhaltig ist, wurde Ammoniakalaun gewonnen. Heute verwendet man Kaliumchlorid. Letzteres hat den Vorteil, daß dabei das Eisen als Chlorid in Lösung bleibt, während der schwer lösliche Kalialaun aus der Lösung auskristallisiert.

Die Alaune entsprechen der Formel $[\overset{I}{R}_2\overset{III}{R}_2S_4O_{16} \cdot 24H_2O]$, worin $\overset{I}{R} = K$, Na oder (NH_4) Ammonium, $\overset{III}{R} = Al$, Fe und Cr sein kann. Diese verschiedenen Alaune kristallisieren alle isometrisch, und die vorherrschende Form ist das Oktaeder.

Früher gewann man, wie schon mitgeteilt wurde, den Kalialaun aus dem Alunit. Seit die Alaunerzeugung aus den Alaunschiefern in Schwung gekommen ist, wird der aus Alunit gewonnene Alaun zum Unterschiede der römische Alaun genannt.

Neben dem Keramohalit gibt es noch folgende natürliche Aluminiumsulfate:

Den Alumian $[Al_2S_2O_9 \cdot 6H_2O]$. Derselbe kristallisiert skalenoedrisch und ist als hellgrüne Ausblühung auf den Tonschiefern der Sierra Almagrera in Spanien, die von Kies- und Bleiglanzgängen durchsetzt werden, gefunden worden.

Den Aluminit. Die Formel dieses Minerales ist $[Al_2SO_6 \cdot 9H_2O]$. Man traf es in weißen Knollen in sandigen Sedimenten, welche die Braunkohlenablagerungen bei Halle an der Saale begleiten, aber auch an anderen Orten. Manchmal bildet er Überzüge auf Kalksteinbrocken und dürfte dann durch Ausfällen aus einer tonerdesulfathaltenden Lösung durch den Kalkstein entstanden sein.

Von natürlichen Aluminiumsulfatdoppelsalzen sind zu erwähnen:

Der Tschermigit oder Ammoniakalaun $[(NH_4)_2Al_2S_4O_{16} \cdot 24H_2O]$, der in Gestalt farbloser faseriger Platten in der Braunkohle von Tschermig in Böhmen und Tokod bei Gran in Ungarn vorgekommen ist und wahrscheinlich ein Erzeugnis von Kohlenbränden darstellt.

Der Mendozit $[Na_2Al_2S_4O_{16} \cdot 24H_2O]$, nach dem Fundort Mendoza in Argentinien benannt, bildet ebenfalls faserige Aggregate. Bis 20° kristallisiert er mit $24H_2O$ kubisch, über 20° mit $22H_2O$ monoklin.

Der Kalinit $[K_2Al_2S_4O_{16} \cdot 24H_2O]$. Derselbe fand sich am Kap Miseno, dann bei Arzberg im Fichtelgebirge auf bituminösem Holz und zu Silver City in Neumexiko.

Der Halotrichit oder Federalaun, auch Haarsalz genannt, bildet, wie schon der Name sagt, weiße, haarförmige Ausblühungen. Seine Formel ist $[FeAl_2S_4O_{16} \cdot 24H_2O]$. Er scheidet sich nur aus Lösungen ab, die überschüssige Schwefelsäure enthalten.

Der Pickeringit $[MgAl_2S_4O_{16} \cdot 22H_2O]$ wurde, faserige Ausblühungen bildend, von mehreren Orten Südamerikas beschrieben. Die Farbe ist weiß oder rötlich bis gelblich.

II. Die Mangan-, Nickel- und Kobalterze.

Das Element Eisen mit dem Atomgewichte 56, das Nickel mit dem Atomgewichte 58,6 und das Kobalt mit dem Atomgewichte 59 bilden eine jener merkwürdigen Triaden, die für die VIII. Gruppe des periodischen Systemes so bezeichnend sind. Ihnen schließt sich in gewisser Hinsicht das Mangan mit dem Atomgewicht 55 an, das wohl in derselben Horizontalreihe steht, aber der VII. Gruppe der Elemente angehört. Die chemische Verwandtschaft dieser Elemente äußert sich nicht nur darin, daß sie sich in Verbindungen vertreten können, wie das Mangan und Eisen, das Kobalt und Nickel, sondern daß sich in der Natur auch analoge Verbindungen derselben teils mit dem Schwefel teils mit Arsen finden.

a) Die primären Sulfide.

Von den Monosulfiden ist vorerst die Verbindung $[MnS]$, der schwarzgrüne, hexaedrisch spaltende Alabandin, zu nennen. Dieses relativ seltene Mineral weicht in seinen äußeren Eigenschaften wesentlich von den bisher besprochenen Sulfiden, den Kiesen, ab. Der Alabandin ist wohl noch, wie diese, undurchsichtig, aber nicht mehr metallisch glänzend und entbehrt der lichten Farbe, weshalb er auch den Namen Manganblende führt, da die Bergleute als Kiese nur die metallisch glänzenden Erze mit lichten Farben bezeichneten.

Der Pentlandit, das Nickel-Eisen-Monosulfid $[(NiFe)S]$, ist bis jetzt in Kristallen nicht gefunden worden, doch machte es die oktaedrische Spaltung wahrscheinlich, daß er kubisch kristallisiert, was inzwischen röntgenographisch bestätigt erscheint. Allerdings behaupten einige Forscher, daß es sich hier um keine Spaltung, sondern um eine schalige Absonderung handle. Vom Magnetkies, mit dem er in der Regel verwachsen ist, unterscheidet sich der gleichfalls tombakbraune Pendlantit durch den fehlenden Magnetismus, wodurch auch die mechanische Trennung beider sehr erleichtert wird. Der Pentlandit ist leichter schmelzbar (Schmelzpunkt = 886°) als der Magnetkies (Schmelzpunkt = 1192°), und daher bildet der Pentlandit, wenn er mit dem Magnetkies verwachsen vorkommt, immer ein jüngeres Maschwerk um die früher erstarrten Magnetkieskörner. Der Pentlandit wurde bisher zu Sudbury in Kanada, in Norwegen und zu Hazlewood in Tasmanien als magmatische Ausscheidung festgestellt.

Das reine Nickelmonosulfid [NiS], das im Pentlandit mit dem Eisensulfid gemengt ist, tritt in der Natur ·als selbständiges Mineral im messinggelben Millerit auf. Derselbe bildet meist haarförmige Kristalle, die der ditrigonal skalenoedrischen Klasse angehören. Wegen dieser häufigen Kristalltracht erhielt das Mineral auch den Namen Haarkies. Außer auf Erzgängen findet sich dieses Mineral manchmal auch in Kohlenlagern (Saarbrücken).

Es gibt noch ein zweites, ganz gleich zusammengesetztes Mineral, das ebenso kristallisiert, aber grau ist, den Beyrichit, dessen Volumgewicht (4,7) kleiner ist als das des Millerites (5,9). Man hat beobachtet, daß der Beyrichit oft in Millerit übergeht, weshalb Laspeyres die Meinung aussprach, aller Millerit sei durch paramorphe Umlagerung aus dem Beyrichit entstanden.

Das Monosulfid des Kobaltes ist in der Natur als Mineral noch nicht beobachtet worden.

Neben den beiden Disulfiden des Eisens, dem Pyrit und Markasit, besteht als selbständiges Mineral nur noch das Disulfid des Mangans [MnS_2], der Hauerit. Die Disulfide des Nickels und des Kobalts sind nur als Beimischungen des Pyrites bekannt. Die nickelreichen Pyrite führen den Namen Bravoit, die nickelarmen werden Kobaltnickelpyrit genannt. Beide Mineralien sind stahlgrau.

In seinem Aussehen weicht auch der Hauerit, so wie die Manganblende, von den Kiesen ab. Er entbehrt des metallischen Glanzes, der lichten Farbe und ist in dünnen Platten durchscheinend. Durch letztere Eigenschaft nähert er sich jener Erzgruppe, welche die Bergleute „Blenden" nannten. In der Kristallgestalt ähnelt er dem Pyrit. Er besitzt jedoch eine hexaedrische Spaltbarkeit, die am Pyrit nur andeutungsweise vorhanden ist. Der Hauerit kristallisiert dyakisdodekaedrisch. Seine Farbe ist bräunlichschwarz. Er kommt sowohl zu Kalinka in der Slowakei als auch zu Radusa auf Sizilien in ringsum ausgebildeten Kristallen oder Kristallgruppen mit Gips und Schwefel in Ton eingewachsen vor. Wenigstens zu Kalinka scheint er pneumatolytischer Entstehung zu sein. Auf Erzgängen wurde er noch nicht angetroffen.

Neben den Mono- und Disulfiden kennt man noch einige intermediäre Schwefelverbindungen, an deren Zusammensetzung sich neben den genannten Elementen auch noch das Kupfer beteiligt. Sie kristallisieren alle hexakisoktaedrisch und spalten deutlich nach dem Würfel. Hierher gehören: Der lichtstahlgraue, aber rötlich anlaufende Linneit [$(Ni, Co, Fe)_3 S_4$], der stahlgraue Carrollit [$(Cu, Co)_3 S_4$], der silbergraue Polydymit [$(Ni, Fe, Co)_3 S_4$] und der dunkelstahlgraue Synchodymit [$(Co, Cu, Ni)_3 S_4$].

Diese Mineralien sind, mit Ausnahme des Carrollites, auf den Siegerländischen Gruben gefunden worden. Der Carrollit wurde zu Maryland in den Vereinigten Staaten entdeckt.

Der Carrollit und die übrigen mit ihm oben genannten Mineralien können als Salze einer Sulfosäure von der allgemeinen Formel [$H_2 M_2 S_4$] aufgefaßt werden. Das Anhydrid dieser Säure ist beim Carrollit [$Co_2 S_3$]. Dieses Anhydrid erinnert an die Verbindungen [$Ni_2 S_3$] und [$Fe_2 S_3$], die miteinander gemischt im derben Horbachit vorliegen. Auch der Kupferkies [$Cu_2 Fe_2 S_4$] wird als Kuprosalz einer Ferrisulfosäure aufgefaßt. Das Anhydrid dieser Säure kann künstlich erzeugt werden, wenn man Schwefelwasserstoff auf feuchtes Eisenhydroxyd einwirken läßt. Es ist aber sehr instabil und zerfällt leicht in [FeS] und [FeS_2]. Die Säure bildet mit Alkalien im Wasser schwer lösliche Salze, wie z. B. [$Na_2 Fe_2 S_4$].

b) Die primären Arsenide des Nickels und Kobalts.

Verbindungen des Mangans mit Arsen sind in der Natur nicht bekannt, ebensowenig das Monoarsenid des Eisens [$FeAs$]. Dieses wurde nur einmal als Hüttenprodukt in rhombischen Kristallen beobachtet. Dafür ist das Monoarsenid des Nickels [$NiAs$], der kupferrote Nickelin oder das Rotnickelkies, auch Kupfernickel genannt, als Erz nicht selten. Es kristallisiert, wie der Millerit, ditrigonal-skalenoedrisch.

Ein natürliches Monoarsenïd des Kobalts ist ebenfalls unbekannt.

Die Diarsenide der beiden Metalle bilden zwei polymorphe Reihen. Dem rhombischen Löllingit [$FeAs_2$] entsprechen die gleichfalls rhombisch kristallisierenden Mineralien Safflorit [$CoAs_2$], der allerdings oft bis 16% Fe enthält, und der Rammelsbergit [$NiAs_2$], dessen Eisengehalt meist geringer ist, dessen Kobaltgehalt dagegen bis 8% ansteigen kann.

Die zweite Reihe kristallisiert dyakisdodekaedrisch. Hierher ist zu zählen der Chloanthit, der vornehmlich [$NiAs_2$] ist, und der kobaltreichere Smaltin [$CoAs_2$]. Beide Mineralien werden auch unter dem Namen Speiskobalt zusammengefaßt. Der Speiskobalt bildet gern gestrickte Formen. Die Farbe all dieser Mineralien ist grau. Die Inhomogenität der meisten Speiskobaltvorkommen wird durch das Ätzen mit Salpetersäure offenbar.

Es gibt noch ein arsenreicheres Kobaltmineral, den zinnweißen, isometrisch kristallisierenden Skutterudit oder den Tesseralkies. Ersteren Namen hat er nach dem Fundorte Skutterud in Norwegen, letzteren nach seiner Kristallgestalt erhalten.

Im mansfeldischen Kupferschieferbezirk wurde ein quadratisch kristallisierendes, rötlichweißes Mineral von der Zusammensetzung [Ni_3As_2], der Maucherit, und zu Elk Lake in Ontario der silberweiße Temiskamit [Ni_4As_3] gefunden, der mit dem Nickelspeise oder Plakodin genannten Kunstprodukt ident ist. Beide Mineralien dürften aber zu vereinigen sein, und Palmer schlägt die Beibehaltung des Namens „Maucherit" auch für die Verbindung [Ni_4As_3] vor.

Wenn Nickelarsenide mit Silbersulfat behandelt werden, so werden die Nickelarsenide gelöst, und Silber wird gefällt. Gediegen Silber kommt auch in den Nickel- und Kobalterzgängen nicht selten in drahtförmigen Formen vor.

Über die sonstigen genetischen Beziehungen der einzelnen Arsenide liegen wenig Beobachtungen vor. Dort, wo der Rotnickelkies und der Chloanthit oder der Weißnickelkies nebeneinander vorkommen, wie z. B. im Erzgebirge, ist der Chloanthit immer jünger, denn er bildet die äußere Hülle der Rotnickelkiesdendriten.

Beutel und seine Schüler haben in einer Reihe von Arbeiten die genetischen Beziehungen der einzelnen Arsenide aufzuklären versucht. Bei ihren Versuchen leiteten sie Arsendämpfe bei verschiedenen Temperaturen über die betreffenden Metalle und erhielten je nach der angewendeten Temperatur verschiedene Arsenide, die in der Natur zum Teil als selbständige Mineralien nicht bekannt sind, wohl aber als Beimengungen im Löllingit und den Speiskobalten nachgewiesen werden konnten. Dadurch findet auch die Tatsache ihre einfachste Erklärung, daß die natürlichen Vorkommen dieser Kiese so selten die ihnen theoretisch zukommende Zusammensetzung besitzen.

Über die Ergebnisse der Versuche mit Eisen ist schon früher berichtet worden.

Für die Kobaltarsenide fand Beutel, daß die Verbindung [$CoAs$] zwischen 275° und 335°, [Co_2As_3] zwischen 345° und 365°, [$CoAs_2$] zwischen 385° und 405°, [Co_2As_5] zwischen 415° und 430° und [$CoAs_3$] zwischen 450° und 618° beständfähig ist. Beim Behandeln mit Salpetersäure bleibt das Diarsenid, wie auch das Diarsenid des Eisens, weiß, die Verbindung [Co_2As_3] wird schwarz, und die Verbindung [$CoAs_3$] wird bleigrau. Beim Erhitzen im Vakuum werden alle Kobaltarsenide in das Monoarsenid umgewandelt, bei der Oxydation dagegen bleibt [$CoAs_2$] allein zurück.

Die gleichen Versuche, mit Nickel ausgeführt, ergaben nur die Existenz der Verbindungen [$NiAs$] und [$NiAs_2$], deren Bestandfelder durch die Temperatur 415° voneinander geschieden sind.

Die Ursache, weshalb bei diesen Versuchen keine arsenreicheren Arsenide des Nickels sich bildeten, sieht Beutel darin, daß bei höheren Temperaturen die Nickelarsenide zusammensintern.

In Mischungen mit dem Kobalttriarsenid dürfte auch das Triarsenid des Eisens bestehen können. Wenigstens weist die Analyse des 3,9% Fe haltenden Skutterudites von Turtmanntal darauf hin, bei dem das Verhältnis $(Co + Fe) : (As + Bi) = 1 : 3$ ist.

Auf Grund seiner synthetischen Versuche vertritt Beutel die pneumatolytische Entstehung der Nickel- und Kobalterzgänge. Dieselben sind, wie die Zinnerzgänge, zumeist an die Nähe von Eruptivgesteinen gebunden. Doch dürften sie sich bei niedrigeren Temperaturen gebildet haben. Den Schichtenbau, den die Speiskobalte so oft zeigen, führt Beutel auf Druckschwankungen während der Bildung zurück.

c) Die Sulfoarsenide vom Typus [$MAsS$].

Die Ähnlichkeit zwischen dem Eisen und Nickel bzw. Kobalt erstreckt sich auch auf die Verbindungen vom Typus [$MAsS$]. Der Arsenkies [$FeAsS$] kristallisiert bekanntlich rhombisch.

Im selben System kristallisiert auch die Verbindung [$(Fe, Co)AsS$], der rötlichweiße Glaukodot, der im Danait in homöomorpher Mischung mit dem Arsenkies vorzuliegen scheint.

Die Verbindung [$NiAsS$] und die Verbindung [$CoAsS$] kristallisieren aber im reinen Zustande dyakisdodekaedrisch. Die Nickelverbindung führt den Namen Gersdorfit oder Arsennickelglanz und die entsprechende Kobaltverbindung den Namen Kobaltin oder Glanzkobalt. Beide Mineralien zeigen eine deutliche Spaltbarkeit nach dem Würfel. Die Farbe des Gersdorfites ist silberweiß bis stahlgrau, die des Kobaltglanzes silberweiß mit einem Stich ins Rötliche. Für beide Mineralien paßt also der Name „Glanz" nicht, denn als Glanze werden von den Bergleuten metallische Mineralien mit dunkler Farbe bezeichnet.

W. Flörke hat durch metallmikroskopische Untersuchungen des Kobaltglanzes festgestellt, daß die scheinbar dyakisdodekaedrischen Kristalle nicht isotrop, sondern anisotrop sind und sich aus Zwillingslamellen aufbauen. Die untersuchten Kristalle wären also Paramorphosen nach dem kubischen Kobaltglanz, der in die rhombische Modifikation sich umgewandelt hat. Die Temperatur, bei der dies geschieht, liegt bei 830°. Demnach wäre die im Glaukodot vorliegende rhombische Modifikation von [$CoAsS$] die bei normalen Temperaturen stabile.

Aus dem bisher Mitgeteilten folgt, daß die Verwandtschaft der genannten Metalle zum Schwefel mit dem steigenden Atomgewicht sinkt, die zum Arsen steigt. Beim Mangan kennt man keine natürlichen Arsenide, beim Kobalt keine natürlichen Sulfide, wenn man von dem Säureradikal [Co_2S_4] absieht.

Dem Arsen stehen chemisch und kristallographisch die Elemente Antimon (Sb) und Wismut (Bi) nahe. Daher ist zu erwarten, daß auch in der Natur neben den Arseniden analoge Antimonide und Bismutide vorkommen werden. In der Tat kennt man: den mit dem Rotnickelkies homöomorphen Breithauptit [$NiSb$], den asymmetrisch-pentagondodekaedrischen Ullmanit [$NiSbS$], ferner den Williamsit [$CoSbS$] und den Kallilith [$Ni(Sb, Bi)S$].

Auch im Skutterudit sind oft beträchtliche Mengen (bis 20%) Wismut enthalten.

d) Die sekundären Nickel- und Kobaltmineralien.

Durch die Einwirkung der Tagewässer werden auch hier die Sulfide in Sulfate und die Arsenide in Arsenate umgewandelt. Da letztere aber im Wasser schwerer löslich sind als die ersteren, so trifft man sie häufiger in der Natur als jene.

1. Die Arsenate.

Auch hier zeigt sich wieder deutlich die chemische Verwandtschaft der drei Metalle Eisen, Nickel und Kobalt. Dem bläulichgrünen Symplesit mit der Formel $[Fe_3(AsO_4)_2 \cdot 8H_2O]$ entspricht die apfelgrüne Nickelblüte oder der Annabergit $[Ni_3(AsO_4)_2 \cdot 8H_2O]$ und der pfirsichblütrote Erythrin oder die Kobaltblüte $[Co_3(AsO_4)_2 \cdot 8H_2O]$. Alle drei Mineralien kristallisieren, wie das Ferrophosphat, der Vivianit $[Fe_3(PO_4)_2 \cdot 8H_2O]$ monoklin. Im Annabergit kann ebenso wie im Vivianit ein Teil des Nickels durch Magnesium vertreten werden, welches Metall auch als selbständiges Arsenat im ebenfalls monoklinen Hörnesit $[Mg_3(AsO_4)_2 \cdot 8H_2O]$ auftritt. Manche Nickelblüten enthalten auch Kalzium. Diese werden Cabrerite genannt. Kalkhaltend ist auch der pfirsichblütrote Roselith von Schneeberg in Sachsen, dessen Formel $[CoCa_2(AsO_4)_2 \cdot 2H_2O]$ ist und dem der Brandtit $[MnCa_2(AsO_4)_2 \cdot 2H_2O]$ von Harstigen im Wermland nahesteht. Beide kristallisieren triklin, ebenso wie der schon früher erwähnte Messelith aus der Braunkohle von Messel $[FeCa_2(PO_4)_2 \cdot 2H_2O]$.

2. Die Sulfate.

Das Kobaltsulfat $[CoSO_4 \cdot 7H_2O]$ ist der mit dem Eisenvitriol homöomorph Kobaltvitriol, der tief weinrote, nach seinem Fundorte Bieber in Hessen benannte Bieberit. Man fand ihn auch zu Wittichen im Schwarzwald, hier sogar in kleinen Kristallen, dann zu Leogang im Salzburgischen und zu Tres Puntas in Chile.

Der Nickelvitriol $[NiSO_4 \cdot 7H_2O]$, der blaugrüne Morenosit, dagegen kristallisiert wie das Bittersalz in der rhombisch-bisphenoidischen Klase. Zu Richelsdorf und anderen Nickellagerstätten des Rheinischen Schiefergebirges sowie in Spanien ist er zu wiederholten Malen gefunden worden.

3. Die Karbonate.

Als Ergebnis der Wechselwirkung zwischen sulfat- und karbonathaltenden Wässern sind die Karbonate des Kobaltes und des Nickels anzusehen.

Das Kobaltkarbonat $[CoCO_3]$ ist der pfirsichblütrote Kobaltspat oder Sphärokobaltit, der zumeist in Krusten und Überzügen, seltener in faserigen Aggregaten zu Schneeberg in Sachsen und zu Libiola in Ligurien beobachtet wurde. Nach Bertrand ist er optisch einachsig, und dies deutet darauf hin, daß er wie der Eisenspat und der Manganspat $[MnCO_3]$ ditrigonal-skalenoedrisch kristallisiert.

Ein analoges Karbonat des Nickels gibt es nicht. Die smaragdgrünen Krusten, die als erdige Überzüge sich selten auf Nickelerzen finden, gehören einem Hydrokarbonat des Nickels, dem Zaratit oder Nickelsmaragd

$$\{[Ni(HO)]_2CO_3 \cdot Ni(HO)_2 \cdot 4H_2O\}$$

an.

Der rosenrote Remingtonit, der in den Gruben von Caroll in Maryland erdige Krusten bildet, dürfte eine ähnliche Verbindung des Kobaltes sein.

4. Die Nickelsilikate.

Die Silikate des Nickels, die sich an einzelnen Orten der Erde in größeren Massen finden, haben auch als Erze eine Bedeutung, weil aus ihnen das technisch so wichtige Nickelmetall auf recht einfache Weise gewonnen werden kann. Die

Nickelsilikate sind nämlich in Säuren löslich, und aus diesen Lösungen wird das Nickel als Hydroxyd gefällt.

Die Nickelsilikate treten zumeist als Gangfüllungen in Serpentingebieten auf und sind durch die Zersetzung nickelhaltender Olivine entstanden. Zu Franklin in New Jersey fand man Nickelsilikate auch zusammen mit Nickelarsenaten auf Chloanthit. Hier ist das Silikat durch Einwirkung kieselsäurehaltender Wässer auf Nickelarsenide entstanden.

Die Nickelsilikate gehören verschiedenen Mineralgruppen an. Sie sind selten deutlich kristallisiert und verhalten sich oft wie Gele. Man unterscheidet: den Nepouit, einen faserigen nickelhaltenden Serpentin, und den Rewdanskit, ein eisenreicheres Gel von derselben Zusammensetzung; den Nickelgymnit. Diese Gruppe umfaßt teils amorphe, teils kristalline Mineralien, die bald die Zusammensetzung des Gymnites $(H_8[Ni(OH)]_4Si_3O_{12}]$, bald die des Meerschaumes (Noumeit), bald des Talkes besitzen. Hierher gehören der Konnarit $[H_4Ni_2Si_3O_{10}]$ von Röttis im sächsischen Vogtland, der Garnierit $[(Ni, Mg)SiO_3 \cdot 3H_2O]$ aus Neukaledonien und der Genthit aus Webster in Nordamerika, dessen Formel $[H_2(Ni, Mg)_2Si_3O_9 \cdot H_2O]$ geschrieben wird; der Schuchardit ist ein feinschuppiges, tonerdehaltendes Nickelsilikat von Frankenstein in Schlesien, das in die Chloritgruppe einzureihen ist; die Chrysopraserde oder Pimelit ist ein apfelgrünes, ebenfalls tonerdehaltendes Gel.

Alle diese Mineralien besitzen im reinsten Zustande die bezeichnende apfelgrüne Farbe des Nickelhydroxydes, die aber bei den eisenhaltenden Abarten einem gelblichen oder braunen Farbentone weicht, wie bei den dunkelbraunen, bis 25% $[Fe_2O_3]$ haltenden Schokoladeerzen Neukaledoniens.

e) Das Vorkommen der Kobalt- und Nickelerze.

Die Lagerstätten der Nickelsilikate sind, wie gesagt, allenthalben sekundären Ursprunges. Dies beweist, daß sie fast ausnahmslos auf die Gesteinspartien nahe der Erdoberfläche beschränkt sind. Überall ist der Serpentin, mag er aus Peridotit (Neukaledonien), Dunit (Webster) oder Saxonit (Riddles in Douglas Co. Oregon) hervorgegangen sein, oberflächlich weitgehend in vorwiegend aus Eisenoxyden bestehendes „rotes Gebirge" oder „rote Erde" umgewandelt und im Liegenden auf dem Serpentin oder in den Klüften desselben finden sich dann die Nickelsilikate.

Ein ursprünglich vorhandener Kobalt- und Mangangehalt trennt sich bei dieser Umwandlung vollkommen vom Nickel und erscheint in selbständigen Putzen oder Lagen konzentriert als blauschwarzer Asbolan oder Erdkobalt. Der Asbolan ist ein erdiges Gemenge von Kobalt- und Manganoxyden. Die bei dieser Umwandlung abgeschiedene Kieselsäure ist infolge eines geringen Nickelhydroxydgehaltes gleichfalls apfelgrün und führt den Namen Chrysopras. Alle diese Vorkommen liegen über dem Grundwasserspiegel.

Bei Malaga in Spanien fand sich im Serpentin auch Rotnickelkies, wahrscheinlich als magmatische Ausscheidung aus dem Muttergestein des Serpentins.

Die gangförmigen Vorkommen der Kobalt- und Nickelerze zerfallen je nach der Natur der Gangart in zwei Gruppen: in die karbonspätigen und in die quarzigen Kobalt- und Nickelerzgänge.

Zur ersteren Gruppe gehören die Gänge von Dobschau in der Slowakei. Dieselben setzen in einem Diorit auf und führten in den obersten Partien Eisenspat, darunter Fahlerze, und in den tieferen Partien erst die Kobalterze. Von 200 m an vertauben sie.

Die Gänge von Nanzenbach im Nassauischen setzen im Paläopikrit und Schalstein auf. Sie führen aber schon Quarz, und mit diesem Mineral erscheint auch das Wismut.

Im Kupferschiefergebiete Mitteldeutschlands führen die Verwerfungen, die dort von den Bergleuten „Rücken" genannt werden, hauptsächlich im Liegenden des durch sie verworfenen Kupferschiefers neben Kalkspat und Baryt auch Speiskobalt.

Die Kobalterzgänge der quarzigen Gruppe sind hauptsächlich im Kontakthof des Eibenstocker Granites bei Schneeberg im Erzgebirge entwickelt. Sobald diese Gänge aus dem Kontakthof in den Granit übertreten, vertauben sie. Die Kobaltgänge sind überall jünger als die Zinnerzgänge, und die der kiesigen Bleiformation und gehen in der Tiefe in solche der Mangane und Eisenformation über. Auch mit edlen Silbergängen sind sie in genetischen Beziehungen. Die Gangart ist brauner, dichter Quarz (Jaspis), der an die Stelle früher vorhandener Karbonate und des Schwerspates getreten ist, wie zahlreiche, zum Teil noch unvollkommene Pseudomorphosen von Quarz nach Kalkspat und Baryt beweisen. Auch hier stellen sich mit dem Quarz Wismuterze ein. Dort, wo heute noch der Kalkspat überwiegt, finden sich auch edle Silbererze. Das Nickel scheint karbonatische Gangart zu bevorzugen.

An Granit sind die Vorkommen von Wittichen im Schwarzwald und Chalanches in Frankreich gebunden. Bezüglich der 1903 entdeckten Silber-Kobaltgänge von Temiskaming in Kanada gehen die Meinungen auseiander. Während Miller die Diabase als Erzbringer bezeichnet, will Stutzer diese Rolle dem jüngeren Granit zuteilen. Die Gänge führen auch hier in ihren oberen Partien vornehmlich Silber-, in den unteren Kobalterze.

Ganz anders gebaut sind die Nickelkieslagerstätten zu Schladming in Steiermark. Hier sind den Gneisen und Glimmerschiefern Fahlbänder eingeschaltet. Es sind die reichlich mit Kies imprägnierten Schichten, die sich im zersetzten Zustande durch ihre rostbraune Farbe auszeichnen und daher Branden heißen. Dort, wo die Fahlbänder von den Quarzgängen geschnitten werden, finden sich die Nickelerze.

In Norwegen, bei Skutterud und Modum, sind die Kobalterze in den Fahlbändern selbst eingesprengt. Dieselben sind geschieferte, glimmerreiche Partien eines Quarzites in der Nähe eines Granatamphibolites, der für einen dynamometamorph veränderten Gabbro angesehen wird. Dieser soll der Erzbringer gewesen sein. Ähnlich liegen die Verhältnisse bei Gladhammer und Ven in Schweden. Bei Los sind die Erze in geschiefertem Gabbro, bei Tunaberg im Kalkstein eingelagert.

f) Die Manganerze und ihr Sukzessionskreis.

Die Manganerze, welche technische Bedeutung haben, sind oxydischer Natur, was bei der Seltenheit der sulfidischen Manganmineralien verständlich ist. Von diesen mag sich in manchen Fällen das Mangansulfat ableiten, das hier und da als Mineral beobachtet wurde.

1. Die oxydischen Manganmineralien.

Das dem Eisenvitriol entsprechende Mangansulfat [$MnSO_4 \cdot 7H_2O$] ist der monokline Mallardit. Da er aber nur bis $+9°$ stabil ist, so findet man in den Bergwerken, wo er durch die Oxydation des Alabandins [MnS] entstanden ist, nur dessen Verstäubungsprodukt, den Szmikit [$MnSO_4 \cdot 4H_2O$].

Von Herrengrund und Vashegy in der Slowakei ist der Fauserit, ein Mangan-Magnesium-Vitriol von der Formel [$(Mn, Mg)SO_4 \cdot 7H_2O$] beschrieben worden, der wieder mit dem Bittersalz homöomorph ist.

Das himbeerrote Mangankarbonat [$MnCO_3$], der Manganspat oder Rhodochrosit, auch Dialogit genannt, mag sich teilweise unter Mitwirkung karbonathaltender Wässer aus dem Sulfat gebildet haben, in manchen Fällen dürfte er aber auch ein Produkt juveniler Wässer sein oder sich von der Zersetzung manganhaltender Silikate herleiten. Kristallographisch bildet er mit dem Magnesit, dem Siderit und auch dem Zinkspat $[ZnCO_3]$ eine homöomorphe Reihe, ist also ditrigonal-skalenoedrisch und spaltet nach dem Rhomboeder.

Der Rhodochrosit tritt als Gangart unter anderem in den siebenbürgischen Erzgängen auf. In sehr schönen Kristallen fand er sich zu Horhausen und zu Alicante in Kolorado.

In den primären Silikaten ist das Mangan weniger verbreitet als das Eisen. Neben Eisen findet es sich in den Pyroxenen und Amphibolen und manchmal auch in den Glimmern. Die eigentliche Heimat der Manganmineralien, sowohl der Mangansilikate, als auch der primären Manganphosphate, sind die Pegmatite. Hier trifft man den **Mangangranat**, den **Spessartin**, die grünen manganhaltenden **Turmaline**, die Manganphosphate **Triphylin**, **Lithiophyllit**, **Triplit** und **Triploidit**. In den Nephelinsyeniten tritt der glimmerähnliche **Astrophyllit** auf und in den kristallinen Schiefern manchmal der rote **Manganzoisit** und der äußerst seltene **Ardennit**, der auch wegen seines Arsen- und Vanadingehaltes merkwürdig ist und der nach **Machatschki** dem Zoisittyp angehört, $(Ca, Mn)_2(Mg, Al)_3(As, V, Si)_3(O, OH)_{13}$.

Die genannten Mineralien tragen durch ihre metasomatische Umwandlung kaum etwas zur Bildung abbauwürdiger Manganerzvorkommen bei. Solche sind nur durch die Zersetzung des **Rhodonites** $[MnSiO_3]$ und des **Rhodochrosites** entstanden, die oft miteinander innig gemengt, in den kristallinen Schiefern linsenförmige Einlagerungen bilden, wofür die Manganerzvorkommen von Jakobeni in der Bukowina und von Huelva in Spanien Beispiele sind.

Diese Manganerzlagerstätten enthalten fast ausschließlich oxydische Manganerze. Die Zahl der oxydischen Manganverbindungen ist viel größer als die des verwandten Eisens. Das hat seinen Grund darin, daß die Manganverbindungen viel stabiler sind als die entsprechenden Eisenverbindungen und daß das Mangan eine größere Verwandtschaft zum Sauerstoff besitzt, weshalb auch höhere Oxyde als das Sesquioxyd $[R_2O_3]$ in der Natur vorkommen.

Die Zersetzbarkeit einer Verbindung hängt von ihrer Bildungswärme ab. Je größer diese ist, um so weniger leichter fällt sie einer Umwandlung anheim. Vergleicht man, wie es im nachfolgenden geschieht, die Bildungswärmen entsprechender Eisen- und Manganverbindungen, z. B. von

$MnCO_3$ mit 208,6 Kal., $MnSO_4$ mit 249,9 Kal. und MnO mit 90,8 Kal.,

$FeCO_3$ mit 184,5 Kal., $FeSO_4$ mit 235,6 Kal. und FeO mit 64,6 Kal.,

so sieht man, daß immer die Manganverbindungen die größere Bildungswärme haben, somit die stabileren und weniger leicht umwandelbaren sind.

Diese Verschiedenheit ist auch die Ursache der Tatsache, daß, wenn eisen- und manganhaltende Mineralien zersetzt werden, sich Mangan und Eisen trennen und die Zersetzungsprodukte örtlich voneinander gesondert zum Absatze kommen. Schon **Fresenius** hat bei seinen Untersuchungen der Wiesbadener Quellen (1850) die Beobachtung gemacht, daß sich aus diesen kalzium-, magnesium-, ferro- und manganokarbonathaltenden Wässern, sobald sie mit dem Sauerstoff der Luft in Berührung kommt, zuerst das Ferrokarbonat oxydiert und erst später das Manganokarbonat. Die Quellensinter, die sich um den Quellenmund abscheiden, sind daher in der unmittelbaren Nähe desselben reich an Eisen, weiter davon entfernt reich an Mangan. Auch wenn die Sulfate beider Elemente bei Luftabschluß auf Kalziumkarbonat einwirken, soll die Reaktion zwischen diesem und dem Ferrosulfat viel stärker sein als zwischen diesen und dem Manganosulfat. In der Natur sind daher die Mangan- und Eisenerze, selbst wenn sie gleicher Genese sind, sehr oft räumlich getrennt.

Eine weitere Verschiedenheit besteht auch in dem Verhalten beider Elemente gegenüber dem Sauerstoff. Vom Eisen kennt man in der Natur eigentlich nur zwei oxydische Verbindungen, den Magnetit und den Hämatit. Das Ferrooxyd tritt nur in Verbindungen auf, und höhere Oxyde sind nur künstlich hergestellt worden.

Vom Mangan kennt man folgende natürliche Oxyde und Hydroxyde:

Das Manganooxyd $[MnO]$, den Manganosit, ein allerdings sehr seltenes Mineral, das in smaragdgrünen, nach dem Würfel spaltbaren Körnern im Dolomit von Långban und Mossgrufva in Wermland (Schweden) entdeckt wurde und sich an der Luft leicht in ein schwarzes Manganoxyd umwandelt; den Braunit $[Mn_2O_3]$, ein schwarzbraunes Mineral, dessen oktaederähnliche Kristalle dem tetragonalen Systeme angehören und nach der tetragonalen Pyramide (111) spalten.

Der Formel des Magnetites entspricht der Hausmannit $[Mn_3O_4]$. Derselbe ist gleichfalls schwarz, hat aber keinen schwarzen Strich wie der Braunit, sondern einen rötlichbraunen. Auch seine Kristalle sind oktaederähnlich, in Wirklichkeit aber tetragonal und entbehren jeder Spaltbarkeit.

Das häufigste Manganoxyd ist das Dioxyd $[MnO_2]$, welches, wenn es kristallisiert ist und dann die Härte 7 besitzt, den Namen Polianit oder wegen seiner eisengrauen Farbe den Namen Graumanganerz führt. Der Polianit kristallisiert tetragonal und spaltet nach dem Prisma (110).

Das zweite Mineral von derselben Zusammensetzung, das aber eine viel geringere Härte (2—3) hat und bis jetzt nie in Kristallen, wohl aber oft in Pseudomorphosen nach anderen Manganoxyden beobachtet wurde, ist der Pyrolusit oder das Weichmanganerz. Das Mineral wurde auch Glasmacherseife genannt, weil sein Zusatz zu den durch Eisen grüngefärbten Glasflüssen dieselben farblos macht, sie also gewissermaßen wäscht. Dasselbe bedeutet auch der Name Pyrolusit.

Die Verbindung $[MnO_2]$ wird ebenso wie die Verbindungen $[SnO_2]$ (Zinnstein), $[TiO_2]$ (Rutil) und $[PbO_2]$ (Plattnerit), mit denen sie homöomorph ist, als Anhydrid einer Säure vom Typus $[H_2MnO_3]$ aufgefaßt. Der Braunit und der Hausmannit sollen Salze der Meta-$[Mn(MnO_3)]$ bzw. der Orthomangansäure $[Mn_2(MnO_4)]$ sein. Man sieht eine Stütze für diese Auffassung darin, daß in beiden Mineralien das Mangan durch Barium, die Mangansäure durch Kieselsäure teilweise ersetzt sein kann.

Diese Doppelnatur des Mangans tritt auch in den Mineralien Bixbyit $[Fe(MnO_3)]$ und Pyrophanit $[Mn(TiO_3)]$ in Erscheinung.

Hydroxyde des Mangans kennt man zwei: den Pyrochroit $[Mn(HO)_2]$ und den Manganit $[H_2Mn_2O_4]$.

Der Pyrochroit wurde als Seltenheit in den Manganlagern Schwedens gefunden. Er ist im frischen Zustande weiß, wird aber bald beim Liegen an der Luft braun.

Der Manganit ist mit dem Nadeleisenerz und dem Diaspor homöomorph, kristallisiert also rhombisch. Wegen seines rötlichbraunen Striches wird er auch Braunmanganerz genannt. Pyrolusit und Polianit bilden manchmal Pseudomorphosen nach diesem Mineral. Schöne Kristalle dieses Minerales wurden namentlich zu Ilfeld im Harze gefunden.

Ein Gemenge verschiedener Manganoxyde und Silikate stellt der Psilomelan dar. Wegen seiner Härte (5—6) heißt er auch Hartmanganerz und, weil er oft in glatzkopfähnlichen Gestalten sich findet, schwarzer Glatzkopf. Seine Farbe ist in der Regel schwarz. Nur die Asbolan und Wad genannten Abarten sind bräunlich, manchmal auch kupferrot. Die Psilomelane sind Gele, die infolge ihrer Gelnatur verschiedene Substanzen adsorbiert enthalten. Die lithiumhaltenden Psilomelane werden Lithiophorite oder Kakochlor, die kobalthaltenden Asbolane oder Erdkobalt genannt. Die Hauptmasse ist aber immer Mangandioxyd und Wasser.

Der Psilomelan entsteht vornehmlich bei der Umwandlung manganhaltender Silikate. Ihm gehören auch die dendritischen Bildungen an, die so oft auf den Klüften der verschiedenartigsten Gesteine angetroffen werden (Mangandendriten).

2. Die Manganerzlagerstätten.

Manganerze treten in Gang- und Lagerform auf.

Bekannte gangartige Manganerzvorkommen sind die im Harz bei Ilefeld und in Thüringen bei Ilmenau und Elgersburg. Die Gänge setzen bei Ilefeld in einem Hornblendeporphyrit auf und führen vorwiegend Manganit und als Gangart Baryt. Die Gänge von Ilmenau und Elgersburg durchsetzen Porphyre, und am letztgenannten Orte verdrängen die Manganerze Pyrolusit, Braunit und Hausmannit die Porphyrbestandteile bis auf den Quarz, der in der ursprünglichen Verteilung in den Erzen enthalten ist. Zu Romanche in Frankreich treten die Gänge in Granit auf, und die Gangfüllung besteht hauptsächlich aus Psilomelan und Baryt.

Überall verarmen die Mangangänge in relativ geringer Tiefe, indem sie allmählich in Eisenerzgänge übergehen.

Bei den lagerartigen Vorkommen muß man die, welche in nichtmetamorphosierten Sedimenten eingeschaltet sind, von jenen trennen, die mit metamorphosierten Sedimenten (kristallinen Schiefern) verknüpft sind.

Manganerzlager erster Art sind oft mit Kalkstein verbunden, und die Manganoxyde sind wahrscheinlich durch diesen aus Lösungen gefällt worden. In der Lindener Mark (Hessen) liegen sie auf Kalkstein und sind von Ton überdeckt, in dem sich ebenfalls Nester oxydischer Manganerze befinden. Sie sind mit Eisenerzen vergesellschaftet, aber immer von diesen räumlich getrennt in besonderen Putzen und Lagen. Die Erze sind zweifellos metasomatischen Ursprunges, und die Tone werden als die Zersetzungsrückstände des weggelösten Kalkes angesehen.

Im Süden des Kaukasus, bei Tschiatura im Gouvernement Kutais, und bei Nikopolis am Dnjepr im Gouvernement Jekaterinoslaw sind reiche Manganerzlagerstätten mit Sanden und Sandsteinen in Verbindung. Dem Alter nach werden die ersteren dem Eozän, letztere dem Oligozän zugezählt. Die Erze haben manches Mal oolithische Struktur und bergen Haifischzähne und Knochenreste von Sirenen. Man hält sie für Flachseebildungen.

Zu Glitevand bei Dramen in Norwegen liegt ein Manganlager auf wahrscheinlich glazialem Schutt und wird von einer Tonschichte bedeckt. Hier hat man es mit einer den Sumpferzen analogen Bildung zu tun. Stellenweise, vielleicht in der Nähe des alten Seeufers, sind auch Raseneisensteine den Manganerzen beigemengt. Das Eisen fiel zuerst am Seerand aus und mit ihm die Kiesel- und Phosphorsäure. Mehr gegen die Seemitte schieden sich die reineren, höchstens kalkhaltenden Manganerze aus.

Auch im Staate Neuyork liegen am Hudson River Manganerze auf Glazialschutt.

An den Mündungen des Amazonenstromes sind im Überschwemmungsgebiete, wie Katzer berichtet, Manganerze von plattiger und schaliger Struktur abgeschieden worden. Sie verkitten die darunterliegenden Sande zu einem wahrhaftigen Mangansandstein.

Ganz besonderes Interesse erwecken die Manganknollen, die zuerst von der Challenger Expedition aus den Tiefen des Stillen Ozeans heraufgeholt worden sind. Stellenweise ist der Meeresboden ganz mit diesen Knollen übersät, die oft ein Gewicht von mehreren Kilogramm erreichen. Im Innern dieser kugeligen Gebilde befinden sich gelegentlich Haifischzähne und die Ohrknöchelchen von Cetaceen. Der Mangangehalt schwankt zwischen 28 und 56% MnO. Die Quelle des Mangans sehen einige Forscher in den vulkanischen Gesteinsbruchstücken, die von unterseeischen Vulkanausbrüchen herrühren, andere glauben, daß das Mangan und auch das Eisen von den Flüssen zugeführt wurden und daß das Mangan später oxydiert und ausgefällt wurde. Wie langsam diese Manganknollen wachsen, ersieht man aus der Tatsache, daß die von ihnen umschlossenen Haifischzähne Formen angehören, die wohl zur Tertiärzeit die Meere bewohnten, jetzt aber ausgestorben sind.

Tiefseeablagerungen sollen nach Katzer auch die an jurassische Radiolariengesteine gebundenen Manganerzvorkommen von Cevljanovic in Bosnien sein, die bariumreiche Psilomelane enthalten.

Die Manganerzlager in den metamorphen Schiefern. Wirtschaftlich von geringer Bedeutung sind die Manganerzlager in den Bündnerschiefern bei Oberhalbstein in der Schweiz. Sie bestehen aus oxydischen Manganerzen und enthalten auch verschiedene Mangansilikate.

In kristalline Schiefer sind die Manganerzvorkommen Jakobeni in der Bukowina, Macskömezö in Siebenbürgen und Huelva in Spanien eingelagert. Nachgewiesenermaßen sind die oxydischen Manganerze hier aus Mangansilikaten hervorgegangen.

Ganz ähnliche Verhältnisse liegen in einzelnen Manganerzlagern Brasiliens und Ostindiens vor. Hier wird ein Mangangranat-Natron-Feldspatgestein als Korndit, und ein Mangangranat-Quarzgestein, Gondit genannt, als Muttergestein angesehen.

Hussak spricht bezüglich der brasilianischen Vorkommen die Meinung aus, daß dieselben (und das dürfte auch auf alle anderen ähnlichen Manganerzlager zutreffen) ursprünglich sedimentäre Bildungen waren, die vielleicht durch Kontakt- oder Dynamometamorphose in den jetzigen Silikatzustand übergeführt wurden und später durch die Einwirkung vadoser Wässer die Rückumwandlung erlitten.

Eine ähnliche Genese nimmt man auch für die mineralogisch hoch interessanten schwedischen Manganerzlager von Långban, Pajsberg, Jakobsberg und Kittelen an, die, wie die schon früher besprochenen Eisenerzlager Mittelschwedens, im kristallinen Grundgebirge liegen und an Dolomit gebunden sind. Die Erzmassen setzen sich aus Braunit und Hausmannit zusammen. Magnusson hat für Långban festgestellt, daß der Braunit immer die Mitte, der Hausmannit mit dem Manganspat den Rand gegen den Skarn bildet. Im Skarn spielt der Rhodonit die Hauptrolle. Daneben wurde noch Tephroit [Mn_2SiO_4], ein Manganolivin, der fleischrote, trigonal-skalenoedrische Friedelit [$3(MnCl_2)MnSi_3O_7$], dem in den warmländischen Eisenlagern der gleichfalls ditrigonal-skalenoedrische Pyrosmalith [$3(Mn, Fe)(OH, Cl)_2 \cdot (Mn, Fe)Si_3O_7$] (4 Mol pro Zelle) entspricht, der gleichfalls fleischrote, aber trikline Inesit $\{[MnOH]_2(Mn, Ca)Si_3O_8 \cdot H_2O\}$ und der schokoladefarbene Manganbiotit, der Manganophyll, beobachtet.

Berühmt sind diese Erzvorkommen durch ihren Reichtum an seltenen Mineralien. Von den bisher aufgefundenen, ungefähr 120 Spezies sind 48 diesen Gruben allein eigentümlich. Auffallend ist das Vorkommen von Arsenaten und Arseniten, obwohl in den Manganerzen selbst noch nie Arsenide oder Sulfoarsenide, von welchen diese Mineralien abgeleitet werden könnten, gefunden worden sind.

Von Arsenaten sind zu nennen: Der fleischrote bis rötlichgelbe Sarkinit [$(OH)_2Mn_4(AsO_4)_2$], der monokline, braunrote Akrochordit [$(OH)_4Mn_5(AsO_4)_2$], der rote rhombische **Hämofibrit** $[(OH)_6Mn_6(AsO_4)_2]$, der braune rhombische **Flinkit** $2[(OH)_2Mn] \cdot [(OH)Mn]_2Mn_2(AsO_4)_2]$, der rötlichgraue monokline **Allaktit** $3[(OH)_2Mn] \cdot [(OH)Mn]_2Mn_2(AsO_4)_2]$, der trigonal-skalenoedrische, braunrote **Hämatolith** $8[(OH)_2Mn] \cdot [(Mn, Al)_2(AsO_4)_2]$, der schwarze rhombische **Synadelphit** $\{(OH)_5[(Mn, Al)Mn_2] \cdot [(Mn, Al)_3(AsO_4)_2]\}$, der trikline weiße **Brandtit** $\{[(OH)Ca]_2Mn_2(AsO_4)_2\}$, ferner der strohgelbe **Karynit** $[(Ca, Mg, Mn, Pb)_3(AsO_4)_2]$ und der kubische schwefelgelbe **Berzeliit**, dessen Formel nach **Machatschki** $[(Ca^2Na^1)_3(Mn, Mg)_2As_3O_{12}]$ — „Giftgranat" — ist.

Noch merkwürdiger als das Vorkommen von Arsenaten ist das von Arseniten, weil deren Bildung einen reduzierenden Einfluß voraussetzt. Man kennt jetzt zwei Mineralien: den schwarzen, trigonal-skalenoedrischen **Armangit** $[Mn_3(AsO_3)_2]$ und den hexagonalen, glimmerähnlichen **Dixenit** $\{[(OH)Mn]_2Mn_3(AsO_3)_2(SiO_3)\}$. Der Dixenit ist im auffallenden Lichte schwarz, im durchfallenden aber rot.

III. Der Sukzessionskreis der Zinkmineralien.

a) Das Franklinit-Zinkitvorkommen in New Jersey.

In Nordamerika im Staate New Jersey befinden sich bei Franklin Furnace und Sterling Erzvorkommen, die in geologischer und mineralogischer Hinsicht den Manganerzlagerstätten Wermlands nahestehen. Über einem Gneis liegt ein dichter, blaugrauer Kalkstein kambrischen Alters, der an der Grenze gegen den Gneis in einen weißen, kristallinen Marmor umgewandelt worden ist. Unmittelbar am Gneis treten im Kalkstein Magnetitlager auf, die früher abgebaut wurden und denen bei Arendal im südlichen Norwegen im mineralogischen Aufbau ähnlich sind. Weiter entfernt vom Kontakte erscheint, über weite Strecken sich ausdehnend, ein zweites Erzlager in muldenförmiger Lagerung, das aus einem körnigen Gemenge von schwarzem **Franklinit**, einem Eisen-Zink-Manganspinell $[(Fe, Zn, Mn)_3O_4]$, von **Willemit** $[Zn_2SiO_4]$ und **Zinkit** (ZnO) mit oder ohne Kalzit besteht. Diese Manganzinklagerstätte, die einzige in ihrer Art, wird von Granitgängen durchbrochen, und an diesen Stellen finden sich dann auch skarnartige Bildungen, die hier natürlich vorwiegend aus Manganzinksilikaten bestehen.

Der Reichtum an seltenen Mineralien ist auch hier groß. **Palache** führt in seiner Liste 128 Mineralien an. An dieser Stelle sei nur der wichtigsten Zinkmineralien gedacht.

Zinksilikate. An erster Stelle steht der **Willemit**, das Orthosilikat, das aber nicht wie die entsprechenden Orthosilikate des Eisens und Mangans, rhombisch, sondern trigonal-rhomboedrisch kristallisiert (Phenakittypus). Der gleichen Kristallklasse gehört auch der **Troostit**, eine Mischung des Zinkorthosilikates mit dem Manganorthosilikate $[(Zn, Mn)_2SiO_4]$, an. Dadurch wird angedeutet, daß das Manganorthosilikat dimorph ist. Daß auch das gleiche für das Zinkorthosilikat gilt, beweist der rhombische, zinkhaltende **Röpperit** $[(Fe, Mn, Zn)_2SiO_4]$.

Der **Willemit**, wie auch der **Troostit**, können farblos, bräunlich oder grünlich sein. Im ultravioletten Lichte fluoresziert der Troostit grün, der Willemit dagegen gar nicht.

In diesen Gruben fand sich auch ein dem Monticellit entsprechendes Mangan-Kalzium-Orthosilkat, der graugrüne, rhombische **Glaukochroit** $[CaMn(SiO_4)]$.

Weiter wurden noch Mangansilikate wie der rotviolette, monokline **Leukophönizit** $\{[(OH)Mn]_2 \cdot Mn_5(SiO_4)_3\}$ und der graugelbe, rhombische **Bementit** $[H_2MnSiO_4]$, dann Mangan-Zink- und Kalzium-Zinksilikate wie der rosenrote, monokline **Hodgkinsonit** $\{[(OH)Zn]_2 \cdot Mn(SiO_4)\}$, der **Gageit** $\{[(OH)Mn]_4 \cdot (Mn, Zn, Mg)_4(SiO_4)_3\}$, der weiße, tetragonale **Hardystonit** $[Ca_2Zn(Si_2O_7)]$ und der gleichfalls weiße oder amethystfarbene **Klinoedrit** $[(OH)_2(CaZn)(SiO_3)]$ von dort beschrieben.

Von Arsenaten, die diesem Vorkommen allein eigentümlich sind, seien erwähnt: der lichtbraune, optisch einachsige Schallerit [$9\,(MnSiO_3) \cdot (Mn_3As_2O_8) \cdot 7\,H_2O$] und der im natürlichen Lichte grüne, im künstlichen rote Chlorophönizit {$7[(OH)_2(Mn,\,Zn,\,Ca) \cdot\,][(Mn,\,Zn,\,Ca)_3As_2O_8]$}. In ganz kleinen Mengen wurde der dem Leukophönizit im Aussehen ähnliche, rhombische Holdenit ([$8\,MnO \cdot 4\,ZnO \cdot As_2O_8] \cdot 5\,H_2O$) gefunden.

In den Drusenräumen kleiner Gänge von Axinit wurde vor kurzem ein tetragonal-skalenoedrisches Kalziumborarsenat [$Ca_4B_2As_2O_{12} \cdot 4\,H_2O$], der Cahnit, entdeckt.

Die im Kalkstein eingebetteten Apatite sind nach Bauer von normaler Zusammensetzung. Diejenigen aber, die in den Frankliniterzen enthalten sind, besitzen oft einen beträchtlichen Arsensäuregehalt. Sie sind somit Mischungen des Apatites mit Svabit {$[Ca(Cl,\,F,\,OH)]Ca_4(AsO_4)_3$}, der auch im Skarn der schwedischen Manganerzlagerstätten nachgewiesen worden ist.

Eine weitere Besonderheit, welche dieses Erzvorkommen wieder mit den Manganerzlagern vom Wermland gemein hat, ist das Auftreten der so seltenen Bleisilikate. Hier sollen nur die beiden Blei-Zink-Silikate angeführt werden, die speziell diesem Lager eigentümlich sind: der Larsenit [$PbZnSiO_4$) und der Kalziumlarsenit [$(Pb,\,Ca)ZnSiO_4$]. Beide Mineralien kristallisieren rhombisch. Der Larsenit ist weiß und durchsichtig, der Kalziumlarsenit weiß und opak und fluoresziert bei Anwendung von Eisenelektroden zitronengelb.

Als Erze sind in Franklin und Sterling nur die der Spinellgruppe angehörenden Mineralien: der schwarze Franklinit [$(Fe,\,Mn,\,Zn)_3O_4$], der grünlichweiße Gahnit [$ZnAl_2O_4$], der gelbbraune Dysluit [$(Zn,\,Mn,\,Fe,\,Al)_3O_4$] und der Zinkit [ZnO] anzusprechen.

Der Zinkit, der schon des öfteren künstlich in farblosen oder durch Eisen gelblich gefärbten Kristallen erhalten worden ist, besitzt in der Natur wegen seines manchmal bis 10% ansteigenden Mangangehaltes eine rote Farbe und heißt deshalb auch Rotzinkerz. Wie das Orthosilikat des Zinkes, der Willemit, weicht auch das Monoxyd kristallographisch von den entsprechenden Oxyden des Mangans und des Magnesiums ab. Es kristallisiert nämlich nicht wie diese kubisch, sondern dihexagonal-pyramidal und ist somit nach der Hauptachse hemimorph.

Daß diese Mangan-Zink-Lagerstätten sowie die Eisen- bzw. Manganerzlagerstätten Mittelschwedens metamorph sind, steht außer Frage. Unsicher ist nur die ursprüngliche Form derselben. Eine Umwandlung aus sumpferzähnlichen Bildungen anzunehmen, geht nicht an, weil nach dem Stand unseres bisherigen Wissens analoge Bildungen oxydischer Zinkerze nicht bekannt sind.

b) Die sulfidischen Zinkerze.

Als primäres Zinkerz kommt lediglich das Zinksulfid [ZnS] in Betracht. Dasselbe ist dimorph, denn man kennt zwei Mineralien mit dieser Zusammensetzung, die hexakistetraedrische Zinkblende und den dihexagonal-pyramidalen Wurtzit.

Die Zinkblende ist leicht an ihrer vollkommenen Spaltung nach dem Rhombendodekaeder und an dem Diamantglanz zu erkennen. Letzterer ist eine Folge des hohen Brechungsexponenten ($n = 2{,}369$). Auf diese Eigentümlichkeit wird von einzelnen Mineralogen der Name „Blende" zurückgeführt, denn „blenden" bedeutet glänzen. Blenden wird aber auch für täuschen gebraucht, und die Meinung, daß sich die Bergleute durch das Aussehen der Zinkblende täuschen ließen, kommt in der von Glocker in die Mineralogie eingeführten Bezeichnung Sphalerit zum Ausdruck, denn „sphaleros" heißt im Griechischen „trügerisch".

Es ist ja möglich, daß die Bergleute die schwarze Abart dieses Minerales für Bleiglanz hielten. Darauf deutet die Bezeichnung „galena inanis", das ist „nichtiger Bleiglanz", die Basilius Valentinus und Agricola gebrauchten, hin.

Die reine Zinkblende ist farblos oder schwach gelblich gefärbt. Häufiger besitzen aber die Zinkblenden eine tiefgelbe, rote und schwarze Farbe. Auf die Farbe hat der Gehalt an [FeS] einen großen Einfluß. Derselbe kann bis 26% (St. Agnes in Cornwall) ansteigen. In wägbaren Mengen enthalten die Zinkblenden noch die Elemente: Kadmium, Blei, Mangan, Zinn (Freiberg, St. Agnes), Silber und Antimon, in Spuren auch Indium, Gallium, Quecksilber, Thallium, Germanium, Kobalt, Molybdän und Arsen.

Die Kristalle der Zinkblende sind als schlechte Leiter der Elektrizität pyroelektrisch wegen ihrer tetraedrischen Entwicklung, und zwar besitzen sie vier elektrische Achsen, die den normalen auf die Tetraederfläche entsprechen.

Neben den kristallisierten Abarten kommen auch dichte vor, die wegen ihrer schaligen Struktur Schalenblenden, wegen ihrer nierenförmigen Oberfläche und braunen Farbe auch Leberblenden genannt werden. Dieselben sind als Gele abgesetzt und erst später in kristalline Zinkblende umgewandelt worden.

Die strahligen und faserigen Abarten des Zinksulfides gehören nicht mehr der Zinkblende, sondern dem Wurtzit an.

Die Mineralspezies „Wurtzit" wurde 1860 von dem Franzosen Friedel aufgestellt, der glasglänzende Kristalle mit hexagonalem Habitus von Oruro in Bolivien beschrieb. Zur selben Zeit wurde das hexagonale Schwefelzink von Deville und Troost künstlich hergestellt. Das Volumgewicht des Wurtzites ist 3,98, also niedriger als das der Zinkblende (4,063 weiße Zinkblende von New Jersey). Die Hemimorphie der Wurtzitkristalle stellte Förstner und Hautefeuille an künstlichen Kristallen fest. Von der Zinkblende unterscheidet sich der Wurtzit durch sein allerdings schwaches, aber mit steigender Temperatur zunehmendes elektrisches Leitungsvermögen. Chemisch kennzeichnet ihn auch ein größerer Kadmiumgehalt, oft bis 3,66%, und ein bedeutenderer Silbergehalt. Seine Farbe ist braun. Eine Spaltung geht parallel dem Prisma.

Matzke hat 1916 gefunden, daß sich Wurtzit und Zinkblende auch dadurch unterscheiden, daß bei der Oxydation des Wurtzites aller Schwefel, bei jener der Zinkblende nur die Hälfte in Schwefelsäure umgewandelt wird, während die andere Hälfte sich als freier Schwefel abscheidet.

Von den beiden Modifikationen des Schwefelzinkes ist bei normalen Temperaturen der Wurtzit die labile, die Zinkblende die stabile, denn der Wurtzit ist leichter löslich als die Zinkblende. Zudem wandelt sich der Wurtzit, wird er auf 800° erwärmt, mit merklicher Geschwindigkeit in Zinkblende um. Diese Umwandlung ist, wie die Aragonit → Kalzit, monotrop. Wird aber die Temperatur auf 1020° gesteigert, so geht die Zinkblende wieder in Wurtzit über, und diese Umwandlung ist enantiotrop, d. h. umkehrbar. Die Umwandlungsgeschwindigkeit ist sehr klein, und dies erklärt, warum der Wurtzit auch bei niederen Temperaturen neben Zinkblende bestehen kann. Eine Beimischung von [FeS] drückt die Umwandlungstemperatur herab. Bei einem Eisensulfidgehalt von 28% liegt der Umwandlungspunkt bei 880°.

Wie die Versuche von Allen und Day zeigten, scheidet sich die Zinkblende aus alkalischen Lösungen, der Wurtzit aus schwach sauren ab. Die Zinkblende verhält sich also wie Pyrit, der Wurtzit wie Markasit. Der Wurtzit kann auch auf trockenem Wege durch Sublimation bei 1200—1300° erhalten werden, die Zinkblende aus Schmelzen von [ZnS] in [NaCl] bei 800° in Rhombendodekaedern, aus Schmelzen von Kaliumpolysulfid bei 350° in tetraedrischen Kristallen.

c) Die Abkömmlinge des Zinksulfides.

Die Umwandlung des Zinksulfides erfolgt nach dem gewöhnlichen Schema.

Durch einfache Oxydation entsteht aus dem Zinksulfid das Zinksulfat, das als Mineral mit $7\,H_2O$ im Zinkvitriol oder Goslarit $[ZnSO_4 \cdot 7\,H_2O]$ auftritt. Der Zinkvitriol ist weiß und kristallisiert rhombisch-bisphenoidisch wie der Nickelvitriol. In verlassenen Bergbauten wird er manchmal in Zapfen von den Decken herabhängend angetroffen.

Kommen wässerige Lösungen des Zinksulfates mit Kalkstein oder Dolomit zusammen, so entsteht das weiße Zinkkarbonat, der ditrigonal-skalenoedrisch kristallisierende Smithsonit oder Zinkspat $[ZnCO_3]$.

Da aber das Zinkkarbonat wegen des schwach basischen Charakters des Zinkes zur Hydrolyse neigt, so entsteht, wenn nicht überschüssige H-Ionen zugegen sind, also aus neutralen Lösungen an Stelle des normalen Karbonates das basische Zinkkarbonat $\{2[Zn(HO)_2] \cdot [ZnCO_3]\}$, welche Verbindung als Mineral die Namen Zinkblüte oder Hydrozinkit führt. Der Hydrozinkit ist meist erdig gelblich-weiß, tritt aber auch in traubigen Krusten auf.

Bei Gegenwart von Kieselsäure entsteht das Kieselzinkerz $[H_2Zn_2SiO_5]$, das auch die Namen Calamin oder Hemimorphit führt. Den letzteren Namen verdankt es dem Umstande, daß seine Kristalle der rhombisch-domatischen Klasse angehören und daher nach der Z-Achse hemimorph sind. Sie sind infolgedessen auch pyroelektrisch. Die Kristalle sind meist mit dem antilogen Pol, der durch das Fehlen der Basisfläche ausgezeichnet ist, aufgewachsen.

Das Kieselzinkerz findet sich örtlich in solchen Mengen, daß es als Erz abgebaut wird. Ebenso wird auch der Zinkspat als Erz verwendet. Die Bergleute bezeichneten beide Erze als Galmei und unterschieden den Kieselgalmei, das Kieselzinkerz, vom Kohlengalmei, dem Zinkkarbonat.

In manchen Zinklagerstätten findet sich auch das Hydrozinkarsenat, der rhombisch kristallisierende, meist bläulichgrüne Adamin $[(OH)Zn_2AsO_4]$.

Das analog zusammengesetzte Phosphat $[(OH)Zn_2PO_4]$ ist der weiße Tarbutit, der aber nicht wie der Adamin rhombisch, sondern triklin kristallisiert.

Mit dem Tarbutit zusammen kommen zu Brockenhill in Rhodesien noch zwei wasserhaltende Zinkphosphate, der Hopeit und der Parahopeit, vor. Beide Mineralien haben die Formel $[Zn_3P_2O_8 \cdot 4\,H_2O]$. Doch kristallisiert der Hopeit rhombisch, der Parahopeit triklin. Der Hopeit fand sich neben Tarbutit namentlich in Knochenbrekzien, der Parahopeit von jenen getrennt auf limonitischer Unterlage.

Ein anderes Zinkphosphat bildet in Britisch-Kolumbien den Kern von Kieselzinkerzstalaktiten. Es ist dies der weiße Spencerit, ein kristallwasserhaltender Adamin $\{[(HO)Zn]_2Zn_2(PO_4)_2 \cdot 3\,H_2O\}$.

IV. Das Kadmium.

Die Verbindung $[CdS]$, welche fast in jeder Zinkblende und jedem Wurtzit in geringen Mengen enthalten ist, tritt in der Natur auch als selbständiges Mineral, das den Namen Greenockit erhalten hat, auf. Man fand dasselbe zuerst zu Bishoptown in Schottland beim Bau eines Tunnels in einer Kluft eines Labradorit-porphyrs mit Prehnit zusammen in schönen, honiggelben Kristallen, die, wie jene des Wurtzites, der dihexagonal-pyramidalen Klasse angehören und wie diese nach $(10\overline{1}0)$ gut und nach (0001) schlecht spalten. Gewöhnlich erscheint der Greenockit oder die Kadmiumblende als dunkelgelber Anflug in den Zinkerzlagerstätten.

Das Kadmiumoxyd $[CdO]$ ist in der Natur nur einmal als schwarze Kruste auf Kieselzinkerz von Iglesias (Sardinien) beobachtet worden. Künstlich wurde diese Verbindung auch in Kristallen erhalten, die auffallenderweise nicht, wie die Verwandtschaft mit dem Zink erwarten ließe, hexagonal, sondern, wie das Mangan- und Magnesiumoxyd, kubisch sind.

V. Die Verbreitung des Thalliums, Indiums und Galliums.

Alle drei genannten Elemente sind in der Zinkblende nachgewiesen worden. Aber während das Indium und Gallium auf dieses Mineral beschränkt sind und sich in demselben nur in sehr geringen Mengen findet, ist das Thallium weiter verbreitet und tritt sogar selbständig mineralbildend auf. Man kennt die Verbindung [$TlAsS$] im diamantglänzenden, kochenillroten, monoklinen Lorandit, den schwarzen, rhombisch-pyramidalen Vrbait [$TlSbAsS_5$], der auf frischen Bruchflächen dunkelrot und rot kantendurchscheinend ist, den diamantglänzenden, kirschroten, ebenfalls rhombischen Hutchinsonit [$(Tl, Ag, Cu)_2As_2S_4 \cdot PbAs_2S_4$] und den Crookesit [$(Cu, Tl)_2Se$], der in derben, bleigrauen Partien 1866 von Nordenskjöld in den Erzen von Skrikerum in Schweden gefunden und nach dem Entdecker des Thalliums Crookes benannt wurde.

Der Lorandit wurde von J. Krenner und der Vrbait von Ježek auf Realgarstufen von Allchar in Mazedonien entdeckt, und der Hutchinsonit wurde von Solly im Dolomit des Binnentales aufgefunden.

VI. Der Sukzessionskreis der Bleimineralien.

Bevor auf die Besprechung der Zinkerzlagerstätten eingegangen werden kann, müssen noch die Bleierze behandelt werden, weil diese mit den Zinkerzen genetisch so innig verknüpft sind, daß es kaum eine Lagerstätte gibt, wo nicht Zink- und Bleierze nebeneinander vorkommen würden.

a) Der primäre Bleiglanz.

Das Ausgangsmineral aller sekundären Bleiverbindungen ist vorwiegend das Bleisulfid [PbS], der Bleiglanz oder der Galenit. Der Bleiglanz ist durch seine dunkle Farbe, sein hohes Volumgewicht wie durch die vollkommene Spaltung nach den Flächen des Würfels von allen ähnlichen Mineralien zu unterscheiden. Dazu kommt noch die geringe Härte, die zwischen der des Steinsalzes (2) und des Kalkspates (3) liegt. Der Bleiglanz kristallisiert kubisch, die häufigste Kristalltracht ist der Würfel, seltener ist das Oktaeder, die so ausgebildeten Kristalle führen den Namen Steinmannite und stellen die genetisch jüngere Trachtgruppe dar. Meistenteils ist der Bleiglanz der Erzvorkommen derb, grob- oder feinkörnig, manchmal auch dicht. Letztere Abart wird Bleischweif genannt.

Erwärmt zerspringen die meisten kristallinen Bleiglanze. Man sagt: sie „dekrepitieren". Diese Erscheinung wird dadurch hervorgerufen, daß der hydatogen entstandene Bleiglanz Flüssigkeitseinschlüsse enthält, die beim Erwärmen verdampfen und die Spannkraft der so entstandenen Dämpfe zersprengt die kristallinen Bleiglanzkörner nach den Flächen des geringsten Zusammenhanges, den Spaltflächen. Dieselbe Erscheinung zeigen auch andere durch eine gute Spaltung ausgezeichneten Mineralien, wie die Zinkblende und das Steinsalz.

Der Bleiglanz kommt wohl manchmal allein als Erz auf Gängen oder Lagern vor. Meistenteils ist er aber mit Zinkblende vergesellschaftet, die dann in der Regel das ältere Glied der Mineralvereinigung oder Mineralassoziation darstellt. In den Erzgängen ist die Zinkblende immer makroskopisch kristallin, in den Erzlagern dagegen dicht und von gelblichweißer oder gelbbrauner Farbe. Hier bildet sie mit Bleiglanz wechsellagernd nierenförmige, manchmal auch traubige Bildungen, an deren Aufbau sich auch Markasit beteiligt. Daneben bildet der Bleiglanz auch röhrenförmige Bildungen (Röhrenerze), die wie die Kalzitstalaktiten in der Mitte einen hohlen Kanal besitzen. Auch an diese haben sich nicht selten nachträglich Zinkblende und Markasit schalenartig angelagert.

Werden solche Gebilde oder Brekzien, die durch diese Mineralgesellschaft verkittet sind, durchschlagen, so kommen jene Zeichnungen zum Vorschein, die wegen ihrer Ähnlichkeit mit Kokarden diesen Erzen den Namen Ringel- oder Kokardenerze eingetragen haben.

b) Die Sulfosalze des Bleis.

Beim Blei begegnet man zum ersten Male, wenn man von den nur derb vorkommenden Berthierit $[FeSb_2S_4]$ absieht, Verbindungen, die jetzt allgemein als Salze von Sulfosäuren, und zwar der sulfoarsenigen, sulfoantimonigen und sulfobismutigen Säure aufgefaßt werden. Die Formeln dieser Säuren sind $[H_6As_2S_6]$, $[H_6Sb_2S_6]$ und $[H_6Bi_2S_6]$. Anhydrosäuren sind $[H_4As_2S_5]$, $[H_4Sb_2S_5]$, $[H_4Bi_2S_5]$ und $[H_2As_2S_4]$, $[H_2Sb_2S_4]$ und $[H_2Bi_2S_4]$. Auch Verbindungen, die mehr Säureanteile enthalten als dem Metatypus $H_2As_2S_4$ z. B. entsprechen, sind bekannt, und ebenso basische Salze.

Alle diese Verbindungen sind bleigrau und daher, wenn sie nicht kristallisiert sind, schwer voneinander zu unterscheiden. Zudem besteht bei einigen noch der Zweifel, ob sie wirklich chemische Individuen oder Gemenge sind.

Die aus dünnen Fasern bestehenden Feder- oder Zundererze gehören trotz ihres gleichartigen Aussehens mehreren Mineralien an. Sind z. B. die Nadeln spröde, so rechnet man sie zum Plumosit $[Pb_2Sb_2S_5]$, sind sie aber elastisch biegsam, zum Zinkenit $[PbSb_2S_4]$. Oft entsprechen sie auch der Formel $[Pb_5Sb_6S_{14}]$ und dann dürften sie Gemenge sein.

Nach dem Formeltypus kann man mehrere Gruppen unterscheiden. Sie werden im nachfolgenden danach geordnet aufgezählt werden, vornehmlich deshalb, um deren Mannigfaltigkeit aufzuzeigen.

I. Gruppe: Der bleigraue, faserige Keeleynit $[Pb_2Sb_6S_{11}]$ aus Oruro in Bolivien, und der licht bleigraue, feinkörnige Rezbanyit $[Pb_2Bi_6S_{11}]$ von Rezbanya in Rumänien.

II. Gruppe: Der bleigraue, deutlich spaltbare, blätterige Chiviatit $[PbBi_4S_7]$ aus Peru.

III. Gruppe: Die Metasulfosalze. Der monoklin-prismatische Skleroklas oder Sartorit $[PbAs_2S_4]$ aus dem Binnental in der Schweiz, der rhombischbipyramidale Zinkenit $[PbSb_2S_4]$ von Wolfsberg im Harz, und der derbe Galenobismutit $[PbBi_2S_4]$ von Nordmarken. Verwandt mit diesen Mineralien sind der Platynit $[PbBi_2SSe_3]$ und der Weibullit $[PbBi_2Se_2S_2]$. Beide wurden in den Kupferkiesgruben von Fahlun in Schweden gefunden.

IV. Gruppe: Der Liveingit $[Pb_5As_4S_{17}]$ aus dem Binnental, der Plagionit $[Pb_5Sb_4S_{17}]$ vom Wolfsberg im Harz und der Bismutoplagionit $[Pb_5Bi_4S_{17}]$ von Wilkes in Montana. Die beiden erstgenannten Mineralien kristallisieren monoklin, das letztgenannte ist nur in faserigen Aggregaten gefunden worden.

V. Gruppe: Der monokline Baumhauerit $[Pb_4As_6S_{13}]$ aus dem Binnental.

VI. Gruppe: Der rhombische Rathit $[Pb_3As_4S_9]$ von ebendort.

VII. Gruppe: Der Jamesonit $[(Pb, Fe)_5Sb_6S_{14}]$, zu dem ein Teil des Federerzes gehört.

VIII. Gruppe: Der Heteromorphit $[Pb_7Sb_8S_{19}]$, der dem Aussehen nach ganz dem Jamesonit gleicht.

IX. Gruppe: Die Pyrosulfosalze: der rhombische Dufrenoysit $[Pb_2As_2S_5]$ aus dem Binnentale, der Plumosit $[Pb_2Sb_2S_5]$, dem manche Federerze zugehören und der rhombische Cosalit $[Pb_2Bi_2S_5]$, der zuerst aus der Grube Cosala in Mexiko beschrieben wurde.

X. Gruppe: Der Semseyit $[Pb_9Sb_8S_{21}]$ aus Siebenbürgen. Er kristallisiert monoklin.

XI. Gruppe: Der Boulangerit $[Pb_5Sb_4S_{11}]$, ein rhombisches Mineral.

XII. Gruppe: Die Orthosalze: der derbe Guitermanit $[Pb_3As_2S_6]$ aus der Zuny Mine von Silvertown in Kolorado, der Embrithit $[Pb_3Sb_2S_6]$, den Breithaupt aus Sibirien erwähnt, und der Lillianit $[Pb_3Bi_2S_6]$, ein derbes Erz von Lillian in Kolorado.

XIII. Gruppe: Der monokline Jordanit $[Pb_4As_2S_7]$ aus dem Binnental, der rhombische Meneghinit $[Pb_4Sb_2S_7]$ und der rhombische Goongarrit $[Pb_4Bi_2S_7]$ aus Westaustralien.

XIV. Gruppe: Der Geokronit $[Pb_5Sb_2S_8]$, ein rhombisches Mineral aus den Gruben von Sala in Schweden.

XV. Gruppe: Der Beegerit $[Pb_6Bi_2S_9]$, der kubisch kristallisiert und zu Park Co. in Kolorado gefunden wurde.

Die Mineralien der drei letzten Gruppen lassen sich als basische Salze vom Typus $[(Pb_2S)Pb_2(As,\ Sb,\ Bi)_2S_7]$, $[(Pb_2S)_2Pb(As,\ Sb,\ Bi)_2S_6]$ und von $[(Pb_2S)_3(As,\ Sb,\ Bi)_2S_6]$ auffassen.

Die aufgezählten Sulfosalze sind gewiß zum Teil ebenfalls primäre Absätze aus juvenilen Erzlösungen, sie können aber auch sekundäre Bildungen sein, dadurch entstanden, daß Bleiverbindungen aus ihren von Tag niedersteigenden Lösungen von den in den tieferen Zonen anstehenden primären sulfidischen Erzen wieder als Sulfosalze ausgefällt wurden. Die Zone eines Erzganges, wo sich diese Vorgänge abspielen, wird die Zementationszone genannt. Sie liegt immer nahe dem Grundwasserhorizonte.

c) Die sekundären Bleimineralien.

Durch unmittelbare Oxydation des Bleiglanzes entsteht auch hier zuerst das Bleisulfat $[PbSO_4]$. Als Mineral trägt es den deutschen Namen Bleivitriol, der allerdings unzutreffend ist, weil die Vitriole kristallwasserhaltende Verbindungen sind und der Bleivitriol wasserfrei ist. Die mineralogische Bezeichnung „Anglesit" ist daher vorzuziehen. Der Anglesit ist farblos, diamantglänzend und kristallisiert, wie der Baryt und Zölestin, mit denen er homöomorph ist, rhombisch. Die Kristalle sitzen in der Regel unmittelbar auf dem Bleiglanz auf.

Bei der Umwandlung des Bleiglanzes in Bleisulfat scheinen experimentellen Erfahrungen zufolge wässerige Lösungen jener Vitriole eine Rolle zu spielen, deren Metalle in mehreren Wertigkeiten auftreten können. Es sind dies vornehmlich Eisen und Kupfer. Die Ferri- bzw. Kuprisulfate werden durch den Bleiglanz zu Ferro- bzw. Kuprosulfat reduziert, und der so frei gemachte Sauerstoff wird zur Oxydation des Bleisulfides verwendet nach den Gleichungen:

$$PbS + 4\overset{...}{Fe}(SO_4)_3 = PbS + 4O + 8FeSO_4 + 8SO_3 = PbSO_4 + FeSO_4 + 8SO_3,$$

oder

$$PbS + 8CuSO_4 = PbS + 4O + 4\overset{I}{Cu_2}SO_4 + 4SO_3 = PbSO_4 + 4\overset{I}{Cu_2}SO_4 + 4SO_3.$$

Neben dem normalen Bleisulfat findet sich in der Natur auch das viel seltenere basische Bleisulfat $[Pb_2SO_5]$ oder $[(Pb_2O)SO_4]$, der Lanarkit, nach dem Fundorte Lanarkshire in Schottland benannt. Er ist monoklin und hat eine gelbliche bis grünlichweiße Farbe.

Aus dem Bleiglanz entsteht entweder unmittelbar oder durch Vermittlung des Bleisulfates das Bleikarbonat $[PbCO_3]$, der Cerussit oder das Weißbleierz, wie es wegen seiner weißen Farbe auch genannt wird. Künstlich kann diese Verbindung erhalten werden, wenn man auf Bleiglanz Natriumkarbonat einwirken läßt, denn $PbS + Na_2CO_3$ gibt $PbCO_3 + Na_2S$. Diese Reaktion ist auch umkehrbar, und dadurch erklärt sich auch die Bildung von jüngerem Bleiglanz auf Cerussit.

Der Cerussit kristallisiert wie Witherit und Strontianit rhombisch, gehört also in die Reihe der rhombischen Karbonate. Die durch einen lebhaften Glanz ausgezeichneten Kristalle sind nach dem Aragonitgesetz — Zwillingsfläche ist (110) — sehr häufig zu Zwillingen und Drillingen vereinigt.

Mit dem Namen Bleierde bezeichnet man einen cerussithaltenden Ton.

Da das Bleisulfat im Wasser leichter löslich ist als das Bleikarbonat — nach Kohlrausch lösen 1000 cm³ H_2O bei 18° 0,041 g $PbSO_4$ und nur 0,001 g $PbCO_3$ —, so begegnet man in der Natur auch Pseudomorphosen von Cerussit nach Anglesit. Künstlich gelingt diese Umwandlung durch Einwirkung von $[H(NH_4)CO_3]$ auf Bleisulfat.

Die Bleisalze neigen wie die Zinksalze zur Bildung basischer Salze hin. Ein solches basisches Salz ist der hexagonal kristallisierende Hydrocerussit $\{[(OH)Pb]_2Pb(CO_3)\}$. Er entsteht leicht bei längerer Einwirkung von kohlensäurehaltenden Wässern auf gediegen Blei und auch auf Bleiglanz. Mit gediegen Blei assoziiert fand man ihn zu Långban, auf Bleiglanz zu Wantok Head in Schottland und an mehreren Orten Englands. Auch die Bleiröhren der Wasserleitungen werden in Hydrocerussit umgewandelt.

Das künstlich hergestellte basische Bleikarbonat ist das als Malerfarbe vielfach benutzte Bleiweiß. Weil es in schwefelwasserstoffhaltender Luft sich in Bleisulfid umwandelt und daher seine weiße Farbe verliert, ist es als Malerfarbe weniger geschätzt als das beständigere Zinkweiß und das Barytweiß.

Das basische Bleikarbonat bildet mit dem Bleisulfat ein monoklines Doppelsalz, den farblosen bis hellgrünen, nach seinem Fundorte in England benannten Leadhillit, dessen Konstitutionsformel $[Pb(OH)_2 \cdot Pb_2(CO_3)(SO_4)]$ ist. Dieses Mineral fand man auch als Neubildung auf alten römischen Bleischlacken zu Mendip in England neben Cerussit und Anglesit. Auch pseudomorph nach Bleiglanz und Kalzit hat man den Leadhillit angetroffen.

Das Blei unterscheidet sich von allen bisher besprochenen Metallen dadurch, daß es mit Chlor in Wasser schwer- oder unlösliche Verbindungen bildet. Daher kennt man auch Verbindungen des Bleies mit diesem Halogen als Mineralien.

Den Übergang vermittelt das Chlorkarbonat des Bleies $[Pb_2Cl(CO_3)]$, der Phosgenit. Seine tetragonalen Kristalle wurden in besonders schöner Ausbildung am Monteponi in Sardinien gefunden.

Das Chlor, das in dieser und den nachfolgenden Verbindungen erscheint, stammt aus dem Natriumchlorid des Meerwassers, welches durch die Stürme mit dem Meerwasser der Luft beigemengt wurde, aus der es dann mit dem Regen wieder zur Erde niederkam. Man findet daher die Chlorverbindungen des Bleies und anderer Metalle, wie des Kupfers und Silbers, vor allem in Bergwerken, die nahe der Meeresküste liegen, oder in den Salzwüsten, wo die vadosen Wässer immer stark chlorhaltend sind. Aber auch auf den Erzgängen des Binnenlandes werden Chlorverbindungen der genannten Metalle manchmal angetroffen, denn auch im Binnenland ist Chlor immer, wenn auch in geringen Mengen, im Grundwasser vorhanden.

Von natürlichen Chlorverbindungen des Bleies sind festgestellt worden: Der Cotunnit $[PbCl_2]$, ein weißes, rhombisch kristallisierendes Mineral, das zuerst 1825 unter den Sublimationsprodukten des Vesuves entdeckt wurde und später sich auch in Chile und Peru im zersetzten Ausgehenden der Erzgänge fand. Auch auf den Bleiplatten eines wahrscheinlich im Jahre 50 v. Chr. an der afrikanischen Küste in 35 m Tiefe gesunkenen Schiffes erkannte man den Cotunnit neben Phosgenit und pulverigen Bleiglanz. Neben Anglesit enstand der Cotunnit auf geschmolzenem Blei, das von einem 1780 im Hafen von Falmouth verbrannten Leuchtschiffe stammte.

Der Matlockit ist ein Oxychlorid des Bleies von der Zusammensetzung $[Pb_2OCl_2]$ oder $[(PbCl)_2O]$, so daß er als Oxyphosgenit dem Karbonatphosgenit gegenübergestellt werden kann, bei dem das zweiwertige Säureradikal (CO_3) durch den gleichfalls zweiwertigen Sauerstoff ersetzt wurde. Auffallend und diese Analogie bestätigend, ist weiter, daß der Matlockit wie der Phosgenit tetragonal kristallisiert. Die Farbe des Matlockites ist weiß oder grünlichweiß. Seinen Namen erhielt er von seinem ersten Fundorte Matlock in Derbyshire, wo er mit Phosgenit zusammen auf derbem Bleiglanz aufsaß. Später wurde er auch in Chile und Tasmanien entdeckt.

Zu Laurion in Griechenland fand man ihn auch in den Blasenräumen der Bleischlacken, welche vor mehr als 2000 Jahren von den alten Griechen ins Meer gestürzt wurden und die jetzt wegen des oft noch bis 15% ansteigenden Bleigehaltes durch Baggerung wieder aus dem Meere herausgeholt und neuerlich verhüttet werden. Als Grund, warum hier anstatt des Bleichlorides das Oxychlorid erscheint, nimmt man die geringe Tiefe an, in welcher die Bleischlacken liegen.

Der Mendipit, der gleichfalls nach seinem Fundorte Mendip Hills in Sommersetshire benannt wurde, ist $[Pb_3O_2Cl_2]$ oder $[(PbCl)_2PbO_2]$. Er könnte demnach als ein Chlorosalz der Bleisäure $[H_2(PbO_4)]$ aufgefaßt werden. Der Mendipit ist weiß oder strohgelb und kristallisiert rhombisch. Unter dem Einflusse der Atmosphärilien wandelt er sich zuerst in Hydrocerussit um, indem das Chlor durch (OH) und der Sauerstoff durch (CO_3) ersetzt wird, so daß aus $[Pb_3Cl_2O_2]$ die Verbindung $[Pb_3(OH)_2(CO_3)]$ wird. Aus dem Hydrocerussit entsteht dann Cerussit durch Ersatz von $2(OH)$ durch (CO_3).

Der Penfieldit $[2PbCl \cdot PbO]$ wurde 1892 von Genth ebenfalls auf den aus dem Meere gebaggerten Bleischlacken von Laurium entdeckt. Er kristallisiert hexagonal.

Von den drei eben erwähnten Oxychloriden des Bleies sind im System $PbO - PbCl_2$ nur der Matlockit und der Mendipit sichergestellt worden. Der Matlockit schmilzt zudem inkongruent unter Abscheidung von Mendipit. Bei 524° zerfällt er nach der Gleichung:

$$2(Pb_2O \cdot Cl_2) = [(PbCl)_2(PbO_2)] + (PbCl_2).$$

Das Bleichlorid wird schon bei ungefähr 500° flüssig, während der Mendipit erst bei 693° schmilzt.

Zu Laurion hat man in den Bleischlacken auch folgende Hydroxydchloride des Bleies festgestellt:

Mit dem Penfieldit zusammen fand sich der monoklin kristallisierende Fiedlerit $[Pb_3Cl_4(OH)_2]$, in dem der Sauerstoff des Penfieldit durch (OH) ersetzt ist, ferner den rhombisch-pyramidalen Laurionit und den monoklin-prismatischen Paralaurionit oder Raphaelit. Beiden entspricht die Formel $[Pb(OH)Cl]$. Der Paralaurionit wurde auch in Chile entdeckt, wo er statt weiß violblau ist.

Den Übergang zu den Bleioxyden bilden: der rötlichgelbe Chubutit $[7PbO \cdot PbCl_2]$ von Chubu in Argentinien und der honiggelbe Lorettit von Loretto in Tennessee $[6PbO \cdot PbCl_2]$. Beide Mineralien sind optisch einachsig positiv.

Das natürliche Bleioxyd $[PbO]$ hat eine schwefelgelbe bis goldgelbe Farbe und glimmerähnliches Aussehen. In größeren Mengen hat man es bisher nur in Mexiko, Bolivien (Caracoles) und Tasmanien (Dundas) sowie bei Tsumeb in Westafrika in Begleitung anderer Zersetzungsprodukte von Bleierzen angetroffen. An künstlichen Kristallen wurde deren Zugehörigkeit zur rhombisch-bipyramidalen Klasse festgestellt. An natürlichen Kristallen beobachtete Larsen, daß der Kern der tafelförmig entwickelten Kristalle in der Regel aus der gelben, optisch positiven Modifikation, der Rand aus der roten, optisch negativen besteht. Für die erstere will Larsen den schon 1883 von d'Acchiardi vorgeschlagenen Namen Massicot beibehalten wissen, während er der anderen den Namen Litharge gibt.

Ein zweites Oxyd des Bleies ist der eisenschwarze Plattnerit $[PbO_2]$, der in die Reihe der tetragonalen Dioxyde einzureihen ist. Als Mineral wurde er 1847 von Breithaupt aus Leadhills in Schottland beschrieben, und winzige Kristalle desselben fand man später in Idaho und auch in Tsumeb. Künstlich erhält man diese Verbindung, wenn man Bleioxyd mit Kali zusammenschmilzt. Chemisch wird diese Verbindung als das Anhydrid der Bleisäure $[H_2(PbO_3)]$ aufgefaßt.

Das Orthosalz dieser Säure ist die rote Mennig $[Pb_3O_4]$ oder $[Pb_2(PbO_4)]$. Dieses Mineral ist sehr selten. In den Bleierzgängen von Nassau wurde es in Pseudomorphosen nach Cerussit beobachtet. Die künstliche Mennige ist eine bekannte Farbe. Sie wird durch Zusammenschmelzen von Bleikarbonat mit Natrium- und Kaliumnitrat bei 300° erzeugt. Trotz ihrer schön roten Farbe ist die Mennige zur Malerfarbe ungeeignet, weil sie sich unter dem Einflusse der Atmosphärilien in das weiße Bleikarbonat umwandelt.

Die Verbindung $[PbFe_2O_4]$, die trigonal-trapezoedrisch kristallisiert, wurde aus dem Manganerzlager von Jakobsberg in Schweden beschrieben.

Im Ausgehenden der Bleierzgänge treten nicht selten neben den gewöhnlichen Umwandlungsprodukten der Bleierze auch solche auf, die Phosphorsäure und Arsensäure neben Chlor enthalten. Die Phosphorsäure ist der Gangfüllung ohne Zweifel von außen zugeführt worden, indes die Arsensäure von der Zersetzung der im Gange selbst auftretenden Arseniden herrühren kann.

Am weitesten verbreitet ist der Pyromorphit $[Pb_{10}Cl_2(PO_4)_6$, ein Mineral, das, weil es bald braun, bald gelb, bald grün ist, auch die Namen Braunbleierz, Grünbleierz oder Buntbleierz erhalten hat. Der Name Pyromorphit wurde dem Mineral deshalb gegeben, weil die geschmolzene Kugel dieses Minerales sich beim Erkalten mit Fazetten umgibt. Die nicht gerade seltenen Kristalle gehören, wie die des Apatites, mit dem ja der Pyromorphit homöomorph ist, der hexagonal-bipyramidalen Klasse an.

Zur Apatitreihe gehört auch der wachsgelbe Mimetesit oder Mimetit, $[Pb_{10}Cl_2(AsO_4)_6]$. Die gleichzeitig phosphorsäurehaltende, orangegelbe Abart führt wegen der bauchigen Tracht der Kristalle den Namen Kampylit, denn „kampylos" bedeutet im Griechischen „gekrümmt". Die Kristalle zeigen oft Felderteilung und Zweiachsigkeit. Zu Johanngeorgenstadt im Erzgebirge war der Mimetesit in den oberen Teufen so häufig, daß man seine Kristalle den Kindern als Spielzeug gab.

In den Minen von Tsumeb in Afrika sind die Mimetitkristalle in Parabayldonit $\{[Pb(OH)]_2Pb_2(AsO_4)_2\}$ umgewandelt. In diesem Mineral wird ein Teil des Bleies durch Kupfer und Ferroeisen vertreten. Der Parabayldonit ist zeisig- bis schwarzgrün und unterscheidet sich vom mit vorkommenden Bayldonit nur durch den geringeren Wassergehalt.

Als weitere Arsenate des Bleies wären noch zu nennen: der Hedyphan aus den Gruben von Långban $[(Pb, Ca, Ba)_{10}Cl_2(AsO_4)_6]$, dann der Georgiadesit, $[(PbCl)_4 \cdot Pb(AsO_4)_2]$ von Laurium. Der weiße Hedyphan ist mit dem Mimetit homöomorph, der braune Georgiadesit kristallisiert rhombisch-bipyramidal.

In den Manganerzgruben von Pajsberg und Långban wurden auch Bleiarsenite nachgewiesen, so der Heliophyllit oder Ekdemit $[Pb_6Cl_4As_2O_7)]$, ein gelbgrünes, rhombisch-bipyramidal kristallisierendes Mineral, ferner der Finnemannit $[Pb_5ClAs_3O_9)]$, der dunkelgrün ist und wie der Mimetit hexagonalbipyramidal kristallisiert, und der Trigonit $[HMnPb_3(AsO_3)_3]$, der monoklin-domatisch kristallisiert und eine schwefelgelbe Farbe besitzt.

Nicht gerade häufig kommen in den oberen Teufen einzelner Bleierzgänge oder in den Klüften des Nachbargesteines Bleivanadinate vor. Über die Herkunft der Vanadinsäure ist man noch vollkommen im unklaren. Das bekannteste Mineral dieser Art ist der mit dem Apatit, dem Pyromorphit und Mimetit homöomorphe Vanadinit $[Pb_{10}Cl_2(VO_4)_6]$. Seine Kristalle sind diamantglänzend und besitzen rötliche bis braune Farbe. Entdeckt wurde dieses Mineral zu Zimapan in Mexiko. Im Dolomit des Obir in den Karawanken sitzen die Kristalle in den Klüften.

Andere Vanadinate, von denen das eine Zink, das andere auch Mangan enthält, sind der braunrote, rhombische Descloizit $\{[Pb(OH)](Pb, Zn)(VO_4)\}$ und der ebenso kristallisierende, feuerrote Pyrobelonit aus Långban in Schweden $\{[Pb(OH)](Pb, Mn)(VO_4)\}$.

Die genetisch interessanteste Gruppe der Bleimineralien sind die Bleisilikate, die man sowohl in den Mangangruben Schwedens, als auch in den Zink-Mangan-Gruben New Jerseys aufgefunden hat. Man kennt sowohl Ortho-, Meta- wie auch Polysilikate.

Orthosilikate sind: Der farblose, glimmerähnliche, wahrscheinlich hexagonale Molybdophyllit $\{[(OH)(Pb, Mg)]_2 \cdot (Pb, Mg)(SiO_4)\}$, der monokline, bräunliche Hancockit $(Ca, Pb, Sr, Mn)_2(Al, Fe)_3Si(O, OH)_{13}$, also Bleiepidot.

Metasilikate sind: Der Alamosit $[PbSiO_3]$, ein weißes, faseriges Mineral, nach seinem Fundorte Alamos in Mexiko benannt, der weiße, trikline Margarosanit $[Pb, Ca_2(SiO_3)_3]$ und der grobkristalline, perlgraue Hyalotekit, der nahezu der Formel $[(OH, F)(Ba, Ca, Pb)_4B(SiO_3)_6]$ entspricht.

Von Polysilikaten sind zu nennen: Der weiße, perlmutterglänzende, trigonale Barysilit $[Pb_3(Si_2O_7)]$, der nicht nur zu Långban, sondern auch in Queensland vorkam, der schwarze, rhombische Melanotekit, dessen Formel nach Groth $[Pb_2(FeO)_2(Si_2O_7)]$ ist und der mit ihm gestaltlich verwandte Kentrolith $[Pb_2(MnO)_2(Si_2O_7)]$, der ebenfalls schwarz ist, aber einen braunen Strich hat. Letzterer wurde in Chile entdeckt; der hexagonale, wegen seines lebhaften Glanzes — „ganoma" bedeutet im Griechischen die „Glasur" — benannte Ganomalit $\{[(OH)Pb]_2Pb_4Ca_4(Si_2O_7)_3\}$ und der ebenfalls hexagonale Nasonit, der gleich zusammengesetzt ist, nur enthält er statt Hydroxyl Chlor.

Im System $PbO-SiO_2$ konnten nur zwei Verbindungen nachgewiesen werden, nämlich $[Pb_2SiO_4]$ und $[PbSiO_3]$. Ersteres ist in der Natur unbekannt, letzteres ist der Alamosit. Das Eutektikum zwischen beiden hat die Zusammensetzung des Barysilites.

Damit ist aber die Zahl der sekundären Bleiverbindungen noch nicht erschöpft.

Aus Kärnten wurde 1785 von dem verdienten Kärntner Forscher Wulfen der nach ihm benannte Wulfenit $[PbMO_4]$ beschrieben. Derselbe bekam wegen seiner licht- bis orangegelben Farbe auch den Namen Gelbbleierz. Die tetragonal-pyramidalen Kristalle, welche meist tafelförmig, seltener pyramidenförmig entwickelt sind, sind aber nicht immer gelb, sondern, wie die von Příbram, auch grau. Woher die in diesem Mineral auftretende Molybdänsäure stammt, ist noch ein Rätsel.

Ein zweites, viel selteneres Bleimineral ist das Bleiwolframat $[PbWO_4]$, der graue oder bräunliche Stolzit. Breithaupt entdeckte dieses Mineral in Zinnwald. Man kennt es aber auch aus Sardinien, von Massachussets, Minas Geraes und Broken Hill in Neusüdwales. Gewöhnlich kristallisiert das Mineral tetragonal-bipyramidal. Im letztgenannten Fundorte entdeckte Foullon auch eine monokline Modifikation, den Raspit, der dort neben dem Stolzit auf mulmigem Bleiglanz aufsaß.

In den Goldquarzgängen von Beresowsk im Ural, in Tasmanien und auch in Südafrika traf man in monoklinen Kristallen den morgenroten Krokoit oder das Rotbleierz [$PbCrO_4$].

Zu Beresowsk gibt es auch ein basisches Bleichromat, den hyazinthroten Phönikokrokoit oder Phönizit. Die schwarze Abart heißt Melanochroit. Die Formel lautet [$(Pb_2O)Pb(CrO_4)_2$]. Bei beiden ist der Strich ziegelrot.

1897 beschrieb Samoilow ein Mineral aus Beresowsk unter dem Namen Beresowit. Seine Zusammensetzung gibt die Formel [$2PbO \cdot 3PbCrO_4 \cdot PbCO_3$] wieder. In Tasmanien wurde dieses dunkelrote Mineral in Pseudomorphosen nach Krokoit angetroffen.

Endlich muß noch das lichtgrüne, nach dem Entdecker des Chroms Vauquelinit genannte Mineral erwähnt werden, das als eine Verbindung des Bleiphosphates mit dem Bleichromat gedeutet wird [$(Pb, Cu)_3P_2O_8 \cdot PbCrO_4$]. Es kristallisiert monoklin und dürfte mit Nordenskjölds Laxmanit identisch sein. Fundorte sind Beresowsk und Brasilien.

d) Das gediegene Blei.

In der Literatur sind mannigfache Angaben über das Vorkommen von gediegenem Blei enthalten, die aber alle mit großer Vorsicht aufgenommen werden müssen, weil das Blei als Metall dem Menschen sehr früh bekannt und auch sehr früh zu allerhand Zwecken von ihm verwendet wurde. Daher ist es leicht möglich, daß das im Erdboden gefundene Blei nicht natürlichen, sondern künstlichen Ursprunges ist. Die Tatsache, daß das Blei so früh dem Menschen bekannt wurde, und das Zink, dessen Erze so oft von Bleierzen begleitet sind, nicht, findet ihre Erklärung darin, daß Blei und Zinkerze, wenn sie an der Luft erhitzt werden, wohl metallisches Blei, nicht aber metallisches Zink liefern. Denn der Bleiglanz wird nach der Gleichung:

$$PbS + 2PbO = 3Pb + SO_2 \text{ oder } PbS + PbSO_4 = 2Pb + 2SO_2$$

zersetzt.

Wegen der geringen Verwandtschaft des Bleies zum Sauerstoff und wegen seines niederen Schmelzpunktes (327°) tropft das Blei bei diesem Prozesse von den erhitzten Erzen ab, während das Zink zu Zinkoxyd verbrennt und sich verflüchtigt. Die Griechen nannten das Blei „molybdos", die Römer „plumbum". Dabei scheint den Alten noch eine Verwechslung mit dem Zinn unterlaufen zu sein, denn Plinius trennt das Blei als plumbum nigrum vom Zinn, dem plumbum candidum. Die Verwechslung wird erklärlich dadurch, daß auch das Zinn, wenn seine Erze mit Kohle erhitzt werden, weil es schon bei 230° schmilzt, aus dem noch ungeschmolzenen Erzgemenge abtropft.

Natürlichen Ursprunges ist das gediegene Blei, das man zu wiederholten Malen in den Erzgruben Mittelschwedens in unregelmäßigen Platten und Klumpen oder in ästigen und drahtförmigen Gestalten, aber auch in bis 3 g schweren, prachtvoll entwickelten, kubischen Kristallen im Skarn und seinen Drusenräumen gefunden hat. Die frisch fast silberglänzenden Kristalle werden an der Luft bald matt und überziehen sich mit weißem Bleikarbonat.

Auf welche Weise es in diesen bleiarmen Erzlagern zur Bildung des gediegenen Bleies kam, ist noch ein Rätsel. Hamberg spricht die Vermutung aus, daß es bei der Oxydation der mitvorkommenden Bleiarsenite zu Bleiarsenaten reduziert worden sei. In den letzten Jahren wies man gediegenes Blei in den Zink-Manganerz-Vorkommen von New Jersey nach.

e) Die Blei-Zinklagerstätten.

Die Blei- und Zinkerze trifft man sowohl auf Gängen, wie auch auf Lagern.

Die gangförmigen Vorkommen werden nach ihrer Mineralführung in drei Gruppen oder Gangformationen geteilt werden, nämlich: in die karbon-spätige oder edle Bleiformation, in die kiesige und in die barytische Bleiformation.

Die edle Bleiformation ist durch das Auftreten von Karbonaten (Kalkspat und Braunspat) als Gangart charakterisiert. Weil stellenweise mit den Bleierzen auch wertvolle Silbererze einbrechen, führt sie den Namen edle Bleiformation.

Für die kiesige Bleiformation ist der Quarz und für die barytische der Baryt die bezeichnende Gangart. Am verbreitetsten ist auf Gängen die kiesige Blei-formation.

In den Blei-Zinkerz-Gängen ist sehr oft ein primärer Teufenunterschied deut-lich ausgebildet. Die geologisch jüngsten Gänge führen in ihren obersten Par-tien reiche Silbererze, auf die dann mit zunehmender Tiefe die Blei- und Zink-erze folgen. Aber auch dann ist in den höheren Teilen der Bleiglanz das vor-herrschende Erz. Dann folgen Blei- und Zinkerze, und zu unterst überwiegt die Zinkblende. Diese Zone geht weiter oft in eine eisenspatführende über.

Die Gänge der Blei-Zink-Formation sind gewöhnlich reicher, wenn sie in Grauwacken und Sandsteinen aufsetzen, verarmen in der Regel, wenn sie in Schiefern übertreten, wobei sie häufig auch zertrümmern.

Die lagerförmigen Blei-Zink-Vorkommen sind fast ausschließlich an Kalk und Dolomit gebunden und tragen deutlich die Merkmale der Metasomatose an sich. Der Verdrängung des Kalkes durch die Erzmassen scheint überall eine Dolomitisierung des Kalksteines vorausgegangen zu sein, ein Beweis, daß in den Erzlösungen selbst oder in deren unmittelbaren Vorläufern Magnesiumverbin-dungen reichlich vorhanden waren. Die Erze — es sind dies Bleiglanz, Zinkblende, Markasit, allenfalls auch Pyrit — erfüllen in diesen Dolomiten unregelmäßige Hohlräume, Taschen, Schläuche usw. durch Absätze, die zweifellos hydatogenen Ursprunges sind, was sie auch durch ihre Form verraten.

Die Erzmassen sind gewöhnlich dort am reichlichsten abgelagert, wo tonige Gesteine an die Karbonatgesteine grenzen, weil sich dort die von unten kommenden Erzlösungen stauten, wodurch ihre chemische Wirksamkeit auf das Nachbar-gestein gefördert wurde. Von Spalten aus drangen dann die Erzlösungen auf den Schichtfugen in die angrenzenden Gesteinsbänke ein, wenn diese die Bedingungen für eine Metasomatose, das ist Karbonatgehalt und Durchlässigkeit, erfüllten. Dies erklärt, warum die Metasomatose nicht auf Kalke bestimmten geologischen Alters beschränkt ist, sondern Kalke der verschiedensten Horizonte ergreift und auch in ein und demselben Gesteinskomplex gewisse Schichten bevorzugt. In der Rheinprovinz bei Aachen sind sowohl Devon- wie Kohlenkalke die Träger des Erzreichtums, südlich von der hohen Venn sind es Gesteine der Trias, in Ober-schlesien ist es der Muschelkalk, in Kärnten sind es gleichfalls Kalke, die der mittleren Trias zugezählt werden, in Sardinien sind es silurische Kalke und in Laurion Marmore, die den kristallinen Schiefern eingeschaltet sind.

Die metasomatische Verdrängung kann auch Sandsteine ergreifen, wenn sie kalkiges Bindemittel besitzen. Ein Beispiel hierfür ist der triadische Buntsand-stein von Kommern und Mechernich in der Rheinprovinz.

Durch die Einwirkung der Erzlösungen wurde der rote Sandstein gebleicht, das kalkige Bindemittel verschwand, und an seine Stelle traten Bleiglanz, Zink-blende, Kupfererze und allenfalls deren Zersetzungsprodukte. Der vorherrschende Bleiglanz bildet in dem veränderten Sandstein bis 5 mm große Knoten, weshalb diese abbauwürdigen Partien des Sandsteines den Namen Knotenerze erhalten haben. Diese Knoten sind Gegenstücke zu den kristallisierten Sandsteinen, nur ist hier Bleiglanz, nicht Kalkspat das Bindemittel, das den Sandsteinaggregaten die Gestalt und die Spaltbarkeit aufzwingt.

In diesen Erzlagern sind die Erze deutlich voneinander gesondert, was vielleicht als ein Hinweis auf die zeitliche Aufeinanderfolge der verschiedenen Erzlösungen aufgefaßt werden kann. Am weitesten von der Zuführungskluft entfernt sind die oxydischen Kupfererze. Dann folgt der Bleiglanz, noch näher der Kluft die Zinkblende, und in der Kluftnähe befindet sich Weißbleierz. Örtlich trifft man im Sandstein auch Kobalt-Nickel-Kiese.

Die Erze der Blei-Zink-Lagerstätten sind, wie in Schlesien, in den oberen Partien sehr oft umgewandelt. Zuerst unterliegt von der primären Erzassoziation der Markasit und die Zinkblende der Umwandlung. Diese wird zu Galmei, und zwar entweder zu Kiesel- oder Kohlengalmei. War das ursprüngliche Erz arm an Markasit, dann ist der Galmei arm oder frei von Eisenhydroxyd und daher weiß (weißer Galmei). War jedoch im Erz Markasit in größerer Menge vorhanden, so wurde der neugebildete Galmei durch dessen Umwandlungsprodukte gefärbt, und zwar braun oder rot (roter Galmei). Wenn schon jede Spur der Zinkblende verschwunden ist, so ist der Bleiglanz noch immer relativ frisch inmitten des Galmeis.

VII. Der Sukzessionskreis der Silbermineralien.
a) Die sulfidischen Silbererze.

Der Bleiglanz ist fast immer etwas silberhaltend. Die Menge des Silbers schwankt zwischen weiten Grenzen, übersteigt jedoch selten 0,5%. Die silberhaltenden Bleiglanze sind, wenn der Silbergehalt primär ist, zumeist feinkörnig. Das Silber ist im Bleiglanz als Silbersulfid enthalten und hebt sich bei erzmikroskopischer Betrachtung durch die hellere Farbe deutlich vom Bleiglanz ab. Es bildet im Bleiglanz winzige Tröpfchen oder Blättchen, die parallel zur Spaltfläche des Bleiglanzes eingelagert sind. Sie sind das Erzeugnis der Entmischung eines früher homogenen Blei-Silber-Sulfides.

Das Silbersulfid [Ag_2S] führt als Mineral die Namen Silberglanz oder Argentit, ersteren deshalb, weil es die für Glanze bezeichnete dunkle Farbe besitzt. Der Silberglanz bildet wie der Bleiglanz kubische Kristalle, und zwar Würfel und Oktaeder, ist aber vom Bleiglanz leicht durch das Fehlen der Spaltbarkeit zu unterscheiden. Auch ist die Härte desselben geringer. Der Silberglanz läßt sich mit dem Messer schneiden und ist so geschmeidig, daß der Kurfürst August von Sachsen, als sich einmal eine größere Masse Silberglanz in den Freiberger Erzgängen fand, daraus Denkmünzen prägen ließ. Diese Eigenschaft trug ihm auch bei den ungarischen Bergleuten den Namen Weichgewächs ein. Was der Name „Glaserz", den ebenfalls der Argentit trägt, bedeutet, ist dunkel. Vielleicht liegt hier eine Verwechslung vor.

Im Jahre 1855 entdeckte Kenngott zu Joachimstal und 1860 Dauber auf der Grube Himmelsfürst bei Freiberg in Sachsen Schwefelsilberkristalle, die sie für rhombisch hielten und die deshalb, weil die Kristalle spießartigen Habitus hatten, nach dem griechischen Worte für „Stachel" = „akanthos" den Namen Akanthit erhielten. Krenner bezweifelte die mineralogische Selbständigkeit dieses Minerales und erklärte die Akanthitkristalle für verzogene kubische Kristalle. Das elektrische Verhalten des Akanthites und des Silberglanzes bewiesen aber deren Verschiedenheit. Der Akanthit ist nämlich ein guter, der Silberglanz ein schlechter Leiter der Elektrizität. Jener verhält sich wie das in der Kälte gefällte Silbersulfid, dieser wie geschmolzenes künstliches Silbersulfid. Der Schmelzpunkt des Silbersulfides liegt bei 842°. Die sprunghafte Änderung des elektrischen Verhaltens gestattete, einen Umwandlungspunkt bei 179° festzustellen. Über dieser Temperatur ist das Silbersulfid kubisch, unter derselben soll es rhombisch sein. Daß das Silbersulfid bei gewöhnlichen Temperaturen anisotrop sein kann, beweisen die metallographischen Untersuchungen, die beim Silberglanz komplizierte Zwillingsbildung und schwache Polarisation des Lichtes nachgewiesen haben. Es liegen also in diesen Fällen Paramorphosen von Akanthit nach Argentit vor.

Daß Bleiglanz und Silberglanz, trotzdem sie beide kubisch sind, bei gewöhnlichen Temperaturen keine homöomorphe Mischung bilden können, beweist ihre Kristallstruktur. Der Silberglanz hat nämlich ein innenzentriertes Raumgitter, der Bleiglanz ein Gitter wie das Steinsalz. Bei diesem ist a = 5,93 Å, bei jenem a = 4,84 Å.

Das Silber bildet auch eine wohldefinierte Verbindung mit dem Antimon, den Dyskrasit (Ag_3Sb). Der Dyskrasit kristallisiert auf Grund röntgenographischer Aufnahmen rhombisch-pseudohexagonal, und bei kleinerem Sb-Gehalt hexagonal. Der Dyskrasit ist und war in manchen Silbererzgängen das Haupterz, so seinerzeit in Andreasberg im Harz und jetzt zu Broken Hill in Australien. Er ist in der Farbe lichter als der Silberglanz und auch bedeutend härter. Oft ist er messinggelb angelaufen. Auch besitzt er eine deutliche Spaltung nach mehreren Formen, vor allem nach (001).

Aus der Schmelze seiner Bestandteile kristallisiert er bei 560°. In silberreicheren Schmelzen bilden sich bei 787° Mischkristalle desselben mit Silber, die der Formel [Ag_6Sb] entsprechen und, wie das Silber, kubisch sind. Bei den natürlichen Dyskrasiten scheint der öfters beobachtete höhere Silbergehalt, wie Sandberger und Liebisch meinten, eine Folge beginnender Umwandlung zu sein.

Der Animikit, der in den Erzgruben am Lake superior gefunden wurde und dessen Zusammensetzung durch die Formel [Ag_9Sb] wiedergegeben werden kann, dürfte ein veränderter Dyskrasit sein.

Von ebendort wurde auch ein Silberarsenid [Ag_3As], der Huntilith, beschrieben. Da jedoch die Untersuchungen des Zweistoffsystemes $Ag—As$ kein Anzeichen vom Bestande einer solchen Verbindung ergeben haben, so ist es zweifelhaft, ob diesem Vorkommen eine mineralogische Selbständigkeit zukommt.

Zu Copiapo in Chile wurde auch ein silberweißes Silberwismut [Ag_3Bi], der Chilenit, beobachtet.

Die Tellurverbindungen des Silbers werden an anderer Stelle besprochen werden.

Die Sulfosalze des Silbers, welche wegen ihres hohen Wertes von den Bergleuten „Güldigerze" genannt wurden, unterscheiden sich von den analogen Sulfosalzen des Bleies dadurch, daß bei ihnen mit wenigen Ausnahmen die Merkmale der Blende: lichte Farben, Durchscheinen und Diamantglanz, vorherrschen. Wenn auch bei einigen die Farbe noch schwärzlich ist, so gibt es auch solche, die lebhaft rot sind (Rotgüldigerze), und fast alle sind in dünnen Splittern rot durchscheinend.

Dazu gesellt sich lebhafter Diamantglanz, der einzelnen Typen den Namen „Silberblenden" eingetragen hat.

Die Zahl der Sulfosalze des Silbers ist viel geringer als die des Bleies. Man kennt auch hier Meta- und Orthosalze der Sulfosäuren und auch noch silberreichere Verbindungen, die aber wegen der Einwertigkeit des Silbers nicht wie beim Blei als basische Salze, sondern als Mischkristalle der Orthosalze mit [Ag_2S] aufgefaßt werden müssen. Merkwürdigerweise kristallisiert auch der silberreichste Vertreter, der Polyargyrit, kubisch wie der Silberglanz.

Metasalze sind: Der Matildit $[Ag_2Bi_2S_4]$, auch Plenargyrit genannt, ein graues, opakes Mineral, das in der Matilda Mine in Peru entdeckt und auch in Japan beobachtet wurde. Der Miargyrit $[Ag_2Sb_2S_4]$. Seine Farbe ist eisenschwarz, der Glanz halbmetallisch, der Strich dunkel kirschrot und die Kristalle monoklin. Der Aramayoit $[Ag_2(As, Sb)_2S_4]$ aus Bolivien ist schwarz und auf Grund röntgenographischer Untersuchungen triklin. Der scharlachrote, monokline Smithit $[Ag_2As_2S_4]$ stammt aus dem Dolomit des Binnentales.

Orthosulfosalze sind: Der Pyrargyrit $[Ag_6Sb_2S_6]$, der wegen seiner dunkelkirschroten Farbe auch das dunkle Rotgüldigerz und wegen des Mangels der metallischen Merkmale auch Antimonsilberblende genannt wird; der Proustit $[Ag_6As_2S_6]$, das lichte Rotgüldigerz oder die Arsensilberblende. Beide Rotgüldigerze kristallisieren ditrigonal-pyramidal.

Beide Verbindungen $[Ag_6Sb_2S_6]$ und $[Ag_6As_2S_6]$ kommen in der Natur auch in monoklinen Kristallen vor. Die Feuerblende oder der Pyrostilpnit entspricht der Antimon-, der Xanthokon oder Rittingerit der Arsenverbindung.

Silberreicher als ein Orthosalz sind: Der rhombische Stephanit $[Ag_{10}Sb_2S_8]$. Wegen seiner Sprödigkeit wird er auch das Sprödglaserz und wegen seiner Farbe Schwarzgüldigerz oder Melanglanz genannt. Er ist vollkommen undurchsichtig. Der Polyargyrit $[Ag_{24}Sb_2S_{15}]$ ähnelt in allem und jedem dem Silberglanz.

Zu den Silbererzen wird auch der Polybasit oder Eugenglanz gerechnet, weil er neben Kupfer und Eisen 70% Silber enthält. Er kristallisiert in scheinbar hexagonalen, in Wirklichkeit aber rhombischen, tafelförmigen Kristallen, ist im auffallenden Lichte schwarz, im durchfallenden rot. Seine Formel ist: $[(Ag, Cu, Fe)_{18}Sb_2S_{12}]$. Die entsprechende Arsenverbindung $[(Ag, Cu, Fe)_{18}As_2S_{12}]$ ist der rhombische, undurchsichtige Pearceit.

Die Untersuchungen der Zweistoffsysteme: $[Ag_2S] - [Sb_2S_3]$ bzw. $[Ag_2S] - [As_2S_3]$ haben nur den sicheren Nachweis der Verbindungen $[Ag_2Sb_2S_4]$ und $[Ag_2As_2S_4]$ bzw. $[Ag_6Sb_2S_6]$ und $[Ag_6As_2S_6]$ ergeben. Für den Bestand silberreicherer Verbindungen ließ sich kein Anhaltspunkt gewinnen.

Neben den reinen Silbersulfosalzen gibt es noch eine Anzahl Blei-Silbersulfo-Salze, wie: den rhombischen Andorit oder Sundit $[Ag_2Pb_2Sb_6S_{12}]$ aus Ungarn und Bolivien, den Schapbachit $[Ag_2PbBi_2S_5]$, der in deutlichen Kristallen noch nicht gefunden wurde, den rhombischen Hutchinsonit aus dem Binnental, dessen Formel $[(Ag, Tl)_2PbAs_4S_8]$ ist, den derben Schirmerit $[Ag_4PbBi_4S_9]$, ferner den rhombischen Diaphorit und den monoklinen Freieslebenit. Die beiden letztgenannten Mineralien haben die gleiche Zusammensetzung $[Ag_4Pb_3Sb_4S_{11}]$. Der Diaphorit fand sich in Příbram, der Freieslebenit in Freiberg. Weil die säulenförmigen Kristalle des letzteren stets nach der Z-Achse gestreift sind, hat der Freieslebenit auch den Namen Schilfglaserz erhalten.

Eine eigentümliche Gruppe ternärer Silbersulfide bilden die Silberkiese. Sie enthalten Silber, Eisen und Schwefel in wechselnden Mengen, kristallisieren alle rhombisch mit pseudohexagonaler Tracht, aber die verschiedenen Typen unterscheiden sich durch ihre Farbe und die physikalischen Eigenschaften (Spaltung). Es wurden folgende Spezies aufgestellt: Der tombakbraune Sternbergit $[AgFe_2S_3]$, der gleichfarbige Frieseit $[Ag_2Fe_5S_8]$, beide von Joachimstal, der bronzefarbene Argyropyrit $[Ag_3Fe_7S_{11}]$ von Freiberg und der stahlgraue Argentopyrit $[AgFe_3S_5]$, wieder von Joachimstal. Die Silberkiese wurden auch im Harz, in Südamerika und in Australien gefunden.

Alle oben angegebenen Formeln der Silberkiese lassen sich in $x[AgFe_2S_3]$, den Sternbergit, und $y[FeS_2]$ zerlegen. Tschermak hält die Silberkiese für Pseudomorphosen, denn die Kristalle umschließen manchmal andere Silbermineralien.

b) Die Umwandlung der primären Silbermineralien. Das gediegene Silber.

Die geringe Verwandtschaft des Silbers zum Sauerstoff und die Unbeständigkeit der Sauerstoffsalze des Silbers haben einen anscheinend ganz anderen Verlauf des Umwandlungsvorganges der Silbersulfide und -sulfosalze zur Folge als bei den früher besprochenen Elementen. Gewiß entstehen bei der Oxydation der sulfidischen Silbererze auch Sulfate, Karbonate und Oxyde, aber diese Verbindungen sind im Wasser leicht löslich und wenig stabil, weshalb sie in der Natur als Mineralien nicht auftreten. Auch das Silberoxyd ist im Wasser nicht unlöslich und gibt besonders im Lichte Sauerstoff ab. Dasselbe tritt auch ein, wenn es über 160° erhitzt wird.

Daher liefern alle Silberschwefelverbindungen, wenn sie in Abwesenheit von Chlor, Brom und Jod dem Einflusse der Atmosphärilien unterliegen, fast immer gediegen Silber, das dann wegen seiner geringen Affinität zum Sauerstoff im feuchten Erdboden erhalten bleibt und sich im Ausgehenden der Silbererzgänge anhäufen muß. Tatsächlich waren es immer reiche Silberfunde unmittelbar unter der Erdoberfläche, die zur Entdeckung der Silbererzgänge führten und die um so seltener wurden, je mehr der Abbau in die Tiefe ging.

Das gediegene Silber tritt in der Natur meist in derben Massen oder in nachahmenden Gestalten, wie Drähten, Zähnen usw., auf. Kristalle sind selten. Sie gehören dem kubischen Systeme an und gewöhnlich sind es Würfel oder Oktaeder, die zumeist stark verzogen sind. Verzwillingungen nach dem Oktaeder sind nicht selten. Die Farbe ist silberweiß, doch auch gelblich und schwärzlich infolge von Anlauffarben, die durch eine dünne Schichte von neugebildetem Schwefelsilber verursacht sind.

In der Natur ist das gediegene Silber vornehmlich mit dem Silberglanz oder Bleiglanz, seltener mit seinen Sulfosalzen vergesellschaftet. Aus dem Silberglanz kann auf recht einfache Weise gediegen Silber gewonnen werden. Man braucht nur, wie Bischof zuerst gezeigt hat, heiße Wasserdämpfe über den Silberglanz zu leiten, und aus ihm wächst dann zartes Moossilber heraus, während der abstreichende Wasserdampf Schwefelsäure enthält.

In den Silberbergwerken, besonders in dem von Kongsberg in Norwegen, wurden des öfteren Silberklumpen gefunden, die noch einen Kern von Silberglanz enthielten und somit unzweifelhafte Belege für die Abstammung des ersteren aus dem letzteren sind.

Werden Sulfosalze des Silbers auf gleiche Weise behandelt, so sind im Wasserdampfe, falls das Sulfosalz Arsen enthielt, Arsendämpfe nachweisbar. Es scheint sich also das Arsen als Metall zu verflüchtigen, und erst, wenn dies geschehen, wandelt sich der Silberglanz in gediegen Silber um. Daß die Sulfosalze auch in der Natur in gediegen Silber umgewandelt werden, beweisen die Pseudomorphosen von Silber nach Rotgüldigerz. Daß die Rotgüldigerze schwarz und rauh werden, beruht auf einer Umwandlung derselben in Silberglanz. Diese Umwandlung setzt in der Regel dort ein, wo die Rotgüldigerzkristalle auf der Unterlage aufgewachsen sind.

Alkalische Lösungen entziehen den Sulfosalzen die Sulfosäure. Vielleicht spielt sich dieser Vorgang auch in der Natur ab.

Bei der Abscheidung des Silbers aus seinen Lösungen können auch elektrolytische Vorgänge wirksam sein. Auf diese Möglichkeit hat Skey aufmerksam gemacht. In den Erzlagerstätten sind nämlich die Bedingungen zur Erzeugung galvanischer Ströme reichlich gegeben. Als Elektroden wirken die verschiedenen Erze, aber auch die ungleichwertigen Kristallflächen ein und desselben Minerales können bekanntlich die Rolle der Elektroden übernehmen. Den Elektrolyten zweiter Art liefern die in den Erzvorkommen zirkulierenden Salzlösungen. So entstandene elektrische Ströme beobachteten Athsuhi Matsubara und Jitsutaro Tabuko in japanischen Kieslagerstätten in Stärken kleinerer Bruchteile von Ampère. Sie stellten auch fest, daß in einem Erzvorkommen der elektrische Strom immer in der Weise fließt, daß der obere Teil der primären Erzmasse als Kathode, der untere als Anode polarisiert ist.

Auf diese Weise können in den tieferen Zonen aus den zirkulierenden Salzlösungen Metalle gefällt werden, und vielleicht sind die zarten Silberhäutchen, welche in den Rissen von Bleiglanzkristallen manchmal beobachtet werden, auf solche Weise gebildet worden.

Silbersalzlösungen können auch selbst oxydierend wirken, wobei ebenfalls Silber in gediegenem Zustande ausgeschieden wird. Ch. Palmer hat gezeigt, daß Kupfernickel und andere Arsenide aus verdünnten Silberlösungen Silber ausscheiden unter gleichzeitiger Bildung von Nickelsulfat und Arsentrioxyd, und zwar schlägt ein Molekül $NiAs$ 10 Moleküle, ein Molekül Ni_4As_3 aber 17 Moleküle nieder, entsprechend der Sauerstoffmenge, die diese Verbindungen zu ihrer völligen Oxydation brauchen.

Wenn daher Silberlösungen, die durch die Umwandlung der Silbererze in den oberen Partien eines Erzganges entstanden sind, bei ihrem Niedersinken in die Tiefe auf noch unveränderte Erze stoßen, so wird das Silber entweder auf chemischem oder elektrischem Wege in gediegener Form abgeschieden, oder es bilden sich dort sekundäre silberreichere Verbindungen, die bewirken, daß unter der oberflächennahen, an Edelmetallen armen Oxydationszone die an Edelmetallen reiche Zementationszone folgt, die dann allmählich in die Zone der unveränderten Erze übergeht. Diese Zementationszone fällt, wie schon früher erwähnt wurde, immer mit dem Grundwasserhorizont der Gegend zusammen.

Die Grundwässer in einem Erzvorkommen sind immer frei von ungebundenem Sauerstoff und arm an ungebundener Säure. Die letztere reagiert mit gewissen Sulfiden unter Entwicklung von Schwefelwasserstoff, der dann wieder zur Sulfidbildung mit edleren Metallen, Silber und Kupfer, verwendet wird.

Während z. B. der unveränderte primäre Bleiglanz einen Silbergehalt von höchstens 500 g pro Tonne in gleichmäßiger Verteilung enthält, kann der Bleiglanz in der Zementationszone 10 und mehr Kilogramm pro Tonne enthalten, welches auf allen Rissen und Sprüngen des Bleiglanzes zum Absatz kam. Auch die reichen Silbersulfosalze sind Bestandteile der Zementationszone und verschwinden mit zunehmender Tiefe.

Bei den früher besprochenen Erzkongenerationen kommt die Ausbildung einer Zementationszone gar nicht oder nur undeutlich in Erscheinung. Bei den Bleierzen verrät sie sich durch das reichlichere Auftreten der Bleisulfosalze in gewissen Tiefen. Bei den übrigen Erzen verhindert die chemische Natur der Oxydationsprodukte, die entweder in der Oxydationszone zurückgehalten werden oder beim Wandern in die Tiefe weitgehende Veränderungen erleiden, die Ausbildung einer typischen Zementationszone.

Etwas anders verläuft die Umwandlung der Silbererze in der Oxydationszone, wenn Chlor-, Brom- und Jodverbindungen im umwandelnden Wasser vorhanden sind, weil dann die im Wasser schwer löslichen und daher wenig wandernden Haloidsalze des Silbers entstehen. Diese Umwandlung ist für Silbererzgänge typisch, die in Salzsteppen liegen oder zu denen das Meerwasser auf irgendwelche Weise Zutritt fand. Sie sind aber auch auf anderen Erzgängen nicht unbekannt, weil ja der Regen überall kleine Mengen Chlor auf die Erde niederbringt. So erklärt sich, daß die vom Meere so weit entfernten sächsischen Silbergänge im Mittelalter und der beginnenden Neuzeit Haloidsalze des Silbers lieferten.

Als Mineralien treten folgende Haloidsalze des Silbers auf:

Das Silberchlorid [*AgCl*], als Mineral unter dem Namen Hornsilber oder Kerargyrit bekannt. Diese Namen, von denen der zweite nur eine Übersetzung des ersten ist, erhielt das Mineral deshalb, weil es in dünnen Platten „wie das Horn der Laterne" (Mathesius 1585) durchsichtig ist. Zum Verständnis dessen sei hinzugefügt, daß man früher Hornplatten statt des Glases bei Laternen verwendete. Klaproth meint daher, daß sich die Bezeichnung „Glaserz" ursprünglich auf das Hornsilber bezog und erst später auf den Argentit übertragen wurde, der mit dem Hornsilber die Geschmeidigkeit, die geringe Härte und manchmal auch die dunkle Farbe gemeinsam hat. Im frischen Zustande ist allerdings das Hornsilber weiß oder gelblichweiß. Im Lichte nimmt es aber eine dunkle Farbe an, weil das Chlorsilber im Lichte unter Abscheidung von Silber zerlegt wird.

Um die Wende des Mittelalters war, wie schon erwähnt, das Chlorsilber auch in den sächsischen Silberbergwerken nicht selten. Man verfertigte sogar aus ihm Bildwerke verschiedenster Art. Das Buttermilcherz von Andreasberg im Harze war auch nichts anderes als Chlorsilber mit Ton vermengt. Heute findet man Chlorsilber nur mehr in Bergwerken der neuen Welt, weil dort der Bergbau noch in den oberen Partien der Gänge sich bewegt. Das Chlorsilber ist nicht immer rein. Es enthält oft gediegen Silber. Dieses kann entweder den Rest des noch nicht umgewandelten Silbers darstellen, also das Muttermineral des Chlorsilbers sein, oder es ist aus dem Chlorsilber neu gebildet worden. Das Chlorsilber wird nämlich durch die Einwirkung heißer Wasserdämpfe ebenso in Silber übergeführt wie der Silberglanz. Pseudomorphosen von gediegen Silber nach Chlorsilber sind bekannt. Da das Hornsilber wie das Silber kubisch kristallisiert, so erkennt man diese Pseudomorphosen nur an der porösen Beschaffenheit der Kristalle.

Chlorsilber bildet in gewissen triadischen Sandsteinen von Utah das Bindemittel (Silbersandstein), und in Peru fand man es auch als Versteinerungsmittel von Ammoniten.

Seltener als das Chlorsilber ist das Bromsilber [*AgBr*], der Bromargyrit oder Bromyrit und die Mischung beider, der Embolit [*Ag(Cl, Br)*]. Der Bromargyrit kristallisiert ebenfalls kubisch und bildet mit dem Chlorsilber eine lückenlose Mischreihe. Er gleicht in allen seinen Eigenschaften dem Kerargyrit, nur ist seine Farbe hellgelb, bernsteingelb oder grün. Gegen Licht ist er weniger empfindlich als der Kerargyrit.

Das schwefelgelbe natürliche Jodsilber [*AgJ*], der Jodyrit, kristallisiert nicht mehr kubisch, sondern hexagonal und ist nach der Hauptachse hemimorph. Die kubische Modifikation kann man künstlich bei 145° erhalten. Sie bildet sich aus der hexagonalen unter Wärmeabsorption. Mit den beiden anderen Silberhaloiden ist das Jodsilber nur beschränkt mischbar. Der Jodyrit wurde hauptsächlich in Mexiko und Chile gefunden, als Seltenheit auch zu Dernbach im Nassauischen.

Wenn in einem Erzvorkommen, wie z. B. zu Tonopah in Nevada, alle drei Silberhaloide auftreten, so ist der Kerargyrit in den oberen, der Bromargyrit in den mittleren und der Jodyrit in den unteren Teilen der Hutbildung zu finden. Dieses Verhalten ist etwas auffallend, weil das Chlorsilber um vieles leichter löslich ist als das Brom- und Jodsilber. Bei mittlerer Chlornatriumkonzentration dagegen ist das Chlorsilber schwerer löslich als die beiden anderen. Es könnte aber auch sein, daß diese Erscheinung eine Folge der relativen Stabilität der drei Silberhalogenide ist. Nach der Bildungswärme, die von Thomson und Berthelot bestimmt für $AgCl = +29{,}380$ Kal., für $AgBr = +22{,}700$ Kal. und für $AgJ = +13{,}800$ Kal. ist, wäre das Silberchlorid am stabilsten. Es würde sich also am leichtesten bilden, und das Bromid und Jodid würden erst dann entstehen, wenn alles Chlor in den niedersinkenden Wässern verbraucht ist.

c) Das Vorkommen der Silbererze.

Wenn man vom Vorkommen des Chlorsilbers im Silbersandstein absieht, so treten die Silbererze nur in Gängen auf. Man unterscheidet mehrere Gangformationen:

Bei der edlen Silberformation ist der Kalkspat die vorherrschende Gangart. Die Silbererze halten in die bis jetzt erschlossenen Tiefen aus. Bezeichnend für diese Gangformation ist auch das Auftreten von Zeolithen, ferner von gediegen Arsen (Scherbenkobalt) und gediegen Antimon. Beispiele für diese Gangformation sind: Kongsberg in Norwegen, Andreasberg im Harz und Broken Hill, Consolited Mine in Australien.

Bei der edlen Quarzformation begleiten die Silbererze Pyrit und Arsenkies. Gangart ist Quarz, der oft als Hornstein entwickelt ist. Hierher gehören gewisse Gänge im Freiberger Revier in Sachsen. Am berühmtesten ist der Comstock lode in Nevade. Er stellt eine mit Bruchstücken des Nachbargesteines erfüllte Verwerfungskluft dar, die in einem tertiären Andesit aufsetzt. Der Erzgang, der auf eine Länge von 4,5 km und bis zu einer Tiefe von 900 m aufgeschlossen wurde, enthielt die reichen Gold- und Silbererze in lokalen Anhäufungen, den sog. Bonanzas. Bis 25 m waren alle primären Erze in Chloride und Bromide umgewandelt. Raubbau und das Einbrechen heißer Quellen, die das Arbeiten in der Grube unerträglich machten, brachten den Bergbau zum frühzeitigen Erliegen.

Das silberreichste Land ist Mexiko. Die Silbererzgänge liegen in der Sierra Madre und sind ebenfalls an tertiäre Eruptivgesteine gebunden. Gegen die Tiefe gehen sie in bleiige, bleizinkische und bleiantimonige Gänge über. Neben Mexiko ist Peru durch seinen Silberreichtum berühmt gewesen. Die dortigen Silbererzgänge, die jurassische und kretazische Sedimente durchsetzen und von Quarzandesitausbrüchen begleitet sind, wurden schon 1533 von den Spaniern abgebaut.

Auch zu Butte in Montana werden Silbergänge abgebaut. Diese Gänge setzen in Granit auf, der von Ryolith überlagert wird. Der berühmte Anacondagang führte in den oberen Partien Silber, ging aber mit zunehmender Tiefe in einen Kupfergang über.

In der Silberkobaltformation, die vornehmlich im Erzgebirge bei Joachimstal, Annaberg und Schneeberg entwickelt ist, bilden Kobalt- und Nickelerze mit den Silbererzen die Gangfüllung. Gangart ist Quarz. Auch Wismut und Uranerze brechen gleichzeitig mit ein. Dieser Formation gehören auch die Gänge von Kobalt und Silber zu Temiskaming in Ontario (Kanada) an. Hier setzen die Gänge in huronischen Schichten, bestehend aus Sandsteinen und Quarziten, auf und führen neben gediegen Silber und Dyskrasit viel Kobalterze.

Für die Silber-Zinn-Erzgänge ist, wie schon der Name sagt, das Zusammenvorkommen von Silber- und Zinnerzen bezeichnend. Gangart ist Quarz, gelegentlich auch Baryt und Kalkspat. Fluorhaltende Mineralien, die sonst mit den Zinnerzen vorkommen, fehlen oder sind sehr selten. Dieser Typus der Silbergänge ist auf Südamerika beschränkt. Potosi und Oruro in Bolivien sind die bedeutendsten Bergorte dieser an 800 km langen und 300 m breiten Gangzone, die sich vom 16. bis zum 22. Grad südlicher Breite erstreckt. Zu Freiberg in Sachsen fanden sich auch Anzeichen dieser Gangformation.

VIII. Das Germanium.

Aus den Freiberger Gängen, die wie eben erwähnt wurde stellenweise Zinnerz führen, wurde 1826 von Breithaupt ein neues Mineral unter dem Namen Plusinglanz beschrieben. Im Jahre 1885 brach in der Grube Himmelsfürst wieder ein Erz von ganz besonderem Aussehen ein, das sich durch seine rötlich stahlgraue Farbe auf dem frischen Bruche von den anderen mit vorkommenden Erzen unterschied. Professor Winkler, Freiberg, analysierte dieses Erz und erhielt beständig einen Analysenabgang von 7%, den er lange nicht erklären konnte, bis er fand, daß derselbe durch das Vorhandensein eines neuen Elementes bedingt sei, welchem er dann den Namen Germanium gab. Es ist dies dasselbe Element, dessen Bestand Mendelejeff auf Grund der Gesetzmäßigkeiten des periodischen Systemes vorausgesagt und Ekasilizium genannt hatte.

Weisbach benannte das neue Mineral, dessen Formel [Ag_8GeS_6] war, Argyrodit. Seine Kristalle sind kubisch. Penfield beschrieb später dasselbe Mineral aus den Silber-Zinn-Erzgängen Boliviens.

Im Jahre 1894 veröffentlichte Penfield die Analyse eines Minerales von Colquechaca in Bolivien, das kristallographisch und bezüglich seiner sonstigen Eigenschaften mit dem Argyrodit übereinstimmte, aber nur 1,8% Germanium, dafür 6,9% Zinn enthielt. Der der Argyroditformel entsprechende Germaniumgehalt wäre 8,23%. Wenn man das Zinn, was nach der Stellung des Germaniums im periodischen Systeme angängig ist, als Vertreter des Germaniums auffaßt, so ist die Formel dieses Minerals, dem Penfield den Namen Canfieldit gab, [$Ag_8(Sn, Ge)S_6$].

Germanium ist auch bis zu 6,2% in einem braunroten, mit Fahlerz innig gemengten Sulfid von Tsumeb in Südwestafrika gefunden worden, das Schneiderhöhn als Rosaerz bezeichnete, das aber jetzt den Namen Germanit führt. Seine Formel ist [$Cu_6(As, Ge)_2S_6$]. Unter dem Metallmikroskop erwies sich das Mineral als isotrop.

Rosicky und Streba-Böhm untersuchten 1916 eine alte, aus Freiberg stammende Stufe und entdeckten darauf ein neues, germaniumhaltendes, rhombisches Mineral, welches sie Ultrabasit nannten. Neben rund 22% Silber, 54% Blei, 16% Schwefel enthielt es noch 4,6% Antimon und 2,2% Germanium.

IX. Der Assoziationskreis des Zinnsteines.
a) Die Zinnmineralien.

Das einzige Mineral, welches für die Gewinnung des Zinnes praktisch von Bedeutung ist, ist der Zinnstein oder der Cassiterit [SnO_2]. Dieses Mineral kristallisiert tetragonal und erscheint bald in kurzsäulenförmigen Kristallen (Erzgebirgstypus), bald bildet es nadelförmige Kristalle (Nadelzinn, Cornwaller Typus), bald tritt an den säulenförmigen Kristallen die sonst immer fehlende Basisfläche auf (Pitkärantatypus).

Die Zinnerzkristalle des Erzgebirgstypus sind sehr häufig verzwillingt. Da die Zwillingsfläche (101) eine achtflächige Form ist, kann die Verzwillingung nach allen acht Flächen erfolgen. Es entstehen auf diese Weise gruppenförmige Zwillingskomplexe, die den Namen „Graupen" erhalten haben. Die Zwillinge zeigen sehr häufig einen einspringenden Winkel, der ihnen das Aussehen eines geöffneten Visieres gibt, weshalb für sie auch der Name Visiergraupen im Gebrauche ist.

Die Farbe des Zinnsteines ist in der Regel schwarz. In dünnen Splittern ist er braun oder gelb durchscheinend. Als Ursache dieser dunklen Farbe wird sein Eisengehalt angenommen, der gewöhnlich nur wenige Prozent beträgt, aber in manchen Erzen (Durango in Mexiko) bis zu 12% ansteigen kann. Man nimmt an, daß dieses Eisen als [Fe_2O_3] im [SnO_2] gelöst sei. Es gibt auch bräunliche, gelbe und rötliche Zinnsteine. Der künstlich erzeugte, reine Zinnstein ist farblos.

Der Glanz des Zinnsteines ist sehr lebhaft (Fett- oder Diamantglanz), die Härte ist groß (6—7) und ebenso die Dichte (im Mittel 7). Die große Härte und die große Widerstandsfähigkeit gegen chemische Angriffe machen es verständlich, daß sich der Zinnstein nicht allein auf primärer Lagerstätte in Gesteinen, sondern auch auf sekundärer Lagerstätte im Sande von Flüssen (Zinnseifen) findet, die zinnsteinhaltende Gesteine zerstörten. Aus diesen wird er dann durch Waschen gewonnen (Seifen- oder Waschzinn). Das Waschzinn ist das reinste Zinnerz, weil es durch die natürliche Aufbereitung schon von allen unerwünschten Beimengungen befreit worden ist.

Neben den kristallisierten Vorkommen kennt man auch derbe und solche mit faserigem Gefüge. Derbe, an Eisenpecherz erinnernde Massen fand man in Bolivien. Die faserigen Abarten heißen wegen ihres holzartigen Aussehens Holzzinn, und weil man sie zuerst im Ausgehenden der Cornwaller Zinnerzgänge beobachtet hat, auch kornisches Zinn.

Die Zinnsteinvorkommnisse sind immer von sauren Eruptivmassen begleitet, so von Granit im Erzgebirge und in Cornwall, von Quarzporphyr am Mount Bischof in Tasmanien oder von Rhyolith zu Durango in Mexiko. Der Zinnstein bildet in diesen Gesteinen entweder Gänge, oder er imprägniert das benachbarte Gestein.

Die zinnerzführenden Gesteine sind in der Regel weitgehend verändert. Dann führen sie die Namen Greisen oder Zwitter. Der Greisen ist ein Granit, der durch die Einwirkung derselben Agenzien, die den Zinnstein in ihm absetzten, seines Feldspat- und Biotitgehaltes beraubt wurde und dafür Quarz und Lithionglimmer (Zinnwaldit) gebildet hat.

Zwitter werden die nichtgranitischen, veränderten, zinnsteinführenden Gesteine genannt.

Nur an wenigen Stellen ist der Zinnstein mit Kalkstein verbunden. Das bekannteste Vorkommen sind die schon im Altertume abgebauten „cente camerelle" bei Campiglia maritima in Toskana. Brauneisen und Zinnstein innig gemengt, bilden dort unregelmäßige Massen in einem oberliasischen Kalkstein.

Die Zinnerzformation ist überall durch das Mitvorkommen phosphorsäure-, bor-, fluor- und lithiumhaltender Mineralien, wie Apatit, Fluorit, Topas, Turmalin und Zinnwaldit ausgezeichnet. Daneben treten noch sulfidische Erze, wie Arsenkies und Kupferkies, auf. Die ganze Mineralassoziation weist auf pneumatolytischen Ursprung der Zinnerzlagerstätten hin, bei der vor allem Fluoride die Erzbringer gewesen sein dürften.

Zinnseifen befanden und befinden sich überall, wo zinnsteinhaltendes Gestein durch Wasser zerstört wurde. Waschzinn wurde überall gewonnen, bevor man zum Zinnerzbergbau überging. Heute werden Zinnerzwäschen noch in Hinterindien, auf der Halbinsel Malakka und auf den Sundainseln Borneo, Bangka und Biliton betrieben.

Hydatogenen Ursprunges ist das Zinndioxyd, wenn es in derben oder glatzkopfähnlichen Massen im zinnernen Hut, dem Ausgehenden der Zinnerzgänge, vorkommt. In Cornwall bildet es das Zement von Konglomeraten, dort fand man es auch als Imprägnation eines Hirschgeweihes und von Kaolinpseudomorphosen nach Feldspat. Zinndioxyd ist auch im Kieselsinter des Geysirs von Selango auf der Halbinsel Malakka nachgewiesen worden.

Versuche haben ergeben, daß Zinndioxyd im Wasser von 80° löslich ist, und daß diese Löslichkeit durch die Gegenwart von Natriumfluorid erhöht wird. Aus seinen Lösungen dürfte in der Natur das Zinndioxyd als Gel abgeschieden werden, das dann, wenn es in den kristalloiden Zustand übergeht, zu Holzzinn wird.

Auf den Zinnerzgängen treten außerdem noch auf: Der Stannin oder der Zinnkies [Cu_2FeSnS_4], ein stahl- bis eisengraues Mineral von tetragonal-skalenoedrischer Kristallgestalt, das im Erzgebirge und Cornwall sowie in Bolivien gefunden wurde.

Aus den letztgenannten Erzvorkommen stammen auch der schwarze, schuppige, metallischglänzende Frankeit $[Pb_5Sn_3Sb_2S_{12}]$, der nach Prior tetragonal kristallisiert, der bleigraue Kilindrit $[Pb_6Sn_6Sb_2S_{12}]$, welcher den schaligen, walzenförmigen Formen, in denen er auftritt, seinen Namen verdankt, und der Thallit $[PbSnS_2]$, ein schwarzes, graphitähnliches Mineral.

Der in den Kontaktzonen, die der Granit in den Brooks Mountains am Kalkstein erzeugte, vorkommenden Mineralien Hulsit und Pageit, war schon bei den Kontaktmineralien gedacht worden.

b) Der Wolframit und die Wolframmineralien.

Zum Assoziationskreis des Zinnsteines gehört auch der Wolframit $[(Fe, Mn)WO_4]$. Wegen seiner schwarzen Farbe und seiner hohen Dichte (7,2—7,8) wurde er früher von den Bergleuten mit dem Zinnstein verwechselt, und als sie diesen Irrtum erkannten, mit den Schimpfnamen „Katzenzinn" und „Wolfram" belegt. Wolfram bedeutet soviel wie Wolfsschaum, Geifer des Wolfes, spuma lupi. Das Wort wird aber von anderen von „wolfrig" abgeleitet, welches gefräßig bedeutet. Dieses Wort wurde deshalb auf den Wolframit angewendet, weil die Meinung bestand, daß er das Zinn fresse, das ist die Zinnausbeute aus den Erzen, denen er beigemengt ist, verringere, was wohl selbstverständlich ist, da er mit den Zinnerzen verschmolzen kein Zinn liefern konnte.

Vom Zinnstein unterscheidet sich der Wolframit durch seinen geringeren Glanz. Auch kristallisiert er monoklin und spaltet sehr gut nach (010). Wie die Formel des Wolframites sagt, ist derselbe eine homöomorphe Mischung der Verbindungen $[FeWO_4]$ und $[MnWO_4]$. Erstere bildet im Ferberit ein selbständiges Mineral, das in der Sierra Almagrere in Spanien gefunden wurde, letztere erhielt den Namen Hübnerit und wurde im Mammutdistrikt in Nevada entdeckt. Manche Wolframite enthalten auch Niob, das wahrscheinlich in der Form des Columbites $[FeNb_2O_6]$ der Wolframitsubstanz beigemengt ist.

Der Wolframit bildet auch ohne Zinnstein Erzgänge, so zu Sadisdorf im Erzgebirge, zu Tirpersdorf im Vogtlande, ferner in Argentinien, Indien, Portugal. In Kalifornien führen einzelne Wolframitgänge auch Silber- und Bleierze.

In den Zinnerzgängen und als Gangart in gewissen Kupfererzgängen (Monte Mulatto in Südtirol) tritt noch ein anderes Wolframmineral, der Scheelit $[CaWO_4]$ auf. Bevor in diesem Mineral Scheele die Wolframsäure entdeckte, hatte es wegen seines hohen Volumgewichtes (6) von Leonhard den Namen Tungsten, das ist Schwerstein, erhalten. Wegen der weißen Farbe, und weil es mit Zinnstein zusammen vorkam, benannte man es auch „weiße Zinngraupen". Der Scheelit kristallisiert tetragonal-bipyramidal ebenso wie der viel seltenere Stolzit $[PbWO_4]$, den man aus dem Erzgebirge, von Leadville und Broken Hill kennt.

Ein wechselnder Kupfergehalt gewisser Scheelite führte zur Aufstellung der Mineralspezies Cuproscheelit. Die kupferreichsten Abarten, welche dann eine pistaziengrüne Farbe haben, heißen Cuprotungstite und stammen aus Chile, wo sie in derben Massen einbrachen.

Aus diesen primären Wolframiten entstehen folgende sekundäre Mineralien: Der gelbgrüne Wolframocker oder Tungstit $[WO_3]$, der wahrscheinlich kolloidale, nach seinem Fundorte benannte Meymacit $[WO_3 \cdot 2H_2O]$, der erdige, blaßgelbe Ferritungstit $[FeWO_4 \cdot 6H_2O]$, der auf der Germaniamine im Staate Washington als Zersetzungsprodukt des Wolframites beobachtet wurde, und endlich der Reinit, von dem angegeben wird, daß er die Zusammensetzung des

Wolframites habe, aber tetragonal kristallisiere. Es dürfte dies eine Pseudomorphose von Wolframit nach Scheelit sein.

Der Wolframit selbst wird in der Natur unter Wegführung aller Wolframsäure in Eisenhydroxyd umgewandelt.

c) Der Molybdänglanz und seine Umwandlungsprodukte.

Zum Assoziationskreis des Zinnsteines gehört auch das Molybdänsulfid [MoS_2], der Molybdänit oder Molybdänglanz. Er ist licht bleigrau, weich und abfärbend. Die Bergleute nannten ihn ursprünglich „weißes Blei", woraus dann, ebenso wie aus weißer Kies Wasserkies, Wasserblei wurde. Die Kristalle sind hexagonal, tafelförmig und spalten nach (0001), biegsame Blättchen liefernd. Der Molybdänglanz wurde früher mit Graphit verwechselt, bis Scheele 1778 aus ihm die Molybdänsäure und Hjelm 1782 das Metall isolierte.

Sekundäre Molybdänverbindungen sind: Der Ilsemannit, das blaue Molybdänoxyd, welches zuerst zu Bleiberg in Kärnten in Putzen im Kalkstein, später auch zu Curay in Utah in einem Sandstein aufgefunden wurde. Auch unter den Sublimationsprodukten des Vulkans Katmai auf Alaska ist es beobachtet worden. Der Ilsemannit ist im Wasser mit blauer Farbe löslich, und dies erklärt auch sein Vorkommen im Grubenwasser von Idaho Springs in Kolorado, das nahezu 8% [MoO_3] enthält. Aus seiner wässerigen Lösung scheidet sich beim Stehen an der Luft kolloidales Molybdänoxyd als blauer Niederschlag ab. Der Ilsemannit verhält sich wie ein reversibles Gel, das Schwefelsäure absorbieren kann. Die Zusammensetzung entspricht ungefähr der Formel [$Mo_3O_8 + xH_2O$]. Nach Dittler entsteht „der Ilsemannit gelegentlich der Oxydation schwefelsaurer Ferrosulfatlösungen, die Molybdänsäure führen, durch Kondensation anfangs molekular disperser Lösungen".

Als Molybdänocker werden gelbe Oxyde des Molybdäns bezeichnet, die zumeist wasserhaltend sind. Beim Erhitzen werden sie zuerst dunkelolivengrün, dann lichter und endlich orangerot. Beim Abkühlen werden sie wieder gelb. Beim andauernden Erhitzen verflüchtigt sich das Molybdän, und es bleibt in der Regel Eisenoxyd zurück, weshalb Schaller meint, daß der Molybdänocker eigentlich ein wasserhaltendes Ferrimolybdat sei, das durch die Einwirkung der aus dem Molybdänglanz entstandenen Molybdänsäure auf Limonit entstanden sei.

Weiter sei hier wieder an den Wulfenit oder das Gelbbleierz [$PbMoO_4$] erinnert, das schon früher bei den Bleimineralien besprochen wurde, dann des Powellites [$CaMoO_4$] gedacht, eines blaugrünen Minerales, welches gestaltlich dem Scheelit nahesteht und an mehreren Orten Nordamerikas zum Teil pseudomorph nach Molybdänit gefunden wurde. Der rhombische gelbgrüne Köchlinit ist [Bi_2MoO_6]. Er wurde bis jetzt nur in der Danielgrube zu Schneeberg beobachtet.

X. Der Sukzessionskreis der Kupfererze.

Bei den Kupfererzen gibt es gleichfalls keinen Sukzessionskreis, der von Silikaten oder Karbonaten seinen Ausgang nimmt. Als primäre Kupfererze kommen nur Sulfide und Sulfosalze des Kupfers in Betracht, und zwar sind es drei Mineralien: der Kupferkies, die Fahlerze und der Enargit. Von diesen ist der Kupferkies am verbreitetsten.

a) Der Sukzessionskreis des Kupferkieses.

1. Der Kupferkies oder Chalkopyrit tritt entweder allein oder mit Pyrit zusammen in Erzgängen oder Erzlagern auf. Dort, wo der Kupferkies vorherrscht, ist der Pyrit oft in schönen, ringsum ausgebildeten Kristallen im Kupfer-

kies eingeschlossen. Kupferkies und Eisenkies unterscheiden sich durch ihre Farbe (der Kupferkies ist messinggelb, der Eisenkies speisgelb), durch ihre Härte, welche beim Kupferkies 3,5—4, beim Pyrit 7 beträgt, und durch den Strich, der beim Kupferkies grünlichschwarz, beim Pyrit rein schwarz ist. Das feinste Pulver des Kupferkieses soll sogar tiefviolett sein.

Die Kristalle des Kupferkieses gehören der tetragonal-skalenoedrischen Klasse an. Sie weichen aber in ihren Winkeln nur in den Minuten von den analogen Winkeln der hexakistetraedrischen Kristalle ab. Die Flächen des positiven Bisphenoides sind weniger glänzend und auch leichter anätzbar als die des negativen und auch manchmal mit dünnen Krusten von Eisenhydroxyd bedeckt. Zwillingsbildungen nach (111) und (101) sind beobachtet worden.

Die empirische Formel des Kupferkieses ist $[CuFeS_2]$. Danach wäre der Kupferkies ein Cuprosalz der schon früher (S. 192) besprochenen Ferrisulfosäure $[H_2(Fe_2S_4)]$, die man künstlich dargestellt hat und von der Schneider auch das Cuprosalz erhalten hat. Dieses gleicht in Glanz und Farbe ganz dem Kupferkies, hat aber eine geringere Dichte.

Der Kupferkies ist sehr häufig bunt angelaufen. Es ist dies ein Zeichen beginnender Umwandlung, die unter Abspaltung des Eisens als Hydroxyd vor sich geht und schließlich zum reinen Cuprosulfid führt.

2. Der Bornit und die Kupfersulfide. Als erstes Stadium dieser Umwandlung wird das Buntkupfererz oder der Bornit angesehen. Dieses Mineral hat auf den frischen Bruchflächen eine kupferrote bis tombakbraune Farbe, welche aber beim Liegen an der Luft bald verschwindet und rötlichen bzw. bläulichen Anlauffarben Platz macht, wovon auch der Name Buntkupfererz herrührt.

Die Zusammensetzung der als Buntkupfererze angesprochenen Mineralien ist sehr schwankend. Immer ist aber der Eisengehalt geringer und der Kupfergehalt größer als beim Kupferkies. Die allgemeine Formel könnte $[x(Cu_2S) + y(Fe_2S_3)]$ geschrieben werden, wobei x immer größer als y ist.

Daß der Bornit eine bestimmte Mineralspezies ist, beweist, daß er in kubischen Kristallen auftritt. Welche Zusammensetzung aber dem Bornit zukommt, ist noch strittig. Viele sprechen ihm die Formel $[Cu_3FeS_3]$ zu.

Über die wahre Zusammensetzung des Bornites haben auch die metallographischen Untersuchungen wenig Licht verbreitet. In einzelnen Fällen wurde allerdings nachgewiesen, daß im Bornit Lamellen von $[Cu_2S]$ parallel zur Oktaederfläche eingelagert sind, ferner, daß diese Lamellen wieder verschwinden, wenn die betreffenden Bornite auf 175° erhitzt werden. Dies Verhalten würde auf eine Entmischung bei sinkender Temperatur hindeuten und gleichzeitig für die primäre Natur solcher Bornite sprechen.

Ob unter diesen Bedingungen die Barnhardtit genannte Verbindung $[Cu_4Fe_2S_3]$ eine mineralogische Selbständigkeit zukommt, zumal sie bis jetzt nur derb beobachtet wurde, ist fraglich. Allerdings wird angeführt, daß sich der Barnhardtit vom Bornit durch Strich und Farbe unterscheidet. Die Farbe sei bronzegelb und der Strich grauschwarz, statt bläulich oder grünlich, wie beim Bornit.

Wenn alles Eisen und der entsprechende Schwefel durch Oxydation aus dem Bornit entfernt worden ist, bleibt die Verbindung $[Cu_2S]$ allein übrig. Als Mineral führt sie die Namen Kupferglanz oder Chalkosit. Im frischen Bruche ist der Chalkosit metallisch lichtgrau, doch auch bei ihm verschwindet diese Farbe beim Liegen an der Luft. Er wird schwarz. Im Erzmikroskop ist die angeschliffene Oberfläche des Kupferglanzes bläulichweiß und wird beim Behandeln mit konzentrierter Salpetersäure blau. Dadurch unterscheidet sich der Kupferglanz vom Bornit, der im Erzmikroskop ein Rosabraun zeigt. Diese Unterscheidung ist wichtig, denn Kupferglanz und Bornit sind sehr häufig miteinander verwachsen.

Die Kristalle der Verbindung $[Cu_2S]$, welchen man in der Natur begegnet, sind rhombisch. Dieser rhombische Kupferglanz zeigt bei 91° einen Umwandlungspunkt. Er geht in die kubische Modifikation von $[Cu_2S]$ über. Diese ist in der Natur als solche nicht mehr vorhanden. Schneiderhöhn glaubt jedoch in der wegen ihres blättrigen Gefüges von ihm „lamellarer Kupferglanz" genannten Abart Paramorphosen des rhombischen, „körnigen" Kupferglanzes nach dem kubischen zu sehen. Er führt das lamellare Gefüge auf eine Zwillingsbildung des kubischen Kupferglanzes nach der Oktaederfläche zurück, die bei der Paramorphosierung erhalten geblieben ist. Demgegenüber macht Stahl darauf aufmerksam, daß der rhombische Kupferglanz nach den Untersuchungen von Mügge sehr druckempfindlich ist und daß die Lamellierung auf diese Ursache zurückzuführen sei. Schließlich wird auch, bei dem Umstande, daß der Kupferglanz aus dem Bornit hervorgegangen sein kann, mit dem er ja auch oft innig verwachsen ist, auf die Möglichkeit hingewiesen, daß das lamellare Gefüge vom Muttermineral, dem Bornit, herrühre.

Die beiden polymorphen Modifikationen des Cuprosulfides unterscheiden sich ebenso wie die des Silbersulfides durch ihr elektrisches Leitungsvermögen. Auch beim Cuprosulfid ist, wie beim Silbersulfid, die rhombische Modifikation der bessere Leiter. Die beiden Kupfersulfidmodifikationen zeigen auch Verschiedenheiten in ihrem sonstigen Verhalten, so beim Erhitzen und konzentrierter Schwefelsäure gegenüber. Die kubische Modifikation wird beim Erhitzen in $[CuS]$ und Cu, durch konzentrierte Schwefelsäure in $[CuS]$ und $[CuSO_4]$ zerlegt, wobei auch die Schwefelsäure zu $[SO_2]$ reduziert wird. Die rhombische Modifikation zeigt dies Verhalten nicht.

Der Kupferglanz enthält oft auch Cuprisulfid $[CuS]$. J. G. Zoukoff hat 1929 nachgewiesen, daß Cupro- und Cuprisulfid bei hohen Temperaturen Mischkristalle bilden. Beim Abkühlen tritt dann Entmischung ein, und Cuprisulfid scheidet sich aus. Ein Teil davon bleibt jedoch in Lösung. Der CuS-haltende Kupferglanz ist viel dunkler und hat auch ein niedrigeres Volumgewicht, nämlich 4,7 statt 5,8. Nach Bateman beginnt die Löslichkeit des Cuprisulfides im Cuprosulfid schon bei 75°. Durch diese Zumischung wird der Umwandlungspunkt verschoben. Wenn der Gehalt an CuS 8% erreicht, soll die Umwandlung ausbleiben.

Die nahe Verwandtschaft zwischen Silber und Kupfer äußert sich auch darin, daß sie Mischkristalle bilden. Auch in der Natur finden sich Verbindungen des Kupfers und des Silbers mit dem Schwefel. Es sind dies der silberreichere Silberkupferglanz und der Kupfersilberglanz, wenn sie mehr Kupfer enthalten. Man unterschied auch zwei verschiedene Mineralspezies, den kubischen, nach dem Würfel spaltenden Jalpait, benannt nach seinem Fundorte Jalpa in Mexiko, und den rhombischen Stromeyerit, der zu Rudolstadt in Schlesien in Kristallen, derb im Altai gefunden worden war. Nach den metallographischen Untersuchungen von Kalb und Bendigs ist jedoch der Jalpait anisotrop, also pseudokubisch. Kalb gibt dem Jalpait die Formel $[Ag_3CuS_2]$, dem Stromeyerit die Formel $[AgCuS]$.

Der Bornit und der Kupferglanz scheiden aus Lösungen von Silbersalzen neben Silbersulfid auch gediegen Silber ab, und zwar der Bornit rascher als der Kupferglanz.

In allen bisher beschriebenen Kupfersulfiden war das Kupfer als einwertiges Metall vorhanden. Zweiwertig ist das Kupfer in folgenden sulfidischen Mineralien.

Das schon erwähnte Cuprisulfid $[CuS]$ entdeckte Covelli unter den Sublimationsprodukten des Vesuvs und es wurde nach ihm Covellin genannt. Breithaupt gab ihm wegen seiner indigoblauen Farbe den Namen Kupferindig. Später wurde der Covellin auch in den Kupfererzlagerstätten aufgefunden. Er tritt dort zumeist in blättrigen Massen auf. Seine Kristalle sind hexagonal und spalten nach der Basisfläche. Im Erzmikroskop ist er deutlich durch seine kornblumenblaue Farbe vom Kupferglanz zu unterscheiden. Er dürfte fast immer sekundären Ursprunges sein und aus Kupferglanz, Kupferkies, Fahlerz oder Enargit hervorgegangen sein.

Der Covellin gibt, im Kölbchen erhitzt, Schwefel ab und wird zu $[Cu_2S]$. In einer Atmosphäre von Schwefelwasserstoff ist er bis 358° beständig.

Die beiden Digenit und Carmenit genannten Mineralien sind Gemenge von Cupro- und Cuprisulfid und aus dem Kupferglanz hervorgegangen.

Das Cuprisulfid geht auch mit der Säure $[H_2(Fe_2S_4)]$ Verbindungen ein. Als solche gilt der nach seinem Fundorte Barranca auf Cuba benannte speisgelbe, kubische Barrancanit $[CuFe_2S_4]$. Der gleichfalls speisgelbe, rhombische Chalmersit oder Cuban $[CuFe_2S_3]$ wird als $[CuS] + 2[FeS]$ gedeutet. Er spaltet nach (001) und (110) und ist so stark magnetisch wie Magnetkies.

Der Chalmersit ist oft gesetzmäßig nach (111) mit Kupferkies verwachsen. Es gilt auch dies als eine Entmischungserscheinung, die rückgängig gemacht werden kann, wenn man die Verwachsung auf 450° erhitzt. Durch schnelles Abkühlen kann dieser Zustand festgehalten werden.

Der geschilderte Umwandlungsvorgang: Kupferkies → Bornit → Kupferglanz sowie die leichtere Oxydierbarkeit des Eisensulfidanteiles wird auch durch das Verhalten des Kupferkieses beim Kernrösten belegt. Das Kernrösten hat den Zweck, vor dem Niederschmelzen aus den Kupfererzen den größten Teil des Schwefels und des Arsens zu entfernen. Dabei kann man an größeren Erzstücken des Röstgutes beim Zerschlagen derselben wahrnehmen, daß die Röstung nicht zu Ende gediehen ist und der Kern des Stückes noch immer aus Kupferkies besteht, der von einer Schichte Bornit und von einer zweiten Schichte Kupferglanz umgeben ist. Auf letzterem sitzen oft feine Härchen gediegenen Kupfers. In den Kupfergruben des Monte Catini in Toskana fand man Erzstücke, welche ganz die gleiche Anordnung der Mineralien zeigten.

3. Die Oxydation der Kupfersulfide. Der Kupfervitriol. Die Oxydation der Kupfersulfide führt immer zur Bildung des Kupfersufates, welches in Natur gewöhnlich mit 5 Kristallwasser kristallisiert und den Namen Kupfervitriol oder Chalkantit erhalten hat. Seine Formel ist $[CuSO_4 \cdot 5H_2O]$. Da in diesem Mineral das Kupfer zweiwertig ist, so soll bei der reinen Oxydation des Cuprosulfides, des Kupferglanzes, nach der Gleichung $Cu_2S + 4O = CuSO_4 + Cu$ auch gediegen Kupfer entstehen. Dies wird nur dann eintreten, wenn bei der Reaktion keine freie Säure zugegen ist, weil sonst sofort das metallische Kupfer in ein Salz dieser Säure umgewandelt werden würde. Das tritt z. B. ein, wenn die Oxydation durch Ferrisalze bewirkt wird. Der Sauerstoff des Ferrieisens oxydiert das Kupfersulfid, und die bei der Umwandlung des Ferrisulfates in das Ferrosulfat freiwerdende Schwefelsäure greift sofort um das Kupfer.

Das Kupfersulfat ist im Wasser leicht löslich, und daher findet man es im festen Zustande selten in der Natur. In verlassenen Stollen oder im „alten Mann" trifft man dieses blaue Mineral in Krusten und Zapfen und Ausblühungen, selten in Kristallen. Die großen monoklinen Kristalle des Kupfervitrioles, die man häufig in den Drogenhandlungen sieht, sind Kunstprodukte.

In Nordamerika, im Staate Arizona, soll auch das siebenfach gewässerte Salz $[CuSO_4 \cdot 7H_2O]$, der Boothit, gefunden worden sein. Künstlich kann man diese

Verbindung erhalten, wenn man eine Kupfervitriollösung unter 0° kristallisieren läßt. Der Boothit kristallisiert wie der Eisenvitriol monoklin.

Häufiger trifft man in der Natur einen monoklinen Kupfer-Eisenvitriol mit $7H_2O$, der nach dem französischen Chemiker Pisani Pisanit genannt wurde. Die Mischkristalle des Kupfer- und Eisenvitrioles kristallisieren so lange monoklin, als der Gehalt an Kupfervitriol nicht 43% übersteigt. Ist er größer, so kristallisieren sie in der Gestalt des Kupfervitrioles mit $5H_2O$.

Wässer, die Kupfervitriol gelöst enthalten, haben wie die, welche Eisenvitriol enthalten, einen tintigen Geschmack und färben, wie diese, gerbsäurehaltende Lösungen schwarz. Auf Grund dieser Eigenschaft wurden im Altertum beide Vitriole oft verwechselt. Wenn metallisches Eisen mit einer Kupfervitriollösung zusammenkommt, so scheidet sich metallisches Kupfer aus. Das Eisen verdrängt das Kupfer aus seiner Verbindung mit Schwefelsäure. Diese Erscheinung kannten schon die Völker des Altertums, und sie war die Ursache, daß sich die alchimistische Lehrmeinung bildete, man könne unedle Metalle in edle umwandeln. Die kupfersulfathaltenden Lösungen, die auf den angegebenem Weg Kupfer lieferten, wurden Zementwässer genannt, und das aus ihnen gewonnene Kupfer war das Zementkupfer.

Das Kupfersulfat, das in Lösung in die Zone der unveränderten Erze niedersinkt, erfährt dort eine Reduktion zu rhombischem Kupferglanz, weil in der Zone, wo diese Rückbildung erfolgt, der Zementationszone, Temperaturen unter 91° herrschen. Dieser sekundäre Kupferglanz verdrängt dort, wie wiederholt festgestellt wurde Bornit, Kupferkies, Zinkblende und Pyrit bis zum völligen Verschwinden, denn gleichzeitig mit der Fällung des Cuprosulfides geht auch eine Oxydation der Eisen- und Zinksulfide einher. Das Cuprosulfid erhält sich, weil es in sauren Lösungen, wie sie in der Zementationszone nach der Oxydation der Eisenkiese vorhanden sind, unlöslich ist.

Das Kupfer neigt zur Bildung basischer Sulfate. Namentlich in Südamerika hat man solche im Ausgehenden der dortigen Erzgänge in so reichem Maße getroffen, daß sie selbst zur Kupfergewinnung verwendet werden.

Das erste unter ihnen in bezug auf Verbreitung ist der rhombische, grasgrüne Brochantit $\{[3Cu(OH)_2] \cdot Cu(SO_4)\}$, der zu Chuquicamata in Chile das Haupterz ausmacht. In diesem größten Kupfererzlager der Welt, das bis 300 m nachgewiesen ist, folgt auf die Sulfate der Kupferglanz, dann der Bornit und zuunterst der Kupferkies. Dreiviertel der aufgeschlossenen Tiefe besteht aus Brochantit, ein Viertel aus den Sulfiden.

Ein dem Brochantit nahestehendes, nur wasserreicheres, basisches Kupfersulfat ist der blaugrüne rhombische Langit $\{[3Cu(OH)_2]CuSO_4 \cdot 3H_2O\}$, der das erstemal von Klausen in Südtirol beschrieben worden ist.

Kupferärmer als die genannten Mineralien ist der Stelznerit, auch Antlerit genannt $\{2[Cu(OH)_2] \cdot CuSO_4\}$. Er besitzt dieselbe Farbe wie der Brochantit, kristallisiert wie dieser rhombisch und fand sich mit Brochantit zusammen gleichfalls in Chile. Als wasserhaltender Stelznerit kann der grasgrüne rhombische Kamarezit $\{2[Cu(OH)_2]CuSO_4 \cdot 6H_2O\}$ von Laurion angesehen werden.

Zu Herrengrund in der Slowakei fand man ein smaragdgrünes, blätteriges Mineral, dessen Zusammensetzung durch die Formel $[(OH)_6Cu_4Ca(SO_4)_2 \cdot 3H_2O]$ wiedergegeben werden kann. Es kristallisiert monoklin und erhielt den Namen Herrengrundit. Ähnlich zusammengesetzt ist der kalziumfreie Arnimit $[(OH)_4Cu_4(SO_4)_2 \cdot 3H_2O]$ von Planitz in Sachsen.

Kupfersulfate, die allerdings nicht zum Sukzessionskreis der Kupfererze gehören, weil sie als Fumarolenprodukte in vulkanischen Kratern (Vesuv) gefunden wurden, sind: der Dolerophan $[Cu_2SO_5]$, ein braunes Mineral, das Scacchi unter den Neubildungen bei der Eruption im Oktober 1868 am Vesuv entdeckt hat. Es ist wahrscheinlich durch die Einwirkung von Schwefelsäure auf Tenorit $[CuO]$, der ebenfalls ein Fumarolenprodukt ist, entstanden. Als Hüttenprodukt wurde der Dolerophan zu Atvidaberg in Ostgotland in den Rissen der Gestellsteine von Öfen, in denen Zementkupfer verschmolzen wurde, erkannt. Durch Wasseraufnahme geht er in den grünen Vernadskit $\{[(OH)Cu]_2Cu_2(SO_4)_3 \cdot 4H_2O\}$ über. Ferner fand sich am Vesuv das wasserfreie Kupfersulfat $[CuSO_4]$, der Hydrozyanit, der an der Luft durch Wasseraufnahme in den Kupfervitriol übergeht.

Aus den Kupferminen des Wüstengebietes von Atacama wurden auch noch zwei Natriumcuprisulfate beschrieben: nämlich der monokline, smaragdgrüne Natrochalzit $\{HNa[Cu(OH)]_2(SO_4)_2\}$ und der hellblaue, ebenfalls monokline Kröhnkit $[Na_2Cu(SO)_2 \cdot 2H_2O]$. Der Kröhnkit kann auch künstlich aus einer gemischten Lösung von Natrium- und Kupfersulfat bei Temperaturen über 17° erhalten werden.

Ein dem Schönit entsprechendes Doppelsalz des Kupfers entdeckte Scacchi am Vesuv im blauen monoklinen Zyanochroit $[K_2Cu(SO_4)_2 \cdot 6H_2O]$.

4. Das gediegene Kupfer. Bei der Oxydation der Kupfersulfide kann neben dem Kupfersulfat gediegen Kupfer entstehen. Nach den Versuchen von Stokes reduziert auch eine Eisenvitriollösung bei höheren Temperaturen, indem sie eine in Ferrisulfatlösung übergeht, Lösungen von Cuprisalzen unter Abscheidung von gediegenem Kupfer. Verschiedene Silikate sollen ähnliche Wirkungen hervorbringen. Daß organische Substanzen aus kupferhaltenden Lösungen metallisches Kupfer abscheiden können, beweisen folgende Beispiele: So entstandenes Kupfer fand man zu Ducktown in Tennessee in Kupfergruben, die während des Bürgerkrieges geschlossen waren, auf der Holzzimmerung; und auch in einer Kupfermine auf Neuseeland, in die Meerwasser eingedrungen war, das dann 35 Jahre Zeit hatte, auf Kiese einzuwirken, war die Zimmerung mit fast chemisch reinem Kupfer bedeckt. Schwammiges Kupfer fand man auch in einem Sumpf bei Cooke, Montana, welches nach Lovering aus sehr verdünnten Lösungen durch Stoffwechselprodukte bei Abwesenheit von Schwefelbakterien abgeschieden worden war.

Gediegen Kupfer findet sich im eisernen Hut der Kupfererzlager ziemlich häufig neben Eisenhydroxyd, gewöhnlich in dendritischen Formen, seltener in Platten oder haarförmigen Bildungen. Die Einzelteile der Dendriten zeigen bald eine bessere, bald eine weniger gut ausgebildete Kristallgestalt. Die Kristalle sind kubisch, zumeist Würfel oder Kombinationen desselben mit dem Pyramidenwürfel, sind gern noch nach der vierzähligen Symmetrieachse verzogen und nach dem Oktaeder verzwillingt. Manchmal — und berühmt in dieser Hinsicht sind die Kupfergruben im Gebiete des Oberen Sees in Nordamerika — stieß man auch auf Blöcke von vielen Zentnern Gewicht. Diese lieferten den Indianern vor der Entdeckung Amerikas das Material zu ihren Metallgeräten, denn den Indianern war damals das Eisen noch unbekannt. Die Frage, wie diese großen Kupfermassen entstanden sind, ist heute einwandfrei noch nicht beantwortet.

5. Die Kupferoxyde. Das gediegene Kupfer kann wegen seiner geringen Verwandtschaft zum Sauerstoff im feuchten Erdboden bestehen. Es überzieht sich höchstens mit einer dünnen schwärzlichen Kruste, die aus dem Cuprooxyd $[Cu_2O]$ besteht. Diese Umwandlung vollzieht sich in feuchter Luft oder in feuchter Erde, hier aber nur dann, wenn die sauerstoffhaltenden vadosen Wässer nicht andere, leichter oxydierbare Verbindungen neben dem Kupfer antreffen. Das Kupfer verliert dabei allmählich seine helle, kupferrote Farbe und seinen metallischen Glanz. Es wird zuerst dunkelrot und, wenn die Schichte dicker wird,

schwarz mit einem rötlichen Stich. Diese Umwandlung kann man am besten an Kupferdächern beobachten.

Als Mineral heißt die Verbindung $[Cu_2O]$ Rotkupfererz oder Cuprit. Seine Farbe ist ein lichtes Koschenillerot, das sehr oft einen schwärzlichen Ton annimmt. Bemerkenswert ist, daß beim Erhitzen die Farbe des Cuprites dunkler wird, aber beim Abkühlen kehrt die hellere Farbe immer wieder zurück, wenn nicht die Erhitzung bis in die Nähe des Schmelzpunktes (1210°) getrieben wurde. Diese Farbenänderung soll nach Beijerinck in einer thermisch umkehrbaren Dissoziation nach der Gleichung $[Cu_2O \leftrightarrows CuO + Cu]$ beruhen. Mit dieser Farbenänderung ist auch eine Änderung der Durchsichtigkeit verbunden. Der bei niederen Temperaturen rot durchscheinende Cuprit wird beim Erhitzen undurchsichtig, doch kehrt auch hier die Durchsichtigkeit beim Abkühlen wieder. Der Cuprit ist diamantglänzend.

Der Cuprit kristallisiert kubisch, und das Oktaeder ist die häufigste und vorherrschende Kristallform. Eine koschenillerote Abart des Cuprites ist der Chalkotrichit oder die Kupferblüte, die aus winzigen haar- oder blättchenförmigen Kristallen zusammengesetzt ist. Die erdigen Vorkommen heißen Ziegelerz.

Wenn auf Rotkupfererz verdünnte Säuren einwirken, so wird dasselbe unter Bildung des betreffenden Cuprisalzes und von gediegen Kupfer zersetzt. Es können auf diese Weise löcherige Pseudomorphosen von gediegen Kupfer nach Cuprit entstehen. Solche Pseudomorphosen wurden in Cornwall, zu Oberstein und Nischnij Tagilsk im Ural wirklich gefunden.

Wie das Cuprisulfid, so wurde auch das Cuprioxyd $[CuO]$ zuerst unter den Sublimationsprodukten des Vesuvs aufgefunden. Der Entdecker war Monticelli, benannt wurde es von Sammole nach dem Botaniker Tenore Tenorit. Der Tenorit bildet gewöhnlich schwarze, blättrige Massen, seltener nach (001) tafelförmige, trikline Kristalle mit pseudomonoklinem Habitus. Die staubartigen Massen, die sich manchmal in Bergwerken finden, nannte Beudant Melakonit. Das Kupferpecherz ist ein Gemenge verschiedener Oxyde.

6. Die Kupferkarbonate. Ist bei der Oxydation des Kupfers Kohlensäure zugegen, oder reagieren Kupfersulfate auf Karbonate, so entstehen basische Karbonate des Kupfers, von denen man den blauen, monoklinen Kupferlasur oder Azurit $[(OH)_2Cu_3(CO_3)_2]$ und den grünen Malachit $[(OH)_2Cu_2(CO_3)]$ kennt. Der Azurit wandelt sich hier und da in Malachit um. Diese Umwandlung zeigte sich besonders drastisch, wenn der Azurit wegen seiner schönen himmelblauen Farbe als Malerfarbe verwendet wurde. Dies geschah früher, wie Volger berichtet, gerne bei Freskogemälden. Der Grund der Umwandlung liegt darin, daß der Mauermörtel, der noch Kalziumhydroxyd enthielt, sich auf Kosten der Kohlensäure des Azurites in Kalziumkarbonat umwandelte. Dieser Vorgang kann durch die Gleichung $2[(OH)_2Cu_3(CO_3)_2] + Ca(OH)_2 = 3[(OH)_2Cu_2(CO_3)] + [CaCO_3]$ dargestellt werden.

Die zahlreichen synthetischen Versuche haben ergeben, daß zur Bildung des Azurites ein Kohlensäureüberdruck notwendig ist. Fehlt dieser, oder ist die beim Versuch herrschende Temperatur zu hoch, so entsteht Malachit.

Die Kristalle des Azurites sind oft sehr groß und flächenreich. Die des Malachites sind meist haarförmig oder nadelförmig. Sehr oft kommt der Malachit in derben, glatzkopfartigen Massen vor (grüner Glatzkopf). Da diese nie einheitlich gefärbt sind, sondern sich aus hell- und dunkelgrünen, ja oft fast schwarzen Schichten aufbauen, zeigen sie schöne Farbenzeichnung und werden daher zu allerhand Ziergegenständen verarbeitet. Besonders große Malachitglatzköpfe, die zu Vasen und Wandverkleidungen (Isakskirche zu Petersburg) usw. verschnitten wurden, fand man im Ural. Der Malachit galt noch im 18. Jahrhundert als Mittel gegen den Schrecken, woher auch sein Name Schreckstein stammt.

Die Umwandlung in Malachit bzw. Azurit zeigen auch Kupfergegenstände, die lange in feuchter Erde lagen. Diese grüne, stellenweise auch blaue Schichte nennt man den Edelrost. Dieselbe Erscheinung kann man an kupfernen Kirchendächern wahrnehmen, die mit der Zeit unter dem Einflusse des Regens und der Rauchgase grün werden.

7. Die Kupfersilikate. Ähnlich wie durch die Einwirkung der Kohlensäure auf Kupfererze die genannten basischen Kupferkarbonate entstehen, dürfte auch bei Gegenwart gelöster Kieselsäure im Hute von Kupferlagerstätten sich Kupfersilikat bilden. Am verbreitetsten ist der blaugrüne, amorphe Chrysokolla $[CuSiO_3 \cdot 2H_2O]$, der ein Kupfersilikatgel darstellt. Der Name Chrysokolla bedeutet Goldleim und wurde dem Mineral deshalb gegeben, weil das aus ihm hergestellte Kupfer sich besonders gut zum Löten des Goldes geeignet haben soll. Doch dürfte hier eine Verwechslung mit dem Malachit vorliegen.

Ein kristallisiertes basisches Kupfersilikat wurde in einigen amerikanischen Kupfergruben beobachtet. Es erwies sich identisch mit dem schon lange aus dem Altai bekannten trigonal-rhomboedrischen Dioptas $[CuSiO_3 \cdot H_2O]$. Dieses Mineral, welches 1785 ein bucharischer Kaufmann Achir Mehmed nach Semipalatinsk am Irtisch gebracht hatte, wurde wegen seiner grünen Farbe anfänglich für Eisenvitriol gehalten. Färber glaubte noch Smaragd vor sich zu haben. Die Fundstätte dieses schönen und prachtvoll kristallisierten Minerales sind die Altyn Tübe in der Kirgisensteppe, wo es sich mit Kalkspat zusammen in einem dichten Kalkstein fand.

8. Die Haloidsalze des Kupfers. In den Hutbildungen der Kupfererzgänge, die in der Nähe des Meeres oder in Salzwüsten liegen, vertritt die Stelle der Kupferkarbonate das im Wasser unlösliche Kupferoxychlorid, der dunkelsmaragdgrüne, rhombische Atakamit $[Cu_2Cl(OH)_3]$. Entdeckt wurde er zu Copiapo in Chile, und seinen Namen erhielt er von der nahen Wüste Atakama. In der Grube Atacamita bei Cobija in Chile bestand ein Gang bis 500 m fast ganz aus Atakamit. Zu Burra bei Adelaide in Australien wurde der Atakamit gleichfalls nachgewiesen.

Aus Chile ist noch ein zweites Mineral von der gleichen Zusammensetzung, das aber skalenoedrisch kristallisiert, der Paratakamit, beschrieben worden. Während der Atakamit beim Erhitzen auf 250° schwarz wird, bleibt der Paratakamit unverändert. Da dieser jedoch optisch zweiachsig ist, dürfte die skalenoedrische Symmetrie der Kristalle durch Mimesie hervorgerufen worden sein. Künstlich wurde der Atakamit zu wiederholten Malen hergestellt.

Von weiteren Verbindungen des Kupfers mit Halogenen wären noch zu nennen: Der weiße, tetraedrisch kristallisierende Nantockit $[CuCl]$, von Nantock in Chile und von Brockenhill, der hellgrüne Tallingit von Bottolak in Cornwall $[Cu_5Cl_2(OH)_3 \cdot 4H_2O]$, der hexakistetraedrisch kristallisierende, gelbe bis ziegelrote Marshit $[CuJ]$ und der ebenso kristallisierende kanariengelbe Miersit $[CuJ \cdot 4AgJ]$, beide von Brockenhill.

Am Vesuv wurden der schwarze Hydrothallit $[Cu_2Cl_2 \cdot 2H_2O]$, der ebenfalls schwarze Melanothallit $[Cu_2Cl_2 \cdot H_2O]$ und der grüne Atelit $[Cu_3Cl_2 \cdot 3H_2O]$, der Pseudomorphosen nach dem Tenorit bildet, gefunden.

An die Chloride wäre dann noch anzureihen der himmelblaue hexagonale Connelit. Groth schreibt dessen Formel $[H_{40}Cu_{22}Cl_4SO_{43}]$. Er wurde in Cornwall, Afrika und Amerika gefunden.

Es gibt noch einige Oxysalze des Kupfers, die neben Kupfer auch Blei oder Zink enthalten. Zur ersteren Gruppe gehören: der monokline blaue Linarit

$[Cu(OH)_2 \cdot PbSO_4]$, der rhombische blaugrüne Caledonit, dessen Zusammensetzung durch die Formel $\{5[(OH)Pb]_6Pb(SO_4)_4 \cdot 2[(OH)Cu_6]Cu(CO_3)_4\}$ ausgedrückt werden kann, und der ebenfalls rhombische blaugrüne Arzrunit $[Pb_2Cu_4Cl_6SO_6 \cdot 4H_2O]$. Die ersten beiden Mineralien wurden zuerst zu Leadhills in Schottland, das letztere in Chile entdeckt.

Zink enthalten neben Kupfer: der Aurichalzit oder die Messingblüte. Dieses Mineral ist himmelblau und bildet winzige schuppenartige Kristalle, die wahrscheinlich monoklin sind. Man faßt die Aurichalzite als Mischungen von Malachit und Hydrozinkit auf. Man hat ihnen je nach dem Mischungsverhältnis verschiedene Namen gegeben. Beim eigentlichen Aurichalzit ist das Verhältnis Malachit : Hydrozinkit = 2 : 3, beim Cuprozinkit 3 : 2, und alle Vorkommen mit einem anderen Verhältnis der beiden Komponenten werden Paraaurichalzite genannt. Der Rosasit von Rosas in Sardinien gehört auch hierher.

Kupfersulfate mit einem wesentlichen Aluminiumgehalt sind: der dunkelblaue, faserige Lettsomit $[Cu_4Al_2SO_{10} \cdot 8H_2O]$ von Lettsom in England, der auch die Namen Kupfersammtblende oder Zyanotrichit führt, der spangrüne Spangiolith $[Cu_6AlClSO_{10} \cdot 9H_2O]$, der aus Arizona bekanntgemacht wurde und in ditrigonal-pyramidalen, nach (0001) spaltenden Kristallen sich fand, und der türkisblaue Chalkoalumit $\{Cu[Al_2(OH)_3]_4(SO_4) \cdot 3H_2O\}$, der in den Gruben von Bisbee auf Limonit aufsitzend beobachtet wurde.

b) Die Sulfosalze des Kupfers und ihre Abkömmlinge.
1. Die Sulfosalze.

Neben dem Kupferkies haben als primäre Kupfererze nur noch die Fahlerze und der Enargit Bedeutung. Jene decken höchstens 1%, diese 5% der Weltproduktion.

Die Fahlerze haben ihren Namen von der fahlen Farbe, die besonders auf dem frischen Bruche hervortritt. Alle Fahlerze kristallisieren in der hexakistetraedrischen Klasse, und die vorherrschende Form ist das Tetraeder, nach der auch dem häufigsten Fahlerz, dem Antimonfahlerz, der Name Tetraedrit gegeben wurde.

Als Sulfosäuren treten nämlich bei den Fahlerzen sowohl die sulfoarsenige wie die sulfoantimonige Säure auf, und je nach dem Vorherrschen einer dieser Säuren unterscheidet man Arsen- und Antimonfahlerze. Erstere, die selteneren, führen auch den Namen Tennantit, letztere sind die Tetraedrite.

Als Basen enthalten die Fahlerze vorwiegend Kupfer, dann Silber, Quecksilber, aber auch Zink und Eisen. Die silberreichen Fahlerze heißen auch Weißgüldigerze, die durch ihre schwärzliche Farbe ausgezeichneten Quecksilberfahlerze nach der Tiroler Bergstadt Schwaz Schwazite.

Die stöchiometrische Deutung der Fahlerzanalysen bot deshalb große Schwierigkeiten, weil neben den einwertigen Metallen auch zweiwertige sich am Aufbau der Verbindung beteiligen und weil gleichzeitig mit ihrem Eintritt sich auch der Schwefelgehalt vermehrt. G. T. Prior und J. L. Spencer sprachen daher die Meinung aus, daß in der Grundformel der Fahlerze $[R_6(As, Sb)_2S_6]$ die einwertigen Metalle Cu, Ag, Hg durch die Radikale $(ZnS_2)=$ und $(FeS_2)=$ ersetzt werden können. Die röntgenographischen Untersuchungen Machatschkis haben bewiesen, daß der Elementarkörper dem Strukturtypus $[Cu_3SbS_3]$ entspricht und daß die zweiwertigen Elemente im Raumgitter wegen der Ähnlichkeit der Atomradien den Raum der einwertigen Metallatome einnehmen, wobei das Gitter noch für die gleichzeitig hinzutretenden Schwefelatome Raum bietet, sich gesetzmäßig einzulagern.

Der flächenreiche Binnit aus dem zuckerkörnigen Dolomit des Binnentales ist ein Arsenfahlerz. Stöchiometrisch steht den Fahlerzen auch der Wittichenit $[Cu_6Bi_2S_6]$ nahe. Doch kristallisiert er rhombisch.

Kupferärmer als die Fahlerze ist der zinnweiße, rhombische Emplektit $[Cu_2Bi_2S_4]$ und der gleichfalls rhombische Wolfsbergit $[Cu_2Sb_2S_4]$. Strich und Farbe dieses Minerales sind dunkler als beim Emplektit.

Anschließend daran sind noch 3 Sulfosalze des Kupfers zu nennen, die neben Kupfer, atomistisch genommen, gleichviel Blei enthalten und die alle rhombisch kristallisieren. Es sind dies: der durch den starken Glanz seiner bleigrauen tafelförmigen Kristalle auffallende Bournonit $[CuPbSbS_3]$, der wegen der nadelförmigen Tracht seiner Kristalle Nadelerz genannte Aikinit oder Patrinit $[CuPbBiS_3]$ und der seltene Seligmannit aus dem Binnentale $[CuPbAsS_3]$. Eine Varietät des Bournonites ist das Rädelerz von Kapnik und Cornwall, das wegen der walzenförmigen Ausbildung seiner Kristalle an die gezahnten Achsenräder der Taschenuhren erinnert.

Unter den Kupfersulfosalzen sind auch Mineralien erkannt worden, die sich von der Sulfoarsen- bzw. Sulfoantimonsäure, das ist von den Säuren $[H_3AsS_4]$ und $[H_3SbS_4]$ ableiten.

Am längsten bekannt ist der eisenschwarze rhombische Enargit $[Cu_3AsS_4]$. Es wurde von Breithaupt unter peruanischen Kupfererzen entdeckt. Später erkannte man ihn auch in nordamerikanischen Kupferlagerstätten, ferner zu Schapach im Schwarzwald und zu Brixlegg in Tirol. In größeren Massen wurde er zu Bor in Serbien und zu Butte in Montana angetroffen. Der Enargit spaltet nach (110). Wegen des Fehlens dieser Spaltung und durch seine rötlichere Farbe wurde früher vom Enargit der Luzonit unterschieden, der seinen Namen von seinem Fundorte, den Kupfergängen auf der Insel Luzon erhalten hat. Nach Frebold ist er aber ein Gemenge von Enargit, dem gleichfalls nach seinem Fundorte, der Sierra Famatina in Argentinien benannten Famatinit $[Cu_3SbS_4]$, der dem monoklinen System angehört und keine Spaltung besitzt. Seine Farbe ist rötlichgrau. Der Strich ist bei ihm schwarz, beim Enargit ist er dagegen grau mit einem Stich ins Gelbgrau. Ein sehr seltenes Mineral, das gleichfalls dieser Gruppe angehört, ist der Sulvanit $[Cu_3VS_4]$. Er ist nach drei aufeinander senkrechten Richtungen spaltbar und besitzt eine hellbronzegelbe Farbe. Röntgenographischen Untersuchungen zufolge kristallisiert er kubisch. Man fand ihn in der Nähe von Burra in Südaustralien und in der Sierra de Cordoba in Argentinien.

In Nordamerika und den chilenischen Kupfergruben hat man auch Kupferarsenide und -antimonide angetroffen. Von Arseniden unterschied man: die Verbindung $[Cu_9As]$, den rötlichweißen Withneyit, der sehr leicht anläuft, den stahlgrauen Algodonit $[Cu_6As]$, der oft von Withneyit umhüllt ist und beim Erhitzen in Cu und $[Cu_3As]$ zerfällt, den Ledouxit $[Cu_4As]$, den zinnweißen Domeykit $[Cu_3As]$ und den blaßroten Keweenawit $[Cu_2As]$, der zum Unterschiede vom Withneyit nicht anläuft.

König hat durch Einwirkung von Arsendämpfen auf schwach rotglühendes Kupfer verschiedene Kupferarsenide hergestellt. Die röntgenographischen Untersuchungen der letzten Jahre haben jedoch wahrscheinlich gemacht, daß es nur zwei wohldefinierte Kupferarsenverbindungen gibt, den Ledouxit $[Cu_4As]$ und die Verbindung $[Cu_3As]$, die aber mit dem natürlichen Domeykit nicht identisch ist. Die künstliche Verbindung ist wirklich hexagonal, der natürliche Domeykit dagegen rhombisch, pseudohexagonal. Alle anderen Kupferarsenide sind Gemenge dieser Verbindungen mit gediegen Kupfer, wie man sich leicht durch Untersuchung von Anschliffen im Erzmikroskop überzeugen kann.

Auch zwei Kupferantimonide sind bekannt geworden, nämlich der Stibiodomeykit $[Cu_3Sb]$ und der Horsforthit $[Cu_6Sb]$. Dieser ist silberweiß, läuft leicht an und bildet zu Mytilene ein ausgedehntes Lager.

2. Die Abkömmlinge der Sulfosalze des Kupfers.

Durch die Zersetzung der Sulfosalze des Kupfers können Oxysalze der Arsensäure und der Antimonsäure entstehen. Merkwürdig ist daß, obwohl die Antimonverbindungen des Kupfers häufiger sind als die Arsenverbindungen, Antimoniate des Kupfers bis jetzt in der Natur noch nicht erkannt worden sind. Dafür gibt es eine ganze Reihe von Kupferphosphaten, von denen einige eine den Arsenaten entsprechende Zusammensetzung haben.

In nachstehender Tabelle sind diese Phosphate den entsprechenden Arsenaten gegenübergestellt.

Arsenate	Phosphate.
$[Cu_6As_2O_8 \cdot 5\,H_2O]$, der Trichalzit. Er fand sich in graugrünen Gruppen auf Fahlerz in den uralischen Kupfergruben. Er ist optisch zweiachsig.	
$\{[(OH)Cu]Cu(AsO_4)\}$, der Olivenit. Er ist olivengrün und rhombisch.	$\{[(OH)Cu]Cu(PO_4)\}$, der Libethenit. Derselbe bildet oktaederähnliche rhombische, fast schwarze Kristalle. Benannt wurde er nach seinem Fundorte Libethen in der Slowakei.
$\{([(OH)Cu]Cu(AsO_4) \cdot 3\,H_2O\}$ ist der rhombische, smaragdgrüne Euchroit, der sich ebenfalls zu Libethen fand.	
$\{[(OH)Cu]_4Cu(AsO_4)_2\}$ ist der grasgrüne bis smaragdgrüne Erinit. Seine Kristallgestalt ist noch unbekannt.	$\{[(OH)Cu]_4Cu(PO_4)_2\}$ ist der dunkelgrüne, wahrscheinlich trikline Dihydrit. Der gleich zusammengesetzte Ehlit ist etwas wasserreicher.
$\{[(OH)Cu]_4Cu(AsO_4)_2 \cdot 3\,H_2O\}$, ist der bis jetzt nur derb bekannte, smaragdgrüne Cornwallit.	
$\{[(OH)Cu]_6(AsO_4)_2\}$ ist der blaugrüne, monokline Klinoklas.	$\{[(OH)Cu]_6(PO_4)_2\}$ ist der meist in nierenförmigen Gestalten auftretende, spangrüne Pseudomalachit. Der Cornetit und Lunnit haben die gleiche Zusammensetzung.
$\{[(OH)Cu]_2H(AsO_4)_2 \cdot 3\,H_2O\}$ ist der smaragdgrüne, skalenoedrische Chalkophyllit.	
$\{[(OH)Cu]_4H_2(AsO_4)_2\}$ ist der derbe, weiße Leukochalzit.	$\{[(OH)Cu]_4H_2(PO_4)_2 \cdot H_2O\}$ ist der grünlichgraue bis smaragdgrüne Taglit.

Ein Kupferkalkarsenat, das mit dem Olivenit und dem Libethenit homöomorph ist, ist der rhombische grüne Higginsit $\{[(OH)Cu]CaAsO_4\}$, der mit Manganerzen zusammen nahe der Oberfläche in der Higgins Mine zu Bisbee in Arizona gefunden wurde.

Verwickelter zusammengesetzt ist der apfelgrüne Tirolit, der auf den Fahlerzgruben von Nordtirol beobachtet wurde. Seine Zusammensetzung entspricht ungefähr der Formel $[2Cu(OH)_2 \cdot CaCO_3 \cdot Cu_3(AsO_4)_2 \cdot 2\,H_2O]$.

Auch tonerdehaltende Kupferarsenate wurden bekannt. Aus Huanaco stammt der türkisblaue Ceruleit $\{Cu[Al(OH)_2]_4(AsO_4)_2 \cdot 4\,H_2O\}$, aus England der himmelblaue Lirokonit $[(OH)_{15}Cu_9Al_4As_5O_{20} \cdot 2\,H_2O]$.

Kupferbleiphosphate sind: der Tsumebit $\{[(OH)(Cu,Pb)]_4(Cu,Pb)(PO_4)_2 \cdot 6\,H_2O\}$, der sich in kleinen, smaragdgrünen, monoklinen Kristallen in den

Kupferminen des ehemaligen Deutsch-Südwestafrika fand, dann der Laxmanit, dessen Formel $[(Cu, Pb)_3(PO_4)_2 \cdot (Pb_2O)Pb(CrO_4))]$ geschrieben wird. Er kristallisiert monoklin, hat bald grüne, bald braune Farbe und wurde sowohl in Brasilien wie auch im Ural beobachtet.

Ein Zinkkupferphosphat mit dem Namen Kipushit und der Formel $\{[(OH)(Cu, Zn)]_3(Cu, Zn)_3(PO_4)_3 \cdot 3H_2O\}$ wurde kürzlich aus Katanga, den Kupferminen des Kongogebietes bekanntgemacht.

c) Das Vorkommen der Kupfererze.

Kupfererze kommen sowohl in Gängen als auch in Lagern vor. Bei den Kupfergängen sind zwei Typen vorerst zu unterscheiden, nämlich solche, bei denen bor- und fluorhaltende Mineralien, wie Turmalin, Topas und Fluorit, neben Quarz die Gangart bilden, und solche, wo diese Mineralien mit Ausnahme des Quarzes fehlen. Erstere sind der pneumatolytischen Periode, letztere der hydrothermalen Periode der Gangfüllung zuzuzählen.

Die Kupfergänge erster Art sind stets an Eruptivgesteine gebunden und führen, wie in Cornwall, selbst Zinnerze oder sind wenigstens mit Zinnerzgängen genetisch verbunden. Bei diesen beobachtet man, wie bei den Zinnerzlagerstätten, manchmal eine Umwandlung des Nebengesteines zu Greisen. Hierfür sind die Gänge von Telemarken ein Beispiel. Beim Kupfererzvorkommen auf der Bedowina bei Predazzo in Südtirol tritt als Gangart neben Turmalin auch Scheelit auf. Zu der genannten Gruppe gehören ferner die Kupfererzvorkommen von Tamaya bei Ovalla in Chile.

Die zweite Gruppe zerfällt wieder in mehrere Untergruppen.

1. Kupfer- und Eisenkies mit Quarz als Gangart. Das ist die kiesige Kupferformation. Hierher gehören die Gänge von Kupferberg in Schlesien und die von Burra in Südaustralien.

2. Kupfererze mit Karbonaten (Siderit) und Schwerspat als Gangart. Es ist dies die spätige Kupferformation. Beispiele für dieselbe sind die Gänge von Kamsdorf in Thüringen, von Herrengrund in der Slowakei und von Mitterberg im Salzburgischen bzw. Kitzbühel (Tirol).

3. Kupfererze mit ausschließlich Baryt als Gangart finden sich zu Brixlegg in Tirol. Hier ist das Haupterz das Fahlerz.

4. Als besondere Gruppe könnten dann noch die Enargitgänge von Butte in Montana, eben wegen ihres Reichtums an den sonst in den Erzgängen so seltenen Enargites, ausgeschieden werden. Neben dem Enargit tritt auch Kupferglanz als Erz auf. Die Gänge von Butte setzen in einem Quarzmonzonit auf und sind von zahlreichen Silbererzgängen umgeben.

Bei den lagerartigen Vorkommen sind ebenfalls zwei Gruppen auseinanderzuhalten.

Die erste Gruppe bilden die Kupferkieslager in metamorphen Schiefern.

Diese enthalten neben Kupfer und Eisenkies auch manchmal Magnetkies und Magnetit. In diese Gruppe sind einzureihen: die schwedischen (Fahlun) und norwegischen (Röros und Sulitjelma) Kieslager, dann die von Schmöllnitz in der Slowakei und von Luisental in der Bukowina.

Die zweite Gruppe bilden die Kieslager in nichtmetamorphosierten paläozoischen Schiefern. Beispiele hierfür sind der schon seit dem 10. Jahrhundert in Betrieb stehende Bergbau am Rammelsberg bei Goslar im Harz und die schon von den Römern ausgebeuteten Kieslager in Spanien. Hier tritt der Magnetit und der Magnetkies ganz zurück, dafür aber treten Baryt, Bleiglanz und Zinkblende auf. Diese Kieslager sind nach der neueren Ansicht der Lagerstättenforscher syngenetischer Natur und haben sich aus Sulfidgelen in Meeresbuchten gebildet (s. auch S. 163, 175/6).

Ganz eigenartig sind die Kupfererzvorkommen am Oberen See in den Vereinigten Staaten Nordamerikas. Dort kommt gediegen Kupfer entweder in feiner Verteilung oder als Ausfüllung von Blasen und unregelmäßigen Rissen innerhalb von Melaphyrdecken, ferner als Bindemittel von Konglomeraten bzw. als Ausfüllung echter tektonischer Spalten vor. Das gediegene Kupfer in den Blasenräumen und Spalten wird begleitet von Quarz, Kalkspat, Zeolithen, Prehnit usw. und auch von gediegen Silber. Kupferarsenide kommen gleichfalls als Seltenheit vor. Am wahrscheinlichsten ist eine hydrothermale Entstehungsweise für die Hohlraumausfüllungen, denn eine magmatische Bildungsweise schließt das Nebeneinandervorkommen von Kupfer und Silber aus, die in einem solchen Falle zu einer Legierung zusammengetreten wären.

Ähnliche Vorkommen, nur in ungleich kleinerem Ausmaße, sind auch auf den Färöer Inseln und bei Oberstein im Nahetale, wo ebenfalls gediegen Kupfer in Mandelausfüllungen beobachtet wurde.

Ein nicht minder merkwürdiges Vorkommen ist das von Kupfererzen in Sandsteinen, die überall der permischen Formation angehören. Solche Kupfersandsteine kennt man aus Böhmen, der Rheinpfalz, aus Rußland, Neu-Mexiko und Südamerika. Die Träger des Kupfergehaltes sind hauptsächlich Sulfide und deren Zersetzungsprodukte. Reichlich sind in diesen Ablagerungen organische Reste vorhanden, welche die Reduktion des Kupfers bzw. der Kupfersulfide aus den diese Sedimente durchtränkenden Lösungen besorgt haben dürften. In Rußland führen diese Sedimente auch Vanadinerze. Für die epigenetische Entstehung der Kupferführung spricht die Tatsache, daß in Rußland der Gehalt dieser Sedimente an Kupfer mit der Entfernung vom Ural abnimmt und bei 500 km ganz verschwindet.

Genetisch analog sind auch die permischen Kupferschiefer im Mansfeldischen. Es sind dies bituminöse Schiefer, die in feiner Verteilung verschiedene Kupfer- und Silbererze enthalten. Diese bilden oft feine Überzüge auf Resten paläozoischer Fische. Die Mächtigkeit des Kupferschieferflözes, das an der Basis des Zechsteines liegt, somit jünger als der rote Sandstein ist, beträgt soweit es für die Kupfergewinnung in Betracht kommt ungefähr 25 cm. Sein Gehalt an Kupfer ist 2—3%, an Silber 0,01—0,02%, und außerdem enthält es noch 9—14% Bitumen. Der Kupferschiefer ist von Verwerfungen durchsetzt, die Rücken heißen und kupferfrei sind, aber dafür Nickelerze mit Baryt, Braunspat und Kalkspat als Gangart führen. In unmittelbarer Nähe der Rücken — bis zu 10 m — findet sich Kupferglanz, bis ungefähr 14 m Bornit, dann Kupferkies und noch weiter weg Pyrit.

Endlich gibt es noch Kupfererzlagerstätten, die an Kalk und Dolomit gebunden sind und die von einzelnen Forschern als durch Verdrängung von Karbonatgesteinen entstandene metasomatische Lagerstätten aufgefaßt werden. Beispiele hierfür sind die Kupfererzvorkommen vom Massa maritima in Toskana, die Otavilagerstätten im einstigen Deutsch-Südwestafrika und Katanga in Belgisch-Kongo.

Zu den Verdrängungslagerstätten gehört auch das Enargit-Covellinvorkommen von Bor in Serbien, wo die Erzmassen den Andesit unter gleichzeitiger Verkieselung des Nebengesteines verdrängen.

XI. Das Quecksilber und die Quecksilbererze.
a) Das Quecksilber.

Das Quecksilber ist eines der merkwürdigsten Metalle, weil es bei normaler Temperatur flüssig ist, und weil es in diesem Zustande die Fähigkeit besitzt, andere Metalle aufzulösen oder, wie man sagt, Amalgame zu bilden. Diese Eigenschaft sowie die silberweiße Farbe waren die Ursache seines Namens, denn der deutsche Name „Quecksilber" hängt mit dem Stamme „queck" oder „quick" zusammen, der einerseits „lebendig", aber auch „vermischen" bedeutet, wie das Zeitwort „verquicken" belegt. Die Griechen nannten es „argyros chütos", das ist „flüssiges Silber" (Theophrast und Aristoteles) oder „Hydrargyros", das ist „wässeriges Silber" (Dioskorides). Plinius gebrauchte den Namen „argentum vivum", lebendiges Silber. Der Name „Mercurium" wurde dem Metall von Geber um 800 n. Chr. gegeben, weil es damals Mode war, die Metalle nach den Planeten zu benennen. Den Alchimisten war das Quecksilber der Träger der Metallizität, und 1675 nennt es der holländische Gouverneur Rykloff von Goens das Blut der Metalle.

Das Quecksilber galt früher als Halbmetall. Zum Metall wurde es erst erhoben, als Braun im Winter 1759 auf 60 in Petersburg das Gefrieren des Quecksilbers beobachtete. Der Gefrierpunkt bzw. Schmelzpunkt des Quecksilbers liegt bei 38,5°. Im festen Zustande ist das Quecksilber zinnweiß, dehnbar und kristallisiert kubisch und spaltet nach dem Würfel. In dünnen Schichten ist es blau oder violett durchscheinend.

In der Natur findet sich das gediegene Quecksilber selten. Es bildet dann kleine Tröpfchen, die am Gesteine haften. Es ist sicherlich immer sekundären Ursprunges, durch die Zersetzung quecksilberhaltender Sulfide und Sulfosalze entstanden.

b) Die Quecksilbererze.

Quecksilber enthalten manche Fahlerze (Schwazit), dann folgende Mineralien: Der Tiemannit [$HgSe$], das Selenquecksilber, das zuerst zu Zorge im Harz, dann aber auch in größeren Mengen zu Lucky Boy Claim in Utah gefunden worden ist. Ferner der Onofrit [$Hg(S, Se)$] von San Onofre in Mexiko, den man dann auch in Utah entdeckte, der Coloradoit [$HgTe$], das Quecksilbertellurid, das man aus Kolorado und Kalifornien kennenlernte, den Lehrbachit [$HgSe \cdot PbSe$] von Lehrbach bei Tilkerode im Harz, und den grauen, stengeligen Livingstonit [$HgSb_4S_7$], der mit Antimonit [Sb_2S_3] zusammen zu Huitzuco und in Klüften eines Kalksteines mit Baryt, Flußspat und Kalkspat zu Quadalcarar in Mexiko einbrach. Vom gestaltlich ähnlichen Antimonit unterscheidet er sich durch den roten Strich.

Das wichtigste Quecksilbererz ist aber der Zinnober oder die Quecksilberblende [HgS]. Der Name „Zinnober" leitet sich vom Worte „Kinnabari", das Theophrast gebraucht, ab. Dioskorides nennt dieses Mineral „Ammion", Plinius „Minium". Der Zinnober besitzt eine charakteristische hellrote Farbe, die aber sehr häufig durch Beimengungen verdeckt wird. Die Bergleute von Idria, einem der größten Quecksilberbergwerke, unterscheiden die derben, hellroten, dolomitischen Vorkommen als Ziegelerze, nennen die leberbraunen, bitumenreichen Lebererze, die weniger bituminösen, rötlichgrauen Massen Stahlerze. Das Idrianer Korallenerz besteht zumeist aus Kalziumphosphat, ist bräunlich und enthält kugelige oder elipsoidische Versteinerungen.

Die Kristalle des Zinnobers sind trigonal-trapezoedrisch, zirkularpolarisierend. Sie drehen bei gleicher Dicke die Polarisationsebene 15mal stärker als der Quarz. Der Zinnober hat eine hohe Dichte (8,02) und leitet die Elektrizität schlecht.

Diese Eigenschaft unterscheidet den roten Zinnober von der zweiten polymorphen Modifikation des Schwefelquecksilbers, den schwarzen Metazinnabarit. Derselbe ist schon lange unter dem Namen Äthiops minerale bekannt, das durch Zusammenreiben von Schwefel und Quecksilber erzeugt wird und in der Medizin vielfache Verwendung findet. Als Mineral erkannte man den Metazinnabarit in Idria, wo er auf Kalkstein aufsitzend Gruppen winziger tetraedrischer Kristalle bildet. In größeren Mengen war er in den Ablagerungen der heißen Quellen am Fuße des Uncle Sam, eines vulkanischen Berges im Norden Kaliforniens, enthalten.

Der Metazinnabarit hat ein niedrigeres Volumgewicht als der Zinnober, nämlich 7,8. Er stellt die instabile Modifikation der Verbindung $[HgS]$ dar. Er ist infolgedessen leichter löslich als der Zinnober und wandelt sich bei Berührung mit Polysulfiden leicht in Zinnober um.

Hervorzuheben ist, daß in den Zinnoberlagerstätten oft große Mengen organischer Verbindungen vorkommen. In der Ätna Mine zu New Almaden in Kalifornien fand man den honiggelben Aragolit $[C_4H_5]$, in der Phönix Mine in Pope Valley, ebenfalls in Kalifornien, den rotbraunen Napalit $[C_3H_4]$, zu Great Western, Lake County in Kalifornien, den lichtgrünen Posepnit $[C_{22}H_{36}O_4]$, und zu Idria in Krain den grünen oder schwarzen Idrialit $[C_{80}H_{54}O_2]$.

c) Die Umwandlungsprodukte der Quecksilbererze.

Das Kalomel $[Hg_2Cl_2]$. Dieses Mineral kristallisiert tetragonal, spaltet nach (100), ist sehr lichtempfindlich und schwer löslich. Daher ist es auch nicht giftig zum Unterschiede von der Verbindung $[HgCl_2]$, dem Sublimat, das leicht löslich und daher sehr giftig ist. Die letztgenannte Verbindung findet sich nicht als Mineral. Das Kalomel wurde 1776 zu Moschel-Landsberg entdeckt, dann aber auch zu Terlingua in Texas, ferner in Mexiko und Spanien gefunden.

Aus den Minen von Terlingua wurden ferner folgende Oxychloride des Quecksilbers beschrieben: Der schwefelgelbe, hexagonale Kleinit $[Hg_{12}Cl_6O_9]$. Die Kristalle sind bei gewöhnlicher Temperatur komplizierte Zwillinge trikliner Individuen. Über 130° werden sie jedoch optisch einachsig. Im Lichte ändert er seine Farbe ins Orangerot. Im Dunkeln bildet sich diese Farbe wieder zurück. Der monokline Terlinguait $[Hg_2ClO]$ ändert ebenfalls seine Farbe im Lichte und wird olivengrün. Der braune kubische Eglestonit $[Hg_{12}Cl_6O_3]$ dunkelt in der Sonne rasch bis ins Schwarz nach.

In der Natur fand sich auch das orangerote Merkurioxyd, der rhombische Nadeln bildende, orangerote Montroydit $[HgO]$.

Wenn mehrere der genannten Verbindungen auf einer Stufe zusammen vorkommen, so kann man feststellen, daß der Montroydit die jüngste Bildung ist. Älter scheint der Eglestonit, und am ältesten der Terlinguait zu sein.

Bekanntlich bildet das Quecksilber mit vielen Metallen Amalgame. Am verbreitetsten sind die Silberamalgame, die wieder zuerst aus Moschel-Landsberg beschrieben worden sind, dann aber auch von anderen Fundorten bekannt wurden. Die Silberamalgame sind silberweiß und bilden oft schöne, kubische Kristalle. Das atomare Verhältnis zwischen Silber und Quecksilber ist sehr wechselnd. Auch Amalgame des Goldes sind mehrmals beobachtet worden.

Mit besonderen Namen wurden die Amalgame von Aquero (Aquerit) und Kongsberg (Kongsbergit) belegt.

d) Das Vorkommen des Schwefelquecksilbers.

Die Quecksilber- bzw. Zinnobervorkommen sind sehr oft an Eruptivgesteine gebunden. So in Kalifornien an Basalte und Andesite, in Mexiko an Pechsteinporphyre, in Texas an Andesite und Trachyte, in Peru und Toskana gleichfalls an Trachyte, zu Almaden in Spanien an Diabase; zu Avala in Serbien an Serpentin. Daneben kommen Zinnoberlagerstätten auch in sedimentären Gesteinen vor und sind in denselben epigenetische Bildungen. In diesen Sedimenten erfüllen die Quecksilbererze die Gesteinshohlräume und verdrängen oft das kieselige Bindemittel.

In paläozoischen Sedimenten findet sich Zinnober zu Almaden in Spanien (Silur), zu Nikotowka in Südrußland mit Antimonit (Karbon) und in der Pfalz (Perm).

Die Quecksilbervorkommen von Idria gehören der Trias an, die von Huancavelica in Peru dem Jura, die von Terluingua in Texas und Quadalcazar in Mexiko der Kreide und am Monte Amiata in Toskana imprägniert der Zinnober Sedimente vom Jura bis zum Tertiär.

Zu Steamboat Springs in Nevada und in der Sulfurbank in Kalifornien hat man das Schwefelquecksilber als Absatz von heißen Quellen in großen Mengen beobachtet. Dabei konnte auch festgestellt werden, daß in den oberen Partien der Quellenspalten und der Gänge der Metazinnabarit und in den tieferen der Zinnober auftritt. Der Metazinnabarit scheint demnach zu seiner Bildung geringeren Druck nötig zu haben. In manchen Fällen dürfte er auch sekundär sein.

Das Schwefelquecksilber ist in natriumsulfidhaltendem Wasser löslich, mit welchem es wahrscheinlich eine Verbindung eingeht. Diese Verbindung entsteht bei höheren Temperaturen leichter, und daher scheidet sich das Schwefelquecksilber beim Abkühlen oder wenn Ammoniumkarbonat hinzukommt, aus. Das gleiche bewirkt Verdünnen der Lösung. Geschieht dies langsam, so fällt Zinnober aus, geschieht es schnell, Metazinnabarit.

Zinnober kann auch bei der Zersetzung quecksilberhaltender Sulfosalze, namentlich der Quecksilberfahlerze, entstehen.

XII. Das Gold.
a) Das Gold und sein Vorkommen auf primärer Lagerstätte.

Von allen Metallen, die in der Natur im gediegenen Zustande angetroffen werden, nämlich Blei, Kupfer, Quecksilber, Silber, Gold und Platin, besitzen die beiden letztgenannten die geringste Verwandtschaft zu anderen Elementen, weshalb sie auch vorwiegend im gediegenen Zustande und nur ausnahmsweise als Verbindungen zu finden sind. Beim Gold sind auch Legierungen beobachtet worden.

Mineralien, die Gold in größeren Mengen enthalten, sind: Das Elektrum, wie man alle Legierungen des Goldes mit Silber nennt, wenn der Silbergehalt ein Fünftel übersteigt, das Rhodiumgold oder Rhodit, von dem angegeben wird, daß er 34—43% Rhodium enthalten soll, das Palladiumgold oder Porpezit. Diese weiße, 10% Palladium haltende Legierung wurde zu Porpez in Brasilien gefunden. Das bronzefarbene Palladiumgold von Taguaril in Mexiko enthielt 18—21% Palladium. Ferner wurde ein Goldamalgam mit 61% Quecksilber aus Kolumbien, Kalifornien und von Mariposa in Mexiko beschrieben. Das Wismutgold oder, nach dem Fundorte Maldon in Australien benannte, Maldonit entspricht ungefähr der Formel [Au_3Bi] und enthält 34,5% Bi. Von den australischen Bergleuten wird es seiner Farbe wegen Schwarzgold genannt. Das Selengold wurde in größeren Mengen auf Sumatra gefunden. Die Verbindungen des Goldes mit dem Tellur werden an anderer Stelle aufgezählt werden.

Das Gold findet sich nicht nur in Gängen, sondern auch auf sekundärer Lagerstätte in Fluß- und Meeresalluvionen, den Goldseifen.

Auch in einzelnen Massengesteinen wurde ein Gold- bzw. Silbergehalt festgestellt. So fand man im kalifornischen Granit pro Tonne 104 mg Au und

7,600 mg Ag; im Nevadagranit pro Tonne 1131 mg Au und 5,590 mg Ag; im Nevadasyenit pro Tonne 720 mg Au und 15,430 mg Ag.

In welcher Form, ob als Metall oder als Verbindung, die beiden Metalle in diesen Gesteinen vorhanden sind, ist noch unentschieden. Man glaubt aber, daß magmatische Ausscheidungen vorliegen.

Allgemein nimmt man an, daß das Gold saure, das Silber basische Gesteine bevorzuge. Es werden sogar Beobachtungen mitgeteilt, die besagen, daß Gänge, die aus einem sauren Gesteine in ein basisches übersetzen, silberreicher werden. Dies gilt z. B. vom Erzgebiete Los Ladrillos bei Copiapo und Punta Brasa. Auch im Comstock Lode in Nevada machte man die Erfahrung, daß die Goldquarzgänge im Quarzdiorit nur Gold, im Diorit silberarmes Gold und im Andesit nur Silber führten.

In den Golderzgängen ist der Quarz die vorherrschende Gangart, weshalb man auch häufig von Goldquarzgängen spricht.

Man unterscheidet von alters her jüngere und ältere Golderzgänge.

Die junge Goldganggruppe wird auch die propylithische Goldsilberformation genannt, weil die Nebengesteine der Gänge sehr oft in Grünstein (Propylith) umgewandelt worden sind und weil mit den Golderzen auch Silbererze einbrechen.

Man unterscheidet bei den jungen Goldsilbergängen wieder zwei Untergruppen, die durch das Vorhandensein oder Fehlen der Tellurerze gekennzeichnet sind. Tellurerze fehlen in den Vorkommen in der Slowakei (Schemnitz und Kremnitz), in Rumänien (Felsöbanya und Vöröspatak) und im Comstock Lode. Tellurerze sind vorhanden in den Gängen von Nagyag in der „Goldenen Meile" in Westaustralien und in einzelnen Golderzgängen Nordamerikas.

Der sog. „alten Goldquarzformation" gehören die seinerzeit berühmten Goldgänge Böhmens (Eule, Bergreichenstein), der Mother Lode in Nevada, der sich über 150 km Länge erstreckt, und die Goldvorkommen der Zentralalpen an. Hiervon sind die der Alpen allerdings sicher jung (Tertiär!). Diese Ganggruppe zeichnet sich durch die Armut an Silbererzen und dadurch aus, daß meist Pyrit, seltener Kupferkies oder Arsenkies die Träger des Goldgehaltes sind. Das Gold ist in diesen Mineralien, wie auch in dem sie begleitenden Quarz, für das freie Auge unsichtbar eingesprengt, und es ist noch nicht sichergestellt, ob immer als metallisches Gold oder als Verbindung.

Ob die Trennung der Golderzgänge in alte und junge den Tatsachen wirklich entspricht, bleibt noch dahingestellt. Wohl treten in Böhmen die Golderzgänge im Grundgebirge auf, dem man ein hohes geologisches Alter zuschreibt, aber in den Alpen hängen, wenn man von der Metamorphose der Gesteine ganz absieht, die Klüfte, in denen die goldführenden Kiese abgesetzt wurden, mit der relativ jungen Aufrichtung der Zentralalpen zusammen. Dazu kommt noch, daß berichtet wird, die Tellur-Goldgänge der „Goldenen Meile" in Westaustralien gingen mit zunehmender Tiefe in normale Goldquarzgänge über, und in den letzten Jahren wurden auch in den Golderzvorkommen Böhmens vereinzelt Tellurverbindungen nachgewiesen.

Das Freigold der alten wie der jungen Golderzgänge bildet zumeist unregelmäßige Körner von wechselnder Größe. Daneben kommen aber auch moos-, draht- oder blechförmige Bildungen vor. Am seltensten sind Kristalle. Die Kristalle gehören, wie die des Silbers, dem kubischen Systeme an. Sie zeigen meist das Oktaeder oder das Rhombendodekaeder, seltener den Würfel oder den Pyramidenwürfel (120). Die Kristalle sind oft nach einer trigonalen Achse in die Länge gezogen, und diese nadelförmigen Bildungen treten manchmal zu schönen gestrickten Gebilden zusammen. Die nach (111) verzwillingten Kristalle sind meist nach der Zwillingsfläche tafelförmig. Die für das Gold so bezeichnenden Bleche sind trotz ihrer unregelmäßigen Begrenzung nach (111) tafelförmige Kristalle, was die dreieckigen Erhebungen, die auf ihnen so häufig zu beobachten sind, beweisen. Dieselben sind über das ganze Blech parallel angeordnet und sind nichts anderes als kleine Oktaeder, die aus der Oktaederfläche des Bleches herausragen.

Neben dem kristallisierten Gold gibt es in manchen Goldbezirken auch amorphes Gold. Hierher ist das erdige, glanzlose, schmutzigbraune Senfgold aus der Goldenen Meile, sowie das schwammartige Schwammgold, das sich im Ausgehenden der Tellurerzgänge des gleichen Bezirkes findet, zu rechnen. Das amorphe Gold ist nicht amalgamierbar. Wird es aber erhitzt und infolgedessen kristallin, dann ist es amalgamierbar.

Gold ist nur in Selensäure und im Königswasser löslich. Das Königswasser ist ein Gemisch von Salz- und Salpetersäure. Darauf, daß dies Gemenge Chlor entwickelt, beruht seine lösende Kraft. Auch andere Gemische, die Chlor frei machen, vermögen Gold aufzulösen; so ein Gemisch von Mangandioxyd, Natriumchlorid und Schwefelsäure.

Diese drei Bestandteile können sich auch in der Natur zusammenfinden. Mangandioxyd und Schwefelsäure entstehen bei der Zersetzung primärer Manganmineralien und primärer Kiese, und Natriumchlorid ist in geringen Mengen in allen vadosen Wässern vorhanden, welche die Umwandlung besorgen.

Auch heiße Lösungen von Ferrisulfat und Kupfersulfat vermögen Gold zu lösen. Dieser Fall kommt aber in der Natur kaum in Betracht. Aus solchen Lösungen wird das Gold beim Abkühlen wieder abgeschieden.

Aus goldhaltenden Kiesen wird das Gold bei der Zersetzung derselben frei gemacht. Man trifft daher Freigold nicht nur in Quarz eingewachsen, sondern auch oft im eisernen Hute der Kieslagerstätten. Sind bei dieser Umwandlung die oben angegebenen Agenzien zugegen, so kann das so entstandene Freigold wieder gelöst und in die Tiefe geführt werden. Aus diesen von Natur aus sauren Lösungen wird das Gold durch eine große Anzahl von Mineralien gefällt. Es sind dies Sulfide, Karbonate, ja auch Silikate. Allgemein üben diese Wirkung alle Mineralien aus, welche die sauren Goldlösungen neutralisieren. Ebenso wird Gold durch Ferrosulfat gefällt. Diese Abwanderung des Goldes aus der Zersetzungszone eines Golderzlagers wird verhindert, wenn goldfällende Substanzen in dieser Zone selbst vorhanden sind. Bei diesem Verhalten der Goldlösungen wird es verständlich, warum nicht nur Kiese einen sekundären Goldgehalt aufweisen, sondern auch, warum Kalksteine auch goldhaltend sein können. Beispiele für den letzteren Fall liefern die Aurora Mine bei Lavras und Digger Creek bei Minersville, Trinity County in Nordamerika. Daß Gold sich aus Lösungen sekundär abscheiden kann, beweisen auch die warmen Quellen zu Taupo auf Neuseeland, die auf Holz goldhaltenden Pyrit absetzen, ohne daß bis jetzt Gold im Wasser selbst nachgewiesen werden konnte.

Das Gold wurde früher aus dem feingemahlenen, goldhaltenden Gesteine durch den Amalgamationsprozeß gewonnen. Das feingemahlene Erz wurde mit Quecksilber angerührt, es entstand Goldamalgam, das dann durch Waschen vom wertlosen Gestein getrennt und durch Erhitzen zerstört wurde. Dabei machte man die Beobachtung, daß nicht alles im Gestein und den Erzen eingeschlossene Gold gewonnen wurde. Ein Teil entzog sich dem Amalgamationsprozesse und konnte erst später durch einen nachfolgenden Röstprozeß in den amalgamierbaren Zustand übergeführt werden. Diese Tatsache wurde auf verschiedene Weise zu erklären versucht. Entweder war das Gold teilweise im nicht amalgamierbaren, amorphen Zustand vorhanden und wurde erst durch den

Röstprozeß in den amalgamierbaren kristallinen Zustand übergeführt, oder es war neben dem Freigold noch Gold im sog. verlarvten Zustand vorhanden, d. h. als Verbindung, die erst durch das Erhitzen zerstört wurde. Man dachte vor allem an Antimonverbindungen des Goldes.

Liversidge hat gezeigt, daß beim Rösten goldhaltender Kiese das Gold, ohne geschmolzen zu sein, auf dem gerösteten Kies Ausblühungen bilde, was an das Verhalten des Silber- und Kupfersulfides beim Erhitzen im Wasserstoffstrome erinnert. In der Natur bewirkt dieselbe Erscheinung die Oxydation der Kiese. In Kiesen, die vollkommen in Brauneisen umgewandelt worden waren, fand man in den durch die Schrumpfung entstandenen Hohlräumen manchmal ebenfalls Zähne und Drähte von Freigold.

Das Volumgewicht des Goldes ist 19,37, seine Härte $2^1/_2$. Diese wird durch Legierung erhöht. Der Schmelzpunkt liegt bei 1037—1064°. Das Gold ist das dehnbarste Metall. Auf Grund dieser Eigenschaft kann man Drähte von solcher Dünne herstellen, daß 2000 m auf 1 g kommen, und auf vergoldeten Kupfer- und Silberdrähten behält das Gold noch seinen Zusammenhang, wenn die Goldschichte nur mehr eine Dicke von zwei millionstel Millimeter besitzt.

b) Das Gold auf sekundärer Lagerstätte.

Die sekundären Lagerstätten des Goldes sind Geröll- und Konglomeratmassen, die in den verschiedensten Perioden der Erdgeschichte entweder in den Flußläufen oder an den Küsten der Meere abgelagert worden sind. Man unterscheidet daher fluviatile und marine Goldseifen. Während die jungen Goldseifen noch aus lockeren, höchstens durch feinen Sand verbundenen Geröllmassen bestehen, sind die älteren feste, durch ein quarziges Bindemittel verkittete Konglomerate geworden.

An der Zusammensetzung dieser Seifen nehmen vor allem Quarz, dann neben Gold noch Magnetit und hier und da auch Edelsteine Anteil, das sind Mineralien, die der mechanischen und chemischen Zerstörung durch das Wasser großen Widerstand entgegensetzen. Sekundär findet sich in den festen Konglomeraten auch goldhaltender Pyrit, aber fast ausschließlich im Bindemittel.

Die Goldseifen, mögen sie alt oder jung sein, sind durch die Zerstörung älterer Goldquarzgänge entstanden. Jedoch nicht alle Goldquarzgänge haben Seifen geliefert. Emmons bringt diese Tatsache mit dem Umstand in Verbindung, daß jene Goldquarzgänge, bei denen, wie früher erwähnt wurde, die Möglichkeit einer Wanderung des gelösten Goldes in die Tiefe gegeben war, keine Seifen liefern konnten, weil das Gold aus den obersten, zuerst der mechanischen Zerstörung ausgesetzten Gangpartien vorher weggeführt worden war. Dagegen gaben alle jene Gänge, wo keine Lösung eintrat, ihr Gold an die Seifen ab.

In den Seifen findet sich das Gold zumeist in kleinen Flitterchen und Körnern vorwiegend in den untersten Teilen, wohin es während des Wassertransportes wegen seiner Schwere abgesunken ist. Größere Körner und Goldklumpen sind selten. 1842 fand man in der Zarewo Alexandrowskseife bei Miask im Ural einen Goldklumpen im Gewichte von 36 kg. Bei Dunotty in der Viktoriakolonie stieß man auf einen solchen mit 70,9 kg, der den Namen „wellcome stranger", das ist „willkommener Fremdling", erhielt, und zu Ballarat in derselben Kolonie auf einen mit 67,3 kg. Weil so große Goldanhäufungen in den Quarzgängen äußerst selten sind (nur ein einziges Mal wurde in der Monumental Mine in der Sierra Butte in Kalifornien eine 40 kg schwere Masse angetroffen), so bildete sich die Meinung, daß das Gold in den Seifen wachse. Zugunsten dieser Ansicht sprach, daß man in den Seifen Kaliforniens auch Goldkristalle fand, die sich bei der geringen Härte des Goldes kaum während des Wassertransportes hätten erhalten können. Auch der Umstand, daß einmal verwaschene Seifen sich nach einiger Zeit wieder goldführend erwiesen, wurde zugunsten dieser Ansicht gedeutet, obwohl hier auch geltend gemacht werden konnte, daß bei der ersten Verwaschung nicht sorgfältig genug vorgegangen worden ist. Von Kraatz wird daher ein Stoffumsatz in den Seifen und ein Wachsen der Goldkörner direkt in Abrede gestellt.

Nach dem oben über die Lösung des Goldes Gesagten darf aber die Möglichkeit nicht absolut verneint werden. In den marinen Goldseifen vom Cap None in Alaska sind die Goldkörner deutlich angefressen, was nur auf die Wirkung des chlorhaltenden Meerwassers gestellt werden kann. Und wo Lösung stattfindet, kann auch Wiederabsatz eintreten.

Goldseifen gibt es fast in aller Herren Länder, und fast jeder größere Fluß enthält in seinen Alluvionen Gold, allerdings selten in solcher Menge, daß sich das Verwaschen lohnen würde. Es ist ja bekannt, daß seinerzeit im Oberrhein Gold gewaschen wurde, und im Chorherrenstift Klosterneuburg wird ein Kelch gezeigt, der aus Donauwaschgold hergestellt worden sein soll.

Die bedeutendsten Goldseifen waren in Kalifornien. Dieselben waren 1848 entdeckt worden. Sie befanden sich an der Westseite der Sierra Nevada im Tale des Sacramento- und des St. Joaquinflusses. In diesem Gebiete unterscheidet man zwei ungleich alte Seifenbildungen.

Die eozänen oder pliozänen Seifen sind die „seep diggings" der Goldwäscher und die rezenten die „shallow diggings".

Auf dem Grundgebirge liegen die Schutt- und Geröllmassen tertiärer Flüsse. Diese werden überdeckt von vulkanischen Ablagerungen, die zu unterst aus ryolithischem, dann aus andesitischem Material bestehen. Darüber liegen stellenweise Basalte. Die sedimentären Bildungen nehmen von Süden nach Norden, die vulkanischen von Osten nach Westen an Mächtigkeit ab. Die Ausbruchszentren für letztere liegen am Westabhange der Sierra Nevada. Das Gold der Seifen stammt aus den Goldquarzgängen desselben Gebirges.

Die vulkanischen Ablagerungen wurden durch die Flüsse der nachfolgenden Erdperioden angenagt und stellenweise bis auf die darunterliegenden tertiären Schottermassen zerstört. Auch diese wurden von den diluvialen und alluvialen Flüssen umgelagert und aus deren goldhaltenden Teilen die shallow diggings gebildet.

Die jungen Goldseifen waren schon 1860 vollkommen erschöpft. Man versuchte nun das Gold aus den tertiären Seifen zu gewinnen, in denen das Gold wieder an ganz bestimmten Stellen, die ehemaligen Flußläufen entsprechen, gebunden ist. Der Abbau dieser harten Konglomerate erfolgte mit Hilfe riesiger hydraulischer Anlagen. Ganze Täler wurden abgesperrt, um die nötigen Wassermassen zu gewinnen, die vermittels meilenlanger Rohrleitungen über Berg und Tal den Seifen zugeführt wurden. Dort entströmte es mit großer Gewalt den sog. Monitoren, und unter dem Drucke dieser mächtigen Wasserstrahlen zerfielen die harten Konglomerate und gaben das Gold frei. Die so erzeugten Schottermassen wurden von den abfließenden Wässern in das Vorland geschwemmt und fügten dort der Landwirtschaft ungeheuren Schaden zu.

Die Farmer strengten daher im Jahre 1877 einen Prozeß gegen die Goldwäscher an, der 10 Jahre später zugunsten der Farmer entschieden wurde und zum Verbote der bisherigen Gewinnungsweise des Goldes führte. An deren Stelle trat nun die Baggerung.

Ein zweites Gebiet, wo Gold aus Konglomeraten gewonnen wird, ist der Witwatersrand in Südafrika, welches Goldvorkommen 1884 entdeckt worden war. Hier liegen muldenförmig gelagert auf Granit zu unterst harte, weiße, quarzitische Sandsteine mit Zwischenlagen bläulicher Tonschiefer. Darüber folgen rötliche Sandsteine mit Konglomeraten, darüber Diabase und dann wieder Sandsteine und Konglomerate. Die Träger des Goldes sind die Konglomerate. Diese bestehen aus gerundeten, weißen Quarzgeschieben, die durch ein quarziges Bindemittel verkittet sind. Dieses graublaue oder grünliche Bindemittel enthält Pyrit, Magnetit, Zirkon, Rutil, Chlorit und Gold. Der Goldgehalt steigt oft bis 100 g pro Tonne Gestein. Das Gold ist meist in mikroskopischer Verteilung vorhanden, kristallisiert und sehr oft auf Pyrit aufgelagert. Als Einschluß enthalten weder der Pyrit noch die Quarzgeschiebe Gold. Aber auch im Bindemittel ist das Gold nur an die Zerrüttungszonen gebunden, und dies spricht nicht dafür, daß man es hier, wie man anfänglich glaubte, mit paläozoischen Goldseifen zu tun hat. Das Gold dürfte vielmehr den Konglomeraten erst nachträglich zugeführt worden sein, und vielleicht besteht ein Zusammenhang zwischen ihm und den Diabaseruptionen, zumal des öfteren Goldanreicherungen an den Seiten der Diabasgänge stattgefunden haben.

XIII. Die Platinmetalle.

Schon im 16. Jahrhundert bekämpfte Scaliger, der 1558 starb, in seiner Schrift „De exortationibus exotericis de subtilitate" die Meinung des Cardanus, daß alle Metalle schmelzbar seien. Denn, so sagt er, in den Bergwerken Dariens habe sich ein Metall gefunden, welches durch kein Feuer und keine hispanischen Künste schmelzbar sei. Da nun Darien das heutige Kolumbien ist und dort tatsächlich Platin gefunden wird, so dürfte Scaliger dieses Metall schon gekannt haben. Das Platin schmilzt nämlich im reinen Zustande erst bei 1770°, welche Temperatur lange Zeit nur mit Hilfe des Knallgasgebläses erreichbar war.

Von da an fehlt jegliche Nachricht über das merkwürdige Metall. Erst 1748 erwähnt Antonio de Uloa, der Mitglied der französischen Gradmessungskommission war, in seinem Reiseberichte einen unbearbeitbaren, metallischen Stein, der mit Gold zusammen vorkomme und dessen Ausschmelzen verhindere. Dieser Stein war wieder Platin. Der Grund, warum man in der Zwischenzeit vom Platin, das doch in Kolumbien nicht gerade selten war, nichts hörte, wollen Macquer und Beaume 1758 darin sehen, daß die spanische Regierung alles Platin, weil es zur Verfälschung des Goldes verwendet wurde, vernichtete. Platin legiert sich nämlich mit Gold, ohne dessen Farbe zu beeinflussen. 1750 erkannte als erster Watson den metallischen Charakter des Platins, und 1752 veröffentlichte Scheffer eine Schrift: „Über das siebte Metall oder das weiße Gold vom Rio Pinto". Der Name Platin, der diesem Metall gegeben wurde, bedeutet kleines Silber und stammt aus dem Spanischen. Es ist ein Diminutivum von Plata = Silber.

Im Jahre 1819 wurde dann das zweitgrößte Platinvorkommen im Ural entdeckt.

Im Ural sowohl als auch in Kolumbien wurde anfangs das Platin nur im Schwemmland der Flüsse gefunden. Das natürliche Platin ist nicht chemisch rein. Es enthält noch wechselnde Mengen von Eisen, oft bis 20%, dann die sog. Platinmetalle: Ruthenium, Rhodium, Palladium, Osmium und Iridium, weiter noch Gold, Kupfer, Silber, Nickel, Kobalt und Mangan. Von den Platinmetallen wurde das Palladium und Rhodium 1803 durch Wollaston, das Osmium und Iridium 1804 durch Tennant und 1845 das Ruthenium durch Klaus entdeckt.

Diese Metalle bilden mit dem Platin zwei Triaden der VIII. Gruppe des periodischen Systemes. Die erste Triade besteht aus Ruthenium, Rhodium und Palladium, die andere aus Osmium, Iridium und Platin. Ruthenium und Osmium kristallisieren hexagonal, die übrigen kubisch.

Das Platin ist silberweiß und, wenn sein Eisengehalt 12—20% beträgt, auch magnetisch. Der Magnetismus ist oft polar und ist nach der Meinung Daubrées von der Erde influenziert. In den Seifen findet sich das Platin meist nur in kleinen Flitterchen, seltener in größeren Körnern. 1830 wurde in den Uraler Seifen ein Klumpen von nahezu 9 kg gefunden. Kristalle sind äußerst selten.

Von Platinmetallen treten selbständig in der Natur noch auf: das Palladium, von dem man eine hämmerbare und als Allopalladium eine spröde, hexagonale Modifikation unterschied. Erstere Modifikation wurde im Goldsand von Minas Geraes, letztere, deren Existenz jetzt wieder angezweifelt wird, zu Tilkerode im Harz entdeckt. Das Palladiumgold wurde schon früher erwähnt. Es erhielt auch den Namen faules Gold (Ouro poudre). Paladiumamalgam [$PdHg$], der Potarit, fand sich in Britisch-Guyana.

Ferner sind zwei Legierungen des Osmiums mit dem Iridium, die hexagonal kristallisieren, bekannt geworden. Die helle, lichtzinngraue Legierung führt den Namen Newjanskit, die dunkle, stahlfarbene den Namen Sysserskit. Man fand dieselben nicht nur im Ural, sondern auch in Kalifornien und Südamerika.

Auch Verbindungen der Platinmetalle sind beschrieben worden: Die bekannteste ist der Sperrylith [$PtAs_2$], der in kleinen, dyakisdodekaedrischen Kristallen in einem Goldquarzgange innerhalb des Magnetkieslagers der Vermillion Mine bei Sudbury in Kanada gefunden worden ist. Auch in den Flußsanden von Nordkarolina und in Südafrika wurde er neben Gold, Monazit, Zirkon und Ilmenit nachgewiesen.

Wenn man schwammiges Platin mit Arsen zusammen erhitzt, so entsteht Sperrylith.

In den erst vor kurzem entdeckten südafrikanischen Platinlagerstätten wurde auch die Verbindung [$Pt(As, S)_2$] nachgewiesen. Diese Verbindung ist im Gegensatze zum Sperrylith, der vom Königswasser angegriffen wird, in diesem Säuregemische unlöslich. Unter dem Erzmikroskop erweist sich dieses Mineral als anisotrop. Es dürfte wahrscheinlich rhombisch kristallisieren. Die Farbe ist weiß mit einem Stich ins Grau. Es hat den Namen Cooperit erhalten.

Mit dem Cooperit zusammen fand sich auch der Stibiopalladinit [Pd_3Sb], ein weißes Mineral mit etwas rötlichem Stich. Von Königswasser wird der Stibiopalladinit angegriffen.

Wie der Sperrylith kristallisiert auch das Rutheniumdisulfid [RuS_2], der Laurit, in der dyakisdodekaedrischen Klasse. Die Kristalle sind eisenschwarz und spalten nach dem Oktaeder. Er wurde in den Platinseifen von Borneo und Oregon aufgefunden. Künstlich kann man den Laurit darstellen, wenn man Ruthenium mit Pyrit und Borax im Verhältnis 1 : 10 : 1 zusammen schmilzt.

Rhodium wurde, wie schon mitgeteilt wurde, im mexikanischen und kolumbischen Gold in Mengen von 34—43% nachgewiesen.

Der Gehalt des Rohplatins an Platinmetallen ist im Mittel: 6,4% Os, 2,5% Ir, 0,9% Rh, 0,5% Pd und 0,2% Ru.

Platin ist in geringen Mengen in den verschiedensten Gesteinen nachgewiesen worden.

Wirtschaftliche Bedeutung hatten bis vor kurzem nur die sekundären Lagerstätten im Ural, Kolumbien und an der Ostküste Tasmaniens. In anderen Seifen wird es neben Gold (Kalifornien, Oregon, Britisch-Kolumbien), in Brasilien auch neben Diamanten gewonnen.

Über die primäre Lagerstätte des Platins war man lange im unklaren. Wohl hat man infolge der manchmal beobachteten Verwachsung des Platins mit Chromeisenstein vermutet, daß basische Tiefengesteine (Dunit) das Muttergestein des

Platins seien, aber erst 1892 ist es gelungen, im Ural das Platin im anstehenden Dunit nachzuweisen.

Im Zentrum der uralischen Platingebiete befindet sich immer ein Dunit, der mantelförmig von Pyroxenit umgeben ist. Diesen umgibt wieder ein Gabbro. Im Dunit ist das Platin entweder kristallisiert im Olivin eingeschlossen oder mit Chromeisenstein verwachsen. Die Chromitschlieren sind besonders reich an Platin. Manche enthalten bis 400 g Platin in der Tonne (Solowiersky Log). Der Dunit enthält durchschnittlich 0,17 g Platin im Raummeter. Im Dunit ist das Platin älter als der Olivin. Wenn Platin im Pyroxenit vorkommt, ist es das jüngste Verfestigungsprodukt. Das Pyroxenitplatin ist auch ärmer an Osmium und Iridium, aber reicher an Palladium. Das Platin ist demnach ein Erzeugnis der magmatischen Ausscheidung.

Im Jahre 1923 kam nach Europa die Kunde, daß man in Südafrika ebenfalls Platin auf primärer Lagerstätte gefunden habe. Man beschreibt dort zweierlei Vorkommen.

Das eine Vorkommen ist ein 2—8 m mächtiger Gang, der Quarz, Eisenglanz, Pyrit und Platin führt und bei Naboomspruit nördlich von Pretoria aufsetzt.

Das andere Vorkommen liegt im Bushvelddistrikt bei Lydenburg—Rustenburg—Potgieters Rust. Das Platin findet sich hier zum Teil in den unteren Partien eines Norites in ultrabasischen Ausscheidungen eines Hortonolithgesteines zwischen zwei Chromeisensteinhorizonten in Mengen von durchschnittlich 6 g pro Tonne. In einem höher liegenden Horizonte ist das Platin mit Magnetkies, Kupferkies und Schwefelkies vergesellschaftet dem Norit eingelagert.

XIV. Arsen, Antimon und Wismut.

a) Die Sprödmetalle und ihre Sulfide.

Die bisher besprochenen Metalle spielen, soweit sie nicht im gediegenen Zustande vorkommen, in den Verbindungen stets die Rolle eines Kations. Als Anionen oder als Teil eines komplexen Anions treten die Elemente: Arsen, Antimon und Wismut, ferner das Vanadin und Uran, dann noch Schwefel, Tellur und Selen auf.

Die drei Elemente Arsen, Antimon und Wismut kommen in der Natur nicht nur in Verbindungen, sondern auch im gediegenen Zustande vor. Sie stehen in ihrem chemischen und kristallographischen Verhalten einander sehr nahe, wie schon ihre Stellung im chemischen System erwarten läßt. Sie sind alle in der Hitze flüchtig, und zwar das Arsen am leichtesten, das Wismut am schwersten, und kristallisieren in der ditrigonal-skalenoedrischen Klasse. Auch die Kohäsionsverhältnisse sind ähnlich. Das Arsen spaltet nach (0001) und (01$\bar{1}$2), das Antimon nach (0001), (01$\bar{1}$2) und (02$\bar{2}$1), und das Wismut nach (0001) und (02$\bar{2}$1). Die beste Spaltung ist die nach (0001). Der metallische Habitus ist beim zinnweißen Antimon und beim rötlichweißen Wismut noch gut entwickelt. Beim Arsen dagegen tritt er nur auf den frischen Bruchflächen hervor, auf welchen es eine zinnweiße Farbe hat, die aber bald einer schwärzlichen Anlauffarbe Platz macht, weil sich nämlich schwarzes Suboxyd bildet.

Bei allen drei Elementen sind gut entwickelte Kristalle selten. Kristalle von Arsen fand man zu rundlichen Gruppen vereinigt nur in Japan in einem Ton eingelagert. Sonst begegnet man dem Arsen in dichten Massen mit ausgesprochen schaliger Struktur, so daß die Stufen beim Zerschlagen in topfscherbenartige Stücke zerspringen, was mit dem Umstand, daß diese Vorkommen wegen des Vorhandenseins von Arsen irrtümlich für Silbererze gehalten wurden, die Veranlassung zum Namen Scherbenkobalt war.

Das Antimon und das Wismut kommt zumeist in körnigen Massen vor. Eine Legierung von Arsen und Antimon ist der arsenähnliche Allemontit.

In der Natur kennt man von allen drei Elementen nur eine Modifikation. Künstlich hat man beim Arsen und beim Antimon drei Modifikationen feststellen können, während beim Wismut eine Polymorphie nur durch eine Änderung in der Dichte bei 75° angedeutet wird.

Die drei Elemente Arsen, Antimon und Wismut sind sicherlich auch in ihrem elementarsten Zustande primär, und ebenso dürften es in den meisten Fällen die Sesquisulfide $[Sb_2S_3]$ und $[Bi_2S_3]$ sein.

Erstere Verbindung heißt als Mineral Antimonit oder, wegen der zumeist nadelförmigen Gestalt seiner rhombischen Kristalle, Grauspießglanzerz, die letztere, die, wie der Antimonit, bleigrau ist, Wismutglanz oder Bismutit. Beide spalten gut nach der Fläche (010) und sind sehr leicht schmelzbar. Die Hitze einer Kerzenflamme genügt schon, um sie zu schmelzen. Der Antimonit kommt auch in großen, säulenförmigen Kristallen vor und ist manchmal bunt angelaufen.

Antimonit und Bismutit zeigen alle Eigenschaften der Glanze. Vor allem besitzen sie metallischen Glanz. Dies ist bei der analogen Verbindung des Arsens $[As_2S_3]$ nicht der Fall. Dieses Mineral ist zitronen- bis orangegelb und durchsichtig, trägt also die Merkmale der Blenden an sich, weshalb sie Arsenblende genannt wird. Der mineralogische Name ist Auripigment, das ist „Goldfarbe“. Aus Auripigment wurde dann „Operment“. Auch der Name Rauschgelb oder Rauchgel sind im Gebrauch.

Diese Namen leiten sich vom italienischen „rosso gelo“ ab, was rotes Glas bedeutet. „Rausch“ bedeutet im Volksmunde rot (Almenrausch für Alpenrose, Rauschebart für Rotbart).

Dieser Name würde indessen besser für das zweite Arsensulfid, Realgar $[As_4S_4]$ passen, dessen Namen vom arabischen „Rahj al Gar“, das ist „Grubenstaub“, hergeleitet wird. Die Griechen nannten es „sandarache“. Die Gleichheit mit dem Realgar geht daraus hervor, daß Plinius berichtet, daß das Sandarache mit gebranntem Bleiweiß = rotem Mennig verfälscht werde. Der Realgar hat eine morgenrote Farbe und kristallisiert monoklin. Im Lichte zerfällt er zu einem gelben Pulver. Diese Umwandlung beruht, wie Volger gezeigt hat, auf einem Zerfall zu einem Gemenge von $[As_2O_3]$, dem Arsentrioxyd, und $[As_2S_3]$, dem Auripigment. Davon kann man sich leicht überzeugen, wenn man das Zerfallsprodukt mit Wasser behandelt, in dem das Arsentrioxyd löslich ist.

Der Realgar ist eines der wenigen Mineralien, von denen man die Molekularformel kennt. Sie ist unterhalb 900° $[As_4S_4]$ und oberhalb dieser Temperatur $[As_2S_2]$.

Die unter normalen Verhältnissen beständige Verbindung ist das Auripigment. Sie wird, wenn sie auf 150° erhitzt wird, rot, doch beim Abkühlen kehrt die frühere Farbe wieder zurück. Übersteigt aber die Erhitzung diese Temperatur, so wird sie dauernd rot, denn sie zerfällt in Realgar und $[As_2S_5]$, das Arsenpentasulfid, das als Mineral nicht bekannt ist.

Da also der Realgar bei Temperaturen über 150° stabil ist, so wird auch verständlich, warum man bei Bränden und auch in Hüttenwerken sowie als Sublimationsprodukt bei Vulkanen (Ätna, phlegräische Felder) nur den Realgar findet.

Künstlich erzeugt, sind die Schwefelverbindungen des Arsens amorph. Vorwiegend aus Realgar besteht das rote, vorwiegend aus Auripigment das gelbe Arsenglas.

Es wurde schon bei der Besprechung der Sulfosalze des Arsens und des Antimons darauf hingewiesen, daß die Anhydride dieser Sulfosäuren in alkalischen Lösungen löslich sind. Dies mag das Vorkommen der Arsensulfide in warmen Quellwässern und in deren Sintern erklären. Arsensulfide dieser Entstehung fand man im Yellowstone Park, und auch das Vorkommen des Auripigmentes in den Tonen von Tajowa bei Neusohl in der Slowakei dürfte so zu erklären sein. Antimonsesquisulfid hat man nur zu Acora in Südperu unter ähnlichen Bedingungen angetroffen.

b) Die Sauerstoffverbindungen.

Von Sauerstoffverbindungen kennt man in der Natur das Arsentrioxyd [As_2O_3], dann zahlreiche Arsenate und auch etliche Arsenite.

Das Arsentrioxyd ist dimorph. Es gibt eine monokline Modifikation, den Claudetit, und eine kubische Modifikation, den Arsenolith. Daneben gibt es noch das amorphe weiße Arsenglas, das bisher aber nur künstlich hergestellt worden ist. Über die genetischen Beziehungen dieser drei Modifikationen gibt ein von Debray angestellter Versuch Aufschluß. Wenn man nämlich eine mit Arsentrioxyd beschickte Glasröhre aufrechtstehend bis zur Hälfte in einen bis 440° erhitzten Sand eingräbt, so befindet sich immer auf dem Grunde der Röhre die amorphe Phase, darüber Claudetit, und in den kältesten Teilen siedeln sich Arsenolithkristalle an.

Den Claudetit entdeckte 1868 Claudet in Gruben von San Domingo in Portugal, und 1883 bildete er sich bei einem Grubenbrande zu Schmöllnitz. In beiden Fällen dürfte er ein Produkt zufälliger Röstung von Arsenkiesen sein.

Bei dem Röstprozeß arsenhaltender Kiese entsteht gewöhnlich Arsenolith. Das Arsentrioxyd ist bekanntlich giftig. Die Bezeichnung Arsenik für diese Verbindung soll damit zusammenhängen, denn sie wird von dem arabischen „arsa naki“, das ist tief in den Körper eindringendes Gift, abgeleitet. Die Volksbezeichnung ist Hydrich, was nur eine Verhunzung von Hüttenrauch ist, denn in den Abzugskanälen der Röstgase arsenhaltiger Kiese setzt sich das Arsenik ab.

Von Arsenaten, die früher noch nicht besprochen worden sind, seien hier noch aufgeführt: der rhombische Haidingerit [$HCaAsO_4 \cdot H_2O$] aus den Gruben von Joachimstal, der monokline Pharmakolith [$HCaAsO_4 \cdot 2H_2O$] von ebendort, der trikline Wapplerit [$HCaAsO_4 \cdot 3^1/_2 H_2O$], den man in Joachimstal und zu Wittichen im Schwarzwald fand, und der Rösslerit [$HMgAsO_4 \cdot H_2O$], der monoklin kristallisiert und zu Wittichen in Baden gefunden wurde. Alle diese Mineralien sind sekundär und durch die Einwirkung arsensäurehaltender Grubenwässer auf Karbonate des Kalkes und der Magnesia entstanden. Sie sind alle weiß, und ihre Kristalle sind sehr oft faserförmig entwickelt, so daß sie makroskopisch recht schwer zu unterscheiden sind.

Auch der in den Manganerzgruben von Långban in Schweden vorkommende Svabit [$(Cl, F, HO)Ca_5As_3O_{12}$] sei hier nochmals erwähnt.

Das Antimontrioxyd [Sb_2O_3] kommt, wie das Arsentrioxyd, in der Natur in zwei Modifikationen vor, nämlich als kubischer Senarmontit und als rhombischer Valentinit. Letzterer führt auch die Namen Weißspießglanzerz oder Antimonblüte. Der Senarmontit findet sich in größeren Mengen nur im algerischen Departement Constantine. An anderen Orten hat er, wie der Valentinit, nur mineralogische Bedeutung. Die Bildung dieser beiden Modifikationen ist ebenfalls von der Temperatur abhängig. Wenn Antimontrioxyd in offenen Röhren erhitzt wird, so sublimiert es an den wärmeren Stellen der Röhre als Valentinit, an den kälteren als Senarmontit. Eine mit dem Lötrohre auf Kohle geschmolzene Antimonkugel bedeckt sich während des Abkühlens zuerst mit weißen, nadelförmigen Valentinitkriställchen, auf denen sich manchmal in einem späteren Stadium kleine Oktaederchen von Senarmontit ansetzen.

Weitere Antimonoxyde, die bei der Umwandlung des Antimonites und anderer Antimonerze entstehen, sind: der isabellgelbe bis schwefelgelbe Cervantit $[Sb_2O_4]$, der gelblichweiße Stibikonit oder Stiblith $[Sb_2O_4 \cdot H_2O]$, auch Antimonocher genannt, der weiße Volgerit $[Sb_2O_4 \cdot 4H_2O]$, der auch pseudomorph nach Valentinit auftritt.

Zu Bräunsdorf in Sachsen, zu Perneck in der Slowakei und an anderen Orten fand man eine gestaltlich dem Antimonit ähnliche, aber karmesinrote Antimonverbindung, den monoklinen Karmesin, der auch Pyrostibit, Rotspießglanzerz oder Antimonblende genannt wird. Die Formel dieses Minerales ist $[Sb_2S_2O]$. Es ist dies ein Antimonit, bei dem ein Schwefel durch Sauerstoff ersetzt ist.

Neben diesen oxydischen Verbindungen sind noch eine ganze Reihe von Antimoniaten und auch ein Antimonit bekannt gemacht worden.

Ein Antimonit, das ist ein Salz der antimonigen Säure, ist das Metaantimoniat des Kalkes, der honiggelbe, tetragonale Romeit $[Ca(Sb_2O_4)]$ von St. Marcel in Piemont.

Antimoniate sind: der gelbe, in kleinen Oktaedern kristallisierende Atopit von Långbanhyttan im Wermland und aus Brasilien. Nach seiner Formel $[(Ca, Na, Mn, Fe)_2Sb_2(O_6F)]$ ist er ein Pyroantimoniat im wesentlichen des Kalkes. Strukturchemisch steht er dem Pyrochlor nahe, woraus sich eine strukturchemische Ähnlichkeit zwischen Sb und Nb ergibt.

Aus Algier beschrieb Lacroix das erdige, zitronengelbe Antimoniat des Eisens $[Fe_2Sb_2O_8 \cdot 1^1/_2H_2O]$, das er nach dem Fundorte Flajolot Flajolotit nannte. In den zinnoberführenden Sanden von Tripuhy in Ouro Preto (Brasilien) wurde das Pyroantimoniat des Eisens $[Fe_2Sb_2O_7]$, der lichtgrüne Tripuyit, aufgefunden, und zu Långban im Wermland wurde der Svedeborgit $[Na(AlO)_2SbO_4]$, ein hexagonales, farbloses bis lichthoniggelbes Mineral, erkannt.

Verbindungen von Antimoniaten mit Titanaten sind: der rhombische schwarze Derbylith $[FeSb_2O_4 \cdot 5FeTiO_3]$, der gleichfalls in den Sanden von Tripuhy entdeckt wurde, dann der honiggelbe kubische Lewisit $[3CaSb_2O_4 \cdot 2CaTiO_3]$ vom gleichen Fundorte, ferner der braune, ebenfalls kubische Mauzeliit $[(Ca, Pb)_2(Sb^2Ti^1)_2(O, OH, F)]$ von Jakobsberg im Wermland.

Antimoniate, an deren Aufbau sich auch Kieselsäure beteiligt, sind: der glimmerähnliche, eisenschwarze, monokline Katoptrit $[Mn_{14}Al_4Sb_2Si_2O_{27}]$ von Nordmarken im Wermland, der schwarze trigonale Långbanit von Långban im Wermland, dessen Formel $[mSb_2O_3 + nFe_2O_3 + pMnSiO_3]$ geschrieben werden kann, und der Chapmanit von South Lorrain in Ontario (Kanada), ein pulveriges, ölgrünes Mineral von der Zusammensetzung $[Fe_5Si_5Sb_2O_{20} \cdot 2H_2O]$. Man hält ihn für ein Zersetzungsprodukt des Diskrasites.

Oxydische Verbindungen des Wismuts gibt es nur wenige. Zu nennen sind: der stets erdige, gelbe Wismutocker $[Bi_2O_3]$, an dessen künstlichen Kristallen Nordenskjöld die rhombische Symmetrie festgestellt, der grauweiße Daubreelith aus Bolivien, ein unreines Oxychlorid des Wismuts, der grüne Mixit von Joachimstal und Utah, ein Kupfer-Wismut-Arsenat, der gelbe oder grünliche Bismutosphärit $[(BiO)_2(CO_3)]$, ein Zersetzungsprodukt von Wismuterzen, und der Basobismutit, dessen Formel $\{[Bi(HO)O]_2(BiO)_2(CO_3)\}$ ist. Dieses dunkelgraue Mineral bildet zu Aduntschilon im Ural in einem Pegmatit das Zwischenmittel zwischen Topas, Beryll, Wismutglanz und noch anderen Mineralien.

XV. Das Vanadium.

Dieses Element wurde 1801 von Manuel de Rio, Professor in Mexiko, in den braunen Bleierzen von Zimapan entdeckt. 1803 benannte es der Spanier Ramo de la Quarda „Pancrome". Alexander von Humboldt, der von dieser Entdeckung erfuhr, gab dem neuen Element wegen der schönen Farbe seiner Salze im Jahre 1805 den Namen „Erythronium". Die Entdeckung dieses neuen Metalles wurde aber angezweifelt, und das Ganze geriet in Vergessenheit, bis 1830 der Schwede Selfström das Element im weichen Eisen der Hütte Ekerholmen, das aus den Tabergerzen hergestellt worden war, wieder entdeckte und Vanadium benannte. In Eisenerzen ist das Vanadium überhaupt, wenn auch in recht geringen Mengen, weit verbreitet.

Das Vanadium entwickelt stark die Multivalenz. Man kennt Verbindungen, die sich von den Oxyden $[V_2O_7]$ bis zum Oxyd $[VO]$ ableiten. Diese verleihen ihren Verbindungen recht verschiedene Farben, ähnlich wie die Elemente Chrom und Mangan, welche ja mit dem Vanadin derselben Horizontalreihe des periodischen Systemes angehören.

Vanadinmineralien finden sich äußerst selten in kristallinen Gesteinen. Man kennt zwar vanadinhaltenden Pyroxen, den Lawronit, auch vanadinhaltende Ägyrine, aber die bekanntesten, wenn auch sehr seltenen, sind der Ardennit und der Roscoelith.

Der Ardennit ist ein gelbbraunes, rhombisches Mineral, das nach den Untersuchungen Machatschkis dem Zoisit oder Epidot baulich nahesteht. Die hauptsächlichste Base ist das Mangan. Der Vanadingehalt kann bis 9% ansteigen, und gewisse Vorkommen enthalten auch einen fast gleich großen Gehalt an $[As_2O_5]$. Vanadium und Arsen scheinen sich im Ardennit zu ersetzen und Stellvertreter des Siliziums zu sein. Machatschki schreibt daher die kristallchemische Formel $[(Ca, Mn)_2(Al, Mg, Fe)_3(Si, V, As)_3(O, HO)_{13}]$. Der Ardennit ist bis jetzt nur von einer einzigen Fundstelle bekannt geworden. Diese Fundstelle ist ein Quarzgang, der bei Salm Chateau unweit Ottrez in Belgien kristalline Schiefer durchsetzt.

Das zweite Vanadinsilikat, dessen Vanadingehalt bis 28% $[V_2O_5]$ ansteigen kann, ist der Roscoelith, der in einem Goldlager zu Granit Creek in Eldorado County, Kalifornien, gefunden wurde. Er ist ein grünes, glimmerähnliches Mineral, das nach (001) und (010) gut spaltet und auch glimmerähnlich zusammengesetzt ist.

Als primäre Sulfide des Vanadins bzw. als Sulfosalze desselben könnten angesehen werden: Der Patronit von Minasragra in Peru, ein schwarzes amorphes Mineral, das zum größten Teil aus der Verbindung $[V_2S_7]$ besteht, und der Sulvanit, ein bronzegelbes, kubisches Mineral von der Zusammensetzung $[Cu_3VS_4]$ aus den Kupfergruben von Burra Burra in Australien.

Dieser kleinen Zahl von Sulfiden und Sulfosalzen steht eine um so größere Anzahl sekundärer Mineralien gegenüber, die gleichzeitig beweisen, daß das Vanadium eine weite Verbreitung besitzt. Es waren schon früher einige Orthovanadinate erwähnt worden, wie der mit dem Pyromorphit und Mimetit homöomorphe Vanadinit, der braunrote, rhombische Descloizit $[(Pb, Zn, Cu)_{10}(OH)_2(VO_4)_6]$, der Pyrobelonit $[(Pb, Mn)_2(OH)(VO_4)]$ und der schwarze rhombische Pucherit $[BiVO_4]$.

Die übrigen, fast ausschließlich sekundären Vanadinaten sollen nach ihrer Paragenese zusammengestellt werden.

Die Erzlagerstätten von Minasragra in Peru. Dieses Vanadinvorkommen stand bis 1925 in der Vanadinproduktion an erster Stelle. Jetzt ist es von dem heutigen Britisch-Südwestafrika überflügelt worden. Zu Minasragra setzen die Vanadinerze gangförmig in Kreideschichten auf und bestehen aus Patronit in Verbindung mit kohligen Substanzen, die in ihrer Asche ebenfalls Vanadin enthalten. Daneben finden sich auch stark schwefelhaltende, asphaltähnliche Massen, die Quisqueit genannt wurden.

Aus diesen Erzvorkommen wurden beschrieben: der schwarze, monokline Melanovanadinit $[(CaO)_2 \cdot (V_2O_4)_2 \cdot (V_2O_5) \cdot nH_2O]$, welcher im Liegenden des Patronitlagers sich auf Klüften im Tonschiefer befindet; dann der Pascoit $[Ca_2V_6O_{17} \cdot 11H_2O]$, ein gelbes, undeutlich kristallisiertes Mineral, das als sekundäre Bildung auf den Wänden des Versuchsstollens beobachtet wurde und wahrscheinlich aus dem Melanovanadinit entstanden ist; der Fernandinit $[CaO \cdot V_2O_4 \cdot 5 V_2O_5 \cdot 14H_2O]$, welcher grüne kryptokristalline Ausblühungen bildet, der Hewettit $[CaO \cdot 3 V_2O_5 \cdot 9H_2O]$, ein mahagonirotes Mineral, das in kleinen rhombischen Nädelchen auftritt, der Minasragrit $[(V_2O_5)H_2(SO_4)_3 \cdot 15H_2O]$, welcher in blauen Ausblühungen auf Patronit erscheint. Außerdem wurde zu Sincos in Peru in Rissen eines schwarzen, karbonischen Schiefers ein lauchgrünes, tetragonales Mineral gefunden, das der Formel $[CaO \cdot V_2O_4 \cdot P_2O_5 \cdot 5H_2O]$ entspricht und Sincosit genannt wurde.

An verschiedenen Stellen der Erde kommen Vanadinmineralien in Sandsteinen vor. In den Sandsteinen von Canon Pintado in Utah wurde in dünnen, grünen Ausblühungen der Pintadoit $[(HCaVO_4) \cdot 4H_2O]$ als schwarzrote, staubartige Imprägnation in den Sandsteinen von Kolorado und Utah der Metahewettit, der die gleiche Zusammensetzung wie der Hewettit hat, beobachtet. Der Vaxonit $[2(V_2O_4) \cdot V_2O_5 \cdot 8H_2O]$ fand sich in der Jo Dandy Mine, Paradox Valley in Kolorado in versteinerten Holzstücken und in der Zementmasse der Sandsteine.

Ein drittes Vanadinmineralvorkommen, das durch das Mitvorkommen von Uran ausgezeichnet ist, liegt im Quellgebiete des Syr Darja in Zentralasien in der turkestanischen Landschaft Ferghana. Die Erze des bedeutendsten Vorkommens bei Tjuju Munju finden sich in röhrenförmigen Erosionsformen eines unterkarbonischen Kalksteines und sind durch die Einwirkung aufsteigender vanadin- und uranhaltender Lösungen auf Kalkstein gebildet worden. Festgestellt wurden dort unter anderen folgende Verbindungen: der Turanit $[5(CuO) \cdot (V_2O_5) \cdot 2(OH)]$, ein olivengrünes, dem Erinit verwandtes Mineral, das auf die oberen Horizonte des Erzvorkommens beschränkt war. In den tieferen Horizonten wird der Turanit durch den Tangeit $[2(CaO) \cdot 2(CuO) \cdot (V_2O_5) \cdot (H_2O)]$ ersetzt. Der Tangeit ist ein Turanit, in dem ein Teil des Kupfers durch Kalzium ersetzt ist. Er bildet faserige, dunkelolivengrüne Massen. In schwarzen, plastischen Zersetzungsprodukten, die in den oberen Zonen der genannten Lagerstätte weit verbreitet sind und bis 12% $[V_2O_5]$ enthalten, fand sich in dunkelroten, seidenglänzenden, moosartigen Gebilden die reine Metavanadinsäure $[H_2V_2O_6]$, der Alait. Als Muttermineral der drei genannten Verbindungen wird der Tjujumunit $[CaO \cdot 2 UO_3 \cdot V_2O_5 \cdot 4H_2O]$ angesehen, der ob seines Urangehaltes radioaktiv ist. Er ist feinschuppig und gelbgrün. Mit ihm dürfte der Ferghanit identisch sein, der sich ebendort fand.

Ebenfalls in Zentralasien, im Kara Tschagir, kennt man in kieseligen bzw. kohligen Schiefern noch ein Vanaderzvorkommen, das der Hauptsache nach aus einer braunen oder grünen kolloidalen Masse, die den Namen Kolovratit erhalten hat, besteht. In dieser liegt ein dunkelgrünes, blättriges Mineral von der Zusammensetzung $[R_3V_2O_8 \cdot 3H_2O]$, in dem das R hauptsächlich Cu ist. Diesem Mineral wurde der Name Usbekit gegeben.

Der Tjujumunit leitet zu einer Gruppe von Mineralien hinüber, die neben Vanadin auch Uran enthalten. Der bekannteste Vertreter dieser Gruppe ist der Carnotit $[K_2(UO)_2(V_2O_8) \cdot 3H_2O]$. Dieses Mineral ist gelb, kristallisiert rhom-

bisch und bildet in den Sandsteinen der Temple Mountains in Utah nierenförmige
Kongretionen, die den Namen Butterballen führen. Vom ähnlichen Tjujumunit unterscheidet sich der Carnotit dadurch, daß ersterer im Platintiegel leicht
zu einer roten Flüssigkeit schmilzt, während der letztere diese Eigenschaft in
weniger vollkommenem Maße besitzt.

Aus denselben, auch asphaltführenden Sandsteinen sind noch der rötliche
mikrokristalline Rauvit $[CaU_2V_{12}O_{40} \cdot 20H_2O]$ und der bräunlichgelbe rhombische Uvanit $[U_2V_6O_{21} + 15H_2O]$ bekannt gemacht worden.

XVI. Die Uranerze.

Im Jahre 1789 glaubte Klaproth in der Pechblende ein neues Metall entdeckt zu haben, das er nach dem kurz vorher aufgefundenen Planeten Uranus
Uranium nannte. 1841 zeigte indes Peligot, daß die Substanz, die Klaproth
für das Metall hielt, ein Oxyd des Uraniums sei.

Das Uran spielt in seinen Verbindungen bald die Rolle einer Base, bald die
einer Säure. Das vierwertige Uran $[UO_2]$ ist eine Base, und seine Salze sind meist
grün. Das sechswertige Uran bildet eine Säure $[H_6(UO_6)]$ oder ein zweiwertiges,
basisches Radikal $[UO_2]$, das Uranyl, dessen Salze gelb und durch eine grüne
Fluoreszenz ausgezeichnet sind.

Uranmineralien wurden schon als Bestandteile mancher Pegmatite erwähnt.
Es waren dies der Bröggerit, der Cleveit und der Nivenit. Ersterer wird
als Salz der Uransäure gedeutet, in dem Blei, Thorium und Uranyl Basen sind.
Die beiden anderen Mineralien sind wasserhaltende Umwandlungsprodukte des
Bröggerites. Für die Gewinnung des Urans kommen diese Mineralien kaum in
Betracht. Als Uranerz kann nur die schwarze Uranpechblende angesehen
werden, die in derben, nierenförmigen Krusten zuerst zu Joachimstal in Böhmen
in größeren Mengen gefunden wurde. Sie entspricht im großen und ganzen in
chemischer Beziehung dem Bröggerit.

Die Uranerze wurden früher nur zur Erzeugung von Uranfarben für die Glas-
und Porzellanindustrie verarbeitet. Seit aber 1898 Herr und Frau Curie und
G. Bemont in den Uranerzen das radioaktive Element Radium entdeckt haben
und dasselbe sowohl in wissenschaftlichen wie in medizinischen Kreisen so vielfache Verwendung gefunden hat, werden die Uranerze vorerst auf dieses in minimalen Mengen in denselben vorhandene Element verarbeitet. Bis 1924 sind im
ganzen 204 g Radium gewonnen worden. Heute erzeugt Katanga in Belgisch-
Kongo jährlich allein 20—25 g Radium. Der Radiumgehalt der Pechblende steht
zu deren Urangehalt immer in dem bestimmten Verhältnis 1 : 3,33 Zehnmillionstel.
In den sekundären Uranmineralien ist der Radiumgehalt geringer. Man erklärt
dies durch die Annahme, daß das neugebildete Radium durch Wasser weggeführt
wurde. Mit der Entstehung des Radiums hat aber der radioaktive Zerfall noch
nicht sein Ende erreicht. Er schreitet beim Uran, wie beim Thorium, noch weiter
und endet erst nach den bisherigen Erfahrungen beim Blei. Das Uran- wie das
Thoriumblei hat aber ein anderes Atomgewicht als das gewöhnliche Blei, sind
also Isotope desselben. Der Bleigehalt der Uranmineralien ist demnach kein
primärer. Er wächst mit der Bestandzeit der Uranmineralien. Daher hat man
versucht, aus der Zerfallszeit und dem Bleigehalt das geologische Alter der betreffenden Uranmineralien zu berechnen. Man ist dabei auf sehr große, aber
wechselnde Zahlen gekommen.

Sekundäre Uranmineralien, hauptsächlich aus der Pechblende entstanden,
sind außer den schon im vorigen Abschnitt genannten folgende Spezies:

Uranhydroxyde sind: der braungelbe rhombische Becquerelit $[UO_3 \cdot 2H_2O]$,
der als Überzug auf Pechblende zu Kasolo unweit Katanga in Belgisch-Kongo

aufgefunden wurde. Dieselbe Zusammensetzung hat der schwefelgelbe, gleichfalls rhombische Schoepit, der sich vom Becquerelit außer durch seine Farbe noch dadurch unterscheidet, daß er die Hauptmenge seines Wassers schon bei 300° verliert, während sie der Becquerelit erst bei 500° abgibt. Der rotbraune Curieit — fälschlich Curit geschrieben — [$2PbO \cdot 5UO_3 \cdot 4H_2O$] bildet kleine nadelförmige Kristalle. Rotbraun und rhombisch ist auch der Fourmarierit [$PbO.4UO_3 \cdot 5H_2O$].

Alle diese Mineralien wurden zu Kasolo in Belgisch-Kongo gefunden.

Als Uransilikate sind zu nennen: Der Kasolit [$3PbO \cdot 3UO_3 \cdot 3SiO_2 \cdot 4H_2O$], er bildet kompakte, zuckerkörnige Aggregate von braungelber bis ockergelber Farbe; die Kristalle sind rhombisch; der gleichfalls rhombische gelbe Soddit — richtiger soll er Soddyit geschrieben werden — hat die Formel [$12UO_3 \cdot 5SiO_2 \cdot 14H_2O$]; der Sklodowskit [$MgO \cdot 2UO_3 \cdot 2SiO_2 \cdot 7H_2O$] fand sich mit Kasolit zusammmen als gelbe faserige Masse in quarzigen sekundären Ablagerungen, die Kriställchen dürften rhombisch sein.

Der Gummit ist ein amorphes, orangerotes Mineral, dessen Formel [$(Ba,Ca,Pb)U_3SiO_{12} \cdot 5H_2O$] geschrieben wird. Die äußeren Partien dieses Minerales sind oft gelbgrün, was als eine Umwandlung in Uranotil [$CaU_2Si_2O_{11} \cdot H_2O$] gedeutet wird. Der Uranotil ist kristallin, und seine Kristalle gehören dem triklinen Systeme an. Das Mineral Uranophan ist wahrscheinlich mit dem Uranotil identisch.

Urankarbonate gibt es nur zwei: den Rutherfordin [$(UO_2)CO_3$], der sich als Zersetzungsprodukt auf Pechblende in den Glimmerbrüchen des Urogurogebirges im ehemaligen Deutsch-Südwestafrika fand, und den Uranothallit [$Ca_2(UO_2)_2(CO_3)_4$], ein gelbes, rhombisches Mineral, das zuerst von Joachimstal beschrieben wurde.

Uranphosphate und -arsenate sind: der zitronengelbe, tetragonale Phosphuranyl [$(UO_2)_3(PO_4)_2 \cdot 6H_2O$] und der an Farbe und Kristallgestalt gleiche Trögerit [$(UO_2)_3(AsO_4)_2 \cdot 12H_2O$].

Daran schließen sich die Kupfer- bzw. Kalkuranylphosphate und -arsenate: der Metatorbernit [$Cu(UO_2)_2(PO_4)_2 \cdot 8H_2O$] und der Zeunerit [$Cu(UO_2)_2(AsO_4)_2 \cdot 8H_2O$]. Beide Mineralien sind grün und kristallisieren tetragonal. Bei manchen Zeuneriten beobachtet man manchmal einen zweiachsigen, rhombischen Kern und eine einachsige tetragonale Hülle. Es gibt noch ein wasserreicheres Kupfer-Uranylphosphat, den Torbernit [$Cu(UO_2)_2(PO_4)_2 \cdot 12H_2O$], der aber schon bei niederen Temperaturen einen Teil seines Wassers abgibt und sich schon bei 75° selbst in Berührung mit Wasser in den Metatorbernit umwandelt. Auch der Torbernit ist tetragonal, aber optisch negativ.

Kalk-Uranylverbindungen sind: der zeisiggrüne, rhombische Uranospinit [$Ca(UO_2)_2(AsO_4)_2 \cdot 8H_2O$] und der gelbe, gleichfalls rhombische Autunit [$Ca(UO_2)_2(PO_4)_2 \cdot 10H_2O$], dessen Kristalle aber pseudotetragonalen Habitus besitzen. Dem Autunit steht der Uranospatit nahe. Wasserärmer als der Autunit ist der Bassetit. Er kristallisiert monoklin. Ein Bariumuranylphosphat ist der gelbgrüne Uranocircit [$Ba(UO_2)_2(PO_4)_2 \cdot 8H_2O$].

Alle bisher genannten Uranylverbindungen zeichnen sich durch eine vollkommene Spaltung nach (001) aus, die ihnen auch den Namen Uranglimmer eingetragen hat. Die kupferhaltenden werden als Kupferuranglimmer von den kalkhaltenden, den Kalkuranglimmern, unterschieden.

Bleiuranphosphate sind: der Dewindtit und der Stasit. Beide Mineralien wurden, obwohl sie dieselbe Zusammensetzung [$3PbO \cdot 5UO_3 \cdot 2P_2O_5 \cdot 12H_2O$] haben, als verschieden voneinander getrennt, weil ersteres in erdiger Form, letzteres in kleinen Kristallen auftritt. Die Farbe ist für beide gelb. Die Kristalle sind rhombisch. Die beiden Mineralien fanden sich mit Torbernitkristallen zusammen in den Minen von Katanga in Belgisch-Kongo. An diese schließen sich an: der als bräunliches, kristallines Pulver zu Kasola bei Katanga vorkommende Parsonit $[2PbO \cdot UO_3 \cdot P_2O_5 \cdot H_2O]$ und der Dumontit $[3PbO \cdot 3UO_3 \cdot P_2O_5 \cdot 8H_2O]$, der rhombisch kristallisiert, ockergelbe Farbe besitzt und in Taschen des dichten Torbernites eingelagert sich fand.

Endlich ist noch der blaßgrüne, monokline Gilpinit $[(Cu, Fe)SUO_7 \cdot 4H_2O]$ aus Gilpin in Kolorado zu nennen.

Dem Nebeneinandervorkommen von Uran- und Wismuterzen zu Schneeberg in Sachsen verdankt der gelbe Uranosphärit $[U_2O_7(BiO)_2 \cdot 3H_2O]$ seine Entstehung.

Die genannten Zersetzungsprodukte der primären Uranmineralien kommen nicht allein auf den Erzgängen, sondern auch in den Granitpegmatiten vor, wenn in denselben Uranmineralien auftreten.

Die am längsten bekannte Lagerstätte von Uranerzen ist Joachimstal in Böhmen. Weniger bedeutend sind die Erzvorkommen im benachbarten Sachsen, wie z. B. zu Schneeberg. Im Erzgebirge treten mit den Uranerzen auch Silber- und Kobalt-Nickel-Erze auf. Die Uranerze gehören einer größeren Tiefenzone an als die Silber- und Kobalterze. Sie sind typische, hydrothermale Bildungen. Als Gangart finden sich: Quarz in der Form des Hornsteines, Fluorit und Dolomit. Letzterer ist in der Nähe der Uranerze immer rotbraun, was als Folge der radioaktiven Einwirkung der Uranerze angesehen wird.

In Cornwall sind die Uranerzvorkommen genetisch mit den Zinnerzgängen verbunden, und zwar führen die Zinnerzgänge nur wenn sie aus dem Granit kommend in die Tonschiefer (Killers) übersetzen und dabei Kupfererze aufnehmen, in diesen nennenswerte Mengen von Uranmineralien. Ein solcher Zusammenhang zwischen Uran- und Zinnerzen ist im Erzgebirge nicht erwiesen, aber sehr wahrscheinlich.

In Kolorado treten die Uranerze in goldhaltenden Pyritgängen auf. Ob die in den jurassischen und kretazischen Sedimenten Kolorados sich findenden sekundären Uranmineralien sich von diesen ableiten, ist ungewiß.

Recht bedeutende Uranerzlagerstätten liegen in Belgisch-Kongo. Bei Katanga sind sie gleichfalls mit Kupfererzen vergesellschaftet.

XVII. Schwefel, Selen und Tellur.

Der Schwefel. Über den Schwefel ist hier nicht mehr viel zu sagen, da dessen Genese schon früher an mehreren Stellen erörtert worden ist. Ergänzend ist nur nachzutragen, daß der Schwefel in den Erzlagerstätten nicht nur als Bestandteil der Sulfide und Sulfosalze eine Bedeutung hat, sondern daß er, wenn auch selten, in denselben auch im gediegenen Zustande vorkommt. Gewöhnlich nimmt man an, daß dieser Schwefel sekundären Ursprunges sei und dem Umstande, daß einige Sulfide, wenn sie mit Säuren zusammenkommen, unter Abscheidung von Schwefel zersetzt werden, seine Entstehung verdankt.

Zu Paffenreut im Fichtelgebirge fand man jedoch gediegenen Schwefel sandartigen Pyrit verkittend, und am Rio Tinto in Spanien soll Ähnliches beobachtet worden sein. Für diesen Schwefel dürfte die oben angegebene Entstehung kaum zutreffen. Näher liegt, anzunehmen, daß hier juvenile schwefelhaltige Wasser mit im Spiele waren. In der Nähe des Monte Amiato in Toskana hat man auch Schwefellager kennen gelernt, von denen einige mit zunehmender Tiefe in Zinnoberlagerstätten übergehen.

Es würden dann diese Schwefelbildungen die letzte Phase der juvenilen Erzgangfüllung darstellen.

Gediegener Schwefel konnte in Erzvorkommen auch entstehen, wenn sulfidische Erze einer natürlichen Röstung durch Grubenbrände ausgesetzt waren.

Auf die gleiche Weise ist auch jener Schwefel gebildet worden, den man gelegentlich in Kohlenlagern oder auf den Halden der Kohlenbergwerke begegnet, da in der Kohle Eisendisulfide, sowohl Pyrit, als auch Markasit, nicht selten sind.

Das Selen und die Selenmineralien. Das Selen steht dem Schwefel in seinen Eigenschaften näher als das Tellur. Dem elementaren Selen fehlt der dem Tellur eigene metallische Habitus, es ist vielmehr wie der Schwefel glasglänzend, und seine Farbe ist, wenn es aus Schwefelkohlenstoff, in dem es wie der Schwefel löslich ist, auskristallisiert, dunkelrot. Seine Kristalle sind, wie die des Schwefels, rhombisch.

Entdeckt wurde das Selen 1817 von Berzelius im Bodenschlamm einer Schwefelsäurekammer in Schweden. In der Natur ist es dem durch vulkanische Sublimation entstandenen Schwefel beigemischt. So wurde es im Schwefel des Vulkans auf Vulcano, einer der äolischen Inseln, und auf Hawai nachgewiesen.

Man kennt aber auch eine ganze Reihe allerdings sehr seltener Verbindungen des Selens. Da sind zu nennen: das natürliche Cuproselenid, der silberweiße, schwarz anlaufende Berzelianit [Cu_2Se], der in dünnen dendritischen Formen in Kalkspatklüften zu Skrikerum in Norwegen gefunden wurde, das schiefergraue Cupriselenid [$CuSe$], der Klockmannit, der blauviolette, im frischen Bruche kirschrote Umangit [$(Cu, Ag)_3Se_2$] aus Argentinien, der eisengraue, kubische Naumannit [Ag_2Se] von Tilkerode im Harz, der ebenfalls kubische, bleigraue, oft bräunlich angelaufene Eukairit, der eine Mischung des Silbers und Kupferselenides zu gleichen Teilen ist.

Weiter wären noch zu erwähnen: der bleigraue Crookesit [$(Cu, Tl, Ag)_2Se$], der graue kubische Tiemannit [$HgSe$], der Onofrit [$Hg(Se, S)$], der Lerbachit [$(Pb, Hg)Se$] aus Tilkerode, der kubische, hexaedrisch spaltende Clausthalit [$PbSe$], das Kupfer-Blei-Selenid, der Zorgit, der Weibullit $\{Pb[Bi_2(Se, S)_4]\}$ von Fahlun, der trigonal-rhomboedrische Platynit [$PbBi_2SSe_2$] und der Wittit [$Pb_5Bi_6(Se, S)_{14}$].

Für ein Zersetzungsprodukt der Selenide wird der Chalcomenit [$Cu(SeO_4) \cdot 2H_2O$] von Mendoza in Argentinien angesehen. Auch noch andere Mineralien werden in der Literatur als selenhaltend erwähnt, doch sie sind weder chemisch noch kristallographisch genügend erforscht.

Alle genannten Mineralien haben lediglich mineralogisches Interesse. Das von der Industrie und der Wissenschaft benötigte Selen wird aus den Abfällen der Schwefelsäurefabrikation, zu der bekanntlich der Pyrit verwendet wird, gewonnen.

Das Tellur und die Tellurmineralien. Das Tellur und seine Verbindungen sind fast ausschließlich auf die Goldquarzgänge beschränkt.

Das Tellur wurde 1782 von Müller von Reichenstein als vom Antimon und Wismut verschieden erkannt und 1798 von Klaproth aus siebenbürgischen Erzen, die man für Grauspießglanz hielt, isoliert. Klaproth gab dem neuen Element den Namen Tellurium. Früher war auch der Name Metallum problematicum oder Aurum paradoxum im Gebrauch.

Das metallische Tellur wurde auf der Grube Maria Hilf zu Facebay bei Zalatna in Siebenbürgen in größeren Mengen gefunden.

Qualitativ kann man das Vorhandensein des Tellurs daran erkennen, daß Tellurmineralien die Flamme des Bunsenbrenners grün färben und konzentrierten schwefelsauren Lösungen eine rote Farbe verleihen. Aus den stark schwefelsauren Lösungen wird es dann beim Verdünnen mit Wasser als schwarzes Pulver gefällt.

Das metallische Tellur ist lichtgrau und kristallisiert trigonal-skalenoedrisch. Die Tracht der Kristalle ist jener der Quarzkristalle ähnlich.

Das Tellur spielt in vielen Mineralien, die Telluride heißen, dieselbe Rolle
wie der Schwefel in den Sulfiden. Von diesen sind die Gold- und Silbertelluride
die wirtschaftlich wichtigsten, nicht allein, weil sie Gold und Silber enthalten,
sondern auch, weil sie die relativ häufigsten sind.

In nachstehender Tabelle sind sie mit ihren bezeichnenden Eigenschaften zusammengestellt.

	Formel	Kristallsystem	Farbe	Spaltung
Stützit	$[Ag_4Te]$	hexagonal	bleigrau	—
Hessit	$[Ag_2Te]$	kubisch	grau	(100) unvoll-kommen
Petzit	$[Ag_3AuTe_2]$	kubisch	bronzefarben	—
Empressit	$[AgTe]$	?	eisengrau	—
Muthmannit . . .	$[(Ag,Au)Te]$	?	silberweiß	(001)
Calaverit	$[AuTe_2]$	mono- oder triklin	silberweiß	—
Krennerit	$[(Au, Ag)Te_2]$	rhombisch	stahlgrau	—
Sylvanit	$[(Au, Ag)Te_4]$	monoklin	silberweiß	(010)

Der Kalgoorlit, der früher für ein selbständiges Mineral gehalten wurde,
ist ein Gemenge von Gold-, Silber- und Quecksilbertellurid.

Der Sylvanit, der zuerst in Siebenbürgen (Transsylvanien) gefunden und
nach seinem Fundorte benannt wurde, heißt auch wegen der eigentümlichen
Wachstumsformen seiner Kristalle, die an alte Schriftzeichen erinnern, Schrift-
erz.

In größeren Mengen treten diese Telluride selten auf. Nur einmal, im Jahre
1900, wurde zu Cripple Creek in Kolorado eine Masse Calaverit angefahren, aus
der ungefähr 18 Millionen Dollar Gold gewonnen wurden.

Neben den Gold-Silber-Telluriden kennt man noch: Kupfertelluride im
tiefpurpurroten Rickardit, in dem die Verbindung $[Cu_2Te]$ mit der Verbindung
$[CuTe]$ gemengt ist. Ein Bleitellurid ist der Altait $[PbTe]$, nach seinem
Fundorte benannt. Er ist zinnweiß, kristallisiert kubisch und spaltet nach
dem Würfel. Ein Quecksilbertellurid ist der eisenschwarze, hexakistetraedrische Coloradoit $[HgTe]$, ein Nickeltellurid der rötlichweiße Melonit
$[Ni_2Te_3]$, aus Kalifornien und Australien. Wismuttelluride kennt man mehrere, nämlich: den Wehrlit oder Pilsenit $[Bi_3Te_2]$, den ditrigonal-skalenoedrischen Tetradymit $[Bi_2Te_2S]$, den Joseit $[Bi_3TeS]$ und den Grünlingit
$[Bi_4TeS_3]$.

Ein weiteres Tellurmineral, dessen Formel aber nicht ganz sicher ist, ist der
bleigraue, rhombische Nagyagit, nach seinem Fundorte Nagyag in Siebenbürgen
so benannt. Wegen seiner vollkommenen Spaltbarkeit nach (001) heißt es auch
Blättertellur. Es enthält Gold, Blei, Antimon, Tellur und Schwefel im molekularen Verhältnis 2 : 10 : 2 : 6 : 15.

Die Gänge der Tellurformation enthalten in ihren oberen Partien häufig Freigold, in den unteren die Telluride. Das Mitvorkommen von Antimonit wird von
den Bergleuten als schlechtes Zeichen gedeutet, weshalb sie ihn auch als „Erz-
räuber" bezeichnen.

Von oxydischen Zersetzungsprodukten der Telluride sind bekannt geworden
der gelblichweiße bis honiggelbe, rhombische Tellurit, das Aurum paradoxum
Esmarks, dann der Ferrotellurit $[FeTeO_4]$ von der Keyston Mine in Kolorado
und der bald gelbe, bald grüne oder braune Montanit $\{[Bi(OH)_2]_2TeO_4\}$.

Dritter Teil.

Die Biolithe.

Die Bildung und Einteilung der Biolithe.

Der Name Biolithe wurde von Chr. G. Ehrenberg in die Wissenschaft für
jene nichtorganisierten, aber von Lebewesen abstammenden Naturgebilde eingeführt, die sich mit Gesteinen zusammen, oft selbst Gesteine bildend, finden.
Potonié unterschied weiter Akaustobiolithe und Kaustobiolithe, je nachdem sie nichtbrennbar oder brennbar sind. Zu den nichtbrennbaren Akaustobiolithen gehören die schon an anderer Stelle besprochenen Kalksteine und Dolomite sowie die kieseligen Ablagerungen der Tripelerde, des Polierschiefers und
der Feuersteine. Die brennbaren Kaustobiolithe umfassen die Kohlen, die Leipto-
biolithe und Bitumina.

Die Kaustobiolithe stammen im Gegensatze zu den Akaustobiolithen, zu
denen die mineralischen Verbindungen der aus ihnen aufgebauten Hartteile der
Lebewesen das Material geliefert haben, von den Weichteilen der Lebewesen ab,
welche nach deren Tod eine rückschreitende Metamorphose erfahren, weil sie
wieder in Wasser, Kohlendioxyd und Ammoniak zerfallen, aus denen sie sich
entweder direkt unter Mitwirkung des Sonnenlichtes oder indirekt aufgebaut
haben. Man nennt letzteren Vorgang Assimilation. Bei den Pflanzen ist derselbe der Hauptsache nach ein Reduktionsprozeß, bei dem Sauerstoff abgespalten
wird, bei den Tieren besteht er in einem Umbau körperfremder organischer Verbindungen in körpereigene.

Den Zerfall des Körpers eines Lebewesens nach dem Tode, bei dem Sauerstoff
zugegen ist, nennt man Verwesung. Fehlt der zur Verwesung notwendige
Sauerstoff, so kommt es zu einem unvollkommenen Zerfall des pflanzlichen oder
tierischen Leibes, als dessen Endergebnis dann Körper erscheinen, die entweder
kohlenstoffreicher oder kohlenwasserstoffreicher sind, als die jeweiligen Aus-
gangsmaterialien waren.

Ob nun das eine oder das andere Endprodukt entsteht, hängt im wesentlichen
von der Natur des Ausgangsmateriales ab. Besteht dieses zum größten Teile aus
Kohlehydraten, wie Zellulose und Lignin, so wird das Endprodukt um so kohlenstoffreicher, je länger dieser Prozeß dauert. Die auf diese Weise entstandenen
Produkte nennt man Kohlen und den ganzen Vorgang Inkohlung. Die tierischen Gewebe, welche vorwiegend aus Eiweißkörpern und Fetten bestehen,
werden dagegen zu Substanzen abgebaut, die reich an Kohlenwasserstoffen sind.

Dieser unvollständige Abbau des pflanzlichen und tierischen Körpers vollzieht sich besonders dann, wenn Wasserbedeckung dem atmosphärischen Sauerstoff den Zutritt verwehrt. Dieser behinderte Zerfall wird Fäulnis genannt.
Er spielt sich vornehmlich auf dem Grunde stehender Gewässer und im feuchten
Erdboden ab.

A. Die Kohlen.

a) Die Entstehung der Kohlen.

Das Ausgangsmaterial für die Kohlenbildung haben die Pflanzen der Vorzeit
geliefert. Kohlen bildeten sich in allen Formationen.

Die Kohlenbildung, die den jüngsten Erdperioden angehört und die auch noch in der Jetztzeit andauert, ist die Bildung des Torfes, die Vertorfung. Sie vollzieht sich noch heute vor unseren Augen in den von der Kultur unberührten Bodenflächen, wo die alljährlich absterbenden Pflanzenteile in Gegenwart von Wasser verfaulen. Beim Verwesungsvorgang wird im Laufe eines Jahres ebensoviel pflanzliche Substanz zerstört, als neu hinzukommt. Ein Boden, in dem die Verwesung vorherrscht, wird Müllboden genannt. Wenn aber die obwaltenden Verhältnisse derart sind, daß nicht die ganze jährlich zuwachsende Pflanzensubstanz verwesen kann, dann tritt allmählich an die Stelle der normalen Verwesung die Fäulnis. Die jetzt im Boden zurückbleibenden, unverwesten organischen Substanzen nehmen eine braune Farbe an und werden mit dem Sammelnamen „Humus" bezeichnet. Ihre Gegenwart bewirkt eine weitgehende Veränderung des Bodens. Er wird feucht, weil der Humus das Wasser zäh festhält, er wird infolgedessen auch kalt, reagiert sauer, und wegen dieser Veränderungen verlassen ihn alle grabenden und wühlenden Tierformen, die durch ihre Lebenstätigkeit bisher die Durchlüftung des Bodens besorgen und dadurch die normale Verwesung gefördert haben. Auch die im Boden lebenden Bakterien verschwinden, und an ihre Stelle treten Saprophyten und Pilze. Mit der Zeit ändert sich infolgedessen auch die ganze Pflanzengemeinschaft (Vegetation).

Dieser Wechsel zwischen Verwesung und Fäulnis vollzieht sich nicht auf der offenen Landfläche, wo Licht und Luft in Hülle und Fülle wirksam sind, sondern nur dort, wo niedere Temperatur und große Feuchtigkeit den normalen Gang der Verwesung behindern. Solche Orte sind die Wälder mit starkem Kronenschluß. Dort sammelt sich im Herbste als Folge des Laubfalles eine gewisse Menge von Blättern usw. an, die während des Sommers nicht mehr vollständig verwest. Da sich dies alljährlich wiederholt, so entsteht in einem derartigen Walde eine von Jahr zu Jahr mächtiger werdende Schichte faulender und verfaulter Pflanzenreste, welche den Namen Rohhumus oder Trockentorf erhalten hat.

Der Rohhumus bewirkt, weil er das Wasser hartnäckig festhält, eine Vernässung des Bodens. Er schließt gleichzeitig mit zunehmender Dicke den an Pflanzennährstoffen reichen Untergrund immer mehr gegen oben ab und macht es so den neu keimenden Pflanzen unmöglich, ihre Wurzeln bis in diese Schichte vorzutreiben. Es verschwinden daher bald alle einjährigen Pflanzen, und nur die tieferwurzelnden, perennierenden Pflanzen, wie das Heidekraut und die Beerensträucher, bleiben erhalten. Daneben erscheinen Moose, und ganz zuletzt stellt sich auf diesem feuchten, an Nährstoffen armen Boden das Torfmoos (Sphagnum) ein. Die Torfmoose sind die anspruchslosesten Pflanzen. Ihren Bedarf an mineralischen Stoffen decken sie aus dem vom Winde eingewehten Staube, und sie begnügen sich mit der Feuchtigkeit, die ihnen die atmosphärischen Niederschläge spenden. Sie sind vom Untergrund vollkommen unabhängig, und da ihr Sprossenwachstum unbegrenzt ist, so breiten sich die Sphagneenpolster nicht nur ununterbrochen vertikal nach oben, sondern auch radial aus und überwuchern immer größere Flächen. Sie verdrängen allmählich die Heidekräuter und vernichten schließlich auch den Baumwuchs, weil ihre dicken Polster den Luftzutritt zu den Wurzeln der Bäume unterbinden. Die Bäume beginnen zu kränkeln (Sumpfkiefern) und sterben endlich ab, wenn der Moospolster eine gewisse Dicke (ungefähr 30 cm) erreicht hat. Ein Nachwuchs ist aus den schon früher angegebenen Gründen ausgeschlossen. Die abgestorbenen Bäume faulen über dem Moospolster ab, und nur der im Moos steckende Stumpf bleibt erhalten.

Auf diese Weise wird aus dem Walde auf dem Umwege über die Heide ein Moor, das, weil seine Oberfläche wegen des zentrifugalen Wachstums der Torfmoose uhrglasförmig gewölbt ist, den Namen Hochmoor erhalten hat. Der Höhenunterschied zwischen Rand und Mitte beträgt oft bis 8 m.

Alle organischen Substanzen, die im Moor begraben liegen, verfallen der Inkohlung. Das Produkt dieses Inkohlungsprozesses nennt man Torf. Der Vorgang selbst wird auch als Vertorfung bezeichnet.

Ein Moor kann aber auch aus einem stehenden Gewässer sich entwickeln. In einem solchen Gewässer ist stets ein reiches Tier- und Pflanzenleben vorhanden. Hauptsächlich sind es Mikroorganismen, die da leben. Die abgestorbenen Leiber derselben sammeln sich am Boden des Wasserbeckens an und gehen dort, vermengt mit den eingewehten Blättern und den Pollénkörnern windblütiger Pflanzen, langsam in Fäulnis über. Potonié nennt diese Massen Faulschlamm oder Sapropel. Mit fortschreitender Fäulnis wandelt sich der Faulschlamm in eine gallertartige Masse, die Faulgallerte oder das Saprokoll, um. Durch diesen Faulschlamm wird der Boden des Wasserbeckens im Laufe der Jahre so erhöht, daß sich auch im See selbst im Boden wurzelnde Pflanzen ansiedeln können. Die Natur der sich ansiedelnden Pflanzen hängt von der Wassertiefe ab. An Stellen, wo diese 2—3 m beträgt, können Pflanzen mit schwimmenden Blättern, wie das Laichkraut und die Seerosen, gedeihen. An seichteren Stellen erscheinen dann der Tannenwedel, die gelbe Wasserlilie, Binsen und Riedgräser und dort, wo das Wasser noch geringere Tiefe besitzt, das Schilf. Hinter dem Schilf folgt dann die Sumpfwiese, auf der sich auch Bäume, die im nassen, wenig durchlüfteten Boden gedeihen können (Erle, Weide), ansiedeln. Es entsteht der Sumpfwald oder der Erlenbruch. Mit der Erhöhung des Wiesenbodens rückt das Grundwasser immer mehr in die Tiefe. Der Boden wird trockener, und nun erscheinen auch Bäume, die besser durchlüfteten Boden verlangen, wie die Pappeln. So tritt an die Stelle des Wasserbeckens allmählich der Wald, der bei ungestörter Entwicklung dann demselben Schicksal entgegengeht, das früher geschildert wurde.

In dem ein Seebecken umgebenden Röhricht verfangen sich abgestorbene Pflanzenteile, die dann nicht mehr auf den Seegrund niedersinken. Auch diese schwimmenden Bildungen nehmen stetig an Dicke zu, und auf ihnen siedeln sich später gleichfalls Wiesengräser usw. an. Diese schwimmenden Wiesen wachsen in den See hinein und bringen nach und nach die offene Wasserfläche ganz zum Verschwinden. So entstehen die Schwingmoore oder Wasserkissen, so genannt, weil bei deren Betreten die Wiesendecke schwingt und weil sich unter der Vegetationsdecke Wasser befindet. Wenn in solchen Wasserkissen bergenden Mooren infolge anhaltender Regen die Wässer unter der Wiesendecke anschwellen, so kann diese platzen, und es entstehen die gefürchteten Moorbrüche, gefürchtet deshalb, weil aus der Bruchstelle nicht selten ein Schlammstrom hervorquillt, der die ganze Umgebung verheert.

Moore, die durch die Verlandung eines Wasserbeckens entstanden sind, nennt man zum Unterschiede von den aus Wäldern hervorgegangenen Hochmooren Flachmoore oder Wiesenmoore. Ist ein Flachmoor mit Bäumen bestanden, so spricht man von einem Zwischenmoor, weil es in der weiteren Entwicklung zum Hochmoor wird.

Die Substanzen, die sich bei der Vertorfung der pflanzlichen Bestandteile vorwiegend bilden, heißen Huminstoffe. Sie sind dunkelbraun, im reinen Zustande amorph, im Wasser, dem sie dann eine braune Farbe verleihen, löslich (Schwarzwässer).

Über die chemische Natur der Huminstoffe gehen die Meinungen noch auseinander. Man spricht sehr oft von Huminsäuren, weil der Boden, in dem

Huminstoffe reichlich vorhanden sind, sauer reagiert. Daher auch die Bezeichnung „saure Wiesen" für Sumpfwiesen und „saure Gräser" für Sumpfgräser. Baumann bezweifelt ebenso wie Stremme das Bestehen von sauren Huminsubstanzen, weil deren wässerige Lösungen keine Wasserstoffionen abspalten und daher kein elektrisches Leitungsvermögen besitzen. Beide glauben vielmehr, daß die saure Reaktion der Huminsubstanzen in deren kolloidaler Natur, auf welche zuerst van Bemmelen hingewiesen hat, begründet sei. Die Huminsubstanzen besitzen nämlich die Fähigkeit, aus Salzlösungen die basischen Bestandteile zu adsorbieren — sie sind basophile Kolloide. Infolgedessen bleibt der Säurerest in Lösung, und dieser verursache dann die Säurereaktion. Ebenso wirken auch die Zellmembranen der Hyalinzellen der Sumpfmoose.

Süchting dagegen tritt trotz alledem für die Existenz von Huminsäuren ein und stützt sich vor allem darauf, daß Huminstoffe mit Metallen Wasserstoff entwickeln. Durch Ausfrierenlassen von Torf gelang es ihm, die Huminsäuren von den kolloidal gelösten Huminsubstanzen zu trennen und sie zu reinigen. Er fand, daß die Huminsäuren stickstoffhaltend sind, sich also von den Protein- oder Eiweißstoffen herleiten müssen. Es sei hier auch erwähnt, daß es schon früher gelungen ist, Huminsubstanzen sowohl aus Kohlehydraten, als auch aus Eiweißstoffen durch Einwirken von Säuren oder Alkalien künstlich herzustellen. Die kolloidalen Huminsubstanzen adsorbieren dreiwertige Basen stärker als zweiwertige, und diese wieder stärker als einwertige. Durch Waschen können ihnen diese Basen wieder entzogen werden.

Die Huminsäuren bilden mit den anorganischen Basen entweder saure oder basische Salze. Erstere sind im Wasser löslich, letztere nicht.

Aus dem Rohhumus, der sich in einem dichtbestandeten Walde bildet, werden die Huminsäuren durch Wasser ausgelaugt. In dem darunterliegenden Mineralboden bilden sie dann mit den dort enthaltenen Basen saure Salze, die vom Wasser gelöst und in die Tiefe geführt werden. Die Huminsäuren berauben also den Boden seiner für das Pflanzenwachstum wichtigen Nährsalze und machen ihn unfruchtbar. Weil sie auch die färbenden Eisenverbindungen des Bodens zerstören wird der Boden unter dem Rohhumus gebleicht. Es entstehen auf sandigem Untergrund der Bleichsand, auf tonigem ein weißer, feuerfester Ton.

Treffen beim weiteren Absinken die saure Humate gelöst enthaltenden Wässer in noch größerer Tiefe wieder auf Schichten, die noch reich an Mineralsubstanzen sind, so werden sie gefällt, weil sie sich in basische, im Wasser unlösliche Humate umwandeln. Es entstehen an diesen Stellen Ablagerungen von Huminsubstanzen, die, wenn sie locker sind, wegen ihrer Farbe Fuchs- oder Branderde heißen, wenn sie aber die Sande oder Gesteinsbruchstücke zu einem festen Konglomerat verkitten, Ortsteine genannt werden. Die Ortsteine sind in ihrer Zusammensetzung verschieden. Bald überwiegen die organischen, bald die anorganischen Bestandteile. Auf die Beschaffenheit des Untergrundes wirken sie deshalb schädlich ein, weil sie wasserundurchlässig sind und daher die Versumpfung des Bodens fördern. Ortsteine können sich nur im Untergrunde von Waldmooren bilden. Ihre Anwesenheit wird durch das Vorherrschen der Sphagneen über die Astmoose angezeigt.

Der Wiesenkalk, eine erdige Bildung, die in Norddeutschland stellenweise in ziemlicher Ausdehnung den Untergrund verlandeter Seen bildet, ist aus einem Kalkhumat hervorgegangen, das in Wasser unlöslich ist, aber leicht in Kalziumkarbonat übergeht.

b) Die Arten der Kohle.
1. Der Torf.

Nach dem, was bisher über die Bildung der Moore gesagt wurde, können die aus ihnen hervorgegangenen Torflager keine einheitlichen Bildungen sein, sondern müssen sich aus genetisch sowie auch stofflich verschiedenen Schichten aufbauen. Ein Torflager, das z. B. durch die Verlandung eines Sees entstanden ist und sich bis zum Hochmoor entwickelt hat, muß von unten nach oben folgende Schichten zeigen.

1. Den Lebertorf oder das Sapropel. Derselbe ist aus dem Faulschlamm hervorgegangen. Der Lebertorf ist fest, zähe, matt, schwarz und leicht entzündlich. In ihm treten die Umwandlungsprodukte der Kohlehydrate zurück, und es überwiegen die der Wachse und Fette. Daher enthält er relativ viel Bitumen, und bei der trockenen Destillation liefert er neben Kohlenwasserstoffen auch ein ammoniakalisches, wässeriges Destillat. Bemerkenswert ist, daß der Lebertorf auf Eisen nicht zerstörend einwirkt.

2. Die nächste Schichte bildet der Wiesentorf. Dieser besteht aus einem meist schwarzbraunen, stark verfilzten Gemenge von Blättern und Stengelteilen verschiedener Gräser und Schilfarten.

3. Darüber folgt der Waldtorf. Bei diesem sind den Bestandteilen des Wiesentorfes auch Reste verschiedener Baumgattungen, wie Erle, Birke, Kiefer und Eiche beigemischt.

4. Im jüngeren Heidetorf überwiegen unter den Pflanzenresten die Stengel der Heidekräuter.

5. Die oberste Schichte bildet der Moostorf, der hauptsächlich aus den Überresten von Moosen, besonders Sphagneen, besteht.

Wenn dagegen das Torflager aus einem Wald hervorgegangen ist, dann fehlen die Schichten 1 und 2.

In den Schichten 2—5 überwiegen die Umwandlungsprodukte der Kohlehydrate. Diese Torfe enthalten viel Huminsubstanzen, deren Menge mit dem Alter steigt. Man kann sie deshalb im Gegensatze zum bitumenreichen Lebertorf auch Humintorfe nennen. Die jüngsten Humintorfe sind noch wenig zersetzt, hellbraun und bestehen aus deutlich erkennbaren Pflanzenresten. Sie weichen in der chemischen Zusammensetzung wenig von jener der Zellulose ab. Je älter die Torfe werden, desto dunkler sind sie. Sie werden braun, ja auch schwarz. Das pflanzliche Gefüge verschwindet immer mehr, und zuletzt wandelt sich das Ganze in eine anscheinend gleichartige, im frischen Zustande weiche, schneidbare Masse, den Specktorf, um. Daneben findet man auch härtere, im trockenen Zustande spröde, muschelig brechende, stark glänzende Massen, den Pechtorf oder Dopplerit.

Die Humintorfe unterscheiden sich von den Leber- oder Saprokolltorfen dadurch, daß sie sich sehr schwer entzünden, bei der trockenen Destillation schlecht brennende Gase und ein saures Destillat liefern, und daß sie Eisen zerstören, nicht, so wie der Lebertorf, erhalten.

Bei der Vertorfung erleidet, wie nachstehende Tabelle zeigt, nur der Sauerstoff eine starke Verminderung, während der Kohlenstoffgehalt bedeutend zunimmt. Dies deutet darauf hin, daß bei der Vertorfung hauptsächlich Kohlensäure gebildet wird.

Torfanalysen.

	C	H	O	N
Sphagnumtorf	49,88%	6,54%	42,42%	1,16%
Lichtbrauner Torf . .	50,33%	5,99%	42,63%	1,05%
Schwarzer Torf . . .	62,54%	6,81%	29,24%	1,41%

Manche Torfbildungen reichen, wie Funde von Tierresten beweisen, bis in das Diluvium zurück. Die Torfe sind immer Landbildungen. Infolge von Bodensenkungen sind manche auch unter den Meeresspiegel geraten, wie die Torflager im Wattenmeere und auf der Doggerbank beweisen. Der Vertorfungsprozeß ist nicht, wie es den Anschein hat, ein außergewöhnlicher Vorgang. Ihm fällt vielmehr jedes stehende Gewässer und jeder Wald anheim, wenn sie ihrem Schicksal überlassen werden. Nur wenn durch systematische Pflege im Walde die Rohhumusbildung verhindert wird und die nassen Wiesen entwässert werden, wird der Vertorfung Einhalt getan und weniger wertvoller Boden in wertvolles Wiesen-, Wald- und Ackerland umgewandelt.

2. Die Braun- und Schwarzkohlen.

Die Äquivalente der rezenten und diluvialen Torfbildungen sind die Braun- und Schwarzkohlenlager der älteren Formationen. Im Liegenden mancher Kohlenlager fand man noch die Wurzelsysteme (Stigmarien) der damals lebenden baumartigen Pflanzen, und in den Kohlenlagern selbst Baumstrünke und noch aufrechtstehende Stämme. Potonié hat auch in den älteren Kohlen Abarten unterscheiden können, die dem Lebertorf entsprechen. Er nannte diese Kohlen zum Unterschied von den echten Humuskohlen Sapropelkohlen.

Zu den Sapropelkohlen werden gerechnet: Der tertiäre Dysodil, auch Papier- oder Stinkkohle genannt, der permische Torbanit oder die Bogheadkohle Schottlands, die Brettelkohle von Nürschau in Böhmen, die karbonische Kännelkohle (richtiger soll sie Candlekohle geschrieben werden nach dem englischen Worte candle = Kerze). Auch die mit der glänzenden Humuskohle (Glanzkohle) wechsellagernde Mattkohle der Steinkohlenvorkommen ist nach Potonié eine Sapropelkohle.

Die Kohlen werden bekanntlich in Braun- und Schwarzkohlen geschieden. Für diese Scheidung ist weniger die makroskopische Farbe, als der Strich ausschlaggebend. Alle Kohlen mit braunem Strich sind Braunkohlen, mögen sie in Stücken eine braune oder schwarze Farbe besitzen. Die geologisch jüngeren Braunkohlen unterscheiden sich auch durch ihr chemisches Verhalten von den älteren Schwarz- oder Steinkohlen. Mit dem zunehmenden Alter der Kohle verschwinden nämlich die ursprünglichen Baustoffe der Pflanze, die aus der Zellulose und dem Lignin hervorgegangenen Huminsubstanzen, immer mehr, und die auf ihr Vorhandensein aufgebauten Reaktionen versagen.

Der an diesen Substanzen reiche Torf liefert z. B. bei der trockenen Destillation neben Gasen noch ein saures, wässeriges Destillat, einen sauerstoffreichen Teer, der Phenole und Fettsäuren enthält, und einen kohlenstoffreichen Rückstand, den Koks. Ähnlich verhält sich auch die Braunkohle, nur ist der Teer schon ärmer an Sauerstoffverbindungen, und die darin enthaltenen Kohlenwasserstoffe gehören zum überwiegenden Teile zu den aliphatischen Kohlenwasserstoffen, den Kohlenwasserstoffen der Fettreihe.

Bei den echten Schwarz- oder Steinkohlen ist dagegen das wässerige Destillat ammoniakalisch, und im Teer herrschen die zyklischen Kohlenwasserstoffe der Benzolreihe vor.

Wenn man Steinkohle mit siedendem Benzol behandelt, so fluoreszieren die Auszüge, bei den Braunkohlen dagegen nicht oder nur wenig.

Während bei den Braunkohlen die Reaktionen auf Huminsubstanzen — Behandeln der Kohle mit kochender Natronlauge oder schmelzendem Ätznatron, wodurch die Huminsubstanzen ausgezogen werden — positiv verlaufen, versagen sie bei den Steinkohlen. Die gelösten Huminsubstanzen färben wässerige Lösungen braun und können aus ihnen durch Zusatz einer Säure wieder gefällt werden.

Braunkohlen erwärmen sich, mit einem Gemisch von Salpeter und Schwefelsäure behandelt, sehr stark, und der Rückstand ist dann vollkommen in Kalilauge oder Azeton löslich. Steinkohle zeigt dies Verhalten nicht.

Der Unterschied zwischen Steinkohle und Braunkohle ist nicht scharf und nicht, wie man lange glaubte, lediglich durch die Verschiedenheit der Vegetation in der känozoischen (Torf), mesozoischen (Braunkohlen) und der paläozoischen (Steinkohlen) Periode begründet. Von viel größerem Einflusse war die Dauer des Inkohlungsprozesses, der die primären Pflanzenbaustoffe und die aus ihnen hervorgegangenen Huminsubstanzen fast vollkommen zu Kohlenstoff und Kohlenwasserstoffen und Stickstoffverbindungen abbaute. Daß dabei die pflanzliche Struktur fast ganz verlorenging, ist selbstverständlich. Nur einige jüngere Kohlen, die Lignite der Tertiärzeit, zeigen noch deutlich die Holzstruktur.

Die Beschaffenheit und der ökonomische Wert einer Kohle sind nicht lediglich Folgen der Dauer des Inkohlungsprozesses, sondern hängen auch von der tektonischen Beeinflussung, welche die Kohlen während ihrer Bildung erfahren haben, ab. Man findet z. B. manchmal in ein und demselben Kohlenlager, die sich stets aus zahlreichen, ungleich mächtigen Kohlenflözen aufbauen, die durch Ton oder Sandschichten voneinander getrennt sind, Kohlenflöze, die aus gasreicher sog. fetter Kohle, das ist einer Kohle, die bei der trockenen Destillation viel gasige Produkte liefert, bestehen, und auch wieder solche, die nur gasarme Magerkohle enthalten. Am gasärmsten und am kohlenstoffreichsten ist die Anthrazit genannte Kohle, die sich von den gewöhnlichen Kohlen auch durch ihren muscheligen Bruch und den fast metallischen Glanz unterscheidet. Die Magerkohle ist meist in den tieferen Kohlenflözen vorhanden, die Fettkohle in den höheren. Den Anthrazit dagegen findet man nur in Flözen, die stark gestört sind, und daher liegt es nahe, anzunehmen, daß die Umwandlung der gasreichen in die gasarme Kohle nicht zum geringsten Teile auf Rechnung der mechanischen Beeinflussung, welcher die Kohle ausgesetzt war, auf Rechnung des Druckes zu setzen ist.

In den stärkst gestörten Lagern kann die Umwandlung der Kohle bis zum Graphit gedeihen. Der Graphit ist fast reiner Kohlenstoff. Er ist im Gegensatze zum Anthrazit weich, abfärbend, meist dicht, manchmal schuppig und bleigrau. Er bildet vornehmlich in kristallinen Schiefern mächtige Lager, die manchmal mit Kalkstein verbunden sind.

In den Kohlen, die heute für industrielle und häusliche Zwecke gewonnen werden, ist der Umbildungsvorgang noch nicht zum Stillstand gekommen. Sowohl in den Braunkohlenbergwerken wie auch in denen, die auf Steinkohle abgebaut werden, entströmen den Kohlen Gase, die in den Braunkohlenlagern vornehmlich aus Kohlendioxyd (matte Wetter), in den Steinkohlenflözen aus Sumpfgas $[CH_4]$ bestehen, das, wenn es mit ungefähr 10% Luft gemischt ist, ein explosives Gemenge, die schlagenden Wetter, bildet.

Zeit und Druck allein scheinen jedoch für die Umbildung pflanzlicher Substanzen in Kohle nicht zu genügen. Die Versuche von Spring (1880), Gümbel (1883) und Zeiller zeigten, daß Druck allein, und wenn er auch auf 20000 Atmosphären gesteigert wird, wohl das Gefüge der Kohle, nicht aber deren chemische Zusammensetzung ändern könne.

Es gewinnt den Anschein, als wenn zur stofflichen Umbildung auch die erhöhte Temperatur notwendig wäre. Diese ist ja in den tieferen Erdschichten vorhanden und fehlt auch bei den dynamischen Vorgängen der Erdkruste nicht. Doch auch die Temperatur allein genügt nicht. Diese kann wohl Gas und teerfreien Koks, nie aber Kohle erzeugen. Um das Ziel zu erreichen, muß die Wärme mit dem Druck gepaart sein, der das Entweichen der durch die Wärme erzeugten flüchtigen Produkte verhindert. Wenn man, wie A. Pezold (1841), James Hall und Cagniard de Latour (1850) u. a. es getan, das Erhitzen in geschlossenen Röhren vornimmt, wobei der Gasdruck in der Röhre bedeutend erhöht wird, so gelingt es, Holz in Kohle umzuwandeln.

Lehrreich ist auch eine Beobachtung, die man in den 70er Jahren des vorigen Jahrhunderts beim Bau einer Rheinbrücke bei Alt-Breisach gemacht hat. Dort wurden mächtige Fichtenstämme in den Aluvialboden eingerammt. Bald stießen sie jedoch auf den unüberwindlichen Widerstand eines Tephritgesteines, das sich vom benachbarten Kaiserstuhl unter dem Rhein fortsetzte. Als man die Pfähle wieder herauszog und das scheinbar unveränderte, aber stark zerknitterte Ende absägte, fand man, daß die Pfähle im Kerne schwarz geworden waren und durch eine braune Zone allmählich in das unveränderte Holz übergingen. Durch die Wucht der ungefähr 2000 Rammklotzschläge und durch die dabei entwickelte Wärme war das Holz in Braunkohle und im Kern sogar in Anthrazit umgewandelt worden.

Wenn Hitze allein ohne Druck auf Kohle einwirkt, was in der Natur bei der Berührung von Kohle mit eruptiven Massen eintritt, wird sowohl Braunkohle (Meißner in Hessen) als auch Steinkohle (St. Ingbert im Saarrevier und in Oberschlesien) in natürlichen Koks umgewandelt. Dabei erfährt sie oft eine stengelige Absonderung und heißt dann Stangen- oder Stengelkohle. Auch die Bezeichnung Augenkohle ist gebräuchlich.

Die natürlichen Kokse enthalten im Gegensatze zu den künstlichen viel Gase eingeschlossen, weil die bei der Erhitzung freigemachten Gase nicht, wie bei der künstlichen Verkokung, entweichen konnten, sondern im Koks als Einschlüsse zurückblieben. Der natürliche Koks zerknistert daher auch beim Erwärmen und führt deshalb auch den Namen Knisterkohle.

Während man früher allgemein annahm, daß die Zellulose $[C_6H_{10}O_5]$ das wichtigste Ausgangsmaterial für die Kohlenbildung sei, weisen jetzt einige Forscher diese Rolle dem Lignin $[C_{11}H_{10}O_4]$ zu.

Professor Bergius (Heidelberg) hat nun gezeigt, daß, wenn man Zellulose unter Wasser oder Öl auf 250° erhitzt, sich nur Wasser abspaltet und dieselbe zur Hälfte in die in Alkohol unlösliche Moorhuminsäure $[C_{12}H_8O_6]$ und in die in Alkohol mit brauner Farbe lösliche Hymetomelansäure $[C_{12}H_{10}O_5]$ zerlegt werde. Beide Verbindungen wurden im Torfe auch nachgewiesen.

Erst wenn die Zellulose stärker erhitzt wird, beginnt sich Kohlensäure abzuspalten. Aus 24 Stunden im Ölbade auf 340° erhitzter Zellulose entstand die von Bergius Endkohle genannte Substanz, die wieder aus zwei Verbindungen bestand: aus der in Benzol-Alkohol und auch in Lauge löslichen α-Kohle $[C_{20}H_{10}O_2]$ und der in den genannten Flüssigkeiten unlöslichen β-Kohle $[C_{28}H_{12}O_2]$. Die α-Kohle ist bei 100° flüssig.

Wurde derselbe Versuch mit Lignin ausgeführt, so war das Ergebnis dasselbe. Nur das Verhältnis der α-Kohle zur β-Kohle war anders. Bei der Zellulose war das Verhältnis 70 : 30, beim Lignin 50 : 50.

c) Feste Kohlenwasserstoffe und Salze organischer Säuren in den Kohlen.

Als Nebenprodukte der Inkohlung entstehen auch Kohlenwasserstoffe und organische Säuren, die dann als selbständige Bildungen in manchen Kohlen erscheinen. Der best untersuchte Kohlenwasserstoff dieser Art ist der Hartit, dessen Formel $[C_{18}H_{30}]$ geschrieben wird. Er wurde in der Braunkohle von Oberhart bei Gloggnitz in Niederösterreich entdeckt, später aber auch in den Braunkohlen des Köflacher Reviers gefunden. Der Hartit ist weiß, weich und schmilzt bei 74°.

Dem Hartit ähnlich, nur daß er schon bei $46°$ schmilzt, ist der **Fichtelit** $[C_{18}H_{25}]$, den man zuerst zwischen den Jahresringen eines Fichtenstammes in der Braunkohle von Redwitz im Fichtelgebirge, dann aber auch in anderen Braunkohlenlagern gefunden hat.

Ein gelber bis rötlicher, **Köneilit** genannter Kohlenwasserstoff $[C_6H_6]$ wurde aus der Braunkohle von Unznach bei St. Gallen in der Schweiz beschrieben, und von ebendort stammt auch der gelblichweiße **Scheererit** $[C_nH_{2n+2}]$.

In der Steinkohle von Wettin wurde der gelblichweiße **Hatschettin** aufgefunden, der auch einen Bestandteil des später zu beschreibenden Ozokerites bildet.

Von organischen Salzen sind bis jetzt bekannt geworden: Der **Whewellit** $[Ca(C_2O_4) \cdot H_2O]$, der oxalsaure Kalk, der sowohl in den Steinkohlenlagern von Zwickau in Sachsen, Schlan in Böhmen und Burgh im Plauenschen Grund, als auch in den Braunkohlen von Brüx vorkam. Er erscheint sehr oft in schönen, weißen, monoklinen Kristallen. Dasselbe Mineral wurde auch auf einem Erzgang zu Úrbeis im Elsaß beobachtet.

In der Braunkohle zu Kolosoruk in Böhmen und ferner zu Großalmerode in Hessen trat zum Teil in Anflügen, zum Teil in faserigen Platten das gelbe Ferrooxalat $[2Fe(C_2O_4) \cdot 3H_2O]$, der **Humboldtin**, auf.

Der wegen seiner honiggelben Farbe benannte **Honigstein** oder **Mellit** ist mellitsaure Tonerde $[Al(C_{12}O_{12}) \cdot 18H_2O]$. Er kristallisiert tetragonal. Fundorte sind die Braunkohlen von Artern in Thüringen und von Luschnitz bei Bilin in Böhmen.

d) Anhang. Der Sapperit.

Anhangsweise wäre hier noch die **Zellulosekohle** oder der **Sapperit**, eine weiße Substanz von der Zusammensetzung der Zellulose, anzufügen. Man fand denselben in der Grube Weidmannsheil bei Klettwitz in der Niederlausitz in der Braunkohle, dort, wo dieselbe direkt von den diluvialen Sedimenten überlagert wurde. Wo dagegen die tertiären Tone das Hangende bildeten, fehlte er. Es hat den Anschein, als ob der Sapperit ein Umwandlungsprodukt des Lignites wäre. Die Umwandlung soll die Schwefelsäure bewirkt haben, die sich bei der Verwitterung der in der Kohle wie auch den Sedimenten reichlich vorhandenen Eisenkiese dort gebildet hat, wo die Tageswässer ungehindert zusetzen konnten. Gothan meint, daß sich hier ein ähnlicher chemischer Vorgang abspielte wie beim künstlichen Sulfitverfahren in den Zellulosefabriken.

e) Die Einteilung der Kohlenlager.

Die Kohlenlager werden in **paralische** und **limnische** Kohlenlager eingeteilt, je nachdem sie an den Ufern der vorweltlichen Meere oder im Binnenlande entstanden sind. Erstere waren häufig Überflutungen ausgesetzt, und daher sind sie in der Regel durch sandige und tonige Lagen in zahlreiche Flöze zerlegt, und in den dazwischengelagerten Sedimenten sind hier und da marine Versteinerungen eingestreut. Paralische Kohlenlager sind die Steinkohlenlager Englands, Belgiens und Norddeutschlands, die Rhätkohlen Schonens, die Liaskohlen bei Fünfkirchen in Ungarn, die Doggerkohlen Yorkshires, die kretazischen Deisterkohlen, ferner die tertiären Braunkohlen Norddeutschlands und auch die Moore Hollands sind hierher zu rechnen. Limnischer Entstehung sind dagegen die Steinkohlen Böhmens, Sachsens und des Zentralplateaus von Frankreich, die miozänen Braunkohlen Böhmens, der Alpenländer und Ungarns.

Weiter werden die Kohlenlager in **autochthone** und **allochthone** Kohlenlager eingeteilt. Autochthon oder bodenständig sind alle Kohlenlager, die sich heute noch an jenen Stellen befinden, wo die Pflanzen wuchsen, aus deren

Resten sie der Inkohlungsprozeß erzeugt. Die **allochthonen** oder **bodenfrem-den** Kohlenlager sind aus Pflanzenresten hervorgegangen, die durch Flüsse oder Meeresströmungen irgendwo zusammengeschwemmt worden sind. Allochthone Kohlenlager können aber auch durch Umschwemmung schon fertiggebildeter Kohlenflöze entstanden sein. Die Kohle solcher **sekundär allochthoner** Kohlenlager bricht nicht in großen Stücken, sondern zerfällt beim Losbrechen zu feinem Grus. Sie wird daher auch **Rieselkohle** genannt. Bekannte, sekundär allochthone Kohlenlager sind die Grube Liblar bei Köln und die Grube Emma bei Stechau in Sachsen.

B. Die Leiptobiolithe.

a) Die Natur der Leiptobiolithe.

Die Pflanzen erzeugen in ihren Körpern auch Substanzen, welche widerstandsfähiger sind als die überigen Baustoffe und die daher in relativ wenig veränderter Form erhalten bleiben, wenn schon die anderen pflanzlichen Gewebe ganz in Kohle umgewandelt worden sind. Potonié führte für sie den Namen Leipto-biolithe ein. Stofflich gehören die Leiptobiolithe zumeist zu der Gruppe der Harze und Wachse. Gewöhnlich sind sie in den aufgehäuften Pflanzenresten und in den aus ihnen entstandenen Kohlen ziemlich gleichmäßig verteilt. Wenn aber die Kohlen durch Wasser umgelagert werden, so werden die Harze und Wachse von der Kohle getrennt und bilden dann entweder in den allochthonen Kohlen selbständige Lager oder finden sich eingeschwemmt in mechanischen Sedimenten.

Man unterscheidet mehrere Arten von Leiptobiolithen.

1. Die Pollenleiptobiolithe.

Früh bezeichnete sie auch als **Fimmenite**. Sie bestehen zum größten Teil aus Pollenkörnern. Man fand solche Bildungen in den rezenten Mooren und, weil dieselben angezündet wie eine Kerze mit leuchtender Flamme brennen, werden sie auch **Leuchttorf** genannt. Im schlesischen Tertiär gibt es auch eine Pollenbraunkohle, und auch aus dem Karbon sind ähnliche Bildungen bekannt geworden. Hierher ist auch der **Tasmanit** zu rechnen, ein sandiger Schieferton vom Mereyflusse in Tasmanien, der reichlich kleine, rötlichbraune Linsen, die Sporen permokarboner Kryptogamen, enthält. Ein rezentes Sporenlager von annährend 1 m Mächtigkeit entdeckten Bureau und Poisson in einer Höhle auf der Insel Réunion. Pollen- oder Schwefelregen ereignen sich auch noch jetzt zur Blütezeit windblütiger Pflanzen.

2. Die Wachsleiptobiolithe.

Ein fossiler **Wachsleiptobiolith** ist der **Pyropissit** oder die **Wachskohle**. Der Pyropissit stellt eine lockere, licht rosenrote oder gelbbraune Masse dar, hat ein mattes Aussehen, aber einen glänzenden Strich. Das Volumgewicht ist sehr gering. Der Name dieses Leiptobiolithes rührt daher, weil er schmilzt, bevor er zu brennen beginnt. Der Pyropissit fand sich früher ziemlich reichlich in Lagen und Schmitzen in der umgeschwemmten, allochthonen Braunkohle des Halle-Zeitz-Weißenfelser Kohlenrevieres und wurde zur Erzeugung von Teer und Paraffin verwendet. Heute dient demselben Zwecke die sog. **Schwelkohle**, eine mit Pyropissit gemengte autochthone Braunkohle desselben Revieres.

Aus verschiedenen Braunkohlen lassen sich zum Teil mit Benzol, zum Teil durch Behandlung mit auf 250° erhitztem Wasserdampf Substanzen ausziehen, die als **Montanwachs** in den Handel gebracht werden. Ihre chemische Zusammensetzung wechselt von Fundort zu Fundort. Nach Krämer und Spilker bestehen diese Montanwachse aus hochmolekularen einsäurigen Estern.

Am Tanaflusse in Britisch-Ostafrika fand Denhardt in einem rezenten roten Uferton ein gelbes Wachs, das in demselben 10—15 cm dicke, oft 600 m lange Streifen bildete. Potonié gab diesem Wachs den Namen Denhardtit.

In Afrika gedeiht noch heute eine Pflanze, Saurocaulon genannt, die im Leben einen ganzen Wachspanzer trägt. Verwest die Pflanze, so bleibt dieser Wachspanzer übrig. Es sind dies die sog. Buschmannskerzen.

3. Die Harzleiptobiolithe.

Neben den ebengenannten, selten mit freiem Auge wahrnehmbaren Beimengungen, finden sich in den Kohlen größere und kleinere Körner von Harzen. Harze bilden sich nur in den verletzten Geweben der gymnospermen und angiospermen Bäume. Daher kennt man fossile Harze fast ausschließlich aus den jüngeren Kohlen, für welche die genannten Pflanzengruppen das Material geliefert haben.

Die Harze sind gleichfalls keine chemischen Individuen, sondern Gemenge. Sie bestehen aus den sog. Reinharzen und den Beisubstanzen, zu denen besonders ätherische Öle und gummiartige Körper gehören.

Die Harze, so widerstandsfähig sie sonst auch sind, büßen beim Lagern im Boden manche ihrer ursprünglichen Eigenschaften ein. So ist der Kaurigum oder Kaurikopal, welcher von der auf der Nordinsel Neuseelands einheimischen Dammara australis stammt, wenn er aus dem Erdboden gegraben wird und klar geworden ist, begehrter als der rezente weißliche.

Die Zahl der fossilen Harze ist groß. Man unterscheidet den weißen, butterweichen Butyrit $[C_8H_{16}O]$ aus den irischen Torfmooren, den weißen Bombicit $[C_7H_{11}O_{16}]$ aus der Braunkohle von Castel nuovo im Arnotal, den blaßgelben, wachsglänzenden Neudorfit $[C_{18}H_{28}O_2]$ aus dem Oberflöz der kretazischen Schwarzkohle von Neudorf in Mähren und den lichtbraungelben Muckit $[C_{40}H_{60}O_4]$ aus dem Unterflöz von ebendort, den gelben Retinit $[C_{12}H_{18}O]$ aus verschiedenen Braunkohlen, den gelben oder braunen Rochlederit $[C_{10}H_{14}O]$ aus der Braunkohle von Eger und Strakonitz, den dunkelgelbbraunen, undurchsichtigen Ambrit $[C_{32}H_{26}O]$ aus der Braunkohle von Auklands, den hyazinthroten Trinkerit $[C_{40}H_{36}OS]$ aus der eozänen Kohle von Carpano in Istrien, den wachsgelben, braunberindeten Walchowit $[C_{40}H_{46}O_3]$ aus der Braunkohle von Walchowin Mähren, den hyazinthroten Jaulingit $[C_{26}H_{40}O_2]$ aus der Kohle von Jauling in Niederösterreich, den braunen Rosthornit aus der Braunkohle von Guttaring in Kärnten, den braunen Euosmit $[C_{34}H_{29}O_9]$ aus der Braunkohle von Baiersdorf bei Tirschenreuth, so benannt wegen seines intensiven, an Kampfer erinnernden Geruches, den schwarzen Piauzit aus der Kohle von Piauze in Krain, den schwarzbraunen Duxit aus den Ligniten von Dux in Böhmen, den weißen Refikit $[C_{20}H_{16}O_3]$ aus den Ligniten von Montorio in den Abruzzen, den schwarzbraunen Köflachit $[C_{29}H_{43}O_2]$ aus der Kohle von Köflach in Steiermark, den gelben Wheelerit $[C_3H_6O]$ aus den Rissen in der kretazischen Kohle von Neu-Mexiko, den braunroten Middletownit $[C_{26}H_{22}O]$ aus der Steinkohle von Middletown in England, den schwarzbraunen Sklereinit $[C_4H_{14}O]$ aus der Steinkohle von Wigan in England und den gelben bis schwarzen, aber rot durchscheinenden Krantzit $[C_{10}H_{16}O]$ aus der Braunkohle von Lattendorf bei Magdeburg.

Das bekannteste und zugleich technisch wichtigste fossile Harz ist der Bernstein oder Succinit. Dieses Harz ist bisher nur außerhalb von Kohlenlagern gefunden worden, entweder als Auswurf des Meeres (Ost- oder Nordsee) oder in der unteroligozänen „blauen Erde" des Samlandes in Ostpreußen, oder fernab davon in den diluvialen und alluvialen Sedimenten am Nordrande der Karpathen. Der Name „Bernstein", den dieses Harz trägt, bedeutet nichts anderes als „Brennstein", denn das altdeutsche „börnen" bedeutet brennen. Der Bernstein ist ein fossiles Gymnospermenharz. Es stammt von der Pinus succinifera, der Bernsteinfichte, deren nächste Verwandte noch heute auf dem Balkan grünt. Die Wälder der Bernsteinfichte gediehen im Eozän und bilden heute ein Kohlenlager unter der Ostsee, durch dessen Zerstörung der Bernstein unter jene Massen kommt, welche die Meereswellen nach Stürmen ans Land spülen. Die Formen, die der Bernstein zeigt, entsprechen ganz jenen, in denen ein rezentes Harz auftreten kann, wenn es aus den Verletzungen eines Baumes ausfließt. Er kommt in unregelmäßigen Stücken, in Tropfen- und Zapfenform, in ebenen oder gekrümmten Platten, wie sie entstehen müssen, wenn das Harz in den Rissen des Holzkörpers erstarrt, vor. Der Bernstein umschließt nicht selten kleine tierische und pflanzliche Reste, ist manchmal vollkommen klar oder, weil er Wasser und Zellsaft umschlossen hat, wolkig getrübt (flaumiger Bernstein). Bernsteine, welche diesem Umstande ihre Trübung verdanken, werden beim Erwärmen klar (Bastarde). Diejenigen aber, welche beim Erwärmen nicht klar werden (Knochen), verdanken ihre Trübung der Verwitterung. Die Farbe des Bernsteines ist bald gelblich, bald rötlich bzw. bräunlich. Die Härte ist gering (2). Die nichtschaumigen Bernsteine nehmen eine schöne Politur an.

Der Bernstein ist seit alters als Schmuckstein hoch geschätzt. Heute vereinigt man die kleineren Stücke durch Pressen und gleichzeitiges Erwärmen zu größeren Stücken (Preßbernstein oder Ambroid).

Der Bernstein ist $[C_{10}H_{16}O]$. Bezeichnend für ihn ist das Auftreten der Bernsteinsäure $[C_4H_6O_4]$ unter den Produkten der trockenen Destillation.

Bernsteinähnliche, durch einen Gehalt an Bernsteinsäure ausgezeichnete Harze sind der Rumänit und der Schraufit. Ersterer ist gelb und findet sich in den dünnen Tonschichten der Flyschzone der Karpathen, letzterer ist hyazinth- bis pyroprot und wurde zu Wama in der Bukowina im Flyschsandstein gefunden. Auch der durch seine Fluoreszenz ausgezeichnete Simetit aus den tertiären Mergeln an der Mündung des Giaretta, des Simeto der Alten bei Catania, gehört hierher.

Es gibt auf sekundärer Lagerstätte noch andere bernsteinähnliche Harze, die aber unter den Destillationsprodukten keine Bernsteinsalze liefern. So den gelben Gedanit oder den mürben Bernstein aus Ostpreußen, den gleichfalls gelben Kopalit aus dem Wiener Sandstein und dem Londonton, den Cedarit oder Chemawinit aus den Triebsanden einer Bucht des Cedar Lakes nahe am Einflusse des Saskaischawan in den See, den Siegburgit aus den Hangendsandsteinen der Braunkohle von Troisdorf und Siegburg bei Bonn. Dieser verflüchtigt sich beim Erhitzen, ohne zu schmelzen.

Weiter kommen mit dem Bernstein zusammen noch vor der braune Glessit, der ebenfalls braune Beckerit und der schwarze Stantienit.

4. Leiptobiolithe mit kautschukähnlicher Zusammensetzung.

In der Braunkohle der Gewerkschaft Leonhardt bei Neumark unweit Merseburg ist man auf lichtbraune, faserige Bildungen gestoßen, welche von den Bergleuten mit dem Namen „Affenhaare" belegt wurden. Die genauere Untersuchung dieser Gebilde hat ergeben, daß in denselben die Überreste pflanzlicher Milchsaftgefäße vorliegen, deren Inhalt in eine kautschukähnliche Masse umgewandelt worden ist.

C. Die Bitumina.

a) Deren Vorkommen, Einteilung und Zusammensetzung.

Unter dem Namen Bitumen faßt man alle vornehmlich aus Kohlenstoff und Wasserstoff bestehenden Substanzen zusammen, die in vielen Sedimenten verbreitet sind und sich durch den eigentümlichen Geruch, den diese Sedimente beim Reiben, Zerschlagen oder Erwärmen von sich geben, sowie auch durch die dunkle Farbe, die sie den Sedimenten verleihen, verraten. Man kennt bituminöse Kalke, wie die vom Val Travers im Schweizer Jura, von Ragusa, Limmer in Hannover, bituminöse Tone und Tonschiefer wie die oberliassischen Posidonomienschiefer und die devonischen Ölschiefer Schottlands, und bituminöse Sandsteine, wie zu Pechelbronn im Elsaß. Aus diesen Gesteinen kann das Bitumen durch Ausschmelzen oder Auskochen mit heißem Wasser gewonnen werden. Der Name „Bitumen" leitet sich vom lateinischen „pix tumens", das ist aufwallendes Pech, ab, weil die reineren Sorten beim Erwärmen Gase entwickeln, wodurch die flüssige Masse ins Wallen versetzt wird.

Die Bitumina treten örtlich oft in großen Mengen auf und führen dann je nach ihrem Aussehen und ihren physikalischen Eigenschaften verschiedene Namen. So heißen die gasförmigen Bitumina Erdgase, die flüssigen Erd- oder Steinöl, die zähflüssigen Maltha, die knetbaren Erdwachs. Sind sie fest, aber schneidbar, so führen sie den Namen Erdpech, sind sie fest und spröde, den Namen Asphalt. Letzterer Name stammt aus dem Griechischen und bedeutet einen unveränderlichen Körper.

Alle diese Substanzen sind keine chemischen Individuen, sondern Gemenge verschiedener Kohlenwasserstoffe, und nebenbei enthalten sie auch organische Sauerstoff-, Stickstoff- und Schwefelverbindungen.

Die Kohlenwasserstoffe selbst zerfallen wieder in solche mit kettenartiger Bindung der Kohlenstoffatome — es sind das die aliphatischen Kohlenwasserstoffe oder die Kohlenwasserstoffe der Fettreihe — und in solche mit ringförmiger Bindung der Kohlenstoffatome, die zyklischen oder aromatischen Kohlenwasserstoffe. Zu den aliphatischen Kohlenwasserstoffen gehören einmal die gesättigten Kohlenwasserstoffe der Methan- oder Paraffinreihe $[C_nH_{n+2}]$, dann die ungesättigten Kohlenwasserstoffe der Olefin- oder Äthylenreihe $[C_nH_{2n}]$ und der Azetylenreihe $[C_nH_{2n-2}]$.

Zyklische Kohlenwasserstoffe sind die Naphthene oder Polymethylene $[C_nH_{2n}]$, die Terpene, deren allgemeine Formel $[C_nH_{2n-4}]$ ist, dann die Benzole, denen die allgemeine Formel $[C_nH_{2n-6}]$ zukommt. Zu den zyklischen Kohlenwasserstoffen gehören auch die Naphthaline $[C_nH_{2n-12}]$.

Diese Kohlenwasserstoffe überwiegen meistens. Von sauerstoffhaltenden Verbindungen sind in den Bitumina erkannt worden: Fett- oder Wachssäuren $[C_nH_{2n}O_2]$, Naphthensäuren $[C_nH_{2n-2}O_2]$ und in geringen Mengen auch Phenole $[C_nH_{n-1}(OH)]$.

Der Stickstoffgehalt übersteigt nur in den algerischen und kalifornischen Erdölen 2%. Sonst ist er immer kleiner. Er ist wahrscheinlich ein Bestandteil organischer Basen aus der Gruppe des Pyridins $[C_5H_5N]$.

Schwefelverbindungen enthalten nur die Limaöle Ohios und die Kanadaöle in größeren Mengen.

Von dem Überwiegen gewisser Verbindungen hängt Farbe, Geruch und Konsistenz des Bitumens ab. Der Schmelzpunkt bzw. Siedepunkt der einzelnen Bestandteile ist eine Folge der Molekülgröße. Die Verbindungen mit niederen Molekulargewicht sind gasförmig, die mit etwas höheren flüssig und die, welche einen hochmolekularen Aufbau besitzen, sind gewöhnlich fest.

Das, was gewöhnlich über die Zusammensetzung der Bitumina ausgesagt
wird, ist in der Regel das Ergebnis einer fraktionierten Destillation, das ist einer
Destillation bei allmählich steigenden Temperaturen, wobei die leicht siedenden
Gemengteile zuerst entweichen und sich im Reste die höher siedenden anreichern.
Da aber die höher siedenden hochmolekularen Verbindungen beim Erhitzen oft
eine Depolymerisation, d. h. eine Spaltung in Teile mit niedrigerem Molekulargewicht erfahren, andererseits aber auch Polymerisation, das ist Bildung größerer
Moleküle, eintreten kann, so sind bei manchen Forschern Zweifel darüber rege
geworden, ob die auf diesem Wege isolierten Verbindungen auch wirklich im betreffenden Bitumen vorhanden waren und nicht erst durch die dem Bitumen
zuteil gewordene Behandlung neu entstanden sind.

Die niedermolekularen Verbindungen sind oft auch die Lösungsmittel für die
höher molekularen Glieder einer homologen Reihe, das ist eine Reihe von Verbindungen, die auf eine gemeinsame empirische Formel, z. B. $[C_nH_{2n+2}]$, zurückgeführt werden können.

1. Das Erdgas.

Erdgase entströmen an verschiedenen Stellen der Erde ohne Zutun des Menschen dem Erdinnern. Am längsten bekannt sind die ewigen Feuer zu Baku auf
der Halbinsel Apscheron im Kaspisee, die auch zur Gründung einer Religions-
gemeinschaft, der Feueranbeter oder Parsen, geführt hat. Auch in Rumänien,
bei Bakoi, waren lange natürliche Gasausströmungen bekannt, welche die Hirten
zum Kochen ihrer Speisen benutzten, und in der Wetterau bei Thaishorstorff
gibt es Gruben, in denen oft kleine Tiere verendet liegen, weil dort nicht atembare
Gase dem Boden entströmen.

In den letzten Jahrezehnt sind an vielen Stellen Gasquellen künstlich erbohrt
worden. So zu Wels in Oberösterreich, zu Basen und Zugo in Siebenbürgen.
Am reichsten an künstlich erschrotteten Gasquellen ist aber Nordamerika, wo
sie zumeist beim Aufsuchen des Erdöles erschlossen wurden. Hier entweichen
die Erdgase unter Zischen und Brausen dem Bohrloche, weil sie unter hohem
Druck stehen, und infolge der Reibung an den Wandungen des Bohrloches entzünden sie sich oft und brennen dann, eine bis 100 m hohe Flamme bildend,
durch Monate. Wie ergiebig manche Gasquellen sind, möge das Beispiel einer
Gasquelle bei Toronto in Kanada zeigen, die täglich 15 Millionen m³ Gas lieferte.
Wie in Nordamerika, wo das Erdgas durch Rohrleitungen viele Kilometer weit
der Verbrauchsstelle zugeleitet wird, hat man auch in Siebenbürgen die Erdgase, wo sie in Verbindung mit Schlammvulkanen und Salzquellen auftreten,
technisch ausgenutzt. Hier hat man die Gase in komprimiertem Zustande in
Stahlflaschen verschickt.

Die Erdgase bestehen der Hauptsache nach aus Methan und seinen Homologen, dann enthalten sie auch Olefine, Kohlenmonoxyd, Kohlendioxyd, Stickstoff, Sauerstoff und manchmal auch Schwefelwasserstoff. Die Anwesenheit von
Wasserstoff wird vielfach angezweifelt, dagegen hat man in verschiedenen Erd-
gasen Helium, Argon und Neon nachgewiesen.

2. Das Erd- oder Steinöl, auch Petroleum genannt.

Das Erdöl besteht aus den bei gewöhnlicher Temperatur flüssigen Kohlenwasserstoffen und jenen festen, die im flüssigen Anteil löslich sind. Das relative
Mengenverhältnis ist sehr wechselnd, und davon hängen die physikalischen Eigenschaften und die Verwendbarkeit der Erdöle ab.

Die natürlichen Erdöle besitzen recht verschiedene Farben. Farblos sind sie
selten (Montechino in Italien). Meist sind sie gelblich, rötlichbraun, dunkelbraun

und schwarz. Die lichten Erdöle haben das niedrigste, die dunklen das höchste Volumgewicht. Viele Erdöle fluoreszieren. Die Fluoreszenzfarbe ist meist grün, bei den lichten auch blau. Den Grund der Fluoreszenz sehen einzelne Forscher im Gelöstsein bestimmter Stoffe. So verleiht Perylen, in Benzol aufgelöst, demselben eine erdölähnliche blaue Fluoreszenz. Andere Forscher wieder meinen, daß die Erdöle kolloidale Lösungen seien und daß die kolloidale Natur der gelösten Substanzen die Fluoreszenz hervorrufe. Zusätze stark lichtbrechender Substanzen, wie Nitronaphthalin [$C_{10}H_7O_2N$], können die Fluoreszenz beinahe ganz zum Verschwinden bringen.

Die Erdöle sind fast immer optisch aktiv, und zwar sind sie meist rechtsdrehend. Das Drehungsvermögen scheint vornehmlich den höhersiedenden Bestandteilen eigen zu sein, die entweder Cholesterin [$C_{26}H_{44}O$] oder Abkömmlinge desselben sind.

Zu wiederholten Malen ist versucht worden, die natürlichen Erdöle zu klassifizieren. Eine dieser Einteilungen fußt auf dem chemischen Bestand. Man unterscheidet danach:

Paraffinöle oder Warrenite, die mehr als 66% Methanhomologen enthalten. Die Hauptvertreter sind die pennsylvanischen Öle.

. Die Naphthenöle, die Markownite, mit mehr als 66% Naphthenhomologen. Zu diesen gehören die kaukasischen Öle.

Die Schwefelöle oder Maberyite, zu denen die Limaöle in Ohio und in Kanada zu rechnen sind.

Die Stickstofföle oder Venturaite, das sind die kalifornischen Öle.

Die Sauerstofföle oder Kaukasite, für welche das Erdöl von Großny im Kaukasus ein Vertreter ist.

Auch die Gesteine, in denen sich die Öle befinden, wurden als Einteilungsgrund herangezogen. Man unterschied: Sandsteinöle, das sind meist paraffinreiche Öle, Schieferöle, wie man sie aus Kalifornien und Tennessee kennt, und Kalksteinöle, welche meist dunkel, schwefelhaltend und schlechte Leuchtöle sind. Typische Vertreter dieser Sorte sind die Limaöle aus den devonischen Kalksteinen Ohios.

Die Erdöle verändern nicht nur von Fundstelle zu Fundstelle ihr Aussehen und ihre Eigenschaften, sondern auch an derselben Fundstelle treten oft verschiedene Sorten auf. So finden sich in der Regel in den oberen Ölhorizonten andere Öle als in den tieferen. Beispiele hierfür gibt es zahlreiche. Hier sei nur erwähnt, daß zu Witze in Hannover die Erdöle bis zu 200 m Tiefe schwarz, dickflüssig sind, ein hohes (0,95) Volumgewicht und einen Asphaltgehalt von 25% haben, während die Öle unter 200 m licht sind und bei einem niederen Volumgewicht (0,88) nur 15% Asphalt enthalten. Ein ganz ähnlicher Unterschied besteht zu Pechelbronn im Elsaß zwischen dem oberflächlichen, aus Brunnen geschöpften Schachtöl und dem durch Tiefbohrung erschlossenen Springöl. Zu Boreslaw in Galizien trifft man in den oberen Horizonten Erdwachs oder Ozokerit, in den tieferen Erdöl.

Diese Verschiedenheit der Bitumina ist wenigstens zum Teil darauf zurückzuführen, daß in den nahe der Erdoberfläche befindlichen Öllagern den Erdölen leichter Gelegenheit gegeben ist, die flüchtigen Bestandteile abzugeben, als den tieferen und daß daher dort die Eindickung allenfalls bis zur Bildung des Erdwachses fortschreiten kann. Auch nehmen die an ungesättigten Verbindungen reicheren Erdöle aus der Luft leicht Sauerstoff auf und verharzen, ein Vorgang, den man auch noch bei den käuflichen Petroleumsorten manchmal beobachten kann. Auf denselben Vorgängen beruht wahrscheinlich die Bildung mancher

Asphalte und ganz besonders desjenigen, der auf der Oberfläche des berühmten Pechsees auf der Insel Trinidad noch immer entsteht.

Auf die Eigenschaften der Erdöle scheint auch die Beschaffenheit der Gesteinsschichten, welche das Erdöl bei seiner Bewegung nach aufwärts passieren muß, von Einfluß zu sein. Der Unterschied zwischen der weißen Naphtha von Ssurachany bei Baku am Kaspisee, welche fast kein Paraffin und keinen Schwefel enthält und den dunklen, schwefel- und paraffinreichen Sorten der tieferen Erdölhorizonte wird als Folge der Filtration der letzteren durch die hangenden Tonschichten bei deren Aufwärtsbewegung angesehen. Dieselbe Wirkung üben auch gewisse Erden, wie die Fullererde, die Floridaerde und gewisse Tone aus, die man daher auch bei der technischen Reinigung der natürlichen Erdöle benutzt. All diese Substanzen lassen nämlich die gesättigten Kohlenwasserstoffe leicht durch und halten die ungesättigten durch Adsorption zurück. Wasser macht beim Nachdrängen auch diese wieder frei.

Die produktiven Öllager werden immer von porösen Gesteinen gebildet und werden daher Ölsande genannt. Die Ölsande müssen aber nicht immer Quarzsande sein, sondern ihre Rolle können auch, wie im Gebiete des Trentonkalkes in Ohio, poröse Kalksteine und Dolomite übernehmen. In diesen Ölsanden sammelt sich das Erdöl aus den umliegenden Schichten und erfährt dort, wenn die Ölsande gegen oben durch ölundurchlässige Schichten abgeschlossen sind und diese zudem nicht horizontal liegen, nicht selten eine Scheidung insofern, als sich in den höchstgelegenen Teilen der Ölsande die Erdgase, darunter die Erdöle, ansammeln, während in den tiefstgelegenen Teilen Salzwasser erscheint. Ist der Abschluß eines Ölsandes nach oben nicht vollkommen dicht, so werden die Erdgase entweichen und nur Erdöl und Salzwasser bleibt geschichtet zurück.

Die gestörte Lage der Ölsande — Aufwölbung derselben zu Antiklinalen infolge der Gebirgsbildung — und die Schichtung in Erdgas, Erdöl und Salzwasser, sind die Ursachen, daß Erdölbohrungen nur dann fündig werden, wenn sie in der Nähe der sog. Öllinien, das sind die Sattelachsen der Antiklinalen, angesetzt werden und daß die Spannkraft der eingeschlossenen Gase das Erdöl nicht nur bis an die Tagesoberfläche emporheben, sondern dasselbe auch springbrunnenartig hoch in die Luft schleudern kann.

Die Wässer, welche mit den Erdölen zusammen vorkommen, sind zum überwiegenden Teile salzig. Unter den gelösten Verbindungen steht gewöhnlich das Natriumchlorid an erster Stelle. Doch sind auch die Mengen an Magnesiumchlorid und besonders Kaliumchlorid oft sehr bedeutend. Auffallend ist das Fehlen oder zumindest starke Zurücktreten der Schwefelsäure. Dafür sind diese Wässer relativ reich an Brom und Jod, das hier und da auch aus ihnen gewonnen wird.

Im Ölfeld Surabaja auf Java, wo täglich 500 Tonnen Salzwasser gewonnen werden, wird aus diesen das Jod als Jodkupfer ausgezogen. In ganz Niederländisch-Indien gewann man 1910 an 52000 kg Jodkupfer, wovon der größte Teil aus dem obengenannten Gebiete stammte. Auch Aluminiumchlorid wird als Bestandteil mancher Salzwässer (Peine in Hannover) angegeben.

Eingehende Untersuchungen über die Zusammensetzung der das Erdöl begleitenden Wässer im Erdölbezirk des San Joaquin Valley in Kalifornien haben ergeben, daß der Sulfat- bzw. Schwefelsäuregehalt der Wässer mit der Annäherung an die ölführenden Schichten stetig abnimmt und schließlich ganz verschwindet, und daß dann die Wässer in einiger Entfernung von den Ölschichten Schwefelwasserstoff enthalten. Gleichzeitig wird der Karbonatgehalt um so größer, je näher das Wasser den Ölschichten ist. Es scheint demnach eine chemische Beziehung zwischen Erdöl und Sulfatgehalt der Wässer zu bestehen,

ähnlich jener, auf die schon bei der Entstehung der Schwefellager hingewiesen
worden ist.

3. Das Erdwachs oder der Ozokerit.

Zwischen den flüssigen Erdölen und dem weichen Erdwachs bestehen alle
möglichen Übergänge, die, wie man jetzt annimmt, hauptsächlich dadurch hervorgerufen werden, daß die leichter flüchtigen Bestandteile aus dem Erdöl entweichen und dieses eindickt. Gefunden wurde das Erdwachs oder der Ozokerit
zuerst zu Slanik in der Moldau. Der bekannteste Fundort ist aber Boreslau in
Galizien. Dort findet sich der Ozokerit in den miozänen Schichten nicht selten
mit Salz zusammen. Er wird in Schächten abgebaut, in die der Ozokerit durch
den Gebirgsdruck oft mit so großer Gewalt und Schnelligkeit hineingepreßt wird,
daß es des öfteren geschah, daß sich die Arbeiter in den Gruben nicht mehr
retten konnten.

Die Farbe des Ozokerites ist wechselnd, ebenso die Härte. Im auffallenden
Lichte ist der Ozokerit lauchgrün bis grünlichbraun im durchfallenden gelblich-
braun bis hyazinthrot. Der Ozokerit ist strukturlos. Nur die härteren Sorten
(das Hartwachs) sind manchmal körnig, schuppig oder faserig. Der Schmelzpunkt liegt bei den weicheren Sorten zwischen 65° und 75°, bei den härteren
kann er bis 90° steigen. Im geschmolzenen Zustande besitzt der Ozokerit, wie
manche Erdöle, eine grüne Fluoreszenz. Zum Unterschied vom Erdöl ist der
Ozokerit nicht optisch aktiv. Terpentinöl, Petroleum, Schwefelkohlenstoff und
kochender Äther lösen ihn.

Die reinen Abarten des Ozokerites werden als Stuffwachs, die mit Gestein
verunreinigten Sorten als Lep angesprochen. Die harten Abarten, die auch schöne
Politur annehmen, heißen Marmorwachs oder Borislawit.

Zum Erdwachs gehört auch der auf der Insel Tscheleken im Kaspisee auftretende schokoladenfarbene Neftgil oder Neftagil.

Der Ozokerit besteht aus Paraffin mit größeren oder kleineren Mengen von
Erdöl und enthält neben ungesättigten Kohlenwasserstoffen auch schwefel-,
sauerstoff- und stickstoffhaltende.

Das Paraffin ist selbst wieder ein Gemenge von gesättigten Kohlenwasserstoffen der Methanreihe von $[C_{18}H_{38}]$ bis $[C_{30}H_{62}]$. Es wurde zuerst 1809 von
Joh. Nep. Fuchs im Bergöl von Tegernsee entdeckt und dann auch 1830 von
Reichenbach im Buchenteer aufgefunden. Es besitzt eine recht geringe Verwandtschaft zu anderen Reagenzien und erhielt deshalb auch den Namen, denn
„parum affinis" heißt wenig verwandt. Es ist in Eisessig, Schwefelkohlenstoff
und Benzin löslich.

4. Der Asphalt.

Ursprünglich haben die Mineralogen mit dem Namen „Asphalt" ein sprödes,
muschelig brechendes, stark glänzendes Mineral bezeichnet. Heute wird dieser
Name auch nichtspröden, mit dem Messer schneidbaren Substanzen gegeben, die
des lebhaften Glanzes entbehren und in der warmen Hand sogar knetbar werden.
Für diese Abarten wäre die Bezeichnung „Erdpech" passender. Da aber jene
Massen, welche die Griechen „Asphaltos" nannten und die von den Babyloniern
als Bindemittel anstatt des Mörtels bei Bauten verwendet wurden, eher der letz-
teren als der ersteren Substanz entsprachen, so will Richardson den Namen
Asphalt für diese vorbehalten wissen und schlägt für die spröden und glänzenden
Vorkommen den Namen Asphaltite vor.

Die Asphaltite kommen in den verschiedensten, auch in primären Gesteinen,
nur gangförmig vor. Ihnen sind zuzurechnen: der Albertit von Neuschottland,
der Grahamit von Westvirginien, der Gilsonit aus den Sandsteinen der Uinta-

formation, der **Wurtzelit** oder **Uintait** aus der eozänen Greenriverformation, der **Manjak** von Barbados sowie die Vorkommen von Bentheim in Westfalen, von Bartfeld in Hannover und jene von Syrien.

Dagegen kommt der **Asphalt** nur in Lagern, Linsen und Putzen in sedimentären Gesteinen vor, findet sich als Ausschwitzung an Felsen, steigt in großen Klumpen vom Boden des Toten Meeres empor und bildet die Oberflächenschichte des größten Erdölvorkommens der Erde, des Pechsees auf der Insel Trinidad. Durch den Reichtum an tierischen Resten berühmt sind die quaternären Asphaltsümpfe des Rancho La Brea in Südkalifornien. Auch als Gemengteil sedimentärer Gesteine ist der Asphalt weitverbreitet. Es sei nur an das Vorkommen der Asphaltkalksteine im Val de Travers im Schweizer Jura, von Limmer in Hannover und der Mergelschiefer auf der Insel Brazza in der Adria verwiesen.

Die Asphalte und Asphaltite sind wie die Erdöle Gemenge. Das ergibt sich aus ihrem Verhalten gegen Lösungsmittel. In Wasser und Mineralsäuren sind sie alle unlöslich. Dafür lösen sie sich in organischen Lösungsmitteln wie Alkohol, Äther, Chloroform usw. sowie in Schwefelkohlenstoff und Tetrachlorkohlenstoff. Es gibt Asphalte und Asphaltite, wie der Gilsonit und der Manjak, die in Schwefelkohlenstoff ganz löslich, und wieder solche, wie den Asphalt von Bentheim, der Albertit und der Wurtzelit, die in derselben Flüssigkeit ganz unlöslich sind.

Richardson hat dieses verschiedene Verhalten der Asphalte Lösungsmitteln gegenüber zur quantitativen Untersuchung derselben benutzt. Er unterscheidet **Petrolene**, die beim Erhitzen auf 180° entweichen und gesättigte Kohlenwasserstoffe von der empirischen Formel $[C_9H_{20}]$ bis $[C_{12}H_{26}]$ sind. Ferner **Malthene**, die sich in Petroleumäther lösen, meist zähflüssig sind, aber im Vakuum verflüchtigt werden können, **Asphalte**, das sind schwefelhaltende Kohlenwasserstoffe, die in Tetrachlorkohlenstoff löslich sind, und **Karbone**, die nur von Schwefelkohlenstoff gelöst werden.

Mittels Alkohol, Äther und Terpentin können aus den Asphalten drei schwefelhaltende Fraktionen getrennt werden, die durch ihre Lichtempfindlichkeit verschieden sind. Alkohol zieht braune Öle aus, die der Formel $[C_{32}H_{46}S]$ entsprechen und nicht lichtempfindlich sind (Valentas α-Harz). Durch Äther wird eine schwarze, harzähnliche Substanz gelöst, die schon etwas lichtempfindlich ist, bei 60° schmilzt und der Formel $[C_{64}H_{92}S_3]$ entspricht (Valentas β-Harz). Die lichtempfindlichsten Bestandteile (Valentas γ-Harz) von der Formel $[C_{32}H_{42}S_2]$ lösen sich in Terpentin und Chloroform. Durch Belichtung wird dieses γ-Harz in Terpentin unlöslich, was dieses Harz zur Verwendung für photographische Drucke besonders geeignet macht.

Über die Art, wie der Asphalt aus den Erdölen hervorgeht, sind die Meinungen noch geteilt. Gewiß ist ein Hauptgrund für die Eindickung der Erdöle der Verlust der leichtflüchtigen Bestandteile. Daneben gehen noch chemische Veränderungen einher, von denen man früher glaubte, daß sie mit einer Sauerstoffaufnahme verbunden seien. Da es aber auch sauerstofffreie Asphalte gibt, so sieht man jetzt die Ursache in einem Polymerisierungsvorgange, der durch eine geringe Autoxydation sehr gefördert werden soll.

b) Die Entstehung der Erdöle und des Bitumens.

Von allen Hypothesen, die sich mit der Entstehung des Erdöles und der verwandten Substanzen befassen, haben jene, welche den anorganischen Ursprung vertreten, die geringste Wahrscheinlichkeit für sich. Nur des historischen Interesses wegen sollen sie hier erwähnt werden.

Der französische Chemiker **Berthelot** nahm, sich stützend auf eine Ansicht **Daubrées**, an, daß im Erdinnern Alkalimetalle vorhanden seien, daß durch

Einwirkung von Kohlensäure und Wasser sich aus diesen Azetylen gebildet hätte, das sich dann zu Erdöl verdichtete.

Chemisch besser begründet ist die Theorie, welche 1877 der Russe Mendelejeff aufgestellt, nach welcher die Kohlenwasserstoffe durch die Einwirkung von Wasser auf im Erdinnern vorhandene Karbide entstanden wären. Einzelne Metallkarbide zersetzen sich allerdings beim Zusammentreffen mit Wasser unter Bildung verschiedener Kohlenwasserstoffe. So liefert das Kalziumkarbid Azetylen und das Aluminium- bzw. Berylliumkarbid Methan. Aber gerade das Eisenkarbid, an welches Mendelejeff wegen der Zusammensetzung des Erdkernes zuerst dachte, reagiert mit Wasser überhaupt nicht und liefert nur Kohlenwasserstoffe, wenn Säuren auf dasselbe einwirken. Daß Karbide im Erdinnern vorkommen, hält Lenicque für nicht unwahrscheinlich. Denn gerade so, wie jetzt die meist endothermen Karbide künstlich im elektrischen Ofen erzeugt werden, könnten sie sich auch gebildet haben, als die Erde noch die Temperaturen des elektrischen Ofens besaß.

Alle diese Theorien wurden von Engler und Höfer in ihrem Werke: „Das Erdöl, seine Physik, Chemie, Geologie und sein Wirtschaftsbetrieb (2. Band)“, eingehend widerlegt. Am gewichtigsten scheint der Einwand zu sein, daß, wenn auch Karbide im sauerstoffarmen oder -freien Erdkern vorhanden sein sollten, das Wasser doch nicht zu ihnen gelangen könnte, denn nach den Erdbebenforschungen ist zwischen dem Erdkern und der Erdrinde eine plastische Zone eingeschaltet, die den Zutritt von Wasser von der Erdoberfläche zum Erdkern ganz unmöglich macht, da in ihr keine Spalten bestehen können.

Ebenso unwahrscheinlich sind die Theorien, welche das Entstehen des Erdöles mit dem Vulkanismus als solchen (Moissan) oder mit der Solfatarentätigkeit (Coste 1905, Roß 1891, Fuchs und Sarasin 1878) in Verbindung bringen wollten, ebenso ist es die Annahme vom kosmischen Ursprung, die Sokoloff 1892 vertrat, wobei er sich auf das Vorkommen von Kohlenwasserstofflinien in den Spektren der Kometen, Meteoriten und Sterne stützt.

Das sehr vereinzelte Vorkommen größerer Mengen von Kohlenwasserstoffen in pyrogenen Gesteinen, worauf in neuerer Zeit wieder Brun hingewiesen hat, kann auch auf andere Weise erklärt werden.

Die Meinung, daß das Erdöl und seine Verwandten organischen, und zwar tierischen Ursprunges sei, hat zuerst 1794 der Arzt und nachmalige Universitätsprofessor in Lemberg Haquet ausgesprochen. Er leitete das galizische Erdöl zum größten Teil wenigstens von der Auflösung von Seetieren her. Diese Ansicht wurde immer mehr gefestigt, als man erkannte, daß die bituminösen Gesteine, wie die Mansfelder Kupferschiefer, die Liasschiefer Württembergs usw., reich an tierischen Resten sind, und als man in den Wohnkammern von Orthokeratiten (Trentonkalk) von Ammoniten und Gryphäen direkt Öl oder Asphalt fand. Besonders wichtig waren die von Fraas gemachten und von Sickenberg bestätigten Beobachtungen, daß an vielen Stellen des roten Meeres aus den rezenten Korallenriffen Erdöl austrete.

In den Lagunen von Djebel Zeit ist ein besonders reiches Tierleben entwickelt. Die großen Mengen der Tierleichen, die unter dem Einflusse eines sehr salzreichen (7,4%) Wassers und unter kräftiger Sonnenbestrahlung faulen, geraten, wie sich Sickenberg ausdrückt, geradezu in eine Petroleumgärung, wobei massenhaft Schwefelwasserstoff entweicht. Das Wasser soll dort mit einer bis 10 cm dicken Teerschichte bedeckt sein, die von den porösen Korallenfelsen wie von einem Schwamm aufgesogen wird und in ihnen aufsteigt. Das aus den Korallenfelsen ausfließende Öl bedeckt nach seinen Angaben das Meer zwischen der Insel Sokotra und dem Kap Guardafui weithin. Durch Bohrungen wurde nachgewiesen, daß die tieferen Schichten weder Kohle noch Öl enthalten.

Auch der große Bitumengehalt der Kännelkohle von Nürschan in Böhmen, von England und Ohio, der diese Kohlen so wertvoll macht und welchen die Verfechter der Ansicht von der pflanzlichen Herkunft des Erdöles so gern zugunsten ihrer Ansicht ins Treffen führen, rührt nur davon her, daß an diesen Orten zugleich mit den Pflanzen auch ein reiches tierisches Leben zugrunde ging.

Der Einwurf, daß, wenn das Erdöl von tierischen Resten abstamme, auch die erdölführenden Schichten immer reich an tierischen Resten sein müßten, was allerdings selten zutrifft, wird durch den Hinweis hinfällig gemacht, daß sich an der Bildung des Erdöles nicht allein die Leiber skelettragender Tiere, sondern in weit größerer Zahl solche, die keine Hartteile besitzen, beteiligen. Ferner bauen sich die Hartteile der betreffenden Tiere vornehmlich aus kohlensaurem Kalk auf, der durch die bei der Umbildung der Tierleiber auftretende Kohlensäure weggelöst wird. Nur kieselige Skelete könnten zurückbleiben.

Größere Schwierigkeiten bereitet die Beantwortung der Frage, wie denn die Natur die große Menge von Tierleichen aufbrachte, die doch bei dieser Erklärung der großen Erdölvorkommnisse vorausgesetzt werden müssen, zumal am Boden normaler Meere nirgends solche Leichenfelder anzutreffen sind. Daß solche nirgends auf dem Meeresgrund sich vorfinden, hat seinen Grund in der Tatsache, daß auch die Tiefen der Ozeane, wie ja das Leben in denselben beweist, unter normalen Verhältnissen einen stetigen Wasserwechsel erfahren und durchlüftet werden. Ferner sorgen zahlreiche Aasfresser, allen voran die Krebse, für die möglichst rasche Beseitigung der Leichen. Unter normalen Verhältnissen können sich also am Boden der Meere nicht so viel Leichen ansammeln, daß daraus die Erdölvorkommen hergeleitet werden könnten. Man dachte daher an außergewöhnliche Naturereignisse, die ein Massensterben verursachen, wie unterseeische Vulkanausbrüche, Seuchen unter den Meerestieren, plötzliche Änderungen der Lebensbedingungen, wie sie durch das Einbrechen von Salzwasser in süße Randseen oder von Süßwasser in das Meer erzeugt werden. Solche Ereignisse sind mehrmals beobachtet worden. Doch die Natur hat es nicht notwendig, zu solchen Katastrophen Zuflucht zu nehmen. Sie erreicht denselben Zweck mit anderen, weniger drastischen Mitteln.

In allen Meeresteilen, deren Tiefen durch eine aufragende Barre gegen den offenen Ozean abgeschlossen sind, stagniert in der Tiefe das Wasser, da die Barre den Austausch mit dem offenen Ozean verhindert. Weil in diesen Tiefen der Sauerstoff fehlt, der doch zur vollständigen Verwesung der organischen Gewebe notwendig ist, werden dieselben der Fäulnis anheimfallen. In solchen Meeresteilen können sich also im Laufe der Zeit ganz beträchtliche Mengen organischer Substanzen anhäufen, die dann von den mechanischen Sedimenten des Meeres bedeckt, einen langsamen Abbau erleiden.

Ein Beispiel für diesen Vorgang liefert das Schwarze Meer. Andrussow hat nachgewiesen, daß das Wasser des Schwarzen Meeres schon in 180 m Tiefe stark nach Schwefelwasserstoff riecht und daß in einer Tiefe von 360 m der Schwefelwasserstoffgehalt so groß, daß dort ein organisches Leben unmöglich geworden ist. Der Schwefelwasserstoff rührt gerade so wie das in den Tiefen des Mittelmeeres nachgewiesene Ammoniak von den faulenden Organismen her, die sich am Boden dieser stagnierenden Meeresteile im Laufe der Zeit in großen Mengen anhäufen konnten und dort vom Schlamme bedeckt wurden. Andrussow meint allerdings, daß das erste Massensterben im Schwarzen Meere damals eintrat, als der sarmatische Brackwassersee oder die pontischen Süßwasserseen durch den Einbruch der Ägäis mit dem salzigen Mittelmeer in Verbindung traten.

Neben dieser Ansicht, daß Tiere das Urmaterial für das Erdöl abgegeben haben, besteht auch noch die Theorie, die in pflanzlichen Resten den Ausgangspunkt für die Erdölbildung sieht. 1877 behauptete Lesquereux den phytogenen Ursprung für die pennsylvanischen Erdöle, und zwar glaubte er, daß Meeresalgen die Muttersubstanz gewesen wären. Daß faulende Seetange zu einer öligen Substanz zersetzt werden können, will Redwood in den Salzsümpfen Sardiniens beobachtet haben. Für die Abstammung des Erdöles von marinen Pflanzen spricht nach Watt auch der Jodgehalt der die kalifornischen Erdöle begleitenden Wässer. Der gründliche Kenner der russischen Erdölvorkommen Kalizki tritt für die Entstehung aus ufernahen Zostera-Seegraswiesen ein. 1890 spricht Stahl wieder die Ansicht aus, daß die Diatomeen, die zu Milliarden im Süß- wie im Meerwasser leben, die Erzeuger der das Erdöl liefernden Stoffe seien. Obwohl zahlreiche Vorkommen von Trippelerde, die ausschließlich aus Diatomeenpanzern bestehen, keine Spur von Bitumen aufweisen und auch betont wurde, daß in den Wassertümpeln noch andere Lebewesen in großer Zahl leben, glaubt dennoch Rademacher für das 1901 erschlossene Santa Maria Ölfeld Kaliforniens in den miozänen, diatomeenreichen Montereyschichten die ursprüngliche Lagerstätte der dortigen Erdöle sehen zu sollen.

Rademacher meint allerdings, wie schon vor ihm Krämer und Spilker 1890, daß sich an der Bildung der Erdöle nicht die gesamte organische Substanz der Spaltpilze beteilige, sondern nur das Öl bzw. Fett, das in kleinen Tröpfchen im Diatomeenleib enthalten sei.

Der Theorie pflanzlicher Abstammung des Erdöles sprach neben Bergius auch der Berliner Forscher Potonié das Wort. Er sieht in dem in allen stehenden Gewässern sich bildenden Faulschlamm die Quelle des Erdöles. Doch auch dieser besteht nicht ausschließlich aus Pflanzenresten, sondern an seiner Zusammensetzung beteiligen sich in ganz hervorragender Weise auch tierische Organismen. Sicherlich kommt man der Wahrheit am nächsten, wenn man für die Erdöle gemischte Entstehung annimmt. Auch ist man heute schon geneigt, nicht den hochorganisierten Formen beider Reiche, sondern den Mikroorganismen die größere Bedeutung bei diesem Vorgange zuzuschreiben.

Ebensowenig wird jetzt mehr bestritten, daß von den drei großen Gruppen organischer Baustoffe, den Kohlehydraten, den Protein- oder Eiweißkörpern und den Fetten, die ersteren für den in Frage stehenden Vorgang die geringste Bedeutung haben. Bei den Kohlehydraten vollzieht sich nämlich der Abbau immer unter Abspaltung von Wasser, so daß, wenn Sauerstoff nicht zutreten kann, zuletzt reiner Kohlenstoff übrig bleiben muß. Diesen findet man nun in keinem Erdölgebiete. Für die Proteinkörper ist eine Beteiligung schon eher möglich. Sie sind es hauptsächlich gewesen, von denen sich der Stickstoff und Schwefelgehalt der Erdöle herleitet.

Die Hauptmasse des Ausgangsmateriales lieferten jedoch die tierischen und pflanzlichen Fette, deren Abbau unter Abspaltung von Kohlensäure erfolgt, so daß sich das Verhältnis von Kohlenstoff zum Wasserstoff nicht, wie bei den Kohlehydraten, zugunsten des Kohlenstoffes, sondern zugunsten des Wasserstoffes verschiebt.

Die drei genannten Baustoffgruppen des tierischen wie pflanzlichen Leibes unterscheiden sich auch wesentlich durch den Widerstand, den sie dem Abbau entgegensetzen. Die Kohlehydrate und Proteinsubstanzen sind weniger widerstandsfähig und verschwinden daher zuerst, während die Fette als solche länger bestehen können. Das beweist am besten die Bildung des Leichenwachses (Adipocire) in feuchten Friedhöfen. Alle übrigen Bestandteile des Körpers, ja

selbst die Knochen, sind schon längst verschwunden, nur das Fett ist allein übriggeblieben.

Die Fette sind Salze oder Ester verschiedener Fettsäuren mit einem drei-
wertigen Alkohol, dem Glyzerin $[C_3H_5(HO)_3]$. Die wichtigsten Fettsäuren des
Tier- und Pflanzenreiches, denen die allgemeine Formel $[C_nH_{2n}O_2]$ zukommt, sind
die Palmitinsäure $[C_{16}H_{32}O_2]$, die Margarinsäure $[C_{17}H_{34}O_2]$ und die Stea-
rinsäure $[C_{18}H_{36}O_2]$. Diese sind alle fest. Flüssig ist nur die Ölsäure $[C_{18}H_{34}O_2]$.
Die drei erstgenannten sind gesättigte Säuren, die Ölsäuren mit der allgemeinen
Formel $[C_nH_{2n-1}O_2]$ sind ungesättigt.

Durch die Berührung mit Wasser werden die Fette, wie der französische
Chemiker Chevreuil gezeigt hat, in Glyzerin und Fettsäuren gespalten. Das
Leichenwachs besteht nur aus Fettsäuren. Da diese im Wasser unlöslich sind,
bleiben sie an dem Orte der Umwandlung zurück, während das im Wasser lösliche Glyzerin entweder als solches oder als Akrolein $[C_3H_4O]$, das durch Wasser-
abspaltung aus dem Glyzerin entsteht, weggewaschen wird. Das Akrolein ist
eine sehr unbeständige Verbindung, die nach Veit auch in Benzol übergehen kann.

Die Fettsäuren selbst wandeln sich im weiteren Verlaufe des Abbaues unter
Abspaltung von Kohlendioxyd in Kohlenwasserstoffe der Methanreihe um
$[C_{n+1}H_{2n+2}O_2 = C_nH_{2n+2} + CO_2]$. Aus den Homologen der Methanreihe können
nach der Gleichung $[C_{2n}H_{2n+2} = C_nH_{2n+2} + C_nH_{2n}]$ Glieder der Olefinreihe und
aus diesen wieder, wie 1903 Aschan bewiesen, zyklische Benzole hervorgehen.
Aschan behandelte Olefine mit trockenem Aluminiumchlorid, das, wie schon
Heußler 1896 bemerkte, wie ein Katalysator die Polymerisierung fördert. Diese
Polymerisierung kann aber auch ohne Katalysator, allerdings dann in viel
längeren Zeiträumen, von selbst erfolgen. Das Fortschreiten der Polymerisierung
äußert sich in der Zunahme des Volumgewichtes und der Zähigkeit.

Die Umbildung der Fette in Erdöle ist demnach vor allem eine Folge der Zeit.
Gefördert wird sie, wie Versuche Englers und anderer Forscher zeigten, durch
Druck und Wärme. Werden Fette ohne Druck, also im Vakuum, erwärmt, so
destillieren sie unzersetzt über. Bei normalem Druck entstehen wohl flüssige
Kohlenwasserstoffe, daneben aber auch Kohle, viel Gas und auch etwas Fett
destilliert unzersetzt über. Nur wenn Überdruck herrscht, entstehen viel flüssige
Kohlenwasserstoffe und Gase, aber keine Kohle. Es bleibt auch kein unzersetztes
Fett übrig. Da sich nun Kohle und Erdöl nirgends nebeneinander finden, muß
neben der Wärme auch der Druck bei der Fettumbildung mitgewirkt haben.

1865 haben zum erstenmal Warren und Storer durch Destillation einer aus
Fischöl hergestellten Kalkseife ein an Erdöl erinnerndes Produkt erhalten. 1888
machte Engler einen ähnlichen Versuch mit einem Fischöl von Clupea Tyroon.
Er begann die Destillation bei 300° und 10 Atmosphären Druck und beendete sie
bei 400° und 4 Atmosphären Druck. Das Destillat war bräunlich und fluores-
zierte, wie manche Rohöle, grün. Später machte Heußler ein derartiges Destillat
durch Behandeln mit Aluminiumchlorid noch erdölähnlicher. Aluminiumchlorid
wurde bekanntlich in den Begleitwässern des Peine-Erdöles nachgewiesen.

Bei allen diesen Versuchen hatte die Anwendung hoher Temperaturen nur
den Zweck, die Reaktionsträgheit zu überwinden. In der Natur ersetzt die Zeit
die reaktionsfördernde Wirkung der Wärme. Da aber in der Natur die mit organischen Substanzen beladenen Sedimente des Meeresbodens im weiteren Verlaufe von jüngeren Sedimenten überlagert und dadurch in tiefere und auch wärmere
Zonen der Erdkruste hinabgedrückt werden, so ist es ziemlich sicher, daß auch
in der Natur die Zerlegung der Fette unter Mitwirkung von Druck und Wärme
erfolgte. Diese beiden, die Erdölbildung fördernden Faktoren wechseln nun von
Ort zu Ort, und so erklärt es sich, daß auch geologisch gleichaltrige Erdöle che-

misch verschieden sein können. Die Annahme, daß diese Verschiedenheit geologisch gleichalteriger Erdöle durch die Beschaffenheit des Ausgangsmateriales
bedingt sei, wird von den meisten Erdölforschern abgelehnt.

Um den Einfluß der Temperatur auf die Zusammensetzung künstlicher
Kohlenwasserstoffe aufzuzeigen, seien hier kurz noch die Versuche erwähnt, die
Sabatiero und Senderens in der Zeit von 1899—1902 angestellt haben. Diese
Forscher leiteten Azetylen mit Wasserstoff gemischt über fein verteiltes, auf
100—150° erwärmtes Nickel und erhielten so eine Flüssigkeit, die dem pennsylvanischen Erdöl glich. Als sie dieses Kondensationsprodukt neuerdings mit
Wasserstoff zusammen über auf 180° erhitztes Nickel leiteten, entstand ein dem
kaukasischen Erdöl ähnliches Gemisch von Methanen und Naphthenen. Erhöhten sie die Temperatur auf 300°, dann zersetzten sich die Naphthene, und es
entstand ein Produkt, das den galizischen Erdölen ähnelte.

Nach Engler stellt sich der Werdegang des Erdöles folgendermaßen dar:

An Kohlehydraten arme, aber an Fetten, Harzen und Wachsen reiche organische Substanzen, sowohl tierischen wie auch pflanzlichen Ursprunges, werden
unter Wasser in anorganischen Schlamm eingebettet. Die Proteinsubstanzen verfaulen, die Fette bleiben zurück, werden durch Wasser in Glyzerin und Fettsäuren
gespalten und bilden das Anabitumen.

Dieses erleidet dann die Umwandlung in das Polybitumen, das aus hochmolekularen und hochpolymeren Kohlenwasserstoffen besteht, aber noch sauerstoffhaltende Verbindungen enthält und in Benzol unlöslich ist. Daneben bildet
sich auch schon eine gewisse Menge von in Benzol löslichem, durch Depolymerisation der primären organischen Substanzen entstandenem Katabitumen.
Dasselbe kann aber auch unter Mitwirkung der Wärme durch Depolymerisation
aus dem Polybitumen hervorgegangen sein. Wenn die Depolymerisation noch
weiter fortschreitet, so entsteht das Eggonobitumen, das Rohöl, das wieder
durch Polymerisation teils freiwillig, teils mit Hilfe des Sauerstoffes in das Oxy-
bitumen, den Asphalt und die verwandten Substanzen übergehen kann.

Mineralverzeichnis.

Gesteinsverzeichnis.

Gefügekunde der Gesteine. Mit besonderer Berücksichtigung der Tek-
tonite. Von Professor Dr. **Bruno Sander**, Innsbruck. Mit 155 Abbildungen im Text
und 245 Gefügediagrammen. VI, 352 Seiten. 1930. RM 37.60; gebunden RM 39.60

Der Autor faßt die Resultate und Gesichtspunkte zusammen, die sich aus den, eine
Gefügekunde der Gesteine im Sinne des Buches anbahnenden Einzelarbeiten seit mehr
als zwanzig Jahren ergeben, und ergänzt sie durch zahlreiche unpublizierte Ergebnisse. Der erste Teil des Buches bringt als „Allgemeine Gefügekunde" eine Übersicht
des unabhängig vom Korngefügecharakter Gültigen über Bewegung und Symmetrie der
mechanischen Umformung und der Anlagerung. Der zweite Teil stellt das „Korn-
gefüge" dar mit Hilfe von Gesteins- (meist Schliff-) Bildern und zahlreichen, die
bisherigen gefügeanalytischen Ergebnisse umfassenden und kontrollierbar darstellenden
Gefügediagrammen, deren Diskussion den Weg in die Methodik der neueren Gefüge-
analyse ergibt. Das Buch ergänzt jede bisherige zusammenfassende Gesteinkunde.

Technische Gesteinkunde für Bauingenieure, Kulturtechniker, Land-
und Forstwirte, sowie für Steinbruchbesitzer und Steinbruchtechniker. Von Ing.
Professor Dr. phil. **Josef Stiny**, Wien. Z w e i t e, vermehrte und vollständig um-
gearbeitete Auflage. Mit 422 Abbildungen im Text und einer mehrfarbigen Tafel,
sowie einem Beiheft: „Kurze Anleitung zum Bestimmen der technisch wichtigsten
Mineralien und Felsarten" (mit 11 Abbildungen im Text. 23 Seiten). VII,
550 Seiten. 1929. Gebunden RM 45.—

Diese neue große technische Gesteinkunde ist in erster Linie für die Praxis bestimmt.
Sie will den Ingenieur, Architekten und Baumeister bei der Auswahl sowohl der
natürlich vorkommenden Gesteine als auch der sonstigen Baustoffe beraten und ihm
eine Hilfe bei ihrer Prüfung bieten. Die technischen Prüfungsverfahren der Gesteine
spielen daher eine erhebliche Rolle. Auch werden Anleitungen und Winke für die
wirtschaftliche Eröffnung von Steinbrüchen gegeben. So wendet sich das Buch auch
zugleich an den Steinbruchbesitzer und die steinverarbeitenden Gewerbe.

Ingenieurgeologie. Herausgegeben von Professor Dr. **K. A. Redlich**, Prag, Pro-
fessor Dr. **K. v. Terzaghi**, Cambridge, Mass., Privat-Dozent Dr. **R. Kampe**, Prag,
Direktor des Quellenamtes Karlsbad. Mit Beiträgen von Dir. Dr. H. Apfelbeck,
Falkenau, Ing. H. E. Gruner, Basel, Dr. H. Hlauscheck, Prag, Privat-Dozent
Dr. K. Kühn, Prag, Privat-Dozent Dr. K. Preclik, Prag, Privat-Dozent Dr.
L. Rüger, Heidelberg, Dr. K. Scharrer, Weihenstephan-München, Prof. Dr.
A. Schoklitsch, Brünn. Mit 417 Abbildungen im Text. X, 708 Seiten. 1929.
Gebunden RM 57.—

Mineralogisches Taschenbuch der Wiener Mineralogischen Gesellschaft. Z w e i t e, vermehrte Auflage. Unter Mitwirkung von **A. Himmelbauer,
R. Koechlin, A. Marchet, H. Michel, O. Rotky** redigiert von **J. E. Hibsch.** Mit
1 Titelbild. X, 187 Seiten. 1928. Gebunden RM 10.80

***Entwicklungsgeschichte der mineralogischen Wissen-
schaften.** Von **P. Groth.** Mit 5 Textfiguren. VI, 262 Seiten. 1926.
Gebunden RM 19.50

***Anleitung zur Bestimmung von Mineralien.** Von Professor
N. M. Fedorowski, Moskau. Übersetzung der letzten (z w e i t e n) russischen Auflage. Mit 15 Textabbildungen. VIII, 136 Seiten. 1926. RM 7.50

** Auf alle vor dem 1. Juli 1931 erschienenen Bücher des Verlages Julius Springer-Berlin wird ein Notnach-
laß von 10% gewährt.*